2025年
操作系统考研复习指导

王道论坛　组编

電子工業出版社
Publishing House of Electronics Industry
北京 • BEIJING

内 容 简 介

本书是计算机专业硕士研究生入学考试“操作系统”课程的复习用书，内容包括计算机系统概述、进程与线程、内存管理、文件管理、输入/输出管理等。全书严格按照最新计算机考研大纲的操作系统部分的要求，对大纲所涉及的知识点进行集中梳理，力求内容精练、重点突出、深入浅出。本书精选各名校的历年考研真题，给出详细的解题思路，力求实现讲练结合、灵活掌握、举一反三的功效。

本书可作为考生参加计算机专业硕士研究生入学考试的复习用书，也可作为计算机类专业学生学习操作系统课程的辅导用书。

图书在版编目（CIP）数据

2025 年操作系统考研复习指导 / 王道论坛组编. —北京：电子工业出版社，2024.1

ISBN 978-7-121-46702-8

Ⅰ. ①2… Ⅱ. ①王… Ⅲ. ①操作系统－研究生－入学考试－自学参考资料 Ⅳ. ①TP316

中国国家版本馆 CIP 数据核字（2023）第 218903 号

责任编辑：谭海平
印　　刷：保定市中画美凯印刷有限公司
装　　订：保定市中画美凯印刷有限公司
出版发行：电子工业出版社
　　　　　北京市海淀区万寿路 173 信箱　　邮编：100036
开　　本：787×1 092　1/16　印张：23　　字数：647.7 千字
版　　次：2024 年 1 月第 1 版
印　　次：2024 年 3 月第 3 次印刷
定　　价：71.00 元

凡所购买电子工业出版社图书有缺损问题，请向购买书店调换。若书店售缺，请与本社发行部联系，联系及邮购电话：（010）88254888，88258888。

质量投诉请发邮件至 zlts@phei.com.cn，盗版侵权举报请发邮件至 dbqq@phei.com.cn。

本书咨询联系方式：（010）88254552，tan02@phei.com.cn。

本书附赠资源兑换方法

1

扫码关注

“王道在线”

点击公众号左下角的菜单进入资源兑换中心。

王道计算机教育

2

兑换中心

兑换码　邀请码

输入兑换码

例：H7xWBrYt

立即兑换

兑换记录 >

点击公众号菜单

“兑换中心”

或扫码加客服微信获取

3

配套资源内容

1. 盗版书无兑换码请勿购买。
2. 免费视频非王道最新网课。
3. 免费视频不包含答疑服务。

【关于兑换配套课件的说明】

1. 凭兑换码兑换相应课程部分选择题的视频以及B站免费课程的课件。
2. B站免费课程不是2025版付费课程，但差别不大，详情请咨询客服。
3. 兑换码贴于封面右下角，刮开涂层可见。
4. 兑换截止时间为2024年12月31日。

前　言

由王道论坛（cskaoyan.com）组织名校状元级选手编写的“王道考研系列”辅导书，不仅参考了国内外的优秀教辅资料，而且结合了高分选手的独特复习经验，包括对考点的讲解以及对习题的选择和解析。“王道考研系列”单科辅导书共有如下四本：

- 《2025 年数据结构考研复习指导》
- 《2025 年计算机组成原理考研复习指导》
- 《2025 年操作系统考研复习指导》
- 《2025 年计算机网络考研复习指导》

我们还围绕这套书开发了一系列赢得众多读者好评的计算机考研课程，包括考点精讲、习题详解、暑期强化训练营、冲刺串讲、伴学督学和全程答疑服务等，读者可扫描封底的二维码加客服微信咨询。对于基础较为薄弱的读者，相信这些课程和服务能助你一臂之力。此外，我们在 B 站免费公开了本书配套的基础课程，读者可凭兑换码获取课程的课件及部分选择题的讲解视频。基础课程升华了单科辅导书中的考点讲解，强烈建议读者结合使用。

在冲刺阶段，我们还将出版如下两本冲刺用书：

- 《2025 年计算机专业基础综合考试冲刺模拟题》
- 《2025 年计算机专业基础综合考试历年真题解析》

深入掌握专业课的内容没有捷径，考生也不应抱有任何侥幸心理。只有扎实打好基础，踏实做题巩固，最后灵活致用，才能在考研时取得高分。我们希望本套辅导书能够指导读者复习，但是学习仍然要靠自己，高分无法建立在空中楼阁之上。对想要继续在计算机领域深造的读者来说，认真学习和扎实掌握计算机专业的四门重要专业课是最基本的前提。

“王道考研系列”是计算机考研学子口碑相传的辅导书，自 2011 版首次推出以来，始终占据同类书销量的榜首，这就是口碑的力量。有这么多学长的成功经验，相信只要读者合理地利用辅导书，并且采用科学的复习方法，就一定能够收获属于自己的那份回报。

“不包就业、不包推荐，培养有态度的程序员。”王道训练营是王道团队打造的线下魔鬼式编程训练营。打下编程功底、增强项目经验，彻底转行入行，不再迷茫，期待有梦想的你！

参与本书编写的主要有赵霖、罗乐、徐秀瑛、张鸿林、赵淑芬、赵淑芳、罗庆学、赵晓宇、喻云珍、余勇、刘政学等。予人玫瑰，手有余香，王道论坛伴你一路同行！

对本书的任何建议，或发现有错误，欢迎扫码联系我们，以便及时改正优化。

风华漫舞

致 读 者

——关于王道单科辅导书使用方法的道友建议

我是“二战考生”，2012 年第一次考研成绩 333 分（专业代码 408，成绩 81 分），痛定思痛后决心再战。潜心复习了半年后终于以 392 分（专业代码 408，成绩 124 分）考入上海交通大学计算机系，这半年里我的专业课成绩提高了 43 分，成了提分主力。从未达到录取线到考出比较满意的成绩，从蒙头乱撞到有了自己明确的复习思路，我想这也是为什么风华哥从诸多高分选手中选择我给大家介绍经验的一个原因吧。

整个专业课的复习是围绕王道辅导书展开的，从一遍、两遍、三遍看单科辅导书的积累提升，到做 8 套模拟题时的强化巩固，再到看思路分析时的醍醐灌顶。王道辅导书能两次押中算法原题固然有运气成分，但这也从侧面说明编者的编写思路和选题方向与真题很接近。

下面说一说我的具体复习过程。

每天划给专业课的时间是 3～4 小时。第一遍仔细看课本，看完一章做一章单科辅导书上的习题（红笔标注错题），这一遍共持续 2 个月。第二遍主攻单科辅导书（红笔标注重难点），辅看课本。第二遍看单科辅导书和课本的速度快了很多，但感觉收获更多，常有温故知新的感觉，理解更深刻。（风华注：建议这里再速看第三遍，特别针对错题和重难点。模拟题做完后再跳看第四遍。）

以上是打基础阶段，注意：单科辅导书和课本我仔细精读了两遍，以便尽量弄懂每个知识点和习题。大概 11 月上旬开始做模拟题和思路分析，期间遇到不熟悉的地方不断回头查阅单科辅导书和课本。8 套模拟题的考点覆盖得很全面，所以大家做题时如果忘记了某个知识点，千万不要慌张，赶紧回去看这个知识点，最后的模拟就是查漏补缺。模拟题一定要严格按考试时间（3 小时）去做，注意应试技巧，做完试题后再回头研究错题。算法题的最优解法不太好想，如果实在没思路，建议直接“暴力”解决，结果正确也能有 10 分，总比苦拼出 15 分来而将后面比较好拿分的题耽误了好（这是我第一次考研的切身教训）。最后剩了几天看标注的错题，第三遍跳看单科辅导书，考前一夜浏览完网络，踏实地睡着了……

考完专业课，走出考场终于长舒一口气，考试情况也心中有数。回想这半年的复习，耐住了寂寞和诱惑，雨雪风霜从未间断地跑去自习，考研这人生一站终归没有辜负我的良苦用心。佛教徒说世间万物生来平等，都要落入春华秋实的代谢中去；辩证唯物主义认为事物作为过程存在，凡是存在的终归要结束。你不去为活得多姿多彩而拼搏，真到了和青春说再见时，你是否会可惜虚枉了青春？风华哥说过，我们都是有梦想的青年，我们正在逆袭，你呢？

感谢风华哥的信任，给我这个机会为大家分享专业课复习经验，作为一个铁杆道友在王道受益匪浅，也借此机会回报王道论坛。祝大家金榜题名！

ccg1990@SJTU

王道训练营

王道是道友们考研路上值得信赖的好伙伴，十多年来陪伴了数百万计算机考研人，不离不弃。王道尊重的不是考研这个行当，而是考研学生的精神和梦想。考研可能是同学们实现梦想的起点，但专业功底和学习能力更是受用终生的资本，它决定了未来在技术道路上能走多远。从考研图书，到辅导课程，再到编程培训，王道只专注于计算机考研及编程领域。

计算机专业是一个靠实力吃饭的专业。王道团队中很多人的经历或许和现在的你们相似，也经历过本科时的迷茫，无非是自知能力太弱，以致底气不足。学历只是敲门砖，同样是名校硕士，有人如鱼得水，最终成为“Offer 帝”，有人却始终难入“编程与算法之门”，再次体会迷茫的痛苦。我们坚信一个写不出合格代码的计算机专业学生，即便考上了研究生，也只是给未来的失业判了个“缓期执行”。我们也希望所做的事情能帮助同学们少走弯路。

考研结束后的日子，或许是一段难得的提升编程能力的连续时光，趁着还有时间，应该去弥补本科期间应掌握的能力，缩小与“科班大佬们”的差距。

把参加王道训练营视为一次对自己的投资，投资自身和未来才是最好的投资。

王道训练营简介

1. 面向就业

希望转行就业，但编程能力偏弱的学生。

考研并不是人生的唯一出路，努力拼搏奋斗的经历总是难忘的，但不论结果如何，都不应有太大的遗憾。不少考研路上的“失败者”在王道都到达了自己在技术发展上的新里程碑，我们相信一个肯持续努力、积极上进的学生一定会找到自己正确的人生方向。

再不抓住当下，未来或将持续迷茫，逝去了的青春不复返。在充分竞争的技术领域，当前的能力决定了你能找一份怎样的工作，踏实的态度和学习的能力决定了你未来能走多远。

王道训练营致力于给有梦想、肯拼搏、敢奋斗的道友提供最好的平台！

2. 面向硕士

希望提升能力，刚考上计算机相关专业的准硕士。

考研逐年火爆，能考上名校确实是重要的转折，但硕士文凭早已不再稀缺。考研高分并不等于高薪 Offer，学历也不能保证你拿到好 Offer，名校的光环能让你获得更多面试机会，但真正要拿到好 Offer，比拼的是实力。同为名校硕士，Offer 的成色可能千差万别，有人轻松拿到腾讯、阿里、抖音、百度等优秀公司的 Offer，有人面试却屡屡碰壁，最后只能“将就”签约。

人生中关键性的转折点不多，但往往能对自己的未来产生深远的影响，甚至决定了你未来的走向，高考、选专业、考研、找工作都是如此，把握住关键转折点需要眼光和努力。

3. 报名要求

- 具有本科学历，愿意通过奋斗去把握自己的人生，愿意重回高三冲刺式的学习状态。
- 完成开课前的作业，用作业考察态度，合格者才能获得最终的参加资格，宁缺毋滥！对于意志不够坚定的同学而言，这些作业也算是设置的一道门槛，决定了是否有参加的资格。

作业完成情况是最重要的考核标准，我们不会歧视跨度大的同学，坚定转行的同学往往会更努力。跨度大、学校弱这些是无法改变的标签，唯一可以改变的就是通过持续努力来提升自身的技能，而通过高强度的短期训练是完全有可能逆袭的，太多的往期学员已有过证明。

4. 学习成效

迅速提升编程能力，结合项目实战，逐步打下坚实的编程基础，培养积极、主动的学习能力。以动手编程为驱动的教学模式，解决你在编程、思维上的不足，也为未来的深入学习提供方向指导，掌握学习编程的方法，引导进入“编程与算法之门”。

道友们在训练营里从“菜鸟”逐步成长，训练营中不少往期准硕士学员后来陆续拿到了阿里、腾讯、抖音、百度、美团、小米等一线互联网大厂的 Offer。这就是竞争力！

王道训练营优势

这里都是道友，他们信任王道，乐于分享与交流，氛围好而纯粹。

一起经历过考研训练的生活、学习，大家很快会成为互帮互助的好战友，相互学习、共同进步，在转行的道路上，这就是最好的圈子。正如某期学员所言：“来了你就发现，这里无关程序员以外的任何东西，这是一个过程，一个对自己认真、对自己负责的过程。”

考研绝非人生的唯一出路，给自己换一条路走，去职场上好好发展或许会更好。即便考上研究生也不意味着高枕无忧，人生的道路还很漫长。

王道团队成员皆具有扎实的编程功底，他们用自己的技术和态度去影响训练营的学员，尽可能指导学员走上正确的发展道路是对道友信任的回报，也是一种责任！

王道训练营是一个平台，网罗王道论坛上有梦想、有态度的青年，并为他们的梦想提供土壤和圈子。王道始终相信“物竞天择，适者生存”，这里的生存不是指简简单单地活着，而是指活得有价值、活得有态度！

王道训练营课程

王道训练营开设 4 种班型：

- Linux C 和 C++短期班（40～45 天，初试后开课，复试冲刺）
- Java EE 方向（4 个月，武汉校区）
- Linux C/C++方向（4 个月，武汉校区）
- Python 大数据方向（3 个半月，直播授课或深圳校区）

短期班的作用是在初试后及春节期间，快速提升学员的编程水平和项目经验，给复试、面试加成。其他 3 种班型既面向有就业需求的学员，又适合想提升能力或打算继续考研的学员。

要想了解王道训练营，可以关注王道论坛“王道训练营”版面，或者扫码加老师微信。

目　录

01 第1章 计算机系统概述

【考纲内容】

（一）操作系统的基本概念

（二）操作系统的发展历程

（三）程序运行环境

CPU 运行模式：内核模式与用户模式；

中断和异常的处理；系统调用；

程序的链接与装入；程序运行时内存映像与地址空间[①]

（四）操作系统结构

分层、模块化、宏内核、微内核、外核

（五）操作系统引导

（六）虚拟机

【复习提示】

本章通常以选择题的形式考查，重点考查操作系统的功能、运行环境和提供的服务。要求读者能从宏观上把握操作系统各部分的功能，微观上掌握细微的知识点。因此，复习操作系统时，首先要形成大体框架，并通过反复复习和做题巩固知识体系，然后将操作系统的所有内容串成一个整体。本章的内容有助于读者整体上初步认识操作系统，为后面掌握各章节的知识点奠定基础，进而整体把握课程，不要因为本章的内容在历年考题中出现的比例不高而忽视它。

1.1 操作系统的基本概念

1.1.1 操作系统的概念

在信息化时代，软件是计算机系统的灵魂，而作为软件核心的操作系统，已与现代计算机系统密不可分、融为一体。计算机系统自下而上可以大致分为 4 部分：硬件、操作系统、应用程序和用户（这里的划分与计算机组成原理中的分层不同）。操作系统管理各种计算机硬件，为应用程序提供基础，并且充当计算机硬件与用户之间的中介。

硬件如中央处理器、内存、输入/输出设备等，提供基本的计算资源。应用程序如字处理程序、电子制表软件、编译器、网络浏览器等，规定按何种方式使用这些资源来解决用户的计算问题。操作系统控制和协调各用户的应用程序对硬件的分配与使用。

---

① 这两个考点将在第 3 章的 3.1 节中介绍。

在计算机系统的运行过程中，操作系统提供了正确使用这些资源的方法。

综上所述，操作系统（Operating System，OS）是指控制和管理整个计算机系统的硬件与软件资源，合理地组织、调度计算机的工作与资源的分配，进而为用户和其他软件提供方便接口与环境的程序集合。操作系统是计算机系统中最基本的系统软件。

1.1.2 操作系统的特征

操作系统是一种系统软件，但与其他系统软件和应用软件有很大的不同，它有自己的特殊性即基本特征。操作系统的基本特征包括并发、共享、虚拟和异步。这些概念对理解和掌握操作系统的核心至关重要，将一直贯穿于各个章节中。

1．并发（Concurrence）

并发是指两个或多个事件在同一时间间隔内发生。在多道程序环境下，在内存中同时装有若干道程序，以便当运行某道程序时，利用其因I/O操作而暂停执行时的CPU空档时间，再调度另一道程序运行，从而实现多道程序交替运行，使CPU保持忙碌状态。

命题追踪 并行性的定义及分析（2009）

并行性是指系统具有同时进行运算或操作的特性，在同一时刻能完成两种或两种以上的工作。在支持多道程序的单处理机环境下，一段时间内，宏观上有多道程序在同时执行，而在每个时刻，实际仅能有一道程序执行，因此微观上这些程序仍是分时交替执行的。可见，操作系统的并发性是通过分时得以实现的。而CPU与I/O设备、I/O设备和I/O设备则能实现真正的并行。若要实现进程的并行则需要有相关硬件的支持，如多流水线或多处理机环境。

注意，同一时间间隔（并发）和同一时刻（并行）的区别，下面以生活中的例子来了解这种区别。例如，如果你在9:00—9:10仅吃面包，在9:10—9:20仅写字，在9:20—9:30仅吃面包，在9:30—10:00仅写字，那么在9:00—10:00吃面包和写字这两种行为就是并发执行的；再如，如果你在9:00—10:00右手写字，左手同时拿着面包吃，那么这两个动作就是并行执行的。

在操作系统中，引入进程的目的是使程序能并发执行。

2．共享（Sharing）

资源共享即共享，是指系统中的资源可供内存中多个并发执行的进程共同使用。资源共享主要可分为互斥共享和同时访问两种方式。

（1）互斥共享方式

系统中的某些资源，如打印机、磁带机，虽然可供多个进程使用，但为使得所打印或记录的结果不致造成混淆，应规定在一段时间内只允许一个进程访问该资源。

为此，当进程A访问某个资源时，必须先提出请求，若此时该资源空闲，则系统便将之分配给A使用，此后有其他进程也要访问该资源时（只要A未用完）就必须等待。仅当A访问完并释放该资源后，才允许另一个进程对该资源进行访问。我们将这种资源共享方式称为*互斥共享*，而将在一段时间内只允许一个进程访问的资源称为*临界资源*。计算机系统中的大多数物理设备及某些软件中所用的栈、变量和表格，都属于临界资源，它们都要求被互斥地共享。

（2）同时访问方式

系统中还有另一类资源，这类资源允许在一段时间内由多个进程“同时”访问。这里所说的“同时”通常是宏观上的，而在微观上，这些进程可能是交替地对该资源进行访问即“分时共享”的。可供多个进程“同时”访问的典型资源是磁盘设备，一些用重入代码编写的文件也可被“同时”共享，即允许若干用户同时访问该文件。

注意，互斥共享要求一种资源在一段时间内（哪怕是一段很短的时间）只能满足一个请求，否则就会出现严重的问题（你能想象打印机第一行打印文档 A 的内容、第二行打印文档 B 的内容的效果吗？），而同时访问共享通常要求一个请求分几个时间片段间隔地完成，其效果与连续完成的效果相同。

并发和共享是操作系统两个最基本的特征，两者之间互为存在的条件：①资源共享是以程序的并发为条件的，若系统不允许程序并发执行，则自然不存在资源共享问题；②若系统不能对资源共享实施有效的管理，则必将影响到程序的并发执行，甚至根本无法并发执行。

3．虚拟（Virtual）

虚拟是指将一个物理上的实体变为若干逻辑上的对应物。物理实体（前者）是实的，即实际存在的；而后者是虚的，是用户感觉上的事物。用于实现虚拟的技术称为虚拟技术。操作系统的虚拟技术可归纳为：时分复用技术，如虚拟处理器；空分复用技术，如虚拟存储器。

通过多道程序设计技术，让多道程序并发执行，来分时使用一个处理器。此时，虽然只有一个处理器，但它能同时为多个用户服务，使每个终端用户都感觉有一个 CPU 在专门为它服务。利用多道程序设计技术将一个物理上的 CPU 虚拟为多个逻辑上的 CPU，称为虚拟处理器。

采用虚拟存储器技术将一台机器的物理存储器变为虚拟存储器，以便从逻辑上扩充存储器的容量。当然，这时用户所感觉到的内存容量是虚的。我们将用户感觉到（但实际不存在）的存储器称为虚拟存储器。

还可采用虚拟设备技术将一台物理 I/O 设备虚拟为多台逻辑上的 I/O 设备，并允许每个用户占用一台逻辑上的 I/O 设备，使原来仅允许在一段时间内由一个用户访问的设备（临界资源）变为在一段时间内允许多个用户同时访问的共享设备。

4．异步（Asynchronism）

多道程序环境允许多个程序并发执行，但由于资源有限，进程的执行并不是一贯到底的，而是走走停停的，它以不可预知的速度向前推进，这就是进程的异步性。

异步性使得操作系统运行在一种随机的环境下，可能导致进程产生与时间有关的错误（就像对全局变量的访问顺序不当会导致程序出错一样）。然而，只要运行环境相同，操作系统就须保证多次运行进程后都能获得相同的结果。

1.1.3　操作系统的目标和功能

为了给多道程序提供良好的运行环境，操作系统应具有以下几方面的功能：处理机管理、存储器管理、设备管理和文件管理。为了方便用户使用操作系统，还必须向用户提供接口。同时，操作系统可用来扩充机器，以提供更方便的服务、更高的资源利用率。

我们用一个直观的例子来理解这种情况。例如，用户是雇主，操作系统是工人（用来操作机器），计算机是机器（由处理机、存储器、设备、文件几个部件构成），工人有熟练的技能，能够控制和协调各个部件的工作，这就是操作系统对资源的管理；同时，工人必须接收雇主的命令，这就是“接口”；有了工人，机器就能发挥更大的作用，因此工人就成了“扩充机器”。

1．操作系统作为计算机系统资源的管理者

（1）处理机管理

在多道程序环境下，处理机的分配和运行都以进程（或线程）为基本单位，因而对处理机的管理可归结为对进程的管理。并发是指在计算机内同时运行多个进程，因此进程何时创建、何时撤销、如何管理、如何避免冲突、合理共享就是进程管理的最主要的任务。进程管理的主要功能包括进程控制、进程同步、进程通信、死锁处理、处理机调度等。

（2）存储器管理

存储器管理是为了给多道程序的运行提供良好的环境，方便用户使用及提高内存的利用率，主要包括内存分配与回收、地址映射、内存保护与共享和内存扩充等功能。

（3）文件管理

计算机中的信息都是以文件的形式存在的，操作系统中负责文件管理的部分称为文件系统。文件管理包括文件存储空间的管理、目录管理及文件读写管理和保护等。

（4）设备管理

设备管理的主要任务是完成用户的I/O请求，方便用户使用各种设备，并提高设备的利用率，主要包括缓冲管理、设备分配、设备处理和虚拟设备等功能。

这些工作都由“工人”负责，“雇主”无须关注。

2．操作系统作为用户与计算机硬件系统之间的接口

为了让用户方便、快捷、可靠地操纵计算机硬件并运行自己的程序，操作系统还提供了用户接口。操作系统提供的接口主要分为两类：一类是命令接口，用户利用这些操作命令来组织和控制作业的执行；另一类是程序接口，编程人员可以使用它们来请求操作系统服务。

（1）命令接口

使用命令接口进行作业控制的主要方式有两种，即联机控制方式和脱机控制方式。按作业控制方式的不同，可将命令接口分为联机命令接口和脱机命令接口。

联机命令接口又称交互式命令接口，适用于分时或实时系统的接口。它由一组键盘操作命令组成。用户通过控制台或终端输入操作命令，向系统提出各种服务要求。用户每输入一条命令，控制权就转给操作系统的命令解释程序，然后由命令解释程序解释并执行输入的命令，完成指定的功能。之后，控制权转回控制台或终端，此时用户又可输入下一条命令。联机命令接口可以这样理解：“雇主”说一句话，“工人”做一件事，并做出反馈，这就强调了交互性。

脱机命令接口又称批处理命令接口，适用于批处理系统，它由一组作业控制命令组成。脱机用户不能直接干预作业的运行，而应事先用相应的作业控制命令写成一份作业操作说明书，连同作业一起提交给系统。系统调度到该作业时，由系统中的命令解释程序逐条解释执行作业说明书上的命令，从而间接地控制作业的运行。脱机命令接口可以这样理解：“雇主”将要“工人”做的事写在清单上，“工人”按照清单命令逐条完成这些事，这就是批处理。

（2）程序接口

命题追踪 ▶ 操作系统为应用程序提供的接口（2010）

程序接口由一组系统调用（也称广义指令）组成。用户通过在程序中使用这些系统调用来请求操作系统为其提供服务，如使用各种外部设备、申请分配和回收内存及其他各种要求。

当前最流行的是图形用户界面（GUI），即图形接口。GUI最终是通过调用程序接口实现的，用户通过鼠标和键盘在图形界面上单击或使用快捷键，就能很方便地使用操作系统。严格来说，图形接口不是操作系统的一部分，但图形接口所调用的系统调用命令是操作系统的一部分。

3．操作系统实现了对计算机资源的扩充

没有任何软件支持的计算机称为裸机，它仅构成计算机系统的物质基础，而实际呈现在用户面前的计算机系统是经过若干层软件改造的计算机。裸机在最里层，其外面是操作系统。操作系统所提供的资源管理功能和方便用户的各种服务功能，将裸机改造成功能更强、使用更方便的机器；因此，我们通常将覆盖了软件的机器称为扩充机器或虚拟机。

"工人"操作机器，机器就有更大的作用，于是"工人"便成了"扩充机器"。

注意，本课程所关注的内容是操作系统如何控制和协调处理机、存储器、设备和文件，而不关注接口和扩充机器，后两者读者只需要有个印象，能理解即可。

1.1.4　本节习题精选

一、单项选择题

01. 操作系统是对（　）进行管理的软件。

A. 软件　B. 硬件　C. 计算机资源　D. 应用程序

02. 下面的（　）资源不是操作系统应该管理的。

A. CPU　B. 内存　C. 外存　D. 源程序

03. 下列选项中，（　）不是操作系统关心的问题。

A. 管理计算机裸机

B. 设计、提供用户程序与硬件系统的界面

C. 管理计算机系统资源

D. 高级程序设计语言的编译器

04. 操作系统的基本功能是（　）。

A. 提供功能强大的网络管理工具　B. 提供用户界面方便用户使用

C. 提供方便的可视化编辑程序　D. 控制和管理系统内的各种资源

05. 现代操作系统中最基本的两个特征是（　）。

A. 并发和不确定　B. 并发和共享　C. 共享和虚拟　D. 虚拟和不确定

06. 下列关于并发性的叙述中，正确的是（　）。

A. 并发性是指若干事件在同一时刻发生

B. 并发性是指若干事件在不同时刻发生

C. 并发性是指若干事件在同一时间间隔内发生

D. 并发性是指若干事件在不同时间间隔内发生

07. 用户可以通过（　）两种方式来使用计算机。

A. 命令接口和函数　B. 命令接口和系统调用

C. 命令接口和文件管理　D. 设备管理方式和系统调用

08. 系统调用是由操作系统提供给用户的，它（　）。

A. 直接通过键盘交互方式使用　B. 只能通过用户程序间接使用

C. 是命令接口中的命令　D. 与系统的命令一样

09. 操作系统提供给编程人员的接口是（　）。

A. 库函数　B. 高级语言　C. 系统调用　D. 子程序

10. 系统调用的目的是（　）。

A. 请求系统服务　B. 中止系统服务　C. 申请系统资源　D. 释放系统资源

11. 为了方便用户直接或间接地控制自己的作业，操作系统向用户提供了命令接口，该接口又可进一步分为（　）。

A. 联机用户接口和脱机用户接口　B. 程序接口和图形接口

C. 联机用户接口和程序接口　D. 脱机用户接口和图形接口

12. 以下关于操作系统的叙述中，错误的是（　）。

A. 操作系统是管理资源的程序

B. 操作系统是管理用户程序执行的程序

C. 操作系统是能使系统资源提高效率的程序

D. 操作系统是用来编程的程序

13.【2009统考真题】单处理机系统中，可并行的是（ ）。

I. 进程与进程 II. 处理机与设备 III. 处理机与通道 IV. 设备与设备

A. I、II、III B. I、II、IV C. I、III、IV D. II、III、IV

14.【2010统考真题】下列选项中，操作系统提供给应用程序的接口是（ ）。

A. 系统调用 B. 中断 C. 库函数 D. 原语

二、综合应用题

01. 说明库函数与系统调用的区别和联系。

1.1.5 答案与解析

一、单项选择题

01. C

操作系统管理计算机的硬件和软件资源，这些资源统称为计算机资源。注意，操作系统不仅管理处理机、存储器等硬件资源，而且也管理文件，文件不属于硬件资源，但属于计算机资源。

02. D

源程序是一种计算机代码，是用程序设计语言编写的程序，经编译或解释后可形成具有一定功能的可执行文件，是直接面向程序员用户的，而不是操作系统的管理内容。本题采用排除法可轻易得到答案，但有人会问操作系统不是也管理“文件”吗？源程序也存储在文件中吧？出现这种疑问的原因是，对操作系统管理文件的理解存在偏颇。操作系统管理文件，是指操作系统关心计算机中的文件的逻辑结构、物理结构、文件内部结构、多文件之间如何组织的问题，而不是关心文件的具体内容。这就好比你是操作系统，有十个水杯让你管理，你负责的是将这些水杯放在何处比较合适，而不关心水杯中的是水还是饮料。后续章节会详细介绍文件的管理。

03. D

操作系统管理计算机软/硬件资源，扩充裸机以提供功能更强大的扩充机器，并充当用户与硬件交互的中介。高级程序设计语言的编译器显然不是操作系统关心的问题。编译器的实质是一段程序指令，它存储在计算机中，是上述水杯中的水。

04. D

操作系统是指控制和管理整个计算机系统的硬件和软件资源，合理地组织、调度计算机的工作和资源的分配，以便为用户和其他软件提供方便的接口与环境的程序集合。A、B、C项都可理解成应用程序为用户提供的服务，是应用程序的功能，而不是操作系统的功能。

05. B

操作系统最基本的特征是并发和共享，两者互为存在条件。

06. C

并发性是指若干事件在同一时间间隔内发生，而并行性是指若干事件在同一时刻发生。

07. B

操作系统主要向用户提供命令接口和程序接口（系统调用），此外还提供图形接口；当然，图形接口其实是调用了系统调用而实现的功能。

08. B

系统调用是操作系统为应用程序使用内核功能所提供的接口。

09．C

操作系统为编程人员提供的接口是程序接口，即系统调用。

10．A

操作系统不允许用户直接操作各种硬件资源，因此用户程序只能通过系统调用的方式来请求内核为其服务，间接地使用各种资源。

11．A

程序接口、图形接口与命令接口三者并没有从属关系。按命令控制方式的不同，命令接口分为联机用户接口和脱机用户接口。

12．D

操作系统是用来管理资源的程序，用户程序也是在操作系统的管理下完成的。配置了操作系统的机器与裸机相比，资源利用率大大提高。操作系统不能直接用来编程，D 错误。

13．D

在单 CPU 系统中，同一时刻只能有一个进程占用 CPU，因此进程之间不能并行执行。通道是独立于 CPU 的、控制输入/输出的设备，两者可以并行。显然，处理器与设备是可以并行的。设备与设备是可以并行的，比如显示屏与打印机是可以并行工作的。

14．A

操作系统接口主要有命令接口和程序接口（也称*系统调用*）。库函数是高级语言中提供的与系统调用对应的函数（也有些库函数与系统调用无关），目的是隐藏“访管”指令的细节，使系统调用更为方便、抽象。但是，库函数属于用户程序而非系统调用，是系统调用的上层。

二、综合应用题

01.【解答】

库函数是语言或应用程序的一部分，可以运行在用户空间中。系统调用是操作系统的一部分，是内核为用户提供的程序接口，运行在内核空间中，并且许多库函数都使用系统调用来实现功能。未使用系统调用的库函数，其执行效率通常要比系统调用的高。因为使用系统调用时，需要上下文的切换及状态的转换（由用户态转向核心态）。

1.2 操作系统发展历程

1.2.1 手工操作阶段（此阶段无操作系统）

用户在计算机上算题的所有工作都要人工干预，如程序的装入、运行、结果的输出等。随着计算机硬件的发展，人机矛盾（速度和资源利用）越来越大，必须寻求新的解决办法。

手工操作阶段有两个突出的缺点：①用户独占全机，虽然不会出现因资源已被其他用户占用而等待的现象，但资源利用率低。②CPU 等待手工操作，CPU 的利用不充分。

唯一的解决办法就是用高速的机器代替相对较慢的手工操作来对作业进行控制。

1.2.2 批处理阶段（操作系统开始出现）

为了解决人机矛盾及 CPU 和 I/O 设备之间速度不匹配的矛盾，出现了批处理系统。按发展历程又分为单道批处理系统、多道批处理系统（多道程序设计技术出现以后）。

命题追踪 批处理系统的特点（2016）

1．单道批处理系统

为实现对作业的连续处理，需要先将一批作业以脱机方式输入磁带，并在系统中配上监督程序（Monitor），在其控制下，使这批作业能一个接一个地连续处理。虽然系统对作业的处理是成批进行的，但内存中始终保持一道作业。单道批处理系统的主要特征如下：

1）自动性。在顺利的情况下，磁带上的一批作业能自动地逐个运行，而无须人工干预。

2）顺序性。磁带上的各道作业顺序地进入内存，先调入内存的作业先完成。

3）单道性。内存中仅有一道程序运行，即监督程序每次从磁带上只调入一道程序进入内存运行，当该程序完成或发生异常情况时，才换入其后继程序进入内存运行。

此时面临的问题是：每次主机内存中仅存放一道作业，每当它在运行期间（注意这里是“运行时”而不是“完成后”）发出输入/输出请求后，高速的CPU便处于等待低速的I/O完成的状态。为了进一步提高资源的利用率和系统的吞吐量，引入了多道程序技术。

2．多道批处理系统

用户所提交的作业都先存放在外存上并排成一个队列，作业调度程序按一定的算法从后备队列中选择若干作业调入内存，它们在管理程序的控制下相互穿插地运行，共享系统中的各种硬/软件资源。当某道程序因请求I/O操作而暂停运行时，CPU便立即转去运行另一道程序，这是通过中断机制实现的。它让系统的各个组成部分都尽量的“忙”，切换任务所花费的时间很少，因而可实现系统各部件之间的并行工作，使其在单位时间内的效率翻倍。

命题追踪 多道批处理系统的特点（2017、2018、2022）

多道程序设计的特点是多道、宏观上并行、微观上串行。

1）多道。计算机内存中同时存放多道相互独立的程序。

2）宏观上并行。同时进入系统的多道程序都处于运行过程中，但都未运行完毕。

3）微观上串行。内存中的多道程序轮流占有CPU，交替执行。

多道程序设计技术的实现需要解决下列问题：

1）如何分配处理器。

2）多道程序的内存分配问题。

3）I/O设备如何分配。

4）如何组织和存放大量的程序和数据，以方便用户使用并保证其安全性与一致性。

在批处理系统中采用多道程序设计技术就形成了多道批处理操作系统。该系统将用户提交的作业成批地送入计算机内存，然后由作业调度程序自动地选择作业运行。

优点：资源利用率高，多道程序共享计算机资源，从而使各种资源得到充分利用；系统吞吐量大，CPU和其他资源保持“忙碌”状态。缺点：用户响应的时间较长；不提供人机交互能力，用户既不能了解自己的程序的运行情况，又不能控制计算机。

注 意

2018年真题考查的多任务操作系统可视为具有交互性的多道批处理系统。

1.2.3 分时操作系统

所谓分时技术，是指将处理器的运行时间分成很短的时间片，按时间片轮流将处理器分配给各联机作业使用。若某个作业在分配给它的时间片内不能完成其计算，则该作业暂时停止运行，将处理器让给其他作业使用，等待下一轮再继续运行。由于计算机速度很快，作业运行轮转得也很快，因此给每个用户的感觉就像是自己独占一台计算机。

分时操作系统是指多个用户通过终端同时共享一台主机，这些终端连接在主机上，用户可以同时与主机进行交互操作而互不干扰。因此，实现分时系统的关键问题是如何使用户能与自己的作业进行交互，即当用户在自己的终端上键入命令时，系统应能及时接收并及时处理该命令，再将结果返回用户。分时系统也是支持多道程序设计的系统，但它不同于多道批处理系统。多道批处理是实现作业自动控制而无须人工干预的系统，而分时系统是实现人机交互的系统，这使得分时系统具有与批处理系统不同的特征。分时系统的主要特征如下：

1）同时性。同时性也称多路性，指允许多个终端用户同时使用一台计算机。

2）交互性。用户通过终端采用人机对话的方式直接控制程序运行，与同程序进行交互。

3）独立性。系统中多个用户可以彼此独立地进行操作，互不干扰，单个用户感觉不到别人也在使用这台计算机，好像只有自己单独使用这台计算机一样。

4）及时性。用户请求能在很短时间内获得响应。

虽然分时操作系统较好地解决了人机交互问题，但在一些应用场合，需要系统能对外部的信息在规定的时间（比时间片的时间还短）内做出处理（比如飞机订票系统或导弹制导系统），因此，实时操作系统应运而生。

1.2.4 实时操作系统

为了能在某个时间限制内完成某些紧急任务而不需要时间片排队，诞生了实时操作系统。这里的时间限制可以分为两种情况：若某个动作必须绝对地在规定的时刻（或规定的时间范围）发生，则称为硬实时系统，如飞行器的飞行自动控制系统，这类系统必须提供绝对保证，让某个特定的动作在规定的时间内完成。若能够接受偶尔违反时间规定且不会引起任何永久性的损害，则称为软实时系统，如飞机订票系统、银行管理系统。

在实时操作系统的控制下，计算机系统接收到外部信号后及时进行处理，并在严格的时限内处理完接收的事件。实时操作系统的主要特点是及时性和可靠性。

1.2.5 网络操作系统和分布式计算机系统

网络操作系统将计算机网络中的各台计算机有机地结合起来，提供一种统一、经济而有效的使用各台计算机的方法，实现各台计算机之间数据的互相传送。网络操作系统最主要的特点是网络中各种资源的共享及各台计算机之间的通信。

分布式计算机系统是由多台计算机组成并满足下列条件的系统：系统中任意两台计算机通过通信方式交换信息；系统中的每台计算机都具有同等的地位，即没有主机也没有从机；每台计算机上的资源为所有用户共享；系统中的任意台计算机都可以构成一个子系统，并且还能重构；任何工作都可以分布在几台计算机上，由它们并行工作、协同完成。用于管理分布式计算机系统的操作系统称为分布式计算机系统。该系统的主要特点是：分布性和并行性。分布式操作系统与网络操作系统的本质不同是，分布式操作系统中的若干计算机相互协同完成同一任务。

1.2.6 个人计算机操作系统

个人计算机操作系统是目前使用最广泛的操作系统，它广泛应用于文字处理、电子表格、游戏中，常见的有 Windows、Linux 和 MacOS 等。操作系统的发展历程如图 1.1 所示。

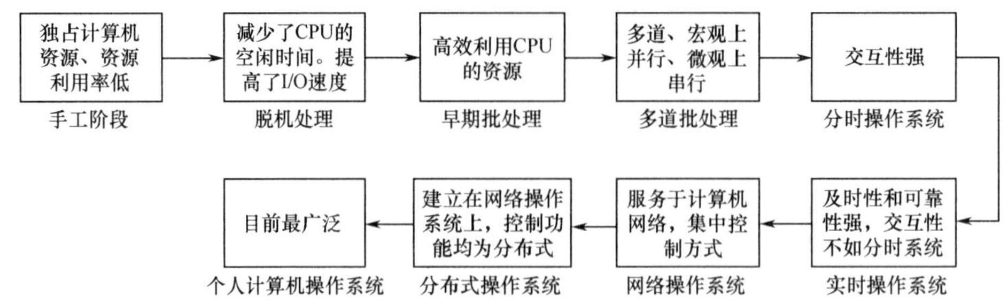

图 1.1 操作系统的发展历程

此外，还有嵌入式操作系统、服务器操作系统、智能手机操作系统等。

1.2.7 本节习题精选

一、单项选择题

01. 提高单机资源利用率的关键技术是（ ）。

A. 脱机技术　　B. 虚拟技术
C. 交换技术　　D. 多道程序设计技术

02. 批处理系统的主要缺点是（ ）。

A. 系统吞吐量小　　B. CPU 利用率不高　　C. 资源利用率低　　D. 无交互能力

03. 下列选项中，不属于多道程序设计的基本特征的是（ ）。

A. 制约性　　B. 间断性　　C. 顺序性　　D. 共享性

04. 操作系统的基本类型主要有（ ）。

A. 批处理操作系统、分时操作系统和多任务系统
B. 批处理操作系统、分时操作系统和实时操作系统
C. 单用户系统、多用户系统和批处理操作系统
D. 实时操作系统、分时操作系统和多用户系统

05. 实时操作系统必须在（ ）内处理来自外部的事件。

A. 一个机器周期　　B. 被控制对象规定时间
C. 周转时间　　D. 时间片

06.（ ）不是设计实时操作系统的主要追求目标。

A. 安全可靠　　B. 资源利用率　　C. 及时响应　　D. 快速处理

07. 下列（ ）应用工作最好采用实时操作系统平台。

I. 航空订票　　II. 办公自动化　　III. 机床控制
IV. AutoCAD　　V. 工资管理系统　　VI. 股票交易系统

A. I、II 和 III　　B. I、III 和 IV　　C. I、V 和 IV　　D. I、III 和 VI

08. 下列关于分时系统的叙述中，错误的是（ ）。

A. 分时系统主要用于批处理作业
B. 分时系统中每个任务依次轮流使用时间片
C. 分时系统的响应时间好
D. 分时系统是一种多用户操作系统

09. 分时系统的一个重要性能是系统的响应时间，对操作系统的（ ）因素进行改进有利于改善系统的响应时间。

A. 加大时间片　　B. 采用静态页式管理

C. 优先级＋非抢占式调度算法　　D. 代码可重入

10. 分时系统追求的目标是（　）。

A. 充分利用 I/O 设备　　B. 比较快速响应用户
C. 提高系统吞吐率　　D. 充分利用内存

11. 在分时系统中，时间片一定时，（　）响应时间越长。

A. 内存越多　　B. 内存越少　　C. 用户数越多　　D. 用户数越少

12. 在分时系统中，为使多个进程能够及时与系统交互，关键的问题是能在短时间内，使所有就绪进程都能运行。当就绪进程数为 100 时，为保证响应时间不超过 2s，此时的时间片最大应为（　）。

A. 10ms　　B. 20ms　　C. 50ms　　D. 100ms

13. 操作系统有多种类型。允许多个用户以交互的方式使用计算机的操作系统，称为（　）；允许多个用户将若干作业提交给计算机系统集中处理的操作系统，称为（　）；在（　）的控制下，计算机系统能及时处理由过程控制反馈的数据，并及时做出响应；在 IBM-PC 中，操作系统称为（　）。

A. 批处理系统　　B. 分时操作系统
C. 实时操作系统　　D. 微型计算机操作系统

14. 下列各种系统中，（　）可以使多个进程并行执行。

A. 分时系统　　B. 多处理器系统　　C. 批处理系统　　D. 实时系统

15. 下列关于操作系统的叙述中，正确的是（　）。

A. 批处理操作系统必须在响应时间内处理完一个任务
B. 实时操作系统须在规定时间内处理完来自外部的事件
C. 分时操作系统必须在周转时间内处理完来自外部的事件
D. 分时操作系统必须在调度时间内处理完来自外部的事件

16. 引入多道程序技术的前提条件之一是系统具有（　）。

A. 多个 CPU　　B. 多个终端　　C. 中断功能　　D. 分时功能

17. 【2016 统考真题】下列关于批处理系统的叙述中，正确的是（　）。

I. 批处理系统允许多个用户与计算机直接交互
II. 批处理系统分为单道批处理系统和多道批处理系统
III. 中断技术使得多道批处理系统的 I/O 设备可与 CPU 并行工作

A. 仅 II、III　　B. 仅 II　　C. 仅 I、II　　D. 仅 I、III

18. 【2017 统考真题】与单道程序系统相比，多道程序系统的优点是（　）。

I. CPU 利用率高　　II. 系统开销小
III. 系统吞吐量大　　IV. I/O 设备利用率高

A. 仅 I、III　　B. 仅 I、IV　　C. 仅 II、III　　D. 仅 I、III、IV

19. 【2018 统考真题】下列关于多任务操作系统的叙述中，正确的是（　）。

I. 具有并发和并行的特点
II. 需要实现对共享资源的保护
III. 需要运行在多 CPU 的硬件平台上

A. 仅 I　　B. 仅 II　　C. 仅 I、II　　D. I、II、III

20. 【2022 统考真题】下列关于多道程序系统的叙述中，不正确的是（　）。

A. 支持进程的并发执行　　B. 不必支持虚拟存储管理
C. 需要实现对共享资源的管理　　D. 进程数越多 CPU 利用率越高

二、综合应用题

01. 有两个程序，程序 A 依次使用 CPU 计 10s、设备甲计 5s、CPU 计 5s、设备乙计 10s、CPU 计 10s；程序 B 依次使用设备甲计 10s、CPU 计 10s、设备乙计 5s、CPU 计 5s、设备乙计 10s。在单道程序环境下先执行程序 A 再执行程序 B，CPU 的利用率是多少？在多道程序环境下，CPU 利用率是多少？

02. 设某计算机系统有一个 CPU、一台输入设备、一台打印机。现有两个进程同时进入就绪态，且进程 A 先得到 CPU 运行，进程 B 后运行。进程 A 的运行轨迹为：计算 50ms，打印信息 100ms，再计算 50ms，打印信息 100ms，结束。进程 B 的运行轨迹为：计算 50ms，输入数据 80ms，再计算 100ms，结束。画出它们的甘特图，并说明：

1）开始运行后，CPU 有无空闲等待？若有，在哪段时间内等待？计算 CPU 的利用率。

2）进程 A 运行时有无等待现象？若有，在何时发生等待现象？

3）进程 B 运行时有无等待现象？若有，在何时发生等待现象？

1.2.8 答案与解析

一、单项选择题

01. D

脱机技术是指在主机以外的设备上进行输入/输出操作，需要时再送主机处理，以提高设备的利用率。虚拟技术与交换技术以多道程序设计技术为前提。多道程序设计技术由于同时在主存中运行多个程序，在一个程序等待时，可以去执行其他程序，因此提高了系统资源的利用率。

02. D

批处理系统中，作业执行时用户无法干预其运行，只能通过事先编制作业控制说明书来间接干预，缺少交互能力，也因此才有了分时操作系统的出现。

03. C

多道程序的运行环境比单道程序的运行环境更加复杂。引入多道程序后，程序的执行就失去了封闭性和顺序性。程序执行因为共享资源及相互协同的原因产生了竞争，相互制约。

考虑到竞争的公平性，程序的执行是断续的。

04. B

操作系统的基本类型主要有批处理操作系统、分时操作系统和实时操作系统。

05. B

实时系统要求能实时处理外部事件，即在规定的时间内完成对外部事件的处理。

06. B

实时性和可靠性是实时操作系统最重要的两个目标，而安全可靠体现了可靠性，快速处理和及时响应体现了实时性。资源利用率不是实时操作系统的主要目标，即为了保证快速处理高优先级任务，允许“浪费”一些系统资源。

07. D

实时操作系统主要应用在需要对外界输入立即做出反应的场合，不能有拖延，否则会产生严重后果。本题的选项中，航空订票系统需要实时处理票务，因为票额数据库的数量直接反映了航班的可订机位。机床控制也要实时，不然会出差错。股票交易行情随时在变，若不能实时交易会出现时间差，使交易出现偏差。

08. A

分时系统主要用于交互式作业而非批处理作业。分时系统中每个任务依次轮流使用时间片，这是一种公平的 CPU 分配策略。分时系统的响应时间好，因为分时系统采用了时间片轮转法来调度进程，可以使得每个任务在较短的时间内得到响应，提高用户的满意度。分时系统是一种多用户操作系统，因为分时系统可以支持多个终端同时连接到同一台计算机上。

09． C

采用优先级+非抢占式调度算法，既可使重要的作业/进程通过高优先级尽快获得系统响应，又可保证次要的作业/进程在非抢占式调度下不会迟迟得不到系统响应，这样有利于改善系统的响应时间。加大时间片会延迟系统响应时间；静态页式管理和代码可重入与系统响应时间无关。

10． B

要求快速响应用户是导致分时系统出现的重要原因。

11． C

分时系统中，当时间片固定时，用户数越多，每个用户分到的时间片就越少，响应时间就相应变长。注意，分时系统的响应时间 T 可表示为 $T \approx QN$，其中 Q 是时间片，而 N 是用户数。

12． B

响应时间不超过 2s，即在 2s 内必须响应所有进程。所以时间片最大为 2s/100 = 20ms。

13． B、A、C、D

这是操作系统发展过程中的几种主要类型。

14． B

多个进程并发执行的系统是指在一段时间内宏观上有多个进程同时运行，但在单处理器系统中，每个时刻却只能有一道程序执行，所以微观上这些程序只能是分时地交替执行。只有多处理器系统才能使多个进程并行执行，每个处理器上分别运行不同的进程。

15． B

实时操作系统要求能在规定时间内完成特定的功能。批处理操作系统不需要在响应时间内处理完一个任务。分时操作系统不要求在周转时间或调度时间内处理完外部事件。

16． C

多道程序技术要求进程间能实现并发，需要实现进程调度以保证 CPU 的工作效率，而并发性的实现需要中断功能的支持。

17． A

批处理系统中，作业执行时用户无法干预其运行，只能通过事先编制作业控制说明书来间接干预，缺少交互能力，I 错误。批处理系统按发展历程又分为单道批处理系统、多道批处理系统，II 正确。多道程序设计技术允许把多个程序同时装入内存，并允许它们在 CPU 中交替运行，共享系统中的各种硬/软件资源，当一道程序因 I/O 请求而暂停运行时，CPU 便立即转去运行另一道程序，即多道批处理系统的 I/O 设备可与 CPU 并行工作，这是借助中断技术实现的，III 正确。

18． D

多道程序系统中总有一个作业在 CPU 上执行，因此提高了 CPU 的利用率、系统吞吐量和 I/O 设备利用率，I、III、IV 正确。但系统要付出额外的开销来组织作业和切换作业，II 错误。

19． C

现代操作系统都是多任务的，允许用户把程序分为若干个任务，使它们并发执行。在单 CPU 中，这些任务并发执行，即宏观上并行执行，微观上分时地交替执行；在多 CPU 中，这些任务是真正的并行执行。此外，引入中断之后才出现了多任务操作系统，而中断方式的特点是 CPU 与外设并行工作，因此 I 正确。多个任务必须互斥地访问共享资源，为达到这一目标必须对共享资源进行必要的保护，II 正确。多任务操作系统并不一定需要运行在多 CPU 的硬件上，单个 CPU 通过分时使用也能满足要求，III 错误。综上所述，I、II 正确，III 错误。

20. D

操作系统的基本特点：并发、共享、虚拟、异步，其中最基本、一定要实现的是并发和共享。早期的多道批处理操作系统会将所有进程的数据全部调入主存，再让多道程序并发执行，即使不支持虚拟存储管理，也能实现多道程序并发。进程多并不意味着 CPU 利用率高，进程数量越多，进程之间的资源竞争越激烈，甚至可能因为资源竞争而出现死锁现象，导致 CPU 利用率低。

二、综合应用题

01.【解答】

如下图所示，单道环境下，CPU 的运行时间为(10 + 5 + 10)s + (10 + 5)s = 40s，两个程序运行的总时间为 40s + 40s = 80s，因此利用率是 40/80 = 50%。

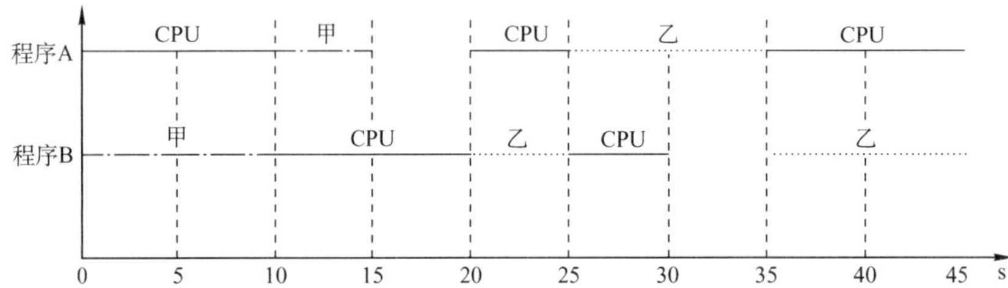

多道环境下，CPU 运行时间为 40s，两个程序运行总时间为 45s，因此利用率为 40/45 = 88.9%。

> **注 意**
>
> 此图为甘特图，甘特图又称横道图，它以图示的方式通过活动列表和时间刻度形象地表示任意特定项目的活动顺序与持续时间。

以后遇到此类题目，即给出几个不同的程序，每个程序以各个任务时间片给出时，一定要用甘特图来求解，因为其直观、快捷。为节省读者研究甘特图画法的时间，下面给出既定的步骤，读者可按下列步骤快速、正确地画出甘特图。

①横坐标上标出合适的时间间隔，纵坐标上的点是程序的名字。

②过横坐标上每个标出的时间点，向上作垂直于横坐标的虚线。

③用几种不同的线（推荐用“直线”“波浪线”“虚线”三种，较易区分）代表对不同资源的占用，按照题目给出的任务时间片，平行于横坐标把不同程序对应的线段分别画出来。

画图时要注意，如处理器、打印设备等资源是不能让两个程序同时使用的，有一个程序正在使用时，其他程序的请求只能排队。

02.【解答】

这类实际的 CPU 和输入/输出设备调度的题目一定要画图，画出运行时的甘特图后就能清楚地看到不同进程间的时序关系，进程运行情况如下图所示。

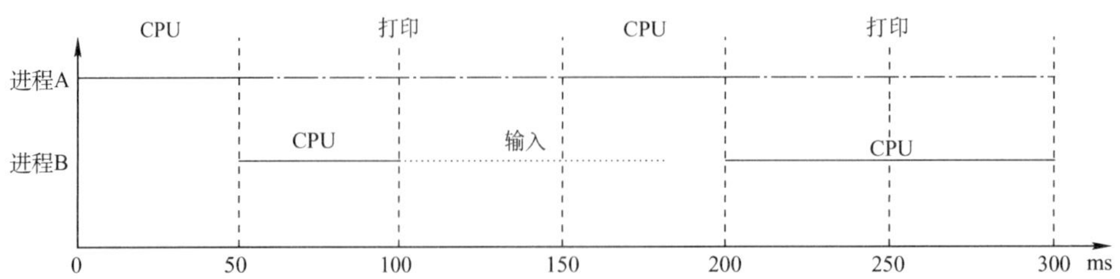

1）CPU 在 100～150ms 时间段内空闲，利用率为 250/300 = 83.3%。

2）进程 A 为无等待现象。

3）进程 B 为有等待现象，发生在 0～50ms 和 180～200ms 时间段。

1.3　操作系统的运行环境

1.3.1　处理器运行模式①

在计算机系统中，通常 CPU 执行两种不同性质的程序：一种是操作系统内核程序；另一种是用户自编程序（系统外层的应用程序，简称*应用程序*）。对操作系统而言，这两种程序的作用不同，前者是后者的管理者，因此“管理程序”（内核程序）要执行一些特权指令，而“被管理程序”（用户自编程序）出于安全考虑不能执行这些特权指令。

命题追踪 ▶ 特权指令和非特权指令的特点（2022）

1）*特权指令*，是指不允许用户直接使用的指令，如 I/O 指令、关中断指令、内存清零指令，存取用于内存保护的寄存器、送 PSW 到程序状态字寄存器等的指令。

2）*非特权指令*，是指允许用户直接使用的指令，它不能直接访问系统中的软硬件资源，仅限于访问用户的地址空间，这也是为了防止用户程序对系统造成破坏。

命题追踪 ▶ 内核态执行的指令分析（2021）

命题追踪 ▶ 用户态发生或执行的事件分析（2011、2012、2014）

在具体实现上，将 CPU 的运行模式划分为*用户态*（*目态*）和*核心态*（*又称管态、内核态*）。可以理解为 CPU 内部有一个小开关，当小开关为 0 时，CPU 处于核心态，此时 CPU 可以执行特权指令，切换到用户态的指令也是特权指令。当小开关为 1 时，CPU 处于用户态，此时 CPU 只能执行非特权指令。应用程序运行在用户态，操作系统内核程序运行在核心态。应用程序向操作系统请求服务时通过使用访管指令，访管指令是在用户态执行的，因此是非特权指令。

在软件工程思想和结构化程序设计方法影响下诞生的现代操作系统，几乎都是分层式的结构。操作系统的各项功能分别被设置在不同的层次上。一些与硬件关联较紧密的模块，如时钟管理、中断处理、设备驱动等处于最低层。其次是运行频率较高的程序，如进程管理、存储器管理和设备管理等。这两部分内容构成了操作系统的内核。这部分内容的指令运行在核心态。

内核是计算机上配置的底层软件，它管理着系统的各种资源，可以看作是连接应用程序和硬件的一座桥梁，大多数操作系统的*内核*包括 4 方面的内容。

1．时钟管理

命题追踪 ▶ 时钟中断服务的内容（2018）

在计算机的各种部件中，时钟是关键设备。时钟的第一功能是计时，操作系统需要通过时钟管理，向用户提供标准的系统时间。另外，通过时钟中断的管理，可以实现进程的切换。例如，在分时操作系统中采用时间片轮转调度，在实时系统中按截止时间控制运行，在批处

① 先弄清楚一个问题，即计算机“指令”和高级语言“代码”是不同的。通常所说的“编写代码”指的是用高级语言（如 C、Java 等）来编写程序。但 CPU 看不懂这些高级语言程序的含义，为了让这些程序能顺利执行，就需要将它们“翻译”成 CPU 能懂的机器语言，即一条条“指令”。所谓执行程序，其实就是 CPU 根据一条条指令来执行一个个具体的操作。

理系统中通过时钟管理来衡量一个作业的运行程度等。因此，系统管理的方方面面无不依赖于时钟。

2．中断机制

命题追踪 ▶ 中断机制在多道程序设计中的作用（2016）

引入中断技术的初衷是提高多道程序运行时的CPU利用率，使CPU可以在I/O操作期间执行其他指令。后来逐步得到发展，形成了多种类型，成为操作系统各项操作的基础。例如，键盘或鼠标信息的输入、进程的管理和调度、系统功能的调用、设备驱动、文件访问等，无不依赖于中断机制。可以说，现代操作系统是靠中断驱动的软件。

中断机制中，只有一小部分功能属于内核，它们负责保护和恢复中断现场的信息，转移控制权到相关的处理程序。这样可以减少中断的处理时间，提高系统的并行处理能力。

3．原语

按层次结构设计的操作系统，底层必然是一些可被调用的公用小程序，它们各自完成一个规定的操作，通常将具有这些特点的程序称为*原语*（Atomic Operation）。它们的特点如下：

1）处于操作系统的底层，是最接近硬件的部分。

2）这些程序的运行具有原子性，其操作只能一气呵成（出于系统安全性和便于管理考虑）。

3）这些程序的运行时间都较短，而且调用频繁。

定义原语的直接方法是关中断，让其所有动作不可分割地完成后再打开中断。系统中的设备驱动、CPU切换、进程通信等功能中的部分操作都可定义为原语，使它们成为内核的组成部分。

4．系统控制的数据结构及处理

系统中用来登记状态信息的数据结构很多，如作业控制块、进程控制块（PCB）、设备控制块、各类链表、消息队列、缓冲区、空闲区登记表、内存分配表等。为了实现有效的管理，系统需要一些基本的操作，常见的操作有以下3种：

1）*进程管理*。进程状态管理、进程调度和分派、创建与撤销进程控制块等。

2）*存储器管理*。存储器的空间分配和回收、内存信息保护程序、代码对换程序等。

3）*设备管理*。缓冲区管理、设备分配和回收等。

可见，核心态指令实际上包括系统调用类指令和一些针对时钟、中断和原语的操作指令。

1.3.2 中断和异常的概念①

命题追踪 ▶ 用户态切换到内核态的事件分析（2013、2015）

在操作系统中引入核心态和用户态这两种工作状态后，就需要考虑这两种状态之间如何切换。操作系统内核工作在核心态，而用户程序工作在用户态。系统不允许用户程序实现核心态的功能，而它们又必须使用这些功能。因此，需要在核心态建立一些“门”，以便实现从用户态进入核心态。在实际操作系统中，CPU运行用户程序时唯一能进入这些“门”的途径就是通过中断或异常。发生中断或异常时，运行用户态的CPU会立即进入核心态，这是通过硬件实现的（例如，用一个特殊寄存器的一位来表示CPU所处的工作状态，0表示核心态，1表示用户态。若要进入核心态，则只需将该位置0即可）。中断是操作系统中非常重要的一个概念，对一个运行在计算机上的实用操作系统而言，缺少了中断机制，将是不可想象的。原因是，操作系统的发展过程大

① 本节的内容较为精简，建议结合《计算机组成原理考研复习指导》中的5.5节和7.3节进行学习。

体上就是一个想方设法不断提高资源利用率的过程，而提高资源利用率就需要在程序并未使用某种资源时，将它对那种资源的占有权释放，而这一行为就需要通过中断实现。

1．中断和异常的定义

命题追踪 ▶▶ 可能引发中断或异常的指令分析（2013、2015）

中断（Interruption）也称外中断，是指来自 CPU 执行指令外部的事件，通常用于信息输入/输出（见第 5 章），如设备发出的 I/O 结束中断，表示设备输入/输出处理已经完成。时钟中断，表示一个固定的时间片已到，让处理机处理计时、启动定时运行的任务等。

异常（Exception）也称内中断，是指来自 CPU 执行指令内部的事件，如程序的非法操作码、地址越界、运算溢出、虚存系统的缺页及专门的陷入指令等引起的事件。异常不能被屏蔽，一旦出现，就应立即处理。关于内中断和外中断的联系与区别如图 1.2 所示。

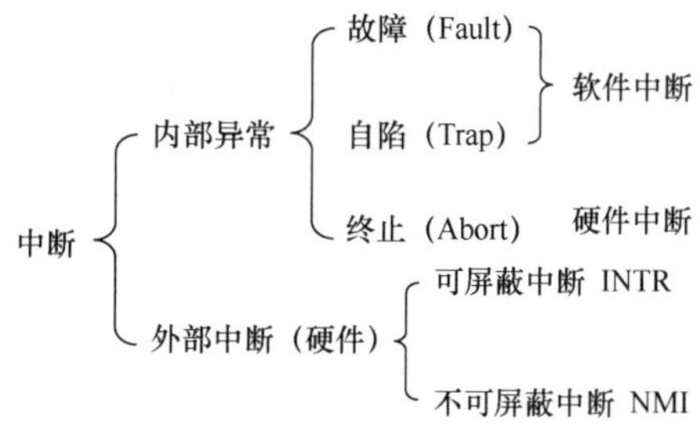

图 1.2　内中断和外中断的联系与区别

2．中断和异常的分类

命题追踪 ▶▶ 中断和异常的分类（2016）

外中断可分为可屏蔽中断和不可屏蔽中断。可屏蔽中断是指通过 INTR 线发出的中断请求，通过改变屏蔽字可以实现多重中断，从而使得中断处理更加灵活。不可屏蔽中断是指通过 NMI 线发出的中断请求，通常是紧急的硬件故障，如电源掉电等。此外，异常也是不能被屏蔽的。

异常可分为故障、自陷和终止。故障（Fault）通常是由指令执行引起的异常，如非法操作码、缺页故障、除数为 0、运算溢出等。自陷（Trap，又称陷入）是一种事先安排的“异常”事件，用于在用户态下调用操作系统内核程序，如条件陷阱指令、系统调用指令等。终止（Abort）是指出现了使得 CPU 无法继续执行的硬件故障，如控制器出错、存储器校验错等。故障异常和自陷异常属于软件中断（程序性异常），终止异常和外部中断属于硬件中断。

3．中断和异常的处理过程

命题追踪 ▶▶ 中断和异常的处理过程（2015、2020、2024）

中断和异常处理过程的大致描述如下：当 CPU 在执行用户程序的第 i 条指令时检测到一个异常事件，或在执行第 i 条指令后发现一个中断请求信号，则 CPU 打断当前的用户程序，然后转到相应的中断或异常处理程序去执行。若中断或异常处理程序能够解决相应的问题，则在中断或异常处理程序的最后，CPU 通过执行中断或异常返回指令，回到被打断的用户程序的第 i 条指令或第 $i+1$ 条指令继续执行；若中断或异常处理程序发现是不可恢复的致命错误，则终止用户程序。通常情况下，对中断和异常的具体处理过程由操作系统（和驱动程序）完成。

命题追踪 ▶▶ 中断处理和子程序调用的比较（2012）

注意区分中断处理和子程序调用：①中断处理程序与被中断的当前程序是相互独立的，它们之间没有确定的关系；子程序与主程序是同一程序的两部分，它们属于主从关系。②通常中断的产生都是随机的；而子程序调用是通过调用指令（CALL）引起的，是由程序设计者事先安排的。③调用子程序的过程完全属于软件处理过程；而中断处理的过程还需要有专门的硬件电路才能实现。④中断处理程序的入口地址可由硬件向量法产生向量地址，再由向量地址找到入口地址；子程序的入口地址是由CALL指令中的地址码给出的。⑤调用中断处理程序和子程序都需要保护程序计数器（PC）的内容，前者由中断隐指令完成，后者由CALL指令完成（执行CALL指令时，处理器先将当前的PC值压入栈，再将PC设置为被调用子程序的入口地址）。⑥响应中断时，需对同时检测到的多个中断请求进行裁决，而调用子程序时没有这种操作。

1.3.3 系统调用

命题追踪 ▶ 系统调用的定义及性质（2019、2021）

系统调用是指用户在程序中调用操作系统所提供的一些子功能，它可被视为特殊的公共子程序。系统中的各种共享资源都由操作系统统一掌管，因此在用户程序中，凡是与资源有关的操作（如存储分配、I/O传输及管理文件等），都必须通过系统调用方式向操作系统提出服务请求，并由操作系统代为完成。通常，一个操作系统提供的系统调用命令有几十条乃至上百条之多，每个系统调用都有唯一的系统调用号。这些系统调用按功能大致可分为如下几类。

命题追踪 ▶ 系统调用的功能（2021）

- 设备管理。完成设备的请求或释放，以及设备启动等功能。
- 文件管理。完成文件的读、写、创建及删除等功能。
- 进程控制。完成进程的创建、撤销、阻塞及唤醒等功能。
- 进程通信。完成进程之间的消息传递或信号传递等功能。
- 内存管理。完成内存的分配、回收以及获取作业占用内存区大小和起始地址等功能。

显然，系统调用相关功能涉及系统资源管理、进程管理之类的操作，对整个系统的影响非常大，因此系统调用的处理需要由操作系统内核程序负责完成，要运行在核心态。

命题追踪 ▶ 系统调用的处理过程及CPU状态的变化（2012、2017、2023）

命题追踪 ▶ 系统调用处理过程中操作系统负责的任务（2022）

下面分析系统调用的处理过程：第一步是，用户程序首先将系统调用号和所需的参数压入堆栈；接着，调用实际的调用指令，然后执行一个陷入指令，将CPU状态从用户态转为核心态，再后由硬件和操作系统内核程序保护被中断进程的现场，将程序计数器（PC）、程序状态字（PSW）及通用寄存器内容等压入堆栈。第二步是，分析系统调用类型，转入相应的系统调用处理子程序。在系统中配置了一张系统调用入口表，表中的每个表项都对应一个系统调用，根据系统调用号可以找到该系统调用处理子程序的入口地址。第三步是，在系统调用处理子程序执行结束后，恢复被中断的或设置新进程的CPU现场，然后返回被中断进程或新进程，继续往下执行。

可以这么理解，用户程序执行“陷入指令”，相当于将CPU的使用权主动交给操作系统内核程序（CPU状态会从用户态进入核心态），之后操作系统内核程序再对系统调用请求做出相应处理。处理完成后，操作系统内核程序又会将CPU的使用权还给用户程序（CPU状态会从核心态回到用户态）。这么设计的目的是：用户程序不能直接执行对系统影响非常大的操作，必须通过系统调用的方式请求操作系统代为执行，以便保证系统的稳定性和安全性。

这样，操作系统的运行环境就可以理解为：用户通过操作系统运行上层程序（如系统提供的命令解释程序或用户自编程序），而这个上层程序的运行依赖于操作系统的底层管理程序提供服务支持，当需要管理程序服务时，系统则通过硬件中断机制进入核心态，运行管理程序；也可能是程序运行出现异常情况，被动地需要管理程序的服务，这时就通过异常处理来进入核心态。管理程序运行结束时，用户程序需要继续运行，此时通过相应的保存的程序现场退出中断处理程序或异常处理程序，返回断点处继续执行，如图 1.3 所示。

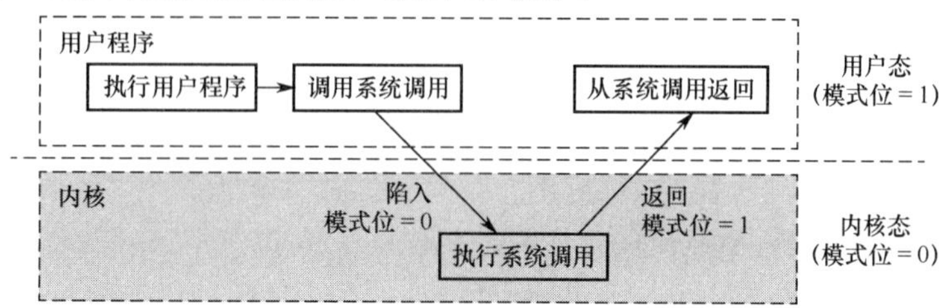

图 1.3　系统调用执行过程

在操作系统这一层面上，我们关心的是系统核心态和用户态的软件实现与切换，对于硬件层面的具体理解，可以结合“计算机组成原理”课程中有关中断的内容进行学习。

下面列举一些由用户态转向核心态的例子：

1）用户程序要求操作系统的服务，即系统调用。

2）发生一次中断。

3）用户程序中产生了一个错误状态。

4）用户程序中企图执行一条特权指令。

从核心态转向用户态由一条指令实现，这条指令也是特权命令，一般是中断返回指令。

1.3.4　本节习题精选

单项选择题

01. 下列关于操作系统的说法中，错误的是（　）。

I. 在通用操作系统管理下的计算机上运行程序，需要向操作系统预订运行时间

II. 在通用操作系统管理下的计算机上运行程序，需要确定起始地址，并从这个地址开始执行

III. 操作系统需要提供高级程序设计语言的编译器

IV. 管理计算机系统资源是操作系统关心的主要问题

A. I　　B. I、III　　C. II、III　　D. I、II、III、IV

02. 下列说法中，正确的是（　）。

I. 批处理的主要缺点是需要大量内存

II. 当计算机提供了核心态和用户态时，输入/输出指令必须在核心态下执行

III. 操作系统中采用多道程序设计技术的最主要原因是提高 CPU 和外部设备的可靠性

IV. 操作系统中，通道技术是一种硬件技术

A. I、II　　B. I、III　　C. II、IV　　D. II、III、IV

03. 下列关于系统调用的说法中，正确的是（　）。

I. 用户程序使用系统调用命令，该命令经过编译后形成若干参数和陷入指令

II. 用户程序使用系统调用命令，该命令经过编译后形成若干参数和屏蔽中断指令

III. 用户程序创建一个新进程，需使用操作系统提供的系统调用接口

IV. 当操作系统完成用户请求的系统调用功能后，应使CPU从内核态转到用户态

A. I、III　B. III、IV　C. I、III、IV　D. II、III、IV

04. （ ）是操作系统必须提供的功能。

A. 图形用户界面（GUI）　B. 为进程提供系统调用命令

C. 中断处理　D. 编译源程序

05. 用户程序在用户态下要使用特权指令引起的中断属于（ ）。

A. 故障异常　B. 终止异常　C. 外部中断　D. 陷入中断

06. 处理器执行的指令被分为两类，其中有一类称为特权指令，它只允许（ ）使用。

A. 操作员　B. 联机用户　C. 目标程序　D. 操作系统

07. 在中断发生后，进入中断处理的程序属于（ ）。

A. 用户程序

B. 可能是用户程序，也可能是OS程序

C. 操作系统程序

D. 单独的程序，即不是用户程序也不是OS程序

08. 计算机区分核心态和用户态指令后，从核心态到用户态的转换是由操作系统程序执行后完成的，而用户态到核心态的转换则是由（ ）完成的。

A. 硬件　B. 核心态程序

C. 用户程序　D. 中断处理程序

09. 可在用户态执行的指令是（ ）。

A. 屏蔽中断　B. 设置时钟的值　C. 修改内存单元的值　D. 停机

10. 在操作系统中，只能在核心态下运行的指令是（ ）。

A. 读时钟指令　B. 置时钟指令　C. 取数指令　D. 寄存器清零

11. 下列程序中，不工作在内核态的是（ ）。

A. 命令解释程序　B. 磁盘调度程序　C. 中断处理程序　D. 进程调度程序

12. “访管”指令（ ）使用。

A. 仅在用户态下　B. 仅在核心态下　C. 在规定时间内　D. 在调度时间内

13. 当CPU执行操作系统代码时，处理器处于（ ）。

A. 自由态　B. 用户态　C. 核心态　D. 就绪态

14. 在操作系统中，只能在核心态下执行的指令是（ ）。

A. 读时钟　B. 取数　C. 系统调用命令　D. 寄存器清“0”

15. 下列选项中，必须在核心态下执行的指令是（ ）。

A. 从内存中取数　B. 将运算结果装入内存

C. 算术运算　D. 输入/输出

16. CPU处于核心态时，它可以执行的指令是（ ）。

A. 只有特权指令　B. 只有非特权指令

C. 只有“访管”指令　D. 除“访管”指令的全部指令

17. （ ）程序可执行特权指令。

A. 同组用户　B. 操作系统　C. 特权用户　D. 一般用户

18. 下列中断事件中，能引起外部中断的事件是（ ）。

I. 时钟中断　II. 访管中断　III. 缺页中断

A. I　B. III　C. I和II　D. II和III

19. 下列关于库函数和系统调用的说法中，不正确的是（　）。

A. 库函数运行在用户态，系统调用运行在内核态

B. 使用库函数时开销较小，使用系统调用时开销较大

C. 库函数不方便替换，系统调用通常很方便被替换

D. 库函数可以很方便地调试，而系统调用很麻烦

20. 下列关于系统调用和一般过程调用的说法中，正确的是（　）。

A. 两者都需要将当前 CPU 中的 PSW 和 PC 的值压栈，以保存现场信息

B. 系统调用的被调用过程一定运行在内核态

C. 一般过程调用的被调用过程一定运行在用户态

D. 两者的调用过程与被调用过程一定都运行在用户态

21. 用户在程序中试图读某文件的第 100 个逻辑块，使用操作系统提供的（　）接口。

A. 系统调用　　B. 键盘命令　　C. 原语　　D. 图形用户接口

22.【2011 统考真题】下列选项中，在用户态执行的是（　）。

A. 命令解释程序　　B. 缺页处理程序

C. 进程调度程序　　D. 时钟中断处理程序

23.【2012 统考真题】下列选项中，不可能在用户态发生的事件是（　）。

A. 系统调用　　B. 外部中断　　C. 进程切换　　D. 缺页

24.【2012 统考真题】中断处理和子程序调用都需要压栈，以便保护现场，中断处理一定会保存而子程序调用不需要保存其内容的是（　）。

A. 程序计数器　　B. 程序状态字寄存器

C. 通用数据寄存器　　D. 通用地址寄存器

25.【2013 统考真题】下列选项中，会导致用户进程从用户态切换到内核态的操作是（　）。

I. 整数除以零　　II. sin()函数调用　　III. read 系统调用

A. 仅 I、II　　B. 仅 I、III　　C. 仅 II、III　　D. I、II 和 III

26.【2014 统考真题】下列指令中，不能在用户态执行的是（　）。

A. trap 指令　　B. 跳转指令　　C. 压栈指令　　D. 关中断指令

27.【2015 统考真题】处理外部中断时，应该由操作系统保存的是（　）。

A. 程序计数器（PC）的内容　　B. 通用寄存器的内容

C. 块表（TLB）中的内容　　D. Cache 中的内容

28.【2015 统考真题】假定下列指令已装入指令寄存器，则执行时不可能导致 CPU 从用户态变为内核态（系统态）的是（　）。

A. DIV R0, R1　　; (R0)/(R1)→R0

B. INT n　　; 产生软中断

C. NOT R0　　; 寄存器 R0 的内容取非

D. MOV R0, addr　　; 把地址 addr 处的内存数据放入寄存器 R0

29.【2016 统考真题】异常是指令执行过程中在处理器内部发生的特殊事件，中断是来自处理器外部的请求事件。下列关于中断或异常情况的叙述中，错误的是（　）。

A. “访存时缺页”属于中断　　B. “整数除以 0”属于异常

C. “DMA 传送结束”属于中断　　D. “存储保护错”属于异常

30.【2017 统考真题】执行系统调用的过程包括如下主要操作:

①返回用户态　　②执行陷入（trap）指令

③传递系统调用参数　　④执行相应的服务程序

正确的执行顺序是（　）。

A. ②→③→①→④　　B. ②→④→③→①

C. ③→②→④→①　　D. ③→④→②→①

31.【2018统考真题】定时器产生时钟中断后，由时钟中断服务程序更新的部分内容是（　）。

I. 内核中时钟变量的值

II. 当前进程占用CPU的时间

III. 当前进程在时间片内的剩余执行时间

A. 仅I、II　　B. 仅II、III　　C. 仅I、III　　D. I、II、III

32.【2019统考真题】下列关于系统调用的叙述中，正确的是（　）。

I. 在执行系统调用服务程序的过程中，CPU处于内核态

II. 操作系统通过提供系统调用避免用户程序直接访问外设

III. 不同的操作系统为应用程序提供了统一的系统调用接口

IV. 系统调用是操作系统内核为应用程序提供服务的接口

A. 仅I、IV　　B. 仅II、III　　C. 仅I、II、IV　　D. 仅I、III、IV

33.【2020统考真题】下列与中断相关的操作中，由操作系统完成的是（　）。

I. 保存被中断程序的中断点　　II. 提供中断服务

III. 初始化中断向量表　　IV. 保存中断屏蔽字

A. 仅I、II　　B. 仅I、II、IV　　C. 仅III、IV　　D. 仅II、III、IV

34.【2021统考真题】下列指令中，只能在内核态执行的是（　）。

A. trap指令　　B. I/O指令　　C. 数据传送指令　　D. 设置断点指令

35.【2021统考真题】下列选项中，通过系统调用完成的操作是（　）。

A. 页置换　　B. 进程调度　　C. 创建新进程　　D. 生成随机整数

36.【2022统考真题】下列关于CPU模式的叙述中，正确的是（　）。

A. CPU处于用户态时只能执行特权指令

B. CPU处于内核态时只能执行特权指令

C. CPU处于用户态时只能执行非特权指令

D. CPU处于内核态时只能执行非特权指令

37.【2022统考真题】执行系统调用的过程涉及下列操作，其中由操作系统完成的是（　）。

I. 保存断点和程序状态字　　II. 保存通用寄存器的内容

III. 执行系统调用服务例程　　IV. 将CPU模式改为内核态

A. 仅I、III　　B. 仅II、III　　C. 仅II、IV　　D. 仅II、III、IV

38.【2023统考真题】在操作系统内核中，中断向量表适合采用的数据结构是（　）。

A. 数组　　B. 队列　　C. 单向链表　　D. 双向链表

1.3.5 答案与解析

单项选择题

01. B

I错误：通用操作系统使用时间片轮转调度算法，用户运行程序并不需要预先预订运行时间。II正确：操作系统执行程序时，必须从起始地址开始执行。III错误：编译器是操作系统的上层软件，不是操作系统需要提供的功能。IV正确：操作系统是计算机资源的管理者，管理计算机系统

资源是操作系统关心的主要问题。

02． C

I 错误：批处理的主要缺点是缺少交互性。批处理系统的主要缺点是常考点，读者对此要非常敏感。II 正确：输入/输出指令属于特权指令，只能由操作系统使用，因此必须在核心态下执行。III 错误：多道性是为了提高系统利用率和吞吐量而提出的。IV 正确：I/O 通道实际上是一种特殊的处理器，它具有执行 I/O 指令的能力，并通过执行通道程序来控制 I/O 操作。

03． C

系统调用需要触发陷入指令，如基于 x86 的 Linux 系统，该指令为 int 0x80 或 sysenter，I 正确。程序设计无法形成屏蔽中断指令，II 错误。用户程序通过系统调用进行进程控制，III 正确。执行系统调用时 CPU 状态要从用户态转到内核态，这是通过中断来实现的，当系统调用返回后，继续执行用户程序，同时 CPU 状态也从内核态转到用户态，IV 正确。

04． C

中断是操作系统必须提供的功能，因为计算机的各种错误都需要中断处理，核心态与用户态切换也需要中断处理。

05． D

由于操作系统不允许用户直接执行某些可能损害机器的指令（特权指令），它们只能在核心态下运行，因此用户程序在用户态下使用特权指令会引起访管中断（也称陷入中断），即用户程序需要通过一条访管指令（也称陷入指令）切换到核心态，以请求操作系统内核为其服务。注意区分非法指令和特权指令：非法指令是指 CPU 无法识别或执行的指令，比如一个不存在的操作码；特权指令是指只能在核心态下执行的指令，比如 I/O 指令、关中断指令等。

06． D

内核可以执行处理器能执行的任何指令，用户程序只能执行除特权指令外的指令。所以特权指令只能由内核即操作系统使用。

07． C

当中断或异常发生时，通过硬件实现将运行在用户态的 CPU 立即转入核心态。中断发生时，若被中断的是用户程序，则系统将从目态转入管态，在管态下进行中断的处理；若被中断的是低级中断，则仍然保持在管态，而用户程序只能在目态下运行，因此进入中断处理的程序只能是 OS 程序。被中断程序本身可能是用户程序，但是进入中断的处理程序一定是 OS 程序。

08． A

计算机通过硬件中断机制完成由用户态到核心态的转换。B 显然不正确，核心态程序只有在操作系统进入核心态后才可以执行。D 中的中断处理程序一般也在核心态执行，因此无法完成“转换成核心态”这一任务。若由用户程序将操作系统由用户态转换到核心态，则用户程序中就可使用核心态指令，这就会威胁到计算机的安全，所以 C 不正确。

计算机通过硬件完成操作系统由用户态到核心态的转换，这是通过中断机制来实现的。发生中断事件时，由硬件中断机制将计算机状态置为核心态。

09． C

屏蔽中断指令、设置时钟指令、停机指令都是特权指令，操作不当会损害机器。修改内存单元的值是非特权指令，可以在用户态下执行，但是进程只能访问自己的用户空间。

10． B

大多数计算机操作系统的内核包括四个方面的内容，即时钟管理、中断机制、原语和系统控制的数据结构及处理，其中第 4 部分实际上是系统调用类的指令（广义指令）。A、C 和 D 三项均可以在汇编语言中涉及，因此都可以运行在用户态。从另外的角度考虑，若在用户态下允许执行“置时钟指令”，则一个用户进程可在时间片还未到之前把时钟改回去，从而导致时间片永远不会用完，进而导致该用户进程一直占用 CPU，这显然是不合理的。

注 意

操作系统的主要功能是为应用程序的运行创建良好的环境，为了达到这个目的，内核提供一系列具备预定功能的多内核函数，通过一组称为系统调用（system call）的接口呈现给用户。系统调用将应用程序的请求传给内核，调用相应的内核函数完成所需的处理，将处理结果返回给应用程序，如果没有系统调用和内核函数，那么用户将不能编写大型应用程序。

11．A

命令解释程序属于命令接口，能面对用户，在用户态下执行。磁盘调度程序、中断处理程序和进程调度程序都工作在内核态，因为它们需要管理硬件资源和进程状态。

12．A

“访管”指令仅在用户态下使用，执行“访管”指令将用户态转变为核心态。

13．C

运行操作系统代码的状态为核心态。

14．C

系统调用命令必然工作在核心态。注意区分调用和执行，系统调用的调用可能发生在用户态，调用系统调用的那条指令不一定是特权指令，但系统调用的执行一定在核心态。

15．D

输入/输出指令是特权指令，涉及中断操作，而中断处理是由系统内核负责的，工作在核心态。而 A、B、C 项均可通过使用汇编语言编程来实现，因此它们可在用户态下执行。

16．D

访管指令在用户态下使用，是用户程序“自愿进管”的手段，用户态下不能执行特权指令。在核心态下，CPU 可以执行指令系统中的任何指令。

17．B

特权指令是指仅能由操作系统使用的指令。

18．A

外部中断是由 CPU 外部的事件引起的，如 I/O 设备的请求、时钟信号等。内部中断（也称异常）是由 CPU 内部的事件引起的，如访管指令、缺页异常等。

19．C

库函数是指被封装在库文件中的可复用的代码块，运行在用户态；而系统调用是面向硬件的，运行在内核态，是操作系统为用户提供的接口。库函数可以很方便地调试，而系统调用很麻烦，因为它运行在内核态。库函数可以很方便地替换，而系统调用通常不可替换。库函数属于过程调用，开销较小；系统调用需要在用户空间和内核空间中进行上下文切换，开销较大。

20．B

系统调用需要保存 PSW 和 PC 的值，一般过程调用只需保存 PC 的值，A 错误。系统调用的被调用过程是操作系统中的程序，是系统级程序，必须运行在内核态，B 正确。一般过程调用的被调用程序与调用程序运行在同一个状态，可能是系统态，也可能是用户态，C 和 D 错误。

21．A

操作系统通过系统调用向用户程序提供服务，文件 I/O 需要在内核态运行。

22． A

缺页处理和时钟中断都属于中断，在核心态执行；进程调度是操作系统内核进程，无须用户干预，在核心态执行；命令解释程序属于命令接口，是面对用户的，在用户态执行。

23． C

本题的关键是对“在用户态发生”（注意与 “在用户态执行”区分）的理解。对于 A，系统调用是操作系统提供给用户程序的接口，系统调用发生在用户态，被调用程序在核心态下执行。对于 B，外部中断是用户态到核心态的“门”，也发生在用户态，在核心态完成中断处理过程。对于 C，进程切换属于系统调用执行过程中的事件，只能发生在核心态；对于 D，缺页产生后，在用户态发生缺页中断，然后进入核心态执行缺页中断服务程序。

24． B

子程序调用不改变程序的状态，因为子程序调用是编译器可控流程，而中断不是。以程序 if(a==b)为例，它通常包含一条测试指令，以及一条根据标志位决定是否需要跳转来调用子程序的指令。编译器不在这两条指令中间插入任何子程序调用代码，因此标志位不变，但中断却随时可能发生，导致标志位改变。具体地说，执行 if(a==b)时，会进行 a – b 操作，并生成相应的标志位，进而根据标志位来判断是否发生跳转。假设刚好在生成相应的标志位后发生了中断，若不保存 PSW 的内容，则后续根据标志位来进行跳转的流程就可能发生错误。但是，若进行了子程序调用，则说明已经根据 a – b 的标志位进行了跳转，此时 PSW 的内容已无意义而无须保存。综上所述，中断处理和子程序调用都有可能使 PSW 的内容发生变化，但中断处理程序执行完返回后，可能需要用到 PSW 原来的内容，子程序执行完返回后，一定不需要用到 PSW 原来的内容，因此选 B。A 项都会保存，C 和 D 项不一定会保存。

25． B

需要在系统内核态执行的操作是整数除零操作（需要中断处理）和 read 系统调用函数，sin()函数调用是在用户态下进行的。

26． D

trap 指令、跳转指令和压栈指令均可以在用户态执行，其中 trap 指令负责由用户态转换为内核态。关中断指令为特权指令，必须在核心态才能执行。注意，在操作系统中，关中断指令是权限非常大的指令，因为中断是现代操作系统正常运行的核心保障之一，能把它关掉，说明执行这条指令的一定是权限非常大的机构（管态）。

27． B

外部中断处理过程，PC 值由中断隐指令自动保存，而通用寄存器内容由操作系统保存。块表（TLB）和 Cache 中的内容则由硬件机构保存。

28． C

部分指令可能出现异常，从而转到核心态。指令 A 有除零异常的可能。指令 B 为软中断指令，用于触发一个中断并跳转到相应的中断处理程序，“n”表示中断向量号，使用软中断可以在用户态和内核态之间切换，以实现系统调用。指令 D 有缺页异常的可能。指令 C 不会发生异常。

29． A

中断是指来自 CPU 执行指令以外事件，如设备发出的 I/O 结束中断，表示设备输入/输出已完成，希望处理机能够向设备发出下一个输入/输出请求，同时让完成输入/输出后的程序继续运行。异常也称内中断，指源自 CPU 执行指令内部的事件。A 错误。

30． C

执行系统调用的过程：正在运行的进程先传递系统调用参数，然后由陷入（trap）指令负责将用户态转换为内核态，并将返回地址压入堆栈以备后用，接下来CPU执行相应的内核态服务程序，最后返回用户态。

31．D

时钟中断的主要工作是处理和时间有关的信息及决定是否执行调度程序。和时间有关的所有信息包括系统时间、进程的时间片、延时、使用CPU的时间、各种定时器。

32．C

用户可以在用户态调用操作系统的服务，但执行具体的系统调用服务程序是处于内核态的，I正确；设备管理属于操作系统的职能之一，包括对输入/输出设备的分配、初始化、维护等，用户程序需要通过系统调用使用操作系统的设备管理服务，II正确；操作系统不同，底层逻辑、实现方式均不相同，为应用程序提供的系统调用接口也不同，III错误；系统调用是用户在程序中调用操作系统提供的子功能，IV正确。

33．D

当CPU检测到中断信号后，由硬件自动保存被中断程序的断点［程序计数器（PC）和程序状态字寄存器（PSW）］，I错误。之后，硬件找到该中断信号对应的中断向量，中断向量指明中断服务程序入口地址（各中断向量统一存放在中断向量表中，该表由操作系统初始化，III正确）。接下来开始执行中断服务程序，保存中断屏蔽字、保存各通用寄存器的值，并提供与中断信号对应的中断服务，中断服务程序属于操作系统内核，II和IV正确。

34．B

在内核态下，CPU可执行任何指令，在用户态下CPU只能执行非特权指令，而特权指令只能在内核态下执行。常见的特权指令有：①有关对I/O设备操作的指令；②有关访问程序状态的指令；③存取特殊寄存器的指令；④其他指令。A、C和D都是提供给用户使用的指令，可以在用户态执行，只是可能会使CPU从用户态切换到内核态。

35．C

系统调用是由用户进程发起的，请求操作系统的服务。对于A，当内存中的空闲页框不够时，操作系统会将某些页面调出，并将要访问的页面调入，这个过程完全由操作系统完成，不涉及系统调用。对于B，进程调度完全由操作系统完成，无法通过系统调用完成。对于C，创建新进程可以通过系统调用来完成，如Linux中通过fork系统调用来创建子进程。对于D，生成随机数是普通的函数调用，不涉及请求操作系统的服务，如C语言的random()函数。

36．C

CPU在用户态时只能执行非特权指令，在内核态时可以执行特权指令和非特权指令。

37．B

发生系统调用时，CPU通过执行软中断指令将CPU的运行状态从用户态切换到内核态，这个过程与中断和异常的响应过程相同，由硬件负责保存断点和程序状态字，并将CPU模式改为内核态。然后，执行操作系统内核的系统调用入口程序，该内核程序负责保存通用寄存器的内容，再调用执行特定的系统调用服务例程。综上，I、IV由硬件完成，II、III由操作系统完成。

38．A

本题考查了“计算机组成原理”的考点，并且综合了“数据结构”的内容。中断向量表用于存放中断处理程序的入口地址，CPU通过查询得到中断类型号，然后据此计算可以得到对应中断服务程序的入口地址在中断向量表的位置，采用数组作为中断向量表的存储结构，可实现时间为$O(1)$的快速访问，从而提高中断处理的效率。

1.4 操作系统结构

随着操作系统功能的不断增多和代码规模的不断扩大，提供合理的结构，对于降低操作系统复杂度、提升操作系统安全与可靠性来说变得尤为重要。

1．分层法

分层法是将操作系统分为若干层，底层（层 0）为硬件，顶层（层 *N*）为用户接口，每层只能调用紧邻它的低层的功能和服务（单向依赖）。这种分层结构如图 1.4 所示。

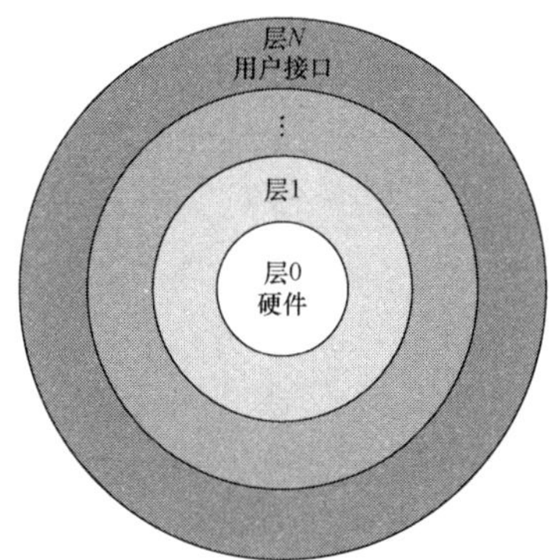

图 1.4 分层的操作系统

分层法的优点：①便于系统的调试和验证，简化了系统的设计和实现。第 1 层可先调试而无须考虑系统的其他部分，因为它只使用了基本硬件。第 1 层调试完且验证正确之后，就可以调试第 2 层，如此向上。如果在调试某层时发现错误，那么错误应在这一层上，这是因为它的低层都调试好了。②易扩充和易维护。在系统中增加、修改或替换一层中的模块或整层时，只要不改变相应层间的接口，就不会影响其他层。

分层法的问题：①合理定义各层比较困难。因为依赖关系固定后，往往就显得不够灵活。②效率较差。操作系统每执行一个功能，通常要自上而下地穿越多层，各层之间都有相应的层间通信机制，这无疑增加了额外的开销，导致系统效率降低。

2．模块化

模块化是将操作系统按功能划分为若干具有一定独立性的模块。每个模块具有某方面的管理功能，并规定好各模块间的接口，使各模块之间能够通过接口进行通信。还可以进一步将各模块细分为若干具有一定功能的子模块，同样也规定好各子模块之间的接口。这种设计方法被称为**模块-接口法**，图 1.5 所示为由模块、子模块等组成的模块化操作系统结构。

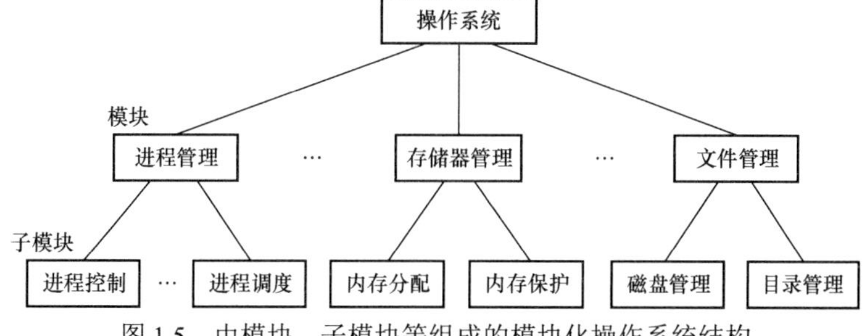

图 1.5 由模块、子模块等组成的模块化操作系统结构

在划分模块时，如果将模块划分得太小，虽然能降低模块本身的复杂性，但会使得模块之间的联系过多，造成系统比较混乱；如果模块划分得过大，又会增加模块内部的复杂性，显然应在两者间进行权衡。此外，在划分模块时，要充分考虑模块的独立性问题，因为模块独立性越高，各模块间的交互就越少，系统的结构也就越清晰。衡量模块的独立性主要有两个标准：

- 内聚性，模块内部各部分间联系的紧密程度。内聚性越高，模块独立性越好。
- 耦合度，模块间相互联系和相互影响的程度。耦合度越低，模块独立性越好。

模块化的优点：①提高了操作系统设计的正确性、可理解性和可维护性；②增强了操作系统的可适应性；③加速了操作系统的开发过程。

模块化的缺点：①模块间的接口规定很难满足对接口的实际需求。②各模块设计者齐头并进，每个决定无法建立在上一个已验证的正确决定的基础上，因此无法找到一个可靠的决定顺序。

3．宏内核

从操作系统的内核架构来划分，可分为宏内核和微内核。

宏内核，也称单内核或大内核，是指将系统的主要功能模块都作为一个紧密联系的整体运行在核心态，从而为用户程序提供高性能的系统服务。因为各管理模块之间共享信息，能有效利用相互之间的有效特性，所以具有无可比拟的性能优势。

随着体系结构和应用需求的不断发展，需要操作系统提供的服务越来越复杂，操作系统的设计规模急剧增长，操作系统也面临着“软件危机”困境。就像一个人，越胖活动起来就越困难。所以就出现了微内核技术，就是将一些非核心的功能移到用户空间，这种设计带来的好处是方便扩展系统，所有新服务都可以在用户空间增加，内核基本不用去做改动。

从操作系统的发展来看，宏内核获得了绝对的胜利，目前主流的操作系统，如 Windows、Android、iOS、macOS、Linux 等，都是基于宏内核的构架。但也应注意到，微内核和宏内核一直是同步发展的，目前主流的操作系统早已不是当年纯粹的宏内核构架了，而是广泛吸取微内核构架的优点而后揉合而成的混合内核。当今宏内核构架遇到了越来越多的困难和挑战，而微内核的优势似乎越来越明显，尤其是谷歌的 Fuchsia 和华为的鸿蒙 OS，都瞄准了微内核构架。

4．微内核

（1）微内核的基本概念

微内核构架，是指将内核中最基本的功能保留在内核，而将那些不需要在核心态执行的功能移到用户态执行，从而降低内核的设计复杂性。那些移出内核的操作系统代码根据分层的原则被划分成若干服务程序，它们的执行相互独立，交互则都借助于微内核进行通信。

微内核结构将操作系统划分为两大部分：微内核和多个服务器。微内核是指精心设计的、能实现操作系统最基本核心功能的小型内核，通常包含：①与硬件处理紧密相关的部分；②一些较基本的功能；③客户和服务器之间的通信。这些部分只是为构建通用操作系统提供一个重要基础，这样就可以确保将内核做得很小。操作系统中的绝大部分功能都放在微内核外的一组服务器（进程）中实现，如用于提供对进程（线程）进行管理的进程（线程）服务器、提供虚拟存储器管理功能的虚拟存储器服务器等，它们都是作为进程来实现的，运行在用户态，客户与服务器之间是借助微内核提供的消息传递机制来实现交互的。图 1.6 展示了单机环境下的客户/服务器模式。

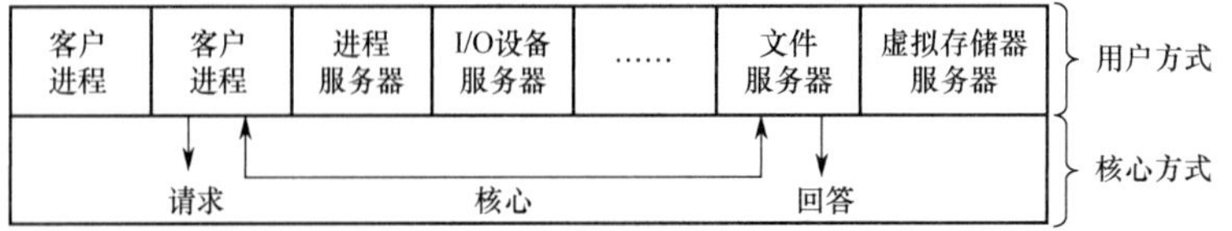

图 1.6　单机环境下的客户/服务器模式

在微内核结构中，为了实现高可靠性，只有微内核运行在内核态，其余模块都运行在用户态，一个模块中的错误只会使这个模块崩溃，而不会使整个系统崩溃。例如，文件服务代码运行时出了问题，宏内核因为文件服务是运行在内核态的，系统直接就崩溃了。而微内核的文件服务是运行在用户态的，只要将文件服务功能强行停止，然后重启，就可以继续使用，系统不会崩溃。

（2）微内核的基本功能

微内核结构通常利用“机制与策略分离”的原理来构造 OS 结构，将机制部分以及与硬件紧密相关的部分放入微内核。微内核通常具有如下功能：

①进程（线程）管理。进程（线程）之间的通信功能是微内核 OS 最基本的功能，此外还有进程的切换、进程的调度，以及多处理机之间的同步等功能，都应放入微内核。举个例子，为实现进程调度功能，需要在进程管理中设置一个或多个进程优先级队列，这部分属于调度功能的机制部分，应将它放入微内核。而对用户进程如何分类，以及优先级的确认方式，则属于策略问题，可将它们放入微内核外的进程管理服务器中。

②低级存储器管理。在微内核中，只配置最基本的低级存储器管理机制，如用于实现将逻辑地址变换为物理地址等的页表机制和地址变换机制，这一部分是依赖于硬件的，因此放入微内核。而实现虚拟存储器管理的策略，则包含应采取何种页面置换算法，采用何种内存分配与回收的策略，应将这部分放在微内核外的存储器管理服务器中。

③中断和陷入处理。微内核 OS 将与硬件紧密相关的一小部分放入微内核，此时微内核的主要功能是捕获所发生的中断和陷入事件，并进行中断响应处理，在识别中断或陷入的事件后，再发送给相关的服务器来处理，故中断和陷入处理也应放入微内核。

微内核操作系统将进程管理、存储器管理以及 I/O 管理这些功能一分为二，属于机制的很小一部分放入微内核，而绝大部分放入微内核外的各种服务器实现，大多数服务器都要比微内核大。因此，在采用客户/服务器模式时，能将微内核做得很小。

（3）微内核的特点

命题追踪 ▶ **微内核操作系统的特点（2023）**

微内核结构的主要优点如下所示。

①扩展性和灵活性。许多功能从内核中分离出来，当要修改某些功能或增加新功能时，只需在相应的服务器中修改或新增功能，或再增加一个专用的服务器，而无需改动内核代码。

②可靠性和安全性。前面已举例说明。

③可移植性。与 CPU 和 I/O 硬件有关的代码均放在内核中，而其他各种服务器均与硬件平台无关，因而将操作系统移植到另一个平台上所需做的修改是比较小的。

④分布式计算。客户和服务器之间、服务器和服务器之间的通信采用消息传递机制，这就使得微内核系统能很好地支持分布式系统和网络系统。

微内核结构的主要问题是性能问题，因为需要频繁地在核心态和用户态之间进行切换，操作系统的执行开销偏大。为了改善运行效率，可以将那些频繁使用的系统服务移回内核，从而保证系统性能，但这又会使微内核的容量明显地增大。

虽然宏内核在桌面操作系统中取得了绝对的胜利，但是微内核在实时、工业、航空及军事应用中特别流行，这些领域都是关键任务，需要有高度的可靠性。

5．外核

不同于虚拟机克隆真实机器，另一种策略是对资源进行划分，给每个用户分配整个资源的一个子集。这样，某个虚拟机可能得到磁盘的 0 至 1023 盘块，而另一台虚拟机得到磁盘的 1024 至

2047盘块等。在底层，一种称为外核（exokernel）的程序在内核态中运行。它的任务是为虚拟机分配资源，并检查这些资源使用的安全性，以确保没有机器会使用他人的资源。每个用户的虚拟机可以运行自己的操作系统，但限制只能使用已经申请并且获得分配的那部分资源。

外核机制的优点是减少了资源的“映射层”。在其他设计中，每个虚拟机系统都认为它拥有完整的磁盘（或其他资源），这样虚拟机监控程序就必须维护一张表格以重映像磁盘地址，有了外核，这个重映射处理就不需要了。外核只需要记录已分配给各个虚拟机的有关资源即可。这种方法还有一个优点，它将多道程序（在外核内）与用户操作系统代码（在用户空间内）加以分离，而且相应的负载并不重，因为外核所做的只是保持多个虚拟机彼此不发生冲突。

1.5 操作系统引导

操作系统（如Windows、Linux等）是一种程序，程序以数据的形式存放在硬盘中，而硬盘通常分为多个区，一台计算机中又可能有多个或多种外部存储设备。操作系统引导是指计算机利用CPU运行特定程序，通过程序识别硬盘，识别硬盘分区，识别硬盘分区上的操作系统，最后通过程序启动操作系统，一环扣一环地完成上述过程。

命题追踪 ▶ 操作系统的引导过程（2021）

常见操作系统的引导过程如下：

①激活CPU。激活的CPU读取ROM中的boot程序，将指令寄存器置为BIOS（基本输入/输出系统）的第一条指令，即开始执行BIOS的指令。

命题追踪 ▶ 操作系统引导过程中创建的数据结构（2022）

②硬件自检。BIOS程序在内存最开始的空间构建中断向量表，接下来的POST过程要用到中断功能。然后进行通电自检，检查硬件是否出现故障。如有故障，主板会发出不同含义的蜂鸣，启动中止；如无故障，屏幕会显示CPU、内存、硬盘等信息。

③加载带有操作系统的硬盘。通电自检后，BIOS开始读取Boot Sequence（通过CMOS里保存的启动顺序，或者通过与用户交互的方式），将控制权交给启动顺序排在第一位的存储设备，然后CPU将该存储设备引导扇区的内容加载到内存中。

④加载主引导记录（MBR）。硬盘以特定的标识符区分引导硬盘和非引导硬盘。如果发现一个存储设备不是可引导盘，就检查下一个存储设备。如无其他启动设备，就会死机。主引导记录MBR的作用是告诉CPU去硬盘的哪个主分区去找操作系统。

⑤扫描硬盘分区表，并加载硬盘活动分区。MBR包含硬盘分区表，硬盘分区表以特定的标识符区分活动分区和非活动分区。主引导记录扫描硬盘分区表，进而识别含有操作系统的硬盘分区（活动分区）。找到硬盘活动分区后，开始加载硬盘活动分区，将控制权交给活动分区。

⑥加载分区引导记录（PBR）。读取活动分区的第一个扇区，这个扇区称为分区引导记录（PBR），其作用是寻找并激活分区根目录下用于引导操作系统的程序（启动管理器）。

⑦加载启动管理器。分区引导记录搜索活动分区中的启动管理器，加载启动管理器。

命题追踪 ▶ 操作系统运行的存储器（2013）

⑧加载操作系统。将操作系统的初始化程序加载到内存中执行。

1.6 虚拟机

1.6.1 虚拟机的基本概念

虚拟机是指利用虚拟化技术，将一台物理机器虚拟化为多台虚拟机器，通过隐藏特定计算平台的实际物理特性，为用户提供抽象的、统一的、模拟的计算环境。有两类虚拟化方法。

1. 第一类虚拟机管理程序

从技术上讲，第一类虚拟机管理程序就像一个操作系统，因为它是唯一一个运行在最高特权级的程序。它在裸机上运行并且具备多道程序功能。虚拟机管理程序向上层提供若干虚拟机，这些虚拟机是裸机硬件的精确复制品。由于每台虚拟机都与裸机相同，所以在不同的虚拟机上可以运行任何不同的操作系统。图 1.7(a)中显示了第一类虚拟机管理程序。

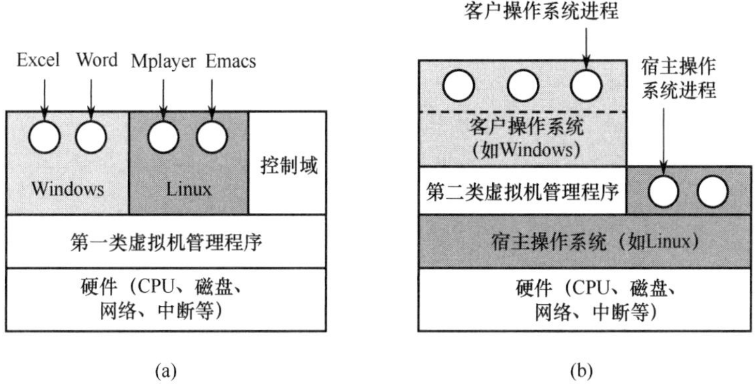

图 1.7　两类虚拟机管理程序在系统中的位置

虚拟机作为用户态的一个进程运行，不允许执行敏感指令。然而，虚拟机上的操作系统认为自己运行在内核态（实际上不是），称为*虚拟内核态*。虚拟机中的用户进程认为自己运行在用户态（实际上确实是）。当虚拟机操作系统执行了一条 CPU 处于内核态才允许执行的指令时，会陷入虚拟机管理程序。在支持虚拟化的 CPU 上，虚拟机管理程序检查这条指令是由虚拟机中的操作系统执行的还是由用户程序执行的。如果是前者，虚拟机管理程序将安排这条指令功能的正确执行。否则，虚拟机管理程序将模拟真实硬件面对用户态执行敏感指令时的行为。

在过去不支持虚拟化的 CPU 上，真实硬件不会直接执行虚拟机中的敏感指令，这些敏感指令被转为对虚拟机管理程序的调用，由虚拟机管理程序模拟这些指令的功能。

2. 第二类虚拟机管理程序

图 1.7(b)中显示了第二类虚拟机管理程序。它是一个依赖于 Windows、Linux 等操作系统分配和调度资源的程序，很像一个普通的进程。第二类虚拟机管理程序仍然伪装成具有 CPU 和各种设备的完整计算机。VMware Workstation 是首个 x86 平台上的第二类虚拟机管理程序。

运行在两类虚拟机管理程序上的操作系统都称为*客户操作系统*。对于第二类虚拟机管理程序，运行在底层硬件上的操作系统称为*宿主操作系统*。

首次启动时，第二类虚拟机管理程序像一台刚启动的计算机那样运转，期望找到的驱动器可以是虚拟设备。然后将操作系统安装到虚拟磁盘上（其实只是宿主操作系统中的一个文件）。客户操作系统安装完成后，就能启动并运行。

虚拟化在Web主机领域很流行。没有虚拟化，服务商只能提供共享托管（不能控制服务器的软件）和独占托管（成本较高）。当服务商提供租用虚拟机时，一台物理服务器就可以运行多个虚拟机，每个虚拟机看起来都是一台完整的服务器，客户可以在虚拟机上安装自己想用的操作系统和软件，但是只需支付较低的费用，这就是市面上常见的“云”主机。

有的教材将第一类虚拟化技术称为裸金属架构，将第二类虚拟化技术称为寄居架构。

1.6.2 本节习题精选

单项选择题

01. 用（ ）设计的操作系统结构清晰且便于调试。

A. 分层式构架　　B. 模块化构架　　C. 微内核构架　　D. 宏内核构架

02. 下列关于分层式结构操作系统的说法中，（ ）是错误的。

A. 各层之间只能是单向依赖或单向调用

B. 容易实现在系统中增加或替换一层而不影响其他层

C. 具有非常灵活的依赖关系

D. 系统效率较低

03. 在操作系统结构设计中，层次结构的操作系统最显著的不足是（ ）。

A. 不能访问更低的层次　　B. 太复杂且效率低

C. 设计困难　　D. 模块太少

04. 下列选项中，（ ）不属于模块化操作系统的特点。

A. 很多模块化的操作系统，可以支持动态加载新模块到内核，适应性强

B. 内核中的某个功能模块出错不会导致整个系统崩溃，可靠性高

C. 内核中的各个模块，可以相互调用，无须通过消息传递进行通信，效率高

D. 各模块间相互依赖，相比于分层式操作系统，模块化操作系统更难调试和验证

05. 相对于微内核系统，（ ）不属于大内核操作系统的缺点。

A. 占用内存空间大　　B. 缺乏可扩展性而不方便移植

C. 内核切换太慢　　D. 可靠性较低

06. 下列说法中，（ ）不适合描述微内核操作系统。

A. 内核足够小　　B. 功能分层设计

C. 基于C/S模式　　D. 策略与机制分离

07. 对于以下五种服务，在采用微内核结构的操作系统中，（ ）不宜放在微内核中。

I. 进程间通信机制　　II. 低级I/O　　III. 低级进程管理和调度

IV. 中断和陷入处理　　V. 文件系统服务

A. I、II和III　　B. II和V　　C. 仅V　　D. IV和V

08. 相对于传统操作系统结构，采用微内核结构设计和实现操作系统有诸多好处，下列（ ）是微内核结构的特点。

I. 使系统更高效　　II. 添加系统服务时，不必修改内核

III. 微内核结构没有单一内核稳定　　IV. 使系统更可靠

A. I、III、IV　　B. I、II、IV　　C. II、IV　　D. I、IV

09. 下列关于操作系统结构的说法中，正确的是（ ）。

I. 当前广泛使用的Windows操作系统，采用的是分层式OS结构

II. 模块化的 OS 结构设计的基本原则是，每一层都仅使用其底层所提供的功能和服务，这样就使系统的调试和验证都变得容易

III. 由于微内核结构能有效支持多处理机运行，故非常适合于分布式系统环境

IV. 采用微内核结构设计和实现操作系统具有诸多好处，如添加系统服务时，不必修改内核、使系统更高效。

A. I 和 II　　B. I 和 III　　C. III　　D. III 和 IV

10. 下列关于微内核操作系统的描述中，不正确的是（　）。

A. 可增加操作系统的可靠性　　B. 可提高操作系统的执行效率

C. 可提高操作系统的可移植性　　D. 可提高操作系统的可拓展性

11. 下列关于操作系统外核（exokernel）的说法中，错误的是（　）。

A. 外核可以给用户进程分配未经抽象的硬件资源

B. 用户进程通过调用“库”请求操作系统外核的服务

C. 外核负责完成进程调度

D. 外核可以减少虚拟硬件资源的“映射”开销，提升系统效率

12. 对于计算机操作系统引导，描述不正确的是（　）。

A. 计算机的引导程序驻留在 ROM 中，开机后自动执行

B. 引导程序先做关键部位的自检，并识别已连接的外设

C. 引导程序会将硬盘中存储的操作系统全部加载到内存中

D. 若计算机中安装了双系统，引导程序会与用户交互加载有关系统

13. 存放操作系统自举程序的芯片是（　）。

A. SRAM　　B. DRAM　　C. ROM　　D. CMOS

14. 计算机操作系统的引导程序位于（　）中。

A. 主板 BIOS　　B. 片外 Cache　　C. 主存 ROM 区　　D. 硬盘

15. 计算机的启动过程是（　）。①CPU 加电，CS:IP 指向 FFFF0H；②进行操作系统引导；③执行 JMP 指令跳转到 BIOS；④登记 BIOS 中断程序入口地址；⑤硬件自检。

A. ①②③④⑤　　B. ①③⑤④②　　C. ①③④⑤②　　D. ①⑤③④②

16. 检查分区表是否正确，确定哪个分区为活动分区，并在程序结束时将该分区的启动程序（操作系统引导扇区）调入内存加以执行，这是（　）的任务。

A. MBR　　B. 引导程序　　C. 操作系统　　D. BIOS

17. 下列关于虚拟机的说法中，正确的是（　）。

I. 虚拟机可以用软件实现　　II. 虚拟机可以用硬件实现

III. 多台虚拟机可同时运行在同一物理机器上，它实现了真正的并行

A. I 和 II　　B. I 和 III　　C. 仅 I　　D. I、II 和 III

18. 下列关于 VMware Workstation 虚拟机的说法中，错误的是（　）。

A. 真实硬件不会直接执行虚拟机中的敏感指令

B. 虚拟机中只能安装一种操作系统

C. 虚拟机是运行在计算机中的一个应用程序

D. 虚拟机文件封装在一个文件夹中，并存储在数据存储器中

19. 虚拟机的实现离不开虚拟机管理程序（VMM），下列关于 VMM 的说法中正确的是（　）。

I. 第一类 VMM 直接运行在硬件上，其效率通常高于第二类 VMM

II. 由于 VMM 的上层需要支持操作系统的运行、应用程序的运行，因此实现 VMM 的代码量通常大于实现一个完整操作系统的代码量

III. VMM可将一台物理机器虚拟化为多台虚拟机器

IV. 为了支持客户操作系统的运行，第二类VMM需要完全运行在最高特权级

A. I、II和III　　B. I和III　　C. I、III和IV　　D. I、II、III和IV

20.【2013统考真题】计算机开机后，操作系统最终被加载到（　）。

A. BIOS　　B. ROM　　C. EPROM　　D. RAM

21.【2022统考真题】下列选项中，需要在操作系统进行初始化过程中创建的是（　）。

A. 中断向量表　　B. 文件系统的根目录

C. 硬盘分区表　　D. 文件系统的索引节点表

22.【2023统考真题】与宏内核操作系统相比，下列特征中，微内核操作系统具有的是（　）。

I. 较好的性能　　II. 较高的可靠性　　III. 较高的安全性　　IV. 较强的可扩展性

A. 仅II、IV　　B. 仅I、II、III　　C. 仅I、III、IV　　D. 仅II、III、IV

1.6.3 答案与解析

单项选择题

01. A

分层式结构简化了系统的设计和实现，每层只能调用紧邻它的低层的功能和服务；便于系统的调试和验证，在调试某层时发现错误，那么错误应在这层上，这是因为其低层都已调试好。

02. C

单向依赖是分层式OS的特点。分层式OS中增加或替换一个层中的模块或整层时，只要不改变相应层间的接口，就不会影响其他层，因而易于扩充和维护。层次定义好后，相当于各层之间的依赖关系也就固定了，因此往往显得不够灵活，选项C错误。每执行一个功能，通常都要自上而下地穿越多层，增加了额外的开销，导致系统效率降低。

03. C

在层次结构中，每个层次都可以访问相邻的高层或低层，但不能跨越多个层次，A错误。层次结构的操作系统确实会增加一些复杂度和开销，但这不是最显著的不足，如果设计得当，层次结构可以提高效率和可靠性，因为每一层都可以独立地进行优化和测试，B错误。层次结构需要对每层精心的划分和设计，而且要保证接口的一致性和完备性，这是一个非常复杂的过程，而且很难做到完美，C正确。层次结构不限制模块的数量，只将模块按照功能和依赖关系分成不同的层次，层次结构可以有很多模块，只要它们符合层次结构的原则，D错误。

04. B

模块化操作系统的各功能模块都在内核中，且模块之间相互调用、相互依赖，任何一个模块出错，都可能导致整个内核崩溃。B项的设置属于“移花接木”，正确的说法应该是：在微内核操作系统中，内核外的某个功能模块出错不会导致整个系统崩溃，可靠性高。

05. C

微内核和宏内核作为两种对立的结构，它们的优缺点也是对立的。微内核OS的主要缺点是性能问题，因为需要频繁地在核心态和用户态之间进行切换，因而切换开销偏大。

06. B

功能分层设计是分层式OS的特点。通常可以从四个方面来描述微内核OS：①内核足够小；②基于客户/服务器模式；③应用“机制与策略分离”原理；④采用面向对象技术。

07. C

进程（线程）之间的通信功能是微内核最频繁使用的功能，因此几乎所有微内核OS都将其

放入微内核。低级 I/O 和硬件紧密相关，因此应放入微内核。低级进程管理和调度属于调度功能的机制部分，应将它放入微内核。微内核 OS 将与硬件紧密相关的一小部分放入微内核处理，此时微内核的主要功能是捕获所发生的中断和陷入事件，并进行中断响应处理，识别中断或陷入的事件后，再发送给相关的服务器处理，故中断和陷入处理也应放入微内核。而文件系统服务是放在微内核外的文件服务器中实现的，故仅 V 不宜放在微内核中。

08. C

微内核结构需要频繁地在管态和目态之间进行切换，操作系统的执行开销相对偏大，那些移出内核的操作系统代码根据分层的原则被划分成若干服务程序，它们的执行相互独立，交互则都借助于微内核进行通信，影响了系统的效率，因此 I 不是优势。由于内核的服务变少，且一般来说内核的服务越少内核越稳定，所以 III 错误。而 II、IV 正是微内核结构的优点。

09. C

Windows 是融合了宏内核和微内核的操作系统，I 错误。II 描述的是层次化构架的原则。微内核架构将操作系统的核心功能和其他服务分离，使不同的服务可在不同的处理器上并行执行，提高了系统的并发性和可扩展性；微内核架构可以方便地实现进程间的通信和同步，支持服务器之间的消息传递和远程过程调用，使得分布式系统的开发和管理更简单和高效，III 正确。添加系统服务时不必修改内核，这就使得微内核构架的可扩展性和灵活性更强；微内核构架的主要问题是性能问题，“使系统更高效”显然错误。

10. B

微内核会增加一些开销，如上下文切换、消息传递、数据拷贝等。这些开销会降低操作系统的执行效率，尤其是对一些频繁调用的服务。A、C、D 项均正确。

11. C

在拥有外核的操作系统中，外核只负责硬件资源的分配、回收、保护等，进程管理相关的工作仍然由内核负责。

12. C

常驻内存的只是操作系统内核，其他部分仅在需要时才调入。

13. C

BIOS（基本输入/输出系统）是一组固化在主板的 ROM 芯片上的程序，它包含系统设置程序、基本输入/输出程序、开机自检程序和系统启动自举程序等。

14. D

操作系统的引导程序位于磁盘活动分区的引导扇区中。引导程序分为两种：一种是位于 ROM 中的自举程序（BIOS 的组成部分），用于启动具体的设备；另一种是位于装有操作系统硬盘的活动分区的引导扇区中的引导程序（称为启动管理器），用于引导操作系统。

15. C

CPU 激活后，从顶端的地址 FFFF0H 获得第一条执行的指令，这个地址仅有 16 字节，放不下一段程序，所以是一条 JMP 指令，以跳到更低地址去执行 BIOS 程序。BIOS 程序在内存最开始的空间构建中断向量表和相应服务程序，在后续 POST 过程中要用到中断调用等功能。然后进行通电自检（Power-on Self Test，POST）以检测硬件是否有故障。完成 POST 后，BIOS 需要在硬盘、光驱或软驱等存储设备搜寻操作系统内核的位置以启动操作系统。

16. A

BIOS 将控制权交给排在首位的启动设备后，CPU 将该设备主引导扇区的内容［主引导记录（MBR）］加载到内存中，然后由 MBR 检查分区表，查找活动分区，并将该分区的引导扇区的内容［分区引导记录（PBR）］加载到内存加以执行。

17．A

软件能实现的功能也能由硬件实现，因为虚拟机软件能实现的功能也能由硬件实现，软件和硬件的分界面是系统结构设计者的任务，I 和 II 正确。实现真正并行的是多核处理机，多台虚拟机同时运行在同一物理机器上，类似于多个程序运行在同一个系统中。

18．B

VMware Workstation 虚拟机属于第二类虚拟机管理程序，如果真实硬件直接执行虚拟机中的敏感指令，那么该指令非法时可能会导致宿主操作系统崩溃，而这是不可能的，实际上是由第二类虚拟机管理程序模拟真实硬件环境。虚拟机看起来和真实物理计算机没什么两样，因此当然可以安装多个操作系统。VMware Workstation 就是一个安装在计算机上的程序，在创建虚拟机时，会为该虚拟机创建一组文件，这些虚拟机文件都存储在主机的磁盘上。

19．B

第一类 VMM 直接运行在硬件上；第二类 VMM 运行在宿主操作系统上，不能直接和硬件打交道，因此第一类 VMM 的效率通常更高。VMM 的功能没有操作系统的功能复杂，其代码量少于一个完整的操作系统。III 是基本概念。第一类 VMM 运行在最高特权级（内核态），而第二类 VMM 和普通应用程序的地位相同，通常运行在较低特权级（用户态）。

20．D

系统开机后，操作系统的程序会被自动加载到内存中的系统区，这段区域是 RAM。部分未复习计组的读者对该内容可能不太熟悉，但熟悉了各类存储介质后，解答本题并不难。

21．A

在操作系统初始化的过程中需要创建中断向量表，以实现通电自检（POST），CPU 检测到中断信号后，根据中断号查询中断向量表，跳转到相应的中断处理程序，A 正确。在硬盘逻辑格式化之前，需要先对硬盘进行分区，即创建硬盘分区表。分区完成后，对物理分区进行逻辑格式化（创建文件系统），为每个分区初始化一个特定的文件系统，并创建文件系统的根目录。如果某个分区采用 UNIX 文件系统，则还要在该分区中建立文件系统的索引节点表。

22．D

微内核构架将内核中最基本的功能保留在内核，只有微内核运行在内核态，其余模块都运行在用户态，一个模块中的错误只会使这个模块崩溃，而不会使整个系统崩溃，因此具有较高的可靠性和安全性。微内核的非核心功能运行在用户空间，可通过插件或模块的方式进行扩展，无须改动内核代码，因此具有较强的可扩展性。微内核需要频繁地在用户态和核心态之间进行切换，操作系统的执行开销偏大，从而影响系统性能。

1.7 本章疑难点

1．并行性与并发性的区别和联系

并行性和并发性是既相似又有区别的两个概念。并行性是指两个或多个事件在同一时刻发生，并发性是指两个或多个事件在同一时间间隔内发生。

在多道程序环境下，并发性是指在一段时间内，宏观上有多个程序同时运行，但在单处理器系统中每个时刻却仅能有一道程序执行，因此微观上这些程序只能分时地交替执行。若在计算机系统中有多个处理器，则这些可以并发执行的程序便被分配到多个处理器上，实现并行执行，即利用每个处理器来处理一个可并发执行的程序。

2．特权指令与非特权指令

特权指令是指有特殊权限的指令，由于这类指令的权限最大，使用不当将导致整个系统崩溃，如清内存、置时钟、分配系统资源、修改虚存的段表或页表、修改用户的访问权限等。若所有程序都能使用这些指令，则系统一天死机 *n* 次就不足为奇。为保证系统安全，这类指令不能直接提供给用户使用，因此特权指令必须在核心态执行。实际上，CPU 在核心态下可以执行指令系统的全集。形象地说，特权指令是那些儿童不宜的东西，而非特权指令是老少皆宜的东西。

为了防止用户程序中使用特权指令，用户态下只能使用非特权指令，核心态下可以使用全部指令。在用户态下使用特权指令时，将产生中断以阻止用户使用特权指令。所以将用户程序放在用户态下运行，而操作系统中必须使用特权指令的那部分程序在核心态下运行，从而保证了系统的安全性和可靠性。从用户态转换为核心态的唯一途径是中断或异常。

3．访管指令与访管中断

访管指令是一条可以在用户态下执行的指令。在用户程序中，因要求操作系统提供服务而有意识地使用访管指令，从而产生一个中断事件（自愿中断），将操作系统转换为核心态，称为访管中断。访管中断由访管指令产生，程序员使用访管指令向操作系统请求服务。

为什么要在程序中引入访管指令呢？这是因为用户程序只能在用户态下运行。若用户程序想要完成在用户态下无法完成的工作，该怎么办？解决这个问题要靠访管指令。访管指令本身不是特权指令，其基本功能是让程序拥有“自愿进管”的手段，从而引起访管中断。

4．定义微内核结构 OS 的四个方面

1）足够小的内核。

2）基于客户/服务器模式。

3）应用“机制与策略分离”原理。机制是指实现某一功能的具体执行机构。策略则是在机制的基础上借助于某些参数和算法来实现该功能的优化，或达到不同的功能目标。在传统的 OS 中，将机制放在 OS 内核的较低层中，将策略放在内核的较高层中。而在微内核 OS 中，通常将机制放在 OS 的微内核中。正因如此，才可以将内核做得很小。

4）采用面向对象技术。基于面向对象技术中的“抽象”和“隐蔽”原则能控制系统的复杂性，进一步利用“对象”“封装”和“继承”等概念还能确保操作系统的正确性、可靠性、易扩展性等。正因如此，面向对象技术被广泛应用于现代操作系统的设计之中。

02 第 2 章 进程与线程

【考纲内容】

（一）进程与线程

进程与线程的基本概念；进程/线程的状态与转换

线程的实现：内核支持的线程，线程库支持的线程

进程与线程的组织与控制

进程间通信：共享内存，消息传递，管道

（二）CPU 调度与上下文切换

调度的基本概念；调度的目标；

调度的实现：调度器/调度程序（scheduler），调度的时机与调度方式（抢占式/非抢占式），闲逛进程，内核级线程与用户级线程调度

典型调度算法：先来先服务调度算法；短作业（短进程、短线程）优先调度算法，时间片轮转调度算法，优先级调度算法，高响应比优先调度算法，多级队列调度算法，多级反馈队列调度算法

上下文及其切换机制

（三）同步与互斥

同步与互斥的基本概念

基本的实现方法：软件方法；硬件方法

锁；信号量；条件变量

经典同步问题：生产者-消费者问题，读者-写者问题；哲学家进餐问题

（四）死锁

死锁的基本概念；死锁预防

死锁避免；死锁检测和解除

【复习提示】

进程管理是操作系统的核心，也是每年必考的重点。其中，进程的概念、进程调度、信号量机制实现同步和互斥、进程死锁等更是重中之重，必须深入掌握。需要注意的是，除选择题外，本章还容易出综合题，其中信号量机制实现同步和互斥、进程调度算法和死锁等都可能命制综合题，如利用信号量进行进程同步就在往年的统考中频繁出现。

2.1 进程与线程

在学习本节时，请读者思考以下问题：

1）为什么要引入进程？

2）什么是进程？进程由什么组成？

3）进程是如何解决问题的？

希望读者带着上述问题去学习本节内容，并在学习的过程中多思考，从而更深入地理解本节内容。进程本身是一个比较抽象的概念，它不是实物，看不见、摸不着，初学者在理解进程概念时存在一定困难，在介绍完进程的相关知识后，我们会用比较直观的例子帮助大家理解。

2.1.1　进程的概念和特征

1．进程的概念

在多道程序环境下，允许多个程序并发执行，此时它们将失去封闭性，并具有间断性及不可再现性的特征。为此引入了进程（Process）的概念，以便更好地描述和控制程序的并发执行，实现操作系统的并发性和共享性（最基本的两个特性）。

为了使参与并发执行的每个程序（含数据）都能独立地运行，必须为之配置一个专门的数据结构，称为进程控制块（Process Control Block，PCB）。系统利用 PCB 来描述进程的基本情况和运行状态，进而控制和管理进程。相应地，由程序段、相关数据段和 PCB 三部分构成了进程实体（又称进程映像）。所谓创建进程，就是创建进程的 PCB；而撤销进程，就是撤销进程的 PCB。

从不同的角度，进程可以有不同的定义，比较典型的定义有：

1）进程是一个正在执行程序的实例。

2）进程是一个程序及其数据从磁盘加载到内存后，在 CPU 上的执行过程。

3）进程是一个具有独立功能的程序在一个数据集合上运行的过程。

引入进程实体的概念后，我们可将传统操作系统中的进程定义为："进程是进程实体的运行过程，是系统进行资源分配和调度的一个独立单位。"

读者要准确理解这里说的系统资源。它指 CPU、存储器和其他设备服务于某个进程的"时间"，例如将 CPU 资源理解为 CPU 的时间片才是准确的。因为进程是这些资源分配和调度的独立单位，即"时间片"分配的独立单位，这就决定了进程一定是一个动态的、过程性的概念。

2．进程的特征

进程是由多道程序的并发执行而引出的，它和程序是两个截然不同的概念。程序是静态的，进程是动态的，进程的基本特征是对比单个程序的顺序执行提出的。

1）动态性。进程是程序的一次执行，它有着创建、活动、暂停、终止等过程，具有一定的生命周期，是动态地产生、变化和消亡的。动态性是进程最基本的特征。

2）并发性。指多个进程同存于内存中，能在一段时间内同时运行。引入进程的目的就是使进程能和其他进程并发执行。并发性是进程的重要特征，也是操作系统的重要特征。

3）独立性。指进程是一个能独立运行、独立获得资源和独立接受调度的基本单位。凡未建立 PCB 的程序，都不能作为一个独立的单位参与运行。

4）异步性。由于进程的相互制约，使得进程按各自独立的、不可预知的速度向前推进。异步性会导致执行结果的不可再现性，为此在操作系统中必须配置相应的进程同步机制。

通常不会直接考查进程有什么特性，所以读者对上面的 4 个特性不必记忆，只求理解。

2.1.2　进程的组成

进程是一个独立的运行单位，也是操作系统进行资源分配和调度的基本单位。它由以下三部分组成，其中最核心的是进程控制块（PCB）。

1. 进程控制块

进程创建时，操作系统为它新建一个PCB，该结构之后常驻内存，任意时刻都可以存取，并在进程结束时删除。PCB是进程实体的一部分，是进程存在的唯一标志。

进程执行时，系统通过其PCB了解进程的现行状态信息，以便操作系统对其进行控制和管理；进程结束时，系统收回其PCB，该进程随之消亡。

当操作系统希望调度某个进程运行时，要从该进程的PCB中查出其现行状态及优先级；在调度到某个进程后，要根据其PCB中所保存的CPU状态信息，设置该进程恢复运行的现场，并根据其PCB中的程序和数据的内存始址，找到其程序和数据；进程在运行过程中，当需要和与之合作的进程实现同步、通信或访问文件时，也需要访问PCB；当进程由于某种原因而暂停运行时，又需将其断点的CPU环境保存在PCB中。可见，在进程的整个生命期中，系统总是通过PCB对进程进行控制的，亦即系统唯有通过进程的PCB才能感知到该进程的存在。

表2.1是一个PCB的实例。PCB主要包括进程描述信息、进程控制和管理信息、资源分配清单和CPU相关信息等。各部分的主要说明如下：

表2.1 PCB通常包含的内容

进程描述信息	进程控制和管理信息	资源分配清单	处理机相关信息
进程标识符（PID）	进程当前状态	代码段指针	通用寄存器值
用户标识符（UID）	进程优先级	数据段指针	地址寄存器值
	代码运行入口地址	堆栈段指针	控制寄存器值
	程序的外存地址	文件描述符	标志寄存器值
	进入内存时间	键盘	状态字
	CPU占用时间	鼠标	
	信号量使用		

1）*进程描述信息*。进程标识符：标志各个进程，每个进程都有一个唯一的标识号。用户标识符：进程所归属的用户，用户标识符主要为共享和保护服务。

2）*进程控制和管理信息*。进程当前状态：描述进程的状态信息，作为CPU分配调度的依据。进程优先级：描述进程抢占CPU的优先级，优先级高的进程可优先获得CPU。

3）*资源分配清单*，用于说明有关内存地址空间或虚拟地址空间的状况，所打开文件的列表和所使用的输入/输出设备信息。

4）*处理机相关信息*，也称CPU的上下文，主要指CPU中各寄存器的值。当进程处于执行态时，CPU的许多信息都在寄存器中。当进程被切换时，CPU状态信息都必须保存在相应的PCB中，以便在该进程重新执行时，能从断点继续执行。

在一个系统中，通常存在着许多进程的PCB，有的处于就绪态，有的处于阻塞态，而且阻塞的原因各不相同。为了方便进程的调度和管理，需要将各个进程的PCB用适当的方法组织起来。目前，常用的组织方式有链接方式和索引方式两种。*链接方式*将同一状态的PCB链接成一个队列，不同状态对应不同的队列，也可将处于阻塞态的进程的PCB，根据其阻塞原因的不同，排成多个阻塞队列。*索引方式*将同一状态的进程组织在一个索引表中，索引表的表项指向相应的PCB，不同状态对应不同的索引表，如就绪索引表和阻塞索引表等。

2. 程序段

程序段就是能被进程调度程序调度到CPU执行的程序代码段。注意，程序可被多个进程共享，即多个进程可以运行同一个程序。

3．数据段

一个进程的数据段，可以是进程对应的程序加工处理的原始数据，也可以是程序执行时产生的中间或最终结果。

2.1.3 进程的状态与转换

进程在其生命周期内，由于系统中各个进程之间的相互制约及系统的运行环境的变化，使得进程的状态也在不断地发生变化。通常进程有以下 5 种状态，前 3 种是进程的基本状态。

1）运行态。进程正在 CPU 上运行。在单 CPU 中，每个时刻只有一个进程处于运行态。

2）就绪态。进程获得了除 CPU 外的一切所需资源，一旦得到 CPU，便可立即运行。系统中处于就绪态的进程可能有多个，通常将它们排成一个队列，称为就绪队列。

命题追踪 ▶ 执行中断处理程序时进程的状态（2023）

3）阻塞态，又称等待态。进程正在等待某一事件而暂停运行，如等待某个资源可用（不包括 CPU）或等待 I/O 完成。即使 CPU 空闲，该进程也不能运行。系统通常将处于阻塞态的进程也排成一个队列，甚至根据阻塞原因的不同，设置多个阻塞队列。

4）创建态。进程正在被创建，尚未转到就绪态。创建进程需要多个步骤：首先申请一个空白 PCB，并向 PCB 中填写用于控制和管理进程的信息；然后为该进程分配运行时所必须的资源；最后将该进程转入就绪态并插入就绪队列。但是，如果进程所需的资源尚不能得到满足，如内存不足，则创建工作尚未完成，进程此时所处的状态称为创建态。

5）终止态。进程正从系统中消失，可能是进程正常结束或其他原因退出运行。进程需要结束运行时，系统首先将该进程置为终止态，然后进一步处理资源释放和回收等工作。

区别就绪态和阻塞态：就绪态是指进程仅缺少 CPU，只要获得 CPU 就立即运行；而阻塞态是指进程需要其他资源（除了 CPU）或等待某一事件。之所以将 CPU 和其他资源分开，是因为在分时系统的时间片轮转机制中，每个进程分到的时间片是若干毫秒。也就是说，进程得到 CPU 的时间很短且非常频繁，进程在运行过程中实际上是频繁地转换到就绪态的；而其他资源（如外设）的使用和分配或某一事件的发生（如 I/O 完成）对应的时间相对来说很长，进程转换到阻塞态的次数也相对较少。这样来看，就绪态和阻塞态是进程生命周期中两个完全不同的状态。

命题追踪 ▶ 引起进程状态转换的事件（2014、2015、2018、2023）

图 2.1 说明了 5 种进程状态的转换，而 3 种基本状态之间的转换如下：

- 就绪态→运行态：处于就绪态的进程被调度后，获得 CPU 资源（分派 CPU 的时间片），于是进程由就绪态转换为运行态。
- 运行态→就绪态：处于运行态的进程在时间片用完后，不得不让出 CPU，从而进程由运行态转换为就绪态。此外，在可剥夺的操作系统中，当有更高优先级的进程就绪时，调度程序将正在执行的进程转换为就绪态，让更高优先级的进程执行。
- 运行态→阻塞态：进程请求某一资源（如外设）的使用和分配或等待某一事件的发生（如 I/O 操作的完成）时，它就从运行态转换为阻塞态。进程以系统调用的形式请求操作系统提供服务，这是一种特殊的、由运行用户态程序调用操作系统内核过程的形式。
- 阻塞态→就绪态：进程等待的事件到来时，如 I/O 操作完成或中断结束时，中断处理程序必须将相应进程的状态由阻塞态转换为就绪态。

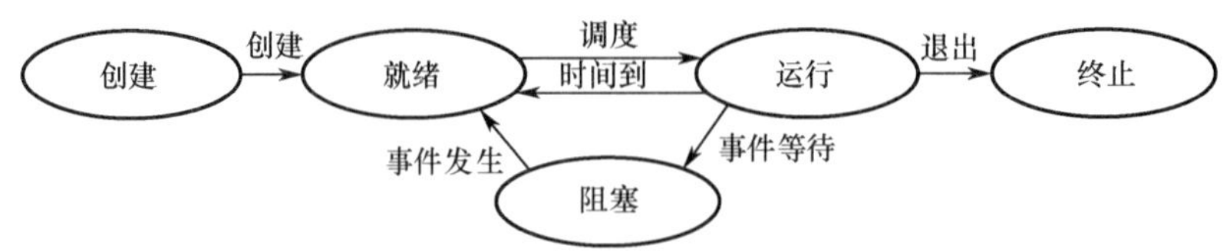

图 2.1　5 种进程状态的转换

需要注意的是，一个进程从运行态变为阻塞态是主动的行为，而从阻塞态变为就绪态是被动的行为，需要其他相关进程的协助。

2.1.4　进程控制

进程控制的主要功能是对系统中的所有进程实施有效的管理，它具有创建新进程、撤销已有进程、实现进程状态转换等功能。在操作系统中，一般将进程控制用的程序段称为*原语*，原语的特点是执行期间不允许中断，它是一个不可分割的基本单位。

1．进程的创建

命题追踪 ▶ 父进程与子进程的关系和特点（2020）

允许一个进程创建另一个进程，此时创建者称为*父进程*，被创建的进程称为*子进程*。子进程可以继承父进程所拥有的资源。当子进程被撤销时，应将其从父进程那里获得的资源还给父进程。此外，在撤销父进程时，通常也会同时撤销其所有的子进程。

命题追踪 ▶ 导致创建进程的操作（2010）

在操作系统中，终端用户登录系统、作业调度、系统提供服务、用户程序的应用请求等都会引起进程的创建。操作系统创建一个新进程的过程如下（创建原语）：

命题追踪 ▶ 创建新进程时的操作（2021）

1）为新进程分配一个唯一的进程标识号，并申请一个空白 PCB（PCB 是有限的）。若 PCB 申请失败，则创建失败。

2）为进程分配其运行所需的资源，如内存、文件、I/O 设备和 CPU 时间等（在 PCB 中体现）。这些资源或从操作系统获得，或仅从其父进程获得。如果资源不足（如内存），则并不是创建失败，而是处于创建态，等待内存资源。

3）初始化 PCB，主要包括初始化标志信息、初始化 CPU 状态信息和初始化 CPU 控制信息，以及设置进程的优先级等。

4）若进程就绪队列能够接纳新进程，则将新进程插入就绪队列，等待被调度运行。

2．进程的终止

引起进程终止的事件主要有：①正常结束，表示进程的任务已完成并准备退出运行。②异常结束，表示进程在运行时，发生了某种异常事件，使程序无法继续运行，如存储区越界、保护错、非法指令、特权指令错、运行超时、算术运算错、I/O 故障等。③外界干预，指进程应外界的请求而终止运行，如操作员或操作系统干预、父进程请求和父进程终止。

命题追踪 ▶ 终止进程时的操作（2024）

操作系统终止进程的过程如下（终止原语）：

1）根据被终止进程的标识符，检索出该进程的 PCB，从中读出该进程的状态。

2）若被终止进程处于运行状态，立即终止该进程的执行，将 CPU 资源分配给其他进程。

3）若该进程还有子孙进程，则通常需将其所有子孙进程终止（有些系统无此要求）。

4）将该进程所拥有的全部资源，或归还给其父进程，或归还给操作系统。

5）将该 PCB 从所在队列（链表）中删除。

3．进程的阻塞和唤醒

命题追踪 ▶ I/O 事件阻塞或唤醒进程的过程（2023）

命题追踪 ▶ 进程阻塞的事件与时机（2018、2022、2023）

正在执行的进程，由于期待的某些事件未发生，如请求系统资源失败、等待某种操作的完成、新数据尚未到达或无新任务可做等，进程便通过调用*阻塞原语*（Block），使自己由运行态变为阻塞态。可见，阻塞是进程自身的一种主动行为，也因此只有处于运行态的进程（获得 CPU），才可能将其转为阻塞态。阻塞原语的执行过程如下：

1）找到将要被阻塞进程的标识号（PID）对应的 PCB。

2）若该进程为运行态，则保护其现场，将其状态转为阻塞态，停止运行。

3）将该 PCB 插入相应事件的等待队列，将 CPU 资源调度给其他就绪进程。

命题追踪 ▶ 进程唤醒的事件与时机（2014、2019）

当被阻塞进程所期待的事件出现时，如它所期待的 I/O 操作已完成或其所期待的数据已到达，由有关进程（比如，释放该 I/O 设备的进程，或提供数据的进程）调用*唤醒原语*（Wakeup），将等待该事件的进程唤醒。唤醒原语的执行过程如下：

1）在该事件的等待队列中找到相应进程的 PCB。

2）将其从等待队列中移出，并置其状态为就绪态。

3）将该 PCB 插入就绪队列，等待调度程序调度。

应当注意，Block 原语和 Wakeup 原语是一对作用刚好相反的原语，必须成对使用。如果在某个进程中调用了 Block 原语，则必须在与之合作的或其他相关的进程中安排一条相应的 Wakeup 原语，以便唤醒阻塞进程；否则，阻塞进程将因不能被唤醒而永久地处于阻塞态。

2.1.5　进程的通信

进程通信是指进程之间的信息交换。PV 操作（见 2.3 节）是低级通信方式，高级通信方式是指以较高的效率传输大量数据的通信方式。高级通信方法主要有以下三类。

1．共享存储

在通信的进程之间存在一块可直接访问的共享空间，通过对这片共享空间进行写/读操作实现进程之间的信息交换，如图 2.2 所示。在对共享空间进行写/读操作时，需要使用同步互斥工具（如 P 操作、V 操作）对共享空间的写/读进行控制。共享存储又分为两种：低级方式的共享是基于数据结构的共享；高级方式的共享则是基于存储区的共享。操作系统只负责为通信进程提供可共享使用的存储空间和同步互斥工具，而数据交换则由用户自己安排读/写指令完成。

注意，进程空间一般都是独立的，进程运行期间一般不能访问其他进程的空间，想让两个进程共享空间，必须通过特殊的系统调用实现，而进程内的线程是自然共享进程空间的。

简单理解就是，甲和乙中间有一个大布袋，甲和乙交换物品是通过大布袋进行的，甲将物品放在大布袋里，乙拿走。但乙不能直接到甲的手中拿东西，甲也不能直接到乙的手中拿东西。

2．消息传递

若通信的进程之间不存在可直接访问的共享空间，则必须利用操作系统提供的消息传递方法实现进程通信。在消息传递系统中，进程间的数据交换以格式化的消息（Message）为单位。进程通过操作系统提供的发送消息和接收消息两个原语进行数据交换。这种方式隐藏了通信实现细节，使通信过程对用户透明，简化了通信程序的设计，是当前应用最广泛的进程间通信机制。在微内核操作系统中，微内核与服务器之间的通信就采用了消息传递机制。由于该机制能很好地支持多CPU系统、分布式系统和计算机网络，因此也成为这些领域最主要的通信工具。

1）直接通信方式。发送进程直接将消息发送给接收进程，并将它挂在接收进程的消息缓冲队列上，接收进程从消息缓冲队列中取得消息，如图2.3所示。

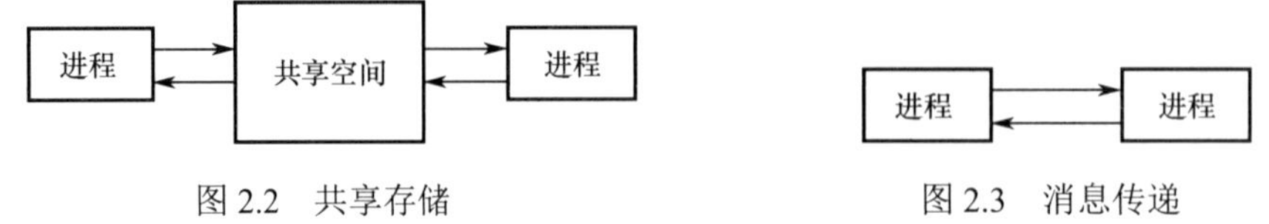

图2.2 共享存储　　图2.3 消息传递

2）间接通信方式。发送进程将消息发送到某个中间实体，接收进程从中间实体取得消息。这种中间实体一般称为信箱。该通信方式广泛应用于计算机网络中。

简单理解就是，甲要将某些事情告诉乙，就要写信，然后通过邮差送给乙。直接通信就是邮差将信直接送到乙的手上；间接通信就是乙家门口有一个邮箱，邮差将信放到邮箱里。

3. 管道通信

命题追踪 ▶ 管道通信的特点（2014）

管道是一个特殊的共享文件，又称pipe文件，数据在管道中是先进先出的。管道通信允许两个进程按生产者-消费者方式进行通信（见图2.4），只要管道不满，写进程就能向管道的一端写入数据；只要管道非空，读进程就能从管道的一端读出数据。为了协调双方的通信，管道机制必须提供三方面的协调能力：①互斥，指当一个进程对管道进行读/写操作时，其他进程必须等待。②同步，指写进程向管道写入一定数量的数据后，写进程阻塞，直到读进程取走数据后再将它唤醒；读进程将管道中的数据取空后，读进程阻塞，直到写进程将数据写入管道后才将其唤醒。③确定对方的存在。

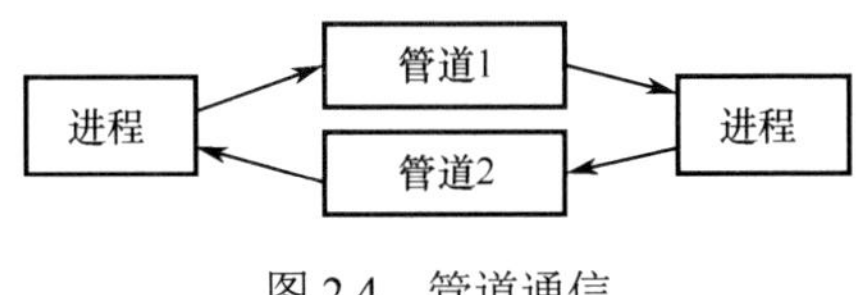

图2.4 管道通信

在Linux中，管道是一种使用非常频繁的通信机制。从本质上说，管道也是一种文件，但它又和一般的文件有所不同，管道可以克服使用文件进行通信的两个问题，具体表现如下：

1）限制管道的大小。管道文件是一个固定大小的缓冲区，在Linux中该缓冲区的大小为4KB，这使得它的大小不像普通文件那样不加检验地增长。使用单个固定缓冲区也会带来问题，比如在写管道时可能变满，这种情况发生时，随后对管道的write()调用将默认地被阻塞，等待某些数据被读取，以便腾出足够的空间供write()调用。

2）读进程也可能工作得比写进程快。当管道内的数据已被读取时，管道变空。当这种情况发生时，一个随后的read()调用将被阻塞，等待某些数据的写入。

管道只能由创建进程所访问，当父进程创建一个管道后，由于管道是一种特殊文件，子进程会继承父进程的打开文件，因此子进程也继承父进程的管道，并可用它来与父进程进行通信。

> **注　意**
>
> 从管道读数据是一次性操作，数据一旦被读取，就释放空间以便写更多数据。普通管道只允许单向通信，若要实现两个进程双向通信，则需要定义两个管道。

2.1.6　线程和多线程模型

1．线程的基本概念

引入进程的目的是更好地使多道程序并发执行，提高资源利用率和系统吞吐量；而引入线程（Threads）的目的则是减小程序在并发执行时所付出的时空开销，提高操作系统的并发性能。

线程最直接的理解就是轻量级进程，它是一个基本的 CPU 执行单元，也是程序执行流的最小单元，由线程 ID、程序计数器、寄存器集合和堆栈组成。线程是进程中的一个实体，是被系统独立调度和分派的基本单位，线程自己不拥有系统资源，只拥有一点儿在运行中必不可少的资源，但它可与同属一个进程的其他线程共享进程所拥有的全部资源。一个线程可以创建和撤销另一个线程，同一进程中的多个线程之间可以并发执行。由于线程之间的相互制约，致使线程在运行中呈现出间断性。线程也有就绪、阻塞和运行三种基本状态。

引入线程后，进程的内涵发生了改变，进程只作为除 CPU 外的系统资源的分配单元，而线程则作为 CPU 的分配单元。由于一个进程内部有多个线程，若线程的切换发生在同一个进程内部，则只需要很少的时空开销。下面从几个方面对线程和进程进行比较。

2．线程与进程的比较

命题追踪 ▶ 进程和线程的比较（2012）

1）调度。在传统的操作系统中，拥有资源和独立调度的基本单位都是进程，每次调度都要进行上下文切换，开销较大。在引入线程的操作系统中，线程是独立调度的基本单位，而线程切换的代价远低于进程。在同一进程中，线程的切换不会引起进程切换。但从一个进程中的线程切换到另一个进程中的线程时，会引起进程切换。

2）并发性。在引入线程的操作系统中，不仅进程之间可以并发执行，而且一个进程中的多个线程之间亦可并发执行，甚至不同进程中的线程也能并发执行，从而使操作系统具有更好的并发性，提高了系统资源的利用率和系统的吞吐量。

3）拥有资源。进程是系统中拥有资源的基本单位，而线程不拥有系统资源（仅有一点必不可少、能保证独立运行的资源），但线程可以访问其隶属进程的系统资源，这主要表现在属于同一进程的所有线程都具有相同的地址空间。要知道，若线程也是拥有资源的单位，则切换线程就需要较大的时空开销，线程这个概念的提出就没有意义。

4）独立性。每个进程都拥有独立的地址空间和资源，除了共享全局变量，不允许其他进程访问。某个进程中的线程对其他进程不可见。同一进程中的不同线程是为了提高并发性及进行相互之间的合作而创建的，它们共享进程的地址空间和资源。

5）系统开销。在创建或撤销进程时，系统都要为之分配或回收进程控制块 PCB 及其他资源，如内存空间、I/O 设备等。操作系统为此所付出的开销，明显大于创建或撤销线程时的开销。类似地，在进程切换时涉及进程上下文的切换，而线程切换时只需保存和设置少量寄存器内容，开销很小。此外，由于同一进程内的多个线程共享进程的地址空间，因此这些线程之间的同步与通信非常容易实现，甚至无须操作系统的干预。

6）支持多处理器系统。对于传统单线程进程，不管有多少个 CPU，进程只能运行在一个 CPU 上。对于多线程进程，可将进程中的多个线程分配到多个 CPU 上执行。

3．线程的属性

多线程操作系统中的进程已不再是一个基本的执行实体，但它仍具有与执行相关的状态。所谓进程处于“执行”状态，实际上是指该进程中的线程正在执行。线程的主要属性如下：

命题追踪 ▶ 线程所拥有资源的特点（2011、2024）

1）线程是一个轻型实体，它不拥有系统资源，但每个线程都应有一个唯一的标识符和一个线程控制块，线程控制块记录线程执行的寄存器和栈等现场状态。

2）不同的线程可以执行相同的程序，即同一个服务程序被不同的用户调用时，操作系统将它们创建成不同的线程。

3）同一进程中的各个线程共享该进程所拥有的资源。

4）线程是 CPU 的独立调度单位，多个线程是可以并发执行的。在单 CPU 的计算机系统中，各线程可交替地占用 CPU；在多 CPU 的计算机系统中，各线程可同时占用不同的 CPU，若各个 CPU 同时为一个进程内的各线程服务，则可缩短进程的处理时间。

5）一个线程被创建后，便开始了它的生命周期，直至终止。线程在生命周期内会经历阻塞态、就绪态和运行态等各种状态变化。

为什么线程的提出有利于提高系统并发性？可以这样来理解：由于有了线程，线程切换时，有可能会发生进程切换，也有可能不发生进程切换，平均而言每次切换所需的开销就变小了，因此能够让更多的线程参与并发，而不会影响到响应时间等问题。

4．线程的状态与转换

与进程一样，各线程之间也存在共享资源和相互合作的制约关系，致使线程在运行时也具有间断性。相应地，线程在运行时也具有下面三种基本状态。

执行态：线程已获得 CPU 而正在运行。

就绪态：线程已具备各种执行条件，只需再获得 CPU 便可立即执行。

阻塞态：线程在执行中因某事件受阻而处于暂停状态。

线程这三种基本状态之间的转换和进程基本状态之间的转换是一样的。

5．线程的组织与控制

（1）线程控制块

命题追踪 ▶ 线程的组织（2019、2024）

与进程类似，系统也为每个线程配置一个线程控制块 TCB，用于记录控制和管理线程的信息。线程控制块通常包括：①线程标识符；②一组寄存器，包括程序计数器、状态寄存器和通用寄存器；③线程运行状态，用于描述线程正处于何种状态；④优先级；⑤线程专有存储区，线程切换时用于保存现场等；⑥堆栈指针，用于过程调用时保存局部变量及返回地址等。

同一进程中的所有线程都完全共享进程的地址空间和全局变量。各个线程都可以访问进程地址空间的每个单元，所以一个线程可以读、写或甚至清除另一个线程的堆栈。

（2）线程的创建

线程也是具有生命期的，它由创建而产生，由调度而执行，由终止而消亡。相应地，在操作系统中就有用于创建线程和终止线程的函数（或系统调用）。

用户程序启动时，通常仅有一个称为*初始化线程*的线程正在执行，其主要功能是用于创建新线程。在创建新线程时，需要利用一个线程创建函数，并提供相应的参数，如指向线程主程序的入口指针、堆栈的大小、线程优先级等。线程创建函数执行完后，将返回一个线程标识符。

（3）线程的终止

当一个线程完成自己的任务后，或线程在运行中出现异常而要被强制终止时，由终止线程调用相应的函数执行终止操作。但是有些线程（主要是系统线程）一旦被建立，便一直运行而不会被终止。通常，线程被终止后并不立即释放它所占有的资源，只有当进程中的其他线程执行了分离函数后，被终止线程才与资源分离，此时的资源才能被其他线程利用。

被终止但尚未释放资源的线程仍可被其他线程调用，以使被终止线程重新恢复运行。

6．线程的实现方式

命题追踪 ▶▶ 两种线程的特点与比较（2019）

线程的实现可以分为两类：*用户级线程*（User-Level Thread，ULT）和*内核级线程*（Kernel-Level Thread，KLT）。内核级线程又称*内核支持的线程*。

（1）*用户级线程*（ULT）

通俗地说，用户级线程就是"从用户视角能看到的线程"。在用户级线程中，有关线程管理（创建、撤销和切换等）的所有工作都由应用程序在用户空间内（用户态）完成，无须操作系统干预，内核意识不到线程的存在。应用程序可以通过使用线程库设计成多线程程序。通常，应用程序从单线程开始，在该线程中开始运行，在其运行的任何时刻，可以通过调用线程库中的派生例程创建一个在相同进程中运行的新线程。图 2.5(a)说明了用户级线程的实现方式。

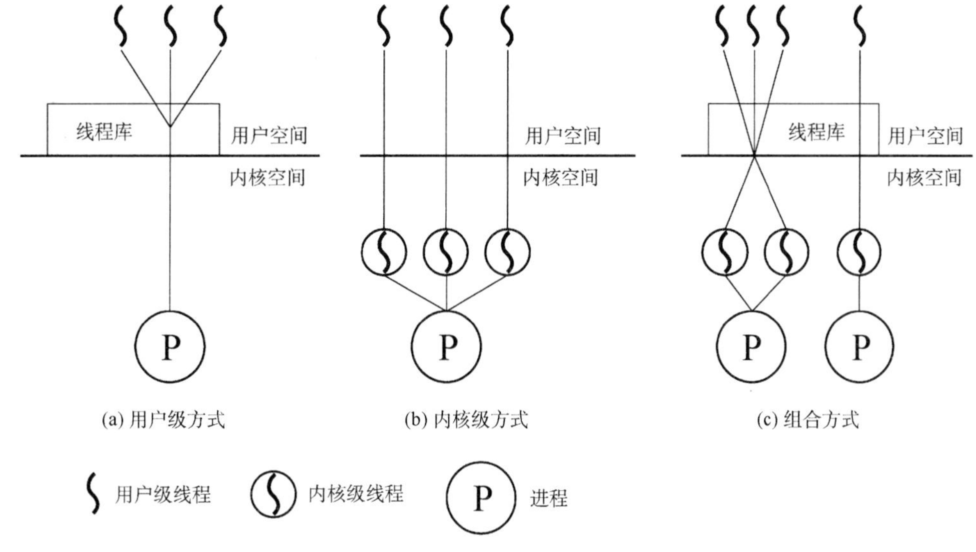

图 2.5　用户级线程和内核级线程

对于设置了用户级线程的系统，其调度仍然以进程为单位进行，各个进程轮流执行一个时间片。假设进程 A 包含 1 个用户级线程，进程 B 包含 100 个用户级线程，这样，进程 A 中线程的运行时间将是进程 B 中各线程运行时间的 100 倍，因此对线程来说实质上是不公平的。

这种实现方式的优点如下：①线程切换不需要转换到内核空间，节省了模式切换的开销。②调度算法可以是进程专用的，不同的进程可根据自身的需要，对自己的线程选择不同的调度算法。③用户级线程的实现与操作系统平台无关，对线程管理的代码是属于用户程序的一部分。

这种实现方式的缺点如下：①系统调用的阻塞问题，当线程执行一个系统调用时，不仅该线程被阻塞，而且进程内的所有线程都被阻塞。②不能发挥多 CPU 的优势，内核每次分配给一个进程的仅有一个 CPU，因此进程中仅有一个线程能执行。

（2）*内核级线程*（KLT）

在操作系统中，无论是系统进程还是用户进程，都是在操作系统内核的支持下运行的，与内核紧密相关。内核级线程同样也是在内核的支持下运行的，线程管理的所有工作也是在内核空间内（核心态）实现的。操作系统也为每个内核级线程设置一个线程控制块 TCB，内核根据该控制块感知某线程的存在，并对其加以控制。图 2.5(b)说明了内核级线程的实现方式。

这种实现方式的优点如下：①能发挥多 CPU 的优势，内核能同时调度同一进程中的多个线程并行执行。②如果进程中的一个线程被阻塞，内核可以调度该进程中的其他线程占用 CPU，也可运行其他进程中的线程。③内核支持线程具有很小的数据结构和堆栈，线程切换比较快、开销小。④内核本身也可采用多线程技术，可以提高系统的执行速度和效率。

这种实现方式的缺点如下：同一进程中的线程切换，需要从用户态转到核心态进行，系统开销较大。这是因为用户进程的线程在用户态运行，而线程调度和管理是在内核实现的。

（3）组合方式

有些系统使用组合方式的多线程实现。在组合实现方式中，内核支持多个内核级线程的建立、调度和管理，同时允许用户程序建立、调度和管理用户级线程。一些内核级线程对应多个用户级线程，这是用户级线程通过时分多路复用内核级线程实现的。同一进程中的多个线程可以同时在多 CPU 上并行执行，且在阻塞一个线程时不需要将整个进程阻塞，所以组合方式能结合 KLT 和 ULT 的优点，并且克服各自的不足。图 2.5(c)展示了这种组合实现方式。

在线程实现方式的介绍中，提到了通过线程库来创建和管理线程。**线程库**（thread library）是为程序员提供创建和管理线程的 API。实现线程库主要的方法有如下两种：

①在用户空间中提供一个没有内核支持的库。这种库的所有代码和数据结构都位于用户空间中。这意味着，调用库内的一个函数只导致用户空间中的一个本地函数的调用。

②实现由操作系统直接支持的内核级的一个库。对于这种情况，库内的代码和数据结构位于内核空间。调用库中的一个 API 函数通常会导致对内核的系统调用。

目前使用的三种主要线程库是：POSIX Pthreads、Windows API、Java。Pthreads 作为 POSIX 标准的扩展，可以提供用户级或内核级的库。Windows API 是用于 Windows 系统的内核级线程库。Java 线程 API 允许线程在 Java 程序中直接创建和管理。由于 JVM 实例通常运行在宿主操作系统之上，Java 线程 API 通常采用宿主系统的线程库来实现，因此在 Windows 系统中 Java 线程通常采用 Windows API 来实现，在类 UNIX 系统中采用 Pthreads 来实现。

7. 多线程模型

在同时支持用户级线程和内核级线程的系统中，由于用户级线程和内核级线程连接方式的不同，从而形成了下面三种不同的多线程模型。

1）多对一模型。将多个用户级线程映射到一个内核级线程，如图 2.6(a)所示。每个进程只被分配一个内核级线程，线程的调度和管理在用户空间完成。仅当用户线程需要访问内核时，才将其映射到一个内核级线程上，但每次只允许一个线程进行映射。
  优点：线程管理是在用户空间进行的，无须切换到核心态，因而效率比较高。
  缺点：如果一个线程在访问内核时发生阻塞，则整个进程都会被阻塞；在任何时刻，只有一个线程能够访问内核，多个线程不能同时在多个 CPU 上运行。

2）一对一模型。将每个用户级线程映射到一个内核级线程，如图 2.6(b)所示。每个进程有与用户级线程数量相同的内核级线程，线程切换由内核完成，需要切换到核心态。
  优点：当一个线程被阻塞后，允许调度另一个线程运行，所以并发能力较强。
  缺点：每创建一个用户线程，相应地就需要创建一个内核线程，开销较大。

3）多对多模型。将 n 个用户级线程映射到 m 个内核级线程上，要求 $n \geqslant m$，如图 2.6(c)所示。
  特点：既克服了多对一模型并发度不高的缺点，又克服了一对一模型的一个用户进程占用太多内核级线程而开销太大的缺点。此外，还拥有上述两种模型各自的优点。

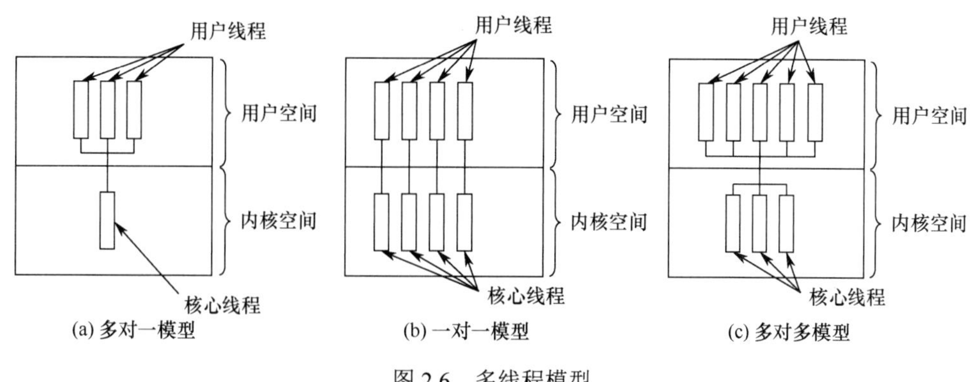

图 2.6　多线程模型

2.1.7　本节小结

本节开头提出的问题的参考答案如下。

1）为什么要引入进程？

在多道程序设计的背景下，进程之间需要共享系统资源，因此会导致各程序在执行过程中出现相互制约的关系，程序的执行会表现出间断性等特征。这些特征都是在程序的执行过程中发生的，是动态的过程，而传统的程序本身是一组指令的集合，是静态的概念，无法描述程序在内存中的执行情况，即无法从程序的字面上看出它何时执行、何时停顿，也无法看出它与其他执行程序的关系，因此，程序这个静态概念已不能如实反映程序并发执行过程的特征。为了深刻描述程序动态执行过程的性质乃至更好地支持和管理多道程序的并发执行，便引入了进程的概念。

2）什么是进程？进程由什么组成？

进程是一个具有独立功能的程序关于某个数据集合的一次运行活动。它可以申请和拥有系统资源，是一个动态的概念，是一个活动的实体。它不只是程序的代码本身，还包括当前的活动，通过程序计数器的值和处理寄存器的内容来表示。

一个进程实体由程序段、相关数据段和 PCB 三部分构成，其中 PCB 是标志一个进程存在的唯一标识，程序段是进程运行的程序的代码，数据段则存储程序运行过程中相关的一些数据。

3）进程是如何解决问题的？

进程将能够识别程序运行状态的一些变量存放在 PCB 中，通过这些变量系统能够更好地了解进程的状况，并在适当时机进行进程的切换，以避免一些资源的浪费，甚至划分为更小的调度单位——线程来提高系统的并发度。

本节主要介绍什么是进程，并围绕这个问题进行一些阐述和讨论，为下一节讨论的内容做铺垫，但之前未学过相关课程的读者可能会比较费解，到现在为止对进程这个概念还未形成比较清晰的认识。接下来，我们再用一个比较熟悉的概念来类比进程，以便大家能彻底理解本节的内容到底在讲什么，到底解决了什么问题。

我们用“人的生命历程”来类比进程。首先，人的生命历程一定是一个动态的、过程性的概念，要研究人的生命历程，先要介绍经历这个历程的主体是什么。主体当然是人，相当于经历进程的主体是进程映像，人有自己的身份，相当于进程映像里有 PCB；人生历程会经历好几种状态：出生的时候、弥留的时候、充满斗志的时候、发奋图强的时候及失落的时候，相当于进程有创建、撤销、就绪、运行、阻塞等状态，这几种状态会发生改变，人会充满斗志而转向发奋图强，发奋图强获得进步之后又会充满斗志预备下一次发奋图强，或者发奋图强后遇到阻碍会进入失落状态，然后在别人的开导之下又重新充满斗志。类比进程，会由就绪态转向运行态，运行态转向就绪态，或者运行态转向阻塞态，然后在别的进程帮助下返回就绪态。若我们用“人生历程”这个过程的概念去类比进程，则对进程的理解就更深一层。前面生活化的例子可以帮我们理解进程的实质，但它毕竟有不严谨的地方。一种较好的方式是，在类比进程和人生历程后，再看一遍前面较为严谨的书面阐述和讨论，这样对知识的掌握会更加准确而全面。

这里再给出一些学习计算机科学知识的建议。学习时，很多同学会陷入一个误区，即只注重对定理、公式的应用，而忽视对基础概念的理解。这是我们从小到大应付考试而培养出的一个毛病，因为熟练应用公式和定理对考试有立竿见影的效果。公式、定理的应用固然重要，但基础概念的理解能让我们透彻地理解一门学科，更利于我们产生兴趣，培养创造性思维。

2.1.8 本节习题精选

一、单项选择题

01. 一个进程映像是（ ）。
A. 由协处理器执行的一个程序　　B. 一个独立的程序 + 数据集
C. PCB 结构与程序和数据的组合　　D. 一个独立的程序

02. 下列关于线程的叙述中，正确的是（ ）。
A. 线程包含 CPU 现场，可以独立执行程序
B. 每个线程有自己独立的地址空间
C. 进程只能包含一个线程
D. 线程之间的通信必须使用系统调用函数

03. 进程之间交换数据不能通过（ ）途径进行。
A. 共享文件　　B. 消息传递
C. 访问进程地址空间　　D. 访问共享存储区

04. 进程与程序的根本区别是（ ）。
A. 静态和动态特点　　B. 是不是被调入内存
C. 是不是具有就绪、运行和等待三种状态　　D. 是不是占有处理器

05. 下列关于并发进程特性的叙述中，正确的是（ ）。
A. 进程是一个动态过程，其生命周期是连续的
B. 并发进程执行完毕后，一定能够得到相同的结果
C. 并发进程对共享变量的操作结果与执行速度无关
D. 并发进程的运行结果具有不可再现性

06. 下列叙述中，正确的是（ ）。
A. 进程获得处理器运行是通过调度得到的
B. 优先级是进程调度的重要依据，一旦确定就不能改动
C. 在单处理器系统中，任何时刻都只有一个进程处于运行态
D. 进程申请处理器而得不到满足时，其状态变为阻塞态

07. 并发进程执行的相对速度是（ ）。
A. 由进程的程序结构决定的　　B. 由进程自己来控制的
C. 与进程调度策略有关　　D. 在进程被创建时确定的

08. 下列任务中，（ ）不是由进程创建原语完成的。
A. 申请 PCB 并初始化　　B. 为进程分配内存空间
C. 为进程分配 CPU　　D. 将进程插入就绪队列

09. 下列关于进程和程序的叙述中，错误的是（ ）。

A. 一个进程在其生命周期中可执行多个程序
B. 一个进程在同一时刻可执行多个程序
C. 一个程序的多次运行可形成多个不同的进程
D. 一个程序的一次执行可产生多个进程

10. 下列选项中，导致创建新进程的操作是（　）。
I. 用户登录　　II. 高级调度发生时
III. 操作系统响应用户提出的请求　　IV. 用户打开了一个浏览器程序
A. 仅 I 和 IV　　B. 仅 II 和 IV　　C. I、II 和 IV　　D. 全部

11. 操作系统是根据（　）来对并发执行的进程进行控制和管理的。
A. 进程的基本状态　　B. 进程控制块　　C. 多道程序设计　　D. 进程的优先权

12. 在任何时刻，一个进程的状态变化（　）引起另一个进程的状态变化。
A. 必定　　B. 一定不　　C. 不一定　　D. 不可能

13. 在单处理器系统中，若同时存在 10 个进程，则处于就绪队列中的进程最多有（　）个。
A. 1　　B. 8　　C. 9　　D. 10

14. 一个进程释放了一台打印机，它可能会改变（　）的状态。
A. 自身进程　　B. 输入/输出进程
C. 另一个等待打印机的进程　　D. 所有等待打印机的进程

15. 系统进程所请求的一次 I/O 操作完成后，将使进程状态从（　）。
A. 运行态变为就绪态　　B. 运行态变为阻塞态
C. 就绪态变为运行态　　D. 阻塞态变为就绪态

16. 一个进程的基本状态可以从其他两种基本状态转变过去，这个基本的状态一定是（　）。
A. 运行态　　B. 阻塞态　　C. 就绪态　　D. 终止态

17. 在分时系统中，通常处于（　）的进程最多。
A. 运行态　　B. 就绪态　　C. 阻塞态　　D. 终止态

18. 并发进程失去封闭性，是指（　）。
A. 多个相对独立的进程以各自的速度向前推进
B. 并发进程的执行结果与速度无关
C. 并发进程执行时，在不同时刻发生的错误
D. 并发进程共享变量，其执行结果与速度有关

19. 通常用户进程被建立后，（　）。
A. 便一直存在于系统中，直到被操作人员撤销
B. 随着进程运行的正常或不正常结束而撤销
C. 随着时间片轮转而撤销与建立
D. 随着进程的阻塞或者唤醒而撤销与建立

20. 进程在处理器上执行时，（　）。
A. 进程之间是无关的，具有封闭特性
B. 进程之间都有交互性，相互依赖、相互制约，具有并发性
C. 具有并发性，即同时执行的特性
D. 进程之间可能是无关的，但也可能是有交互性的

21. 下面的说法中，正确的是（　）。
A. 不论是系统支持的线程还是用户级线程，其切换都需要内核的支持
B. 线程是资源分配的单位，进程是调度和分派的单位

C. 不管系统中是否有线程，进程都是拥有资源的独立单位

D. 在引入线程的系统中，进程仍是资源调度和分派的基本单位

22. 在多对一的线程模型中，当一个多线程进程中的某个线程被阻塞后，（ ）。

A. 该进程的其他线程仍可继续运行　　B. 整个进程都将阻塞

C. 该阻塞线程将被撤销　　D. 该阻塞线程将永远不可能再执行

23. 用信箱实现进程间互通信息的通信机制要有两个通信原语，它们是（ ）。

A. 发送原语和执行原语　　B. 就绪原语和执行原语

C. 发送原语和接收原语　　D. 就绪原语和接收原语

24. 速度最快的进程通信方式是（ ）。

A. 消息传递　　B. Socket　　C. 共享内存　　D. 管道

25. 信箱通信是一种（ ）通信方式。

A. 直接通信　　B. 间接通信　　C. 低级通信　　D. 信号量

26. 下列几种关于进程的叙述，（ ）最不符合操作系统对进程的理解。

A. 进程是在多程序环境中的完整程序

B. 进程可以由程序、数据和 PCB 描述

C. 线程（Thread）是一种特殊的进程

D. 进程是程序在一个数据集合上的运行过程，它是系统进行资源分配和调度的一个独立单元

27. 若一个进程实体由 PCB、共享正文段、数据堆段和数据栈段组成，请指出下列 C 语言程序中的内容及相关数据结构各位于哪一段中。

I. 全局赋值变量（ ）　　II. 未赋值的局部变量（ ）

III. 函数调用实参传递值（ ）　IV. 用 malloc()要求动态分配的存储区（ ）

V. 常量值（如 1995、"string"）（ ）　VI. 进程的优先级（ ）

A. PCB　　B. 正文段　　C. 堆段　　D. 栈段

28. 同一程序经过多次创建，运行在不同的数据集上，形成了（ ）的进程。

A. 不同　　B. 相同　　C. 同步　　D. 互斥

29. PCB 是进程存在的唯一标志，下列（ ）不属于 PCB。

A. 进程 ID　　B. CPU 状态　　C. 堆栈指针　　D. 全局变量

30. 进程控制块（PCB）是进程的重要组成部分，PCB 中不应该包括（ ）。

A. 进程标识符　　B. 处理器状态信息　　C. 进程状态　　D. 互斥信号量

31. 一个计算机系统中，进程的最大数目主要受到（ ）限制。

A. 内存大小　　B. 用户数目　　C. 打开的文件数　　D. 外部设备数量

32. 进程创建完成后会进入一个序列，这个序列称为（ ）。

A. 阻塞队列　　B. 挂起序列　　C. 就绪队列　　D. 运行队列

33. 在具有通道设备的单处理器系统中实现并发技术后，（ ）。

A. 各个进程在某一时刻并行运行，CPU 与 I/O 设备间并行工作

B. 各个进程在某一时间段内并行运行，CPU 与 I/O 设备间串行工作

C. 各个进程在某一时间段内并发运行，CPU 与 I/O 设备间并行工作

D. 各个进程在某一时刻并发运行，CPU 与 I/O 设备间串行工作

34. 进程自身决定（ ）。

A. 从运行态到阻塞态　　B. 从运行态到就绪态

C. 从就绪态到运行态　　D. 从阻塞态到就绪态

35. 对进程的管理和控制使用（　）。

A. 指令　　B. 原语　　C. 信号量　　D. 信箱

36. 下面的叙述中，正确的是（　）。

A. 引入线程后，处理器只能在线程间切换
B. 引入线程后，处理器仍在进程间切换
C. 线程的切换，不会引起进程的切换
D. 线程的切换，可能引起进程的切换

37. 下面的叙述中，正确的是（　）。

A. 线程是比进程更小的能独立运行的基本单位，可以脱离进程独立运行
B. 引入线程可提高程序并发执行的程度，可进一步提高系统效率
C. 线程的引入增加了程序执行时的时空开销
D. 一个进程一定包含多个线程

38. 下面的叙述中，正确的是（　）。

A. 同一进程内的线程可并发执行，不同进程的线程只能串行执行
B. 同一进程内的线程只能串行执行，不同进程的线程可并发执行
C. 同一进程或不同进程内的线程都只能串行执行
D. 同一进程或不同进程内的线程都可以并发执行

39. 下列选项中，（　）不是线程的优点。

A. 提高系统并发性　　B. 节约系统资源
C. 便于进程通信　　D. 增强进程安全性

40. 下列关于进程和线程的说法中，正确的是（　）。

A. 一个进程可以包含一个或多个线程，一个线程可以属于一个或多个进程
B. 多线程技术具有明显的优越性，如速度快、通信简便、设备并行性高等
C. 由于线程不作为资源分配单位，线程之间可以无约束地并行执行
D. 线程又称轻量级进程，因为线程都比进程小

41. 在以下描述中，（　）并不是多线程系统的特长。

A. 利用线程并行地执行矩阵乘法运算
B. Web 服务器利用线程响应 HTTP 请求
C. 键盘驱动程序为每个正在运行的应用配备一个线程，用以响应该应用的键盘输入
D. 基于 GUI 的调试程序用不同的线程分别处理用户输入、计算和跟踪等操作

42. 在进程转换时，下列（　）转换是不可能发生的。

A. 就绪态→运行态　　B. 运行态→就绪态
C. 运行态→阻塞态　　D. 阻塞态→运行态

43. 当（　）时，进程从执行状态转变为就绪态。

A. 进程被调度程序选中　　B. 时间片到
C. 等待某一事件　　D. 等待的事件发生

44. 两个合作进程（Cooperating Processes）无法利用（　）交换数据。

A. 文件系统　　B. 共享内存
C. 高级语言程序设计中的全局变量　　D. 消息传递系统

45. 以下可能导致一个进程从运行态变为就绪态的事件是（　）。

A. 一次 I/O 操作结束
B. 运行进程需做 I/O 操作
C. 运行进程结束
D. 出现了比现在进程优先级更高的进程

46. （ ）必会引起进程切换。

A. 一个进程创建后，进入就绪态
B. 一个进程从运行态变为就绪态
C. 一个进程从阻塞态变为就绪态
D. 以上答案都不对

47. 进程处于（ ）时，它处于非阻塞态。

A. 等待从键盘输入数据
B. 等待协作进程的一个信号
C. 等待操作系统分配 CPU 时间
D. 等待网络数据进入内存

48. 一个进程被唤醒，意味着（ ）。

A. 该进程可以重新竞争 CPU
B. 优先级变大
C. PCB 移动到就绪队列之首
D. 进程变为运行态

49. 进程创建时，不需要做的是（ ）。

A. 填写一个该进程的进程表项
B. 分配该进程适当的内存
C. 将该进程插入就绪队列
D. 为该进程分配 CPU

50. 计算机两个系统中两个协作进程之间不能用来进行进程间通信的是（ ）。

A. 数据库　　B. 共享内存　　C. 消息传递机制　　D. 管道

51. 下面关于用户级线程和内核级线程的描述中，错误的是（ ）。

A. 采用轮转调度算法，进程中设置内核级线程和用户级线程的效果完全不同
B. 跨进程的用户级线程调度也不需要内核参与，控制简单
C. 用户级线程可以在任何操作系统中运行
D. 若系统中只有用户级线程，则 CPU 的调度对象是进程

52. 在内核级线程相对于用户级线程的优点的如下描述中，错误的是（ ）

A. 同一进程内的线程切换，系统开销小
B. 当内核线程阻塞时，CPU 将调度同一进程中的其他内核线程执行
C. 内核级线程的程序实体可以在内核态运行
D. 对多处理器系统，核心可以同时调度同一进程的多个线程并行运行

53. 下列关于用户级线程相对于内核级线程的优点的描述中，错误的是（ ）

A. 一个线程阻塞不影响另一个线程的运行
B. 线程的调度不需要内核直接参与，控制简单
C. 线程切换代价小
D. 允许每个进程定制自己的调度算法，线程管理比较灵活

54. 用户级线程的优点不包括（ ）。

A. 线程切换不需要切换到内核态
B. 支持不同的应用程序采用不同的调度算法
C. 在不同操作系统上不经修改就可直接运行
D. 同一个进程内的多个线程可以同时调度到多个处理器上执行

55. 下列选项中，可能导致用户级线程切换的事件是（ ）。

A. 系统调用　　B. I/O 请求　　C. 异常处理　　D. 线程同步

56. 下列关于用户级线程的描述中，错误的是（ ）。

A. 用户级线程由线程库进行管理
B. 用户级线程只有在创建和调度时需要内核的干预

C. 操作系统无法直接调度用户级线程

D. 线程库中线程的切换不会导致进程切换

57. 并发性较好的多线程模型有（ ）。

I. 一对一模型　　II. 多对一模型　　III. 多对多模型

A. 仅 I　　B. I 和 II　　C. I 和 III　　D. I、II 和 III

58. 下列关于多对一模型的叙述中，错误的是（ ）。

A. 一个进程的多个线程不能并行运行在多个处理器上

B. 进程中的用户级线程由进程自己管理

C. 线程切换会导致进程切换

D. 一个线程的系统调用会导致整个进程阻塞

59.【2010 统考真题】下列选项中，导致创建新进程的操作是（ ）。

I. 用户登录成功　　II. 设备分配　　III. 启动程序执行

A. 仅 I 和 II　　B. 仅 II 和 III　　C. 仅 I 和 III　　D. I、II、III

60.【2011 统考真题】在支持多线程的系统中，进程 P 创建的若干线程不能共享的是（ ）。

A. 进程 P 的代码段　　B. 进程 P 中打开的文件

C. 进程 P 的全局变量　　D. 进程 P 中某线程的栈指针

61.【2012 统考真题】下列关于进程和线程的叙述中，正确的是（ ）。

A. 不管系统是否支持线程，进程都是资源分配的基本单位

B. 线程是资源分配的基本单位，进程是调度的基本单位

C. 系统级线程和用户级线程的切换都需要内核的支持

D. 同一进程中的各个线程拥有各自不同的地址空间

62.【2014 统考真题】一个进程的读磁盘操作完成后，操作系统针对该进程必做的是（ ）。

A. 修改进程状态为就绪态　　B. 降低进程优先级

C. 给进程分配用户内存空间　　D. 增加进程时间片大小

63.【2014 统考真题】下列关于管道（Pipe）通信的叙述中，正确的是（ ）。

A. 一个管道可实现双向数据传输

B. 管道的容量仅受磁盘容量大小限制

C. 进程对管道进行读操作和写操作都可能被阻塞

D. 一个管道只能有一个读进程或一个写进程对其操作

64.【2015 统考真题】下列选项中，会导致进程从执行态变为就绪态的事件是（ ）。

A. 执行 P(wait)操作　　B. 申请内存失败

C. 启动 I/O 设备　　D. 被高优先级进程抢占

65.【2018 统考真题】下列选项中，可能导致当前进程 P 阻塞的事件是（ ）。

I. 进程 P 申请临界资源

II. 进程 P 从磁盘读数据

III. 系统将 CPU 分配给高优先权的进程

A. 仅 I　　B. 仅 II　　C. 仅 I、II　　D. I、II、III

66.【2019 统考真题】下列选项中，可能将进程唤醒的事件是（ ）。

I. I/O 结束　　II. 某进程退出临界区　　III. 当前进程的时间片用完

A. 仅 I　　B. 仅 III　　C. 仅 I、II　　D. I、II、III

67.【2019 统考真题】下列关于线程的描述中，错误的是（ ）。

A. 内核级线程的调度由操作系统完成

B. 操作系统为每个用户级线程建立一个线程控制块

C. 用户级线程间的切换比内核级线程间的切换效率高

D. 用户级线程可以在不支持内核级线程的操作系统上实现

68.【2020统考真题】下列关于父进程与子进程的叙述中，错误的是（ ）。

A. 父进程与子进程可以并发执行

B. 父进程与子进程共享虚拟地址空间

C. 父进程与子进程有不同的进程控制块

D. 父进程与子进程不能同时使用同一临界资源

69.【2021统考真题】下列操作中，操作系统在创建新进程时，必须完成的是（ ）。

I. 申请空白的进程控制块　II. 初始化进程控制块　III. 设置进程状态为执行态

A. 仅I　B. 仅I、II　C. 仅I、III　D. 仅II、III

70.【2022统考真题】下列事件或操作中，可能导致进程P由执行态变为阻塞态的是（ ）。

I. 进程P读文件　II. 进程P的时间片用完

III. 进程P申请外设　IV. 进程P执行信号量的wait()操作

A. 仅I、IV　B. 仅II、III　C. 仅III、IV　D. 仅I、III、IV

71.【2023统考真题】下列操作完成时，导致CPU从内核态转为用户态的是（ ）。

A. 阻塞进程　B. 执行CPU调度　C. 唤醒进程　D. 执行系统调用

72.【2023统考真题】下列由当前线程引起的事件或执行的操作中，可能导致该线程由执行态变为就绪态的是（ ）。

A. 键盘输入　B. 缺页异常

C. 主动出让CPU　D. 执行信号量的wait()操作

二、综合应用题

01. 为何进程之间的通信必须借助于操作系统内核功能？简单说明进程通信的几种主要方式。

02. 什么是多线程？多线程与多任务有什么区别？

03. 回答下列问题：

1）若系统中没有运行进程，是否一定没有就绪进程？为什么？

2）若系统中既没有运行进程，又没有就绪进程，系统中是否就没有进程？为什么？

3）在采用优先级进程调度时，运行进程是否一定是系统中优先级最高的进程？

04. 某分时系统中的进程可能出现如下图所示的状态变化，请回答下列问题：

1）根据图示，该系统应采用什么进程调度策略？

2）将图中每个状态变化的可能原因填写在下表中。

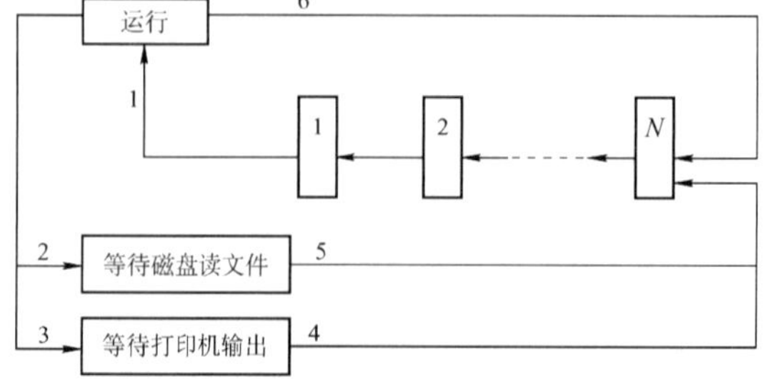

变化	原　因
1	
2	
3	
4	
5	
6	

2.1.9　答案与解析

一、单项选择题

01. C

进程映像是 PCB、程序段和数据的组合，其中 PCB 是进程存在的唯一标志。

02. A

线程的 CPU 现场指的是线程在运行时所需的一组寄存器的值，包括程序计数器、状态寄存器、通用寄存器和栈指针等。当线程切换时，操作系统会保存当前线程的 CPU 现场，并恢复下一个线程的 CPU 现场，以保证线程的正确执行。线程是 CPU 调度的基本单位，当然可以独立执行程序，A 正确。线程没有自己独立的地址空间，它共享其所属进程的空间，B 错误。进程可以创建多个线程，C 错误。与进程之间线程的通信可以直接通过它们共享的存储空间，D 错误。

03. C

每个进程包含独立的地址空间，进程各自的地址空间是私有的，只能执行自己地址空间中的程序，且只能访问自己地址空间中的数据，相互访问会导致指针的越界错误（学完内存管理将有更好的认识）。因此，进程之间不能直接交换数据，但可利用操作系统提供的共享文件、消息传递、共享存储区等进行通信。

04. A

动态性是进程最重要的特性，以此来区分文件形式的静态程序。操作系统引入进程的概念，是为了从变化的角度动态地分析和研究程序的执行。

05. D

并发进程可能因等待资源或因被抢占 CPU 而暂停运行，其生命周期是不连续的。执行速度会影响进程之间的执行顺序和内存冲突问题，从而导致不同的操作结果。并发进程之间存在相互竞争和制约，导致每次运行可能得到不同的结果，D 正确。

06. A

选项 B 错在优先级分静态和动态两种，动态优先级是根据运行情况而随时调整的。选项 C 错在系统发生死锁时有可能进程全部都处于阻塞态，CPU 空闲。选项 D 错在进程申请处理器得不到满足时就处于就绪态，等待处理器的调度。

07. C

并发进程执行的相对速度与进程调度策略有关，因为进程调度策略决定了哪些进程可以获得处理机，以及获得处理机的时间长短，从而影响进程执行的速度和效率。

08. C

进程创建原语的执行过程：申请空白 PCB，并为新进程申请一个唯一的数字标识符。为新进程分配资源，包括内存、I/O 设备等。初始化 PCB，将新进程插入就绪队列。从上述过程可以看出，为进程分配 CPU 不是由进程创建原语完成的，而是由进程调度实现的。

09. B

一个进程可以顺序地执行一个或多个程序，只要在执行过程中改变其 CPU 状态和内存空间即可，但不能同时执行多个程序，B 错误，A 正确。一个程序可以对应多个进程，即多个进程可以执行同一个程序。例如，同一个文本编辑器可以被多个用户或多个窗口同时运行，每次运行都形成一个新进程。一个程序在执行过程中也可产生多个进程。例如，一个程序可以通过系统调用 fork()或 create()来创建子进程，从而实现并发处理或分布式计算。C 和 D 正确。

10. D

用户登录时，操作系统会为用户创建一个登录进程，用于验证用户身份和提供用户界面。高级调度即作业调度，会从后备队列上选择一个作业调入内存，并为之创建相应的进程。操作系统响应用户提出的请求时，通常会为用户创建一个子进程，用于执行用户指定的任务或程序。用户打开一个浏览器程序时，也是一种操作系统响应用户请求的情况，同样会创建一个新进程。

11. B

在进程的整个生命周期中，系统总是通过其 PCB 对进程进行控制。也就是说，系统是根据进程的 PCB 而非任何其他因素来感知到进程存在的，PCB 是进程存在的唯一标志。同时 PCB 常驻内存。A 和 D 选项的内容都包含在进程 PCB 中。

12. C

一个进程的状态变化可能会引起另一个进程的状态变化。例如，一个进程时间片用完，可能会引起另一个就绪进程的运行。同时，一个进程的状态变化也可能不会引起另一个进程的状态变化。例如，一个进程由阻塞态转变为就绪态就不会引起其他进程的状态变化。

13. C

不可能出现这样一种情况。单处理器系统的 10 个进程都处于就绪态，但 9 个处于就绪态、1 个正在运行是可能存在的。还要想到，可能 10 个进程都处于阻塞态。

14. C

由于打印机是独占资源，当一个进程释放打印机后，另一个等待打印机的进程就可能从阻塞态转到就绪态。当然，也存在一个进程执行完毕后由运行态转为终止态时释放打印机的情况，但这并不是由于释放打印机引起的，相反是因为运行完成才释放了打印机。

15. D

I/O 操作完成之前进程在等待结果，状态为阻塞态；完成后进程等待事件就绪，变为就绪态。

16. C

只有就绪态可以既由运行态转变过去又能由阻塞态转变过去。时间片到，运行态变为就绪态；当所需要资源到达时，进程由阻塞态转变为就绪态。

17. B

分时系统中处于就绪态的进程最多，这些进程都在争夺 CPU 的使用权，而 CPU 的数量是有限的。处于运行态的进程只能有一个或少数几个。处于阻塞态的进程也不会太多，阻塞事件的发生频率不会太高。处于终止态的进程也不多，这些进程已释放资源，不再占用内存空间。

18. D

程序封闭性是指进程执行的结果只取决于进程本身，不受外界影响。也就是说，进程在执行过程中不管是不停顿地执行，还是走走停停，进程的执行速度都不会改变它的执行结果。失去封闭性后，不同速度下的执行结果不同。

19. B

进程有它的生命周期，不会一直存在于系统中，也不一定需要用户显式地撤销。进程在时间片结束时只是就绪，而不是撤销。阻塞和唤醒是进程生存期的中间状态。进程可在完成时撤销，或在出现内存错误等时撤销。

20. D

选项 A 和 B 都说得太绝对，进程之间有可能具有相关性，也有可能是相互独立的。选项 C 错在“同时”。

21. C

引入线程后，进程仍然是资源分配的单位。内核级线程是处理器调度和分派的单位，线程本身不具有资源，它可以共享所属进程的全部资源，选项 C 对，选项 B、D 明显是错的。至于选项 A，可以这样来理解：假如有一个内核进程，它映射到用户级后有多个线程，那么这些线程之间的切换不需要在内核级切换进程，也就不需要内核的支持。

22． B

在多对一的线程模型中，由于只有一个内核级线程，用户级线程的“多”对操作系统透明，因此操作系统内核只能感知到一个调度单位的存在。因此该进程的一个线程被阻塞后，该进程就被阻塞，进程的其他线程当然也都被阻塞。注，作为对比，在一对一模型中将每个用户级线程都映射到一个内核级线程，所以当某个线程被阻塞时，不会导致整个进程被阻塞。

23． C

用信箱实现进程间互通信息的通信机制要有两个通信原语，它们是发送原语和接收原语。

24． C

消息传递需要在内核和用户空间中进行数据的拷贝，而且需要对消息进行格式化和排队，这些都会增加通信的开销。套接字（Socket）通常用于不同机器之间的进程通信，需要经过传输层以下的协议栈，而且可能涉及数据的加密和压缩，这些都会降低通信的速度。共享内存允许多个进程直接访问同一块物理内存，不需要任何数据的拷贝和中介，是最快的进程通信方式。管道需要在内核和用户空间进行数据的拷贝，而且一般是单向传输，降低了通信的效率。

25． B

信箱通信属于消息传递中的间接通信方式，因为信箱通信借助于收发双方进程之外的共享数据结构作为通信中转，发送方和接收方不直接建立联系，没有处理时间上的限制，发送方可以在任何时间发送信息，接收方也可以在任何时间接收信息。

26． A

进程是一个独立的运行单位，也是操作系统进行资源分配和调度的基本单位，它包括 PCB、程序和数据以及执行栈区，仅仅说进程是在多程序环境下的完整程序是不合适的，因为程序是静态的，它以文件形式存放于计算机硬盘内，而进程是动态的。

27． B、D、D、C、B、A

C 语言编写的程序在使用内存时一般分为三个段，它们一般是正文段（代码和赋值数据段）、数据堆段和数据栈段。二进制代码和常量存放在正文段，动态分配的存储区在数据堆段，临时使用的变量在数据栈段。由此，我们可以确定全局赋值变量在正文段赋值数据段，未赋值的局部变量和实参传递在栈段，动态内存分配在堆段，常量在正文段，进程的优先级只能在 PCB 内。

28． A

进程是程序的一次执行过程，它不仅包括程序的代码，而且包括程序的数据和状态。同一个程序经过多次创建，运行在不同的数据集上，会形成不同的进程，它们之间没有必然的联系。

29． D

进程实体主要是代码、数据和 PCB。因此，要清楚了解 PCB 内所含的数据结构内容，主要有四大类：进程标志信息、进程控制信息、进程资源信息、CPU 现场信息。由上述可知，全局变量与 PCB 无关，它只与用户代码有关。

30． D

PCB 是操作系统中用于管理和控制进程的数据结构，它包含进程的基本信息，如进程标识符、进程状态、程序计数器、寄存器、内存分配情况、打开文件列表、进程优先级等。PCB 中不应该包括互斥信号量，互斥信号量是一种用于实现进程同步和互斥的工具，它不是进程本身的属性。互斥信号量通常存储在内核或共享内存中，而不存储在 PCB 中。

31. A

进程创建需要占用系统内存来存放 PCB 的数据结构，所以一个系统能够创建的进程总数是有限的，进程的最大数目取决于系统内存的大小，它在系统安装时就已确定（若后期内存增加，系统能够创建的进程总数也应增加）。而用户数目、外设数量和文件等均与此无关。

32. C

我们先要考虑创建进程的过程，当该进程所需的资源分配完成只等 CPU 时，进程的状态为就绪态，因此所有的就绪 PCB 一般以链表方式链成一个序列，称为就绪队列。

33. C

在单处理器系统中，不能同时执行多个进程，只能在某个时间段内轮流执行，这就是并发。而通道设备是一种专门用于处理 I/O 操作的硬件，它可以与 CPU 同时工作，这就是并行。

34. A

只有从运行态到阻塞态的转换是由进程自身决定的。从运行态到就绪态的转换是由于进程的时间片用完，“主动”调用程序转向就绪态。虽然从就绪态到运行态的转换同样是由调度程序决定的，但进程是“被动的”。从阻塞态到就绪态的转换是由协作进程决定的。

35. B

对进程的管理和控制功能是通过执行各种原语来实现的，如创建原语等。

36. D

在同一进程中，线程的切换不会引起进程的切换。当从一个进程中的线程切换到另一个进程中的线程时，才会引起进程的切换，因此选项 A、B、C 错误。

37. B

线程是进程内一个相对独立的执行单元，但不能脱离进程单独运行，只能在进程中运行。引入线程是为了减少程序执行时的时空开销。一个进程可包含一个或多个线程。

38. D

同一个进程或不同进程内的线程可以并发执行，并发是指多个线程在一段时间内交替执行，而不一定是同时执行的。在多核 CPU 中，同一个进程或不同进程内的线程可以并行执行，并行是指多个线程在同一时刻同时执行。如果实现了并行，那么一定也实现了并发。

39. D

线程的优点有提高系统并发性、节约系统资源、便于进程通信等，但线程并不能增强进程安全性，因为线程共享进程的地址空间和资源，若一个线程出错，则可能影响整个进程的运行。

40. B

一个进程可以包含一个或多个线程，但一个线程只能属于一个进程，A 错误。线程共享进程的资源，但线程之间不能无约束地并行执行，因为线程之间还需要进行同步和互斥，以免造成数据的不一致和冲突，C 错误。线程又称轻量级进程，但并不能说所有线程都比进程小，当一个进程只有一个线程时，线程和进程就是一样大的，D 错误。B 显然正确。

41. C

整个系统只有一个键盘，而且键盘输入是人的操作，速度比较慢，完全可以使用一个线程来处理整个系统的键盘输入。

42. D

阻塞的进程在获得所需资源时只能由阻塞态转变为就绪态，并插入就绪队列，而不能直接转变为运行态。

43. B

当进程的时间片到时，进程由运行态转变为就绪态，等待下一个时间片的到来。

44．C

不同的进程拥有不同的代码段和数据段，全局变量是对同一进程而言的，在不同的进程中是不同的变量，没有任何联系，所以不能用于交换数据。此题也可用排除法做，选项 A、B、D 均是课本上所讲的。管道是一种文件。

45．D

进程处于运行态时，它必须已获得所需的资源，在运行结束后就撤销。只有在时间片到或出现了比现在进程优先级更高的进程时才转变成就绪态。选项 A 使进程从阻塞态到就绪态，选项 B 使进程从运行态到阻塞态，选项 C 使进程撤销。

46．B

进程切换是指 CPU 调度不同的进程执行，当一个进程从运行态变为就绪态时，CPU 调度另一个进程执行，引起进程切换。

47．C

进程有三种基本状态，处于阻塞态的进程由于某个事件不满足而等待。这样的事件一般是 I/O 操作，如键盘等，或是因互斥或同步数据引起的等待，如等待信号或等待进入互斥临界区代码段等，等待网络数据进入内存是为了进程同步。而等待 CPU 调度的进程处于就绪态，只有它是非阻塞态。

48．A

当一个进程被唤醒时，这个进程就进入了就绪态，等待进程调度而占有 CPU 运行。进程被唤醒在某种情形下优先级可以增大，但一般不会变为最大，而由固定的算法来计算。也不会在唤醒后位于就绪队列的队首，就绪队列是按照一定的规则赋予其位置的，如先来先服务，或者高优先级优先，或者短进程优先等，更不能直接占有处理器运行。

49．D

进程创建原语完成的工作是：向系统申请一个空闲 PCB，为被创建进程分配必要的资源，然后将其 PCB 初始化，并将此 PCB 插入就绪队列，最后返回一个进程标志号。当调度程序为进程分配 CPU 后，进程开始运行。所以进程创建的过程中不会包含分配 CPU 的过程，这不是进程创建者的工作，而是调度程序的工作。

50．A

进程之间的通信方式主要有管道、消息传递、共享内存、文件映射和套接字等。数据库不能直接作为进程之间的通信方式。

51．B

用户级线程的调度仍以进程为单位，各个进程轮流执行一个时间片，假设进程 A 包含 1 个用户级线程，而进程 B 包含 100 个用户级线程，此时进程 A 中单个线程的运行时间将是进程 B 中各个线程平均运行时间的 100 倍；内核级线程的调度是以线程为单位的，各个线程轮流执行一个时间片，同样假设进程 A 包含 1 个内核级线程，而进程 B 包含 100 个内核级线程，此时进程 B 的运行时间将是进程 A 的 100 倍，A 正确。用户级线程的调度单位是进程，跨进程的线程调度需要内核支持，B 错误。用户级线程是由用户程序或函数库实现的，不依赖于操作系统的支持，C 正确。用户级线程对操作系统是透明的，CPU 调度的对象仍然是进程，D 正确。

52．A

在内核级线程中，同一进程中的线程切换，需要从用户态转到核心态进行，系统开销较大，A 错误。CPU 调度是在内核中进行的，在内核级线程中，调度是在线程一级进行的，因此内核可以同时调度同一进程的多个线程在多 CPU 上并行运行（用户级线程则不行），B 正确、D 正确。内核级线程可以在内核态执行系统调用子程序，直接利用系统调用为它服务，因此 C 正确。注意，用户级线程是在用户空间中实现的，不能直接利用系统调用获得内核的服务，当用户级线程要获得内核服务时，必须借助于操作系统的帮助，因此用户级线程只能在用户态运行。

53． A

进程中的某个用户级线程被阻塞，则整个进程也被阻塞，即进程中的其他用户级线程也被阻塞，选项 A 错误。用户级线程的调度是在用户空间进行的，节省了模式切换的开销，不同进程可以根据自身的需要，对自己的线程选择不同的调度算法，因此选项 B、C 和 D 都正确。

54． D

用户级线程是不需要内核支持而在用户程序中实现的线程，不能利用多处理器的并行性，因为操作系统只能看到进程。其余说法均正确。

55． D

本题可用排除法。用户级线程的切换是由应用程序自己控制的，不需要操作系统的干预，操作系统感受不到用户级线程的存在。因此，系统调用、I/O 请求和异常处理这些涉及内核态的事件都不会导致用户级线程切换，但会导致内核级线程切换。线程同步是指多个线程之间协调执行顺序的机制，如互斥锁、信号量、条件变量等。当一个线程在等待同步条件时，应用程序可以选择切换到另一个就绪的用户级线程，以提高 CPU 的利用率。

56． B

用户级线程不依赖于操作系统内核，而是由用户程序自己实现的，A 正确。用户级线程的创建和调度都是在用户态下实现的，不需要切换到内核态，B 错误。操作系统只能看到一个单线程进程，而不知道进程内部有多个用户级线程，C 正确。线程库中线程的切换只涉及用户栈和寄存器等上下文的保存和恢复，不涉及内核栈和页表等内核上下文的切换，D 正确。

57． C

一对一模型和多对多模型能充分利用内核级线程，发挥多处理机的优势，能同时调度同一个进程中的多个线程并发执行，具有较好的并发性。

58． C

多对一模型中的线程切换不会导致进程切换，而是在用户空间进行的。其余说法均正确。

59． C

创建进程的原因主要有：①用户登录；②高级调度；③系统处理用户程序的请求；④用户程序的应用请求。对于 I，用户登录成功后，系统要为此创建一个用户管理的进程，包括用户桌面、环境等，所有用户进程都会在该进程下创建和管理。对于 II，设备分配是通过在系统中设置相应的数据结构实现的，不需要创建进程，这是操作系统中 I/O 核心子系统的内容。对于 III，启动程序执行是引起创建进程的典型事件，启动程序执行属于③或④。

60． D

进程是资源分配的基本单位，线程是 CPU 调度的基本单位。进程的代码段、进程打开的文件、进程的全局变量等都是进程的资源，唯有进程中某线程的栈指针（包含在线程 TCB 中）是属于线程的，属于进程的资源可以共享，属于线程的栈指针是独享的，对其他线程透明。

61． A

在引入线程后，进程依然是资源分配的基本单位，线程是调度的基本单位，同一进程中的各个线程共享进程的地址空间。在用户级线程中，有关线程管理的所有工作都由应用程序完成，无须内核的干预，内核意识不到线程的存在。

62． A

进程申请读磁盘操作时，因为要等待 I/O 操作完成，会把自身阻塞，此时进程变为阻塞态；

I/O 操作完成后，进程得到了想要的资源，会从阻塞态转换到就绪态（这是操作系统的行为）。而降低进程优先级、分配用户内存空间和增加进程的时间片大小都不一定会发生，选择选项 A。

63．C

普通管道只允许单向通信，数据只能往一个方向流动，要实现双向数据传输，就需要定义两个方向相反的管道，A 错误。管道是一种存储在内存中的、固定大小的缓冲区，管道的大小通常为内存的一页，其大小并不是受磁盘容量大小的限制，B 错误。由于管道的读/写操作都可能遇到缓冲区满或空的情况，当管道满时，写操作会被阻塞，直到有数据读出；而当管道空时，读操作会被阻塞，直到有数据写入，因此 C 正确。一个管道可以有多个读进程或多个写进程对其进行操作，但是这会增加数据竞争和混乱的风险，为了避免这种情况，应使用互斥锁或信号量等同步机制来保证每次只有一个进程对管道进行读或写操作，D 错误。

64．D

P(wait)操作表示进程请求某一资源，选项 A、B 和 C 都因为请求某一资源会进入阻塞态，而选项 D 只是被剥夺了 CPU 资源，进入就绪态，一旦得到 CPU 即可运行。

65．C

进程等待某资源为可用（不包括 CPU）或等待输入/输出完成均会进入阻塞态，因此 I、II 正确；III 中情况发生时，进程进入就绪态，因此 III 错误。

66．C

当被阻塞进程等待的某资源（不包括 CPU）可用时，进程将被唤醒。I/O 结束后，等待该 I/O 结束而被阻塞的有关进程会被唤醒，I 正确；某进程退出临界区后，之前因需要进入该临界区而被阻塞的有关进程会被唤醒，II 正确；当前进程的时间片用完后进入就绪队列等待重新调度，优先级最高的进程获得 CPU 资源从就绪态变成执行态，III 错误。

67．B

应用程序没有进行内核级线程管理的代码，只有一个到内核级线程的编程接口，内核为进程及其内部的每个线程维护上下文信息，调度也是在内核中由操作系统完成的，A正确。用户级线程的控制块是由用户空间的库函数维护的，操作系统并不知道用户级线程的存在，用户级线程的控制块一般存放在用户空间的数据结构中，如链表或数组，由用户空间的线程库来管理。操作系统只负责为每个进程建立一个进程控制块，操作系统只能看到进程，而看不到用户级线程，所以不会为每个用户级线程建立一个线程控制块。但是，内核级线程的线程控制块是由操作系统创建的，当一个进程创建一个内核级线程时，操作系统会为该线程分配一个线程控制块，并将其加入内核的线程管理数据结构，B错误。用户级线程的切换可以在用户空间完成，内核级线程的切换需要操作系统帮助进行调度，因此用户级线程的切换效率更高，C正确。用户级线程的管理工作可以只在用户空间中进行，因此可以在不支持内核级线程的操作系统上实现，D正确。

68．B

父进程与子进程当然可以并发执行，A 正确。父进程可与子进程共享一部分资源，但不能共享虚拟地址空间，在创建子进程时，会为子进程分配资源，如虚拟地址空间等，B 错误。临界资源一次只能为一个进程所用，D 正确。进程控制块（PCB）是进程存在的唯一标志，每个进程都有自己的 PCB，C 正确。

69．B

操作系统感知进程的唯一方式是通过进程控制块（PCB），所以创建一个新进程就是为其申请一个空白的进程控制块，并且初始化一些必要的进程信息，如初始化进程标志信息、初始化 CPU 状态信息、设置进程优先级等。I、II 正确。创建一个进程时，一般会为其分配除 CPU 外的大多数资源，所以一般将其设置为就绪态，让它等待调度程序的调度。

70. D

进程 P 读文件时，进程从执行态进入阻塞态，等待磁盘 I/O 完成，I 正确。进程 P 的时间片用完，导致进程从执行态进入就绪态，转入就绪队列等待下次被调度，II 错误。进程 P 申请外设，若外设是独占设备且正在被其他进程使用，则进程 P 从执行态进入阻塞态，等待系统分配外设，III 正确。进程 P 执行信号量的 wait()操作，如果信号量的值小于或等于 0，则进程进入阻塞态，等待其他进程用 signal()操作唤醒，IV 正确。

71. D

操作系统通过执行软中断指令陷入内核态执行系统调用，系统调用执行完成后，恢复被中断的进程或设置新进程的 CPU 现场，然后返回被中断进程或新进程。只有系统调用是用户进程调用内核功能，CPU 从用户态切换到内核态，执行完后再返回到用户态。A、B、C 项的操作都是在内核态进行的，执行前后都可能处在内核态，只有中断返回时才切换为用户态。

72. C

在等待键盘输入的操作中，当前线程处于阻塞态，键盘输入完成后，再调出相应的中断服务程序进行处理，由中断服务程序负责唤醒当前线程，A 错误。当线程检测到缺页异常时，会调用缺页异常处理程序从外存调入缺失的页面，线程状态从执行态转为阻塞态，B 错误。当线程的时间片用完后，主动放弃 CPU，此时若线程还未执行完，就进入就绪队列等待下次调度，此时线程状态从执行态转为就绪态，C 正确。线程执行 wait()后，若成功获取资源，则线程状态不变，若未能获取资源，则线程进入阻塞态，D 错误。

二、综合应用题

01.【解答】

在操作系统中，进程是竞争和分配计算机系统资源的基本单位。每个进程都有自己的独立地址空间。为了保证多个进程能够彼此互不干扰地共享物理内存，操作系统利用硬件地址机制对进程的地址空间进行了严格的保护，限制每个进程只能访问自己的地址空间。

具体解答如下。

每个进程有自己独立的地址空间。在操作系统和硬件的地址保护机制下，进程无法访问其他进程的地址空间，必须借助于系统调用函数实现进程之间的通信。进程通信的主要方式有：

1）共享内存区。通过系统调用创建共享内存区。多个进程可以（通过系统调用）连接同一个共享内存区，通过访问共享内存区实现进程之间的数据交换。使用共享内存区时需要利用信号量解决同步互斥问题。

2）消息传递。通过发送/接收消息，系统调用实现进程之间的通信。当进程发送消息时，系统将消息从用户缓冲区复制到内核中的消息缓冲区，然后将消息缓冲区挂入消息队列。进程发送的消息保持在消息队列中，直到被另一进程接收。当进程接收消息时，系统从消息队列中解挂消息缓冲区，将消息从内核的消息缓冲区中复制到用户缓冲区，然后释放消息缓冲区。

3）管道系统。管道允许两个进程按标准的生产者-消费者方式进行通信：生产者向管道的一端（写入端）写，消费者从管道的另一端（读出端）读。管道只允许单向通信。在读/写过程中，操作系统保证数据的写入顺序和读出顺序是一致的。

4）共享文件。利用操作系统提供的文件共享功能实现进程之间的通信。这时，也需要信号量来解决文件共享操作中的同步和互斥问题。

02.【解答】

多线程是指在一个程序中可以定义多个线程并同时运行它们，每个线程可以执行不同的任务。

多线程与多任务的区别：多任务是针对操作系统而言的，代表操作系统可以同时执行的程序个数；多线程是针对一个程序而言的，代表一个程序可以同时执行的线程个数，而每个线程可以完成不同的任务。

03.【解答】

1）是。若系统中未运行进程，则系统很快会选择一个就绪进程运行。只有就绪队列中无进程时，CPU 才可能处于空闲状态。

2）不一定。因为系统中的所有进程可能都处于等待态，可能处于死锁状态，也有可能因为等待的事件未发生而进入循环等待态。

3）不一定。因为高优先级的进程有可能正处在等待队列中，进程调度会从就绪队列中选择一个进程占用 CPU，这个被选中的进程可能优先级较低。

04.【解答】

根据题意，首先由图进行分析，进程由运行态可以直接回到就绪队列的末尾，而且就绪队列中是先来先服务。那么，什么情况才能发生这样的变化呢？只有采用单一时间片轮转的调度系统，分配的时间片用完后，才会发生上述情况。因此，该系统一定采用时间片轮转调度算法，采用时间片轮转算法的操作系统一般均为交互式操作系统。由图可知，进程被阻塞时，可以进入不同的阻塞队列，等待打印机输出结果和等待磁盘读取文件。所以，它是一个多阻塞队列的时间片轮转法的调度系统。

具体解答如下。

1）根据题意，该系统采用的是时间片轮转法调度进程策略。

2）可能的变化见下表。

变　化	原　因
1	进程被调度，获得 CPU，进入运行态
2	进程需要读文件，因 I/O 操作进入阻塞态
3	进程打印输出结果，因打印机未结束而阻塞
4	打印机打印结束，进程重新回归就绪态，并排在尾部
5	进程所需数据已从磁盘进入内存，进程回到就绪态
6	运行的进程因为时间片用完而让出 CPU，排到就绪队列尾部

2.2 CPU 调度

在学习本节时，请读者思考以下问题：

1）为什么要进行 CPU 调度？

2）调度算法有哪几种？结合第 1 章学习的分时操作系统和实时操作系统，思考哪种调度算法比较适合这两种操作系统。

希望读者能够在学习调度算法前，先自己思考一些调度算法，在学习的过程中注意将自己的想法与这些经典的算法进行比对，并学会计算一些调度算法的周转时间。

2.2.1 调度的概念

1. 调度的基本概念

在多道程序系统中，进程的数量往往多于 CPU 的个数，因此进程争用 CPU 的情况在所难免。CPU 调度是对 CPU 进行分配，即从就绪队列中按照一定的算法（公平、高效的原则）选择一个进程并将 CPU 分配给它运行，以实现进程并发地执行。

CPU 调度是多道程序操作系统的基础，是操作系统设计的核心问题。

2. 调度的层次

一个作业从提交开始直到完成，往往要经历以下三级调度，如图 2.7 所示。

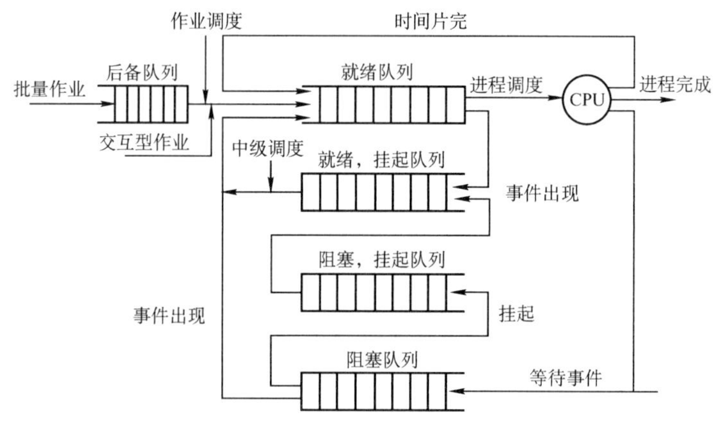

图 2.7 CPU 的三级调度

（1）高级调度（作业调度）

按照某种规则从外存上处于后备队列的作业中挑选一个（或多个），给它（们）分配内存、I/O 设备等必要的资源，并建立相应的进程，以使它（们）获得竞争 CPU 的权利。简言之，作业调度就是内存与辅存之间的调度。每个作业只调入一次、调出一次。

多道批处理系统中大多配有作业调度，而其他系统中通常不需要配置作业调度。

（2）中级调度（内存调度）

引入中级调度的目的是提高内存利用率和系统吞吐量。为此，将那些暂时不能运行的进程调至外存等待，此时进程的状态称为挂起态。当它们已具备运行条件且内存又稍有空闲时，由中级调度来决定将外存上的那些已具备运行条件的挂起进程再重新调入内存，并修改其状态为就绪态，挂在就绪队列上等待。中级调度实际上是存储器管理中的对换功能。

（3）低级调度（进程调度）

按照某种算法从就绪队列中选取一个进程，将 CPU 分配给它。进程调度是最基本的一种调度，在各种操作系统中都必须配置这级调度。进程调度的频率很高，一般几十毫秒一次。

3. 三级调度的联系

作业调度从外存的后备队列中选择一批作业进入内存，为它们建立进程，这些进程被送入就绪队列，进程调度从就绪队列中选出一个进程，并将其状态改为运行态，将 CPU 分配给它。中级调度是为了提高内存的利用率，系统将那些暂时不能运行的进程挂起来。

1）作业调度为进程活动做准备，进程调度使进程正常活动起来。

2）中级调度将暂时不能运行的进程挂起，中级调度处于作业调度和进程调度之间。

3）作业调度次数少，中级调度次数略多，进程调度频率最高。

4）进程调度是最基本的，不可或缺。

2.2.2 调度的实现

1. 调度程序（调度器）

用于调度和分派 CPU 的组件称为调度程序，它通常由三部分组成，如图 2.8 所示。

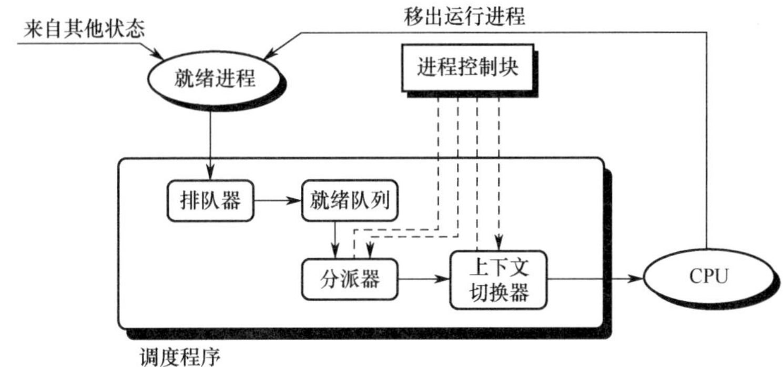

图 2.8 调度程序的结构

1）排队器。将系统中的所有就绪进程按照一定的策略排成一个或多个队列，以便于调度程序选择。每当有一个进程转变为就绪态时，排队器便将它插入相应的就绪队列。

2）分派器。依据调度程序所选的进程，将其从就绪队列中取出，将 CPU 分配给新进程。

3）上下文切换器。在对 CPU 进行切换时，会发生两对上下文的切换操作：第一对，将当前进程的上下文保存到其 PCB 中，再装入分派程序的上下文，以便分派程序运行；第二对，移出分派程序的上下文，将新选进程的 CPU 现场信息装入 CPU 的各个相应寄存器。

在上下文切换时，需要执行大量 load 和 store 指令，以保存寄存器的内容，因此会花费较多时间。现在已有硬件实现的方法来减少上下文切换时间。通常采用两组寄存器，其中一组供内核使用，一组供用户使用。这样，上下文切换时，只需改变指针，让其指向当前寄存器组即可。

2. 调度的时机、切换与过程

调度程序是操作系统内核程序。请求调度的事件发生后，才可能运行调度程序，调度了新的就绪进程后，才会进行进程切换。理论上这三件事情应该顺序执行，但在实际的操作系统内核程序运行中，若某时刻发生了引起进程调度的因素，则不一定能马上进行调度与切换。

命题追踪 ▶ 可以进行 CPU 调度的事件或时机（2012、2021）

现代操作系统中，应该进行进程调度与切换的情况如下：

1）创建新进程后，由于父进程和子进程都处于就绪态，因此需要决定是运行父进程还是运行子进程，调度程序可以合法地决定其中一个进程先运行。

2）进程正常结束后或者异常终止后，必须从就绪队列中选择某个进程运行。若没有就绪进程，则通常运行一个系统提供的闲逛进程。

3）当进程因 I/O 请求、信号量操作或其他原因而被阻塞时，必须调度其他进程运行。

4）当 I/O 设备完成后，发出 I/O 中断，原先等待 I/O 的进程从阻塞态变为就绪态，此时需要决定是让新的就绪进程投入运行，还是让中断发生时运行的进程继续执行。

此外，在有些系统中，当有更紧急的任务（如更高优先级的进程进入就绪队列）需要处理时，或者当前进程的时间片用完时，也被强行剥夺CPU（被动放弃）。

进程切换往往在调度完成后立刻发生，它要求保存原进程当前断点的现场信息，恢复被调度进程的现场信息。现场切换时，操作系统内核将原进程的现场信息推入当前进程的内核堆栈来保存它们，并更新堆栈指针。内核完成从新进程的内核栈中装入新进程的现场信息、更新当前运行进程空间指针、重设PC寄存器等相关工作之后，开始运行新的进程。

不能进行进程的调度与切换的情况如下：

1）*在处理中断的过程中*。中断处理过程复杂，在实现上很难做到进程切换，而且中断处理是系统工作的一部分，逻辑上不属于某一进程，不应被剥夺CPU资源。

2）*需要完全屏蔽中断的原子操作过程中*。如加锁、解锁、中断现场保护、恢复等原子操作。在原子过程中，连中断都要屏蔽，更不应该进行进程调度与切换。

若在上述过程中发生了引起调度的条件，则不能马上进行调度和切换，应置系统的请求调度标志，直到上述过程结束后才进行相应的调度与切换。

3．进程调度的方式

所谓进程调度方式，是指当某个进程正在CPU上执行时，若有某个更为重要或紧迫的进程需要处理，即有优先权更高的进程进入就绪队列，此时应如何分配CPU。

通常有以下两种进程调度方式：

1）*非抢占调度方式，又称非剥夺方式*。是指当一个进程正在CPU上执行时，即使有某个更为重要或紧迫的进程进入就绪队列，仍然让正在执行的进程继续执行，直到该进程运行完成（如正常结束、异常终止）或发生某种事件（如等待I/O操作、在进程通信或同步中执行了Block原语）而进入阻塞态时，才将CPU分配给其他进程。

非抢占调度方式的优点是实现简单、系统开销小，适用于早期的批处理系统，但它不能用于分时系统和大多数的实时系统。

2）*抢占调度方式，又称剥夺方式*。是指当一个进程正在CPU上执行时，若有某个更为重要或紧迫的进程需要使用CPU，则允许调度程序根据某种原则去暂停正在执行的进程，将CPU分配给这个更为重要或紧迫的进程。

抢占调度方式对提高系统吞吐率和响应效率都有明显的好处。但“抢占”不是一种任意性行为，必须遵循一定的原则，主要有*优先权、短进程优先*和*时间片原则*等。

4．闲逛进程

在进程切换时，如果系统中没有就绪进程，就会调度闲逛进程（Idle Process）运行，它的PID为0。如果没有其他进程就绪，该进程就一直运行，并在指令周期后测试中断。闲逛进程的优先级最低，没有就绪进程时才会运行闲逛进程，只要有进程就绪，就会立即让出CPU。

闲逛进程不需要CPU之外的资源，它不会被阻塞。

5．两种线程的调度

1）*用户级线程调度*。由于内核并不知道线程的存在，所以内核还是和以前一样，选择一个进程，并给予时间控制。由进程中的调度程序决定哪个线程运行。

2）*内核级线程调度*。内核选择一个特定线程运行，通常不用考虑该线程属于哪个进程。对被选择的线程赋予一个时间片，如果超过了时间片，就会强制挂起该线程。

用户级线程的线程切换在同一进程中进行，仅需少量的机器指令；内核级线程的线程切换需要完整的上下文切换、修改内存映像、使高速缓存失效，这就导致了若干数量级的延迟。

2.2.3 调度的目标

不同的调度算法具有不同的特性，在选择调度算法时，必须考虑算法的特性。为了比较 CPU 调度算法的性能，人们提出了很多评价标准，下面介绍其中主要的几种：

命题追踪 ▶ 作业执行的相关计算（2012、2016、2018、2019、2023、2024）

1）CPU 利用率。CPU 是计算机系统中最重要和昂贵的资源之一，所以应尽可能使 CPU 保持“忙”状态，使这一资源利用率最高。CPU 利用率的计算方法如下：

$$\text{CPU的利用率} = \frac{\text{CPU有效工作时间}}{\text{CPU有效工作时间} + \text{CPU空闲等待时间}}$$

注 意

计算作业完成时间时，要注意 CPU 与设备、设备与设备之间是可以并行的。

2）系统吞吐量。表示单位时间内 CPU 完成作业的数量。长作业需要消耗较长的 CPU 时间，因此会降低系统的吞吐量。而对于短作业，需要消耗的 CPU 时间较短，因此能提高系统的吞吐量。调度算法和方式的不同，也会对系统的吞吐量产生较大的影响。

3）周转时间。指从作业提交到作业完成所经历的时间，是作业等待、在就绪队列中排队、在 CPU 上运行及 I/O 操作所花费时间的总和。周转时间的计算方法如下：

$$\text{周转时间} = \text{作业完成时间} - \text{作业提交时间}$$

平均周转时间是指多个作业周转时间的平均值：

$$\text{平均周转时间} = (\text{作业 1 的周转时间} + \cdots + \text{作业 } n \text{ 的周转时间})/n$$

带权周转时间是指作业周转时间与作业实际运行时间的比值：

$$\text{带权周转时间} = \frac{\text{作业周转时间}}{\text{作业实际运行时间}}$$

平均带权周转时间是指多个作业带权周转时间的平均值：

$$\text{平均带权周转时间} = (\text{作业 1 的带权周转时间} + \cdots + \text{作业 } n \text{ 的带权周转时间})/n$$

4）等待时间。指进程处于等待 CPU 的时间之和，等待时间越长，用户满意度越低。CPU 调度算法实际上并不影响作业执行或 I/O 操作的时间，只影响作业在就绪队列中等待所花的时间。因此，衡量一个调度算法的优劣，常常只需简单地考察等待时间。

5）响应时间。指从用户提交请求到系统首次产生响应所用的时间。在交互式系统中，周转时间不是最好的评价准则，一般采用响应时间作为衡量调度算法的重要准则之一。从用户角度来看，调度策略应尽量降低响应时间，使响应时间处在用户能接受的范围之内。

要想得到一个满足所有用户和系统要求的算法几乎是不可能的。设计调度程序，一方面要满足特定系统用户的要求（如某些实时和交互进程的快速响应要求），另一方面要考虑系统整体效率（如减少整个系统的进程平均周转时间），同时还要考虑调度算法的开销。

2.2.4 进程切换

命题追踪 ▶ 进程调度前后 CPU 模式的变化（2023）

对于通常的进程而言，其创建、撤销及要求由系统设备完成的 I/O 操作，都是利用系统调用而进入内核，再由内核中的相应处理程序予以完成的。进程切换同样是在内核的支持下实现的，因此可以说，任何进程都是在操作系统内核的支持下运行的，是与内核紧密相关的。

（1）上下文切换

命题追踪 ▶ 切换进程时的操作（2024）

切换 CPU 到另一个进程需要保存当前进程状态并恢复另一个进程的状态，这个任务称为上下文切换。进程上下文采用进程 PCB 表示，包括 CPU 寄存器的值、进程状态和内存管理信息等。当进行上下文切换时，内核将旧进程状态保存在其 PCB 中，然后加载经调度而要执行的新进程的上下文。在切换过程中，进程的运行环境产生实质性的变化。上下文切换的流程如下：

1）挂起一个进程，将 CPU 上下文保存到 PCB，包括程序计数器和其他寄存器。

2）将进程的 PCB 移入相应的队列，如就绪、在某事件阻塞等队列。

3）选择另一个进程执行，并更新其 PCB。

4）恢复新进程的 CPU 上下文。

5）跳转到新进程 PCB 中的程序计数器所指向的位置执行。

（2）上下文切换的消耗

上下文切换通常是计算密集型的，即它需要相当可观的 CPU 时间，在每秒几十上百次的切换中，每次切换都需要纳秒量级的时间，所以上下文切换对系统来说意味着消耗大量的 CPU 时间。有些 CPU 提供多个寄存器组，这样，上下文切换就只需要简单改变当前寄存器组的指针。

（3）上下文切换与模式切换

模式切换与上下文切换是不同的，模式切换时，CPU 逻辑上可能还在执行同一进程。用户进程最开始都运行在用户态，若进程因中断或异常进入核心态运行，执行完后又回到用户态刚被中断的进程运行。用户态和内核态之间的切换称为模式切换，而不是上下文切换，因为没有改变当前的进程。上下文切换只能发生在内核态，它是多任务操作系统中的一个必需的特性。

注 意

调度和切换的区别：调度是指决定资源分配给哪个进程的行为，是一种决策行为；切换是指实际分配的行为，是执行行为。一般来说，先有资源的调度，然后才有进程的切换。

2.2.5 典型的调度算法

命题追踪 ▶ 各种调度算法的特点与对比（2009、2011、2014）

操作系统中存在多种调度算法，有的调度算法适用于作业调度，有的调度算法适用于进程调度，有的调度算法两者都适用。下面介绍几种常用的调度算法。

1. 先来先服务（FCFS）调度算法

FCFS 调度算法是一种最简单的调度算法，它既可用于作业调度，又可用于进程调度。

命题追踪 ▶ FIFO 调度算法的思想（2017）

在作业调度中，FCFS 调度算法每次从后备作业队列中选择最先进入该队列的一个或几个作业，将它们调入内存，分配必要的资源，创建进程并放入就绪队列。

在进程调度中，FCFS 调度算法每次从就绪队列中选择最先进入该队列的进程，将 CPU 分配给它，使之投入运行，直到运行完成或因某种原因而阻塞时才释放 CPU。

命题追踪 ▶ 批处理系统中作业完成时间的分析（2012、2016）

下面通过一个实例来说明 FCFS 调度算法的性能。假设系统中有 4 个作业，它们的提交时间分别是 8, 8.4, 8.8, 9，运行时间依次是 2, 1, 0.5, 0.2，系统采用 FCFS 调度算法，这组作业的平均等待时间、平均周转时间和平均带权周转时间见表 2.2。

表 2.2 FCFS 调度算法的性能

作业号	提交时间	运行时间	开始时间	等待时间	完成时间	周转时间	带权周转时间
1	8	2	8	0	10	2	1
2	8.4	1	10	1.6	11	2.6	2.6
3	8.8	0.5	11	2.2	11.5	2.7	5.4
4	9	0.2	11.5	2.5	11.7	2.7	13.5

平均等待时间 $t = (0 + 1.6 + 2.2 + 2.5)/4 = 1.575$；平均周转时间 $T = (2 + 2.6 + 2.7 + 2.7)/4 = 2.5$；
平均带权周转时间 $W = (1 + 2.6 + 5.4 + 13.5)/4 = 5.625$。

FCFS 调度算法属于不可剥夺算法。从表面上看，它对所有作业都是公平的，但若一个长作业先到达系统，就会使后面的许多短作业等待很长时间，因此它不能作为分时系统和实时系统的主要调度策略。但它常被结合在其他调度策略中使用。例如，在使用优先级作为调度策略的系统中，往往对多个具有相同优先级的进程按 FCFS 原则处理。

FCFS 调度算法的特点是算法简单，但效率低；对长作业比较有利，但对短作业不利（相对 SJF 和高响应比）；有利于 CPU 繁忙型作业，而不利于 I/O 繁忙型作业。

2．短作业优先（SJF）调度算法

命题追踪 ▶▶ SJF 调度算法的思想（2017）

短作业（进程）优先调度算法是指对短作业（进程）优先调度的算法。短作业优先（SJF）调度算法从后备队列中选择一个或几个估计运行时间最短的作业，将它们调入内存运行；短进程优先（SPF）调度算法从就绪队列中选择一个估计运行时间最短的进程，将 CPU 分配给它，使之立即执行，直到完成或发生某事件而阻塞时才释放 CPU。

例如，考虑表 2.2 中给出的一组作业，若系统采用短作业优先调度算法，其平均等待时间、平均周转时间和平均带权周转时间见表 2.3。

表 2.3 SJF 调度算法的性能

作业号	提交时间	运行时间	开始时间	等待时间	完成时间	周转时间	带权周转时间
1	8	2	8	0	10	2	1
2	8.4	1	10.7	2.3	11.7	3.3	3.3
3	8.8	0.5	10.2	1.4	10.7	1.9	3.8
4	9	0.2	10	1	10.2	1.2	6

平均等待时间 $t = (0 + 2.3 + 1.4 + 1)/4 = 1.175$；平均周转时间 $T = (2 + 3.3 + 1.9 + 1.2)/4 = 2.1$；
平均带权周转时间 $W = (1 + 3.3 + 3.8 + 6)/4 = 3.525$。

SJF 算法也存在不容忽视的缺点：

命题追踪 ▶▶ 饥饿现象的含义（2016）

1）该算法对长作业不利，由表 2.2 和表 2.3 可知，SJF 调度算法中长作业的周转时间会增加。更严重的是，若有一长作业进入系统的后备队列，由于调度程序总是优先调度那些（即使是后进来的）短作业，将导致长作业长期不被调度，产生“饥饿”现象（注意区分“死锁”，后者是系统环形等待，前者是调度策略问题）。

2）该算法完全未考虑作业的紧迫程度，因而不能保证紧迫性作业会被及时处理。

3）由于作业的长短是根据用户所提供的估计执行时间而定的，而用户又可能会有意或无意地缩短其作业的估计运行时间，致使该算法不一定能真正做到短作业优先调度。

SPF 算法也可以是抢占式的（若未特别说明，则默认为非抢占式的）。当一个新进程到达就绪队列时，若其估计执行时间比当前进程的剩余时间小，则立即暂停当前进程，将 CPU 分配给新进程。因此，抢占式 SPF 调度算法也称最短剩余时间优先调度算法。

注 意

短作业（SJF）调度算法的平均等待时间、平均周转时间是最优的。

3．高响应比优先调度算法

高响应比优先调度算法主要用于作业调度，是对 FCFS 调度算法和 SJF 调度算法的一种综合平衡，同时考虑了每个作业的等待时间和估计的运行时间。在每次进行作业调度时，先计算后备作业队列中每个作业的响应比，从中选出响应比最高的作业投入运行。

响应比的变化规律可描述为

$$\text{响应比}R_{\mathrm{P}}=\frac{\text{等待时间}+\text{要求服务时间}}{\text{要求服务时间}}$$

根据公式可知：①作业的等待时间相同时，要求服务时间越短，响应比越高，有利于短作业，因而类似于 SJF。②要求服务时间相同时，作业的响应比由其等待时间决定，等待时间越长，其响应比越高，因而类似于 FCFS。③对于长作业，作业的响应比可以随等待时间的增加而提高，当其等待时间足够长时，也可获得 CPU，克服了“饥饿”现象。

4．优先级调度算法

优先级调度算法既可用于作业调度，又可用于进程调度。该算法中的优先级用于描述作业的紧迫程度。在作业调度中，优先级调度算法每次从后备作业队列中选择优先级最高的一个或几个作业，将它们调入内存，分配必要的资源，创建进程并放入就绪队列。在进程调度中，优先级调度算法每次从就绪队列中选择优先级最高的进程，将 CPU 分配给它，使之投入运行。

根据新的更高优先级进程能否抢占正在执行的进程，可将该调度算法分为如下两种：

命题追踪 ▶ 非抢占式优先级调度算法的应用分析（2018）

1）非抢占式优先级调度算法。当一个进程正在 CPU 上运行时，即使有某个优先级更高的进程进入就绪队列，仍让正在运行的进程继续运行，直到由于其自身的原因而让出 CPU 时（任务完成或等待事件），才将 CPU 分配给就绪队列中优先级最高的进程。

命题追踪 ▶ 抢占式优先级调度算法的应用分析（2022、2023）

2）抢占式优先级调度算法。当一个进程正在 CPU 上运行时，若有某个优先级更高的进程进入就绪队列，则立即暂停正在运行的进程，将 CPU 分配给优先级更高的进程。

而根据进程创建后其优先级是否可以改变，可将进程优先级分为以下两种：

命题追踪 ▶ 静态优先级和动态优先级的分析（2016）

1）静态优先级。优先级是在创建进程时确定的，且在进程的整个运行期间保持不变。确定静态优先级的主要依据有进程类型、进程对资源的要求、用户要求。优点是简单易行，系统开销小；缺点是不够精确，可能出现优先级低的进程长期得不到调度的情况。

命题追踪 ▶ 调整进程优先级的合理时机（2010）

2）动态优先级。创建进程时先赋予进程一个优先级，但优先级会随进程的推进或等待时间的增加而改变，以便获得更好的调度性能。例如，规定优先级随等待时间的增加而提高，于是，对于优先级初值较低的进程，等待足够长的时间后也可获得 CPU。

一般来说，进程优先级的设置可以参照以下原则：

1）系统进程 > 用户进程。系统进程作为系统的管理者，理应拥有更高的优先级。

2）交互型进程 > 非交互型进程（或前台进程 > 后台进程）。大家平时在使用手机时，在前台运行的正在和你交互的进程应该更快速地响应你，因此自然需要被优先处理。

命题追踪 ▶▶ 进程优先级的设置：I/O 型和计算型（2013）

3）I/O 型进程 > 计算型进程。所谓 I/O 型进程，是指那些会频繁使用 I/O 设备的进程，而计算型进程是那些频繁使用 CPU 的进程（很少使用 I/O 设备）。我们知道，I/O 设备（如打印机）的处理速度要比 CPU 慢得多，因此若将 I/O 型进程的优先级设置得更高，就更有可能让 I/O 设备尽早开始工作，进而提升系统的整体效率。

5．时间片轮转（RR）调度算法

命题追踪 ▶▶ 时间片轮转调度算法的原理（2021、2024）

时间片轮转（RR）调度算法主要适用于分时系统。在这种算法中，系统将所有的就绪进程按 FCFS 策略排成一个就绪队列。系统可设置每隔一定的时间（如 30ms）便产生一次时钟中断，激活调度程序进行调度，将 CPU 分配给就绪队列的队首进程，并令其执行一个时间片。在执行完一个时间片后，即使进程并未运行完成，它也必须释放出（被剥夺）CPU 给就绪队列的新队首进程，而被剥夺的进程返回到就绪队列的末尾重新排队，等候再次运行。

在 RR 调度算法中，若一个时间片尚未用完而当前进程已运行完成，则调度程序会被立即激活；若一个时间片用完，则产生一个时钟中断，由时钟中断处理程序来激活调度程序。

命题追踪 ▶▶ 时间片轮转调度算法的特点（2017）

在 RR 调度算法中，时间片的大小对系统性能的影响很大。若时间片足够大，以至于所有进程都能在一个时间片内执行完毕，则时间片轮转调度算法就退化为先来先服务调度算法。若时间片很小，则 CPU 将在进程间过于频繁地切换，使 CPU 的开销增大，而真正用于运行用户进程的时间将减少。因此，时间片的大小应选择适当，时间片的长短通常由以下因素确定：系统的响应时间、就绪队列中的进程数目和系统的处理能力。

6．多级队列调度算法

前述的各种调度算法，由于系统中仅设置一个进程的就绪队列，即调度算法是固定且单一的，无法满足系统中不同用户对进程调度策略的不同要求。在多 CPU 系统中，这种单一调度策略实现机制的缺点更为突出，多级队列调度算法能在一定程度上弥补这一缺点。

该算法在系统中设置多个就绪队列，将不同类型或性质的进程固定分配到不同的就绪队列。每个队列可实施不同的调度算法，因此，系统针对不同用户进程的需求，很容易提供多种调度策略。同一队列中的进程可以设置不同的优先级，不同的队列本身也可以设置不同的优先级。在多 CPU 系统中，可以很方便为每个 CPU 设置一个单独的就绪队列，每个 CPU 可实施各自不同的调度策略，这样就能根据用户需求将多个线程分配到一个或多个 CPU 上运行。

7．多级反馈队列调度算法（融合了前几种算法的优点）

命题追踪 ▶▶ 多级反馈队列调度算法的应用分析（2019）

多级反馈队列调度算法是时间片轮转调度算法和优先级调度算法的综合与发展，如图 2.9 所示。通过动态调整进程优先级和时间片大小，多级反馈队列调度算法可以兼顾多方面的系统目标。

例如，为提高系统吞吐量和缩短平均周转时间而照顾短进程；为获得较好的 I/O 设备利用率和缩短响应时间而照顾 I/O 型进程；同时，也不必事先估计进程的执行时间。

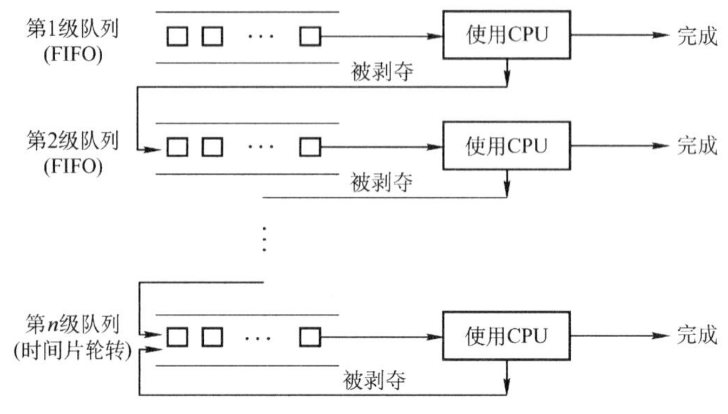

图 2.9　多级反馈队列调度算法

命题追踪 ▶▶ **多级反馈队列调度算法的实现思想（2020）**

多级反馈队列调度算法的实现思想如下：

1）设置多个就绪队列，并为每个队列赋予不同的优先级。第 1 级队列的优先级最高，第 2 级队列的优先级次之，其余队列的优先级逐个降低。

2）赋予各个队列的进程运行时间片的大小各不相同。在优先级越高的队列中，每个进程的时间片就越小。例如，第 $i+1$ 级队列的时间片要比第 i 级队列的时间片长 1 倍。

3）每个队列都采用 FCFS 算法。新进程进入内存后，首先将它放入第 1 级队列的末尾，按 FCFS 原则等待调度。当轮到该进程执行时，如它能在该时间片内完成，便可撤离系统。若它在一个时间片结束时尚未完成，调度程序将其转入第 2 级队列的末尾等待调度；若它在第 2 级队列中运行一个时间片后仍未完成，再将它放入第 3 级队列，以此类推。当进程最后被降到第 n 级队列后，在第 n 级队列中便采用时间片轮转方式运行。

4）按队列优先级调度。仅当第 1 级队列为空时，才调度第 2 级队列中的进程运行；仅当第 1～$i-1$ 级队列均为空时，才会调度第 i 级队列中的进程运行。若 CPU 正在执行第 i 级队列中的某个进程时，又有新进程进入任何一个优先级较高的队列，此时须立即将正在运行的进程放回到第 i 级队列的末尾，而将 CPU 分配给新到的高优先级进程。

多级反馈队列的优势有以下几点：

1）终端型作业用户：短作业优先。

2）短批处理作业用户：周转时间较短。

3）长批处理作业用户：经过前面几个队列得到部分执行，不会长期得不到处理。

下表总结了几种常见进程调度算法的特点，读者要在理解的基础上掌握。

	先来先服务	短作业优先	高响应比优先	时间片轮转	多级反馈队列
能否可抢占	否	可以	可以	可以	队列内算法不一定
优点	公平，实现简单	平均等待时间、平均周转时间最优	兼顾长短作业	兼顾长短作业	兼顾长短作业，有较好的响应时间，可行性强
缺点	不利于短作业	长作业会饥饿，估计时间不易确定	计算响应比的开销大	平均等待时间较长，上下文切换浪费时间	最复杂
适用于	无	批处理系统	无	分时系统	相当通用

2.2.6　本节小结

本节开头提出的问题的参考答案如下。

1）为什么要进行 CPU 调度？

若没有 CPU 调度，则意味着要等到当前运行的进程执行完毕后，下一个进程才能执行，而实际情况中，进程时常需要等待一些外部设备的输入，而外部设备的速度与 CPU 相比是非常缓慢的，若让 CPU 总是等待外部设备，则对 CPU 的资源是极大的浪费。而引进 CPU 调度后，可在运行进程等待外部设备时，将 CPU 调度给其他进程，从而提高 CPU 的利用率。用一句简单的话说，就是为了合理地处理计算机的软/硬件资源。

2）调度算法有哪几种？结合第 1 章学习的分时操作系统和实时操作系统，思考有没有哪种调度算法比较适合这两种操作系统。

本节介绍的调度算法有先来先服务调度、短作业优先调度、优先级调度、高响应比优先调度、时间片轮转调度、多级队列调度、多级反馈队列调度 7 种。

先来先服务算法和短作业优先算法无法保证及时地接收和处理问题，因此无法保证在规定的时间间隔内响应每个用户的需求，也同样无法达到实时操作系统的及时性需求。优先级调度算法按照任务的优先级进行调度，对于更紧急的任务给予更高的优先级，适合实时操作系统。

高响应比优先调度算法、时间片轮转调度算法、多级反馈队列调度算法都能保证每个任务在一定时间内分配到时间片，并轮流占用 CPU，适合分时操作系统。

本节主要介绍了 CPU 调度的概念。操作系统主要管理 CPU、内存、文件、设备几种资源，只要对资源的请求大于资源本身的数量，就会涉及调度。例如，在单处理器系统中，CPU 只有一个，而请求的进程却有多个，因此就需要 CPU 调度。出现调度的概念后，又有了一个问题，即如何调度、应该满足谁、应该让谁等待，这是调度算法所面对的问题；而应该满足谁、应该让谁等待，要遵循一定的准则。调度这一概念贯穿于操作系统的始终，读者在接下来的学习中，将接触到几种资源的调度问题。将它们与 CPU 调度的内容相对比，将发现有异曲同工之妙。

2.2.7　本节习题精选

一、单项选择题

01. 中级调度的目的是（　）。

A. 提高 CPU 的效率　　B. 降低系统开销

C. 提高 CPU 的利用率　　D. 节省内存

02. 进程从创建态转换到就绪态的工作由（　）完成。

A. 进程调度　　B. 中级调度　　C. 高级调度　　D. 低级调度

03. 下列哪些指标是调度算法设计时应该考虑的？（　）

I. 公平性　　II. 资源利用率　　III. 互斥性　　IV. 平均周转时间

A. I、II　　B. I、II、IV　　C. I、III、IV　　D. 全部都是

04. 时间片轮转调度算法是为了（　）。

A. 多个用户能及时干预系统　　B. 使系统变得高效

C. 优先级较高的进程得到及时响应　　D. 需要 CPU 时间最少的进程最先做

05. 在单处理器系统中，进程什么时候占用处理器及占用时间的长短是由（　）决定的。

A. 进程相应的代码长度　　B. 进程总共需要运行的时间

C. 进程特点和进程调度策略　　D. 进程完成什么功能

06. 在某单处理器系统中，若此刻有多个就绪态进程，则下列叙述中错误的是（ ）。

A. 进程调度的目标是让进程轮流使用处理器

B. 当一个进程运行结束后，会调度下一个就绪进程运行

C. 上下文切换是进程调度的实现手段

D. 处于临界区的进程在退出临界区前，无法被调度

07. 下列内容中，不属于进程上下文的是（ ）。

A. 进程现场信息　B. 进程控制信息　C. 中断向量　D. 用户堆栈

08. 下列关于进程上下文切换的叙述中，错误的是（ ）。

A. 进程上下文指进程的代码、数据以及支持进程执行的所有运行环境

B. 进程上下文切换机制实现了不同进程在一个处理器中交替运行的功能

C. 进程上下文切换过程中必须保存换下进程在切换处的程序计数器的值

D. 进程上下文切换过程中必须将换下进程的代码和数据从主存保存到磁盘

09. （ ）有利于 CPU 繁忙型的作业，而不利于 I/O 繁忙型的作业。

A. 时间片轮转调度算法　B. 先来先服务调度算法

C. 短作业（进程）优先算法　D. 优先权调度算法

10. 下面有关选择进程调度算法的准则中，不正确的是（ ）。

A. 尽快响应交互式用户的请求　B. 尽量提高处理器利用率

C. 尽可能提高系统吞吐量　D. 适当增长进程就绪队列的等待时间

11. 实时系统的进程调度，通常采用（ ）算法。

A. 先来先服务　B. 时间片轮转

C. 抢占式的优先级高者优先　D. 高响应比优先

12. 支持多道程序设计的操作系统在运行过程中，不断地选择新进程运行来实现 CPU 的共享，但其中（ ）不是引起操作系统选择新进程的直接原因。

A. 运行进程的时间片用完　B. 运行进程出错

C. 运行进程要等待某一事件发生　D. 有新进程被创建进入就绪态

13. 进程（线程）调度的时机有（ ）。

I. 运行的进程（线程）运行完毕　II. 运行的进程（线程）所需资源未准备好

III. 运行的进程（线程）的时间片用完　IV. 运行的进程（线程）自我阻塞

V. 运行的进程（线程）出现错误

A. II、III、IV 和 V　B. I 和 III　C. II、IV 和 V　D. 全部都是

14. 设有 4 个作业同时到达，每个作业的执行时间均为 2h，它们在一台处理器上按单道式运行，则平均周转时间为（ ）。

A. 1h　B. 5h　C. 2.5h　D. 8h

15. 若每个作业只能建立一个进程，为了照顾短作业用户，应采用（ ）；为了照顾紧急作业用户，应采用（ ）；为了能实现人机交互，应采用（ ）；而能使短作业、长作业和交互作业用户都满意，应采用（ ）。

A. FCFS 调度算法　B. 短作业优先调度算法

C. 时间片轮转调度算法　D. 多级反馈队列调度算法

E. 剥夺式优先级调度算法

16. （ ）优先级是在创建进程时确定的，确定之后在整个运行期间不再改变。

A. 先来先服务　B. 动态　C. 短作业　D. 静态

17. 现在有三个同时到达的作业 J_1, J_2 和 J_3，它们的执行时间分别是 T_1, T_2, T_3，且 $T_1 < T_2 < T_3$。系统按单道方式运行且采用短作业优先调度算法，则平均周转时间是（　）。

A. $T_1 + T_2 + T_3$　　B. $(3T_1 + 2T_2 + T_3)/3$

C. $(T_1 + T_2 + T_3)/3$　　D. $(T_1 + 2T_2 + 3T_3)/3$

18. 设有三个作业，其运行时间分别是 2h, 5h, 3h，假定它们同时到达，并在同一台处理器上以单道方式运行，则平均周转时间最小的执行顺序是（　）。

A. J_1，J_2，J_3　　B. J_3，J_2，J_1　　C. J_2，J_1，J_3　　D. J_1，J_3，J_2

19. 采用时间片轮转调度算法分配 CPU 时，当处于运行态的进程用完一个时间片后，它的状态是（　）状态。

A. 阻塞　　B. 运行　　C. 就绪　　D. 消亡

20. 一个作业 8:00 到达系统，估计运行时间为 1h。若 10:00 开始执行该作业，其响应比是（　）。

A. 2　　B. 1　　C. 3　　D. 0.5

21. 关于优先权大小的论述中，正确的是（　）。

A. 计算型作业的优先权，应高于 I/O 型作业的优先权

B. 用户进程的优先权，应高于系统进程的优先权

C. 在动态优先权中，随着作业等待时间的增加，其优先权将随之下降

D. 在动态优先权中，随着进程执行时间的增加，其优先权降低

22. 下列调度算法中，（　）调度算法是绝对可抢占的。

A. 先来先服务　　B. 时间片轮转　　C. 优先级　　D. 短进程优先

23. 作业是用户提交的，进程是由系统自动生成的，除此之外，两者的区别是（　）。

A. 两者执行不同的程序段

B. 前者以用户任务为单位，后者以操作系统控制为单位

C. 前者是批处理的，后者是分时的

D. 后者是可并发执行，前者则不同

24. 进程调度算法采用固定时间片轮转调度算法，当时间片过大时，就会使时间片轮转法算法转化为（　）调度算法。

A. 高响应比优先　　B. 先来先服务

C. 短进程优先　　D. 以上选项都不对

25. 有以下的进程需要调度执行（见下表）:

进程名	到达时间	运行时间
P_1	0.0	9
P_2	0.4	4
P_3	1.0	1
P_4	5.5	4
P_5	7	2

1）若用非抢占式短进程优先调度算法，问这 5 个进程的平均周转时间是多少？

2）若采用抢占式短进程优先调度算法，问这 5 个进程的平均周转时间是多少？

A. 8.62；6.34　　B. 8.62；6.8

C. 10.62；6.34　　D. 10.62；6.8

26. 有 5 个批处理作业 A, B, C, D, E 几乎同时到达，其预计运行时间分别为 10, 6, 2, 4, 8，其优先级（由外部设定）分别为 3, 5, 2, 1, 4，这里 5 为最高优先级。以下各种调度算法中，

平均周转时间为 14 的是（ ）调度算法。

A. 时间片轮转（时间片为 1） B. 优先级调度

C. 先来先服务（按照顺序 10, 6, 2, 4, 8） D. 短作业优先

27. 使用抢占式最短剩余时间优先调度算法对下列进程进行调度，总周转时间是（ ）。

进程名	到达时间	运行时间
P_1	0	3
P_2	1	1
P_3	2	4
P_4	3	5
P_5	4	2

A. 25h B. 26h C. 27h D. 28h

28. 分时操作系统通常采用（ ）调度算法来为用户服务。

A. 时间片轮转 B. 先来先服务 C. 短作业优先 D. 优先级

29. 在进程调度算法中，对短进程不利的是（ ）。

A. 短进程优先调度算法 B. 先来先服务调度算法

C. 高响应比优先调度算法 D. 多级反馈队列调度算法

30. 假设系统中所有进程同时到达，则使进程平均周转时间最短的是（ ）调度算法。

A. 先来先服务 B. 短进程优先 C. 时间片轮转 D. 优先级

31. 多级反馈队列调度算法不具备的特性是（ ）。

A. 资源利用率高 B. 响应速度快 C. 系统开销小 D. 并行度高

32. 下列调度算法中，系统开销最小的调度算法是（ ）。

A. 高响应比优先调度算法 B. 多级反馈队列调度算法

C. 先来先服务调度算法 D. 时间片轮转调度算法

33. 下列进程调度算法中，可能导致饥饿现象的有（ ）。

I. 先来先服务调度算法 II. 短作业优先调度算法

III. 优先级调度算法 IV. 时间片轮转调度算法

A. I 和 II B. II 和 III C. II、III 和 IV D. III

34.【2009 统考真题】下列进程调度算法中，综合考虑进程等待时间和执行时间的是（ ）。

A. 时间片轮转调度算法 B. 短进程优先调度算法

C. 先来先服务调度算法 D. 高响应比优先调度算法

35.【2010 统考真题】下列选项中，降低进程优先级的合理时机是（ ）。

A. 进程时间片用完 B. 进程刚完成 I/O 操作，进入就绪队列

C. 进程长期处于就绪队列 D. 进程从就绪态转为运行态

36.【2011 统考真题】下列选项中，满足短作业优先且不会发生饥饿现象的是（ ）调度算法。

A. 先来先服务 B. 高响应比优先

C. 时间片轮转 D. 非抢占式短作业优先

37.【2012 统考真题】一个多道批处理系统中仅有 P_1 和 P_2 两个作业，P_2 比 P_1 晚 5ms 到达，它的计算和 I/O 操作顺序如下：

P_1：计算 60ms，I/O 80ms，计算 20ms

P_2：计算 120ms，I/O 40ms，计算 40ms

若不考虑调度和切换时间，则完成两个作业需要的时间最少是（ ）。

A. 240ms　　B. 260ms　　C. 340ms　　D. 360ms

38.【2012 统考真题】若某单处理器多进程系统中有多个就绪态进程，则下列关于处理机调度的叙述中，错误的是（　）。

A. 在进程结束时能进行处理机调度

B. 创建新进程后能进行处理机调度

C. 在进程处于临界区时不能进行处理机调度

D. 在系统调用完成并返回用户态时能进行处理机调度

39.【2013 统考真题】某系统正在执行三个进程 P_1, P_2 和 P_3，各进程的计算（CPU）时间和 I/O 时间比例如下表所示。

进程	计算时间	I/O 时间
P_1	90%	10%
P_2	50%	50%
P_3	15%	85%

为提高系统资源利用率，合理的进程优先级设置应为（　）。

A. $P_1 > P_2 > P_3$　　B. $P_3 > P_2 > P_1$　　C. $P_2 > P_1 = P_3$　　D. $P_1 > P_2 = P_3$

40.【2014 统考真题】下列调度算法中，不可能导致饥饿现象的是（　）。

A. 时间片轮转　　B. 静态优先数调度

C. 非抢占式短任务优先　　D. 抢占式短任务优先

41.【2016 统考真题】某单 CPU 系统中有输入和输出设备各 1 台，现有 3 个并发执行的作业，每个作业的输入、计算和输出时间均分别为 2ms, 3ms 和 4ms，且都按输入、计算和输出的顺序执行，则执行完 3 个作业需要的时间最少是（　）。

A. 15ms　　B. 17ms　　C. 22ms　　D. 27ms

42.【2017 统考真题】假设 4 个作业到达系统的时刻和运行时间如下表所示。

作业	到达时刻 t	运行时间
J_1	0	3
J_2	1	3
J_3	1	2
J_4	3	1

系统在 $t = 2$ 时开始作业调度。若分别采用先来先服务和短作业优先调度算法，则选中的作业分别是（　）。

A. J_2, J_3　　B. J_1, J_4　　C. J_2, J_4　　D. J_1, J_3

43.【2017 统考真题】下列有关基于时间片的进程调度的叙述中，错误的是（　）。

A. 时间片越短，进程切换的次数越多，系统开销越大

B. 当前进程的时间片用完后，该进程状态由执行态变为阻塞态

C. 时钟中断发生后，系统会修改当前进程在时间片内的剩余时间

D. 影响时间片大小的主要因素包括响应时间、系统开销和进程数量等

44.【2018 统考真题】某系统采用基于优先权的非抢占式进程调度策略，完成一次进程调度和进程切换的系统时间开销为 1μs。在 T 时刻就绪队列中有 3 个进程 P_1、P_2 和 P_3，其在就绪队列中的等待时间、需要的 CPU 时间和优先权如下表所示。

进程	等待时间	需要的 CPU 时间	优先权
P_1	30μs	12μs	10
P_2	15μs	24μs	30
P_3	18μs	36μs	20

若优先权值大的进程优先获得 CPU，从 T 时刻起系统开始进程调度，则系统的平均周转时间为（ ）。

A. 54μs B. 73μs C. 74μs D. 75μs

45.【2019 统考真题】系统采用二级反馈队列调度算法进行进程调度。就绪队列 Q_1 采用时间片轮转调度算法，时间片为 10ms；就绪队列 Q_2 采用短进程优先调度算法；系统优先调度 Q_1 队列中的进程，当 Q_1 为空时系统才会调度 Q_2 中的进程；新创建的进程首先进入 Q_1；Q_1 中的进程执行一个时间片后，若未结束，则转入 Q_2。若当前 Q_1，Q_2 为空，系统依次创建进程 P_1，P_2 后即开始进程调度，P_1，P_2 需要的 CPU 时间分别为 30ms 和 20ms，则进程 P_1，P_2 在系统中的平均等待时间为（ ）。

A. 25ms B. 20ms C. 15ms D. 10ms

46.【2020 统考真题】下列与进程调度有关的因素中，在设计多级反馈队列调度算法时需要考虑的是（ ）。

I. 就绪队列的数量 II. 就绪队列的优先级

III. 各就绪队列的调度算法 IV. 进程在就绪队列间的迁移条件

A. 仅 I、II B. 仅 III、IV C. 仅 II、III、IV D. I、II、III 和 IV

47.【2021 统考真题】在下列内核的数据结构或程序中，分时系统实现时间片轮转调度需要使用的是（ ）。

I. 进程控制块 II. 时钟中断处理程序 III. 进程就绪队列 IV. 进程阻塞队列

A. 仅 II、III B. 仅 I、IV C. 仅 I、II、III D. 仅 I、II、IV

48.【2021 统考真题】下列事件中，可能引起进程调度程序执行的是（ ）。

I. 中断处理结束 II. 进程阻塞 III. 进程执行结束 IV. 进程的时间片用完

A. 仅 I、III B. 仅 II、IV C. 仅 III、IV D. I、II、III 和 IV

49.【2022 统考真题】进程 P_0、P_1、P_2 和 P_3 进入就绪队列的时刻、优先级（值越小优先权越高）及 CPU 执行时间如下表所示。

进程	进入就绪队列的时刻	优先级	CPU 执行时间
P_0	0ms	15	100ms
P_1	10ms	20	60ms
P_2	10ms	10	20ms
P_3	15ms	6	10ms

若系统采用基于优先权的抢占式进程调度算法，则从 0ms 时刻开始调度，到 4 个进程都运行结束为止，发生进程调度的总次数为（ ）。

A. 4 B. 5 C. 6 D. 7

50.【2023 统考真题】进程 P_1、P_2 和 P_3 进入就绪队列的时刻、优先级（值越大优先权越高）和 CPU 执行时间如下表所示。

进程名	进入就绪队列的时刻	优先级	CPU 执行时间
P_1	0ms	1	60ms
P_2	20ms	10	42ms
P_3	30ms	100	13ms

若系统采用基于优先权的抢占式 CPU 调度算法，从 0ms 时刻开始进行调度，则 P_1、P_2 和 P_3 的平均周转时间为（　）。

A. 60ms　　B. 61ms　　C. 70ms　　D. 71ms

二、综合应用题

01. 为什么说多级反馈队列调度算法能较好地满足各类用户的需要？

02. 将一组进程分为 4 类，如下图所示。各类进程之间采用优先级调度算法，而各类进程的内部采用时间片轮转调度算法。请简述 $P_1, P_2, P_3, P_4, P_5, P_6, P_7, P_8$ 进程的调度过程。

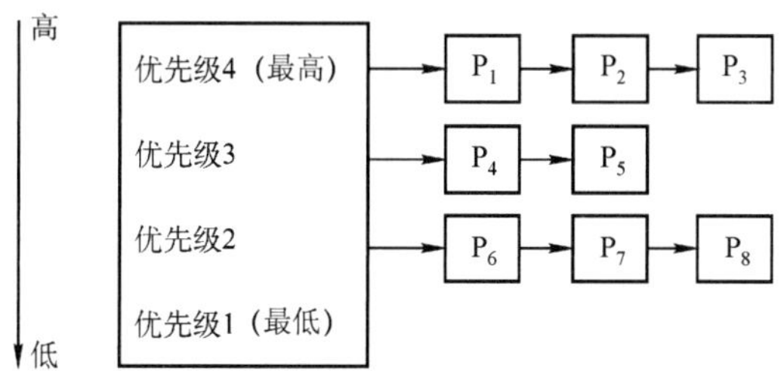

03. 有一个 CPU 和两台外设 D_1, D_2，且在能够实现抢占式优先级调度算法的多道程序环境中，同时进入优先级由高到低的 P_1, P_2, P_3 三个作业，每个作业的处理顺序和使用资源的时间如下:

P_1：D_2（30ms），CPU（10ms），D_1（30ms），CPU（10ms）

P_2：D_1（20ms），CPU（20ms），D_2（40ms）

P_3：CPU（30ms），D_1（20ms）

假设忽略不计其他辅助操作的时间，每个作业的周转时间 T_1, T_2, T_3 分别为多少？CPU 和 D_1 的利用率各是多少？

04. 有三个作业 A, B, C，它们分别单独运行时的 CPU 和 I/O 占用时间如下图所示。

作业A	10	20	30	10	40	20	20	ms
	I/O_2	CPU	I/O_1	CPU	I/O_1	CPU	I/O_1	

作业B	30	40	30	30	30	ms
	I/O_1	CPU	I/O_2	CPU	I/O_1	

作业C	40	20	20	70	ms
	CPU	I/O_1	CPU	I/O_2	

现在请考虑三个作业同时开始执行。系统中的资源有一个 CPU 和两台输入/输出设备（I/O_1 和 I/O_2）同时运行。三个作业的优先级为 A 最高、B 次之、C 最低，一旦低优先级的进程开始占用 CPU 或 I/O 设备，高优先级进程也要等待到其结束后方可占用。

请回答下面的问题:

1）最早结束的作业是哪个？

2）最后结束的作业是哪个？

3）计算这段时间 CPU 的利用率（三个作业全部结束为止）。

05. 假定要在一台处理器上执行下表所示的作业，且假定这些作业在时刻 0 以 1, 2, 3, 4, 5 的顺序到达。说明分别使用 FCFS、RR（时间片=1）、SJF 及非剥夺式优先级调度算法时，这些作业的执行情况（优先级的高低顺序依次为 1 到 5）。

针对上述每种调度算法，给出平均周转时间和平均带权周转时间。

作业	执行时间	优先级
1	10	3
2	1	1
3	2	3
4	1	4
5	5	2

06. 有一个具有两道作业的批处理系统，作业调度采用短作业优先调度算法，进程调度采用抢占式优先级调度算法。作业的运行情况见下表，其中作业的优先数即进程的优先数，优先数越小，优先级越高。

作业名	到达时间	运行时间	优先数
1	8:00	40分钟	5
2	8:20	30分钟	3
3	8:30	50分钟	4
4	8:50	20分钟	6

1）列出所有作业进入内存的时间及结束的时间（以分为单位）。

2）计算平均周转时间。

07. 假设某计算机系统有4个进程，各进程的预计运行时间和到达就绪队列的时刻见下表（相对时间，单位为“时间配额”）。试用可抢占式短进程优先调度算法和时间片轮转调度算法进行调度（时间配额为2）。分别计算各个进程的调度次序及平均周转时间。

进程	到达就绪队列时刻	预计运行时间
P_1	0	8
P_2	1	4
P_3	2	9
P_4	3	5

08. 假设一个计算机系统具有如下性能特征：处理一次中断平均需要500μs，一次进程调度平均需要花费1ms，进程的切换平均需要花费2ms。若该计算机系统的定时器每秒发出120次时钟中断，忽略其他I/O中断的影响，请问：

1）操作系统将百分之几的CPU时间分配给时钟中断处理程序？

2）若系统采用时间片轮转调度算法，24个时钟中断为一个时间片，操作系统每进行一次进程的切换，需要花费百分之几的CPU时间？

3）根据上述结果，说明为了提高CPU的使用效率，可以采用什么对策。

09. 设有4个作业J_1, J_2, J_3, J_4，它们的到达时间和计算时间见下表。若这4个作业在一台处理器上按单道方式运行，采用高响应比优先调度算法，试写出各作业的执行顺序、各作业的周转时间及平均周转时间。

作业	到达时间	计算时间
J_1	8:00	2h
J_2	8:30	40min
J_3	9:00	25min
J_4	9:30	30min

10. 在一个有两道作业的批处理系统中，有一作业序列，其到达时间及估计运行时间见下表。系统作业采用最高响应比优先调度算法［响应比 = (等待时间 + 估计运行时间)/估计运行时间］。进程的调度采用短进程优先的抢占式调度算法。

作业	到达时间/min	估计运行时间/min
J_1	10:00	35
J_2	10:10	30
J_3	10:15	45
J_4	10:20	20
J_5	10:30	30

1）列出各作业的执行时间，即列出每个作业运行的时间片段，如作业 i 的运行时间序列为 10:00—10:40，11:00—11:20，11:30—11:50 结束。

2）计算这批作业的平均周转时间。

11.【2016 统考真题】某个进程调度程序采用基于优先数（priority）的调度策略，即选择优先数最小的进程运行，进程创建时由用户指定一个 nice 作为静态优先数。为了动态调整优先数，引入运行时间 cpuTime 和等待时间 waitTime，初值均为 0。进程处于执行态时，cpuTime 定时加 1，且 waitTime 置 0；进程处于就绪态时，cpuTime 置 0，waitTime 定时加 1。请回答下列问题：

1）若调度程序只将 nice 的值作为进程的优先数，即 priority = nice，则可能会出现饥饿现象。为什么？

2）使用 nice, cpuTime 和 waitTime 设计一种动态优先数计算方法，以避免产生饥饿现象，并说明 waitTime 的作用。

2.2.8 答案与解析

一、单项选择题

01. D

中级调度的主要目的是节省内存，将内存中处于阻塞态或长期不运行的进程挂起到外存，从而腾出空间给其他进程使用。当这些进程重新具备运行条件时，再从外存调入内存，恢复运行。

02. C

进程从创建态转换到就绪态是由高级调度完成的。高级调度（作业调度）的主要任务是从后备队列中选择一个或一批作业，为其创建 PCB，分配内存等其他资源，并将其插入就绪队列。

03. B

设计调度算法时应考虑的指标有很多，比较常见的有公平性、资源利用率、平均周转时间、平均等待时间、平均响应时间。互斥性不是调度算法设计时需要考虑的指标，而是一种同步机制，用来保证多个进程访问临界资源时不会发生冲突。

04. A

时间片轮转的主要目的是，使得多个交互的用户能够得到及时响应，使得用户以为“独占”计算机的使用，因此它并没有偏好，也不会对特殊进程做特殊服务。时间片轮转增加了系统开销，所以不会使得系统高效运转，吞吐量和周转时间均不如批处理。但其较快速的响应时间使得用户能够与计算机进行交互，改善了人机环境，满足用户需求。

05. C

进程调度的时机与进程特点有关，如进程是 CPU 繁忙型还是 I/O 繁忙型、自身的优先级等。但仅有这些特点是不够的，能否得到调度还取决于进程调度策略，若采用优先级调度算法，则进程的优先级才起作用。至于占用处理器运行时间的长短，则要看进程自身，若进程是 I/O 繁忙型，运行过程中要频繁访问 I/O 端口，即可能会频繁放弃 CPU，所以占用 CPU 的时间不会长，一旦放弃 CPU，则必须等待下次调度。若进程是 CPU 繁忙型，则一旦占有 CPU，就可能会运行很长时间，但运行时间还取决于进程调度策略，大部分情况下，交互式系统为改善用户的响应时间，大多数采用时间片轮转的算法，这种算法在进程占用CPU达到一定时间后，会强制将其换下，以保证其他进程的CPU使用权。因此选择选项C。

06. D

处于临界区的进程也可能因中断或抢占而导致调度。此外，若进程在临界区内请求的是一个需要等待的资源，比如打印机，则它主动放弃CPU，让其他进程运行。

07. C

当一个进程被执行时，CPU的所有寄存器中的值（进程的现场信息）、进程的状态和控制信息以及堆栈中的内容被称为该进程的上下文。中断向量不属于进程上下文的一部分，而是一组指向中断处理程序的指针，存放在内存的固定位置。

08. D

上下文切换发生在操作系统调度一个新进程到处理器上运行的时候。一个重要的上下文信息就是程序计数器（PC）的值，当前进程被打断的PC值作为寄存器上下文的一部分保存在进程现场信息中。进程上下文切换过程中不涉及主存和磁盘的数据交换，D错误。

09. B

FCFS调度算法比较有利于长作业，而不利于短作业。CPU繁忙型作业是指该类作业需要占用很长的CPU时间，而很少请求I/O操作，因此CPU繁忙型作业类似于长作业，采用FCFS可从容完成计算。I/O繁忙型作业是指作业执行时需频繁请求I/O操作，即可能频繁放弃CPU，所以占用CPU的时间不会太长，一旦放弃CPU，则必须重新排队等待调度，故采用SJF比较适合。时间片轮转法对于短作业和长作业的时间片都一样，所以地位也几乎一样。优先级调度有利于优先级高的进程，而优先级和作业时间长度是没有必然联系的。因此选B。

10. D

在选择进程调度算法时应考虑以下几个准则：①公平：确保每个进程获得合理的CPU份额；②有效：使CPU尽可能地忙碌；③响应时间：使交互用户的响应时间尽可能短；④周转时间：使批处理用户等待输出的时间尽可能短；⑤吞吐量：使单位时间处理的进程数尽可能最多。由此可见选项D不正确。

11. C

实时系统必须能足够及时地处理某些紧急的外部事件，因此普遍用高优先级，并用“可抢占”来确保实时处理。

12. D

操作系统选择新进程的直接原因是当前运行的进程不能继续运行。当运行的进程由于时间片用完、运行结束、出错、需要等待事件的发生、自我阻塞等，均可以激活调度程序进行重新调度，选择就绪队列的队首进程投入运行。新进程加入就绪队列不是引起调度的直接原因，当CPU正在运行其他进程时，该进程仍需等待。即使是在采用高优先级调度算法的系统中，一个最高优先级的进程进入就绪队列，也需要考虑是否允许抢占，当不允许抢占时，仍需等待。

13. D

进程（线程）调度的时机包括：运行的进程（线程）运行完毕、运行的进程（线程）自我阻塞、运行的进程（线程）的时间片用完、运行的进程（线程）所需的资源没有准备好（会阻塞进程）、运行的进程（线程）出现错误（会终止进程）。故I、II、III、IV和V都正确。

14. B

4个作业的周转时间分别是2h, 4h, 6h, 8h，所以4个作业的总周转时间为$2 + 4 + 6 + 8 = 20$h。此时，平均周转时间 = 各个作业周转时间之和/作业数 $= 20/4 = 5$ 小时。

15. B、E、C、D

照顾短作业用户，选择短作业优先调度算法；照顾紧急作业用户，即选择优先级高的作业优先调度，采用基于优先级的剥夺调度算法；实现人机交互，要保证每个作业都能在一定时间内轮到，采用时间片轮转法；使各种作业用户满意，要处理多级反馈，所以选择多级反馈队列调度算法。

16．D

优先级调度算法分静态和动态两种。静态优先级在进程创建时确定，之后不再改变。

17．B

系统采用短作业优先调度算法，作业的执行顺序为 J_1, J_2, J_3，J_1 的周转时间为 T_1，J_2 的周转时间为 T_1+T_2，J_3 的周转时间为 $T_1+T_2+T_3$，则平均周转时间为$(T_1+T_1+T_2+T_1+T_2+T_3)/3=(3T_1+2T_2+T_3)/3$。

18．D

在同一台处理器上以单道方式运行时，要想获得最短的平均周转时间，用短作业优先调度算法会有较好的效果。就本题目而言：A 选项的平均周转时间 $=(2+7+10)/3\text{h}=19/3\text{h}$；B 选项的平均周转时间 $=(3+8+10)/3\text{h}=7\text{h}$。C 选项的平均周转时间 $=(5+7+10)/3\text{h}=22/3\text{h}$；D 选项的平均周转时间 $=(2+5+10)/3\text{h}=17/3\text{h}$。

19．C

处于运行态的进程用完一个时间片后，其状态会变为就绪态，等待下一次处理器调度。进程执行完最后的语句并使用系统调用 exit 请求操作系统删除它或出现一些异常情况时，进程才会终止。

20．C

$$\text{响应比}=\frac{\text{等待时间}+\text{要求服务时间}}{\text{要求服务时间}}=\frac{2+1}{1}=3$$

21．D

优先级算法中，I/O 繁忙型作业要优于计算繁忙型作业，系统进程的优先权应高于用户进程的优先权。作业的优先权与长作业、短作业或系统资源要求的多少没有必然的关系。在动态优先权中，随着进程执行时间的增加其优先权随之降低，随着作业等待时间的增加其优先权相应上升。

22．B

时间片轮转算法是按固定的时间配额来运行的，时间一到，不管是否完成，当前的进程必须撤下，调度新的进程，因此它是由时间配额决定的、是绝对可抢占的。而优先级算法和短进程优先算法都可分为抢占式和不可抢占式。

23．B

作业是从用户角度出发的，它由用户提交，以用户任务为单位；进程是从操作系统出发的，由系统生成，是操作系统的资源分配和独立运行的基本单位。

24．B

时间片轮转调度算法在实际运行中也按先后顺序使用时间片，时间片过大时，我们可以认为其大于进程需要的运行时间，即转变为先来先服务调度算法。

25．D

对于这种类型的题目，我们可以采用广义甘特图来求解，甘特图的画法在 1.2 节的习题中已经有所介绍。我们直接给出甘特图（见下图），以非抢占为例。

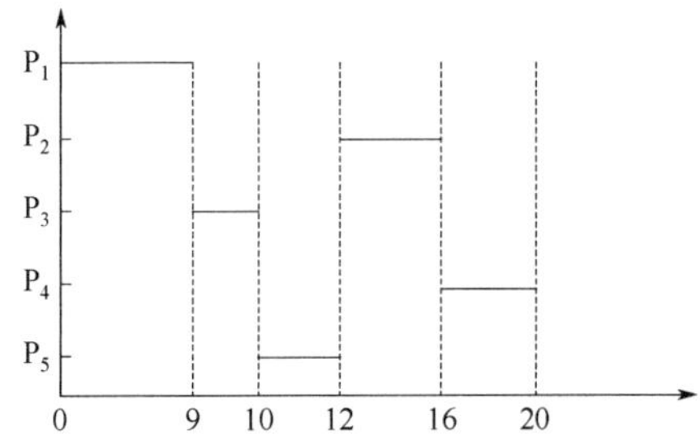

在 0 时刻，进程 P_1 到达，于是处理器分配给 P_1，由于是不可抢占的，所以 P_1 一旦获得处理器，就会运行直到结束；在时刻 9，所有进程已经到达，根据短进程优先调度，会把处理器分配给 P_3，接下来就是 P_5；然后，由于 P_2，P_4 的预计运行时间一样，所以在 P_2 和 P_4 之间用先来先服务调度，优先把处理器分配给 P_2，最后再分配给 P_4，完成任务。

周转时间 = 完成时间 – 作业到达时间，从图中显然可以得到各进程的完成时间，于是 P_1 的周转时间是 $9 - 0 = 9$；P_2 的周转时间是 $16 - 0.4 = 15.6$；P_3 的周转时间是 $10 - 1 = 9$；P_4 的周转时间是 $20 - 5.5 = 14.5$；P_5 的周转时间是 $12 - 7 = 5$；平均周转时间为$(9 + 15.6 + 9 + 14.5 + 5)/5 = 10.62$。

同理，抢占式的周转时间也可通过画甘特图求得，而且直观、不易出错。

抢占式的平均周转时间为 6.8。

甘特图在操作系统中有着广泛的应用，本节习题中会有不少这种类型的题目，若读者按照上面的方法求解，则解题时就可以做到胸有成竹。

26. D

当这五个批处理作业采用短作业优先调度算法时，平均周转时间 $= [2 + (2 + 4) + (2 + 4 + 6) + (2 + 4 + 6 + 8) + (2 + 4 + 6 + 8 + 10)]/5 = 14$。

这道题主要考查读者对各种优先调度算法的认识。若按照 17 题中的方法求解，则可能要花费一定的时间，但这是值得的，因为可以起到熟练基本方法的效果。在考试中很少会遇到操作量和计算量如此大的题目，所以读者不用担心。

27. C

根据各个进程的到达时间和预计运行时间，画出甘特图如下。由此可知，各个进程的周转时间分别为 4h、1h、8h、12h、2h，故总周转时间为 $4 + 1 + 8 + 12 + 2 = 27$h。

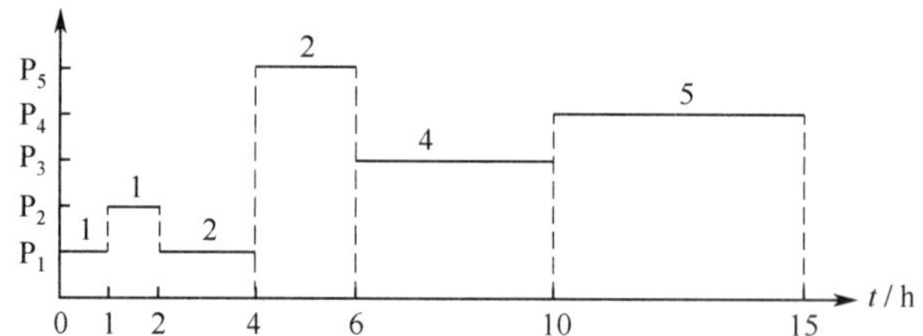

28. A

分时系统需要同时满足多个用户的需要，因此把处理器时间轮流分配给多个用户作业使用，即采用时间片轮转调度算法。

29. B

先来先服务调度算法中，若一个长进程（作业）先到达系统，则会使后面的许多短进程（作业）等待很长的时间，因此对短进程（作业）不利。

30. B

短进程优先调度算法具有最短的平均周转时间。平均周转时间 = 各进程周转时间之和/进程数。因为每个进程的执行时间都是固定的，所以变化的是等待时间，只有短进程优先算法能最小化等待时间。

31. C

系统开销小不是多级反馈队列调度算法的特性，而正好相反，该算法需要设置多个就绪队列，并且要在不同的队列之间进行进程的转移和抢占，因此增加了系统开销。

32. C

高响应比优先算法需要根据进程的等待时间和服务时间来计算响应比；多级反馈队列算法涉及多个队列的管理，以及进程在队列之间的转移，它们的系统开销都较大。时间片轮转算法虽然简单，但它需要为每个进程分配一个固定的时间片，并且在时间片用完时进行上下文切换，因此它的系统开销也不小。先来先服务算法是一种最简单的调度算法，它只需按照进程到达的先后顺序进行调度，无须进行任何优先级或时间片的判断和分配，因此系统开销最小。

33． B

先来先服务算法和时间片轮转算法都不会出现饥饿现象，因为它们都是按照进程到达的顺序或固定的时间片来调度的，不会因为进程的特征而忽略某些进程。短作业优先算法（也可视为一种特殊的优先级算法）和优先级算法都可能出现饥饿现象，因为它们都是根据进程的服务时间或优先级来调度的，这样就可能导致一些长作业或低优先级的进程长期得不到调度。

34． D

响应比 =(等待时间 + 执行时间)/执行时间。它综合考虑了每个进程的等待时间和执行时间，对于同时到达的长进程和短进程，短进程会优先执行，以提高系统吞吐量；而长进程的响应比可以随等待时间的增加而提高，不会产生进程无法调度的情况。

35． A

A 项中进程时间片用完，可降低其优先级以让其他进程被调度进入执行状态。B 项中进程刚完成 I/O，进入就绪队列等待被 CPU 调度，为了让其尽快处理 I/O 结果，因此应提高优先级。C 项中进程长期处于就绪队列，为不至于产生饥饿现象，也应适当提高优先级。D 项中进程的优先级不应该在此时降低，而应在时间片用完后再降低。

36． B

响应比 = (等待时间 + 执行时间)/执行时间。高响应比优先算法在等待时间相同的情况下，作业执行时间越短，响应比越高，满足短任务优先。随着长作业等待时间的增加，响应比会变大，执行机会也会增大，因此不会发生饥饿现象。先来先服务和时间片轮转不符合短任务优先，非抢占式短任务优先会产生饥饿现象。

37． B

由于 P_2 比 P_1 晚 5ms 到达，P_1 先占用 CPU，作业运行的甘特图如下。

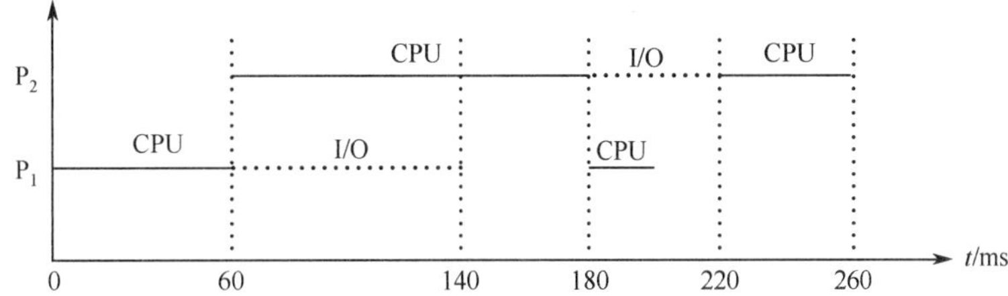

38． C

选项 A、B、D 显然属于可以进行 CPU 调度的情况。对于 C，处于临界区的进程也可能因中断或抢占而导致调度，此外，若进程在临界区内请求的是一个需要等待的资源，比如打印机，则它主动放弃 CPU，让其他进程运行。

39． B

为了合理地设置进程优先级，应综合考虑进程的 CPU 时间和 I/O 时间。对于优先级调度算法，一般来说，I/O 型作业的优先权高于计算型作业的优先权，这是由于 I/O 操作需要及时完成，它没有办法长时间地保存所要输入/输出的数据，所以考虑到系统资源利用率，要选择 I/O 繁忙型作业有更高的优先级。

40． A

采用静态优先级调度且系统总是出现优先级高的任务时，优先级低的任务总是得不到 CPU 而产生饥饿现象；而短任务优先调度不管是抢占式的还是非抢占的，当系统总是出现新来的短任务时，长任务会总是得不到CPU，产生饥饿现象，因此选项B、C、D都错误。

41．B

这类调度题目最好画图。因CPU、输入设备、输出设备都只有一个，因此各操作步骤不能重叠，画出运行时的甘特图后，就能清楚地看到不同作业间的时序关系，如下图所示。

作业\时间	1	2	3	4	5	6	7	8	9	10	11	12	13	14	15	16	17
1	输入		计算			输出											
2			输入			计算				输出							
3					输入				计算					输出			

42．D

注意，系统是在 $t = 2$ 时开始作业调度的，此时 J_4 还没有到达。FCFS调度算法的特点是作业来得越早，优先级就越高，因此选择 J_1。SJF调度算法的特点是作业运行时间越短，优先级就越高，因此选择 J_3。

43．B

进程切换带来系统开销，切换次数越多，开销越大，A正确。当前进程的时间片用完后，其状态由执行态变为就绪态，B错误。时钟中断是系统中特定的周期性时钟节拍，操作系统通过它来确定时间间隔，实现时间的延时和任务的超时，C正确。现代操作系统为了保证性能最优，通常根据响应时间、系统开销、进程数量、进程运行时间等因素确定时间片大小，D正确。

44．D

由优先权可知，进程的执行顺序为 $P_2 \to P_3 \to P_1$。P_2 的周转时间为 $1 + 15 + 24 = 40\mu s$；P_3 的周转时间为 $18 + 1 + 24 + 1 + 36 = 80\mu s$；$P_1$ 的周转时间为 $30 + 1 + 24 + 1 + 36 + 1 + 12 = 105\mu s$；平均周转时间为 $(40 + 80 + 105)/3 = 225/3 = 75\mu s$，因此选择选项D。

45．C

进程 P_1，P_2 依次创建后进入队列 Q_1，根据时间片调度算法的规则，进程 P_1，P_2 将依次被分配10ms的CPU时间，两个进程分别执行完一个时间片后都会被转入队列 Q_2，就绪队列 Q_2 采用短进程优先调度算法，此时 P_1 还需要20ms的CPU时间，P_2 还需要10ms的CPU时间，所以 P_2 会被优先调度执行，10ms后进程 P_2 执行完成，之后 P_1 再调度执行，再过20ms后 P_1 也执行完成。运行图表述如下。

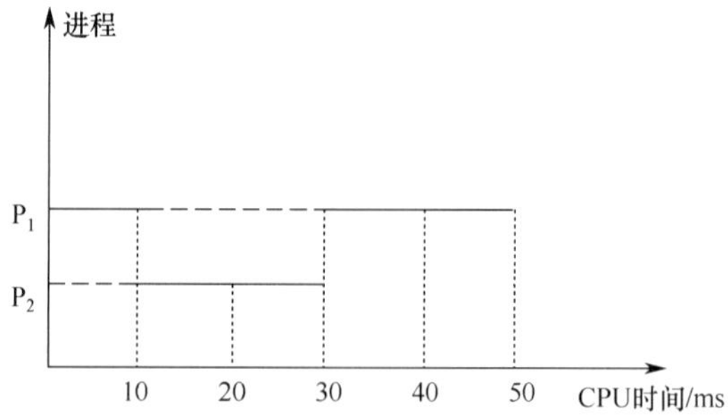

进程 P_1、P_2 的等待时间分别为图中的虚横线部分，平均等待时间= (P_1 的等待时间 + P_2 的等待时间)/2 = (20 + 10)/2 = 15，因此答案选C。

46．D

多级反馈队列调度算法需要综合考虑优先级数量、优先级之间的转换规则等，就绪队列的数量会影响长进程的最终完成时间，I 正确；就绪队列的优先级会影响进程执行的顺序，II 正确；各就绪队列的调度算法会影响各队列中进程的调度顺序，III 正确；进程在就绪队列中的迁移条件会影响各进程在各队列中的执行时间，IV 正确。

47. C

时钟中断处理程序是一种特殊的中断处理程序，它负责在每个时钟周期结束时执行一些操作，如内核中时钟变量的值、当前进程占用 CPU 的时间、当前进程在时间片内的剩余执行时间。时钟中断处理程序的触发条件是系统定时器（一种可编程的硬件芯片）以固定的频率（称为节拍率）产生一个中断信号，通知 CPU 进行中断处理。在分时系统的时间片轮转调度中，时钟中断处理程序如果检查到当前进程的时间片用完，就触发进程调度，调度程序从就绪队列中选择一个进程为其分配时间片，并且修改该进程的进程控制块中的进程状态等信息，同时将时间片用完的进程放入就绪队列或让其结束运行，I、II、III 正确。阻塞队列中的进程只有被唤醒并进入就绪队列后，才能参与调度，所以该调度过程不使用阻塞队列。

48. D

中断处理阶段运行的是中断处理程序，中断处理结束后，需要返回原程序或重新选择程序运行，而后者需要进行进程调度，例如在时间片轮转调度中，时钟中断处理结束后，若当前进程的时间片用完，则会发生进程调度。当前进程阻塞时，将其放入阻塞队列，若就绪队列不空，则调度新进程执行。进程执行结束会导致当前进程释放 CPU，并从就绪队列中选择一个进程获得 CPU。进程时间片用完，会导致当前进程让出 CPU，同时选择就绪队列的队首进程获得 CPU。

49. C

需要注意的是，在 0 时刻，P_0 获得 CPU 也是一次进程调度，故 0 时刻调度进程 P_0 获得 CPU；10ms 时 P_2 进入就绪队列，调度 P_2 抢占获得 CPU；15ms 时 P_3 进入就绪队列，调度 P_3 抢占获得 CPU；25ms 时 P_3 执行完毕，调度 P_2 获得 CPU；40ms 时 P_2 执行完毕，调度 P_0 获得 CPU；130ms 时 P_0 执行完毕，调度 P_1 获得 CPU；190ms 时 P_1 执行完毕，结束；总共调度 6 次。

50. B

采用抢占式优先权调度算法，三个作业的执行顺序如下图所示。

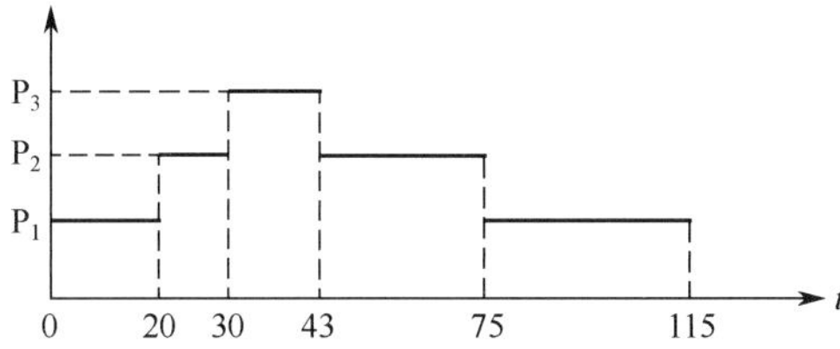

周转时间 = 完成时间 – 到达时间。P_1 的周转时间 = 115 – 0 = 115ms；P_2 的周转时间 = 75 – 20 = 55ms；P_3 的周转时间 = 43 – 30 = 13ms，故平均周转时间 = (115 + 55 + 13)/3 = 61ms。

二、综合应用题

01.【解答】

多级反馈队列调度算法能较好地满足各种类型用户的需要。对终端型作业用户而言，由于它们提交的作业大多属于交互型作业，作业通常比较短小，系统只要能使这些作业在第 1 级队列所规定的时间片内完成，便可使终端型作业用户感到满意；对于短批处理作业用户而言，它们的作业开始时像终端型作业一样，若仅在第 1 级队列中执行一个时间片即可完成，便可获得与终端型作业一样的响应时间，对于稍长的作业，通常也只需要在第 2 级队列和第 3 级队列中各执行一个时间片即可完成，其周转时间仍然较短；对于长批处理作业用户而言，它们的长作业将依次在第 1, 2, ⋯, n 级队列中运行，然后按时间片轮转方式运行，用户不必担心其作业长期得不到处理。

02.【解答】

由题意可知，各类进程之间采用优先级调度算法，而同类进程内部采用时间片轮转调度算法。因此，系统首先对优先级为 4 的进程 P_1, P_2, P_3 采用时间片轮转调度算法运行；当 P_1, P_2, P_3 均运行结束或没有可运行的进程（P_1, P_2, P_3 都处于等待态；或者其中部分进程已运行结束，其余进程处于等待态）时，对优先级为 3 的进程 P_4，P_5 采用时间片轮转调度算法运行。在此期间，若未结束的 P_1, P_2, P_3 有一个转为就绪态，则当前时间片用完后又回到优先级 4 进行调度。类似地，当 P_1～P_5 均运行结束或没有可运行进程（P_1～P_5 都处于等待态；或者其中部分进程已运行结束，其余进程处于等待态）时，对优先级为 2 的进程 P_6，P_7，P_8 采用时间片轮转调度算法运行，一旦 P_1～P_5 中有一个转为就绪态，当前时间片用完后立即回到相应的优先级进行时间片轮转调度。

03.【解答】

抢占式优先级调度算法，三个作业执行的顺序如下图所示。

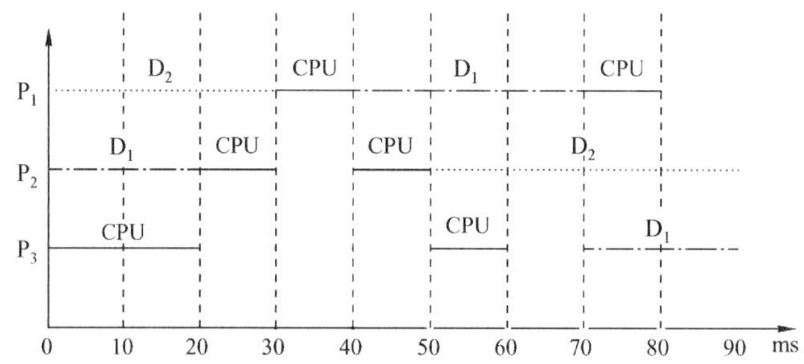

作业 P_1 的优先级最高，周转时间等于运行时间，$T_1 = 80$ms；作业 P_2 的等待时间为 10ms，运行时间为 80ms，周转时间 $T_2 = (10 + 80)$ms = 90ms；作业 P_3 的等待时间为 40ms，运行时间为 50ms，因此周转时间 $T_3 = 90$ms。

三个作业从进入系统到全部运行结束，时间为 90ms。CPU 与外设都是独占设备，运行时间分别为各作业的使用时间之和。CPU 运行时间为[(10 + 10) + 20 + 30]ms = 70ms，D_1 为(30 + 20 + 20)ms = 70ms，D_2 为(30 + 40)ms = 70ms，因此利用率均为 70/90 = 77.8%。

04.【解答】

作业 A、B、C 的优先级依次递减，采用不可抢占的优先级调度。

在时刻 40，作业 C 释放 CPU，优先级较高的作业 A 获得 CPU；在时刻 60，作业 A 释放 CPU，优先级较高的作业 B 获得 CPU；在时刻 100，作业 B 释放 CPU，优先级高的作业 A 获得 CPU；在时刻 110，作业 A 释放 CPU，作业 C 获得 CPU；在时刻 130，作业 C 释放 CPU，作业 B 获得 CPU；在时刻 160，作业 B 释放 CPU，作业 A 获得 CPU。运行图如下所示。

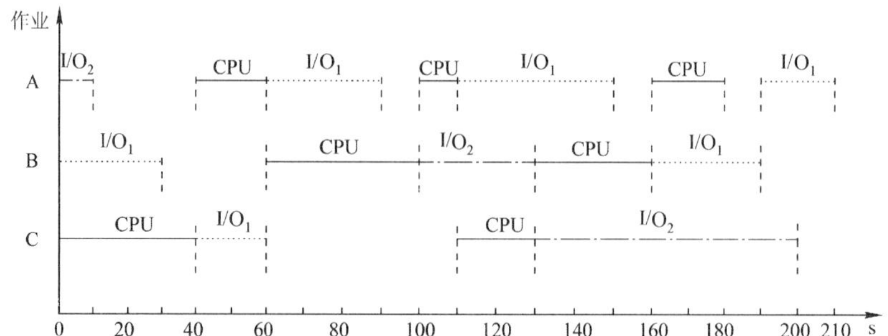

1）最早结束的是作业 B。

2）最后结束的是作业 A。

3）三个作业从开始到全部执行结束，经历时间为 210ms，由于是单 CPU 系统，CPU 运行时间为各个作业的 CPU 运行时间之和，即[(20 + 10 + 20) + (40 + 30) + (40 + 20)]ms = 180ms。因此 CPU 的利用率为 180/210 = 85.7%。

05.【解答】

1）作业执行情况可以用如下的甘特图来表示。

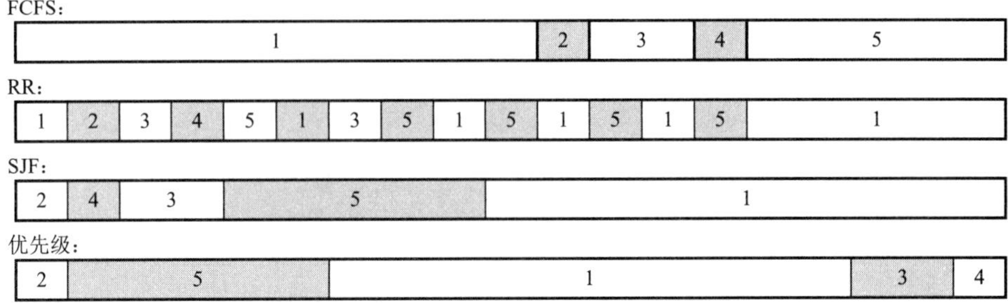

2）各个作业对应于各个算法的周转时间和加权周转时间见下表。

算法	时间类型	P_1	P_2	P_3	P_4	P_5	平均时间
	运行时间	10	1	2	1	5	3.8
FCFS	周转时间	10	11	13	14	19	13.4
	加权周转时间	1	11	6.5	14	3.8	7.26
RR	周转时间	19	2	7	4	14	9.2
	加权周转时间	1.9	2	3.5	4	2.8	2.84
SJF	周转时间	19	1	4	2	9	7
	加权周转时间	1.9	1	2	2	1.8	1.74
优先级	周转时间	16	1	18	19	6	12
	加权周转时间	1.6	1	9	19	1.2	6.36

所以，FCFS 的平均周转时间为 13.4，平均加权周转时间为 7.26。

RR 的平均周转时间为 9.2，平均加权周转时间为 2.84。

SJF 的平均周转时间为 7，平均加权周转时间为 1.74。

非剥夺式优先级调度算法的平均周转时间为 12，平均加权周转时间为 6.36。

注　意

SJF 的平均周转时间肯定是最短的，计算完毕后可以利用这个性质进行检验。

06.【解答】

1）具有两道作业的批处理系统，内存只存放两道作业，它们采用抢占式优先级调度算法竞争 CPU，而将作业调入内存采用的是短作业优先调度。8:00，作业 1 到来，此时内存和 CPU 空闲，作业 1 进入内存并占用 CPU；8:20，作业 2 到来，内存仍有一个位置空闲，因此将作业 2 调入内存，又由于作业 2 的优先数高，相应的进程抢占 CPU，在此期间 8:30 作业 3 到来，但内存此时已无空闲，因此等待。直至 8 : 50，作业 2 执行完毕，此时作业 3、4 竞争空出的一道内存空间，作业 4 的运行时间短，因此先调入，但它的优先数低于作业 1，因此作业 1 先执行。到 9 : 10 时，作业 1 执行完毕，再将作业 3 调入内存，且由于作业 3 的优先数高而占用 CPU。所有作业进入内存的时间及结束的时间见下表。

作业	到达时间	运行时间	优先数	进入内存时间	结束时间	周转时间
1	8:00	40min	5	8:00	9:10	70min
2	8:20	30min	3	8:20	8:50	30min
3	8:30	50min	4	9:10	10:00	90min
4	8:50	20min	6	8:50	10:20	90min

2）平均周转时间为(70 + 30 + 90 + 90)/4 = 70min。

07.【解答】

1）按照可抢先式短进程优先调度算法，进程运行时间见下表。

进程	到达就绪队列时刻	预计执行时间	执行时间段	周转时间
P_1	0	8	0～1；10～17	17
P_2	1	4	1～5	4
P_3	2	9	17～26	24
P_4	3	5	5～10	7

- 时刻0，进程P_1到达并占用处理器运行。
- 时刻1，进程P_2到达，因其预计运行时间短，因此抢夺处理器进入运行，P_1等待。
- 时刻2，进程P_3到达，因其预计运行时间长于正在运行的进程，进入就绪队列等待。
- 时刻3，进程P_4到达，因其预计运行时间长于正在运行的进程，进入就绪队列等待。
- 时刻5，进程P_2运行结束，调度器在就绪队列中选择短进程，P_4符合要求，进入运行，进程P_1和进程P_3则还在就绪队列等待。
- 时刻10，进程P_4运行结束，调度器在就绪队列中选择短进程，P_1符合要求，再次进入运行，而进程P_3则还在就绪队列等待。
- 时刻17，进程P_1运行结束，只剩下进程P3，调度其运行。
- 时刻26，进程P_3运行结束。

平均周转时间 = [(17 – 0) + (5 – 1) + (26 – 2) + (10 – 3)]/4 = 13。

2）时间片轮转算法按就绪队列的FCFS进行轮转，在时刻2，P_1被挂到就绪队列队尾，队列顺序为P_2, P_3, P_1，此时P_4还未到达。按时间片轮转算法的进程时间分配见下表。

进程	到达就绪队列时刻	预计执行时间	执行时间段	周转时间
P_1	0	8	0～2；6～8；14～16；20～22	22
P_2	1	4	2～4；10～12	11
P_3	2	9	4～6；12～14；18～20；23～25；25～26	24
P_4	3	5	8～10；16～18；22～23	20

平均周转时间 = ((22 – 0) + (12 – 1) + (26 – 2) + (23 – 3))/4 = 19.25。

08.【解答】

在时间片轮转调度算法中，系统将所有就绪进程按到达时间的先后次序排成一个队列。进程调度程序总是选择队列中的第一个进程运行，且仅能运行一个时间片。在使用完一个时间片后，即使进程并未完成其运行，也必须将处理器交给下一个进程。时间片轮转调度算法是绝对可抢先的算法，由时钟中断来产生。

时间片的长短对计算机系统的影响很大。若时间片大到让一个进程足以完成其全部工作，则这种算法就退化为先来先服务算法。若时间片很小，则处理器在进程之间的转换工作会过于频繁，处理器真正用于运行用户程序的时间将减少，系统开销将增大。时间片的大小应能使分时用户得到好的响应时间，同时也使系统具有较高的效率。

由题目给定条件可知：

1）每秒产生 120 个时钟中断，每次中断的时间为 1/120 ≈ 8.3ms，其中中断处理耗时为 500μs，那么其开销为 500μs/8.3ms = 6%。

2）每次进程切换需要 1 次调度、1 次切换，所以需要耗时 1ms + 2ms = 3ms，每 24 个时钟为一个时间片，24×8.3ms = 200ms。一次切换所占 CPU 的时间比 3ms/200ms = 1.5%。

3）为提高 CPU 的效率，一般情况下要尽量减少时钟中断的次数，如由每秒 120 次降低到 100 次，以延长中断的时间间隔。或将每个时间片的中断数量（时钟数）加大，如由 24 个中断加大到 36 个。也可优化中断处理程序，减少中断处理开销，如将每次 500μs 的时间降低到 400μs。若能这样，则时钟中断和进程切换的总开销占 CPU 的时间比为(36×400μs + 1ms + 2ms)/(1/100×36) ≈ 4.8%。

09.【解答】

作业的响应比可表示为

$$响应比=\frac{等待时间+要求服务时间}{要求服务时间}$$

在时刻 8:00，系统中只有一个作业 J_1，因此系统将它投入运行。在 J_1 完成（10:00）时，J_2, J_3, J_4 的响应比分别为(90 + 40)/40, (60 + 25)/25, (30 + 30)/30，即 3.25, 3.4,2，因此应先将 J_3 投入运行。在 J_3 完成（10:25）时，J_2, J_4 的响应比分别为(115 + 40)/40, (55 + 30)/30，即 3.875, 2.83，因此应先将 J_2 投入运行，待它运行完毕时（11:05），再将 J_4 投入运行，J_4 的结束时间为 11:35。

可见作业的执行次序为 J_1, J_3, J_2, J_4，各作业的运行情况见下表，它们的周转时间分别为 120min, 155min, 85min, 125min，平均周转时间为 121.25min。

作业号	提交时间	开始时间	执行时间	结束时间	周转时间
1	8:00	8:00	2h	10:00	120min
2	8:30	10:25	40min	11:05	155min
3	9:00	10:00	25min	10:25	85min
4	9:30	11:05	30min	11:35	125min

10.【解答】

上述 5 个作业的运行情况如下图所示。

本题涉及作业和进程两方面的调度，一个作业首先需要被调入内存，创建相应的进程，然后竞争 CPU，获得 CPU 的资源来执行。本题的条件是有两道作业的批处理系统，所以内存中同时最多只有两个进程存在，且同时最多只有一个进程能够获得 CPU 资源。

在 10:00，因为只有 J_1 到达，因此将它调入内存，并将 CPU 调度给它。

在 10:10，J_2 到达，因此将 J_2 调入内存，但由于 J_1 只需再执行 25min，因此 J_1 继续执行。

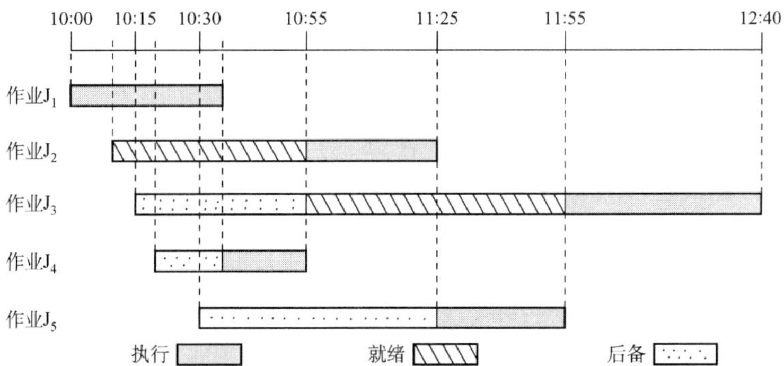

虽然 J_3, J_4, J_5 分别在 10:15, 10:20 和 10:30 到达，但因当时内存中已存放了两道作业，因此不能马上将它们调入内存。

在 10:35，J_1 结束。此时 J_3, J_4, J_5 的响应比［根据题意，响应比 = (等待时间 + 估计运行时间)/估计运行时间］分别为 65/45, 35/20, 35/30，因此将 J_4 调入内存，并将 CPU 分配给内存中运行时间最短者，即 J_4。

在 10:55，J_4 结束。此时 J_3, J_5 的响应比分别为 85/45, 55/30，因此将 J_3 调入内存，并将 CPU 分配给估计运行时间较短的 J_2。

在 11:25，J_2 结束，作业调度程序将 J_5 调入内存，并将 CPU 分配给估计运行时间较短的 J_5。

在 11:55，J_5 结束，将 CPU 分配给 J_3。

在 12:40，J_3 结束。

通过上述分析，可知：

1）作业 1 的执行时间片段为 10:00—10:35（结束）。
作业 2 的执行时间片段为 10:55—11:25（结束）。
作业 3 的执行时间片段为 11:55—12:40（结束）。
作业 4 的执行时间片段为 10:35—10:55（结束）。
作业 5 的执行时间片段为 11:25—11:55（结束）。

2）它们的周转时间分别为 35min, 75min, 145min, 35min, 85min，因此它们的平均周转时间为 75min。

11.【解答】

1）由于采用了静态优先数，当就绪队列中总有优先数较小的进程时，优先数较大的进程一直没有机会运行，因而会出现饥饿现象。

2）一种动态优先数计算方法为 $priority = nice + k_1 \times cpuTime - k_2 \times waitTime$，其中 $k_1 > 0$，$k_2 > 0$，分别用来调整 cpuTime 和 waitTime 在 priority 中所占的比例。若一个进程的运行时间较长，则其 cpuTime 就增加，进而降低其优先级；若一个进程的等待时间较长，则其 waitTime 增加，进而会提高其优先级。于是，waitTime 就可使长时间等待的进程优先数减少，进而避免出现饥饿现象。

2.3 同步与互斥

在学习本节时，请读者思考以下问题：

1）为什么要引入进程同步的概念？

2）不同的进程之间会存在什么关系？

3）当单纯用本节介绍的方法解决这些问题时会遇到什么新的问题吗？

用 PV 操作解决进程之间的同步互斥问题是这一节的重点，统考中频繁考查这一内容，请读者务必多加练习，掌握好求解该类问题的方法。

2.3.1 同步与互斥的基本概念

在多道程序环境下，进程是并发执行的，不同进程之间存在着不同的相互制约关系。为了协调进程之间的相互制约关系，引入了进程同步的概念。下面举一个简单的例子来帮大家理解这个概念。例如，让系统计算 $1+2\times3$，假设系统产生两个进程：一个是加法进程，一个是乘法进程。

要让计算结果是正确的，一定要让加法进程发生在乘法进程之后，但实际上操作系统具有异步性，若不加以制约，加法进程发生在乘法进程之前是绝对有可能的，因此要制定一定的机制去约束加法进程，让它在乘法进程完成之后才发生，而这种机制就是本节要讨论的内容。

1. 临界资源

命题追踪 ▶ 给定代码的同步互斥分析（2016、2021、2023）

虽然多个进程可以共享系统中的各种资源，但其中许多资源一次只能为一个进程所用，我们将一次仅允许一个进程使用的资源称为临界资源。许多物理设备都属于临界资源，如打印机等。此外，还有许多变量、数据等都可以被若干进程共享，也属于临界资源。

命题追踪 ▶ 临界区和临界资源的分析（2024）

对临界资源的访问，必须互斥地进行，在每个进程中，访问临界资源的那段代码称为临界区。为了保证临界资源的正确使用，可将临界资源的访问过程分成 4 个部分：

1）进入区。为了进入临界区使用临界资源，在进入区要检查可否进入临界区，若能进入临界区，则应设置正在访问临界区的标志，以阻止其他进程同时进入临界区。

2）临界区。进程中访问临界资源的那段代码，又称临界段。

3）退出区。将正在访问临界区的标志清除。

4）剩余区。代码中的其余部分。

```
while(true){
    entry section;              //进入区
    critical section;           //临界区
    exit section;               //退出区
    remainder section;          //剩余区
}
```

2. 同步

同步亦称直接制约关系，是指为完成某种任务而建立的两个或多个进程，这些进程因为需要协调它们的运行次序而等待、传递信息所产生的制约关系。同步关系源于进程之间的相互合作。

例如，输入进程 A 通过单缓冲向进程 B 提供数据。当该缓冲区空时，进程 B 不能获得所需数据而阻塞，一旦进程 A 将数据送入缓冲区，进程 B 就被唤醒。反之，当缓冲区满时，进程 A 被阻塞，仅当进程 B 取走缓冲数据时，才唤醒进程 A。

3. 互斥

互斥也称间接制约关系。当一个进程进入临界区使用临界资源时，另一个进程必须等待，当占用临界资源的进程退出临界区后，另一进程才允许去访问此临界资源。

例如，在仅有一台打印机的系统中，有两个进程 A 和进程 B，若当进程 A 需要打印时，系统已将打印机分配给进程 B，则进程 A 必须阻塞。一旦进程 B 将打印机释放，系统便将进程 A 唤醒，并将其由阻塞态变为就绪态。

命题追踪 ▶ 实现临界区互斥必须遵循的准则（2020）

为禁止两个进程同时进入临界区，同步机制应遵循以下准则：

1）空闲让进。临界区空闲时，可以允许一个请求进入临界区的进程立即进入临界区。

2）忙则等待。当已有进程进入临界区时，其他试图进入临界区的进程必须等待。

3）有限等待。对请求访问的进程，应保证能在有限时间内进入临界区，防止进程无限等待。

4）让权等待（原则上应该遵循，但非必须）。当进程不能进入临界区时，应立即释放处理器，防止进程忙等待。

2.3.2 实现临界区互斥的基本方法

命题追踪 ▶ 实现互斥的软/硬件方法的特点（2018）

1．软件实现方法

在进入区设置并检查一些标志来标明是否有进程在临界区中，若已有进程在临界区，则在进入区通过循环检查进行等待，进程离开临界区后则在退出区修改标志。

（1）算法一：单标志法

该算法设置一个公用整型变量turn，指示允许进入临界区的进程编号，当 turn = 0 时，表示允许 P_0 进入临界区；当 turn = 1 时，表示允许 P_1 进入临界区。进程退出临界区时将临界区的使用权赋给另一个进程，当 P_i 退出临界区时，将 turn 置为 j（$i=0$、$j=1$ 或 $i=1$、$j=0$）。

```
进程P0:                         进程P1:
while(turn!=0);                 while(turn!=1);          //进入区
critical section;               critical section;        //临界区
turn=1;                         turn=0;                  //退出区
remainder section;              remainder section;       //剩余区
```

该算法可以实现每次只允许一个进程进入临界区。但两个进程必须交替进入临界区，若某个进程不再进入临界区，则另一个进程也将无法进入临界区（违背“空闲让进”准则）。这样很容易造成资源利用不充分。若 P_0 顺利进入临界区并从临界区离开，则此时临界区是空闲的，但 P_1 并没有进入临界区的打算，而 turn = 1 一直成立，则 P_0 就无法再次进入临界区。

（2）算法二：双标志先检查法

该算法设置一个布尔型数组 flag[2]，用来标记各个进程想进入临界区的意愿，flag[i]=true 表示 P_i 想要进入临界区（i=0 或 1）。P_i 进入临界区前，先检查对方是否想进入临界区，若想，则等待；否则，将 flag[i]置为 true 后，再进入临界区；当 P_i 退出临界区时，将 flag[i]置为 false。

```
进程P0:                         进程P1:
while(flag[1]);        ①        while(flag[0]);      ②   //进入区
flag[0]=true;          ③        flag[1]=true;        ④   //进入区
critical section;               critical section;         //临界区
flag[0]=false;                  flag[1]=false;            //退出区
remainder section;              remainder section;        //剩余区
```

优点：不用交替进入，可连续使用。缺点：P_0 和 P_1 可能同时进入临界区。按序列①②③④执行时，即检查对方标志后和设置自己的标志前可能发生进程切换，结果双方都检查通过，会同时进入临界区（违背“忙则等待”准则）。原因在于检查和设置操作不是一气呵成的。

（3）算法三：双标志后检查法

算法二先检查对方的标志，再设置自己的标志，但这两个操作又无法一气呵成，于是使得两个进程同时进入临界区的问题。因此，想到先设置后检查法，以避免上述问题。算法三先设置自己的标志，再检查对方的标志，若对方的标志为 true，则等待；否则，进入临界区。

```
进程P0:                         进程P1:
flag[0]=true;          ①        flag[1]=true;        ②   //进入区
while(flag[1]);        ③        while(flag[0]);      ④   //进入区
critical section;               critical section;         //临界区
flag[0]=false;                  flag[1]=false;            //退出区
remainder section;              remainder section;        //剩余区
```

按序列①②③④执行时，即两个进程依次设置自己的标志，并依次检查对方的标志，发现对方也想进入临界区，双方都争着进入临界区，结果谁也进不了（违背“空闲让进”准则），于是因各个进程都长期无法访问临界区而导致“饥饿”现象（违背“有限等待”准则）。

（4）算法四：Peterson 算法

命题追踪 ▶ Peterson 算法实现互斥的分析（2010）

Peterson 算法结合了算法一和算法三的思想，利用 flag[]解决互斥访问问题，而利用 turn 解决“饥饿”问题。若双方都争着进入临界区，则可让进程将进入临界区的机会谦让给对方。也就是说，在每个进程进入临界区之前，先设置自己的 flag 标志，再设置允许进入 turn 标志；之后，再同时检测对方的 flag 和 turn 标志，以保证双方同时要求进入临界区时，只允许一个进程进入。

```
进程P0:                       进程P1:
flag[0]=true;                 flag[1]=true;                //进入区
turn=1;                       turn=0;                      //进入区
while(flag[1]&&turn==1);      while(flag[0]&&turn==0);     //进入区
critical section;             critical section;            //临界区
flag[0]=false;                flag[1]=false;               //退出区
remainder section;            remainder section;           //剩余区
```

为进入临界区，P_i 先将 flag[i]置为 true，并将 turn 置为 j，表示优先让对方 P_j 进入临界区（$i=0$、$j=1$ 或 $i=1$、$j=0$）。若双方试图同时进入，则 turn 几乎同时被置为 i 和 j，但只有一个赋值语句的结果会保持，另一个也会执行，但会被立即重写。变量 turn 的最终值决定了哪个进程被允许先进入临界区，若 turn 的值为 i，则 P_i 进入临界区。当 P_i 退出临界区时，将 flag[i]置为 false，以允许 P_j 进入临界区，则 P_j 在 P_i 退出临界区后很快就进入临界区。若 P_i 不想进入临界区，即 flag[i] = false（P_j 不会陷入 while 循环），则 P_j 就可进入临界区。

由此可见，Peterson 算法很好地遵循了“空闲让进”“忙则等待”“有限等待”三个准则，但依然未遵循“让权等待”准则。相比于前三种算法，该算法是最好的，但依然不够好。

2．硬件实现方法

理解本节介绍的硬件实现，对学习后面的信号量很有帮助。计算机提供了特殊的硬件指令，允许对一个字的内容进行检测和修正，或对两个字的内容进行交换等。

（1）中断屏蔽方法

命题追踪 ▶ 关中断指令实现互斥的分析（2021）

当一个进程正在执行它的临界区代码时，防止其他进程进入其临界区的最简单方法是关中断。因为 CPU 只在发生中断时引起进程切换，因此屏蔽中断能够保证当前运行的进程让临界区代码顺利地执行完，进而保证互斥的正确实现，然后执行开中断。其典型模式为

```
⋮
关中断;
临界区;
开中断;
⋮
```

这种方法的缺点：①限制了 CPU 交替执行程序的能力，因此系统效率会明显降低。②对内核来说，在它执行更新变量的几条指令期间，关中断是很方便的，但将关中断的权限交给用户则很不明智，若一个进程关中断后不再开中断，则系统可能会因此终止。③不适用于多处理器系统，因为在一个 CPU 上关中断并不能防止进程在其他 CPU 上执行相同的临界区代码。

（2）硬件指令方法——TestAndSet 指令

借助一条硬件指令——TestAndSet 指令（简称 TS 指令）实现互斥，这条指令是原子操作。其功能是读出指定标志后将该标志设置为真。指令的功能描述如下：

```
boolean TestAndSet(boolean *lock){
    boolean old;
    old=*lock;                  //old 用来存放 lock 的旧值
    *lock=true;                 //无论之前是否已加锁，都将 lock 置为 true
    return old;                 //返回 lock 的旧值
}
```

命题追踪 ▶ TestAndSet 指令实现互斥的分析（2016）

当用 TS 指令管理临界区时，为每个临界资源设置一个共享布尔变量 lock，表示该资源的两种状态：true 表示正被占用（已加锁）；false 表示空闲（未加锁），初值为 false，所以可将 lock 视为一把锁。进程在进入临界区之前，先用 TS 指令检查 lock 值：①若为 false，则表示没有进程在临界区，可以进入，并将 lock 置为 true，这意味着关闭了临界资源（加锁），使任何进程都不能进入临界区；②若为 true，则表示有进程在临界区中，进入循环等待，直到当前访问临界区的进程退出时解锁（将 lock 置为 false）。利用 TS 指令实现互斥的过程描述如下：

```
while TestAndSet(&lock);        //加锁并检查
进程的临界区代码段;
lock=false;                     //解锁
进程的其他代码;
```

相比于软件实现方法，TS 指令将“加锁”和“检查”操作用硬件的方式变成了一气呵成的原子操作。相比于关中断方法，由于“锁”是共享的，这种方法适用于多处理器系统。缺点是，暂时无法进入临界区的进程会占用 CPU 循环执行 TS 指令，因此不能实现“让权等待”。

（3）硬件指令方法——Swap 指令

Swap 指令的功能是交换两个字（字节）的内容。其功能描述如下：

```
Swap(boolean *a, boolean *b){
    boolean temp=*a;
    *a=*b;
    *b=temp;
}
```

注 意

以上对 TS 和 Swap 指令的描述仅为功能描述，它们由硬件逻辑实现，不会被中断。

命题追踪 ▶ Swap 指令与函数实现的分析（2023）

用 Swap 指令管理临界区时，为每个临界资源设置一个共享布尔变量 lock，初值为 false；在每个进程中再设置一个局部布尔变量 key，初值为 true，用于与 lock 交换信息。从逻辑上看，Swap 指令和 TS 指令实现互斥的方法并无太大区别，都先记录此时临界区是否已加锁（记录在变量 key 中），再将锁标志 lock 置为 true，最后检查 key，若 key 为 false，则说明之前没有其他进程对临界区加锁，于是跳出循环，进入临界区。其处理过程描述如下：

```
boolean key=true;
while(key!=false)
    Swap(&lock, &key);
进程的临界区代码段;
lock=false;
进程的其他代码;
```

用硬件指令方法实现互斥的优点：①简单、容易验证其正确性；②适用于任意数目的进程，支持多处理器系统；③支持系统中有多个临界区，只需为每个临界区设立一个布尔变量。缺点：①等待进入临界区的进程会占用 CPU 执行 while 循环，不能实现“让权等待”；②从等待进程中随机选择一个进程进入临界区，有的进程可能一直选不上，从而导致“饥饿”现象。

无论是软件实现方法还是硬件实现方法，读者都需要理解它的执行过程，特别是软件实现方法。以上的代码实现与我们平时在编译器上写的代码意义不同，以上的代码实现是为了描述进程实现同步和互斥的过程，并不是说计算机内部实现同步互斥的就是这些代码。

2.3.3　互斥锁

解决临界区最简单的工具就是**互斥锁**（mutex lock）。一个进程在进入临界区时调用 acquire()函数，以获得锁；在退出临界区时调用 release()函数，以释放锁。每个互斥锁有一个布尔变量 available，表示锁是否可用。如果锁是可用的，调用 acquire()会成功，且锁不再可用。当一个进程试图获取不可用的锁时，会被阻塞，直到锁被释放。其过程描述如下：

```
acquire(){                          //获得锁的定义
    while(!available)
        ;                           //忙等待
    available=false;                //获得锁
}
release(){                          //释放锁的定义
    available=true;                 //释放锁
}
```

acquire()或 release()的执行必须是原子操作，因此互斥锁通常采用硬件机制来实现。

上面描述的互斥锁也称**自旋锁**，其主要缺点是忙等待，当有一个进程在临界区时，任何其他进程在进入临界区前必须连续循环调用 acquire()。类似的还有前面介绍的单标志法、TS 指令和 Swap 指令。当多个进程共享同一 CPU 时，这种连续循环显然浪费了 CPU 周期。因此，互斥锁通常用于多处理器系统，一个线程可以在一个处理器上旋转，而不影响其他线程的执行。自旋锁的优点是，进程在等待锁期间，没有上下文切换，若上锁的时间较短，则等待代价不高。

本节后面，将研究如何使用互斥锁解决经典同步问题。

2.3.4　信号量

信号量机制是一种功能较强的机制，可用来解决互斥与同步问题，它只能被两个标准的原语 wait()和 signal()访问，也可简写为 P()和 V()，或者简称 P 操作和 V 操作。

原语是指完成某种功能且不被分割、不被中断执行的操作序列，通常可由硬件来实现。例如，前述的 TS 指令和 Swap 指令就是由硬件实现的原子操作。原语功能的不被中断执行特性在单处理机上可由软件通过屏蔽中断方法实现。原语之所以不能被中断执行，是因为原语对变量的操作过程若被打断，可能会去运行另一个对同一变量的操作过程，从而出现临界段问题。

命题追踪 ▶ 信号量的含义（2010）

1. 整型信号量

整型信号量被定义为一个用于表示资源数目的整型量 S，相比于普通整型变量，对整型信号量的操作只有三种：初始化、wait 操作和 signal 操作。wait 操作和 signal 操作可描述为

```
wait(S){                    //相当于进入区
    while(S<=0);            //若资源数不够，则一直循环等待
```

```
    S=S-1;                  //若资源数够，则占用一个资源
  }
  signal(S){                //相当于退出区
    S=S+1;                  //使用完后，就释放一个资源
  }
```

在整型信号量机制中的 wait 操作，只要信号量 $S \leq 0$，就会不断循环测试。因此，该机制并未遵循“让权等待”的准则，而是使进程处于“忙等”的状态。

2．记录型信号量

记录型信号量机制是一种不存在“忙等”现象的进程同步机制。除了需要一个用于代表资源数目的整型变量 value 外，再增加一个进程链表 L，用于链接所有等待该资源的进程。记录型信号量得名于采用了记录型的数据结构。记录型信号量可描述为

```
typedef struct{
    int value;
    struct process *L;
} semaphore;
```

相应的 wait(S)和 signal(S)的操作如下。

```
void wait(semaphore S){        //相当于申请资源
    S.value--;
    if(S.value<0){
        add this process to S.L;
        block(S.L);
    }
}
```

命题追踪 ▶ wait()操作导致线程状态的变化（2023）

命题追踪 ▶ 遵循“让权等待”的互斥方法（2018）

对信号量 S 的一次 P 操作，表示进程请求一个该类资源，因此执行 S.value--，使系统中可供分配的该类资源数减 1。当 S.value ＜ 0 时，表示该类资源已分配完毕，因此应调用 block 原语进行自我阻塞（当前运行的进程：运行态→阻塞态），主动放弃 CPU，并插入该类资源的等待队列 S.L，可见该机制遵循了“让权等待”准则。

```
void signal(semaphore S){      //相当于释放资源
    S.value++;
    if(S.value<=0){
        remove a process P from S.L;
        wakeup(P);
    }
}
```

对信号量 S 的一次 V 操作，表示进程释放一个该类资源，因此执行 S.value++，使系统中可供分配的该类资源数加 1。若加 1 后仍是 S.value≤0，则表示仍有进程在等待该类资源，因此应调用 wakeup 原语将 S.L 中的第一个进程唤醒（被唤醒进程：阻塞态→就绪态）。

3．利用信号量实现进程互斥

命题追踪 ▶ 利用信号量实现互斥的实现（2024）

为了使多个进程能互斥地访问某个临界资源，需要为该资源设置一个互斥信号量 S，其初值为 1（可用资源数为 1），然后将各个进程访问该资源的临界区置于 P(S)和 V(S)之间。这样，每个要访问该资源的进程在进入临界区之前，都要先对 S 执行 P 操作，若该资源此刻未被访问，则本

次 P 操作必然成功，进程便可进入自己的临界区。这时，若再有其他进程也要进入自己的临界区，由于对 S 执行 P 操作必然失败，因此主动阻塞，从而保证了该资源能被互斥访问。当访问该资源的进程退出临界区后，要对 S 执行 V 操作，以便释放该临界资源。其实现如下：

```
semaphore S=1;                    //初始化信号量，初值为 1
P1(){
    …
    P(S);                         //准备访问临界资源，加锁
    进程 P1 的临界区;
    V(S);                         //访问结束，解锁
    …
}
P2(){
    …
    P(S);                         //准备访问临界资源，加锁
    进程 P2 的临界区;
    V(S);                         //访问结束，解锁
    …
}
```

S 的取值范围为(−1, 0, 1)。当 S = 1 时，表示两个进程都未进入临界区；当 S = 0 时，表示有一个进程已进入临界区；当 S = −1 时，表示有一个进程正在临界区，另一个进程因等待而阻塞在阻塞队列中，需要被当前已在临界区中运行的进程退出时唤醒。

注　意

①对不同的临界资源需要设置不同的互斥信号量。②P(S)和 V(S)必须成对出现，缺少 P(S)就不能保证对临界资源的互斥访问；缺少 V(S)会使临界资源永远不被释放，从而使因等待该资源而阻塞的进程永远不能被唤醒。③考试还会考查多个资源的问题，有多少资源就将信号量初值设为多少，申请资源时执行 P 操作，释放资源时执行 V 操作。

4．利用信号量实现同步

命题追踪 ▶ 利用信号量实现同步（2024）

同步源于进程之间的相互合作，需要让本来异步的并发进程相互配合，有序推进。例如，进程 P_1 和 P_2 并发执行，由于存在异步性，因此二者推进的次序是不确定的，若 P_2 的语句 y 要使用 P_1 的语句 x 的运行结果，则必须保证语句 y 一定在语句 x 之后执行。为了实现这种同步关系，需要设置一个同步信号量 S，其初值为 0（可以这么理解：刚开始没有这种资源，P_2 需要使用这种资源，而它又只能由 P_1 产生这种资源）。其实现如下：

```
semaphore S=0;                    //初始化信号量，初值为 0
P1(){
    x;                            //执行语句 x
    V(S);                         //告诉进程 P2，语句 x 已经完成
    …
}
P2(){
    …
    P(S);                         //检查语句 x 是否运行完成
    y;                            //获得 x 的运行结果，执行语句 y
    …
}
```

若先执行到 V(S)，则执行 S++后 S = 1。之后 P_2 执行到 P(S)时，由于 S = 1，表示此时有可用资源，执行 S--后 S = 0，P 操作不执行 block 原语，而继续往下执行语句 y。

若先执行到 P(S)，执行 S--后 S = −1，表示此时没有可用资源，因此 P 操作中会执行 block 原语，P_2 请求阻塞。P_1 的语句 x 执行完后，执行 V(S)，执行 S++后 S = 0，因此 V 操作中会执行 wakeup 原语，唤醒在该信号量对应的阻塞队列中的 P_2，这样 P_2 就可以继续执行语句 y。

PV 操作实现同步互斥的简单总结：在同步问题中，若某个行为会提供某种资源，则在这个行为之后 V 这种资源；若某个行为要用到这种资源，则在这个行为之前 P 这种资源。在互斥问题中，P, V 操作要紧夹使用临界资源的那个行为，中间不能有其他冗余代码。

5．利用信号量实现前驱关系

命题追踪 ▶▶ 信号量实现前驱关系的应用题（2020、2022）

信号量也可用来描述程序或语句之间的前驱关系。图 2.10 给出了一个前驱图，其中 $S_1, S_2, S_3, \cdots, S_6$ 是简单的程序段（只有一条语句）。

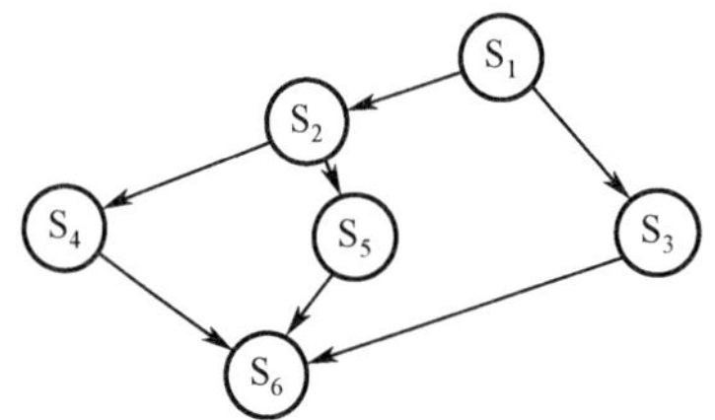

图 2.10 前驱关系举例

其实，每对前驱关系都是一个同步问题，因此要为每对前驱关系设置一个同步信号量，其初值均为 0，在“前驱操作”之后，对相应的同步信号量执行 V 操作，在“后继操作”之前，对相应的同步信号量执行 P 操作。为保证 $S_1 \rightarrow S_2, S_1 \rightarrow S_3, S_2 \rightarrow S_4, S_2 \rightarrow S_5, S_3 \rightarrow S_6, S_4 \rightarrow S_6, S_5 \rightarrow S_6$ 的前驱关系，需分别设置同步信号量 a12, a13, a24, a25, a36, a46, a56。其实现如下：

```
semaphore a12=a13=a24=a25=a36=a46=a56=0; //初始化信号量
S1(){
    …;
    V(a12);V(a13);                    //S1 已经运行完成
}
S2(){
    P(a12);                           //检查 S1 是否运行完成
    …;
    V(a24);V(a25);                    //S2 已经运行完成
}
S3(){
    P(a13);                           //检查 S1 是否已经运行完成
    …;
    V(a36);                           //S3 已经运行完成
}
S4(){
    P(a24);                           //检查 S2 是否已经运行完成
    …;
    V(a46);                           //S4 已经运行完成
}
S5(){
    P(a25);                           //检查 S2 是否已经运行完成
```

```
        …;
        V(a56);                                 //S5 已经运行完成
    }
    S6(){
        P(a36);                                 //检查 S3 是否已经运行完成
        P(a46);                                 //检查 S4 是否已经运行完成
        P(a56);                                 //检查 S5 是否已经运行完成
        …;
    }
```

6．分析进程同步和互斥问题的方法步骤

1）关系分析。找出问题中的进程数，并分析它们之间的同步和互斥关系。同步、互斥、前驱关系直接按照上面例子中的经典范式改写。

2）整理思路。找出解决问题的关键点，并根据做过的题目找出求解的思路。根据进程的操作流程确定 P 操作、V 操作的大致顺序。

3）设置信号量。根据上面的两步，设置需要的信号量，确定初值，完善整理。

这是一个比较直观的同步问题，以图 2.10 为例，S_2 是 S_1 的后继，要用到 S_1 的资源，在前面总结过，在同步问题中，要用到某种资源，就要在行为之前 P 这种资源。S_2 是 S_4, S_5 的前驱，给 S_4, S_5 提供资源，因此要在 S_2 的语句之后 V 由 S_4 和 S_5 所产生的资源。

2.3.5　经典同步问题

命题追踪 ▶ 程序并发执行的分析（2011、2018）

命题追踪 ▶ PV 操作的应用题（2009、2011、2013、2014、2015、2017、2019）

1．生产者-消费者问题

问题描述：

一组生产者进程和一组消费者进程共享一个初始为空、大小为 n 的缓冲区。只有当缓冲区不满时，生产者才能将消息放入缓冲区；否则必须阻塞，等待消费者从缓冲区中取出消息后将其唤醒。只有当缓冲区不空时，消费者才能从缓冲区中取出消息；否则必须等待，等待生产者将消息放入缓冲区后将其唤醒。由于缓冲区是临界资源，因此必须互斥访问。

问题分析：

1）关系分析。生产者和消费者对缓冲区互斥访问是互斥关系，同时生产者和消费者又是一个相互协作的关系，只有生产者生产之后，消费者才能消费，它们也是同步关系。

2）整理思路。这里比较简单，只有生产者和消费者两个进程，正好是这两个进程存在着互斥关系和同步关系。那么需要解决的是互斥和同步 PV 操作的位置。

3）信号量设置。信号量 mutex 作为互斥信号量，用于控制互斥访问缓冲池，互斥信号量初值为 1；信号量 full 用于记录当前缓冲池中的“满”缓冲区数，初值为 0。信号量 empty 用于记录当前缓冲池中的“空”缓冲区数，初值为 n。

我们对同步互斥问题的介绍是一个循序渐进的过程。上面介绍了一个同步问题的例子和一个互斥问题的例子，下面来看生产者-消费者问题的例子是什么样的。

生产者-消费者进程的描述如下：

```
    semaphore mutex=1;                          //临界区互斥信号量
    semaphore empty=n;                          //空闲缓冲区
    semaphore full=0;                           //缓冲区初始化为空
    producer(){                                 //生产者进程
        while(1){
```

```
        produce an item in nextp;              //生产数据
        P(empty); （要用什么，P 一下）           //获取空缓冲区单元
        P(mutex); （互斥夹紧）                  //进入临界区
        add nextp to buffer;（行为）            //将数据放入缓冲区
        V(mutex); （互斥夹紧）                  //离开临界区，释放互斥信号量
        V(full); （提供什么，V 一下）            //满缓冲区数加 1
    }
}
consumer(){                                    //消费者进程
    while(1){
        P(full);                               //获取满缓冲区单元
        P(mutex);                              //进入临界区
        remove an item from buffer;            //从缓冲区中取出数据
        V(mutex);                              //离开临界区，释放互斥信号量
        V(empty);                              //空缓冲区数加 1
        consume the item;                      //消费数据
    }
}
```

该类问题要注意对缓冲区大小为 n 的处理，当缓冲区中有空时，便可对 empty 变量执行 P 操作，一旦取走一个产品便要执行 V 操作以释放空闲区。对 empty 和 full 变量的 P 操作必须放在对 mutex 的 P 操作之前。若生产者进程先执行 P(mutex)，然后执行 P(empty)，消费者执行 P(mutex)，然后执行 P(full)，这样可不可以？答案是否定的。设想生产者进程已将缓冲区放满，消费者进程并没有取产品，即 empty = 0，当下次仍然是生产者进程运行时，它先执行 P(mutex)封锁信号量，再执行 P(empty)时将被阻塞，希望消费者取出产品后将其唤醒。轮到消费者进程运行时，它先执行 P(mutex)，然而由于生产者进程已经封锁 mutex 信号量，消费者进程也会被阻塞，这样一来生产者、消费者进程都将阻塞，都指望对方唤醒自己，因此陷入了无休止的等待。同理，若消费者进程已将缓冲区取空，即 full = 0，下次若还是消费者先运行，也会出现类似的死锁。不过生产者释放信号量时，mutex, full 先释放哪一个无所谓，消费者先释放 mutex 或 empty 都可以。

其实生产者-消费者问题只是一个同步互斥问题的综合而已。

下面再看一个较为复杂的生产者-消费者问题。

问题描述：

桌子上有一个盘子，每次只能向其中放入一个水果。爸爸专向盘子中放苹果，妈妈专向盘子中放橘子，儿子专等吃盘子中的橘子，女儿专等吃盘子中的苹果。只有盘子为空时，爸爸或妈妈才可向盘子中放一个水果；仅当盘子中有自己需要的水果时，儿子或女儿可以从盘子中取出。

问题分析：

1）关系分析。由每次只能向盘中放一个水果可知，爸爸和妈妈是互斥关系。爸爸和女儿、妈妈和儿子是同步关系，而且这两对进程必须连起来，儿子和女儿之间没有互斥和同步关系，因为他们是选择条件执行，不可能并发，如图 2.11 所示。

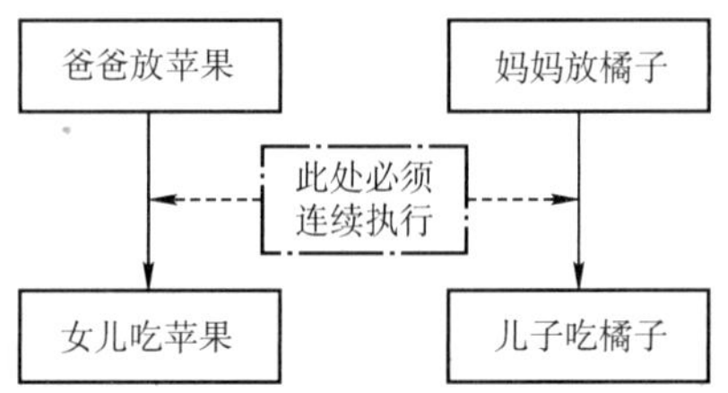

图 2.11　进程之间的关系

2）整理思路。这里有 4 个进程，实际上可抽象为两个生产者和两个消费者被连接到大小为 1 的缓冲区上。

3）信号量设置。首先将信号量 plate 设置互斥信号量，表示是否允许向盘子放入水果，初值为 1 表示允许放入，且只允许放入一个。信号量 apple 表示盘子中是否有苹果，初值为 0 表示盘子为空，不许取，apple = 1 表示可以取。信号量 orange 表示盘子中是否有橘子，初值为 0 表示盘子为空，不许取，orange = 1 表示可以取。

解决该问题的代码如下：

```
semaphore plate=1, apple=0, orange=0;
dad(){                                        //父亲进程
    while(1){
        prepare an apple;
        P(plate);                             //互斥向盘中取、放水果
        put the apple on the plate;           //向盘中放苹果
        V(apple);                             //允许取苹果
    }
}
mom(){                                        //母亲进程
    while(1){
        prepare an orange;
        P(plate);                             //互斥向盘中取、放水果
        put the orange on the plate;          //向盘中放橘子
        V(orange);                            //允许取橘子
    }
}
son(){                                        //儿子进程
    while(1){
        P(orange);                            //互斥向盘中取橘子
        take an orange from the plate;
        V(plate);                             //允许向盘中取、放水果
        eat the orange;
    }
}
daughter(){                                   //女儿进程
    while(1){
        P(apple);                             //互斥向盘中取苹果
        take an apple from the plate;
        V(plate);                             //允许向盘中取、放水果
        eat the apple;
    }
}
```

进程间的关系如图 2.11 所示。dad()和 daughter()、mom()和 son()必须连续执行，正因为如此，也只能在女儿拿走苹果后或儿子拿走橘子后才能释放盘子，即 V(plate)操作。

2. 读者-写者问题

问题描述：

有读者和写者两组并发进程，共享一个文件，当两个或以上的读进程同时访问共享数据时不会产生副作用，但若某个写进程和其他进程（读进程或写进程）同时访问共享数据时则可能导致数据不一致的错误。因此要求：①允许多个读者可以同时对文件执行读操作；②只允许一个写者往文件中写信息；③任意一个写者在完成写操作之前不允许其他读者或写者工作；④写者执行写操作前，应让已有的读者和写者全部退出。

问题分析：

1）关系分析。由题目分析读者和写者是互斥的，写者和写者也是互斥的，而读者和读者不存在互斥问题。

2）整理思路。两个进程，即读者和写者。写者是比较简单的，它和任何进程互斥，用互斥信号量的 P 操作、V 操作即可解决。读者的问题比较复杂，它必须在实现与写者互斥的同时，实现与其他读者的同步，因此简单的一对 P 操作、V 操作是无法解决问题的。这里用到了一个计数器，用它来判断当前是否有读者读文件。当有读者时，写者是无法写文件的，此时读者会一直占用文件，当没有读者时，写者才可以写文件。同时，这里不同读者对计数器的访问也应该是互斥的。

3）信号量设置。首先设置信号量 count 为计数器，用于记录当前读者的数量，初值为 0；设置 mutex 为互斥信号量，用于保护更新 count 变量时的互斥；设置互斥信号量 rw，用于保证读者和写者的互斥访问。

代码如下：

```
int count=0;                        //用于记录当前的读者数量
semaphore mutex=1;                  //用于保护更新 count 变量时的互斥
semaphore rw=1;                     //用于保证读者和写者互斥地访问文件
writer(){                           //写者进程
    while(1){
        P(rw);                      //互斥访问共享文件
        writing;                    //写入
        V(rw);                      //释放共享文件
    }
}
reader(){                           //读者进程
    while(1){
        P(mutex);                   //互斥访问 count 变量
        if(count==0)                //当第一个读进程读共享文件时
            P(rw);                  //阻止写进程写
        count++;                    //读者计数器加 1
        V(mutex);                   //释放互斥变量 count
        reading;                    //读取
        P(mutex);                   //互斥访问 count 变量
        count--;                    //读者计数器减 1
        if(count==0)                //当最后一个读进程读完共享文件
            V(rw);                  //允许写进程写
        V(mutex);                   //释放互斥变量 count
    }
}
```

在上面的算法中，读进程是优先的，即当存在读进程时，写操作将被延迟，且只要有一个读进程活跃，随后而来的读进程都将被允许访问文件。这样的方式会导致写进程可能长时间等待，且存在写进程“饿死”的情况。

若希望写进程优先，即当有读进程正在读共享文件时，有写进程请求访问，这时应禁止后续读进程的请求，等到已在共享文件的读进程执行完毕，立即让写进程执行，只有在无写进程执行的情况下才允许读进程再次运行。为此，增加一个信号量并在上面程序的 writer()和 reader()函数中各增加一对 PV 操作，就可以得到写进程优先的解决程序。

```
int count=0;                        //用于记录当前的读者数量
semaphore mutex=1;                  //用于保护更新 count 变量时的互斥
semaphore rw=1;                     //用于保证读者和写者互斥地访问文件
semaphore w=1;                      //用于实现“写优先”
writer() {                          //写者进程
    while(1){
        P(w);                       //在无写进程请求时进入
        P(rw);                      //互斥访问共享文件
        writing;                    //写入
        V(rw);                      //释放共享文件
        V(w);                       //恢复对共享文件的访问
    }
}
reader() {                          //读者进程
    while(1){
        P(w);                       //在无写进程请求时进入
        P(mutex);                   //互斥访问 count 变量
        if (count==0)               //当第一个读进程读共享文件时
            P(rw);                  //阻止写进程写
        count++;                    //读者计数器加 1
        V(mutex);                   //释放互斥变量 count
        V(w);                       //恢复对共享文件的访问
        reading;                    //读取
        P(mutex);                   //互斥访问 count 变量
        count--;                    //读者计数器减 1
        if (count==0)               //当最后一个读进程读完共享文件
            V(rw);                  //允许写进程写
        V(mutex);                   //释放互斥变量 count
    }
}
```

这里的写进程优先是相对而言的，有些书上将这个算法称为读写公平法，即读写进程具有一样的优先级。当一个写进程访问文件时，若先有一些读进程要求访问文件，后有另一个写进程要求访问文件，则当前访问文件的进程结束对文件的写操作时，会是一个读进程而不是一个写进程占用文件（在信号量 w 的阻塞队列上，因为读进程先来，因此排在阻塞队列队首，而 V 操作唤醒进程时唤醒的是队首进程），所以说这里的写优先是相对的，想要了解如何做到真正写者优先，可参考其他相关资料。

读者-写者问题有一个关键的特征，即有一个互斥访问的计数器 count，因此遇到一个不太好解决的同步互斥问题时，要想一想用互斥访问的计数器 count 能否解决问题。

3．哲学家进餐问题

问题描述：

一张圆桌边上坐着 5 名哲学家，每两名哲学家之间的桌上摆一根筷子，两根筷子中间是一碗米饭，如图 2.12 所示。哲学家们倾注毕生精力用于思考和进餐，哲学家在思考时，并不影响他人。只有当哲学家饥饿时，才试图拿起左、右两根筷子（一根一根地拿起）。若筷子已在他人手上，则需要等待。饥饿的哲学家只有同时拿到了两根筷子才可以开始进餐，进餐完毕后，放下筷子继续思考。

图 2.12　5 名哲学家进餐

问题分析：

1）关系分析。5 名哲学家与左右邻居对其中间筷子的访问是互斥关系。

2）整理思路。显然，这里有 5 个进程。本题的关键是如何让一名哲学家拿到左右两根筷子而不造成死锁或饥饿现象。解决方法有两个：一是让他们同时拿两根筷子；二是对每名哲学家的动作制定规则，避免饥饿或死锁现象的发生。

3）信号量设置。定义互斥信号量数组 chopstick[5] = {1, 1, 1, 1, 1}，用于对 5 个筷子的互斥访问。哲学家按顺序编号为 0～4，哲学家 i 左边筷子的编号为 i，哲学家右边筷子的编号为 $(i+1)\%5$。

```
semaphore chopstick[5]={1,1,1,1,1}; //定义信号量数组 chopstick[5]，并初始化
Pi(){                               //i 号哲学家的进程
    do{
        P(chopstick[i]);            //取左边筷子
        P(chopstick[(i+1)%5]);      //取右边筷子
        eat;                        //进餐
        V(chopstick[i]);            //放回左边筷子
        V(chopstick[(i+1)%5]);      //放回右边筷子
        think;                      //思考
    } while(1);
}
```

该算法存在以下问题：当 5 名哲学家都想要进餐并分别拿起左边的筷子时（都恰好执行完 wait(chopstick[i]);）筷子已被拿光，等到他们再想拿右边的筷子时（执行 wait(chopstick[(i + 1)%5]);）就全被阻塞，因此出现了死锁。

为防止死锁发生，可对哲学家进程施加一些限制条件，比如至多允许 4 名哲学家同时进餐；仅当一名哲学家左右两边的筷子都可用时，才允许他抓起筷子；对哲学家顺序编号，要求奇数号哲学家先拿左边的筷子，然后拿右边的筷子，而偶数号哲学家刚好相反。

制定的正确规则如下：假设采用第二种方法，当一名哲学家左右两边的筷子都可用时，才允许他抓起筷子。

```
semaphore chopstick[5]={1,1,1,1,1}; //初始化信号量
semaphore mutex=1;                  //设置取筷子的信号量
Pi(){                               //i 号哲学家的进程
    do{
        P(mutex);                   //在取筷子前获得互斥量
        P(chopstick[i]);            //取左边筷子
        P(chopstick[(i+1)%5]);      //取右边筷子
```

```
        V(mutex);                         //释放取筷子的信号量
        eat;                              //进餐
        V(chopstick[i]);                  //放回左边筷子
        V(chopstick[(i+1)%5]);            //放回右边筷子
        think;                            //思考
    } while(1);
}
```

熟悉 ACM 或有过相关训练的读者都应知道贪心算法，哲学家进餐问题的思想其实与贪心算法的思想截然相反，贪心算法强调争取眼前认为最好的，而不考虑后续会有什么后果。若哲学家进餐问题用贪心算法来解决，即只要眼前有筷子能拿起就拿起的话，就会出现死锁。然而，若不仅考虑眼前的一步，而且考虑下一步，即不因为有筷子能拿起就拿起，而考虑能不能一次拿起两根筷子才做决定的话，就会避免死锁问题，这就是哲学家进餐问题的思维精髓。

大部分习题和真题用消费者-生产者模型或读者-写者问题就能解决，但对哲学家进餐问题仍然要熟悉。考研复习的关键在于反复多次和全面，“偷工减料”是要吃亏的。

2.3.6　管程

在信号量机制中，每个要访问临界资源的进程都必须自备同步的 PV 操作，大量分散的同步操作给系统管理带来了麻烦，且容易因同步操作不当而导致系统死锁。于是，便产生了一种新的进程同步工具——管程。管程的特性保证了进程互斥，无须程序员自己实现互斥，从而降低了死锁发生的可能性。同时管程提供了条件变量，可以让程序员灵活地实现进程同步。

1．管程的定义

命题追踪 ▶▶ 管程的特点（2016）

系统中的各种硬件资源和软件资源，均可用数据结构抽象地描述其资源特性，即用少量信息和对资源所执行的操作来表征该资源，而忽略它们的内部结构和实现细节。

利用共享数据结构抽象地表示系统中的共享资源，而将对该数据结构实施的操作定义为一组过程。进程对共享资源的申请、释放等操作，都通过这组过程来实现，这组过程还可以根据资源情况，或接受或阻塞进程的访问，确保每次仅有一个进程使用共享资源，这样就可以统一管理对共享资源的所有访问，实现进程互斥。这个代表共享资源的数据结构，以及由对该共享数据结构实施操作的一组过程所组成的资源管理程序，称为管程（monitor）。管程定义了一个数据结构和能为并发进程所执行（在该数据结构上）的一组操作，这组操作能同步进程和改变管程中的数据。

由上述定义可知，管程由 4 部分组成：

①管程的名称；

②局部于管程内部的共享数据结构说明；

③对该数据结构进行操作的一组过程（或函数）；

④对局部于管程内部的共享数据设置初始值的语句。

管程的定义描述举例如下：

```
monitor Demo{             //①定义一个名称为 Demo 的管程
    //②定义共享数据结构，对应系统中的某种共享资源
    共享数据结构 S;
    //④对共享数据结构初始化的语句
    init_code(){
        S=5;              //初始资源数等于 5
```

```
    }
    take_away(){        //③过程 1：申请一个资源
        对共享数据结构 x 的一系列处理;
        S--;            //可用资源数-1
        ...
    }
    give_back(){        //③过程 2：归还一个资源
        对共享数据结构 x 的一系列处理;
        S++;            //可用资源数+1
        ...
    }
}
```

熟悉面向对象程序设计的读者看到管程的组成后，会立即联想到管程很像一个类（class）。

1）管程将对共享资源的操作封装起来，管程内的共享数据结构只能被管程内的过程所访问。一个进程只有通过调用管程内的过程才能进入管程访问共享资源。对于上例，外部进程只能通过调用 take_away()过程来申请一个资源；归还资源也类似。

2）每次仅允许一个进程进入管程，从而实现进程互斥。若多个进程同时调用 take_away(), give_back()，则只有某个进程运行完它调用的过程后，下一进程才能开始运行它调用的过程。即各进程只能串行执行管程内的过程，这一特性保证了进程互斥访问 S。

2．条件变量

当一个进程进入管程后被阻塞，直到阻塞的原因解除时，在此期间，如果该进程不释放管程，那么其他进程无法进入管程。为此，将阻塞原因定义为条件变量 condition。通常，一个进程被阻塞的原因可以有多个，因此在管程中设置了多个条件变量。每个条件变量保存了一个等待队列，用于记录因该条件变量而阻塞的所有进程，对条件变量只能进行两种操作，即 wait 和 signal。

x.wait：当 x 对应的条件不满足时，正在调用管程的进程调用 x.wait 将自己插入 x 条件的等待队列，并释放管程。此时其他进程可以使用该管程。

x.signal：x 对应的条件发生了变化，则调用 x.signal，唤醒一个因 x 条件而阻塞的进程。

下面给出条件变量的定义和使用：

```
monitor Demo{
    共享数据结构 S;
    condition x;                    //定义一个条件变量 x
    init_code(){ ... }
    take_away(){
        if(S<=0) x.wait();          //资源不够，在条件变量 x 上阻塞等待
        资源足够，分配资源，做一系列相应处理;
    }
    give_back(){
        归还资源，做一系列相应处理;
        if(有进程在等待) x.signal();//唤醒一个阻塞进程
    }
}
```

条件变量和信号量的比较：

相似点：条件变量的 wait/signal 操作类似于信号量的 P/V 操作，可以实现进程的阻塞/唤醒。

不同点：条件变量是“没有值”的，仅实现了“排队等待”功能；而信号量是“有值”的，信号量的值反映了剩余资源数，而在管程中，剩余资源数用共享数据结构记录。

2.3.7　本节小结

本节开头提出的问题的参考答案如下。

1）为什么要引入进程同步的概念？

在多道程序共同执行的条件下，进程与进程是并发执行的，不同进程之间存在不同的相互制约关系。为了协调进程之间的相互制约关系，引入了进程同步的概念。

2）不同的进程之间会存在什么关系？

进程之间存在同步与互斥的制约关系。

同步是指为完成某种任务而建立的两个或多个进程，这些进程因为需要在某些位置上协调它们的工作次序而等待、传递信息所产生的制约关系。

互斥是指当一个进程进入临界区使用临界资源时，另一个进程必须等待，当占用临界资源的进程退出临界区后，另一进程才允许去访问此临界资源。

3）当单纯用本节介绍的方法解决这些问题时会遇到什么新的问题吗？

当两个或两个以上的进程在执行过程中，因占有一些资源而又需要对方的资源时，会因为争夺资源而造成一种互相等待的现象，若无外力作用，它们都将无法推进下去。这种现象称为死锁，具体介绍和解决方案请参考下一节。

2.3.8　本节习题精选

一、单项选择题

01. 下列对临界区的论述中，正确的是（　）。

A. 临界区是指进程中用于实现进程互斥的那段代码

B. 临界区是指进程中用于实现进程同步的那段代码

C. 临界区是指进程中用于实现进程通信的那段代码

D. 临界区是指进程中用于访问临界资源的那段代码

02. 不需要信号量就能实现的功能是（　）。

A. 进程同步　　B. 进程互斥

C. 执行的前驱关系　　D. 进程的并发执行

03. 若一个信号量的初值为 3，经过多次 PV 操作后当前值为 −1，这表示等待进入临界区的进程数是（　）。

A. 1　　B. 2　　C. 3　　D. 4

04. 一个正在访问临界资源的进程由于申请等待 I/O 操作而被中断时，它（　）。

A. 允许其他进程进入与该进程相关的临界区

B. 不允许其他进程进入任何临界区

C. 允许其他进程抢占处理器，但不得进入该进程的临界区

D. 不允许任何进程抢占处理器

05. 两个旅行社甲和乙为旅客到某航空公司订飞机票，形成互斥资源的是（　）。

A. 旅行社　　B. 航空公司

C. 飞机票　　D. 旅行社与航空公司

06. 临界区是指并发进程访问共享变量段的（　）。

A. 管理信息　B. 信息存储　C. 数据　D. 代码程序

07. 以下不是同步机制应遵循的准则的是（　）。

A. 让权等待　B. 空闲让进　C. 忙则等待　D. 无限等待

08. 以下（　）不属于临界资源。

A. 打印机　B. 非共享数据　C. 共享变量　D. 共享缓冲区

09. 以下（　）属于临界资源。

A. 磁盘存储介质　B. 公用队列

C. 私用数据　D. 可重入的程序代码

10. 在操作系统中，要对并发进程进行同步的原因是（　）。

A. 进程必须在有限的时间内完成　B. 进程具有动态性

C. 并发进程是异步的　D. 进程具有结构性

11. 进程A和进程B通过共享缓冲区协作完成数据处理，进程A负责产生数据并放入缓冲区，进程B从缓冲区读数据并输出。进程A和进程B之间的制约关系是（　）。

A. 互斥关系　B. 同步关系　C. 互斥和同步关系　D. 无制约关系

12. 在操作系统中，P, V操作是一种（　）。

A. 机器指令　B. 系统调用命令

C. 作业控制命令　D. 低级进程通信原语

13. P操作可能导致（　）。

A. 进程就绪　B. 进程结束　C. 进程阻塞　D. 新进程创建

14. 原语是（　）。

A. 运行在用户态的过程　B. 操作系统的内核

C. 可中断的指令序列　D. 不可分割的指令序列

15. （　）定义了共享数据结构和各种进程在该数据结构上的全部操作。

A. 管程　B. 类程　C. 线程　D. 程序

16. 用V操作唤醒一个等待进程时，被唤醒进程变为（　）态。

A. 运行　B. 等待　C. 就绪　D. 完成

17. 在用信号量机制实现互斥时，互斥信号量的初值为（　）。

A. 0　B. 1　C. 2　D. 3

18. 用P, V操作实现进程同步，信号量的初值为（　）。

A. −1　B. 0　C. 1　D. 由用户确定

19. 可以被多个进程在任意时刻共享的代码必须是（　）。

A. 顺序代码　B. 机器语言代码

C. 不允许任何修改的代码　D. 无转移指令代码

20. 一个进程映像由程序、数据及PCB组成，其中（　）必须用可重入编码编写。

A. PCB　B. 程序　C. 数据　D. 共享程序段

21. 下列关于互斥锁的说法中，正确的是（　）。

A. 互斥锁只能用于多线程之间，不能用于多进程之间

B. 互斥锁只能用于多进程之间，不能用于多线程之间

C. 互斥锁可用于多线程或多进程之间，但只能由创建它的线程或进程来加锁和解锁

D. 互斥锁可用于多线程或多进程之间，但只能由对它加锁的线程或进程来解锁

22. 在使用互斥锁进行同步互斥时，下列（　）情况会导致死锁。

A. 一个线程对同一个互斥锁连续加锁两次

B. 一个线程尝试对一个已加锁的互斥锁再次加锁

C. 两个线程分别对两个不同的互斥锁先后加锁，但顺序相反

D. 一个线程对一个互斥锁加锁后忘记解锁

23. 用来实现进程同步与互斥的 PV 操作实际上是由（　）过程组成的。

A. 一个可被中断的　　B. 一个不可被中断的

C. 两个可被中断的　　D. 两个不可被中断的

24. 有三个进程共享同一程序段，而每次只允许两个进程进入该程序段，若用 PV 操作同步机制，则信号量 S 的取值范围是（　）。

A. 2, 1, 0, −1　　B. 3, 2, 1, 0　　C. 2, 1, 0, −1, −2　　D. 1, 0, −1, −2

25. 对于两个并发进程，设互斥信号量为 mutex（初值为 1），若 mutex = 0，则表示（　）。

A. 没有进程进入临界区

B. 有一个进程进入临界区

C. 有一个进程进入临界区，另一个进程等待进入

D. 有一个进程在等待进入

26. 对于两个并发进程，设互斥信号量为 mutex（初值为 1），若 mutex = −1，则（　）。

A. 表示没有进程进入临界区

B. 表示有一个进程进入临界区

C. 表示有一个进程进入临界区，另一个进程等待进入

D. 表示有两个进程进入临界区

27. 一个进程因在互斥信号量 mutex 上执行 V(mutex)操作而导致唤醒另一个进程时，执行 V 操作后 mutex 的值为（　）。

A. 大于 0　　B. 小于 0　　C. 大于或等于 0　　D. 小于或等于 0

28. 一个系统中共有 5 个并发进程涉及某个相同的变量 A，变量 A 的相关临界区是由（　）个临界区构成的。

A. 1　　B. 3　　C. 5　　D. 6

29. 下述（　）选项不是管程的组成部分。

A. 局限于管程的共享数据结构

B. 对管程内数据结构进行操作的一组过程

C. 管程外过程调用管程内数据结构的说明

D. 对局限于管程的数据结构设置初始值的语句

30. 以下关于管程的叙述中，错误的是（　）。

A. 管程是进程同步工具，解决信号量机制大量同步操作分散的问题

B. 管程每次只允许一个进程进入管程

C. 管程中 signal 操作的作用和信号量机制中的 V 操作相同

D. 管程是被进程调用的，管程是语法范围，无法创建和撤销

31. 对信号量 S 执行 P 操作后，使该进程进入资源等待队列的条件是（　）。

A. S.value < 0　　B. S.value <= 0　　C. S.value > 0　　D. S.value >= 0

32. 若系统有 n 个进程，则就绪队列中进程的个数最多有（①）个；阻塞队列中进程的个数最多有（②）个。

① A. $n+1$　　B. n　　C. $n-1$　　D. 1

② A. $n+1$　　B. n　　C. $n-1$　　D. 1

33. 下列关于PV操作的说法中，正确的是（　）。

I. PV操作是一种系统调用命令

II. PV操作是一种低级进程通信原语

III. PV操作是由一个不可被中断的过程组成

IV. PV操作是由两个不可被中断的过程组成

A. I、III　　B. II、IV　　C. I、II、IV　　D. I、IV

34. 下列关于临界区和临界资源的说法中，正确的是（　）。

I. 银行家算法可以用来解决临界区（Critical Section）问题

II. 临界区是指进程中用于实现进程互斥的那段代码

III. 公用队列属于临界资源

IV. 私用数据属于临界资源

A. I、II　　B. I、IV

C. 仅III　　D. 以上答案都错误

35. 有一个计数信号量S:

1）假如若干进程对S进行28次P操作和18次V操作后，信号量S的值为0。

2）假如若干进程对信号量S进行了15次P操作和2次V操作。请问此时有多少个进程等待在信号量S的队列中？（　）

A. 2　　B. 3　　C. 5　　D. 7

36. 有两个并发进程P_1和P_2，其程序代码如下:

```
P1(){
x=1;        //A1
y=2;
z=x+y;
print z;    //A2
}
```

```
P2(){
x=-3;       //B1
c=x*x;
print c;    //B2
}
```

可能打印出的z值有（　），可能打印出的c值有（　）（其中x为P_1, P_2的共享变量）。

A. z = 1, –3; c = –1, 9　　B. z = –1, 3; c = 1, 9

C. z = –1, 3, 1; c = 9　　D. z = 3; c = 1, 9

37. 并发进程之间的关系是（　）。

A. 无关的　　B. 相关的

C. 可能相关的　　D. 可能是无关的，也可能是有交往的

38. 若有4个进程共享同一程序段，每次允许3个进程进入该程序段，若用P, V操作作为同步机制，则信号量的取值范围是（　）。

A. 4, 3, 2, 1, –1　　B. 2, 1, 0, –1, –2　　C. 3, 2, 1, 0, –1　　D. 2, 1, 0, –2, –3

39. 两个进程P_0、P_1互斥的Peterson算法描述如下:

```
进程P0
flag[0]=1;
(1);
while(flag[1]&&turn==1);
临界区;
flag[0]=0;
其余代码;
```

```
进程P1
flag[1]=1;
(2);
while(flag[0]&&turn==0);
临界区;
flag[1]=0;
其余代码;
```

其中，(1)和(2)处的代码分别为（　）。

A. turn = 0, turn = 0　B. turn = 0, turn = 1　C. turn = 1, turn = 0　D. turn = 1, turn = 1

40. 在 Peterson 算法中，flag 数组的作用是（　）。

A. 表示每个线程是否想进入临界区　B. 表示每个线程是否已进入临界区
C. 表示每个线程是否已退出临界区　D. 表示每个线程是否已完成任务

41. 在 Peterson 算法中，turn 变量的作用是（　）。

A. 表示轮到哪个线程进入临界区　B. 表示哪个线程先发出访问请求
C. 表示哪个线程后发出访问请求　D. 表示哪个线程已进入临界区

42. 生产者-消费者问题用于解决（　）。

A. 多个进程共享一个数据对象的问题　B. 多个进程之间的同步和互斥问题
C. 多个进程共享资源的死锁与饥饿问题　D. 利用信号量实现多个进程并发的问题

43. 所有的消费者必须等待生产者先运行的前提条件是（　）。

A. 缓冲区空　B. 缓中区满　C. 缓冲区不可用　D. 缓冲区半空

44. 下列关于生产者-消费者问题的唤醒操作的说法中，正确的是（　）。

I. 生产者唤醒其它生产者　II. 生产者唤醒消费者
III. 消费者唤醒其它消费者　IV. 消费者唤醒生产者

A. I 和 II　B. III 和 IV　C. II 和 III　D. I、II、III 和 IV

45. 在 9 个生产者、6 个消费者共享容量为 8 的缓冲区的生产者-消费者问题中，互斥使用缓冲区的信号量初始值为（　）。

A. 1　B. 6　C. 8　D. 9

46. 消费者进程阻塞在 wait(m)（m 是互斥信号量）的条件是（　）。

I. 没有空缓冲区　II. 没有满缓冲区
III. 有其他生产者已进入临界区　IV. 有其他消费者已进入临界区

A. I 和 II　B. III 和 IV　C. I 和 III　D. II 和 IV

47. 在读者-写者问题中，能同时执行的是（　）。

A. 读者和写者　B. 不同的写者　C. 不同的读者　D. 都不能

48. 在哲学家就餐问题中，若同时存在左撇子和右撇子（将先拿起左边筷子的人称为左撇子，而将先拿起右边筷子的人称为右撇子），则不会发生死锁，因为破坏了（　）。

A. 互斥条件　B. 请求与保持条件　C. 不剥夺条件　D. 循环等待条件

49. 哲学家就餐问题的解决方案如下：

```
semephore *chopstick[5];
semaphore *seat;
哲学家 i:
...
P(seat);
P(chopStickil);
P(chopStick[(i+1)%5]);
吃饭
V(chopStick[il);
V(chopStick[(i+1)%5]);
V(seat)
```

其中，信号量 seat 的初值为（　）。

A. 0　B. 1　C. 4　D. 5

50. 有两个优先级相同的并发程序 P_1 和 P_2，它们的执行过程如下所示。假设当前信号量 s1 = 0，s2 = 0。当前的 z = 2，进程运行结束后，x, y 和 z 的值分别是（ ）。

```
进程 P1
…
y:=1;
y:=y+2;
z:=y+1;
V(s1);
P(s2);
y:=z+y;
…
```

```
进程 P2
…
x:=1
x:=x+1;
P(s1);
x:=x+y;
z:=x+z;
V(s2);
…
```

A. 5, 9, 9　　B. 5, 9, 4　　C. 5, 12, 9　　D. 5, 12, 4

51. 【2010 统考真题】设与某资源关联的信号量初值为 3，当前值为 1。若 M 表示该资源的可用个数，N 表示等待该资源的进程数，则 M, N 分别是（ ）。

A. 0, 1　　B. 1, 0　　C. 1, 2　　D. 2, 0

52. 【2010 统考真题】进程 P_0 和进程 P_1 的共享变量定义及其初值为：

```
boolean flag[2];
int turn=0;
flag[0]=false; flag[1]=false;
```

若进程 P_0 和进程 P_1 访问临界资源的类 C 代码实现如下：

```
void P0()    //进程 P0
{
   while(true)
   {
      flag[0]=true;turn=1;
      while(flag[1]&&(turn==1));

      临界区;
      flag[0]=false;
   }
}
```

```
void P1()    //进程 P1
{
   while(true)
   {
      flag[1]=true;turn=0;
      while(flag[0]&&(turn==0));

      临界区;
      flag[1]=false;
   }
}
```

则并发执行进程 P_0 和进程 P_1 时产生的情况是（ ）。

A. 不能保证进程互斥进入临界区，会出现“饥饿”现象
B. 不能保证进程互斥进入临界区，不会出现“饥饿”现象
C. 能保证进程互斥进入临界区，会出现“饥饿”现象
D. 能保证进程互斥进入临界区，不会出现“饥饿”现象

53. 【2011 统考真题】有两个并发执行的进程 P_1 和进程 P_2，共享初值为 1 的变量 x。P_1 对 x 加 1，P_2 对 x 减 1。加 1 和减 1 操作的指令序列分别如下：

```
//加 1 操作
load  R1,x  //取 x 到寄存器 R1
inc  R1
store  x,R1 //将 R1 的内容存入 x
```

```
//减 1 操作
load  R2,x   //取 x 到寄存器 R2
dec  R2
store  x,R2 //将 R2 的内容存入 x
```

两个操作完成后，x 的值（ ）。

A. 可能为−1 或 3　　B. 只能为 1
C. 可能为 0, 1 或 2　　D. 可能为−1, 0, 1 或 2

54. 【2016 统考真题】进程 P_1 和 P_2 均包含并发执行的线程，部分伪代码描述如下所示。

// 进程P1	// 进程P2

int x=0;
Thread1( )
{　int a;
　a=1;　x+=1;
}
Thread2( )
{　int a;
　a=2;　x+=2;
}
	int x=0;
	Thread3( )
	{　int a;
	　a=x;　x+=3;
	}
	Thread4( )
	{　int b;
	　b=x;　x+=4;
	}

下列选项中，需要互斥执行的操作是（　）。

A. a=1 与 a=2　　B. a=x 与 b=x

C. x+=1 与 x+=2　　D. x+=1 与 x+=3

55.【2016 统考真题】使用 TSL（Test and Set Lock）指令实现进程互斥的伪代码如下所示。

```
do{
    …
    while(TSL(&lock));
    critical section;
    lock=FALSE;
    …
} while(TRUE);
```

下列与该实现机制相关的叙述中，正确的是（　）。

A. 退出临界区的进程负责唤醒阻塞态进程

B. 等待进入临界区的进程不会主动放弃 CPU

C. 上述伪代码满足"让权等待"的同步准则

D. while(TSL(&lock))语句应在关中断状态下执行

56.【2016 统考真题】下列关于管程的叙述中，错误的是（　）。

A. 管程只能用于实现进程的互斥

B. 管程是由编程语言支持的进程同步机制

C. 任何时候只能有一个进程在管程中执行

D. 管程中定义的变量只能被管程内的过程访问

57.【2018 统考真题】属于同一进程的两个线程 thread1 和 thread2 并发执行，共享初值为 0 的全局变量 x。thread1 和 thread2 实现对全局变量 x 加 1 的机器级代码描述如下。

thread1	thread2
mov　R1,x　　//(x)→R1 inc　R1　　　//(R1)+1→R1 mov　x,R1　　//(R1)→x	mov　R2,x　　//(x)→R2 inc　R2　　　//(R2)+1→R2 mov　x,R2　　//(R2)→x

在所有可能的指令执行序列中，使 x 的值为 2 的序列个数是（　）。

A. 1　　B. 2　　C. 3　　D. 4

58.【2018 统考真题】若 x 是管程内的条件变量，则当进程执行 x.wait()时所做的工作是（　）。

A. 实现对变量 x 的互斥访问

B. 唤醒一个在 x 上阻塞的进程

C. 根据 x 的值判断该进程是否进入阻塞态
D. 阻塞该进程，并将之插入 x 的阻塞队列中

59.【2018 统考真题】在下列同步机制中，可以实现让权等待的是（ ）。
A. Peterson 方法　　B. swap 指令
C. 信号量方法　　D. TestAndSet 指令

60.【2020 统考真题】下列准则中，实现临界区互斥机制必须遵循的是（ ）。
I. 两个进程不能同时进入临界区
II. 允许进程访问空闲的临界资源
III. 进程等待进入临界区的时间是有限的
IV. 不能进入临界区的执行态进程立即放弃 CPU
A. 仅 I、IV　　B. 仅 II、III
C. 仅 I、II、III　　D. 仅 I、III、IV

二、综合应用题

01. 下面是两个并发执行的进程，它们能正确运行吗？若不能请举例说明并改正。

```
int x;
process_P1{                  process_P2{
int y,z;                     int t,u;
x=1;                         x=0;
y=0;                         t=0;
if(x>=1)                     if(x<=1)
    y=y+1;                       t=t+2;
z=y;                         u=t;
}                            }
```

02. 在一个仓库中可以存放 A 和 B 两种产品，要求:
①每次只能存入一种产品。
②A 产品数量 – B 产品数量 $<M$，其中 M 是正整数。
③B 产品数量 – A 产品数量 $<N$，其中 N 是正整数。
假设仓库的容量是无限的，试用 P, V 操作描述产品 A 和 B 的入库过程。

03. 面包师有很多面包，由 n 名销售人员推销。每名顾客进店后按序取一个号，并且等待叫号，当一名销售人员空闲时，就按序叫下一个号。可以用两个整型变量来记录当前的取号值和叫号值，试设计一个使销售人员和顾客同步的算法。

04. 某工厂有两个生产车间和一个装配车间，两个生产车间分别生产 A, B 两种零件，装配车间的任务是把 A, B 两种零件组装成产品。两个生产车间每生产一个零件后，都要分别把它们送到专配车间的货架 F_1, F_2 上。F_1 存放零件 A，F_2 存放零件 B，F_1 和 F_2 的容量均可存放 10 个零件。装配工人每次从货架上取一个零件 A 和一个零件 B 后组装成产品。请用 P, V 操作进行正确管理。

05. 某寺庙有小和尚、老和尚若干，有一水缸，由小和尚提水入缸供老和尚饮用。水缸可容 10 桶水，水取自同一井中。水井径窄，每次只能容一个桶取水。水桶总数为 3 个。每次入缸取水仅为 1 桶水，且不可同时进行。试给出有关从缸取水、入水的算法描述。

06. 如下图所示，三个合作进程 P_1, P_2, P_3，它们都需要通过同一设备输入各自的数据 a, b, c，该输入设备必须互斥地使用，而且其第一个数据必须由 P_1 进程读取，第二个数据必须由 P_2 进程读取，第三个数据必须由 P_3 进程读取。然后，三个进程分别对输入数据进行下列计算:

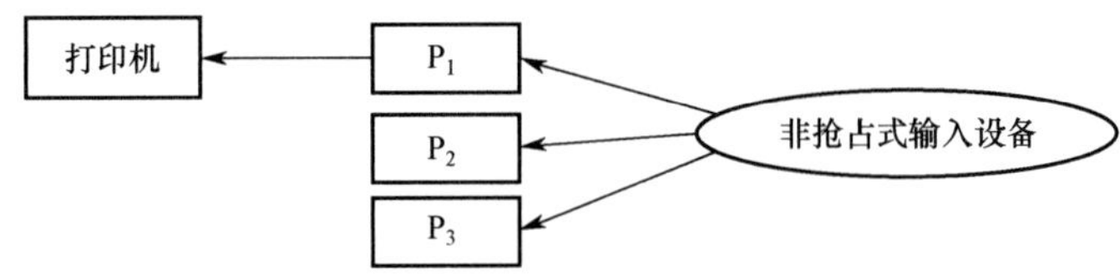

P_1: $x = a + b$;

P_2: $y = a*b$;

P_3: $z = y + c - a$;

最后，P_1 进程通过所连接的打印机将计算结果 x, y, z 的值打印出来。请用信号量实现它们的同步。

07. 有桥如下图所示。车流方向如箭头所示。回答如下问题：

1）假设桥上每次只能有一辆车行驶，试用信号灯的 P, V 操作实现交通管理。

2）假设桥上不允许两车交会，但允许同方向多辆车一次通过（桥上可有多辆同方向行驶的车）。试用信号灯的 P, V 操作实现桥上的交通管理。

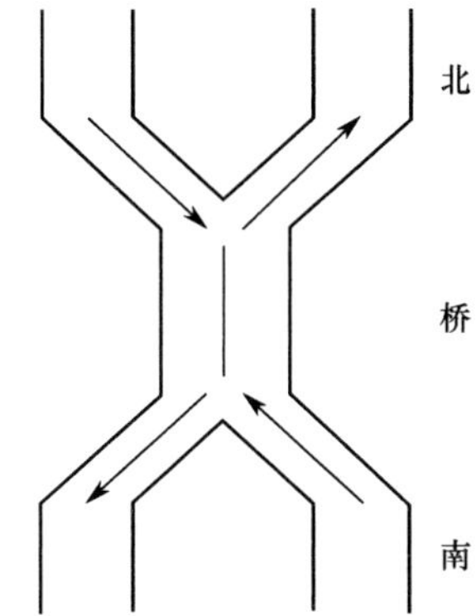

08. 假设有两个线程（编号为 0 和 1）需要去访问同一个共享资源，为避免竞争状态的问题，我们必须实现一种互斥机制，使得在任何时候只能有一个线程访问这个资源。假设有如下一段代码：

```
bool flag[2];              //flag 数组，初始化为 FALSE
Enter_Critical_Section(int my_thread_id,int other_thread_id){
while(flag[other_thread_id]==TRUE);          //空循环语句
flag[my_thread_id]=TRUE;
}
Exit_Critical_Section(int my_thread_id,int other_thread_id){
flag[my_thread_id]=FALSE;
}
```

当一个线程想要访问临界资源时，就调用上述的这两个函数。例如，线程 0 的代码可能是这样的：

```
Enter_Critical_Section(0,1);
使用这个资源;
Exit_Critical_Section(0,1);
做其他的事情;
```

试问：

1）以上的这种机制能够实现资源互斥访问吗？为什么？

2）若把 Enter_Critical_Section()函数中的两条语句互换位置，可能会发生死锁吗？

09. 设自行车生产线上有一个箱子，其中有 N 个位置（$N \geqslant 3$），每个位置可存放一个车架或一个车轮；又设有 3 名工人，其活动分别为：

工人 1 活动：	工人 2 活动：	工人 3 活动：
do{	do{	do{箱中取一个车架；
加工一个车架；	加工一个车轮；	箱中取二个车轮；
车架放入箱中；	车轮放入箱中；	组装为一台车；
}while(1)	}while(1)	}while(1)

试分别用信号量与 PV 操作实现三名工人的合作，要求解中不含死锁。

10. 设 P, Q, R 共享一个缓冲区，P, Q 构成一对生产者-消费者，R 既为生产者又为消费者，若缓冲区为空，则可以写入；若缓冲区不空，则可以读出。使用 P, V 操作实现其同步。

11. 理发店里有一位理发师、一把理发椅和 n 把供等候理发的顾客坐的椅子。若没有顾客，理发师便在理发椅上睡觉，一位顾客到来时，顾客必须叫醒理发师，若理发师正在理发时又有顾客来到，若有空椅子可坐，则坐下来等待，否则就离开。试用 P, V 操作实现，并说明信号量的定义和初值。

12. 假设一个录像厅有 1, 2, 3 三种不同的录像片可由观众选择放映，录像厅的放映规则如下：

1）任意时刻最多只能放映一种录像片，正在放映的录像片是自动循环放映的，最后一名观众主动离开时结束当前录像片的放映。

2）选择当前正在放映的录像片的观众可立即进入，允许同时有多位选择同一种录像片的观众同时观看，同时观看的观众数量不受限制。

3）等待观看其他录像片的观众按到达顺序排队，当一种新的录像片开始放映时，所有等待观看该录像片的观众可依次序进入录像厅同时观看。用一个进程代表一个观众，要求：用信号量方法 PV 操作实现，并给出信号量定义和初始值。

13. 设公共汽车上驾驶员和售票员的活动分别如下图所示。驾驶员的活动：启动车辆，正常行车，到站停车；售票员的活动：关车门，售票，开车门。在汽车不断地到站、停车、行驶的过程中，这两个活动有什么同步关系？用信号量和 P, V 操作实现它们的同步。

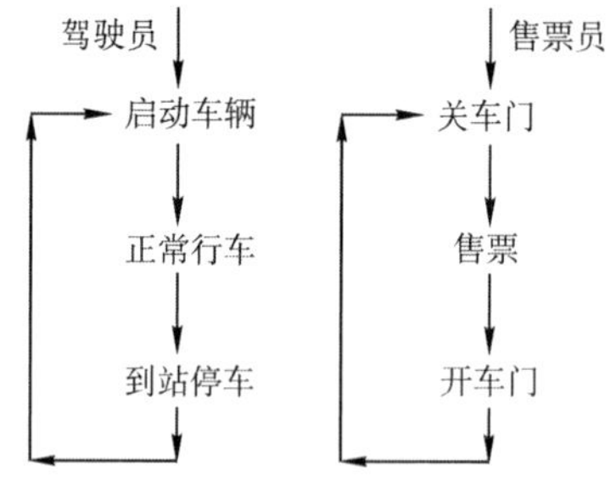

14. 一组进程的执行顺序如下图所示，圆圈 $P_1, P_2, P_3, P_4, P_5, P_6$ 表示进程，弧上的字母 a, b, c, d, e, f, g, h 表示同步信号量，请用 P, V 操作实现进程的同步。

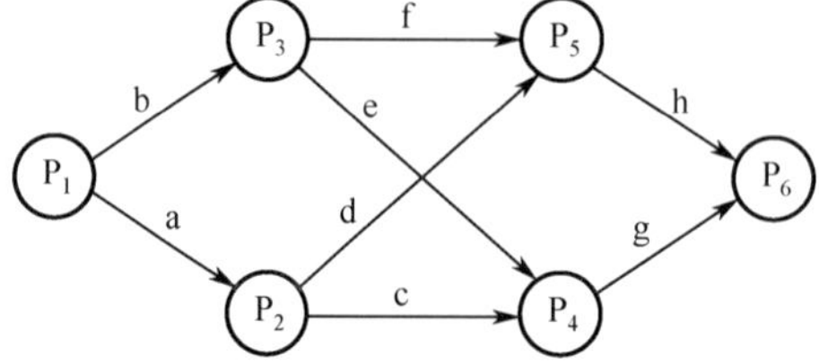

15. 有 3 个进程 P、P_1、P_2 合作处理数据，P 从输入设备读数据到缓冲区，缓冲区可存 1000 个字。P_1 和 P_2 的功能一样，都是从缓冲区取出数据并计算，再打印结果。请用信号量的

P, V 操作实现。其中，语句 read()从输入设备读入 20 个字到缓冲区；get()从缓冲区取出 20 个字；comp()计算 40 个字输出并得到结果的 1 个字；print()打印结果的 2 个字。

16. 假设有 3 个抽烟者和 1 个供应者。每个抽烟者不停地卷烟并抽掉它，但要卷起并抽掉一支烟，抽烟者需要有三种材料：烟草、纸和胶水。三个抽烟者中，第一个拥有烟草，第二个拥有纸，第三个拥有胶水。供应者无限提供三种材料，供应者每次将两种材料放到桌子上，拥有剩下那种材料的抽烟者卷一根烟并抽掉它，并给供应者一个信号告诉已完成，此时供应者就将另外两种材料放到桌上，如此重复，让 3 个抽烟者轮流抽烟。

17.【2009 统考真题】三个进程 P_1, P_2, P_3 互斥使用一个包含 N（$N>0$）个单元的缓冲区。P_1 每次用 produce()生成一个正整数并用 put()送入缓冲区某一空单元；P_2 每次用 getodd()从该缓冲区中取出一个奇数并用 countodd()统计奇数个数；P_3 每次用 geteven()从该缓冲区中取出一个偶数并用 counteven()统计偶数个数。请用信号量机制实现这三个进程的同步与互斥活动，并说明所定义的信号量的含义（要求用伪代码描述）。

18.【2011 统考真题】某银行提供 1 个服务窗口和 10 个供顾客等待的座位。顾客到达银行时，若有空座位，则到取号机上领取一个号，等待叫号。取号机每次仅允许一位顾客使用。当营业员空闲时，通过叫号选取一位顾客，并为其服务。顾客和营业员的活动过程描述如下：

```
cobegin
{
  process  顾客 i
  {
     从取号机获取一个号码;
     等待叫号;
     获取服务;
  }
  process  营业员
  {
     While(TRUE)
     {
        叫号;
        为客户服务;
     }
  }
}coend
```

请添加必要的信号量和 P, V［或 wait(), signal()］操作，实现上述过程中的互斥与同步。要求写出完整的过程，说明信号量的含义并赋初值。

19.【2013 统考真题】某博物馆最多可容纳 500 人同时参观，有一个出入口，该出入口一次仅允许一人通过。参观者的活动描述如下：

```
cobegin
   参观者进程 i:
   {
      …
      进门;
      …
      参观;
      …
      出门;
      …
   }
coend
```

请添加必要的信号量和 P, V [或 wait(), signal()] 操作，以实现上述过程中的互斥与同步。要求写出完整的过程，说明信号量的含义并赋初值。

20. 【2014 统考真题】系统中有多个生产者进程和多个消费者进程，共享一个能存放 1000 件产品的环形缓冲区（初始为空）。缓冲区未满时，生产者进程可以放入其生产的一件产品，否则等待；缓冲区未空时，消费者进程可从缓冲区取走一件产品，否则等待。要求一个消费者进程从缓冲区连续取出 10 件产品后，其他消费者进程才可以取产品。请使用信号量 P, V (wait(), signal()) 操作实现进程间的互斥与同步，要求写出完整的过程，并说明所用信号量的含义和初值。

21. 【2015 统考真题】有 A, B 两人通过信箱进行辩论，每个人都从自己的信箱中取得对方的问题。将答案和向对方提出的新问题组成一个邮件放入对方的邮箱中。假设 A 的信箱最多放 M 个邮件，B 的信箱最多放 N 个邮件。初始时 A 的信箱中有 x 个邮件（$0 < x < M$），B 的信箱中有 y 个邮件（$0 < y < N$）。辩论者每取出一个邮件，邮件数减 1。A 和 B 两人的操作过程描述如下：

CoBegin

A{
while(TRUE){
从 A 的信箱中取出一个邮件;
回答问题并提出一个新问题;
将新邮件放入 B 的信箱;
}
}
	B{
	while(TRUE){
	从 B 的信箱中取出一个邮件;
	回答问题并提出一个新问题;
	将新邮件放入 A 的信箱;
	}
	}

CoEnd

当信箱不为空时，辩论者才能从信箱中取邮件，否则等待。当信箱不满时，辩论者才能将新邮件放入信箱，否则等待。请添加必要的信号量和 P, V [或 wait(), signal()] 操作，以实现上述过程的同步。要求写出完整的过程，并说明信号量的含义和初值。

22. 【2017 统考真题】某进程中有 3 个并发执行的线程 thread1, thread2 和 thread3，其伪代码如下所示。

//复数的结构类型定义
typedef struct
{
float a;
float b;
} cnum;
cnum x，y，z; //全局变量
 	
//计算两个复数之和
cnum add(cnum p，cnum q)
{
cnum s;
s.a = p.a+q.a;
s.b = p.b+q.b;
return s;
}
	thread1
	{
	cnum w;
	w = add(x，y);
	…
	}
	
	thread2
	{
	cnum w;
	w = add(y，z);
	…
	}
		thread3
		{
		cnum w;
		w.a = 1;
		w.b = 1;
		z = add(z，w);
		y = add(y，w);
		…
		}

请添加必要的信号量和 P, V [或 wait(), signal()] 操作，要求确保线程互斥访问临界资源，并且最大限度地并发执行。

23. 【2019 统考真题】有 n（$n \geqslant 3$）名哲学家围坐在一张圆桌边，每名哲学家交替地就餐和思考。在圆桌中心有 m（$m \geqslant 1$）个碗，每两名哲学家之间有一根筷子。每名哲学家必须取到一个碗和两侧的筷子后，才能就餐，进餐完毕，将碗和筷子放回原位，并继续思考。为使尽可能多的哲学家同时就餐，且防止出现死锁现象，请使用信号量的 P, V 操作[wait(), signal()操作] 描述上述过程中的互斥与同步，并说明所用信号量及初值的含义。

24. 【2020 统考真题】现有 5 个操作 A、B、C、D 和 E，操作 C 必须在 A 和 B 完成后执行，操作 E 必须在 C 和 D 完成后执行，请使用信号量的 wait()、signal()操作（P、V 操作）描述上述操作之间的同步关系，并说明所用信号量及其初值。

25. 【2021 统考真题】下表给出了整型信号量 S 的 wait()和 signal()操作的功能描述，以及采用开/关中断指令实现信号量操作互斥的两种方法。

功能描述	方法 1	方法 2

Semaphore S;
wait(S){
  while(S<=0);
  S=S-1;
}
 	
signal(S){
  S=S+1;
}
	Semaphore S;
	wait(S){
	  关中断;
	  while(S<=0);
	  S=S-1;
	  开中断;
	}
	
	signal(S){
	  关中断;
	  S=S+1;
	  开中断;
	}
		Semaphore S;
		wait(S){
		  关中断;
		  while(S<=0){
		    开中断;
		    关中断;
		  }
		  S=S-1;
		  开中断;
		}
		signal(S){
		  关中断;
		  S=S+1;
		  开中断;
		}

请回答下列问题。

1）为什么在 wait()和 signal()操作中对信号量 S 的访问必须互斥执行？

2）分别说明方法 1 和方法 2 是否正确。若不正确，请说明理由。

3）用户程序能否使用开/关中断指令实现临界区互斥？为什么？

26. 【2022 统考真题】某进程的两个线程 T1 和 T2 并发执行 A、B、C、D、E 和 F 共 6 个操作，其中 T1 执行 A、E 和 F，T2 执行 B、C 和 D。下图表示上述 6 个操作的执行顺序所必须满足的约束：C 在 A 和 B 完成后执行，D 和 E 在 C 完成后执行，F 在 E 完成后执行。请使用信号量的 wait()、signal()操作描述 T1 和 T2 之间的同步关系，并说明所用信号量的作用及其初值。

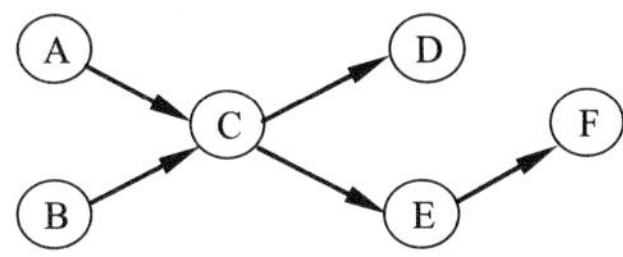

27. 【2023 统考真题】现要求学生使用 swap 指令和布尔型变量 lock 实现临界区互斥。lock 为线程间共享的变量，当 lock 的值为 TRUE 时线程不能进入临界区，为 FALSE 时线程能够进入临界区。某同学编写的实现临界区互斥的伪代码如下图所示。

某同学编写的伪代码

bool lock = FALSE; //共享变量
…
bool key = TRUE; 进入区
if (key == TRUE)
swap key, lock; //交换 key 和 lock 的值
临界区;
lock = TRUE; 退出区
…

(a)

newSwap()的代码

void newSwap(bool *a, bool *b)
{
bool temp = *a;
*a = *b;
*b = temp;
}

(b)

请回答下列问题。

1）图(a)的伪代码中哪些语句存在错误？将其改为正确的语句（不增加语句的条数）。

2）图(b)给出了交换两个变量值的函数 newSwap()的代码，是否可以用函数调用语句“newSwap(&key, &lock)”代替指令“swap key, lock”以实现临界区互斥？为什么？

2.3.9 答案与解析

一、单项选择题

01． D

多个进程可以共享系统中的资源，一次仅允许一个进程使用的资源称为临界资源。访问临界资源的那段代码称为临界区。

02． D

在多道程序技术中，信号量机制是一种有效实现进程同步和互斥的工具。进程执行的前趋关系实质上是指进程的同步关系。除此之外，只有进程的并发执行不需要信号量来控制，因此正确答案为选项 D。

03． A

信号量是一个特殊的整型变量，只有初始化和 PV 操作才能改变其值。通常，信号量分为互斥量和资源量，互斥量的初值一般为 1，表示临界区只允许一个进程进入，从而实现互斥。当互斥量等于 0 时，表示临界区已有一个进程进入，临界区外尚无进程等待；当互斥量小于 0 时，表示临界区中有一个进程，互斥量的绝对值表示在临界区外等待进入的进程数。同理，资源信号量的初值可以是任意整数，表示可用的资源数，当资源量小于 0 时，表示所有资源已全部用完，而且还有进程正在等待使用该资源，等待的进程数就是资源量的绝对值。

04． C

进程进入临界区必须满足互斥条件，当进程进入临界区但尚未离开时就被迫进入阻塞是可以的，系统中经常出现这样的情形。在此状态下，只要其他进程在运行过程中不寻求进入该进程的临界区，就应允许其运行，即分配 CPU。该进程所锁定的临界区是不允许其他进程访问的，其他进程若要访问，必定会在临界区的“锁”上阻塞，期待该进程下次运行时可以离开并将临界区交给它。所以正确答案为选项 C。

05． C

一张飞机票不能售给不同的旅客，因此飞机票是互斥资源，其他因素只是为完成飞机票订票的中间过程，与互斥资源无关。

06． D

所谓临界区，并不是指临界资源，如共享的数据、代码或硬件设备等，而是指访问临界资源的那段代码程序，如 P/V 操作、加减锁等。操作系统访问临界资源时，关心的是临界区的操作过程，具体对临界资源做何操作是应用程序的事情，操作系统并不关心。

07. D

同步机制的 4 个准则是空闲让进、忙则等待、让权等待和有限等待。

08. B

临界资源是互斥共享资源，非共享数据不属于临界资源。打印机、共享变量和共享缓冲区都只允许一次供一个进程使用。

09. B

临界资源与共享资源的区别在于，在一段时间内能否允许被多个进程访问（并发使用），显然磁盘属于共享设备。公用队列可供多个进程使用，但一次只可供一个进程使用，试想若多个进程同时使用公用队列，势必造成队列中的数据混乱而无法使用。私用数据仅供一个进程使用，不存在临界区问题，可重入的程序代码一次可供多个进程使用。

10. C

同步是指为了完成某项任务而建立的多个进程的相互合作关系，由于并发进程的执行是异步的（按各自独立的、不可预知的速度向前推进），需要保证进程之间操作的先后次序的约束。例如，读进程和写进程对同一段缓冲区的读和写就需要进行同步，以保证正确的执行顺序。

11. C

并发进程因为共享资源而产生相互之间的制约关系，可以分为两类：①互斥关系，指进程之间因相互竞争使用独占型资源（互斥资源）所产生的制约关系；②同步关系，指进程之间为协同工作需要交换信息、相互等待而产生的制约关系。本题中两个进程之间的制约关系是同步关系，进程 B 必须在进程 A 将数据放入缓冲区后才能从缓冲区中读出数据。此外，共享的缓冲区一定是互斥访问的，所以它们也具有互斥关系。

12. D

P、V 操作是一种低级的进程通信原语，它是不能被中断的。

13. C

P 操作即 wait 操作，表示等待某种资源直到可用。若这种资源暂时不可用，则进程进入阻塞态。注意，执行 P 操作时的进程处于运行态。

14. D

原语（Primitive/Atomic Action），顾名思义，就是原子性的、不可分割的操作。其严格定义为：由若干机器指令构成的完成某种特定功能的一段程序，其执行必须是连续的，在执行过程中不允许被中断。

15. A

管程定义了一个数据结构和能为并发进程所执行（在该数据结构上）的一组操作，这组操作能同步进程并改变管程中的数据。

16. C

只有就绪进程能获得处理器资源，被唤醒的进程并不能直接转换为运行态。

17. B

互斥信号量的初值设置为 1，P 操作成功则将其减 1，禁止其他进程进入；V 操作成功则将其加 1，允许等待队列中的一个进程进入。

18. D

与互斥信号量初值一般置 1 不同，用 P, V 操作实现进程同步时，信号量的初值应根据具体情况来确定。若期望的消息尚未产生，则对应的初值应设为 0；若期望的消息已存在，则信号量的初值应设为一个非 0 的正整数。

19. C

若代码可被多个进程在任意时刻共享，则要求任意一个进程在调用此段代码时都以同样的方式运行；而且进程在运行过程中被中断后再继续执行，其执行结果不受影响。这必然要求代码不能被任何进程修改，否则无法满足共享的要求。这样的代码就是可重入代码，也称纯代码，即允许多个进程同时访问的代码。

20. D

共享程序段可能同时被多个进程使用，所以必须可重入编码，否则无法实现共享的功能。

21. D

互斥锁可用于多线程或多进程之间，但只有对它加锁的线程或进程才能解锁它。如果一个线程或进程试图解锁一个不属于它（加锁）的互斥锁，那么会返回错误码。

22. C

如果两个线程分别对两个不同的互斥锁先后加锁，但顺序相反，那么可能导致死锁，这是典型的循环等待现象。例如，线程 1 先对互斥锁 A 加锁，然后尝试对互斥锁 B 加锁；同时，线程 2 先对 B 加锁，然后尝试对 A 加锁，两个线程都在等待对方释放资源，从而无法继续推进。

23. D

P 操作和 V 操作都属于原语操作，不可被中断。

24. A

因为每次允许两个进程进入该程序段，信号量最大值取 2。至多有三个进程申请，则信号量最小为−1，所以信号量可以取 2, 1, 0, −1。

25. B

mutex 的初值为 1，表示允许一个进程进入临界区，当有一个进程进入临界区且没有进程等待进入时，mutex 减 1，变为 0。|mutex|为等待进入的进程数。因此选择选项 B。

26. C

当有一个进程进入临界区且有另一个进程等待进入临界区时，mutex = −1。mutex 小于 0 时，其绝对值等于等待进入临界区的进程数。

27. D

由题意可知，系统原来存在等待进入临界区的进程，mutex 小于或等于−1，因此在执行 V(mutex)操作后，mutex 的值小于或等于 0。

28. C

这里的临界区是指访问临界资源 A 的那段代码（临界区的定义）。那么 5 个并发进程共有 5 个操作共享变量 A 的代码段。

29. C

管程由局限于管程的共享变量说明、对管程内的数据结构进行操作的一组过程及对局限于管程的数据设置初始值的语句组成。

30. C

管程的 signal 操作与信号量机制中的 V 操作不同，信号量机制中的 V 操作一定会改变信号量的值 $S = S + 1$。而管程中的 signal 操作是针对某个条件变量的，若不存在因该条件而阻塞的进程，则 signal 不会产生任何影响。

31. A

参见记录型信号量的解析。此处极易出 S.value 的物理概念题，现在总结如下：

① S.value > 0，表示某类可用资源的数量。每次 P 操作，意味着请求分配一个单位的资源。

② S.value≤0，表示某类资源已经没有，或者说还有因请求该资源而被阻塞的进程，S.value 的绝对值表示等待进程数目。

一定要看清题目中的陈述是执行 P 操作前还是执行 P 操作后。

32． ①C　②B

① 系统中有 n 个进程，只要这些进程不都处于阻塞态，则至少有一个进程正在处理器上运行（处理器至少有一个），因此就绪队列中的进程个数最多有 $n-1$ 个。B 项容易被错选，以为出现了处理器为空、就绪队列全满的情况，实际调度无此状态。

② 本题易错选 C，阻塞队列有 $n-1$ 个进程是可能发生的，但不是最多的情况。不少读者会忽略死锁的情况，死锁就是 n 个进程都被阻塞，因此阻塞队列最多可以有 n 个进程。

33． B

PV 操作是一种低级的进程通信原语，不是系统调用，因此 II 正确；P 操作和 V 操作都属于原子操作，所以 PV 操作由两个不可被中断的过程组成，因此 IV 正确。

34． C

临界资源是指每次仅允许一个进程访问的资源。每个进程中访问临界资源的那段代码称为临界区。I 错误，银行家算法是避免死锁的算法。II 错误，每个进程中访问临界资源的那段代码称为临界区。III 正确，公用队列可供多个进程使用，但一次只可供一个程序使用。IV 错误，私用数据仅供一个进程使用，不存在临界区问题。综上分析，正确答案为选项 C。

35． B

对 S 进行了 28 次 P 操作和 18 次 V 操作，即 $S-28+18=0$，得信号量的初值为 10；然后，对信号量 S 进行了 15 次 P 操作和 2 次 V 操作，即 $S-15+2=10-15+2=-3$，S 信号量的负值的绝对值表示等待队列中的进程数。所以有 3 个进程等待在信号量 S 的队列中。

36． B

本题的关键是，输出语句 A2, B2 中读取的 x 的值不同，由于 A1, B1 执行有先后问题，使得在执行 A2, B2 前，x 的可能取值有两个，即 1, −3；这样，输出 z 的值可能是 $1+2=3$ 或$(-3)+2=-1$；输出 c 的值可能是 $1\times1=1$ 或$(-3)\times(-3)=9$。

37． D

并发进程之间的关系没有必然的要求，只有执行时间上的偶然重合，可能无关也可能有交往。

38． C

由于每次允许三个进程进入该程序段，因此可能出现的情况是：没有进程进入，有一个进程进入，有两个进程进入，有三个进程进入，有三个进程进入并有一个在等待进入，因此这 5 种情况对应的信号量值为 3, 2, 1, 0, −1。

39． C

根据 Peterson 算法的原理，可知(1)和(2)处分别为 turn = 1 和 turn = 0。

40． A

flag 数组用于标记各个线程想进入临界区的意愿。当一个线程想要进入临界区时，它将自己对应的 flag 值置为 true；当一个线程退出临界区时，它将自己对应的 flag 值置为 false。这样，如果两个进程都争着想进入临界区，那么可以让进程将进入临界区的机会谦让给对方。

41． A

turn 变量用于指示允许进入临界区的线程编号。当一个线程想要进入临界区时，它将 turn 置为对方的编号，表示优先让对方先进入。当一个线程检查到对方的 flag 为 true 时，表示对方也想进入，这时就需要根据 turn 来决定谁先进入。如果 turn 等于自己的编号，表示轮到自己进入，那么可以直接进入。如果 turn 等于对方的编号，表示轮到对方进入，那么需等待对方退出。

42．B

进程并发带来问题不仅包括同步互斥问题，而且包括死锁等其他问题。生产者-消费者问题用于解决进程的同步和互斥问题。共享一个数据对象仅涉及互斥访问的问题。

43．A

当缓冲区为空时，消费者进程取产品会被阻塞，此时需等待生产者进程生产新产品。

44．D

生产者和消费者共享缓冲区，每次只允许一个生产者或消费者进入缓冲区，当有一个生产者或消费者进入缓冲区时，其他生产者或消费者就必须阻塞等待。因此，生产者有可能唤醒其他生产者或消费者，消费者也有可能唤醒其他生产者或消费者，四个选项均正确。

45．A

所谓互斥使用某临界资源，是指在同一时间段只允许一个进程使用此资源，所以互斥信号量的初值都为 1。

46．B

在生产者-消费者问题中，每次只能有一个生产者或消费者进入缓冲区，需要用一个互斥信号量来控制，当有一个生产者或消费者进入缓冲区时，其他申请进入缓冲区的消费者会被阻塞。

47．C

在读者-写者问题中，写者和写者之间、写者和读者之间必须互斥访问共享对象，读者和读者之间则可以同时访问。

48．D

在哲学家就餐问题中，如果所有哲学家都是右撇子，那么他们都会先拿起右边的筷子，然后等待左边的筷子，这样就形成了一个循环等待链。但是，如果其中有一些哲学家是左撇子，那么他们会先拿起左边的筷子，然后等待右边的筷子，这样就打破了循环等待链。

49．C

信号量 seat 表示桌子上可以坐下的位置数，由于只有五个位置，所以每次只能有四位哲学家同时拿起左边的餐叉，才能保证不会发生死锁，所以 seat 的初值应该为 4。

50．C

由于进程并发，因此进程的执行具有不确定性，在 P_1, P_2 执行到第一个 P, V 操作前，应该是相互无关的。现在考虑第一个对 s_1 的 P, V 操作，由于进程 P_2 是 $P(s_1)$操作，因此它必须等待 P_1 执行完 $V(s_1)$操作后才可继续运行，此时的 x, y, z 值分别是 2, 3, 4，当进程 P_1 执行完 $V(s_1)$后便在 $P(s_2)$ 上阻塞，此时 P_2 可以运行直到 $V(s_2)$，此时的 x, y, z 值分别是 5, 3, 9，进程 P_1 继续运行到结束，最终的 x, y, z 值分别为 5, 12, 9。

51．B

信号量表示相关资源的当前可用数量。当信号量 $K > 0$ 时，表示还有 K 个相关资源可用，所以该资源的可用个数是 1。而当信号量 $K < 0$ 时，表示有$|K|$个进程在等待该资源。由于资源有剩余，可见没有其他进程等待使用该资源，因此进程数为 0。

52．D

这是 Peterson 算法的实际实现，保证进入临界区的进程合理安全。

该算法为了防止两个进程为进入临界区而无限期等待，设置了变量 turn，表示允许进入临界区的编号，每个进程在先设置自己的标志后再设置 turn 标志，允许另一个进程进入。这时，再同时检测另一个进程状态标志和允许进入标志，就可保证当两个进程同时要求进入临界区时只允许一个进程进入临界区。保存的是较晚的一次赋值，因此较晚的进程等待，较早的进程进入。先到先入，后到等待，从而完成临界区访问的要求。

其实这里可想象为两个人进门，每个人进门前都会和对方客套一句“你走先”。若进门时没别人，就当和空气说句废话，然后大步登门入室；若两人同时进门，就互相先请，但各自只客套一次，所以先客套的人请完对方，就等着对方请自己，然后光明正大地进门。

53．C

x 的值最终是多少，取决于最后是哪个进程对 x 进行了写操作。一个进程一旦拿到了 x 值，它最后对 x 写操作的值也就确定了。所以本题只需考虑两个进程拿到 x 值的所有可能情况。对于 P_1 进程，最初取到的 x 值可能是 1，也可能是 P_2 进程完成后更新得到的 x 值 0，因此对于 P_1 进程，最终写入 x 的值可能是 2（当它最初取到 1 时）和 1（当它最初取到 0 时）。同理，对于 P_2 进程，最初取到的 x 值可能是 1，也可能是 P_1 进程完成后更新得到的 x 值 2，因此对于 P_2 进程，最终写入 x 的值有可能是 0（当它最初取到 1 时）和 1（当它最初取到 2 时）。因此，最终的 x 值可能是 0、1 或 2。

54．C

需要进行互斥的操作是对临界资源的访问，也就是说，不同线程对同一个进程内部的共享变量的访问才有可能需要进行互斥，不同进程的线程、代码段或变量不存在互斥访问的问题，同一个线程内部的局部变量也不存在互斥访问的问题。选项 A 中的 a 是线程内部的局部变量，不需要互斥访问。选项 D 是不同进程的线程代码段，不存在互斥访问的问题。选项 B 是对进程内部的共享变量 x 的读操作，不互斥也不影响执行结果，所以不需要互斥访问。选项 C 是不同线程对同一个进程内部的共享变量的写操作，需要互斥访问（类似于读者-写者问题）。

55．B

使用 TSL 指令实现进程互斥时，并没有阻塞态进程，等待进入临界区的进程一直停留在执行 while(TSL(&lock))的循环中，不会主动放弃 CPU，一直处于运行态，直到该进程的时间片用完放弃处理机，转为就绪态，此时切换另一个就绪态进程占用处理机。这不同于信号量机制实现的互斥。由此可知 A 和 C 错误，B 正确。TSL 指令本身就是原子操作，不需要关中断来保证其不被打断。TSL 指令实现原子性的原理是，执行 TSL 指令的 CPU 锁住内存总线，以禁止其他 CPU 在本指令结束之前访问内存。此外，假如 while(TSL(&lock))在关中断状态下执行，若 TSL(&lock)一直为 true，不再开中断，则系统可能因此终止。因此 D 错误。

56．A

管程是由一组数据及定义在这组数据之上的对这组数据的操作组成的软件模块，这组操作能初始化并改变管程中的数据和同步进程。管程不仅能实现进程间的互斥，而且能实现进程间的同步，因此 A 错误、B 正确；管程具有如下特性：①局部于管程的数据只能被局部于管程内的过程所访问；②一个进程只有通过调用管程内的过程才能进入管程访问共享数据；③每次仅允许一个进程在管程内执行某个内部过程，因此 C 和 D 正确。

57．B

仔细阅读两个线程代码可知，thread1 和 thread2 均是对 x 进行加 1 操作，x 的初始值为 0，若要使得最终 x = 2，只能先执行完 thread1 再执行 thread2，或先执行完 thread2 再执行 thread1，因此仅有 2 种可能。

58．D

“条件变量”是管程内部说明和使用的一种特殊变量，其作用类似于信号量机制中的“信号量”，都用于实现进程同步。需要注意的是，在同一时刻，管程中只能有一个进程在执行。若进程 A 执行了 x.wait()操作，则该进程会阻塞，并挂到条件变量 x 对应的阻塞队列上。这样，管程的使用权被释放，就可以有另一个进程进入管程。若进程 B 执行了 x.signal()操作，则会唤醒 x 对应的阻塞队列的队首进程。只有一个进程要离开管程时才能调用 signal()操作。

59. C

硬件方法实现进程同步时不能实现让权等待，选项 B 和 D 错误；Peterson 算法满足有限等待但不满足让权等待，选项 A 错误；记录型信号量由于引入阻塞机制，消除了不让权等待的情况，选项 C 正确。

60. C

实现临界区互斥需满足多个准则。“忙则等待”准则，即两个进程不能同时访问临界区，I 正确。“空闲让进”准则，若临界区空闲，则允许其他进程访问，II 正确。“有限等待”准则，即进程应该在有限时间内访问临界区，III 正确。I、II 和 III 是互斥机制必须遵循的原则。IV 是“让权等待”准则，不一定非得实现，如皮特森算法。

二、综合应用题

01.【解答】

P_1 和 P_2 两个并发进程的执行结果是不确定的，它们都对同一变量 X 进程操作，X 是一个临界资源，而没有进行保护。例如：

1）若先执行完 P_1 再执行 P_2，结果是 $x = 0, y = 1, z = 1, t = 2, u = 2$。

2）若先执行 P_1 到“$x = 1$”，然后一个中断去执行完 P_2，再一个中断回来执行完 P_1，结果是 $x = 0, y = 0, z = 0, t = 2, u = 2$。

显然，两次执行结果不同，所以这两个并发进程不能正确运行。可将这个程序改为：

```
int x;
semaphore S=1;                   //访问 X 的互斥信号量
process_P1{                          process_P2{
    int y,z;                             int t,u;
    P(S);                                P(S);
    x=1;                                 x=0;
    y=0;                                 t=0;
    if(x>=1)                             if(x<=1)
        y=y + 1;                             t=t + 2;
    V(S);                                V(S);
    z=y;                                 u=t;
}                                    }
```

02.【解答】

使用信号量 mutex 控制两个进程互斥访问临界资源（仓库），使用同步信号量 Sa 和 Sb（分别代表产品 A 与 B 的还可容纳的数量差，以及产品 B 与 A 的还可容纳的数量差）满足条件 2 和条件 3。代码如下：

```
Semaphore Sa=M-1,Sb=N-1;
Semaphore mutex=1;               //访问仓库的互斥信号量
process_A(){                         process_B(){
    while(1){                            while(1){
        P(Sa);                               P(Sb);
        P(mutex);                            P(mutex);
        A产品入库;                            B产品入库;
        V(mutex);                            V(mutex);
        V(Sb);                               V(Sa);
    }                                    }
}                                    }
```

03.【解答】

顾客进店后按序取号，并等待叫号；销售人员空闲后也按序叫号，并销售面包。因此同步算法只要对顾客取号和销售人员叫号进行合理同步即可。我们使用两个变量 i 和 j 分别记录当前的取号值和叫号值，并各自使用一个互斥信号量用于对 i 和 j 进行访问和修改。

```
int i=0,j=0;
semaphore mutex_i=1,mutex_j=1;
Consumer(){                         //顾客
    进入面包店;
    P(mutex_i);                     //互斥访问 i
    取号 i;
    i++;
    V(mutex_i);                     //释放对 i 的访问
    等待叫号 i 并购买面包;
}
Seller(){                           //销售人员
    while(1){
        P(mutex_j);                 //互斥访问 j
        if(j<i){                    //号 j 已有顾客取走并等待
            叫号 j;
            j++;
            V(mutex_j);             //释放对 j 的访问
            销售面包;
        }
        else{                       //暂时没有顾客在等待
            V(mutex_j);             //释放对 j 的访问
            休息片刻;
        }
    }
}
```

04.【解答】

本题是生产者-消费者问题的变体，生产者“车间 A”和消费者“装配车间”共享缓冲区“货架 F1”；生产者“车间 B”和消费者“装配车间”共享缓冲区“货架 F2”。因此，可为它们设置 6 个信号量：empty1 对应货架 F1 上的空闲空间，初值为 10；full1 对应货架 F1 上面的 A 产品，初值为 0；empty2 对应货架 F2 上的空闲空间，初值为 10；full2 对应货架 F2 上面的 B 产品，初值为 0；mutex1 用于互斥地访问货架 F1，初值为 1；mutex2 用于互斥地访问货架 F2，初值为 1。

A 车间的工作过程可描述为：

```
while(1){
    生产一个产品 A;
    P(empty1);                      //判断货架 F1 是否有空
    P(mutex1);                      //互斥访问货架 F1
    将产品 A 存放到货架 F1 上;
    V(mutex1);                      //释放货架 F1
    V(full1);                       //货架 F1 上的零件 A 的个数加 1
}
```

B 车间的工作过程可描述为：

```
while(1){
    生产一个产品 B;
    P(empty2);                      //判断货架 F2 是否有空
    P(mutex2);                      //互斥访问货架 F2
```

```
    将产品B存放到货架F2上;
    V(mutex2);                          //释放货架F2
    V(full2);                           //货架F2上的零件B的个数加1
}
```

装配车间的工作过程可描述为:

```
while(1){
    P(full1);                           //判断货架F1上是否有产品A
    P(mutex1);                          //互斥访问货架F1
    从货架F1上取一个A产品;
    V(mutex1);                          //释放货架F1
    V(empty1);                          //货架F1上的空闲空间数加1
    P(full2);                           //判断货架F2上是否有产品B
    P(mutex2);                          //互斥访问货架F2
    从货架F2上取一个B产品;
    V(mutex2);                          //释放货架F2
    V(empty2);                          //货架F2上的空闲空间数加1
    将取得的A产品和B产品组装成产品;
}
```

05.【解答】

从井中取水并放入水缸是一个连续的动作，可视为一个进程；从缸中取水可视为另一个进程。设水井和水缸为临界资源，引入 well 和 vat；三个水桶无论是从井中取水还是将水倒入水缸都是一次一个，应该给它们一个信号量 pail，抢不到水桶的进程只好等待。水缸满时，不可以再放水，设置 empty 信号量来控制入水量；水缸空时，不可以取水，设置 full 信号量来控制。本题需要设置 5 个信号量来进行控制：

```
semaphore well=1;                       //用于互斥地访问水井
semaphore vat=1;                        //用于互斥地访问水缸
semaphore empty=10;                     //用于表示水缸中剩余空间能容纳的水的桶数
semaphore full=0;                       //表示水缸中的水的桶数
semaphore pail=3;                       //表示有多少个水桶可以用，初值为3
//老和尚
while(1){
    P(full);
    P(pail);
    P(vat);
    从水缸中打一桶水;
    V(vat);
    V(empty);
    喝水;
    V(pail);
}
//小和尚
while(1){
    P(empty);
    P(pail);
    P(well);
    从井中打一桶水;
    V(well);
    P(vat);
    将水倒入水缸中;
    V(vat);
```

```
        V(full);
        V(pail);
    }
```

06.【解答】

为了控制三个进程依次使用输入设备进行输入，需分别设置三个信号量 S1, S2, S3，其中 S1 的初值为 1，S2 和 S3 的初值为 0。使用上述信号量后，三个进程不会同时使用输入设备，因此不必再为输入设备设置互斥信号量。另外，还需要设置信号量 Sb, Sy, Sz 来表示数据 b 是否已经输入，以及 y, z 是否已计算完成，它们的初值均为 0。三个进程的动作可描述为：

```
P1(){
    P(S1);
    从输入设备输入数据 a;
    V(S2);
    P(Sb);
    x=a+b;
    P(Sy);
    P(Sz);
    使用打印机打印出 x, y, z 的结果;
}
P2(){
    P(S2);
    从输入设备输入数据 b;
    V(S3);
    V(Sb);
    y=a*b;
    V(Sy);
    V(Sy);
}
P3(){
    P(S3);
    从输入设备输入数据 c;
    P(Sy);
    Z=y+c-a;
    V(Sz);
}
```

07.【解答】

1）桥上每次只能有一辆车行驶，所以只要设置一个信号量 bridge 就可判断桥是否使用，若在使用中，等待；若无人使用，则执行 P 操作进入；出桥后，执行 V 操作。

```
semaphore bridge=1;                //用于互斥地访问桥
NtoS(){                            //从北向南
    P(bridge);
    通过桥;
    V(bridge);
}
StoN(){                            //从南向北
    P(bridge);
    通过桥;
    V(bridge);
}
```

2）桥上可以同方向多车行驶，需要设置 bridge，还需要对同方向车辆计数。为了防止同方向计数中同时申请 bridge 造成同方向不可同时行车的问题，要对计数过程加以保护，因此设置信号量 mutexSN 和 mutexNS。

```
int countSN=0;                    //用于表示从南到北的汽车数量
int countNS=0;                    //用于表示从北到南的汽车数量
semaphore mutexSN=1;              //用于保护 countSN
semaphore mutexNS=1;              //用于保护 countNS
semaphore bridge=1;               //用于互斥地访问桥
StoN(){                           //从南向北
    P(mutexSN);
    if(countSN==0)
        P(bridge);
    countSN++;
    V(mutexSN);
    过桥;
    P(mutexSN);
    countSN--;
    if(countSN==0)
        V(bridge);
    V(mutexSN);
}
NtoS(){                               //从北向南
    P(mutexNS);
    if(countNS==0)
        P(bridge);
    countNS++;
    V(mutexNS);
    过桥;
    P(mutexNS);
    countNS--;
    if(countNS==0)
        V(bridge);
    V(mutexNS);
}
```

08.【解答】

1）这种机制不能实现资源的互斥访问。考虑如下情形：

① 初始化时，flag 数组的两个元素值均为 FALSE。

② 线程 0 先执行，执行 while 循环语句时，由于 flag[1]为 FALSE，所以顺利结束，不会被卡住。假设这时来了一个时钟中断，打断了它的运行。

③ 线程 1 去执行，执行 while 循环语句时，由于 flag[0]为 FALSE，所以顺利结束，不会被卡住，然后进入临界区。

④ 后来当线程 0 再执行时，也进入临界区，这样就同时有两个线程在临界区。

总结：不能成功的根本原因是无法保证 Enter_Critical_Section()函数执行的原子性。我们从上面的软件实现方法中可以看出，对于两个进程间的互斥，最主要的问题是标志的检查和修改不能作为一个整体来执行，因此容易导致无法保证互斥访问的问题。

2）可能会出现死锁。考虑如下情形：

① 初始化时，flag 数组的两个元素值均为 FALSE。

② 线程 0 先执行，flag[0]为 TRUE，假设这时来了一个时钟中断，打断了它的运行。

③ 线程 1 去执行，flag[1]为 TRUE，在执行 while 循环语句时，由于 flag[0] = TRUE，所以在这个地方被卡住，直到时间片用完。

④ 线程 0 再执行时，由于 flag[1]为 TRUE，它也在 while 循环语句的地方被卡住，因此这两个线程都无法执行下去，从而死锁。

09.【解答】

用信号量与 PV 操作实现三名工人的合作。

首先不考虑死锁问题，工人 1 与工人 3、工人 2 与工人 3 构成生产者与消费者关系，这两对生产/消费关系通过共同的缓冲区相联系。从资源的角度来看，箱子中的空位置相当于工人 1 和工人 2 的资源，而车架和车轮相当于工人 3 的资源。

分析上述解法易见，当工人 1 推进速度较快时，箱中空位置可能完全被车架占满或只留有一个存放车轮的位置，此时工人 3 同时取 2 个车轮将无法得到，而工人 2 又无法将新加工的车轮放入箱中；当工人 2 推进速度较快时，箱中空位置可能完全被车轮占满，而此时工人 3 取车架将无法得到，而工人 1 又无法将新加工的车架放入箱中。上述两种情况都意味着死锁。为防止死锁的发生，箱中车架的数量不可超过 $N-2$，车轮的数量不可超过 $N-1$，这些限制可以用两个信号量来表达。具体解答如下。

```
semaphore empty=N;              //空位置
semaphore wheel=0;              //车轮
semaphore frame=0;              //车架
semaphore s1=N-2;               //车架最大数
semaphore s2=N-1;               //车轮最大数
工人 1 活动:
do{
    加工一个车架;
    P(s1);                      //检查车架数是否达到最大值
    P(empty);                   //检查是否有空位
    车架放入箱中;
    V(frame);                   //车架数加 1
}while(1);
工人 2 活动:
do{
    加工一个车轮;
    P(s2);                      //检查车轮数是否达到最大值
    P(empty);                   //检查是否有空位
    车轮放入箱中;
    V(wheel);                   //车轮数加 1
}while(1);
工人 3 活动:
do{
    P(frame);                   //检查是否有车架
    箱中取一车架;
    V(empty);                   //空位数加 1
    V(s1);                      //可装入车架数加 1
    P(wheel);                   //检查是否有一个车轮
    P(wheel);                   //检查是否有另一个车轮
    箱中取二车轮;
    V(empty);                   //取走一个车轮，空位数加 1
    V(empty);                   //取走另一个车轮，空位数加 1
    V(s2);                      //可装入车轮数加 1
```

```
    V(s2);                          //可装入车轮数再加 1
    组装为一台车;
}while(1);
```

10.【解答】

P, Q 构成消费者-生产者关系，因此设三个信号量 full, empty, mutex。full 和 empty 用来控制缓冲池状态，mutex 用来互斥进入。R 既为消费者又为生产者，因此必须在执行前判断状态，若 empty==1，则执行生产者功能；若 full==1，执行消费者功能。

```
semaphore full=0;                   //表示缓冲区的产品
semaphore empty=1;                  //表示缓冲区的空位
semaphore mutex=1;                  //互斥信号量
Procedure P
{
 while(TRUE){
     p(empty);
     P(mutex);
       Product one;
     v(mutex);
     v(full);
 }
}
Procedure Q
{
   while(TRUE){
     p(full);
     P(mutex);
     consume one;
     v(mutex);
     v(empty);
   }
}
Procedure R
{
   if(empty==1){
       p(empty);
       P(mutex);
       product one;
       v(mutex);
       v(full);
   }
   if(full==1){
       p(full);
       p(mutex);
       consume one;
       v(mutex);
       v(empty);
   }
}
```

11.【解答】

1）控制变量 waiting 用来记录等候理发的顾客数，初值为 0，进来一名顾客时，waiting 加 1，一名顾客理发时，waiting 减 1。

2）信号量 customers 用来记录等候理发的顾客数，并用作阻塞理发师进程，初值为 0。

3）信号量 barbers 用来记录正在等候顾客的理发师数，并用作阻塞顾客进程，初值为 0。

4）信号量 mutex 用于互斥，初值为 1。

```
int waiting=0;                          //等候理发的顾客数
int chairs=n;                           //为顾客准备的椅子数
semaphore customers=0,barbers=0,mutex=1;
barber(){                               //理发师进程
 while(1){                              //理完一人，还有顾客吗？
     P(customers);                      //若无顾客，理发师睡眠
     P(mutex);                          //进程互斥
     waiting=waiting-1;                 //等候顾客数少一个
     V(barbers);                        //理发师去为一名顾客理发
     V(mutex);                          //开放临界区
     Cut_hair();                        //正在理发
 }
}
customer(){                             //顾客进程
 P(mutex);                              //进程互斥
```

```
    if(waiting<chairs){                    //若有空的椅子，就找到椅子坐下等待
        waiting=waiting+1;                 //等候顾客数加 1
        V(customers);                      //呼唤理发师
        V(mutex);                          //开放临界区
        P(barbers);                        //无理发师，顾客坐着
        get_haircut();                     //一名顾客坐下等待理发
    }
    else
        V(mutex);                          //人满，离开
}
```

12.【解答】

电影院一次只能放映一部影片，希望观看的观众可能有不同的爱好，但每次只能满足部分观众的需求，即希望观看另外两部影片的用户只能等待。分别为三部影片设置三个信号量 s0, s1, s2，初值分别为 1, 1, 1。电影院一次只能放一部影片，因此需要互斥使用。由于观看影片的观众有多个，因此必须分别设置三个计数器（初值都是 0），用来统计观众个数。当然，计数器是个共享变量，需要互斥使用。

```
semaphore s=1,s0=1,s1=1,s2=1;
int count0=0,count1=0,count2=0;
process videoshow1{                        //看第一部影片的观众
 P(s0);
 count0=count0+1;
 if(count0==1)
     P(s);
 V(s0);
 看影片;
 P(s0);
 count0=count0-1;
 if(count0==0)                             //没人看了，就结束放映
     V(s);
 V(s0);
}
process videoshow2{                        //看第二部影片的观众
 P(s1);
 count1=count1+1;
 if(count1==1)
     P(s);
 V(s1);
 看影片;
 P(s1);
 count1=count1-1;
 if(count1==0)                             //没人看了，就结束放映
     V(s);
 V(s1);
}
process videoshow3{                        //看第三部影片的观众
 P(s2);
 count2=count2+1;
 if(count2==1)
     P(s);
 V(s2);
```

```
    看影片;
    P(s2);
    Count2=count2-1;
    if(count2==0)                        //没人看了，就结束放映
        V(s);
    V(s2);
}
```

13.【解答】

在汽车行驶过程中，驾驶员活动与售票员活动之间的同步关系为：售票员关车门后，向驾驶员发开车信号，驾驶员接到开车信号后启动车辆，在汽车正常行驶过程中售票员售票，到站时驾驶员停车，售票员在车停后开门让乘客上下车。因此，驾驶员启动车辆的动作必须与售票员关车门的动作同步；售票员开车门的动作也必须与驾驶员停车同步。应设置两个信号量S1, S2：S1表示是否允许驾驶员启动汽车（初值为0）；S2表示是否允许售票员开门（初值为0）。

```
semaphore S1=0,S2=0;
Procedure driver
{
 while(1)
 {
     P(S1);
     Start;
     Driving;
     Stop;
     V(S2);
 }
}

Procedure Conductor
{
    while(1)
    {
        关车门;
        V(s1);
        售票;
        P(s2);
        开车门;
        上下乘客;
    }
}
```

14.【解答】

本题是一个典型的利用信号量实现前驱关系的同步问题。

```
Semaphore a=b=c=d=e=f=g=h=0;     //定义进程执行顺序的信号量
CoBegin
process P1(){
    执行P1的任务;
    V(a);                  //实现先P1后P2的同步关系
    V(b);                  //实现先P1后P3的同步关系
}
process P2(){
    P(a);                  //检查P1是否已运行完成
    执行P2的任务;
    V(c);                  //实现先P2后P4的同步关系
    V(d);                  //实现先P2后P5的同步关系
}
process P3(){
    P(b);                  //检查P1是否已运行完成
    执行P3的任务;
    V(e);                  //实现先P3后P4的同步关系
    V(f);                  //实现先P3后P5的同步关系
}
process P4(){
    P(c);                  //检查P2是否已运行完成
```

```
        P(e);                  //检查 P3 是否已运行完成
        执行 P4 的任务;
        V(g);                  //实现先 P4 后 P6 的同步关系
    }
    process P5(){
        P(d);                  //检查 P2 是否已运行完成
        P(f);                  //检查 P3 是否已运行完成
        执行 P5 的任务;
        V(h);                  //实现先 P5 后 P6 的同步关系
    }
    process P6(){
        P(g);                  //检查 P4 是否已运行完成
        P(h);                  //检查 P5 是否已运行完成
        执行 P6 的任务;
    CoEnd
```

15.【解答】

本题是经典的生产者-消费者问题。把缓冲区的每 20 个字视为一个基本单位，因此缓冲区共有 1000/20 = 50 个空位。设置互斥信号量 mutex，用于对缓冲区的访问；还需要设置两个同步信号量：full 表示缓冲区已有多少数据，empty 表示缓冲区还有多少空位置。

```
Semaphore mutex=1;       //互斥使用缓冲区
Sempahore full=0;        //表示缓冲区已有多少个 20 字数据，初值为 0
Semaphore empty=50;      //表示缓冲区还有多少个 20 字空位，初值为 50
process P(){                    process P1/P2(){    //P1、P2 完全一样
    P(empty);                       P(full);get();
    P(mutex);                       P(full);get();
    read();                         comp();
    V(mutex):                       V(empty);print();
    V(full);                        V(empty);print();
}                               }
```

16.【解答】

供应者与 3 个抽烟者分别是同步关系。由于供应者无法同时满足两个或以上的抽烟者，3 个抽烟者对抽烟这个动作互斥（或者理解为互斥访问桌子）。显然这里有 4 个进程。供应者作为生产者向 3 个抽烟者提供材料。设置信号量 offer1, offer2, offer3 分别表示烟草和纸组合的资源、烟草和胶水组合的资源、纸和胶水组合的资源，信号量 finish 用于互斥进行抽烟动作。代码如下：

```
int num=0;                      //存储随机数
semaphore offer1=0;             //定义信号量对应烟草和纸组合的资源
semaphore offer2=0;             //定义信号量对应烟草和胶水组合的资源
semaphore offer3=0;             //定义信号量对应纸和胶水组合的资源
semaphore finish=0;             //定义信号量表示抽烟是否完成
process P1(){                   //供应者
while(1){
    num++;
    num=num%3;
    if(num==0)
        V(offer1);                  //提供烟草和纸
    else if(num==1)
        V(offer2);                  //提供烟草和胶水
    else
        V(offer3);                  //提供纸和胶水
    任意两种材料放在桌子上;
```

```
        P(finish);
        }
    }
    process P2(){                              //拥有烟草者
    while(1){
        P(offer3);
        拿纸和胶水，卷成烟，抽掉;
        V(finish);
        }
    }
    process P3(){                              //拥有纸者
    while(1){
        P(offer2);
        拿烟草和胶水，卷成烟，抽掉;
        V(finish);
        }
    }
    process P4(){                              //拥有胶水者
    while(1){
        P(offer1);
        拿烟草和纸，卷成烟，抽掉;
        V(finish);
        }
    }
```

17.【解答】

互斥资源：缓冲区只能互斥访问，因此设置互斥信号量 mutex。

同步问题：P_1, P_2 因为奇数的放置与取用而同步，设同步信号量 odd；P_1, P_3 因为偶数的放置与取用而同步，设置同步信号量 even；P_1, P_2, P_3 因为共享缓冲区，设同步信号量 empty，初值为 N。程序如下：

```
semaphore mutex=1;              //缓冲区操作互斥信号量
semaphore odd=0,even=0;         //奇数、偶数进程的同步信号量
semaphore empty=N;              //空缓冲区单元个数信号量
cobegin{
    Process P1()
    while(True)
    {
        x=produce();            //生成一个数
        P(empty);               //判断缓冲区是否有空单元
        P(mutex);               //缓冲区是否被占用
        Put();
        V(mutex);               //释放缓冲区
        if(x%2==0)
           V(even);             //若是偶数，向 P3 发出信号
        else
           V(odd);              //若是奇数，向 P2 发出信号
    }
    Process P2()
    while(True)
    {
        P(odd);                 //收到 P1 发来的信号，已产生一个奇数
        P(mutex);               //缓冲区是否被占用
        getodd();
```

```
        V(mutex);                  //释放缓冲区
        V(empty);                  //向 P1 发信号，多出一个空单元
        countodd();
    }
    Process P3()
    while(True)
    {
        P(even);                   //收到 P1 发来的信号，已产生一个偶数
        P(mutex);                  //缓冲区是否被占用
        geteven();
        V(mutex);                  //释放缓冲区
        V(empty);                  //向 P1 发信号，多出一个空单元
        counteven();
    }
}coend
```

18.【解答】

互斥资源：取号机（一次只有一位顾客领号），因此设置互斥信号量 mutex。

同步问题：顾客需要获得空座位等待叫号。营业员空闲时，将选取一位顾客并为其服务。空座位的有、无影响等待顾客的数量，顾客的有无决定了营业员是否能开始服务，因此分别设置信号量 empty 和 full 来实现这一同步关系。另外，顾客获得空座位后，需要等待叫号和被服务。这样，顾客与营业员就服务何时开始又构成了一个同步关系，定义信号量 service 来完成这一同步过程。

```
semaphore empty=10;            //空座位的数量，初值为 10
semaphore mutex=1;             //互斥使用取号机
semaphore full=0;              //已占座位的数量，初值 0
semaphore service=0;           //等待叫号
cobegin
{
    Process 顾客 i
    {
        P(empty);              //等空位
        P(mutex);              //申请使用取号机
        从取号机上取号;
        V(mutex);              //取号完毕
        V(full);               //通知营业员有新顾客
        P(service);            //等待营业员叫号
        接受服务;
    }
    Process 营业员
    {
        while(True){
            P(full);           //没有顾客则休息
            V(empty);          //离开座位
            V(service);        //叫号
            为顾客服务;
        }
    }
}coend
```

19.【解答】

出入口一次仅允许一人通过，设置互斥信号量 mutex，初值为 1。博物馆最多可以同时容纳 500 人，因此设置信号量 empty，初值为 500。

```
semaphore empty=500;                 //博物馆可以容纳的最多人数
semaphore mutex=1;                   //用于出入口资源的控制
cobegin
参观者进程 i:
{
    …
    P(empty);                        //可容纳人数减 1
    P(mutex);                        //互斥使用门 1
    进门;
    V(mutex);
    参观;
    P(mutex);                        //互斥使用门
    出门;
    V(mutex);
    V(empty);                        //可容纳人数增 1
    …
 }
 coend
```

20.【解答】

这是典型的生产者和消费者问题，只对典型问题加了一个条件，只需在标准模型上新加一个信号量，即可完成指定要求。

设置 4 个变量 mutex1, mutex2, empty 和 full，mutex1 用于控制一个消费者进程在一个周期（10 次）内对缓冲区的访问，初值为 1；mutex2 用于控制进程单次互斥地访问缓冲区，初值为 1；empty 代表缓冲区的空位数，初值为 1000；full 代表缓冲区的产品数，初值为 0。伪代码如下：

```
semaphore empty=1000;    //空缓冲区数
semaphore full=0;        //非空缓冲区数
semaphore mutex1=1;      //用于实现生产者之间的互斥
semaphore mutex2=1;      //用于实现消费者之间的互斥
int in=0;
int out=0;
```

生产者进程

```
while(TRUE){
    produce;
    P(empty);
    P(mutex1);
    put an item into buf[in];
    in=(in+1) mod n;
    V(mutex1);
    V(full);
}
```

消费者进程

```
while(TRUE){
    P(mutex2);
    for(int i=0;i<10;i++){
        P(full);
        get an item from buf[out];
        out=(out+1) mod n;
        V(empty);
    }
    V(mutex2);
```

```
        Consume;
    }
```

21.【解答】

本题是一个典型的生产者-消费者问题。A 和 B 既是生产者，又是消费者。首先分析题中的互斥关系，信箱 A 和信箱 B 作为生产者-消费者问题中的缓冲区，需要互斥访问，因此设置两个信号量 mutex_A 和 mutex_B。然后分析 A 和 B 的同步关系，A 有两个动作，分别是从信箱 A 中取出邮件和将新邮件放入信箱 B，因此设置信号量 Full_A 和 Empty_B，用来保证信箱 A 中有邮件可以取，信箱 B 中有空间可以放。B 的分析同理。因此本题的所有信号量设置如下：

```
semaphore Full_A = x;          // Full_A 表示 A 的信箱中的邮件数量
semaphore Empty_A = M-x;       // Empty_A 表示 A 的信箱中还可存放的邮件数量
semaphore Full_B = y;          // Full_B 表示 B 的信箱中的邮件数量
semaphore Empty_B = N-y;       // Empty_B 表示 B 的信箱中还可存放的邮件数量
semaphore mutex_A = 1;         // mutex_A 用于 A 的信箱互斥
semaphore mutex_B = 1;         // mutex_B 用于 B 的信箱互斥
```

互斥信号量的 PV 操作直接放置在对信箱操作的前后。在 A 取邮件之前需执行 P(Full_A)来检查信箱 A 中是否有邮件可取，取出邮件之后需执行 V(Empty_A)，表示新增了一个邮件大小的空间；在 A 将邮件放入邮箱 B 之前需执行 P(Empty_B)来检车信箱 B 中是否有空间可以放，放完邮件之后需执行 V(Full_B)，表示信箱 B 增加了一个邮件。B 的分析同理。

Cobegin

A{
    while(TRUE){
        P(Full_A);
        P(mutex_A);
        从 A 的信箱中取出一个邮件;
        V(mutex_A);
        V(Empty_A);
        回答问题并提出一个新问题;
        P(Empty_B);
        P(mutex_B);
        将新邮件放入 B 的信箱;
        V(mutex_B);
        V(Full_B);
    }
}
	B{
	    while(TRUE){
	        P(Full_B);
	        P(mutex_B);
	        从 B 的信箱中取出一个邮件;
	        V(mutex_B);
	        V(Empty_B);
	        回答问题并提出一个新问题;
	        P(Empty_A);
	        P(mutex_A);
	        将新邮件放入 A 的信箱;
	        V(mutex_A);
	        V(Full_A);
	    }
	}

Coend

22.【解答】

对于这类问题：

首先，找出有可能需要互斥访问的变量，只有全局变量才可能需要互斥访问，也就是说，含全局变量的代码段才可能是临界区。而局部变量是不需要互斥访问的，就算不同的进程之间都有相同名字的局部变量，但对不同的进程来说，它们只认识属于自己的局部变量。

其次，有关互斥的难点不在于找出哪些变量有可能需要互斥访问，而要理解互斥是进程之间对某个变量的互斥，不能脱离具体的进程来谈某个变量需不需要互斥访问。前面说了全局变量有可能需要互斥访问，但也不一定，因为这要看进程对它的操作，因此，一组互斥关系需要指出是哪些进程对哪个变量的互斥。例如，考虑两种情况：第一种情况是，进程 1 和进程 2 需要对共享变量 C 互斥访问，进程 1 和进程 3 也需要对变量 C 互斥访问，这是两组不同的互斥关系，而不能简单地理解为对 C 的互斥；第二种情况是，进程 1、2、3 两两之间都需要对变量 C 互斥访问。这种情况与第一种情况的差别是，第一种情况允许进程 2、3 对变量 C 的访问是不互斥的。如果题目给出的是第一种情况，而我们采用了第二种情况去解题，可能就有同学认为，我依然满足了题目的要求啊，进程 1、2 之间以及进程 1、3 之间对 C 的访问都是互斥的，但这样降低了并发度，因为第二种情况允许进程 2、3 对变量 C 的访问是不互斥的，这也是 PV 互斥的最大难点，就是在没有准确找准互斥关系的条件下，容易导致程序的并发度降低，从而扣分。

具体到本题中：

首先，全局变量是 x、y、z，只有对这三个变量的访问才可能需要互斥。线程 1 涉及 x、y 的访问（只读），线程 2 涉及 y、z 的访问（只读），线程 3 涉及 y、z 的访问（读和写）。

其次，找互斥关系，根据什么原则呢？答案是读者-写者原则。读和读之间不需要互斥，读和写之间、写和写之间需要互斥。因此，本题的互斥关系如下：第一对，thread1 和 thread3 之间需要对变量 y 的访问互斥；第二对，线程 2 和线程 3 之间需要对变量 y 的访问互斥；第三对，线程 2 和线程 3 之间需要对变量 z 访问的互斥。正确找出所有互斥关系后，接下来的操作就很简单。因为有三组互斥关系，所以定义三个互斥信号量，分别为 mutex_y1 = 1、mutex_y2 = 1 和 mutex_z = 1，然后分别将它们加到线程代码段的相应位置。例如，在线程 1 的 w = add(x, y)和线程 3 的 y = add(y, w)上下用 mutex_y1 夹住；在线程 2 的 w = add(y, z)和线程 3 的 z = add(z, w)上下用 mutex_y2 夹住；在线程 2 的 w = add(y, z)和线程 3 的 y = add(y, w)上下用 mutex_z 夹住。

```
semaphore mutex_y1=1; //mutex_y1 用于 thread1 与 thread3 对变量 y 的互斥访问
semaphore mutex_y2=1; //mutex_y2 用于 thread2 与 thread3 对变量 y 的互斥访问
semaphore mutex_z=1;  //mutex_z 用于 thread2 与 thread3 对变量 z 的互斥访问
```

互斥代码如下：

thread1	thread2	thread3

thread1
{
cnum w;
wait(mutex_y1);
w = add(x, y);
signal(mutex_y1);
…
}
	thread2
	{
	cnum w;
	wait(mutex_y2);
	wait(mutex_z);
	w = add(y, z);
	signal(mutex_z);
	signal(mutex_y2);
	…
	}
		thread3
		{
		cnum w;
		w.a = 1;
		w.b = 1;
		wait(mutex_z);
		z = add(z, w);
		signal(mutex_z);
		wait(mutex_y1);
		wait(mutex_y2);
		y = add(y, w);
		signal(mutex_y1);
		signal(mutex_y2);
		…
		}

23.【解答】

回顾传统的哲学家问题，假设餐桌上有 n 名哲学家、n 根筷子，那么可以用这种方法避免死锁（本书考点讲解中提供了这一思路）：限制至多允许 $n-1$ 名哲学家同时“抢”筷子，那么至少会有 1 名哲学家可以获得两根筷子并顺利进餐，于是不可能发生死锁的情况。

本题可以用碗这个限制资源来避免死锁：当碗的数量 m 小于哲学家的数量 n 时，可以直接让碗的资源量等于 m，确保不会出现所有哲学家都拿一侧筷子而无限等待另一侧筷子进而造成死锁的情况；当碗的数量 m 大于或等于哲学家的数量 n 时，为了让碗起到同样的限制效果，我们让碗的资源量等于 $n-1$，这样就能保证最多只有 $n-1$ 名哲学家同时进餐，所以得到碗的资源量为 $\min\{n-1, m\}$。在进行 PV 操作时，碗的资源量起限制哲学家取筷子的作用，所以需要先对碗的资源量进行 P 操作。具体过程如下：

```
//信号量
semaphore bowl;                        //用于协调哲学家对碗的使用
semaphore chopsticks[n];               //用于协调哲学家对筷子的使用
for(int i=0;i<n;i++)
    chopsticks[i]=1;                   //设置两名哲学家之间筷子的数量
bowl=min(n-1,m);                       //bowl≤n-1，确保不死锁

CoBegin
while(TRUE){                           //哲学家 i 的程序
    思考;
    P(bowl);                           //取碗
    P(chopsticks[i]);                  //取左边筷子
    P(chopsticks[(i+1)%n]);            //取右边筷子
    就餐;
    V(chopsticks[i]);
    V(chopsticks[(i+1)%n]);
    V(bowl);
}
CoEnd
```

24.【解答】

本题是一个典型的利用信号量实现前驱关系的同步问题。首先画出各个操作之间的执行顺序图，可以看出，A、B、D 的执行不需要任何前提条件。执行完 A 和 B 之后才能执行 C，存在两对同步关系：A→C 和 B→C，设置两个同步变量 SAC = 0 和 SBC = 0，完成 A 和 B 之后分别执行 V(SAC)和 V(SBC)，表示 A 或 B 已完成；执行 C 之前需要执行 P(SAC)和 P(SBC)，检查 A 和 B 是否完成。执行完 C 和 D 之后才能执行 E，也存在两对同步关系：C→E 和 D→E，因此再设置两个同步变量 SCE = 0 和 SDE = 0，完成 C 和 D 之后分别执行 V(SCE)和 V(SDE)，表示 C 或 D 已完成；执行 E 之前需要执行 P(SCE)和 P(SDE)，检查 C 和 D 是否完成。

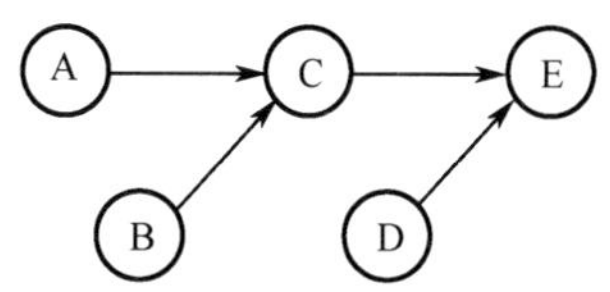


```
semaphore SAC = 0;          //控制 A 和 C 的执行顺序
semaphore SBC = 0;          //控制 B 和 C 的执行顺序
semaphore SCE = 0;          //控制 C 和 E 的执行顺序
semaphore SDE = 0;          //控制 D 和 E 的执行顺序
```

5 个操作可描述为如下。

```
CoBegin
A(){
    完成动作 A;
    V(SAC);                 //实现 A、C 之间的同步关系
}
B(){
    完成动作 B;
    V(SBC);                 //实现 B、C 之间的同步关系
```

```
    }
    C(){
        //C 必须在 A、B 都完成后才能完成
        P(SAC);
        P(SBC);
        完成动作 C;
        V(SCE);                    //实现 C、E 之间的同步关系
    }
    D(){
        完成动作 D;
        V(SDE);                    //实现 D、E 之间的同步关系
    }
    E(){
        //E 必须在完成 C、D 之后执行
        P(SCE);
        P(SDE)
        完成动作 E;
    }
    CoEnd
```

25.【解答】

1）信号量 S 是能被多个进程共享的变量，多个进程都可通过 wait()和 signal()对 S 进行读、写操作。所以，wait()和 signal()操作中对 S 的访问必须是互斥的。

2）方法 1 错误。在 wait()中，当 S <= 0 时，关中断后，其他进程无法修改 S 的值，while 语句陷入死循环。方法 2 正确。方法 2 在循环体中有一个开中断操作，这样就可以使其他进程修改 S 的值，从而避免 while 语句陷入死循环。

3）用户程序不能使用开/关中断指令实现临界区互斥。因为开中断和关中断指令都是特权指令，不能在用户态下执行，只能在内核态下执行。

26.【解答】

本题是一个典型的利用信号量实现前驱关系的同步问题。需要强调的是，只有不同进程之间的操作才需要进行同步。进程 T1 依次执行 A、E、F，进程 T2 依次执行 B、C、D。我们需要分析哪些操作必须在另一个进程的某个操作完成之后才能执行。由图可知，对进程 T1 来说，E 必须在进程 T2 执行完 C 后才能执行；对进程 T2 来说，C 必须在进程 T1 执行完 A 后才能执行。因此，有两对同步关系：A→C 和 C→E。为了实现这两对同步关系，定义两个同步信号量 S_{AC} 和 S_{CE}。进程 T1 执行完 A 后，发出信号 signal(S_{AC})，表示 A 已执行完成；进程 T2 准备执行 C 之前，等待信号 wait(S_{AC})，检查 A 是否执行完成。同理，进程 T2 执行完 C 后，发出信号 signal(S_{CE})，表示 C 已执行完成；进程 T1 准备执行 E 之前，等待信号 wait(S_{CE})，检查 C 是否执行完成。这样就保证了两个进程之间的同步。

<table>
<tr><td colspan="2">semaphore S_{AC}=0; //描述 A、C 之间的同步关系
semaphore S_{CE}=0; //描述 C、E 之间的同步关系</td></tr>
<tr><td>T1:
A;
signal(S_{AC});
wait(S_{CE});
E;
F;</td><td>T2:
B;
wait(S_{AC});
C;
signal(S_{CE});
D;</td></tr>
</table>

27.【解答】

1）if 语句无法实现对临界区的互斥访问，因为 if 语句执行后，不论结果如何，线程都能访问临界区。本题使用 swap 指令和 lock 变量来实现对临界区的互斥访问，当线程不能进入临界区时，本身并不会主动放弃 CPU，因此需要要让线程在进入区中循环检查 lock 值，可以使用 while 循环，当 lock 值为 TRUE 时，线程一直执行 while 循环的内容，直到 lock 值被修改为 FALSE 时，线程才能进入临界区，因此将进入区中的语句“if (key == TRUE) swap key, lock”修改为“while (key == TRUE) swap key, lock”。在退出区中，代表该线程对临界资源的访问已经结束，此时需要将 lock 值设为 FALSE，代表其他线程可以访问临界区，因此将退出区中的语句“lock = TRUE”修改为“lock = FALSE”。

2）否。因为多个线程可以并发执行 newSwap()，newSwap()执行时传递给形参 b 的是共享变量 lock 的地址，在 newSwap()中对 lock 既有读操作又有写操作，并发执行时不能保证实现两个变量值的原子交换，从而导致并发执行的线程同时进入临界区。例如，线程 A 和线程 B 并发执行，初始时 lock 值为 FALSE，当线程 A 执行完*a=*b 后发生了进程调度，切换到线程 B 执行，线程 B 执行完 newSwap 后发生线程切换，此时线程 A 和 B 都能进入临界区，不能实现互斥访问。

2.4　死锁

在学习本节时，请读者思考以下问题：

1）为什么会产生死锁？产生死锁有什么条件？

2）有什么办法可以解决死锁问题？

学完本节，读者应了解死锁的由来、产生条件及基本解决方法，区分避免死锁和预防死锁。

2.4.1　死锁的概念

1．死锁的定义

在多道程序系统中，由于进程的并发执行，极大提升了系统效率。然而，多个进程的并发执行也带来了新的问题——死锁。所谓死锁，是指多个进程因竞争资源而造成的一种僵局（互相等待对方手里的资源），使得各个进程都被阻塞，若无外力干涉，这些进程都无法向前推进。

下面通过一些实例来说明死锁现象。

先看生活中的一个实例。在一条河上有一座桥，桥面很窄，只能容纳一辆汽车通行。若有两辆汽车分别从桥的左右两端驶上该桥，则会出现下述冲突情况：此时，左边的汽车占有桥面左边的一段，右边的汽车占有桥面右边的一段，要想过桥则需等待左边或右边的汽车向后行驶以退出桥面。但若左右两边的汽车都只想向前行驶，则两辆汽车都无法过桥。

在计算机系统中也存在类似的情况。例如，某计算机系统中只有一台打印机和一台输入设备，进程 P_1 正占用输入设备，同时又提出使用打印机的请求，但此时打印机正被进程 P_2 所占用，而 P_2 在未释放打印机之前，又提出请求使用正被 P_1 占用的输入设备。这样，两个进程相互无休止地等待下去，均无法继续向前推进，此时两个进程陷入死锁状态。

2．死锁与饥饿

一组进程处于死锁状态是指组内的每个进程都在等待一个事件，而该事件只可能由组内的另一个进程产生。与死锁相关的另一个问题是饥饿，即进程在信号量内无穷等待的情况。

产生饥饿的主要原因是：当系统中有多个进程同时申请某类资源时，由分配策略确定资源分配给进程的次序，有的分配策略可能是不公平的，即不能保证等待时间上界的存在。在这种情况下，即使系统未发生死锁，某些进程也可能长时间等待。当等待时间给进程的推进带来明显影响时，称发生了饥饿。例如，当有多个进程需要打印文件时，若系统分配打印机的策略是最短文件优先，则长文件的打印任务将因短文件的源源不断到来而被无限期推迟，最终导致饥饿，甚至"饿死"。饥饿并不表示系统一定死锁，但至少有一个进程的执行被无限期推迟。

死锁和饥饿的共同点都是进程无法顺利向前推进的现象。

死锁和饥饿的主要差别：①发生饥饿的进程可以只有一个；而死锁是因循环等待对方手里的资源而导致的，因此，如果有死锁现象，那么发生死锁的进程必然大于或等于两个。②发生饥饿的进程可能处于就绪态（长期得不到 CPU，如 SJF 算法的问题），也可能处于阻塞态（如长期得不到所需的 I/O 设备，如上述举例）；而发生死锁的进程必定处于阻塞态。

3．死锁产生的原因

命题追踪 ▶▶ 单类资源竞争时发生死锁的临界条件的分析（2009、2014）

（1）系统资源的竞争

通常系统中拥有的不可剥夺资源（如磁带机、打印机等），其数量不足以满足多个进程运行的需要，使得进程在运行过程中，会因争夺资源而陷入僵局。只有对不可剥夺资源的竞争才可能产生死锁，对可剥夺资源（如 CPU 和主存）的竞争是不会引起死锁的。

（2）进程推进顺序非法

请求和释放资源的顺序不当，也同样会导致死锁。例如，进程 P_1, P_2 分别保持了资源 R_1, R_2，而 P_1 申请资源 R_2、P_2 申请资源 R_1 时，两者都会因为所需资源被占用而阻塞，于是导致死锁。

信号量使用不当也会造成死锁。进程间彼此相互等待对方发来的消息，也会使得这些进程无法继续向前推进。例如，进程 A 等待进程 B 发的消息，进程 B 又在等待进程 A 发的消息，可以看出进程 A 和 B 不是因为竞争同一资源，而是在等待对方的资源导致死锁。

4．死锁产生的必要条件

产生死锁必须同时满足以下 4 个条件，只要其中任一条件不成立，死锁就不会发生。

1）互斥条件。进程要求对所分配的资源（如打印机）进行排他性使用，即在一段时间内某资源仅为一个进程所占有。此时若有其他进程请求该资源，则请求进程只能等待。

2）不可剥夺条件。进程所获得的资源在未使用完之前，不能被其他进程强行夺走，即只能由获得该资源的进程自己来释放（只能是主动释放）。

3）请求并保持条件。进程已经保持了至少一个资源，但又提出了新的资源请求，而该资源已被其他进程占有，此时请求进程被阻塞，但对自己已获得的资源保持不放。

4）循环等待条件。存在一种进程资源的循环等待链，链中每个进程已获得的资源同时被链中下一个进程所请求。即存在一个处于等待态的进程集合$\{P_1, P_2, \cdots, P_n\}$，其中 P_i 等待的资源被 P_{i+1}（$i = 0, 1, \cdots, n-1$）占有，P_n 等待的资源被 P_0 占有，如图 2.13 所示。

直观上看，循环等待条件似乎和死锁的定义一样，其实不然。按死锁定义构成等待环所要求的条件更严，它要求 P_i 等待的资源必须由 P_{i+1} 来满足，而循环等待条件则无此限制。例如，系统中有两台输出设备，P_0 和 P_K 各占有一台，且 K 不属于集合$\{0, 1, \cdots, n\}$。P_n 等待一台输出设备，它可从 P_0 或 P_K 获得。因此，虽然 P_n, P_0 和其他一些进程形成了等待环，但 P_K 不在圈内，若 P_K 释放了输出设备，则可打破循环等待，如图 2.14 所示。因此循环等待只是死锁的必要条件。

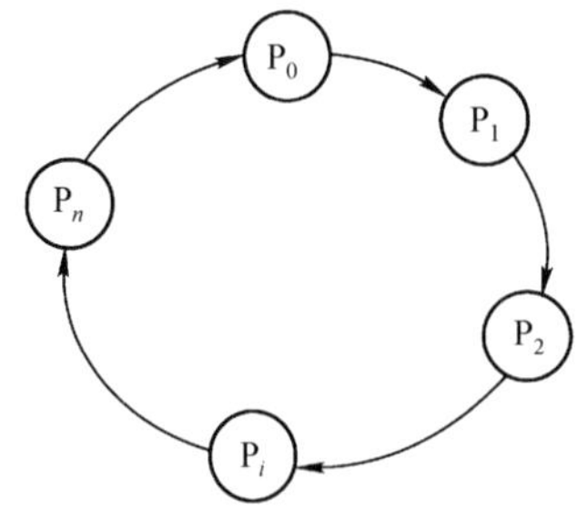

图 2.13　循环等待

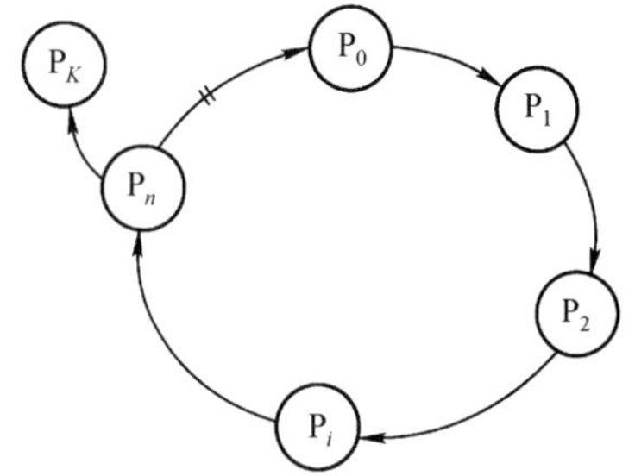

图 2.14　满足条件但无死锁

资源分配图含圈而系统又不一定有死锁的原因是，同类资源数大于 1。但若系统中每类资源都只有一个资源，则资源分配图含圈就变成了系统出现死锁的充分必要条件。

要注意区分不可剥夺条件与请求并保持条件。下面用一个简单的例子进行说明：若你手上拿着一个苹果（即便你不打算吃），别人不能将你手上的苹果拿走，则这就是不可剥夺条件；若你左手拿着一个苹果，允许你右手再去拿一个苹果，则这就是请求并保持条件。

5．死锁的处理策略

为使系统不发生死锁，必须设法破坏产生死锁的 4 个必要条件之一，或允许死锁产生，但当死锁发生时能检测出死锁，并有能力实现恢复。

1）死锁预防。设置某些限制条件，破坏产生死锁的 4 个必要条件中的一个或几个。

2）避免死锁。在资源的动态分配过程中，用某种方法防止系统进入不安全状态。

3）死锁的检测及解除。无须采取任何限制性措施，允许进程在运行过程中发生死锁。通过系统的检测机构及时地检测出死锁的发生，然后采取某种措施解除死锁。

预防死锁和避免死锁都属于事先预防策略，预防死锁的限制条件比较严格，实现起来较为简单，但往往导致系统的效率低，资源利用率低；避免死锁的限制条件相对宽松，资源分配后需要通过算法来判断是否进入不安全状态，实现起来较为复杂。

死锁的几种处理策略的比较见表 2.4。

表 2.4　死锁处理策略的比较

	资源分配策略	各种可能模式	主要优点	主要缺点
死锁预防	保守，宁可资源闲置	一次请求所有资源，资源剥夺，资源按序分配	适用于突发式处理的进程，不必进行剥夺	效率低，初始化时间延长；剥夺次数过多；不便灵活申请新资源
死锁避免	是预防和检测的折中（在运行时判断是否可能死锁）	寻找可能的安全允许顺序	不必进行剥夺	必须知道将来的资源需求；进程不能被长时间阻塞
死锁检测	宽松，只要允许就分配资源	定期检查死锁是否已经发生	不延长进程初始化时间，允许对死锁进行现场处理	通过剥夺解除死锁，造成损失

2.4.2　死锁预防

命题追踪 ▶ 死锁预防的特点（2019）

预防死锁的发生只需破坏死锁产生的 4 个必要条件之一即可。

1．破坏互斥条件

如果将只能互斥使用的资源改造为允许共享使用，那么系统不会进入死锁状态。但有些资源根本不能同时访问，如打印机等临界资源只能互斥使用。所以，破坏互斥条件而预防死锁的方法不太可行，而且为了系统安全，很多时候还必须保护这种互斥性。

2. 破坏不可剥夺条件

当一个已经保持了某些不可剥夺资源的进程，请求新的资源而得不到满足时，它必须释放已经保持的所有资源，待以后需要时再重新申请。这意味着，进程已占有的资源会被暂时释放，或者说是被剥夺了，从而破坏了不可剥夺条件。

该策略实现起来比较复杂。释放已获得的资源可能造成前一阶段工作的失效，因此这种方法常用于状态易于保存和恢复的资源，如 CPU 的寄存器及内存资源，一般不能用于打印机之类的资源。反复地申请和释放资源既影响进程推进速度，又增加系统开销，进而降低系统吞吐量。

3. 破坏请求并保持条件

要求进程在请求资源时不能持有不可剥夺资源，可以通过两种方法实现：

1）采用预先静态分配方法，即进程在运行前一次申请完它所需要的全部资源。在它的资源未满足前，不让它投入运行。在进程的运行期间，不会再提出资源请求，从而破坏“请求”条件。在等待期间，进程不占有任何资源，从而破坏了“保持”条件。

2）允许进程只获得运行初期所需的资源后，便可开始运行。进程在运行过程中再逐步释放已分配给自己且已使用完毕的全部资源后，才能请求新的资源。

方法一的实现简单，但缺点也显而易见，系统资源被严重浪费，其中有些资源可能仅在运行初期或快结束时才使用。而且还会导致“饥饿”现象，由于个别资源长期被其他进程占用，将导致等待该资源的进程迟迟不能开始运行。方法二则改进了这些缺点。

4. 破坏循环等待条件

为了破坏循环等待条件，可以采用顺序资源分配法。首先给系统中的各类资源编号，规定每个进程必须按编号递增的顺序请求资源，同类资源（编号相同的资源）一次申请完。也就是说，一个进程只在已经占有小编号的资源时，才有资格申请更大编号的资源。按此规则，已持有大编号资源的进程不可能再逆向申请小编号的资源，因此不会产生循环等待的现象。

这种方法的缺点：编号必须相对稳定，因此不便于增加新类型设备；尽管在编号时已考虑到大多数进程使用这些资源的顺序，但是进程实际使用资源的顺序还是可能和编号的次序不一致，这就会造成资源的浪费；此外，必须按规定次序申请资源，也会给用户编程带来麻烦。

2.4.3 死锁避免

避免死锁同样属于事先预防策略，但并不是事先采取某种限制措施破坏死锁的必要条件，而是在每次分配资源的过程中，都要分析此次分配是否会带来死锁风险，只有在不产生死锁的情况下，系统才会为其分配资源。这种方法所施加的限制条件较弱，可以获得较好的系统性能。

1. 系统安全状态

避免死锁的方法中，允许进程动态地申请资源，但系统在进行资源分配之前，应先计算此次分配的安全性。若此次分配不会导致系统进入不安全状态，则允许分配；否则让进程等待。

所谓安全状态，是指系统能按某种进程推进顺序（$P_1, P_2, \cdots, P_n$）为每个进程 P_i 分配其所需的资源，直至满足每个进程对资源的最大需求，使每个进程都可顺利完成。此时称 $P_1, P_2, \cdots, P_n$ 为安全序列（可能有多个）。若系统无法找到一个安全序列，则称系统处于不安全状态。

命题追踪 ▶ 系统安全状态的分析（2018）

假设系统有三个进程 P_1, P_2 和 P_3，共有 12 台磁带机。P_1 需要 10 台，P_2 和 P_3 分别需要 4 台和 9 台。假设在 T_0 时刻，P_1, P_2 和 P_3 已分别获得 5 台、2 台和 2 台，尚有 3 台未分配，见表 2.5。

表 2.5　资源分配

进程	最大需求	已分配	可用
P_1	10	5	3
P_2	4	2	
P_3	9	2	

在 T_0 时刻是安全的，因为存在一个安全序列 P_2, P_1, P_3，只要系统按此进程序列分配资源，那么每个进程都能顺利完成。也就是说，当前可用资源数为 3，先将 3 台分配给 P_2 以满足其最大需求，P_2 结束并归还资源后，系统有 5 台可用；接下来给 P_1 分配 5 台以满足其最大需求，P_1 结束并归还资源后，剩余 10 台可用；最后分配 7 台给 P_3，这样 P_3 也能顺利完成。

若在 T_0 时刻后，系统分配 1 台给 P_3，剩余可用资源数为 2，此时系统进入不安全状态，因为此时已无法再找到一个安全序列。当系统进入不安全状态后，便可能导致死锁。例如，将剩下的 2 台分配给 P_2，这样，P_2 完成后只能释放 4 台，既不能满足 P_1 又不能满足 P_3，致使它们都无法推进到完成，彼此都在等待对方释放资源，陷入僵局，即导致死锁。

如果系统处于安全状态，则一定不会发生死锁；若系统进入不安全状态，则有可能发生死锁（处于不安全状态未必发生死锁，但发生死锁时一定是处于不安全状态）。

2．银行家算法

命题追踪 ▶ 银行家算法的特点（2013、2019）

银行家算法是最著名的死锁避免算法，其思想是：将操作系统视为银行家，操作系统管理的资源视为银行家管理的资金，进程请求资源相当于用户向银行家贷款。进程运行之前先声明对各种资源的最大需求量，其数目不应超过系统的资源总量。当进程在运行中申请资源时，系统必须先确定是否有足够的资源分配给该进程。若有，再进一步试探在将这些资源分配给进程后，是否会使系统处于不安全状态。如果不会，才将资源分配给它，否则让进程等待。

（1）数据结构描述

假设系统中有 n 个进程，m 类资源，在银行家算法中需要定义下面 4 个数据结构。

1）可利用资源向量 Available：含有 m 个元素的数组，其中每个元素代表一类可用的资源数目。Available[j] = K 表示此时系统中有 K 个 R_j 类资源可用。

2）最大需求矩阵 Max：$n×m$ 矩阵，定义系统中 n 个进程中的每个进程对 m 类资源的最大需求。Max[i, j] = K 表示进程 P_i 需要 R_j 类资源的最大数目为 K。

3）分配矩阵 Allocation：$n×m$ 矩阵，定义系统中每类资源当前已分配给每个进程的资源数。Allocation[i, j] = K 表示进程 P_i 当前已分得 R_j 类资源的数目为 K。

4）需求矩阵 Need：$n×m$ 矩阵，表示每个进程接下来最多还需要多少资源。Need[i, j] = K 表示进程 P_i 还需要 R_j 类资源的数目为 K。

上述三个矩阵间存在下述关系：

$$\text{Need} = \text{Max} - \text{Allocation}$$

通常，Max 矩阵和 Allocation 矩阵是题中的已知条件，而求出 Need 矩阵是解题的第一步。

（2）银行家算法描述

设 Request_i 是进程 P_i 的请求向量，$\text{Request}_i[j] = K$ 表示进程 P_i 需要 j 类资源 K 个。当 P_i 发出资源请求后，系统按下述步骤进行检查：

① 若 $\text{Request}_i[j] \leqslant \text{Need}[i, j]$，则转向步骤②；否则认为出错，因为它所需要的资源数已超过它所宣布的最大值。

② 若 $Request_i[j]$≤$Available[j]$，则转向步骤③；否则，表示尚无足够资源，P_i必须等待。

③ 系统试探着将资源分配给进程 P_i，并修改下面数据结构中的数值：

$$Available = Available - Request_i;$$
$$Allocation[i, j] = Allocation[i, j] + Request_i[j];$$
$$Need[i, j] = Need[i, j] - Request_i[j];$$

④ 系统执行安全性算法，检查此次资源分配后，系统是否处于安全状态。若安全，才正式将资源分配给进程 P_i，以完成本次分配；否则，将本次的试探分配作废，恢复原来的资源分配状态，让进程 P_i等待。

（3）安全性算法

设置工作向量 Work，表示系统中的剩余可用资源数目，它有 m 个元素，在执行安全性算法前，令 Work = Available。

① 初始时安全序列为空。

② 从 Need 矩阵中找出符合下面条件的行：该行对应的进程不在安全序列中，而且该行小于或等于 Work 向量，找到后，将对应的进程加入安全序列；若找不到，则执行步骤④。

③ 进程 P_i进入安全序列后，可顺利执行，直至完成，并释放分配给它的资源，所以应执行 $Work = Work + Allocation[i]$，其中 $Allocation[i]$是 Allocation 矩阵中对应的行，返回步骤②。

④ 若此时安全序列中已有所有进程，则系统处于安全状态，否则系统处于不安全状态。

看完上面对银行家算法的过程描述后，可能会有眼花缭乱的感觉，现在通过举例来加深理解。

3．安全性算法举例

命题追踪 ▶ 银行家算法的安全序列分析（2011、2012、2018、2020、2022）

假定系统中有 5 个进程 $\{P_0, P_1, P_2, P_3, P_4\}$ 和三类资源 $\{A, B, C\}$，各种资源的数量分别为 10, 5, 7，在 T_0 时刻的资源分配情况见表 2.6。

T_0 时刻的安全性。利用安全性算法对 T_0 时刻的资源分配进行分析。

表 2.6 T_0 时刻的资源分配表

资源情况 / 进程	Max A B C	Allocation A B C	Available A B C
P_0	7 5 3	0 1 0	3 3 2 (2 3 0)
P_1	3 2 2	2 0 0 (3 0 2)	
P_2	9 0 2	3 0 2	
P_3	2 2 2	2 1 1	
P_4	4 3 3	0 0 2	

① 从题目中我们可以提取 Max 矩阵和 Allocation 矩阵，这两个矩阵相减可得到 Need 矩阵：

$$\underset{\text{Max}}{\begin{bmatrix} 7 & 5 & 3 \\ 3 & 2 & 2 \\ 9 & 0 & 2 \\ 2 & 2 & 2 \\ 4 & 3 & 3 \end{bmatrix}} - \underset{\text{Allocation}}{\begin{bmatrix} 0 & 1 & 0 \\ 2 & 0 & 0 \\ 3 & 0 & 2 \\ 2 & 1 & 1 \\ 0 & 0 & 2 \end{bmatrix}} = \underset{\text{Need}}{\begin{bmatrix} 7 & 4 & 3 \\ 1 & 2 & 2 \\ 6 & 0 & 0 \\ 0 & 1 & 1 \\ 4 & 3 & 1 \end{bmatrix}}$$

② 然后，将 Work 向量与 Need 矩阵的各行进行比较，找出比 Work 矩阵小的行。例如，在初始时，

$$(3,3,2) > (1,2,2)$$
$$(3,3,2) > (0,1,1)$$

对应的两个进程分别为 P_1 和 P_3，这里我们选择 P_1（也可选择 P_3）暂时加入安全序列。

③ 释放 P_1 所占的资源，即将 P_1 进程对应的 Allocation 矩阵中的一行与 Work 向量相加：

$$(3\quad 3\quad 2)+(2\quad 0\quad 0)=(5\quad 3\quad 2)=\text{Work}$$

此时需求矩阵更新为（去掉了 P_1 对应的一行）：

$$\begin{matrix} P_0 \\ P_2 \\ P_3 \\ P_4 \end{matrix}\begin{bmatrix} 7 & 4 & 3 \\ 6 & 0 & 0 \\ 0 & 1 & 1 \\ 4 & 3 & 1 \end{bmatrix}$$

再用更新的 Work 向量和 Need 矩阵重复步骤②。利用安全性算法分析 T_0 时刻的资源分配情况如表 2.7 所示，最后得到一个安全序列 $\{P_1, P_3, P_4, P_2, P_0\}$。

表 2.7　T_0 时刻的安全序列的分析

资源情况 / 进程	Work			Need			Allocation			Work+Allocation		
	A	B	C	A	B	C	A	B	C	A	B	C
P_1	3	3	2	1	2	2	2	0	0	5	3	2
P_3	5	3	2	0	1	1	2	1	1	7	4	3
P_4	7	4	3	4	3	1	0	0	2	7	4	5
P_2	7	4	5	6	0	0	3	0	2	10	4	7
P_0	10	4	7	7	4	3	0	1	0	10	5	7

4. 银行家算法举例

安全性算法是银行家算法的核心，在银行家算法的题目中，一般会有某个进程的一个资源请求向量，读者只要执行上面所介绍的银行家算法的前三步，马上就会得到更新的 Allocation 矩阵和 Need 矩阵，再按照上例的安全性算法判断，就能知道系统能否满足进程提出的资源请求。

假设当前系统中资源的分配和剩余情况如表 2.6 所示。

（1）P_1 请求资源：P_1 发出请求向量 $Request_1(1, 0, 2)$，系统按银行家算法进行检查：

$Request_1(1, 0, 2) \leqslant Need_1(1, 2, 2)$

$Request_1(1, 0, 2) \leqslant Available_1(3, 3, 2)$

系统先假定可为 P_1 分配资源，并修改

$Available = Available - Request_1 = (2, 3, 0)$

$Allocation_1 = Allocation_1 + Request_1 = (3, 0, 2)$

$Need_1 = Need_1 - Request_1 = (0, 2, 0)$

由此形成的资源变化情况如表 2.6 中的圆括号所示。

令 $Work = Available = (2, 3, 0)$，再利用安全性算法检查此时系统是否安全，如表 2.8 所示。

表 2.8 P_1 申请资源时的安全性检查

资源情况 / 进程	Work			Need			Allocation			Work+Allocation		
	A	B	C	A	B	C	A	B	C	A	B	C
P_1	2	3	0	0	2	0	3	0	2	5	3	2
P_3	5	3	2	0	1	1	2	1	1	7	4	3
P_4	7	4	3	4	3	1	0	0	2	7	4	5
P_0	7	4	5	7	4	3	0	1	0	7	5	5
P_2	7	5	5	6	0	0	3	0	2	10	5	7

由所进行的安全性检查得知，可找到一个安全序列{P_1, P_3, P_4, P_0, P_2}。因此，系统是安全的，可以立即将 P_1 所申请的资源分配给它。分配后系统中的资源情况如表 2.9 所示。

表 2.9 为 P_1 分配资源后的有关资源数据

资源情况 / 进程	Allocation			Need			Available		
	A	B	C	A	B	C	A	B	C
P_0	0	1	0	7	4	3	2	3	0
P_1	3	0	2	0	2	0			
P_2	3	0	2	6	0	0			
P_3	2	1	1	0	1	1			
P_4	0	0	2	4	3	1			

（2）P_4 请求资源：P_4 发出请求向量 $Request_4$ (3, 3, 0)，系统按银行家算法进行检查：

$Request_4$(3, 3, 0)≤$Need_4$(4, 3, 1)；

$Request_4$(3, 3, 0) > Available(2, 3, 0)，让 P_4 等待。

（3）P_0 请求资源：P_0 发出请求向量 $Requst_0$(0, 2, 0)，系统按银行家算法进行检查：

$Request_0$(0, 2, 0)≤$Need_0$(7, 4, 3)；

$Request_0$(0, 2, 0)≤Available(2, 3, 0)

系统暂时先假定可为 P_0 分配资源，并修改有关数据：

Available = Available – $Request_0$ = (2, 1, 0)

$Allocation_0$ = $Allocation_0$ + $Request_0$ = (0, 3, 0)

$Need_0$ = $Need_0$ – $Request_0$ = (7, 2, 3)，结果如表 2.10 所示。

表 2.10 为 P_0 分配资源后的有关资源数据

资源情况 / 进程	Allocation			Need			Available		
	A	B	C	A	B	C	A	B	C
P_0	0	3	0	7	2	3	2	1	0
P_1	3	0	2	0	2	0			
P_2	3	0	2	6	0	0			
P_3	2	1	1	0	1	1			
P_4	0	0	2	4	3	1			

进行安全性检查：可用资源 Available(2, 1, 0)已不能满足任何进程的需要，系统进入不安全状态，因此拒绝 P_0 的请求，让 P_0 等待，并将 Available, $Allocation_0$, $Need_0$ 恢复为之前的值。

2.4.4 死锁检测和解除

命题追踪 ▶ 死锁避免和死锁检测的区分（2015）

前面介绍的死锁预防和避免算法，都是在为进程分配资源时施加限制条件或进行检测，若系统为进程分配资源时不采取任何预防或避免措施，则应该提供死锁检测和解除的手段。

1．死锁检测

命题追踪 ▶ 死锁避免和死锁检测对比（2015）

死锁避免和死锁检测的对比。死锁避免需要在进程的运行过程中一直保证之后不可能出现死锁，因此需要知道进程从开始到结束的所有资源请求。而死锁检测检测某个时刻是否发生死锁，不需要知道进程在整个生命周期中的资源请求，只需知道对应时刻的资源请求。

命题追踪 ▶ 多在资源竞争时发生死锁的临界条件分析（2016、2021）

可用*资源分配图*来检测系统所处的状态是否为死锁状态。如图 2.15(a)所示，用圆圈表示一个进程，用框表示一类资源。由于一种类型的资源可能有多个，因此用框中的一个圆表示一类资源中的一个资源。从进程到资源的有向边称为*请求边*，表示该进程申请一个单位的该类资源；从资源到进程的边称为*分配边*，表示该类资源已有一个资源分配给了该进程。

在图 2.15(a)所示的资源分配图中，进程 P_1 已分得了两个 R_1 资源，并又请求一个 R_2 资源；进程 P_2 分得了一个 R_1 资源和一个 R_2 资源，并又请求一个 R_1 资源。

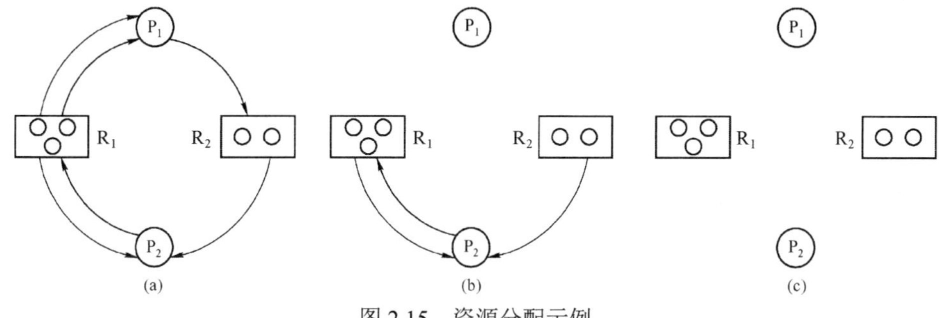

图 2.15　资源分配示例

简化资源分配图可检测系统状态 S 是否为死锁状态。简化方法如下：

1）在资源分配图中，找出既不阻塞又不孤立的进程 P_i（找出一条有向边与它相连，且该有向边对应资源的申请数量小于或等于系统中已有的空闲资源数量，如在图 2.15(a)中，R_1 没有空闲资源，R_2 有一个空闲资源。若所有连接该进程的边均满足上述条件，则这个进程能继续运行直至完成，然后释放它所占有的所有资源）。消去它所有的请求边和分配边，使之成为孤立的节点。在图 2.15(a)中，P_1 是满足这一条件的进程节点，将 P_1 的所有边消去，便得到图 2.15(b)所示的情况。

这里要注意一个问题，判断某种资源是否有空闲，应该用它的资源数量减去它在资源分配图中的出度，例如在图 2.15(a)中，R_1 的资源数为 3，而出度也为 3，所以 R_1 没有空闲资源，R_2 的资源数为 2，出度为 1，所以 R_2 有一个空闲资源。

2）进程 P_i 所释放的资源，可以唤醒某些因等待这些资源而阻塞的进程，原来的阻塞进程可能变为非阻塞进程。在图 2.15(a)中，P_2 就满足这样的条件。根据 1）中的方法进行一系列简化后，若能消去图中所有的边，则称该图是*可完全简化的*，如图 2.15(c)所示。

S 为死锁的条件是当且仅当 S 状态的资源分配图是不可完全简化的，该条件为*死锁定理*。

2．死锁解除

命题追踪 ▶ 解除死锁的方式（2019）

一旦检测出死锁，就应立即采取相应的措施来解除死锁。死锁解除的主要方法有：

1）资源剥夺法。挂起某些死锁进程，并抢占它的资源，将这些资源分配给其他的死锁进程。但应防止被挂起的进程长时间得不到资源而处于资源匮乏的状态。

注 意

在资源分配图中，用死锁定理化简后，还有边相连的那些进程就是死锁进程。

2）撤销进程法。强制撤销部分、甚至全部死锁进程并剥夺这些进程的资源。撤销的原则可以按进程优先级和撤销进程代价的高低进行。这种方式实现简单，但付出的代价可能很大，因为有些进程可能已经接近结束，一旦被终止，以后还得从头再来。

3）进程回退法。让一个或多个死锁进程回退到足以回避死锁的地步，进程回退时自愿释放资源而非被剥夺。要求系统保持进程的历史信息，设置还原点。

2.4.5 本节小结

本节开头提出的问题的参考答案如下。

1）为什么会产生死锁？产生死锁有什么条件？

由于系统中存在一些不可剥夺资源，当两个或两个以上的进程占有自身的资源并请求对方的资源时，会导致每个进程都无法向前推进，这就是死锁。死锁产生的必要条件有4个，分别是互斥条件、不剥夺条件、请求并保持条件和循环等待条件。

互斥条件是指进程要求分配的资源是排他性的，即最多只能同时供一个进程使用。

不剥夺条件是指进程在使用完资源之前，资源不能被强制夺走。

请求并保持条件是指进程占有自身本来拥有的资源并要求其他资源。

循环等待条件是指存在一种进程资源的循环等待链。

2）有什么办法可以解决死锁问题？

死锁的处理策略可以分为预防死锁、避免死锁及死锁的检测与解除。

死锁预防是指通过设立一些限制条件，破坏死锁的一些必要条件，让死锁无法发生。

死锁避免指在动态分配资源的过程中，用一些算法防止系统进入不安全状态，从而避免死锁。

死锁的检测和解除是指在死锁产生前不采取任何措施，只检测当前系统有没有发生死锁，若有，则采取一些措施解除死锁。

2.4.6 本节习题精选

一、单项选择题

01. 下列情况中，可能导致死锁的是（ ）。

A. 进程释放资源　　B. 一个进程进入死循环
C. 多个进程竞争资源出现了循环等待　　D. 多个进程竞争使用共享型的设备

02. 在哲学家进餐问题中，若所有哲学家同时拿起左筷子，则发生死锁，因为他们都需要右筷子才能用餐。为了让尽可能多的哲学家可以同时用餐，并且不发生死锁，可以利用信号量PV操作实现同步互斥，下列说法中正确的是（ ）。

A. 使用信号量进行控制的方法一定可以避免死锁
B. 同时检查两支筷子是否可用的方法可以预防死锁，但是会导致饥饿问题
C. 限制允许拿起筷子的哲学家数量可以预防死锁，它破坏了“循环等待”条件
D. 对哲学家顺序编号，奇数号哲学家先拿左筷子，然后拿右筷子，而偶数号哲学家刚好相反，可以预防死锁，它破坏了“互斥”条件

03. 下列关于进程死锁的描述中，错误的是（　）。

A. 如果每个进程只能同时申请或拥有一个资源，就不会发生死锁

B. 如果多个进程可以无冲突共享访问所有资源，就不会发生死锁

C. 如果所有进程的执行严格区分优先级，就不会发生死锁

D. 如果进程资源请求之间不存在循环等待，就不会发生死锁

04. 一次分配所有资源的方法可以预防死锁的发生，它破坏死锁 4 个必要条件中的（　）。

A. 互斥　　B. 占有并请求

C. 非剥夺　　D. 循环等待

05. 系统产生死锁的可能原因是（　）。

A. 独占资源分配不当　　B. 系统资源不足

C. 进程运行太快　　D. CPU 内核太多

06. 死锁的避免是根据（　）采取措施实现的。

A. 配置足够的系统资源　　B. 使进程的推进顺序合理

C. 破坏死锁的四个必要条件之一　　D. 防止系统进入不安全状态

07. 死锁预防是保证系统不进入死锁状态的静态策略，其解决办法是破坏产生死锁的四个必要条件之一。下列方法中破坏了“循环等待”条件的是（　）。

A. 银行家算法　　B. 一次性分配策略

C. 剥夺资源法　　D. 资源有序分配策略

08. 可以防止系统出现死锁的手段是（　）。

A. 用 PV 操作管理共享资源　　B. 使进程互斥地使用共享资源

C. 采用资源静态分配策略　　D. 定时运行死锁检测程序

09. 某系统中有三个并发进程都需要四个同类资源，则该系统必然不会发生死锁的最少资源是（　）。

A. 9　　B. 10

C. 11　　D. 12

10. 某系统中共有 11 台磁带机，X 个进程共享此磁带机设备，每个进程最多请求使用 3 台，则系统必然不会死锁的最大 X 值是（　）。

A. 4　　B. 5

C. 6　　D. 7

11. 若系统中有 5 个某类资源供若干进程共享，则不会引起死锁的情况是（　）。

A. 有 6 个进程，每个进程需 1 个资源　　B. 有 5 个进程，每个进程需 2 个资源

C. 有 4 个进程，每个进程需 3 个资源　　D. 有 3 个进程，每个进程需 4 个资源

12. 解除死锁通常不采用的方法是（　）。

A. 终止一个死锁进程　　B. 终止所有死锁进程

C. 从死锁进程处抢夺资源　　D. 从非死锁进程处抢夺资源

13. 采用资源剥夺法可以解除死锁，还可以采用（　）方法解除死锁。

A. 执行并行操作　　B. 撤销进程

C. 拒绝分配新资源　　D. 修改信号量

14. 在下列死锁的解决方法中，属于死锁预防策略的是（　）。

A. 银行家算法　　B. 资源有序分配算法

C. 死锁检测算法　　D. 资源分配图化简法

15. 三个进程共享四个同类资源，这些资源的分配与释放只能一次一个。已知每个进程最多需要两个该类资源，则该系统（ ）。

A. 有些进程可能永远得不到该类资源
B. 必然有死锁
C. 进程请求该类资源必然能得到
D. 必然是死锁

16. 以下有关资源分配图的描述中，正确的是（ ）。

A. 有向边包括进程指向资源类的分配边和资源类指向进程申请边两类
B. 矩形框表示进程，其中圆点表示申请同一类资源的各个进程
C. 圆圈节点表示资源类
D. 资源分配图是一个有向图，用于表示某时刻系统资源与进程之间的状态

17. 死锁的四个必要条件中，无法破坏的是（ ）。

A. 环路等待资源
B. 互斥使用资源
C. 占有且等待资源
D. 非抢夺式分配

18. 死锁与安全状态的关系是（ ）。

A. 死锁状态有可能是安全状态
B. 安全状态有可能成为死锁状态
C. 不安全状态就是死锁状态
D. 死锁状态一定是不安全状态

19. 死锁检测时检查的是（ ）。

A. 资源有向图　B. 前驱图　C. 搜索树　D. 安全图

20. 某个系统采用下列资源分配策略。若一个进程提出资源请求得不到满足，而此时没有由于等待资源而被阻塞的进程，则自己就被阻塞。而当此时已有等待资源而被阻塞的进程，则检查所有由于等待资源而被阻塞的进程。若它们有申请进程所需要的资源，则将这些资源取出并分配给申请进程。这种分配策略会导致（ ）。

A. 死锁　B. 颠簸　C. 回退　D. 饥饿

21. 系统的资源分配图在下列情况下，无法判断是否处于死锁状态的有（ ）。

I. 出现了环路
II. 没有环路
III. 每种资源只有一个，并出现环路
IV. 每个进程节点至少有一条请求边

A. I、II、III、IV
B. I、III、IV
C. I、IV
D. 以上答案都不正确

22. 下列关于死锁的说法中，正确的有（ ）。

I. 死锁状态一定是不安全状态
II. 产生死锁的根本原因是系统资源分配不足和进程推进顺序非法
III. 资源的有序分配策略可以破坏死锁的循环等待条件
IV. 采用资源剥夺法可以解除死锁，还可以采用撤销进程方法解除死锁

A. I、III　B. II　C. IV　D. 四个说法都对

23. 下面是并发进程的程序代码，正确的是（ ）。

```
Semaphore x1=x2=y=1;
int c1=c2=0;
P1()                                P2()
{                                   {
 while(1){                          while(1){
    P(x1);                             P(x2);
    if(++c1==1)P(y);                   if(++c2==1)P(y);
    V(x1);                             V(x2);
```

```
    computer(A);                          computer(B);
    P(x1);                                P(x2);
    if(--c1==0)V(y);                      if(--c2==0)V(y);
    V(x1);                                V(x2);
    }                                     }
}                                     }
```

A. 进程不会死锁，也不会“饥饿”　　B. 进程不会死锁，但是会“饥饿”

C. 进程会死锁，但是不会“饥饿”　　D. 进程会死锁，也会“饥饿”

24. 有两个并发进程，对于如下这段程序的运行，正确的说法是（ ）。

```
int x,y,z,t,u;
P1()                                  P2()
{                                     {
  while(1){                             while(1){
    x=1;                                x=0;
    y=0;                                t=0;
    if x>=1 then y=y+1;                 if x<=1 then t=t+2;
    z=y;                                u=t;
  }                                     }
}                                     }
```

A. 程序能正确运行，结果唯一　　B. 程序不能正确运行，可能有两种结果

C. 程序不能正确运行，结果不确定　　D. 程序不能正确运行，可能会死锁

25. 一个进程在获得资源后，只能在使用完资源后由自己释放，这属于死锁必要条件的（ ）。

A. 互斥条件　　B. 请求和释放条件

C. 不剥夺条件　　D. 防止系统进入不安全状态

26. 假设具有 5 个进程的进程集合 $P = \{P_0, P_1, P_2, P_3, P_4\}$，系统中有三类资源 A, B, C，假设在某时刻有如下状态，见下表。

	Allocation	Max	Available
	A　B　C	A　B　C	A　B　C
P_0	0　0　3	0　0　4	x　y　z
P_1	1　0　0	1　7　5	
P_2	1　3　5	2　3　5	
P_3	0　0　2	0　6　4	
P_4	0　0　1	0　6　5	

请问当 x, y, z 取下列哪些值时，系统是处于安全状态的？

I. 1, 4, 0　　II. 0, 6, 2　　III. 1, 1, 1　　IV. 0, 4, 7

A. I、II、IV　　B. I、II　　C. 仅 I　　D. I、III

27. 死锁定理是用于处理死锁的（ ）方法。

A. 预防死锁　　B. 避免死锁　　C. 检测死锁　　D. 解除死锁

28. 某系统有 m 个同类资源供 n 个进程共享，若每个进程最多申请 k 个资源($k \geqslant 1$)，采用银行家算法分配资源，为保证系统不发生死锁，则各进程的最大需求量之和应（ ）。

A. 等于 m　　B. 等于 $m + n$　　C. 小于 $m + n$　　D. 大于 $m + n$

29. 采用银行家算法可以避免死锁的发生，这是因为该算法（ ）。

A. 可以抢夺已分配的资源

B. 能及时为各进程分配资源

C. 任何时刻都能保证每个进程能得到所需的资源

D. 任何时刻都能保证至少有一个进程可以得到所需的全部资源

30. 用银行家算法避免死锁时，检测到（　）时才分配资源。

A. 进程首次申请资源时对资源的最大需求量超过系统现存的资源量

B. 进程已占有的资源数与本次申请的资源数之和超过对资源的最大需求量

C. 进程已占有的资源数与本次申请的资源数之和不超过对资源的最大需求量，且现存资源量能满足尚需的最大资源量

D. 进程已占有的资源数与本次申请的资源数之和不超过对资源的最大需求量，且现存资源量能满足本次申请量，但不能满足尚需的最大资源量

31. 下列各种方法中，可用于解除已发生死锁的是（　）。

A. 撤销部分或全部死锁进程　　B. 剥夺部分或全部死锁进程的资源

C. 降低部分或全部死锁进程的优先级　　D. A 和 B 都可以

32.【2009 统考真题】某计算机系统中有 8 台打印机，由 K 个进程竞争使用，每个进程最多需要 3 台打印机。该系统可能会发生死锁的 K 的最小值是（　）。

A. 2　　B. 3　　C. 4　　D. 5

33.【2011 统考真题】某时刻进程的资源使用情况见下表，此时的安全序列是（　）。

A. P_1, P_2, P_3, P_4　　B. P_1, P_3, P_2, P_4

C. P_1, P_4, P_3, P_2　　D. 不存在

进程	已分配资源			尚需分配			可用资源		
	R_1	R_2	R_3	R_1	R_2	R_3	R_1	R_2	R_3
P_1	2	0	0	0	0	1	0	2	1
P_2	1	2	0	1	3	2			
P_3	0	1	1	1	3	1			
P_4	0	0	1	2	0	0			

34.【2012 统考真题】假设 5 个进程 P_0, P_1, P_2, P_3, P_4 共享三类资源 R_1, R_2, R_3，这些资源总数分别为 18, 6, 22。T_0 时刻的资源分配情况如下表所示，此时存在的一个安全序列是（　）。

进程	已分配资源			资源最大需求		
	R_1	R_2	R_3	R_1	R_2	R_3
P_0	3	2	3	5	5	10
P_1	4	0	3	5	3	6
P_2	4	0	5	4	0	11
P_3	2	0	4	4	2	5
P_4	3	1	4	4	2	4

A. P_0, P_2, P_4, P_1, P_3　　B. P_1, P_0, P_3, P_4, P_2　　C. P_2, P_1, P_0, P_3, P_4　　D. P_3, P_4, P_2, P_1, P_0

35.【2013 统考真题】下列关于银行家算法的叙述中，正确的是（　）。

A. 银行家算法可以预防死锁

B. 当系统处于安全状态时，系统中一定无死锁进程

C. 当系统处于不安全状态时，系统中一定会出现死锁进程

D. 银行家算法破坏了死锁必要条件中的“请求和保持”条件

36.【2014 统考真题】某系统有 n 台互斥使用的同类设备，三个并发进程分别需要 3, 4, 5 台设备，可确保系统不发生死锁的设备数 n 最小为（ ）。

A. 9　　B. 10　　C. 11　　D. 12

37.【2015 统考真题】若系统 S_1 采用死锁避免方法，S_2 采用死锁检测方法。下列叙述中，正确的是（ ）。

I. S_1 会限制用户申请资源的顺序，而 S_2 不会

II. S_1 需要进程运行所需的资源总量信息，而 S_2 不需要

III. S_1 不会给可能导致死锁的进程分配资源，而 S_2 会

A. 仅 I、II　　B. 仅 II、III　　C. 仅 I、III　　D. I、II、III

38.【2016 统考真题】系统中有 3 个不同的临界资源 R_1, R_2 和 R_3，被 4 个进程 P_1, P_2, P_3, P_4 共享。各进程对资源的需求为：P_1 申请 R_1 和 R_2，P_2 申请 R_2 和 R_3，P_3 申请 R_1 和 R_3，P_4 申请 R_2。若系统出现死锁，则处于死锁状态的进程数至少是（ ）。

A. 1　　B. 2　　C. 3　　D. 4

39.【2018 统考真题】假设系统中有 4 个同类资源，进程 P_1, P_2 和 P_3 需要的资源数分别为 4, 3 和 1，P_1, P_2 和 P_3 已申请到的资源数分别为 2, 1 和 0，则执行安全性检测算法的结果是（ ）。

A. 不存在安全序列，系统处于不安全状态

B. 存在多个安全序列，系统处于安全状态

C. 存在唯一安全序列 P_3, P_1, P_2，系统处于安全状态

D. 存在唯一安全序列 P_3, P_2, P_1，系统处于安全状态

40.【2019 统考真题】下列关于死锁的叙述中，正确的是（ ）。

I. 可以通过剥夺进程资源解除死锁

II. 死锁的预防方法能确保系统不发生死锁

III. 银行家算法可以判断系统是否处于死锁状态

IV. 当系统出现死锁时，必然有两个或两个以上的进程处于阻塞态

A. 仅 II、III　　B. 仅 I、II、IV　　C. 仅 I、II、III　　D. 仅 I、III、IV

41.【2020 统考真题】某系统中有 A、B 两类资源各 6 个，t 时刻的资源分配及需求情况如下表所示。

进程	A 已分配数量	B 已分配数量	A 需求总量	B 需求总量
P_1	2	3	4	4
P_2	2	1	3	1
P_3	1	2	3	4

t 时刻安全性检测结果是（ ）。

A. 存在安全序列 P_1、P_2、P_3　　B. 存在安全序列 P_2、P_1、P_3

C. 存在安全序列 P_2、P_3、P_1　　D. 不存在安全序列

42.【2021 统考真题】若系统中有 n（$n \geqslant 2$）个进程，每个进程均需要使用某类临界资源 2 个，则系统不会发生死锁所需的该类资源总数至少是（ ）。

A. 2　　B. n　　C. $n+1$　　D. 2n

43.【2022 统考真题】系统中有三个进程 P_0、P_1、P_2 及三类资源 A、B、C。若某时刻系统分配资源的情况如下表所示，则此时系统中存在的安全序列的个数为（ ）。

进程	已分配资源数			尚需资源数			可用资源数		
	A	B	C	A	B	C	A	B	C
P_0	2	0	1	0	2	1	1	3	2
P_1	0	2	0	1	2	3			
P_2	1	0	1	0	1	3			

A. 1　　B. 2　　C. 3　　D. 4

二、综合应用题

01. 设系统中有下述解决死锁的方法：

1）银行家算法。

2）检测死锁，终止处于死锁状态的进程，释放该进程占有的资源。

3）资源预分配。

简述哪种办法允许最大的并发性，即哪种办法允许更多的进程无等待地向前推进。请按“并发性”从大到小对上述三种办法排序。

02. 某银行计算机系统要实现一个电子转账系统，基本业务流程是：首先对转出方和转入方的账户进行加锁，然后进行转账业务，最后对转出方和转入方的账户进行解锁。若不采取任何措施，系统会不会发生死锁？为什么？请设计一个能够避免死锁的办法。

03. 设有进程 P_1 和进程 P_2 并发执行，都需要使用资源 R_1 和 R_2，使用资源的情况见下表。

进程 P_1	进程 P_2
申请资源 R_1	申请资源 R_2
申请资源 R_2	申请资源 R_1
释放资源 R_1	释放资源 R_2

试判断是否会发生死锁，并解释和说明产生死锁的原因与必要条件。

04. 系统有同类资源 m 个，供 n 个进程共享，若每个进程对资源的最大需求量为 k，试问：当 m, n, k 的值分别为下列情况时（见下表），是否会发生死锁？

序号	m	n	k	是否会死锁	说明
1	6	3	3		
2	9	3	3		
3	13	6	3		

05. 有三个进程 P_1, P_2 和 P_3 并发工作。进程 P_1 需要资源 S_3 和资源 S_1；进程 P_2 需要资源 S_2 和资源 S_1；进程 P_3 需要资源 S_3 和资源 S_2。问：

1）若对资源分配不加限制，会发生什么情况？为什么？

2）为保证进程正确运行，应采用怎样的分配策略？列出所有可能的方法。

06. 某系统有 R_1, R_2 和 R_3 共三种资源，在 T_0 时刻 P_1, P_2, P_3 和 P_4 这四个进程对资源的占用和需求情况见下表，此时系统的可用资源向量为(2, 1, 2)。试问：

1）系统是否处于安全状态？若安全，则请给出一个安全序列。

2）若此时进程 P_1 和进程 P_2 均发出资源请求向量 Request(1, 0, 1)，为了保证系统的安全性，应如何分配资源给这两个进程？说明所采用策略的原因。

3）若 2）中两个请求立即得到满足后，系统此刻是否处于死锁状态？

进程 \ 资源情况	最大资源需求量			已分配资源数量		
	R_1	R_2	R_3	R_1	R_2	R_3
P_1	3	2	2	1	0	0
P_2	6	1	3	4	1	1
P_3	3	1	4	2	1	1
P_4	4	2	2	0	0	2

07. 考虑某个系统在下表时刻的状态。

	Allocation				Max				Available			
	A	B	C	D	A	B	C	D	A	B	C	D
P_0	0	0	1	2	0	0	1	2	1	5	2	0
P_1	1	0	0	0	1	7	5	0				
P_2	1	3	5	4	2	3	5	6				
P_3	0	0	1	4	0	6	5	6				

使用银行家算法回答下面的问题:

1）Need 矩阵是怎样的?

2）系统是否处于安全状态? 如安全，请给出一个安全序列。

3）若从进程 P_1 发来一个请求(0, 4, 2, 0)，这个请求能否立刻被满足? 如安全，请给出一个安全序列。

08. 假设具有 5 个进程的进程集合 P = {P_0, P_1, P_2, P_3, P_4}，系统中有三类资源 A, B, C，假设在某时刻有如下状态:

	Allocation			Max			Available		
	A	B	C	A	B	C	A	B	C
P_0	0	0	3	0	0	4	1	4	0
P_1	1	0	0	1	7	5			
P_2	1	3	5	2	3	5			
P_3	0	0	2	0	6	4			
P_4	0	0	1	0	6	5			

当前系统是否处于安全状态? 若系统中的可利用资源 Available 为(0, 6, 2)，系统是否安全? 若系统处在安全状态，请给出安全序列；若系统处在非安全状态，简要说明原因。

09. 假定某计算机系统有 R_1 和 R_2 两类可使用资源（其中 R_1 有两个单位，R_2 有一个单位），它们被进程 P_1 和 P_2 所共享，且已知两个进程均以下列顺序使用两类资源：申请 R_1→申请 R_2→申请 R_1→释放 R_1→释放 R_2→释放 R_1。试求出系统运行过程中可能到达的死锁点，并画出死锁点的资源分配图（或称进程资源图）。

2.4.7 答案与解析

一、单项选择题

01. C

引起死锁的 4 个必要条件是：互斥、占有并等待、非剥夺和循环等待。本题中，出现了循环等待的现象，意味着可能会导致死锁。进程释放资源不会导致死锁，进程自己进入死循环只能产生“饥饿”，不涉及其他进程。共享型设备允许多个进程申请使用，因此不会造成死锁。再次提醒，死锁一定要有两个或两个以上的进程才会导致，而饥饿可能由一个进程导致。

02. C

信号量机制能确保临界资源的互斥访问，不能完全避免死锁，A 错误。同时检查两支筷子是否可用的方法可以预防死锁，但是会导致资源浪费，因为可能有一些空闲的筷子无法使用，但拿到筷子的哲学家用完餐后，释放筷子，其他哲学家就可以正常用餐，因此不会导致饥饿现象，B 错误。若限制允许拿起筷子的哲学家数量，则不被允许的哲学家左边的哲学家一定可以拿到两边的筷子，从而破坏“循环等待”条件，C 正确。对哲学家顺序编号，奇数号哲学家先拿左筷子，然后拿右筷子，而偶数号哲学家刚好相反，则相邻的哲学家总有一个可以拿起两边的筷子，但这破坏的是“循环等待”条件，而不是“互斥条件”，D 错误。

03. C

进程的执行优先级并不能破坏死锁的四个必要条件。即使有高优先级和低优先级的进程，如果它们都请求或占有了不可抢占的资源，且形成了环路等待，那么死锁仍可能发生。A 项可以破坏请求并保持条件，B 项可以破坏互斥条件，D 项可以破坏循环等待条件。

04. B

发生死锁的 4 个必要条件：互斥、占有并请求、非剥夺和循环等待。一次分配所有资源的方法是当进程需要资源时，一次性提出所有的请求，若请求的所有资源均满足则分配，只要有一项不满足，就不分配任何资源，该进程阻塞，直到所有的资源空闲后，满足进程的所有需求时再分配。这种分配方式不会部分地占有资源，因此打破了死锁的 4 个必要条件之一，实现了对死锁的预防。但是，这种分配方式需要凑齐所有资源，因此当一个进程所需的资源较多时，资源的利用率会较低，甚至会造成进程“饥饿”。

05. A

系统死锁的可能原因主要是时间上和空间上的。时间上由于进程运行中推进顺序不当，即调度时机不合适，不该切换进程时进行了切换，可能会造成死锁；空间上的原因是对独占资源分配不当，互斥资源部分分配又不可剥夺，极易造成死锁。那么，为什么系统资源不足不是造成死锁的原因呢？系统资源不足只会对进程造成“饥饿”。例如，某系统只有三台打印机，若进程运行中要申请四台，显然不能满足，该进程会永远等待下去。若该进程在创建时便声明需要四台打印机，则操作系统立即就会拒绝，这实际上是资源分配不当的一种表现。不能以系统资源不足来描述剩余资源不足的情形。

06. D

死锁避免是指在资源动态分配过程中用某些算法加以限制，防止系统进入不安全状态从而避免死锁的发生。选项 B 是避免死锁后的结果，而不是措施的原理。

07. D

资源有序分配策略可以限制循环等待条件的发生。选项 A 判断是否为不安全状态；选项 B 破坏了占有请求条件；选项 C 破坏了非剥夺条件。

08. C

PV 操作不能破坏死锁条件，反而可能加强互斥和占有并等待条件。B 项同理。C 项可以破坏请求并保持条件。D 项只能在系统出现死锁时检测，却不能防止系统出现死锁。

09. B

资源数为 9 时，存在三个进程都占有三个资源，为死锁；资源数为 10 时，必然存在一个进程能拿到 4 个资源，然后可以顺利执行完其他进程。

10. B

考虑一下极端情况：每个进程已经分配了两台磁带机，那么其中任何一个进程只要再分配一台磁带机即可满足它的最大需求，该进程总能运行下去直到结束，然后将磁带机归还给系统再次分配给其他进程使用。因此，系统中只要满足 $2X + 1 = 11$ 这个条件即可认为系统不会死锁，解得 $X = 5$，也就是说，系统中最多可以并发 5 个这样的进程是不会死锁的。或者，根据死锁公式，资源数大于进程个数乘以“每个进程需要的最大资源数减 1”就不会发生死锁，即 $m > n×(w - 1)$，其中 m 是磁带机的数量，n 是进程的数量，w 是每个进程最多请求的磁带机数量。代入可得 $11 > n×(3-1)$，即 $n < 5.5$，n 是正整数，因此系统必然不会死锁的最大 n 值是 5。

11. A

A 项的每个进程只申请一个资源，破坏了请求并保持条件，必然不会发生死锁。或者，根据死锁公式，假设系统共有 m 个资源，n 个进程，每个进程需要 k 个资源，若满足 $m > n×(k - 1)$，则系统一定不会发生死锁，代入公式可知 B、C、D 项均可能发生死锁。

12. D

解除死锁的方法有，①剥夺资源法：挂起某些死锁进程，并抢占它的资源，将这些资源分配给其他的死锁进程；②撤销进程法：强制撤销部分甚至全部死锁进程并剥夺这些进程的资源。

13. B

资源剥夺法允许一个进程强行剥夺其他进程所占有的系统资源。而撤销进程强行释放一个进程已占有的系统资源，与资源剥夺法同理，都通过破坏死锁的“请求和保持”条件来解除死锁。拒绝分配新资源只能维持死锁的现状，无法解除死锁。

14. B

其中，银行家算法为死锁避免算法，死锁检测算法和资源分配图化简法为死锁检测，根据排除法可以得出资源有序分配算法为死锁预防策略。

15. C

不会发生死锁。因为每个进程都分得一个资源时，还有一个资源可以让任意一个进程满足，这样这个进程可以顺利运行完成进而释放它的资源。

16. D

进程指向资源的有向边称为申请边，资源指向进程的有向边称为分配边，A 选项张冠李戴；矩形框表示资源，其中的圆点表示资源的数目，选项 B 错；圆圈节点表示进程，选项 C 错；选项 D 的说法是正确的。

17. B

所谓破坏互斥使用资源，是指允许多个进程同时访问资源，但有些资源根本不能同时访问，如打印机只能互斥使用。因此，破坏互斥条件而预防死锁的方法不太可行，而且在有的场合应该保护这种互斥性。其他三个条件都可以实现。

18. D

如下图所示，并非所有不安全状态都是死锁状态，但当系统进入不安全状态后，便可能进入死锁状态；反之，只要系统处于安全状态，系统便可避免进入死锁状态；死锁状态必定是不安全状态。

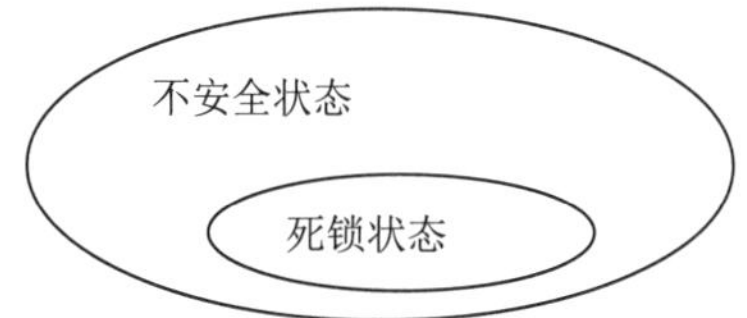

19. A

死锁检测一般采用两种方法：资源有向图法和资源矩阵法。前驱图只是说明进程之间的同步关系，搜索树用于数据结构的分析，安全图并不存在。注意死锁避免和死锁检测的区别：死锁避免是指避免死锁发生，即死锁没有发生；死锁检测是指死锁已出现，要把它检测出来。

20. D

某个进程主动释放资源不会导致死锁，因为破坏了请求并保持条件，选项A错。

颠簸也就是抖动，这是请求分页系统中页面调度不当而导致的现象，是下一章讨论的问题，这里权且断定选项B是错的。

回退是指从此时此刻的状态退回到一分钟之前的状态，假如一分钟之前拥有资源X，它有可能释放了资源X，那就不称回到一分钟之前的状态，也就不是回退，选项C错。

由于进程过于“慷慨”，不断把自己已得到的资源送给别人，导致自己长期无法完成，所以是饥饿，选项D对。

21. C

出现了环路，只是满足了循环等待的必要条件，而满足必要条件不一定会导致死锁，I 对；没有环路，破坏了循环等待条件，一定不会发生死锁，II 错；每种资源只有一个，又出现了环路，这是死锁的充分条件，可以确定是否有死锁，III 错；即使每个进程至少有一条请求边，若资源足够，则不会发生死锁，但若资源不充足，则有发生死锁的可能，IV 对。

综上所述，选择选项C。

22. D

I 正确：见16题答案解析图。

II 正确：这是产生死锁的两大原因。

III 正确：在对资源进行有序分配时，进程间不可能出现环形链，即不会出现循环等待。

IV 正确：资源剥夺法允许一个进程强行剥夺其他进程占有的系统资源。而撤销进程强行释放一个进程已占有的系统资源，与资源剥夺法同理，都通过破坏死锁的“请求和保持”条件来解除死锁，所以选D。

23. B

遇到这种问题时千万不要慌张，下面我们来慢慢分析，给读者一个清晰的解题过程：

仔细考察程序代码，可以看出这是一个扩展的单行线问题。也就是说，某单行线只允许单方向的车辆通过，在单行线的入口设置信号量y，在告示牌上显示某一时刻各方向来车的数量c1和c2，要修改告示牌上的车辆数量必须互斥进行，为此设置信号量x1和x2。若某方向的车辆需要通过时，则首先要将该方向来车数量c1或c2增加1，并查看自己是否是第一个进入单行线的车辆，若是，则获取单行线的信号量y，并进入单行线。通过此路段以后出单行线时，将该方向的车辆数c1或c2减1（当然是利用x1或x2来互斥修改），并查看自己是否是最后一辆车，若是，则释放单行线的互斥量y，否则保留信号量y，让后继车辆继续通过。双方的操作如出一辙。考虑出现一个极端情况，即当某方向的车辆首先占据单行线并后来者络绎不绝时，另一个方向的车辆就再没有机会通过该单行线了。而这种现象是由于算法本身的缺陷造成的，不属于因为特殊序列造成的饥饿，所以它是真正的饥饿现象。由于有信号量的控制，因此死锁的可能性没有了（双方同时进入单行线，在中间相遇，造成双方均无法通过的情景）。

①假设P_1进程稍快，P_2进程稍慢，同时运行；②P_1进程首先进入if条件语句，因此获得了y的互斥访问权，P_2被阻塞；③在第一个P_1进程未释放y之前，又有另一个P_1进入，c1的值变成2，当第一个P_1离开时，P_2仍然被阻塞，这种情形不断发生；④在这种情况下会发生什么事？P_1顺利执行，P_2很郁闷，长期被阻塞。

综上所述，不会发生死锁，但会出现饥饿现象。因此选B。

24．C

本题中两个进程不能正确地工作，运行结果的可能性详见下面的说明。

1．x = 1;　　5．x = 0;

2．y = 0;　　6．t = 0;

3．If x >= 1 then y = y + 1;　　7．if x <= 1 then t = t + 2;

4．z = y;　　8．u = t;

不确定的原因是由于使用了公共变量 x，考查程序中与变量 x 有关的语句共四处，执行的顺序是 1→2→3→4→5→6→7→8 时，结果是 y=1, z = 1, t = 2, u = 2, x = 0；并发执行过程是 1→2→5→6→3→4→7→8 时，结果是 y = 0, z = 0, t = 2, u = 2, x = 0；执行的顺序是 5→6→7→8 → 1→2→3→4 时，结果是 y = 1, z = 1, t = 2, u = 2, x = 1；执行的顺序是 5→6→1→ 2→7→8→3→4 时，结果是 y = 1, z = 1, t = 2, u = 2, x = 1。可见结果有多种可能性。

很明显，无论执行顺序如何，x 的结果只能是 0 或 1，因此语句 7 的条件一定成立，即 t = u = 2 的结果是一定的；而 y = z 必定成立，只可能有 0, 1 两种情况，又不可能出现 x = 1, y = z = 0 的情况，所以总共只有 3 种结果（答案中的 3 种）。

25．C

一个进程在获得资源后，只能在使用完资源后由自己释放，即它的资源不能被系统剥夺，答案为 C 选项。

26．C

$$\text{Need} = \text{Max} - \text{Allocation} = \begin{bmatrix} 0 & 0 & 4 \\ 1 & 7 & 5 \\ 2 & 3 & 5 \\ 0 & 6 & 4 \\ 0 & 6 & 5 \end{bmatrix} - \begin{bmatrix} 0 & 0 & 3 \\ 1 & 0 & 0 \\ 1 & 3 & 5 \\ 0 & 0 & 2 \\ 0 & 0 & 1 \end{bmatrix} = \begin{bmatrix} 0 & 0 & 1 \\ 0 & 7 & 5 \\ 1 & 0 & 0 \\ 0 & 6 & 2 \\ 0 & 6 & 4 \end{bmatrix}$$

I：根据 need 矩阵可知，当 Available 为(1, 4, 0)时，可满足 P_2 的需求；P_2 结束后释放资源，Available 为(2, 7, 5)可以满足 P_0, P_1, P_3, P_4 中任意一个进程的需求，所以系统不会出现死锁，处于安全状态。II：当 Available 为(0, 6, 2)时，可以满足进程 P_0, P_3 的需求；这两个进程结束后释放资源，Available 为(0, 6, 7)，仅可以满足进程 4 的需求；P_4 结束并释放后，Available 为(0, 6, 8)，此时不能满足余下任意一个进程的需求，因此当前处在非安全状态。III：当 Available 为(1, 1, 1)时，可以满足进程 P_0, P_2 的需求；这两个进程结束后释放资源，Available 为(2, 4, 9)，此时不能满足余下任意一个进程的需求，处于非安全状态。IV：当 Available 为(0, 4, 7)时，可以满足 P_0 的需求，进程结束后释放资源，Available 为(0, 4, 10)，此时不能满足余下任意一个进程的需求，处于非安全状态。

综上分析：只有 I 处于安全状态。

27．C

死锁定理是用于检测死锁的方法。

28．C

按照银行家算法，只要保证系统中进程申请的最大资源数小于或等于 m，就一定存在一个安全序列。考虑最极端的情况，假如有 $n - 1$ 个进程都申请了 1 个资源，剩下一个进程申请了 m 个资源，则各进程的最大需求量之和为 $m + n - 1$，此时能保证一定不会发生死锁。

29．D

任何时刻都能保证至少有一个进程可以得到所需的全部资源，这意味着银行家算法可以保证系统中至少存在一个安全序列，使每个进程都能按该顺序得到所需的全部资源并正常结束，不会出现死锁的情况。这也是银行家算法避免死锁的核心思想。

30. C

银行家算法要求，进程运行之前先声明它对各类资源的最大需求量，并保证它在任何时刻对每类资源的请求量不超过它所声明的最大需求量。当进程已占有的资源数与本次申请的资源数之和不超过对资源的最大需求量，且现存资源量能满足尚需的最大资源量时，才分配资源。

31. D

解除死锁的方法有两种：撤销死锁进程和剥夺死锁进程的资源。降低死锁进程的优先级是无效的方法，因为它不能改变死锁进程对资源的需求和占有，也不能打破循环等待条件。

32. C

这类题可用到组合数学中鸽巢原理的思想。考虑最极端的情况，因为每个进程最多需要3台打印机，若每个进程已经占有了2台打印机，则只要还有多的打印机，总能满足一个进程达到3台的条件，然后顺利执行，所以将8台打印机分给K个进程，每个进程有2台打印机，这个情况就是极端情况，K为4。或者，假设M是打印机的数量，K是进程的数量，R是每个进程最多需要打印机的数量。根据死锁公式逆推可得，若$M \leqslant K \times (R-1)$，则系统可能发生死锁。将本题的数据代入，得到$8 \leqslant K \times (3-1)$，即$K \geqslant 4$，因此系统可能发生死锁的$K$的最小值是4。

33. D

本题应采用排除法，逐个代入分析。剩余资源分配给P_1，待P_1执行完后，可用资源数为(2, 2, 1)，此时仅能满足P_4的需求，排除选项A、B；接着分配给P_4，待P_4执行完后，可用资源数为(2, 2, 2)，此时已无法满足任何进程的需求，排除选项C。

此外，本题还可以使用银行家算法求解（对选择题来说显得过于复杂）。

34. D

首先求得各进程的需求矩阵Need与可利用资源向量Available：

进程	Need		
	R_1	R_2	R_3
P_0	2	3	7
P_1	1	3	3
P_2	0	0	6
P_3	2	2	1
P_4	1	1	0

Available	R_1	R_2	R_3
	2	3	3

比较Need和Available发现，初始时进程P_1与P_3可满足需求，排除选项A、C。尝试给P_1分配资源时，P_1完成后Available将变为(6, 3, 6)，无法满足P_0的需求，排除选项B。尝试给P_3分配资源时，P_3完成后Available将变为(4, 3, 7)，该向量能满足其他所有进程的需求。因此，以P_3开头的所有序列都是安全序列。

35. B

银行家算法是避免死锁的方法，选项A、D错。根据下图，选项B对，选项C错。

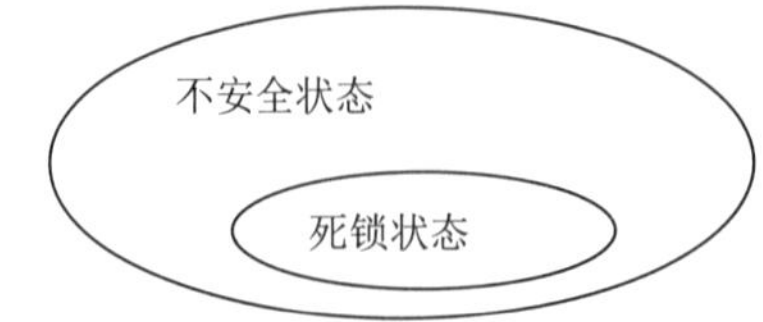

36. B

根据死锁公式，当资源数量大于各个进程所需资源数 – 1 的总和时，不发生死锁，三个进程分别需要 3, 4, 5 台设备，即当资源数量大于(3 − 1) + (4 − 1) + (5 − 1) = 9 时，不发生死锁。而当系统中只有 9 台设备时，第一个进程分配 2 台，第二个进程分配 3 台，第三个进程分配 4 台，这种情况下，三个进程均无法继续执行下去，发生死锁。当系统再增加 1 台设备，最后 1 台设备分配给任意一个进程都可以顺利执行完成，因此保证系统不发生死锁的最小设备数为 10。

37． B

死锁的处理采用三种策略：死锁预防、死锁避免、死锁检测和解除。

死锁预防采用破坏产生死锁的 4 个必要条件中的一个或几个来防止发生死锁。其中之一的“破坏循环等待条件”，一般采用顺序资源分配法，即限制了用户申请资源的顺序，因此 I 的前半句属于死锁预防的范畴。此外，银行家算法虽然会通过检测是否存在安全序列来判断申请资源的请求是否合法，但安全序列并不是唯一的，也不是固定的，它只是一种可能的分配方案，而不是一种必须遵循的规则，银行家算法更没有给出固定的申请资源的顺序，因此 I 错误。

银行家算法是最著名的死锁避免算法，其中的最大需求矩阵 Max 定义了每个进程对 m 类资源的最大需求量，系统在执行安全性算法中都会检查此次资源试分配后，系统是否处于安全状态，若不安全则将本次的试探分配作废。在死锁的检测和解除中，系统为进程分配资源时不采取任何措施，但提供死锁检测和解除的手段，一旦检测到系统发生死锁，就立即采取相应的措施来解除死锁，因此不用关心进程所需的总资源量。II、III 正确。

38． C

对于本题，需先画出如下所示的资源分配图。若系统出现死锁，则必然出现循环等待的情况。

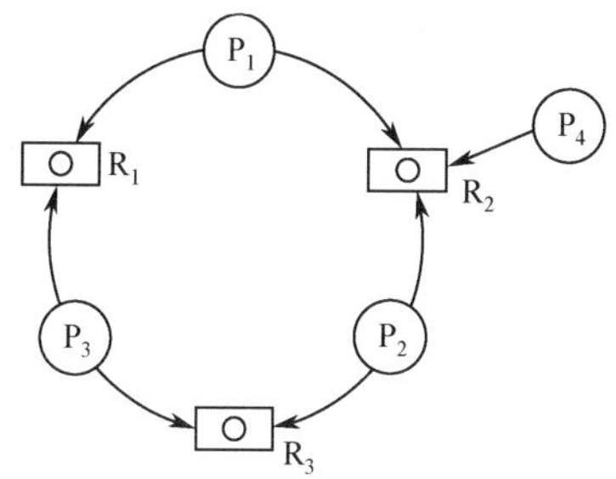

从图中可以看出，若出现循环等待的情况，则至少有 P_1、P_2、P 三个进程在循环等待环中，在该图中不可能出现两个进程发生循环等待的情况。现在考察 P_1、P_2、P_3 三个进程形成环路的情况，若此时 P_1、P_2、P_3 三个进程分别拥有 R_1、R_2 和 R_3，则会形成 P_1 等待 P_2 释放 R_2，P_2 等待 P_3 释放 R_3，P_3 等待 P_1 释放 R_1 的循环等待情况。P_1、P_2、P_3 三个进程分别拥有 R_2、R_3 和 R_1 的情况的分析类似。以上两种情况都会形成循环等待情况，至少有三个进程陷入死锁状态。若 P_4 事先已获取 R_2，成功运行，则死锁进程数为 3；若 P_4 尚未获取 R_2，未运行，则死锁进程数为 4。故若系统出现死锁，则处于死锁状态的进程至少是 3 个。

39． A

由题意可知，仅剩最后一个同类资源，若将其分给 P_1 或 P_2，则均无法正常执行；若分给 P_3，则 P_3 正常执行完成后，释放的这一个资源仍无法使 P_1, P_2 正常执行，因此不存在安全序列。

40． B

剥夺进程资源，将其分配给其他死锁进程，可以解除死锁，I 正确。死锁预防是死锁处理策略（死锁预防、死锁避免、死锁检测）中最为严苛的一种策略，破坏死锁产生的 4 个必要条件之一，可以确保系统不发生死锁，II 正确。银行家算法是一种死锁避免算法，用于计算动态资源分配的安全性以避免系统进入死锁状态，不能用于判断系统是否处于死锁，III 错误。通过简化资源分配图可以检测系统是否为死锁状态，当系统出现死锁时，资源分配图不可完全简化，只有两个或两个以上的进程才会出现“环”而不能被简化，IV 正确。

41． B

首先求出需求矩阵：

$$\text{Need} = \text{Max} - \text{Allocation} = \begin{bmatrix} 4 & 4 \\ 3 & 1 \\ 3 & 4 \end{bmatrix} - \begin{bmatrix} 2 & 3 \\ 2 & 1 \\ 1 & 2 \end{bmatrix} = \begin{bmatrix} 2 & 1 \\ 1 & 0 \\ 2 & 2 \end{bmatrix}$$

（各矩阵的两列分别为 A、B）

由 Allocation 得知当前 Available 为(1, 0)。由需求矩阵可知，初始只能满足 P_2 的需求，A 错误。P_2 释放资源后 Available 变为(3, 1)，此时仅能满足 P_1 的需求，C 错误。P_1 释放资源后 Available 变为(5, 4)，可以满足 P_3 的需求，得到的安全序列为 P_2, P_1, P_3，B 正确，D 错误。

42． C

考虑极端情况，当临界资源数为 n 时，每个进程都拥有 1 个临界资源并等待另一个资源，会发生死锁。当临界资源数为 $n+1$ 时，则 n 个进程中至少有一个进程可以获得 2 个临界资源，顺利运行完后释放自己的临界资源，使得其他进程也能顺利运行，不会产生死锁。或者，根据死锁公式 $m > n\times(r-1)$，其中 m 是系统中临界资源的总数，n 是并发进程的个数，r 是每个进程所需临界资源的个数。如果这个不等式成立，那么系统不发生死锁。将本题的数据代入，得到 $m > n\times(2-1)$，即只要系统中临界资源的总数至少是 $n+1$，就可避免死锁。

43． B

初始时系统中的可用资源数为<1, 3, 2>，只能满足 P_0 的需求<0, 2, 1>，所以安全序列第一个只能是 P_0，将资源分配给 P_0 后，P_0 执行完释放所占资源，可用资源数变为<1, 3, 2> + <2, 0, 1> = <3, 3, 3>，此时可用资源数既能满足 P_1，又能满足 P_2，可以先分配给 P_1，P_1 执行完释放资源再分配给 P_2；也可以先分配给 P_2，P_2 执行完释放资源再分配给 P_1。所以安全序列可以是①P_0、P_1、P_2 或②P_0、P_2、P_1。

二、综合应用题

01.【解答】

死锁在系统中不可能完全消灭，但我们要尽可能地减少死锁的发生。对死锁的处理有 4 种方法：忽略、检测与恢复、避免和预防，每种方法对死锁的处理从宽到严，同时系统并发性由大到小。这里银行家算法属于避免死锁，资源预分配属于预防死锁。

死锁检测方法可以获得最大的并发性。并发性排序：死锁检测方法、银行家算法、资源预分配法。

02.【解答】

系统会死锁。因为对两个账户进行加锁操作是可以分割进行的，若此时有两个用户同时进行转账，P_1 先对账户 A 进行加锁，再申请账户 B；P_2 先对账户 B 进行加锁，再申请账户 A，此时产生死锁。解决的办法是：可以采用资源顺序分配法对 A、B 账户进行编号，用户转账时只能按照编号由小到大进行加锁；也可采用资源预分配法，要求用户在使用资源前将所有资源一次性申请到。

03.【解答】

这段程序在不同的运行推进速度下，可能会产生死锁。例如，进程 P_1 先申请资源 R_1，得到资源 R_1，然后进程 P_2 申请资源 R_2，得到资源 R_2，进程 P_1 又申请资源 R_2，因资源 R_2 已分配，使得进程 P_1 阻塞。进程 P_1 和进程 P_2 都因申请不到资源而形成死锁。若改变进程的运行顺序，则这两个进程就不会出现死锁现象。

产生死锁的原因可归结为两点：

1）竞争资源。

2）进程推进顺序非法。

产生死锁的必要条件：

1）互斥条件。

2）请求并保持条件。

3）不剥夺条件。

4）环路等待条件。

04.【解答】

不发生死锁要求，必须保证至少有一个进程得到所需的全部资源并执行完毕，$m \geqslant n(k-1)+1$ 时，一定不会发生死锁。

序号	*m*	*n*	*k*	是否会死锁	说　明
1	6	3	3	可能会	$6 < 3(3-1)+1$
2	9	3	3	不会	$9 > 3(3-1)+1$
3	13	6	3	不会	$13 = 6(3-1)+1$

05.【解答】

1）可能会发生死锁。满足发生死锁的 4 大条件，例如，P_1 占有 S_1 申请 S_3，P_2 占有 S_2 申请 S_1，P_3 占有 S_3 申请 S_2。

2）可有以下几种答案：

A．采用静态分配：由于执行前已获得所需的全部资源，因此不会出现占有资源又等待别的资源的现象（或不会出现循环等待资源的现象）。

B．采用按序分配：不会出现循环等待资源的现象。

C．采用银行家算法：因为在分配时，保证了系统处于安全状态。

06.【解答】

1）利用安全性算法对 T_0 时刻的资源分配情况进行分析，可得到如下表所示的安全性检测情况。可以看出，此时存在一个安全序列$\{P_2, P_3, P_4, P_1\}$，故该系统是安全的。

资源情况 / 进程	Work			Need			Allocation			Work + Allocation			Finish
	R_1	R_2	R_3	R_1	R_2	R_3	R_1	R_2	R_3	R_1	R_2	R_3	
P_2	2	1	2	2	0	2	4	1	1	6	2	3	True
P_3	6	2	3	1	0	3	2	1	1	8	3	4	True
P_4	8	3	4	4	2	0	0	0	2	8	3	6	True
P_1	8	3	6	2	2	2	1	0	0	9	3	6	True

此处要注意，一般大多数题目中的安全序列并不唯一。

2）若此时 P_1 发出资源请求 $Request_1(1, 0, 1)$，则按银行家算法进行检查：

$Request_1(1, 0, 1) \leqslant Need_1(2, 2, 2)$

$Request_1(1, 0, 1) \leqslant Available(2, 1, 2)$

试分配并修改相应数据结构，由此形成的进程 P_1 请求资源后的资源分配情况见下表。

资源情况 / 进程	Allocation			Need			Available		
P_1	2	0	1	1	2	1	1	1	1
P_2	4	1	1	2	0	2			
P_3	2	1	1	1	0	3			
P_4	0	0	2	4	2	0			

再利用安全性算法检查系统是否安全，可用资源 Available(1, 1, 1)已不能满足任何进程，系统进入不安全状态，此时系统不能将资源分配给进程 P_1。

若此时进程 P_2 发出资源请求 $Request_2(1, 0, 1)$，则按银行家算法进行检查：

$Request_2(1, 0, 1) \leqslant Need_2(2, 0, 2)$

$Request_2(1, 0, 1) \leqslant Available(2, 1, 2)$

试分配并修改相应数据结构，由此形成的进程 P_2 请求资源后的资源分配情况下表：

进程 \ 资源情况	Allocation			Need			Available		
P_1	1	0	0	2	2	2	1	1	1
P_2	5	1	2	1	0	1			
P_3	2	1	1	1	0	3			
P_4	0	0	2	4	2	0			

再利用安全性算法检查系统是否安全，可得到如下表中所示的安全性检测情况。注意表中各个进程对应的 Work + Allocation 向量表示在该进程释放资源之后更新的 Work 向量。

进程 \ 资源情况	Work			Need			Allocation			Work + Allocation		
P_2	1	1	1	1	0	1	5	1	2	6	2	3
P_3	6	2	3	1	0	3	2	1	1	8	3	4
P_4	8	3	4	4	2	0	0	0	2	8	3	6
P_1	8	3	6	2	2	2	1	0	0	9	3	6

从上表中可以看出，此时存在一个安全序列$\{P_2, P_3, P_4, P_1\}$，因此该状态是安全的，可以立即将进程 P_2 所申请的资源分配给它。

3）若 2）中的两个请求立即得到满足，则此刻系统并未立即进入死锁状态，因为这时所有的进程未提出新的资源申请，全部进程均未因资源请求没有得到满足而进入阻塞态。只有当进程提出资源申请且全部进程都进入阻塞态时，系统才处于死锁状态。

07.【解答】

1）

$$Need = Max - Allocation = \begin{bmatrix} 0 & 0 & 1 & 2 \\ 1 & 7 & 5 & 0 \\ 2 & 3 & 5 & 6 \\ 0 & 6 & 5 & 6 \end{bmatrix} - \begin{bmatrix} 0 & 0 & 1 & 2 \\ 1 & 0 & 0 & 0 \\ 1 & 3 & 5 & 4 \\ 0 & 0 & 1 & 4 \end{bmatrix} = \begin{bmatrix} 0 & 0 & 0 & 0 \\ 0 & 7 & 5 & 0 \\ 1 & 0 & 0 & 2 \\ 0 & 6 & 4 & 2 \end{bmatrix}$$

2）Work 向量初始化值 = Available(1, 5, 2, 0)。

系统安全性分析：

进程 \ 资源情况	Work				Need				Allocation				Work + Allocation			
	A	B	C	D	A	B	C	D	A	B	C	D	A	B	C	D
P_0	1	5	2	0	0	0	0	0	0	0	1	2	1	5	3	2
P_2	1	5	3	2	1	0	0	2	1	3	5	4	2	8	8	6
P_1	2	8	8	6	0	7	5	0	1	0	0	0	3	8	8	6
P_3	3	8	8	6	0	6	4	2	0	0	1	4	3	8	9	10

因为存在一个安全序列<P_0, P_2, P_1, P_3>，所以系统处于安全状态。

3）$Request_1(0, 4, 2, 0) < Need_1(0, 7, 5, 0)$

$Request_1(0, 4, 2, 0) < Available(1, 5, 2, 0)$

假设先试着满足进程 P_1 的这个请求，则 Available 变为(1, 1, 0, 0)。

系统状态变化见下表：

资源情况 \ 进程	Max				Allocation				Need				Available			
	A	B	C	D	A	B	C	D	A	B	C	D	A	B	C	D
P_0	0	0	1	2	0	0	1	2	0	0	0	0	1	1	0	0
P_1	1	7	5	0	1	4	2	0	0	3	3	0				
P_2	2	3	5	6	1	3	5	4	1	0	0	2				
P_3	0	6	5	6	0	0	1	4	0	6	4	2				

再对系统进行安全性分析，见下表：

资源情况 \ 进程	Work				Need				Allocation				Work + Allocation			
	A	B	C	D	A	B	C	D	A	B	C	D	A	B	C	D
P_0	1	1	0	0	0	0	0	0	0	0	1	2	1	1	1	2
P_2	1	1	1	2	1	0	0	2	1	3	5	4	2	4	6	6
P_1	2	4	6	6	0	3	3	0	1	4	2	0	3	8	8	6
P_3	3	8	8	6	0	6	4	2	0	0	1	4	3	8	9	10

因为存在一个安全序列 $<P_0, P_2, P_1, P_3>$，所以系统仍处于安全状态。所以进程 P_1 的这个请求应该马上被满足。

08.【解答】

1）根据 Need 矩阵可知，初始 Work 等于 Available 为(1, 4, 0)，可以满足进程 P_2 的需求；进程 P_2 结束后释放资源，Work 为(2, 7, 5)，可以满足 P_0, P_1, P_3 和 P_4 中任意一个进程的需求，所以系统不会出现死锁，当前处于安全状态。

$$\text{Need} = \text{Max} - \text{Allocation} = \begin{bmatrix} 0 & 0 & 4 \\ 1 & 7 & 5 \\ 2 & 3 & 5 \\ 0 & 6 & 4 \\ 0 & 6 & 5 \end{bmatrix} - \begin{bmatrix} 0 & 0 & 3 \\ 1 & 0 & 0 \\ 1 & 3 & 5 \\ 0 & 0 & 2 \\ 0 & 0 & 1 \end{bmatrix} = \begin{bmatrix} 0 & 0 & 1 \\ 0 & 7 & 5 \\ 1 & 0 & 0 \\ 0 & 6 & 2 \\ 0 & 6 & 4 \end{bmatrix}$$

2）若初始 Work = Available 为(0, 6, 2)，可满足进程 P_0, P_3 的需求；这两个进程结束后释放资源，Work 为(0, 6, 7)，仅可满足进程 P_4 的需求；P_4 结束后释放资源，Work 为(0, 6, 8)，此时不能满足余下任意一个进程的需求，系统出现死锁，因此当前系统处在非安全状态。

注　意

在银行家算法中，实际计算分析系统安全状态时，并不需要逐个进程进行。如本题中，在情况 1）下，当计算到进程 P_2 结束并释放资源时，系统当前空闲资源可满足余下任意一个进程的最大需求量，这时已经不需要考虑进程的执行顺序。系统分配任意一个进程所需的最大需求资源，在其执行结束释放资源后，系统当前空闲资源会增加，所以余下的进程仍然可以满足最大需求量。因此，在这里可以直接判断系统处于安全状态。在情况 2）下，系统当前可满足进程 P_0, P_3 的需求，所以可以直接让系统推进到 P_0, P_3 执行完并释放资源后的情形，这时系统出现死锁；由于此时是系统空闲资源所能达到的最大值，所以按照其他方式推进，系统必然还是出现死锁。因此，在计算过程中，将每步中可满足需求的进程作为一个集合，同时执行并释放资源，可以简化银行家算法的计算。

09.【解答】

在本题中，当两个进程都执行完第一步后，即进程 P_1 和进程 P_2 都申请到了一个 R_1 类资源时，系统进入不安全状态。随着两个进程向前推进，无论哪个进程执行完第二步，系统都将进入死锁状态。可能达到的死锁点是：进程 P_1 占有一个单位的 R_1 类资源及一个单位的 R_2 类资源，进程 P_2 占有一个单位的 R_1 类资源，此时系统内已无空闲资源，而两个进程都在保持已占有资源不释放的情况下继续申请资源，从而造成死锁；或进程 P_2 占有一个单位的 R_1 类资源和一个单位的 R_2 类资源，进程 P_1 占有一个单位的 R_1 类资源，此时系统内已无空闲资源，而两个进程都在保持已占有资源不释放的情况下继续申请资源，从而造成死锁。

假定进程 P_1 成功执行了第二步，则死锁点的资源分配如下图所示。

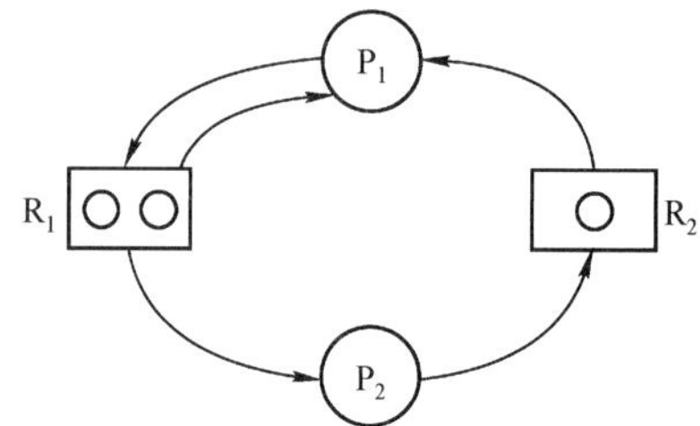

2.5 本章疑难点

1．进程与程序的区别与联系

1）进程是程序及其数据在计算机上的一次运行活动，是一个动态的概念。进程的运行实体是程序，离开程序的进程没有存在的意义。从静态角度看，进程是由程序、数据和进程控制块（PCB）三部分组成的。而程序是一组有序的指令集合，是一种静态的概念。

2）进程是程序的一次执行过程，它是动态地创建和消亡的，具有一定的生命周期，是暂时存在的；而程序则是一组代码的集合，是永久存在的，可长期保存。

3）一个进程可以执行一个或几个程序，一个程序也可构成多个进程。进程可创建进程，而程序不可能形成新的程序。

4）进程与程序的组成不同。进程的组成包括程序、数据和 PCB。

2．银行家算法的工作原理

银行家算法的主要思想是避免系统进入不安全状态。在每次进行资源分配时，它首先检查系统是否有足够的资源满足要求，若有则先进行试分配，并对分配后的新状态进行安全性检查。若新状态安全，则正式分配上述资源，否则拒绝分配上述资源。这样，它保证系统始终处于安全状态，从而避免了死锁现象的发生。

3．进程同步、互斥的区别和联系

并发进程的执行会产生相互制约的关系：一种是进程之间竞争使用临界资源，只能让它们逐个使用，这种现象称为互斥，是一种竞争关系；另一种是进程之间协同完成任务，在关键点上等待另一个进程发来的消息，以便协同一致，是一种协作关系。

03 第3章 内存管理

【考纲内容】

（一）内存管理基础

内存管理概念：逻辑地址与物理地址空间，地址变换，内存共享，内存保护，内存分配与回收

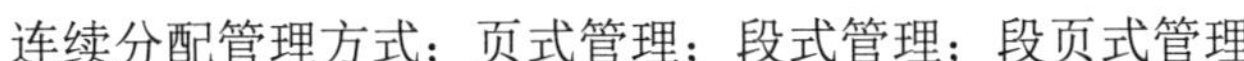

连续分配管理方式；页式管理；段式管理；段页式管理

（二）虚拟内存管理

虚拟内存基本概念；请求页式管理；页框分配；页置换算法

内存映射文件（Memory-Mapped Files）；虚拟存储器性能的影响因素及改进方式

【复习提示】

内存管理和进程管理是操作系统的核心内容，需要重点复习。本章围绕分页机制展开：通过分页管理方式在物理内存大小的基础上提高内存的利用率，再进一步引入请求分页管理方式，实现虚拟内存，使内存脱离物理大小的限制，从而提高处理器的利用率。

3.1 内存管理概念

在学习本节时，请读者思考以下问题：

1）为什么要进行内存管理？

2）多级页表解决了什么问题？又会带来什么问题？

在学习经典的管理方法前，同样希望读者先思考，自己给出一些内存管理的想法，并在学习过程中和经典方案进行比较。注意本节给出的内存管理是循序渐进的，后一种方法通常会解决前一种方法的不足。希望读者多多思考，比较每种方法的异同，着重掌握页式管理。

3.1.1 内存管理的基本原理和要求

内存管理（Memory Management）是操作系统设计中最重要和最复杂的内容之一。虽然计算机硬件技术一直在飞速发展，内存容量也在不断增大，但仍然不可能将所有用户进程和系统所需要的全部程序与数据放入主存，因此操作系统必须对内存空间进行合理的划分和有效的动态分配。操作系统对内存的划分和动态分配，就是内存管理的概念。

有效的内存管理在多道程序设计中非常重要，它不仅可以方便用户使用存储器、提高内存利用率，还可以通过虚拟技术从逻辑上扩充存储器。

内存管理的主要功能有：

- **内存空间的分配与回收**。由操作系统负责内存空间的分配和管理，记录内存的空闲空间、内存的分配情况，并回收已结束进程所占用的内存空间。
- **地址转换**。由于程序的逻辑地址与内存中的物理地址不可能一致，因此存储管理必须提供地址变换功能，将逻辑地址转换成相应的物理地址。
- **内存空间的扩充**。利用虚拟存储技术从逻辑上扩充内存。
- **内存共享**。指允许多个进程访问内存的同一部分。例如，多个合作进程可能需要访问同一块数据，因此必须支持对内存共享区域进行受控访问。
- **存储保护**。保证各个进程在各自的存储空间内运行，互不干扰。

在进行具体的内存管理之前，需要了解进程运行的基本原理和要求。

1．程序的链接与装入

创建进程首先要将程序和数据装入内存。将用户源程序变为可在内存中执行的程序，通常需要以下几个步骤：

命题追踪 ▶ 编译、链接和装入阶段的工作内容（2011）

- **编译**。由编译程序将用户源代码编译成若干目标模块。
- **链接**。由链接程序将编译后形成的一组目标模块，以及它们所需的库函数链接在一起，形成一个完整的装入模块。
- **装入**。由装入程序将装入模块装入内存运行。

这三步过程如图 3.1 所示。

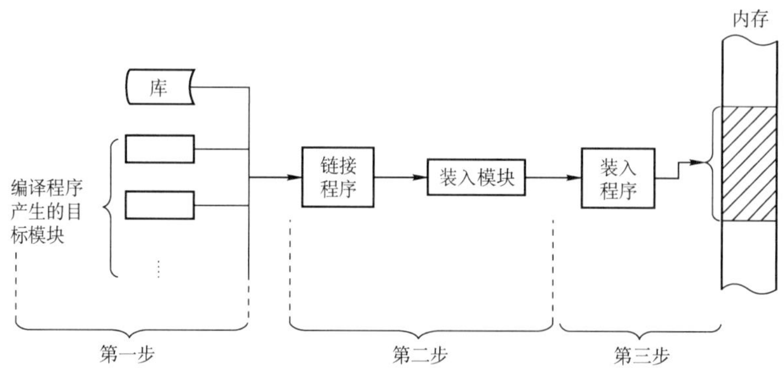

图 3.1　将用户程序变为可在内存中执行的程序的步骤

当将一个装入模块装入内存时，有以下三种装入方式。

（1）绝对装入

绝对装入方式只适用于单道程序环境。在编译时，若知道程序将放到内存的哪个位置，则编译程序将产生绝对地址的目标代码。装入程序按照装入模块的地址，将程序和数据装入内存。由于程序中的逻辑地址与实际内存地址完全相同，因此不需对程序和数据的地址进行修改。

程序中使用的绝对地址，可在编译或汇编时给出，也可由程序员直接赋予。而通常情况下在程序中采用的是符号地址，编译或汇编时再转换为绝对地址。

（2）可重定位装入

经过编译、链接后的装入模块的始址（起始地址）通常都从 0 开始，程序中使用的指令和数据地址都是相对于始址的，此时应采用可重定位装入方式。根据内存的当前情况，将装入模块装入内存的适当位置。在装入时对目标程序中的相对地址的修改过程称为**重定位**，又因为地址转换通常是在进程装入时一次完成的，所以称为静态重定位，如图 3.2(a)所示。

当一个作业装入内存时，必须给它分配要求的全部内存空间，若没有足够的内存，则无法装入。作业一旦进入内存，整个运行期间就不能在内存中移动，也不能再申请内存空间。

（3）动态运行时装入

动态运行时装入也称动态重定位。程序若要在内存中发生移动，则要采用动态的装入方式。装入程序将装入模块装入内存后，并不会立即将装入模块中的相对地址转换为绝对地址，而是将这种地址转换推迟到程序真正要执行时才进行。因此，装入内存后的所有地址均为相对地址。这种方式需要一个重定位寄存器（存放装入模块的起始位置）的支持，如图 3.2(b)所示。

动态重定位的优点：可以将程序分配到不连续的存储区；在程序运行前只需装入它的部分代码即可投入运行，然后在程序运行期间，根据需要动态申请分配内存；便于程序段的共享。

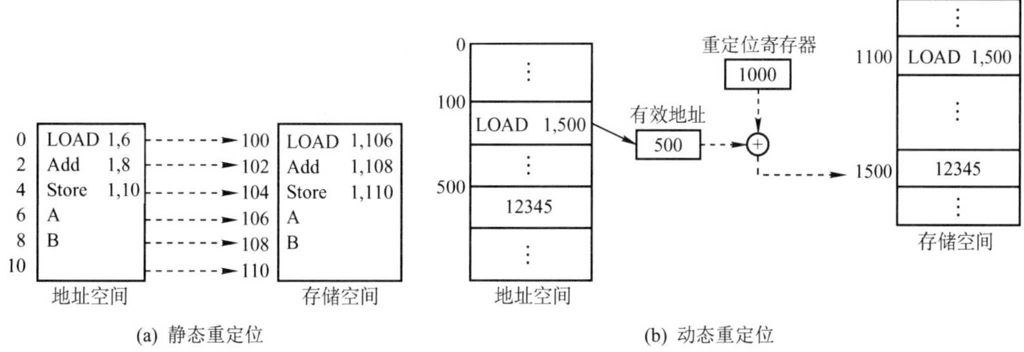

(a) 静态重定位　　(b) 动态重定位

图 3.2　重定位类型

当对目标模块进行链接时，根据链接的时间不同，分为以下三种链接方式。

（1）静态链接

在程序运行之前，先将各目标模块及它们所需的库函数链接成一个完整的装入模块，以后不再拆开。将几个目标模块装配成一个装入模块时，需要解决两个问题：①修改相对地址，编译后的所有目标模块都是从 0 开始的相对地址，当链接成一个装入模块时要修改相对地址。②变换外部调用符号，将每个模块中所用的外部调用符号也都变换为相对地址。

（2）装入时动态链接

将用户源程序编译后所得到的一组目标模块，在装入内存时，采用边装入边链接的方式。其优点是便于修改和更新，便于实现对目标模块的共享。

（3）运行时动态链接

在程序执行中需要某目标模块时，才对它进行链接。凡在程序执行中未用到的目标模块，都不会被调入内存和链接到装入模块上。其优点是能加快程序的装入过程，还可节省内存空间。

2．逻辑地址与物理地址

命题追踪 ▶▶ 进程虚拟地址空间的特点（2023）

编译后，每个目标模块都从 0 号单元开始编址，这称为该目标模块的相对地址（或逻辑地址）。当链接程序将各个模块链接成一个完整的可执行目标程序时，链接程序顺序依次按各个模块的相对地址构成统一的从 0 号单元开始编址的逻辑地址空间（或虚拟地址空间），对于 32 位系统，逻辑地址空间的范围为 $0 \sim 2^{32}-1$。进程在运行时，看到和使用的地址都是逻辑地址。用户程序和程序员只需知道逻辑地址，而内存管理的具体机制则是完全透明的。不同进程可以有相同的逻辑地址，因为这些相同的逻辑地址可以映射到主存的不同位置。

物理地址空间是指内存中物理单元的集合，它是地址转换的最终地址，进程在运行时执行指令和访问数据，最后都要通过物理地址从主存中存取。当装入程序将可执行代码装入内存时，必须通过地址转换将逻辑地址转换成物理地址，这个过程称为地址重定位。

操作系统通过内存管理部件（MMU）将进程使用的逻辑地址转换为物理地址。进程使用虚拟内存空间中的地址，操作系统在相关硬件的协助下，将它“转换”成真正的物理地址。逻辑地址通过页表映射到物理内存，页表由操作系统维护并被处理器引用。

3. 进程的内存映像

不同于存放在硬盘上的可执行程序文件，当一个程序调入内存运行时，就构成了进程的内存映像。一个进程的内存映像一般有几个要素：

- 代码段：即程序的二进制代码，代码段是只读的，可以被多个进程共享。
- 数据段：即程序运行时加工处理的对象，包括全局变量和静态变量。
- 进程控制块（PCB）：存放在系统区。操作系统通过 PCB 来控制和管理进程。
- 堆：用来存放动态分配的变量。通过调用 malloc 函数动态地向高地址分配空间。
- 栈：用来实现函数调用。从用户空间的最大地址往低地址方向增长。

代码段和数据段在程序调入内存时就指定了大小，而堆和栈不一样。当调用像 malloc 和 free 这样的 C 标准库函数时，堆可以在运行时动态地扩展和收缩。用户栈在程序运行期间也可以动态地扩展和收缩，每次调用一个函数，栈就会增长；从一个函数返回时，栈就会收缩。

图 3.3 是一个进程在内存中的映像。其中，共享库用来存放进程用到的共享函数库代码，如 printf()函数等。在只读代码段中，.init 是程序初始化时调用的_init 函数；.text 是用户程序的机器代码；.rodata 是只读数据。在读/写数据段中，.data 是已初始化的全局变量和静态变量；.bss 是未初始化及所有初始化为 0 的全局变量和静态变量。

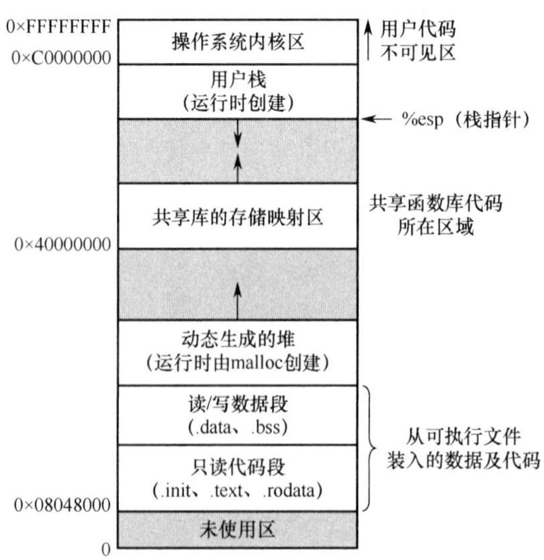

图 3.3　内存中的一个进程

4. 内存保护

命题追踪 ▶▶ 分区分配内存保护的措施（2009）

确保每个进程都有一个单独的内存空间。内存分配前，需要保护操作系统不受用户进程的影响，同时保护用户进程不受其他用户进程的影响。内存保护可采取两种方法：

1）在 CPU 中设置一对上、下限寄存器，存放用户进程在主存中的下限和上限地址，每当 CPU 要访问一个地址时，分别和两个寄存器的值相比，判断有无越界。

2）采用重定位寄存器（也称基地址寄存器）和界地址寄存器（也称限长寄存器）进行越界检查。重定位寄存器中存放的是进程的起始物理地址，界地址寄存器中存放的是进程的最大逻辑地址。内存管理部件将逻辑地址与界地址寄存器进行比较，若未发生地址越界，则加上重定位寄存器的值后映射成物理地址，再送交内存单元，如图 3.4 所示。

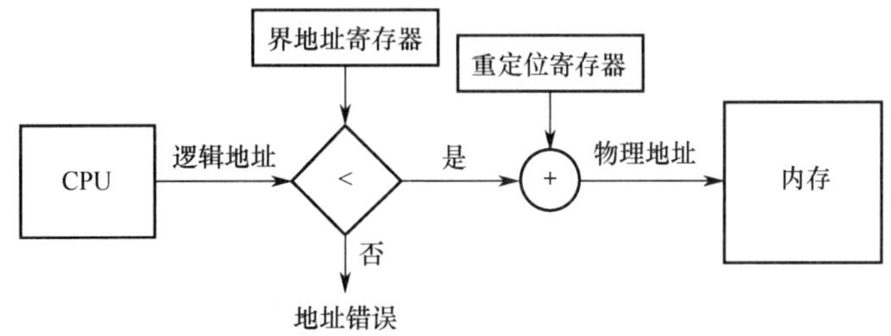

图 3.4 重定位寄存器和界地址寄存器的硬件支持

实现内存保护需要重定位寄存器和界地址寄存器，因此要注意两者的区别。重定位寄存器是用来“加”的，逻辑地址加上重定位寄存器中的值就能得到物理地址；界地址寄存器是用来“比”的，通过比较界地址寄存器中的值与逻辑地址的值来判断是否越界。

加载重定位寄存器和界地址寄存器时必须使用特权指令，只有操作系统内核才可以加载这两个存储器。这种方案允许操作系统内核修改这两个寄存器的值，而不允许用户程序修改。

5. 内存共享

并不是所有的进程内存空间都适合共享，只有那些只读的区域才可以共享。可重入代码也称纯代码，是一种允许多个进程同时访问但不允许被任何进程修改的代码。但在实际执行时，也可以为每个进程配以局部数据区，将在执行中可能改变的部分复制到该数据区，这样，程序在执行时只需对该私有数据区中的内存进行修改，并不去改变共享的代码。

下面通过一个例子来说明内存共享的实现方式。考虑一个可以同时容纳 40 个用户的多用户系统，他们同时执行一个文本编辑程序，若该程序有 160KB 代码区和 40KB 数据区，则共需 8000KB 的内存空间来支持 40 个用户。若 160KB 代码是可分享的纯代码，则不论是在分页系统中还是在分段系统中，整个系统只需保留一份副本即可，此时所需的内存空间仅为 40KB×40 + 160KB = 1760KB。对于分页系统，假设页面大小为 4KB，则代码区占用 40 个页面、数据区占用 10 个页面。为实现代码共享，应在每个进程的页表中都建立 40 个页表项，它们都指向共享代码区的物理页号。此外，每个进程还要为自己的数据区建立 10 个页表项，指向私有数据区的物理页号。对于分段系统，由于是以段为分配单位的，不管该段有多大，都只需为该段设置一个段表项（指向共享代码段始址，以及段长 160KB）。由此可见，段的共享非常简单易行。

此外，在第 2 章中我们介绍过基于共享内存的进程通信，由操作系统提供同步互斥工具。在本章的后面，还将介绍一种内存共享的实现——内存映射文件。

6. 内存分配与回收

存储管理方式随着操作系统的发展而发展。在操作系统由单道向多道发展时，存储管理方式便由单一连续分配发展为固定分区分配。为了能更好地适应不同大小的程序要求，又从固定分区分配发展到动态分区分配。为了更好地提高内存的利用率，进而从连续分配方式发展到离散分配方式——页式存储管理。引入分段存储管理的目的，主要是满足用户在编程和使用方面的要求，其中某些要求是其他几种存储管理方式难以满足的。

3.1.2 连续分配管理方式

连续分配方式是指为一个用户程序分配一个连续的内存空间，譬如某用户需要 100MB 的内存空间，连续分配方式就在内存空间中为用户分配一块连续的 100MB 空间。连续分配方式主要包括单一连续分配、固定分区分配和动态分区分配。

1. 单一连续分配

在单一连续分配方式中，内存被分为系统区和用户区，系统区仅供操作系统使用，通常在低地址部分；用户区内存中仅有一道用户程序，即用户程序独占整个用户区。

这种方式的优点是简单、无外部碎片；不需要进行内存保护，因为内存中永远只有一道程序。缺点是只能用于单用户、单任务的操作系统中；有内部碎片；存储器的利用率极低。

2. 固定分区分配

固定分区分配是最简单的一种多道程序存储管理方式，它将用户内存空间划分为若干固定大小的分区，每个分区只装入一道作业。当有空闲分区时，便可再从外存的后备作业队列中选择适当大小的作业装入该分区，如此循环。在划分分区时有两种不同的方法。

- 分区大小相等。程序太小会造成浪费，程序太大又无法装入，缺乏灵活性。
- 分区大小不等。划分为多个较小的分区、适量的中等分区和少量大分区。

为了便于分配和回收，建立一张分区使用表，通常按分区大小排队，各表项包括对应分区的始址、大小及状态（是否已分配），如图 3.5 所示。分配内存时，便检索该表，以找到一个能满足要求且尚未分配的分区分配给装入程序，并将对应表项的状态置为“已分配”；若找不到这样的分区，则拒绝分配。回收内存时，只需将对应表项的状态置为“未分配”即可。

分区号	大小/KB	起址/KB	状态
1	12	20	已分配
2	32	32	已分配
3	64	64	已分配
4	128	128	未分配

(a) 分区使用表

	操作系统
20KB	作业A
32KB	作业B
64KB	作业C
128KB	
256KB	

(b) 存储空间分配情况

图 3.5 固定分区说明表和内存分配情况

这种方式存在两个问题：①程序太大而放不进任何一个分区；②当程序小于固定分区大小时，也要占用一个完整的内存分区，这样分区内部就存在空间浪费，这种现象称为内部碎片。固定分区方式无外部碎片，但不能实现多进程共享一个主存区，所以存储空间利用率低。

3. 动态分区分配

（1）动态分区分配的基本原理

动态分区分配也称可变分区分配，是指在进程装入内存时，根据进程的实际需要，动态地为之分配内存，并使分区的大小正好适合进程的需要。因此，系统中分区的大小和数量是可变的。

如图 3.6 所示，系统有 64MB 内存空间，其中低 8MB 固定分配给操作系统，其余为用户可用内存。开始时装入前三个进程，它们分别分配到所需的空间后，内存仅剩 4MB，进程 4 无法装入。在某个时刻，内存中没有一个就绪进程，CPU 出现空闲，操作系统就换出进程 2，换入进程 4。由于进程 4 比进程 2 小，这样在主存中就产生了一个 6MB 的内存块。之后 CPU 又出现空闲，需要换入进程 2，而主存无法容纳进程 2，操作系统就换出进程 1，换入进程 2。

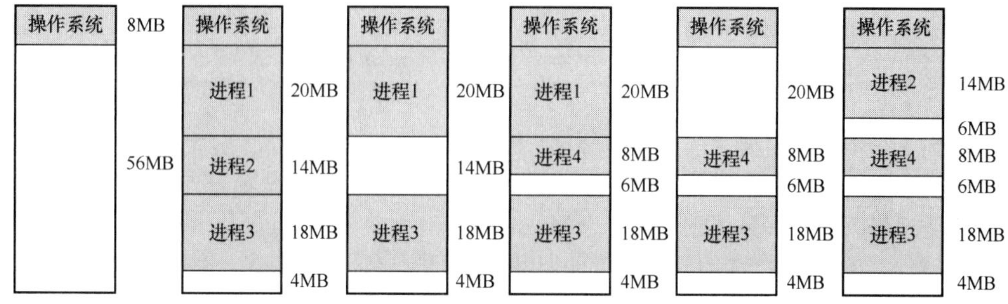

图 3.6　动态分区分配

动态分区在开始时是很好的，但是随着时间的推移，内存中会产生越来越多的小内存块，内存的利用率也随之下降。这些小内存块被称为*外部碎片*，它存在于所有分区的外部，与固定分区中的*内部碎片*正好相对。外部碎片可通过*紧凑技术*来克服，即操作系统不时地对进程进行移动和整理。但是，这需要动态重定位寄存器的支持，且相对费时。紧凑过程实际上类似于 Windows 系统中的磁盘碎片整理程序，只不过后者是对外存空间的紧凑。

命题追踪 ▶▶ **动态分区分配的内存回收方法（2017）**

在动态分区分配中，与固定分区分配类似，设置一张*空闲分区链（表）*，可以按始址排序。分配内存时，检索空闲分区链，找到所需的分区，若其大小大于请求大小，则从该分区中按请求大小分割一块空间分配给装入进程（若剩余部分小到不足以划分，则不需要分割），余下部分仍然留在空闲分区链中。回收内存时，系统根据回收分区的始址，从空闲分区链中找到相应的插入点，此时可能出现四种情况：①回收区与插入点的前一空闲分区相邻，此时将这两个分区合并，并修改前一分区表项的大小为两者之和；②回收区与插入点的后一空闲分区相邻，此时将这两个分区合并，并修改后一分区表项的始址和大小；③回收区同时与插入点的前、后两个分区相邻，此时将这三个分区合并，修改前一分区表项的大小为三者之和，并取消后一分区表项；④回收区没有相邻的空闲分区，此时应该为回收区新建一个表项，填写始址和大小，并插入空闲分区链。

以上三种内存分区管理方法有一个共同特点，即用户程序在主存中都是连续存放的。

(2 基于顺序搜索的分配算法

将作业装入主存时，需要按照一定的分配算法从空闲分区链（表）中选出一个分区，以分配给该作业。按分区检索方式，可分为*顺序分配算法*和*索引分配算法*。*顺序分配算法*是指依次搜索空闲分区链上的空闲分区，以寻找一个大小满足要求的分区，顺序分配算法有以下四种。

命题追踪 ▶▶ **各种动态分区分配算法的比较（2019、2024）**

1）*首次适应（First Fit）算法*。空闲分区按地址递增的次序排列。每次分配内存时，顺序查找到第一个能满足大小的空闲分区，分配给作业。首次适应算法保留了内存高地址部分的大空闲分区，有利于后续大作业的装入。但它会使内存低地址部分出现许多小碎片，而每次分配查找时都要经过这些分区，因此增加了开销。

2）*邻近适应（Next Fit）算法*。也称*循环首次适应算法*，由首次适应算法演变而成。不同之处是，分配内存时从上次查找结束的位置开始继续查找。邻近适应算法试图解决该问题。它让内存低、高地址部分的空闲分区以同等概率被分配，划分为小分区，导致内存高地址部分没有大空闲分区可用。通常比首次适应算法更差。

命题追踪 ▶▶ 最佳适应算法的分配过程（2010）

3）最佳适应（Best Fit）算法。空闲分区按容量递增的次序排列。每次分配内存时，顺序查找到第一个能满足大小的空闲分区，即最小的空闲分区，分配给作业。最佳适应算法虽然称为最佳，能更多地留下大空闲分区，但性能通常很差，因为每次分配会留下越来越多很小的难以利用的内存块，进而产生最多的外部碎片。

4）最坏适应（Worst Fit）算法。空闲分区按容量递减的次序排列。每次分配内存时，顺序查找到第一个能满足要求的之空闲分区，即最大的空闲分区，从中分割一部分空间给作业。与最佳适应算法相反，最坏适应算法选择最大的空闲分区，这看起来最不容易产生碎片，但是把最大的空闲分区划分开，会很快导致没有大空闲分区可用，因此性能也很差。

综合来看，首次适应算法的开销小，性能最好，回收分区也不需要对空闲分区重新排序。

（3）基于索引搜索的分配算法

当系统很大时，空闲分区链可能很长，此时采用顺序分配算法可能很慢。因此，在大、中型系统中往往采用索引分配算法。索引分配算法的思想是，根据其大小对空闲分区分类，对于每类（大小相同）空闲分区，单独设立一个空闲分区链，并设置一张索引表来管理这些空闲分区链。当为进程分配空间时，在索引表中查找所需空间大小对应的表项，并从中得到对应的空闲分区链的头指针，从而获得一个空闲分区。索引分配算法有以下三种。

1）快速适应算法。空闲分区的分类根据进程常用的空间大小进行划分。分配过程分为两步：①首先根据进程的长度，在索引表中找到能容纳它的最小空闲分区链表；②然后从链表中取出第一块进行分配。优点是查找效率高、不产生内部碎片；缺点是回收分区时，需要有效地合并分区，算法比较复杂，系统开销较大。

命题追踪 ▶▶ 伙伴关系的概念（2024）

2）伙伴系统。规定所有分区的大小均为2的k次幂（k为正整数）。当需要为进程分配大小为n的分区时（$2^{i-1} < n \leqslant 2^i$），在大小为$2^i$的空闲分区链中查找。若找到，则将该空闲分区分配给进程。否则，表示大小为2^i的空闲分区已耗尽，需要在大小为2^{i+1}的空闲分区链中继续查找。若存在大小为2^{i+1}的空闲分区，则将其等分为两个分区，这两个分区称为一对伙伴，其中一个用于分配，而将另一个加入大小为2^i的空闲分区链。若不存在，则继续查找，直至找到为止。回收时，也可能需要对伙伴分区进行合并。

3）哈希算法。根据空闲分区链表的分布规律，建立哈希函数，构建一张以空闲分区大小为关键字的哈希表，每个表项记录一个对应空闲分区链的头指针。分配时，根据所需分区大小，通过哈希函数计算得到哈希表中的位置，从中得到相应的空闲分区链表。

在连续分配方式中，我们发现，即使内存有超过1GB的空闲空间，但若没有连续的1GB空间，则需要1GB空间的作业仍然是无法运行的；但若采用非连续分配方式，则作业所要求的1GB内存空间可以分散地分配在内存的各个区域，当然，这也需要额外的空间去存储它们（分散区域）的索引，使得非连续分配方式的存储密度低于连续分配方式。非连续分配方式根据分区的大小是否固定，分为分页存储管理和分段存储管理。在分页存储管理中，又根据运行作业时是否要将作业的所有页面都装入内存才能运行，分为基本分页存储管理和请求分页存储管理。

3.1.3 基本分页存储管理①

固定分区会产生内部碎片，动态分区会产生外部碎片，这两种技术对内存的利用率都比较低。

① 本章后面的内容与《计算机组成原理考研复习指导》一书的3.6节高度相关，建议结合复习。

我们希望内存的使用能尽量避免碎片的产生，这就引入了分页的思想：将内存空间分为若干固定大小（如 4KB）的分区，称为页框、页帧或物理块。进程的逻辑地址空间也分为与块大小相等的若干区域，称为页或页面。操作系统以页框为单位为各个进程分配内存空间。

从形式上看，分页的方法像是分区相等的固定分区技术，分页管理不产生外部碎片。但它又有本质的不同点：块的大小相对分区要小很多，而且进程也按照块进行划分，进程运行时按块申请主存可用空间并执行。这样，进程只会在为最后一个不完整的块申请一个主存块空间时，才产生主存碎片，所以尽管会产生内部碎片，但这种碎片相对于进程来说也是很小的，每个进程平均只产生半个块大小的内部碎片（也称页内碎片）。

1．分页存储的几个基本概念

（1）页面和页面大小

进程的逻辑地址空间中的每个页面有一个编号，称为页号，从 0 开始；内存空间中的每个页框也有一个编号，称为页框号（或物理块号），也从 0 开始。进程在执行时需要申请内存空间，即要为每个页面分配内存中的可用页框，这就产生了页号和页框号的一一对应。

为方便地址转换，页面大小应是 2 的整数次幂。同时页面大小应该适中，页面太小会使进程的页面数过多，这样页表就会过长，占用大量内存，而且也会增加硬件地址转换的开销，降低页面换入/换出的效率；页面过大又会使页内碎片增多，降低内存的利用率。

（2）地址结构

命题追踪 ▶ 分页系统的逻辑地址结构（2009、2010、2013、2015、2017）

某个分页存储管理的逻辑地址结构如图 3.7 所示。

31　　…　　12	11　　…　　0
页号 P	页内偏移量 W

图 3.7　某个分页存储管理的逻辑地址结构

地址结构包含两部分：前一部分为页号 P，后一部分为页内偏移量 W。地址长度为 32 位，其中 0～11 位为页内地址，即每页大小为 2^{12}B；12～31 位为页号，即最多允许 2^{20} 页。

注意，地址结构决定了虚拟内存的寻址空间有多大。在实际问题中，页号、页内偏移、逻辑地址可能是用十进制数给出的，若题目用二进制数给出时，读者要会转换。

（3）页表

为了便于找到进程的每个页面在内存中存放的位置，系统为每个进程建立一张页面映射表，简称页表。进程的每个页面对应一个页表项，每个页表项由页号和块号组成，它记录了页面在内存中对应的物理块号，如图 3.8 所示。进程执行时，通过查找页表，即可找到每页在内存中的物理块号。可见，页表的作用是实现从页号到物理块号的地址映射。

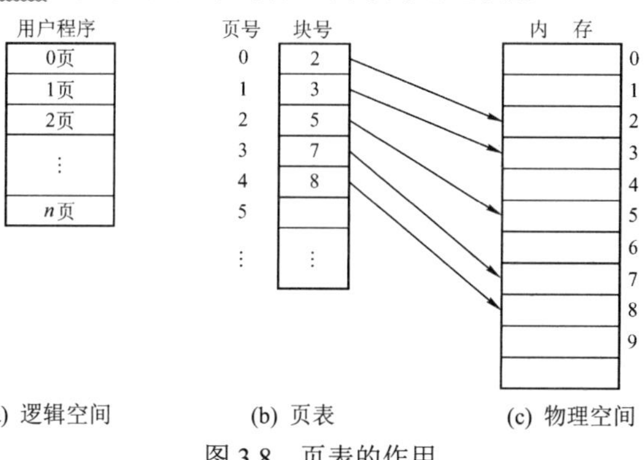

图 3.8　页表的作用

2. 基本地址变换机构

地址变换机构的任务是将逻辑地址转换为内存中的物理地址。地址变换是借助于页表实现的。图 3.9 给出了分页存储管理系统中的地址变换机构。

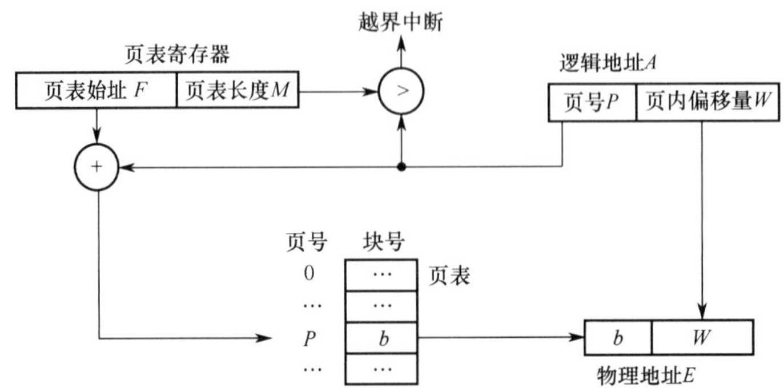

图 3.9　分页存储管理系统中的地址变换机构

> **注　意**
>
> 在页表中，由于页表项连续存放，因此页号可以是隐含的，不占用存储空间。

为了提高地址变换的速度，在系统中设置一个页表寄存器（PTR），存放页表在内存的始址 F 和页表长度 M。由于寄存器的造价昂贵，因此在单 CPU 系统中只设置一个页表寄存器。平时，进程未执行时，页表的始址和页表长度存放在本进程的 PCB 中，当进程被调度执行时，才将页表始址和页表长度装入页表寄存器中。设页面大小为 L，逻辑地址 A 到物理地址 E 的变换过程如下（假设逻辑地址、页号、每页的长度都是十进制数）：

命题追踪 ▶ 页式系统的地址变换过程（2013、2021、2024）

命题追踪 ▶ 页表项地址的计算与分析（2024）

① 根据逻辑地址计算出页号 $P = A/L$、页内偏移量 $W = A\%L$。

② 判断页号是否越界，若页号 $P \geq$ 页表长度 M，则产生越界中断，否则继续执行。

③ 在页表中查询页号对应的页表项，确定页面存放的物理块号。页号 P 对应的页表项地址 = 页表始址 F + 页号 P×页表项长度，取出该页表项内容 b，即为物理块号。

④ 计算物理地址 $E = b \times L + W$，用物理地址 E 去访存。注意，物理地址 = 页面在内存中的始址+页内偏移量，页面在内存中的始址 = 块号×块大小（页面大小）。

以上整个地址变换过程均是由硬件自动完成的。例如，若页面大小 L 为 1KB，页号 2 对应的物理块为 $b = 8$，计算逻辑地址 $A = 2500$ 的物理地址 E 的过程如下：$P = 2500/1\text{K} = 2$，$W = 2500\%1\text{K} = 452$，查找得到页号 2 对应的物理块的块号为 8，$E = 8 \times 1024 + 452 = 8644$。

计算条件用十进制数和用二进制数给出，过程会稍有不同。页式管理只需给出一个整数就能确定对应的物理地址，因为页面大小 L 是固定的。因此，页式管理中地址空间是一维的。

页表项的大小不是随意规定的，而是有所约束的。如何确定页表项的大小？

页表项的作用是找到该页在内存中的位置。以 32 位逻辑地址空间、字节编址单位、一页 4KB 为例，地址空间内一共有 $2^{32}\text{B}/4\text{KB} = 2^{20}$ 页，因此需要 $\log_2 2^{20} = 20$ 位才能保证表示范围能容纳所有页面，又因为内存以字节作为编址单位，即页表项的大小 $\geq \lceil 20/8 \rceil = 3\text{B}$。所以在这个条件下，为了保证页表项能够指向所有页面，页表项的大小应大于或等于 3B。当然，也可以选择更大的页表项，让一个页面能够正好容纳整数个页表项，或便于增加一些其他信息。

下面讨论分页管理方式存在的两个主要问题：①每次访存操作都需要进行逻辑地址到物理地址的转换，**地址转换过程必须足够快**，否则访存速度会降低；②每个进程引入页表，用于存储映射机制，**页表不能太大**，否则内存利用率会降低。

3．具有快表的地址变换机构

由上面介绍的地址变换过程可知，若页表全部放在内存中，则存取一个数据或一条指令至少要访问两次内存：第一次是访问页表，确定所存取的数据或指令的物理地址；第二次是根据该地址存取数据或指令。显然，这种方法比通常执行指令的速度慢了一半。

为此，在地址变换机构中增设一个具有并行查找能力的高速缓冲存储器——快表（TLB），也称**相联存储器**，用来存放当前访问的若干页表项，以加速地址变换的过程。与此对应，主存中的页表常称为慢表。具有快表的地址变换机构如图 3.10 所示。

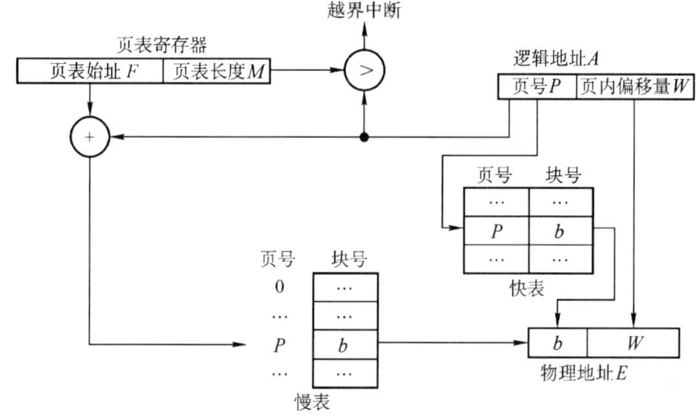

图 3.10 具有快表的地址变换机构

命题追踪 ▶ 具有快表的地址变换的性能分析（2009）

在具有快表的分页机制中，地址的变换过程如下：

① CPU 给出逻辑地址后，由硬件进行地址转换，将页号与快表中的所有页号进行比较。

② 若找到匹配的页号，说明要访问的页表项在快表中有副本，则直接从中取出该页对应的页框号，与页内偏移量拼接形成物理地址。这样，存取数据仅**一次访存**即可实现。

③ 若未找到匹配的页号，则需要访问主存中的页表，读出页表项后，应同时将其存入快表，以便后面可能的再次访问。若快表已满，则须按照特定的算法淘汰一个旧页表项。

一般快表的命中率可达 90%以上，这样分页带来的速度损失就可降低至 10%以下。快表的有效性基于著名的**局部性原理**，后面讲解虚拟内存时将具体讨论它。

4．两级页表

引入分页管理后，进程在执行时不需要将所有页调入内存页框，而只需将保存有映射关系的页表调入内存。但仍需考虑页表的大小。以 32 位逻辑地址空间、页面大小 4KB、页表项大小 4B 为例：页内偏移为 $\log_2 4K = 12$ 位，页号部分为 20 位，则每个进程页表中的页表项数可达 2^{20} 之多，仅页表就要占用 $2^{20}\times 4B/4KB = 1K$ 个页，而且还要求是连续的。显然这是不切实际的。

命题追踪 ▶ 多级页表的特点和优点（2014）

解决上述问题的方法有两种：①对于页表所需的内存空间，采用离散分配方式，用一张索引表来记录各个页表的存放位置，这就解决了页表占用连续内存空间的问题；②只将当前需要的部分页表项调入内存，其余的页表项仍驻留磁盘，需要时再调入（虚拟内存的思想），这就解决了页表占用内存过多的问题。读者也许发现这个方案就和当初引进页表机制的思路一模一样，实际上就是为离散分配的页表再建立一张页表，称为外层页表（或页目录）。仍以上面的条件为例，当采用两级分页时，对页表再进行分页，则外层页表需要 1K 个页表项，刚好占用 4KB 的内存空间，使得外层页表的大小正好等于一页，这样就得到了逻辑地址空间的格式，如图 3.11 所示。

一级页号或页目录号10位	二级页号或页号10位	页内偏移12位

图 3.11　逻辑地址空间的格式

命题追踪 ▶ 两级页表的逻辑地址结构及相关分析（2010、2013、2015、2017—2019）

两级页表是在普通页表结构上再加一层页表，其结构如图 3.12 所示。

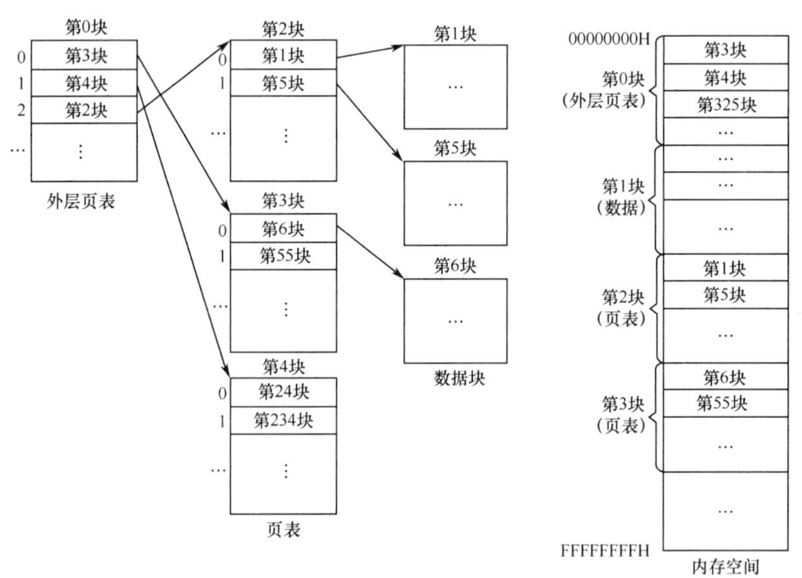

图 3.12　两级页表结构示意图

在页表的每个表项中，存放的是进程的某页对应的物理块号，如 0 号页存放在 1 号物理块中，1 号页存放在 5 号物理块中。在外层页表的每个表项中，存放的是某个页表分页的始址，如 0 号页表存放在 3 号物理块中。可以利用外层页表和页表来实现进程从逻辑地址到物理地址的变换。

命题追踪 ▶ 二级页表的页表基址寄存器中的内容（2018、2021）

命题追踪 ▶ 二级页表中的地址变换过程（2015、2017）

为了方便实现地址变换，需要在系统中增设一个外层页表寄存器（也称页目录基址寄存器），用于存放页目录始址。将逻辑地址中的页目录号作为页目录的索引，从中找到对应页表的始址；再用二级页号作为页表分页的索引，从中找到对应的页表项；将页表项中的物理块号和页内偏移拼接，即为物理地址，再用该地址访问内存单元。共进行了 3 次访存。

对于更大的逻辑地址空间，以 64 位为例，若采用两级分页，则页面大小为 4KB，页表项大小为 4B；若按物理块大小划分页表，则有 42 位用于外层页号，此时外层页表有 4096G 个页表项，需占用 16384GB 的连续内存空间，显然这是无法接受的，因此必须采用多级页表，再对外层页表分页。建立多级页表的目的在于建立索引，以免浪费内存空间去存储无用的页表项。

3.1.4　基本分段存储管理

分页管理方式是从计算机的角度考虑设计的，目的是提高内存的利用率，提升计算机的性能。

分页通过硬件机制实现，对用户完全透明。分段管理方式的提出则考虑了用户和程序员，以满足方便编程、信息保护和共享、动态增长及动态链接等多方面的需要。

1．分段

分段系统将用户进程的逻辑地址空间划分为大小不等的段。例如，用户进程由主程序段、两个子程序段、栈段和数据段组成，于是可以将这个进程划分为 5 段，每段从 0 开始编址，并分配一段连续的地址空间（段内要求连续，段间不要求连续，进程的地址空间是二维的）。

命题追踪 ▶ 分段系统的逻辑地址结构分析（2009）

分段存储管理的逻辑地址结构由段号 S 与段内偏移量 W 两部分组成。在图 3.13 中，段号为 16 位，段内偏移量为 16 位，因此一个进程最多有 $2^{16} = 65536$ 段，最大段长为 64KB。

31　　…　　16	15　　…　　0
段号 S	段内偏移量 W

图 3.13　分段系统中的逻辑地址结构

在页式系统中，逻辑地址的页号和页内偏移量对用户是透明的，但在分段系统中，段号和段内偏移量必须由用户显式提供，在高级程序设计语言中，这个工作由编译程序完成。

2．段表

每个进程都有一张逻辑空间与内存空间映射的段表，进程的每个段对应一个段表项，段表项记录了该段在内存中的始址和段的长度。段表的内容如图 3.14 所示。

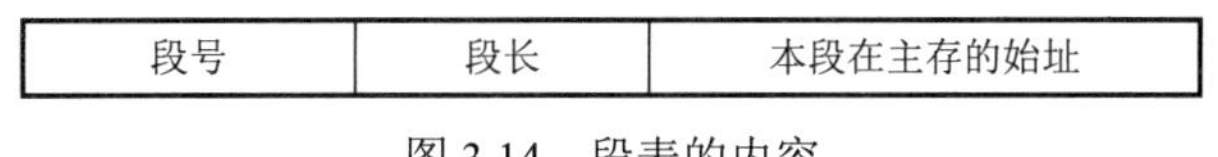

段号	段长	本段在主存的始址

图 3.14　段表的内容

配置段表后，执行中的进程可以通过查找段表，找到每段所对应的内存区。可见，段表用于实现从逻辑段到物理内存区的映射，如图 3.15 所示。

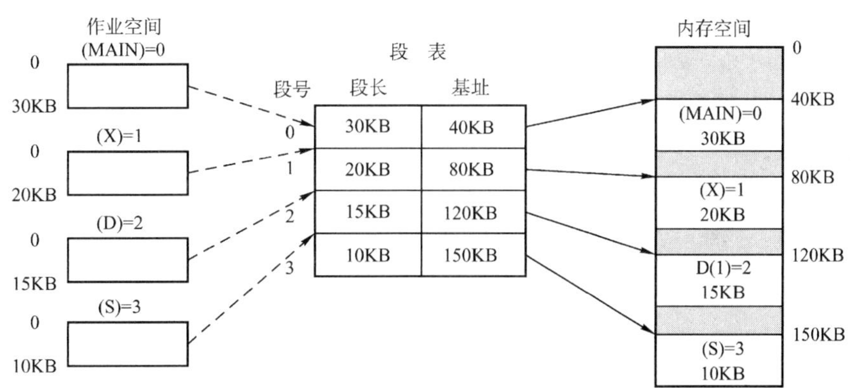

图 3.15　利用段表实现物理内存区映射

3．地址变换机构

分段系统的地址变换过程如图 3.16 所示。为了实现进程从逻辑地址到物理地址的变换功能，在系统中设置了一个段表寄存器，用于存放段表始址 F 和段表长度 M。从逻辑地址 A 到物理地址 E 之间的地址变换过程如下：

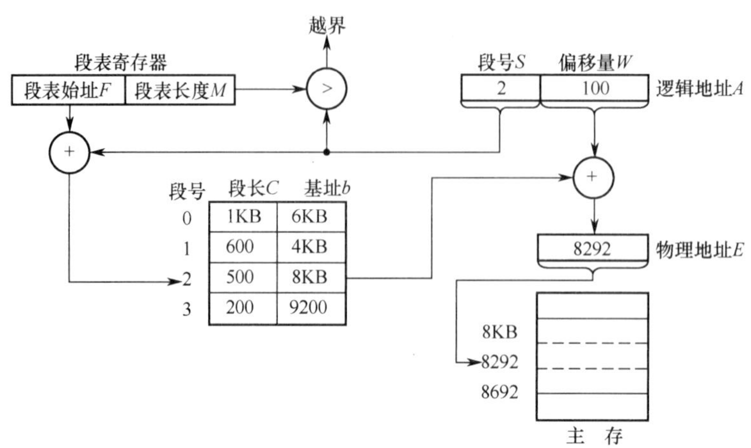

图 3.16 分段系统的地址变换过程

命题追踪 ▶ 段式系统的地址变换过程（2016）

① 从逻辑地址 A 中取出前几位为段号 S，后几位为段内偏移量 W。

② 判断段号是否越界，若段号 $S \geqslant$ 段表长度 M，则产生越界中断，否则继续执行。

③ 在段表中查询段号对应的段表项，段号 S 对应的段表项地址 = 段表始址 F + 段号 S×段表项长度。取出段表项中该段的段长 C，若 $W \geqslant C$，则产生越界中断，否则继续执行。

④ 取出段表项中该段的始址 b，计算物理地址 $E = b + W$，用物理地址 E 去访存。

4. 分页和分段的对比

分页和分段有许多相似之处，两者都是非连续分配方式，都要通过地址映射机构实现地址变换。但是，在概念上两者完全不同，主要表现在以下三个方面：

1）页是信息的物理单位，分页的主要目的是提高内存利用率，分页完全是系统的行为，对用户是不可见的。段是信息的逻辑单位，分段的主要目的是更好地满足用户需求，用户按照逻辑关系将程序划分为若干段，分段对用户是可见的。

2）页的大小固定且由系统决定。段的长度不固定，具体取决于用户所编写的程序。

3）分页管理的地址空间是一维的。段式管理不能通过给出一个整数便确定对应的物理地址，因为每段的长度是不固定的，无法通过除法得出段号，无法通过求余得出段内偏移，所以一定要显式给出段号和段内偏移，因此分段管理的地址空间是二维的。

5. 段的共享与保护

命题追踪 ▶ 页、段共享的原理和特点（2019、2023）

在分页系统中，虽然也能实现共享，但远不如分段系统来得方便。若被共享的代码占 N 个页框，则每个进程的页表中都要建立 N 个页表项，指向被共享的 N 个页框。

在分段系统中，不管该段有多大，都只需为该段设置一个段表项，因此非常容易实现共享。只需在每个进程的段表中设置一个段表项，指向被共享的同一个物理段。不能被任何进程修改的代码称为可重入代码或纯代码（不属于临界资源），它是一种允许多个进程同时访问的代码。为了防止程序在执行时修改共享代码，在每个进程中都必须配以局部数据区，将在执行过程中可能改变的部分复制到数据区，这样，进程就可对该数据区中的内容进行修改。

与分页管理类似，分段管理的保护方法主要有两种：一种是存取控制保护，另一种是地址越界保护。地址越界保护将段表寄存器中的段表长度与逻辑地址中的段号比较，若段号大于段表长度，则产生越界中断；再将段表项中的段长和逻辑地址中的段内偏移进行比较，若段内偏移大于段长，也会产生越界中断。分页管理只需要判断页号是否越界，页内偏移是不可能越界的。

3.1.5　段页式存储管理

分页存储管理能有效地提高内存利用率，而分段存储管理能反映程序的逻辑结构并有利于段的共享和保护。将这两种存储管理方法结合起来，便形成了段页式存储管理方式。

在段页式系统中，进程的地址空间首先被分成若干逻辑段，每段都有自己的段号，然后将每段分成若干大小固定的页。对内存空间的管理仍然和分页存储管理一样，将其分成若干和页面大小相同的存储块，对内存的分配以存储块为单位，如图 3.17 所示。

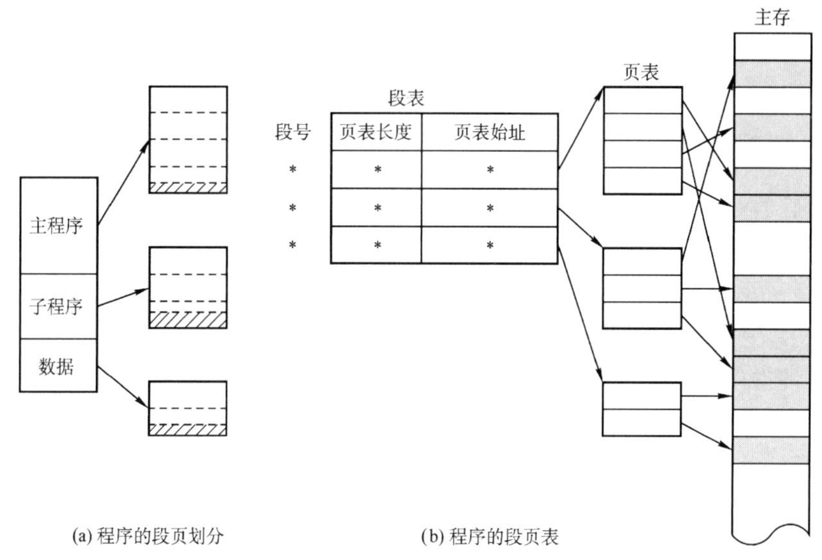

(a) 程序的段页划分　　(b) 程序的段页表

图 3.17　段页式管理方式

在段页式系统中，进程的逻辑地址分为三部分：段号、页号和页内偏移量，如图 3.18 所示。

段号 S	页号 P	页内偏移量 W

图 3.18　段页式系统的逻辑地址结构

为了实现地址变换，系统为每个进程建立一张段表，每个段对应一个段表项，每个段表项至少包括段号、页表长度和页表始址；每个段有一张页表，每个页表项至少包括页号和块号。此外，系统中还应有一个段表寄存器，指出进程的段表始址和段表长度（段表寄存器和页表寄存器的作用都有两个，一是在段表或页表中寻址，二是判断是否越界）。

注　意

在段页式存储管理中，每个进程的段表只有一个，而页表可能有多个。

在进行地址变换时，首先通过段表查到页表始址，然后通过页表找到物理块号，最后形成物理地址。如图 3.19 所示，进行一次访问实际需要三次访问主存，这里同样可以使用快表来加快查找速度，其关键字由段号、页号组成，值是对应的物理块号和保护码。

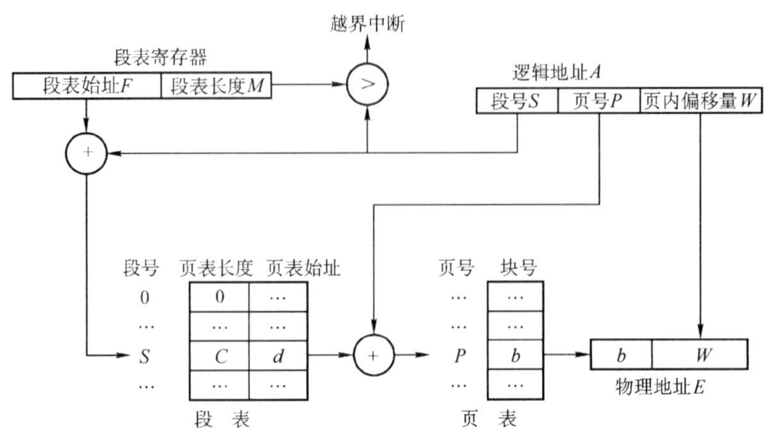

图 3.19 段页式系统的地址变换机构

结合上面对段式和页式管理地址空间的分析，得出结论：段页式管理的地址空间是二维的。

3.1.6 本节小结

本节开头提出的问题的参考答案如下。

1）为什么要进行内存管理？

在单道系统阶段，一个系统在一个时间段内只执行一个程序，内存的分配极其简单，即仅分配给当前运行的进程。引入多道程序后，进程之间共享的不仅仅是处理机，还有主存储器。然而，共享主存会形成一些特殊的挑战。若不对内存进行管理，则容易导致内存数据的混乱，以至于影响进程的并发执行。因此，为了更好地支持多道程序并发执行，必须进行内存管理。

2）多级页表解决了什么问题？又会带来什么问题？

多级页表解决了当逻辑地址空间过大时，页表的长度会大大增加的问题。而采用多级页表时，一次访盘需要多次访问内存甚至磁盘，会大大增加一次访存的时间。

无论是段式管理、页式管理还是段页式管理，读者都只需要掌握下面三个关键问题：①逻辑地址结构，②页（段）表项结构，③寻址过程。搞清楚这三个问题，就相当于搞清楚了上面几种存储管理方式。再次提醒读者区分逻辑地址结构和表项结构。

3.1.7 本节习题精选

一、单项选择题

01. 下面关于存储管理的叙述中，正确的是（ ）。

A. 存储保护的目的是限制内存的分配

B. 在内存为 M、有 N 个用户的分时系统中，每个用户占用 M/N 的内存空间

C. 在虚拟内存系统中，只要磁盘空间无限大，作业就能拥有任意大的编址空间

D. 实现虚拟内存管理必须有相应硬件的支持

02. 下列关于存储管理目标的说法中，错误的是（ ）。

A. 为进程分配内存空间　　B. 回收被进程释放的内存空间

C. 提高内存的利用率　　D. 提高内存的物理存取速度

03. 下列关于内存保护的描述中，不正确的是（ ）。

A. 一个进程不能未被授权就访问另外一个进程的内存空间

B. 内存保护可以仅通过操作系统（软件）来满足，不需要处理器（硬件）的支持

C. 内存保护的方法有界地址保护和上下限地址保护
D. 一个进程不能直接跳转到另一个进程的指令地址中

04. 内存保护需要由（ ）完成，以保证进程空间不被非法访问。
A. 操作系统　　B. 硬件机构
C. 操作系统和硬件机构合作　　D. 操作系统或者硬件机构独立完成

05. 下列各种存储管理方式中，需要硬件地址变换机构的是（ ）。
I. 单一连续分配　　II. 固定分区分配　　III. 页式存储管理
IV. 动态分区分配　　V. 页式虚拟存储管理
A. I、III、V　　B. II、III、IV　　C. III、IV、V　　D. II、III、IV、V

06. 在固定分区分配中，每个分区的大小是（ ）。
A. 随作业长度变化　　B. 可以不同但预先固定
C. 相同　　D. 可以不同但根据作业长度固定

07. 在动态分区分配方案中，某一进程完成后，系统回收其主存空间并与相邻空闲区合并，为此需修改空闲区表，造成空闲区数减 1 的情况是（ ）。
A. 无上邻空闲区也无下邻空闲区　　B. 有上邻空闲区但无下邻空闲区
C. 有下邻空闲区但无上邻空闲区　　D. 有上邻空闲区也有下邻空闲区

08. 设内存的分配情况如下图所示。若要申请一块 40KB 的内存空间，采用最佳适应算法，则所得到的分区首址为（ ）。

0	操作系统
100K	
180K	占用
190K	
280K	占用
330K	
390K	占用
410K	
512K	

A. 100K　　B. 190K　　C. 330K　　D. 410K

09. 某段表的内容见下表，一个逻辑地址为(2，154)，它对应的物理地址为（ ）。

段号	段首址	段长度
0	120K	40K
1	760K	30K
2	480K	20K
3	370K	20K

A. 120K + 2　　B. 480K + 154　　C. 30K + 154　　D. 480K + 2

10. 动态重定位是在作业的（ ）中进行的。
A. 编译过程　　B. 装入过程　　C. 链接过程　　D. 执行过程

11. 下列关于程序装入的动态重定位方式的描述中，错误的是（ ）。
A. 系统将程序装入内存后，程序在内存中的位置可能发生移动
B. 系统为每个进程分配一个重定位寄存器
C. 被访问单元的物理地址 = 逻辑地址 + 重定位寄存器的值
D. 逻辑地址到物理地址的映射过程在进程执行时发生

12. 动态重定位的过程依赖于（ ）。
I. 可重定位装入程序　　II. 重定位寄存器　　III. 地址变换机构　　IV. 目标程序
A. I 和 II　　B. II 和 III　　C. I、II 和 III　　D. I、II、III 和 IV

13. 为保证一个程序在主存中被改变存放位置后仍能正确执行，应采用（ ）。
A. 静态重定位 B. 动态重定位 C. 动态分配 D. 静态分配

14. 下面的存储管理方案中，（ ）方式可以采用静态重定位。
A. 固定分区 B. 可变分区 C. 页式 D. 段式

15. 对重定位存储管理方式，应（ ）。
A. 在整个系统中设置一个重定位寄存器
B. 为每道程序设置一个重定位寄存器
C. 为每道程序设置两个重定位寄存器
D. 为每道程序和数据都设置一个重定位寄存器

16. 在可变分区管理中，采用拼接技术的目的是（ ）。
A. 合并空闲区 B. 合并分配区 C. 增加主存容量 D. 便于地址转换

17. 在一页式存储管理系统中，页表内容见下表。若页的大小为4KB，则地址转换机构将逻辑地址0转换成的物理地址为（块号从0开始计算）（ ）。

页号	块号
0	2
1	1
3	3
4	7

A. 8192 B. 4096 C. 2048 D. 1024

18. 不会产生内部碎片的存储管理是（ ）。
A. 分页式存储管理 B. 分段式存储管理
C. 固定分区式存储管理 D. 段页式存储管理

19. 多进程在主存中彼此互不干扰的环境下运行，操作系统是通过（ ）来实现的。
A. 内存分配 B. 内存保护 C. 内存扩充 D. 地址映射

20. 在动态分区分配存储管理中，不需要对空闲区链进行排序的分配算法是（ ）。
A. 首次适应法 B. 最佳适应法 C. 最差适应法 D. 都不需要

21. 分区管理中采用最佳适应分配算法时，把空闲区按（ ）次序登记在空闲区表中。
A. 长度递增 B. 长度递减 C. 地址递增 D. 地址递减

22. 首次适应算法的空闲分区（ ）。
A. 按大小递减顺序连在一起 B. 按大小递增顺序连在一起
C. 按地址由小到大排列 D. 按地址由大到小排列

23. 为了提高搜索空闲分区的速度，在大、中型系统中往往采用基于索引搜索的动态分区分配算法，以下不属于基于索引搜索的动态分区分配算法的是（ ）。
A.快速适应算法 B.伙伴系统 C.哈希算法 D.最佳适应算法

24. 内存存储管理由连续分配方式发展为页式管理方式的主要动力是（ ）。
A. 提高内存利用率 B. 提高系统吞叶量
C. 满足用户的需要 D. 更好的满足多道程序的需要

25. 页式存储管理中的页表是由（ ）建立的。
A. 编译程序 B. 用户程序 C. 链接程序 D. 操作系统

26. 在段式存储管理中，共享段表是用来实现（ ）的。
A. 多个进程共享同一段代码或数据 B. 多个进程共享同一段物理内存空间
C. 多个进程共享同一段逻辑地址空间 D. 多个进程共享同一段号

27. 在段式存储管理中，若一个进程有 n 个段，则该进程需要（ ）个段表。

A. n B. $n+1$ C. 1 D. 2

28. 采用分页或分段管理后，提供给用户的物理地址空间（ ）。

A. 分页支持更大的物理地址空间 B. 分段支持更大的物理地址空间

C. 不能确定 D. 一样大

29. 分页系统中的页面是为（ ）。

A. 用户所感知的 B. 操作系统所感知的

C. 编译系统所感知的 D. 装配程序所感知的

30. 在页式存储管理中，页表的始地址存放在（ ）中。

A. 物理内存 B. 页表 C. 快表（TLB） D. 页表寄存器

31. 在页式存储管理中，当 CPU 形成一个有效地址时，查找页表的工作是由（ ）实现的。

A. 操作系统 B. 页表查询程序 C. 硬件 D. 存储管理进程

32. 采用段式存储管理时，一个程序如何分段是在（ ）时决定的。

A. 分配主存 B. 用户编程 C. 装作业 D. 程序执行

33. 下面的（ ）方法有利于程序的动态链接。

A. 分段存储管理 B. 分页存储管理

C. 可变式分区管理 D. 固定式分区管理

34. 当前编程人员编写好的程序经过编译转换成目标文件后，各条指令的地址编号起始一般定为（①），称为（②）地址。

① A. 1 B. 0 C. IP D. CS

② A. 绝对 B. 名义 C. 逻辑 D. 实

35. 可重入程序是通过（ ）方法来改善系统性能的。

A. 改变时间片长度 B. 改变用户数

C. 提高对换速度 D. 减少对换数量

36. 操作系统实现（ ）存储管理的代价最小。

A. 分区 B. 分页 C. 分段 D. 段页式

37. 动态分区也称可变式分区，它是系统运行过程中（ ）动态建立的。

A. 在作业装入时 B. 在作业创建时

C. 在作业完成时 D. 在作业未装入时

38. 在页式存储管理中选择页面的大小，需要考虑下列（ ）因素。

I. 页面大的好处是页表比较少

II. 页面小的好处是可以减少由内碎片引起的内存浪费

III. 影响磁盘访问时间的主要因素通常不是页面大小，所以使用时优先考虑较大的页面

A. I 和 III B. II 和 III C. I 和 II D. I、II 和 III

39. 某个操作系统对内存的管理采用页式存储管理方法，所划分的页面大小（ ）。

A. 要根据内存大小确定 B. 必须相同

C. 要根据 CPU 的地址结构确定 D. 要依据外存和内存的大小确定

40. 引入段式存储管理方式，主要是为了更好地满足用户的一系列要求。下面选项中不属于这一系列要求的是（ ）。

A. 方便操作 B. 方便编程

C. 共享和保护 D. 动态链接和增长

41. 对主存储器的访问，( )。

A. 以块（即页）或段为单位　　B. 以字节或字为单位

C. 随存储器的管理方案不同而异　　D. 以用户的逻辑记录为单位

42. 以下存储管理方式中，不适合多道程序设计系统的是( )。

A. 单用户连续分配　　B. 固定式分区分配

C. 可变式分区分配　　D. 分页式存储管理方式

43. 在分页存储管理中，主存的分配( )。

A. 以页框为单位进行　　B. 以作业的大小进行

C. 以物理段进行　　D. 以逻辑记录大小进行

44. 在段式分配中，CPU 每次从内存中取一次数据需要( )次访问内存。

A. 1　　B. 3　　C. 2　　D. 4

45. 在段页式分配中，CPU 每次从内存中取一次数据需要( )次访问内存。

A. 1　　B. 3　　C. 2　　D. 4

46. 采用段页式存储管理时，内存地址结构是( )。

A. 线性的　　B. 二维的　　C. 三维的　　D. 四维的

47. ( )存储管理方式提供一维地址结构。

A. 分段　　B. 分页

C. 分段和段页式　　D. 以上答案都不正确

48. 在段页式存储管理中，地址映射表是( )。

A. 每个进程一张段表，两张页表

B. 每个进程的每个段一张段表，一张页表

C. 每个进程一张段表，每个段一张页表

D. 每个进程一张页表，每个段一张段表

49. 操作系统采用分页存储管理方式，要求( )。

A. 每个进程拥有一张页表，且进程的页表驻留在内存中

B. 每个进程拥有一张页表，但只有执行进程的页表驻留在内存中

C. 所有进程共享一张页表，以节约有限的内存空间，但页表必须驻留在内存中

D. 所有进程共享一张页表，只有页表中当前使用的页面必须驻留在内存中，以最大限度地节省有限的内存空间

50. 在分段存储管理方式中，( )。

A. 以段为单位，每段是一个连续存储区　　B. 段与段之间必定不连续

C. 段与段之间必定连续　　D. 每段是等长的

51. 下列关于段式存储管理的叙述中，错误的是( )。

A. 段是逻辑结构上相对独立的程序块，因此段是可变长的

B. 按程序中实际的段来分配主存，所以分配后的存储块是可变长的

C. 每个段表项必须记录对应段在主存的起始位置和段的长度

D. 分段方式对低级语言程序员和编译器来说是透明的

52. 段页式存储管理汲取了页式管理和段式管理的长处，其实现原理结合了页式和段式管理的基本思想，即( )。

A. 用分段方法来分配和管理物理存储空间，用分页方法来管理用户地址空间

B. 用分段方法来分配和管理用户地址空间，用分页方法来管理物理存储空间

C. 用分段方法来分配和管理主存空间，用分页方法来管理辅存空间

D. 用分段方法来分配和管理辅存空间，用分页方法来管理主存空间

53. 以下存储管理方式中，会产生内部碎片的是（ ）。

I. 分段虚拟存储管理　　II. 分页虚拟存储管理

III. 段页式分区管理　　IV. 固定式分区管理

A. I、II、III　　B. III、IV　　C. 仅 II　　D. II、III、IV

54. 下列关于页式存储管理的论述中，正确的是（ ）。

I. 若关闭 TLB，则每存取一条指令或一个操作数都至少要访存 2 次

II. 页式存储管理不会产生内部碎片

III. 页式存储管理中的页面是为用户所能感知的

IV. 页式存储方式可以采用静态重定位

A. I、II、IV　　B. I、IV　　C. 仅 I　　D. 全都正确

55. 在某分页存储管理的系统中，地址结构长 18 位，其中 11 ~ 17 位为页号，0 ~ 10 位为页内偏移量，则主存的最大容量为（ ）KB，主存可分为（ ）个页。若有一作业依次放入 2、3、7 号物理块，相对地址 1500 处有一条指令“store r1, 2500”，该指令地址所在页的页号为 0，则指令的物理地址为（ ），指令数据的存储地址所在页的页号为（ ）。

A. 256、256、5596、3　　B. 256、128、5596、3

C. 256、128、5596、7　　D. 256、128、3548、7

56. 在某页式存储管理的系统中，主存容量为 1MB，被分成 256 个页框，页框号为 0, 1, 2,⋯, 255。某作业的地址空间占用 4 页，其页号为 0, 1, 2, 3，被分配到主存的第 2, 4, 1, 5 号页框中，则作业中的 2 号页在主存中的始址是（ ）。

A. 1　　B. 1024　　C. 2048　　D. 4096

57. 下列关于分页和分段的描述中，正确的是（ ）。

A. 分段是信息的逻辑单位，段长由系统决定

B. 引入分段的主要目的是实现离散分配并提高内存利用率

C. 分页是信息的物理单位，页长由用户决定

D. 页面在物理内存中只能从页面大小的整数倍地址开始存放

58. 在采用页式存储管理的系统中，逻辑地址空间大小为 256TB，页表项大小为 8B，页面大小为 4KB，则该系统中的页表应该采用（ ）级页表。

A. 2　　B. 3　　C. 4　　D. 5

59. 若对经典的页式存储管理方式的页表做出稍微改造，允许不同页表的页表项指向同一个页帧，则可能的结果有（ ）。

I. 可以实现对可重入代码的共享　　II. 只需修改页表项，就能实现内存“复制”操作

III. 容易发生越界访问　　IV. 可以实现进程间通信

A. I、II、IV　　B. II、III　　C. I、II、III　　D. 仅 I

60.【2009 统考真题】分区分配内存管理方式的主要保护措施是（ ）。

A. 界地址保护　　B. 程序代码保护　　C. 数据保护　　D. 栈保护

61.【2009 统考真题】一个分段存储管理系统中，地址长度为 32 位，其中段号占 8 位，则最大段长是（ ）。

A. 2^8B　　B. 2^{16}B　　C. 2^{24}B　　D. 2^{32}B

62.【2010 统考真题】某基于动态分区存储管理的计算机，其主存容量为 55MB（初始为空），

采用最佳适配（Best Fit）算法，分配和释放的顺序为：分配15MB，分配30MB，释放15MB，分配8MB，分配6MB，此时主存中最大空闲分区的大小是（ ）。

A. 7MB　　B. 9MB　　C. 10MB　　D. 15MB

63.【2010统考真题】某计算机采用二级页表的分页存储管理方式，按字节编址，页大小为2^{10}B，页表项大小为2B，逻辑地址结构为

页目录号	页号	页内偏移量

逻辑地址空间大小为2^{16}页，则表示整个逻辑地址空间的页目录表中包含表项的个数至少是（ ）。

A. 64　　B. 128　　C. 256　　D. 512

64.【2011统考真题】在虚拟内存管理中，地址变换机构将逻辑地址变换为物理地址，形成该逻辑地址的阶段是（ ）。

A. 编辑　　B. 编译　　C. 链接　　D. 装载

65.【2014统考真题】下列选项中，属于多级页表优点的是（ ）。

A. 加快地址变换速度　　B. 减少缺页中断次数

C. 减少页表项所占字节数　　D. 减少页表所占的连续内存空间

66.【2016统考真题】某进程的段表内容如下所示。

段号	段长	内存起始地址	权限	状态
0	100	6000	只读	在内存
1	200	—	读写	不在内存
2	300	4000	读写	在内存

访问段号为2、段内地址为400的逻辑地址时，进行地址转换的结果是（ ）。

A. 段缺失异常　　B. 得到内存地址4400

C. 越权异常　　D. 越界异常

67.【2017统考真题】某计算机按字节编址，其动态分区内存管理采用最佳适应算法，每次分配和回收内存后都对空闲分区链重新排序。当前空闲分区信息如下表所示。

分区始址	20K	500K	1000K	200K
分区大小	40KB	80KB	100KB	200KB

回收始址为60K、大小为140KB的分区后，系统中空闲分区的数量、空闲分区链第一个分区的始址和大小分别是（ ）。

A. 3, 20K, 380KB　　B. 3, 500K, 80KB　　C. 4, 20K, 180KB　　D. 4, 500K, 80KB

68.【2019统考真题】在分段存储管理系统中，用共享段表描述所有被共享的段。若进程P_1和P_2共享段S，则下列叙述中，错误的是（ ）。

A. 在物理内存中仅保存一份段S的内容

B. 段S在P_1和P_2中应该具有相同的段号

C. P_1和P_2共享段S在共享段表中的段表项

D. P_1和P_2都不再使用段S时才回收段S所占的内存空间

69.【2019统考真题】某计算机主存按字节编址，采用二级分页存储管理，地址结构如下：

页目录号（10位）	页号（10位）	页内偏移（12位）

虚拟地址 2050 1225H 对应的页目录号、页号分别是（　）。

A. 081H，101H　　B. 081H，401H　　C. 201H，101H　　D. 201H，401H

70.【2019 统考真题】在下列动态分区分配算法中，最容易产生内存碎片的是（　）。

A. 首次适应算法　　B. 最坏适应算法

C. 最佳适应算法　　D. 循环首次适应算法

71.【2021 统考真题】在采用二级页表的分页系统中，CPU 页表基址寄存器中的内容是（　）。

A. 当前进程的一级页表的起始虚拟地址　　B. 当前进程的一级页表的起始物理地址

C. 当前进程的二级页表的起始虚拟地址　　D. 当前进程的二级页表的起始物理地址

72.【2023 统考真题】进程 R 和 S 共享数据 data，若 data 在 R 和 S 中所在页的页号分别为 p1 和 p2，两个页所对应的页框号分别为 f1 和 f2，则下列叙述中，正确的是（　）。

A. p1 和 p2 一定相等，f1 和 f2 一定相等

B. p1 和 p2 一定相等，f1 和 f2 不一定相等

C. p1 和 p2 不一定相等，f1 和 f2 一定相等

D. p1 和 p2 不一定相等，f1 和 f2 不一定相等

二、综合应用题

01. 某系统的空闲分区见下表，采用动态分区管理策略，现有如下作业序列：96KB, 20KB, 200KB。若用首次适应算法和最佳适应算法来处理这些作业序列，则哪种算法能满足该作业序列请求？为什么？

分区号	大小	始址
1	32KB	100K
2	10KB	150K
3	5KB	200K
4	218KB	220K
5	96KB	530K

02. 某操作系统采用段式管理，用户区主存为 512KB，空闲块链入空块表，分配时截取空块的前半部分（小地址部分）。初始时全部空闲。执行申请、释放操作序列 reg(300KB), reg(100KB), release(300KB), reg(150KB), reg(50KB), reg(90KB) 后：

1）采用最先适配，空块表中有哪些空块？（指出大小及始址）

2）采用最佳适配，空块表中有哪些空块？（指出大小及始址）

3）若随后又要申请 80KB，针对上述两种情况会产生什么后果？这说明了什么问题？

03. 下图给出了页式和段式两种地址变换示意（假定段式变换对每段不进行段长越界检查，即段表中无段长信息）。

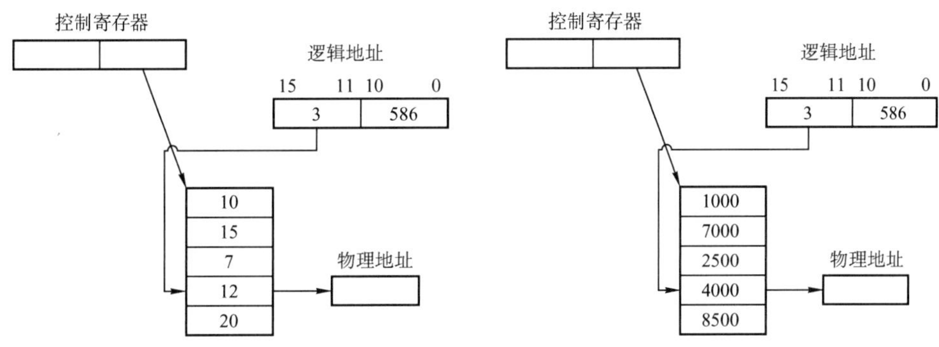

1）指出这两种变换各属于何种存储管理。

2）计算出这两种变换所对应的物理地址。

04. 在一个段式存储管理系统中，其段表见下表 A。试求表 B 中的逻辑地址所对应的物理地址。

表 A　段表

段　号	内存始址	段　长
0	210	500
1	2350	20
2	100	90
3	1350	590
4	1938	95

表 B　逻辑地址

段　号	段内位移
0	430
1	10
2	500
3	400
4	112
5	32

05. 页式存储管理允许用户的编程空间为 32 个页面（每页 1KB），主存为 16KB。如有一用户程序为 10 页长，且某个时刻该用户程序页表见下表。

逻辑页号	物理块号
0	8
1	7
2	4
3	10

若分别遇到三个逻辑地址 0AC5H, 1AC5H, 3AC5H 处的操作，计算并说明存储管理系统将如何处理。

06. 在某页式管理系统中，假定主存为 64KB，分成 16 个页框，页框号为 0, 1, 2,⋯, 15。设某进程有 4 页，其页号为 0, 1, 2, 3，被分别装入主存的第 9, 0, 1, 14 号页框。

1）该进程的总长度是多大？

2）写出该进程每页在主存中的始址。

3）若给出逻辑地址(0, 0), (1, 72), (2, 1023), (3, 99)，请计算出相应的内存地址（括号内的第一个数为十进制页号，第二个数为十进制页内地址）。

07. 某操作系统存储器采用页式存储管理，页面大小为 64B，假定一进程的代码段的长度为 702B，页表见表 A，该进程在快表中的页表见表 B。现进程有如下访问序列：其逻辑地址为八进制的 0105, 0217, 0567, 01120, 02500。试问给定的这些地址能否进行转换？

表 A　进程页表

页　号	页帧号	页　号	页帧号
0	F0	6	F6
1	F1	7	F7
2	F2	8	F8
3	F3	9	F9
4	F4	10	F10
5	F5	6	F6

表 B　快表

页　号	页帧号
0	F0
1	F1
2	F2
3	F3
4	F4

08. 在某页式系统中，假设在查找主存页表的过程中不发生缺页的情况，请回答：

1）若对主存的一次存取需 1.5μs，问实现一次页面访问时存取时间是多少？

2）若系统有快表且其平均命中率为 85%，而页表项在快表中的查找时间可忽略不计，试问此时的存取时间为多少？

09. 在页式、段式和段页式存储管理中，假设不发生缺页异常，当访问一条指令或数据时，各需要访问内存几次？其过程如何？假设一个页式存储系统具有快表，多数活动页表项都可以存在其中。若页表存放在内存中，内存访问时间是 1μs，检索快表的时间为 0.2μs，若快表的命中率是 85%，则有效存取时间是多少？若快表的命中率为 50%，则有效存取时间是多少？

10. 在一个分页存储管理系统中，地址空间分页（每页 1KB），物理空间分块，设主存总容量是 256KB，描述主存分配情况的位示图如下图所示（0 表示未分配，1 表示已分配），此时作业调度程序选中一个长为 5.2KB 的作业投入内存。试问：

1）为该作业分配内存后（分配内存时，首先分配低地址的内存空间），请填写该作业的页表内容。

2）页式存储管理有无内存碎片存在？若有，会存在哪种内存碎片？为该作业分配内存后，会产生内存碎片吗？如果产生，那么大小为多少？

3）假设一个 64MB 内存容量的计算机，采用页式存储管理（页面大小为 4KB），内存分配采用位示图方式管理，请问位示图将占用多大的内存？

<table>
<tr><td>1</td><td>1</td><td>1</td><td>1</td><td>1</td><td>1</td><td>1</td><td>1</td><td>1</td><td>1</td><td>1</td><td>1</td><td>1</td><td>1</td><td>1</td><td>1</td></tr>
<tr><td>1</td><td>1</td><td>1</td><td>1</td><td>1</td><td>0</td><td>1</td><td>1</td><td>1</td><td>1</td><td>1</td><td>0</td><td>0</td><td>0</td><td>1</td><td>1</td></tr>
<tr><td>1</td><td>1</td><td>0</td><td>0</td><td>0</td><td>0</td><td>0</td><td>0</td><td>0</td><td>0</td><td>0</td><td>0</td><td>1</td><td>1</td><td>1</td><td>1</td></tr>
<tr><td>1</td><td>1</td><td>1</td><td>1</td><td>1</td><td>0</td><td>0</td><td>0</td><td>0</td><td>1</td><td>0</td><td>0</td><td>0</td><td>1</td><td>0</td><td>1</td></tr>
<tr><td>0</td><td>1</td><td>0</td><td>1</td><td>1</td><td>0</td><td>1</td><td>1</td><td>0</td><td>1</td><td>1</td><td>0</td><td>1</td><td>1</td><td>0</td><td>1</td></tr>
<tr><td>1</td><td>0</td><td>0</td><td>0</td><td>0</td><td>0</td><td>0</td><td>0</td><td>0</td><td>0</td><td>0</td><td>0</td><td>0</td><td>0</td><td>0</td><td>0</td></tr>
<tr><td>0</td><td>1</td><td>1</td><td>1</td><td>1</td><td>1</td><td>1</td><td>0</td><td>0</td><td>0</td><td>0</td><td>0</td><td>0</td><td>0</td><td>0</td><td>0</td></tr>
<tr><td colspan="16">1 ……………………………</td></tr>
<tr><td colspan="16">……………………………</td></tr>
</table>

页号	块号（从 0 开始编址）

11.【2013 统考真题】某计算机主存按字节编址，逻辑地址和物理地址都是 32 位，页表项大小为 4B。请回答下列问题：

1）若使用一级页表的分页存储管理方式，逻辑地址结构为

页号（20 位）	页内偏移量（12 位）

则页的大小是多少字节？页表最大占用多少字节？

2）若使用二级页表的分页存储管理方式，逻辑地址结构为

页目录号（10 位）	页表索引（10 位）	页内偏移量（12 位）

设逻辑地址为 LA，请分别给出其对应的页目录号和页表索引的表达式。

3）采用 1）中的分页存储管理方式，一个代码段的起始逻辑地址为 0000 8000H，其长度为 8 KB，被装载到从物理地址 0090 0000H 开始的连续主存空间中。页表从主存 0020 0000H 开始的物理地址处连续存放，如下图所示（地址大小自下向上递增）。请计算出该代码段对应的两个页表项的物理地址、这两个页表项中的页框号，以及代码页面 2 的起始物理地址。

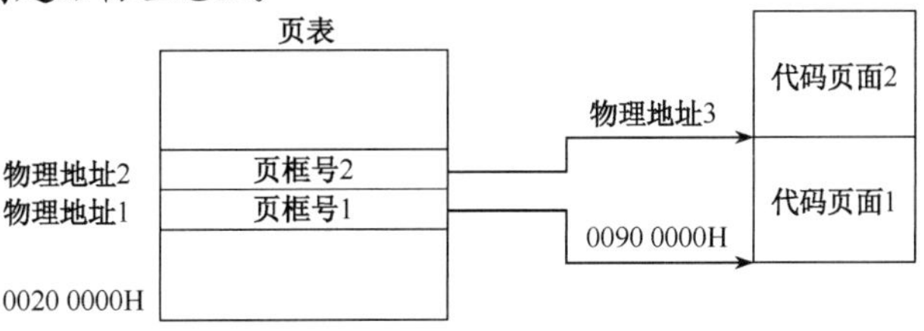

3.1.8 答案与解析

一、单项选择题

01. D

A、B 项显然错误，C 项中编址空间的大小取决于硬件的访存能力，一般由地址总线宽度决定。选项 D 中虚拟内存的管理需要由相关的硬件和软件支持，有请求分页页表机制、缺页中断机构、地址变换机构等。

02. D

内存的物理存取速度是由硬件决定的，而不是由操作系统管理的。操作系统可以通过虚拟内存、缓存等技术提高数据的逻辑存取速度，但不能改变内存的物理特性。

03. B

内存保护需要硬件和软件的配合，不能仅靠操作系统来实现。通常需要在 CPU 中设置上下限寄存器、重定位寄存器、界地址寄存器等寄存器，以记录进程在内存中的合法范围。

04. C

内存保护是内存管理的一部分，是操作系统的任务，但是出于安全性和效率考虑，必须由硬件实现，所以需要操作系统和硬件机构的合作来完成。

05. C

硬件地址变换机构一般用于动态重定位的情况。而单一连续分配和固定分区分配采用的是静态重定位，不需要硬件地址变换机构，而由装入程序或操作系统来完成地址转换。因此，只有页式存储管理、动态分区分配和页式虚拟存储管理需要硬件地址变换机构。

06. B

在固定分区分配中，每个分区的大小是在系统启动时就确定了的，不会随着作业的长度而变化。分区的大小可以不同，也可以相同，但是一旦确定，就不会改变。

07. D

将上邻空闲区、下邻空闲区和回收区合并为一个空闲区，因此空闲区数反而减少了一个。而仅有上邻空闲区或下邻空闲区时，空闲区数并不减少。

08. C

最佳适配算法是指，每次为作业分配内存空间时，总是找到能满足空间大小需要的最小空闲分区给作业，可以产生最小的内存空闲分区。从图中可以看出应选择大小为 60KB 的空闲分区，其首地址为 330K。

09. B

段号为 2，其对应的首地址为 480K，段长度为 20K，大于 154，所以逻辑地址(2, 154)对应的物理地址为 480K + 154。

10. D

静态装入是指在编程阶段就把物理地址计算好。可重定位是指在装入时把逻辑地址转换成物理地址，但装入后不能改变。动态重定位是指在执行时再决定装入的地址并装入，装入后有可能会换出，所以同一个模块在内存中的物理地址是可能改变的，在作业运行过程中，当执行到一条访存指令时，再把逻辑地址转换为主存的物理地址，实际上是通过地址变换机构实现的。

11. B

动态重定位允许程序在内存中移动，系统中只有一个重定位寄存器，每次切换进程时，都要保存和恢复该寄存器的值，不会为每个进程分配一个重定位寄存器，B 错误。

12．C

可重定位装入程序在重定位的过程中执行，重定位寄存器（也称基址寄存器）用于存放进程的基地址，地址变换机构用于将指令中的逻辑地址与重定位寄存器中的基地址相加得到物理地址。目标程序是装入内存后执行的，动态重定位不依赖于目标程序。

13．B

动态重定位可以在程序加载或运行时，根据程序的实际存放位置，对程序中的地址进行修改，使其与物理地址相符。静态重定位只能在程序加载时进行一次地址修改，若程序在运行过程中改变了存放位置，则会出错。动态分配和静态分配是指内存的分配方式，与重定位无关。

14．A

静态重定位只能对程序中的地址进行一次修改，而不能动态调整。在固定分区方式中，作业装入内存后位置不会改变，且作业在内存中占用连续的存储空间，因此可以采用静态重定位。其余三种方案均可能在运行过程中改变程序在内存中的位置，不能采用静态重定位。

15．A

为使地址转换不影响到指令的执行速度，必须有硬件地址变换结构的支持，即需在系统中增设一个重定位寄存器，用它来存放程序（数据）在内存中的始址。在执行程序或访问数据时，真正访问的内存地址由相对地址与重定位寄存器中的地址相加而成，这时将始址存入重定位寄存器，之后的地址访问即可通过硬件变换实现。因为系统处理器在同一时刻只能执行一条指令或访问数据，所以为每道程序（数据）设置一个寄存器没有必要（同时也不现实，因为寄存器是很昂贵的硬件，而且程序的道数是无法预估的），而只需在切换程序执行时重置寄存器内容。

16．A

在可变分区管理中，回收空闲区时采用拼接技术对空闲区进行合并。

17．A

按页表内容可知，逻辑地址 0 对应块号 2，页大小为 4KB，因此转换成的物理地址为 $2\times4K = 8K = 8192$。

18．B

分页式存储管理有内部碎片，分段式存储管理有外部碎片，固定分区存储管理方式有内部碎片，段页式存储管理方式有内部碎片。

19．B

多进程的执行通过内存保护实现互不干扰，如页式管理中有页地址越界保护，段式管理中有段地址越界保护。

20．A

首次适应法从空闲区链的链首开始顺序查找，找到一个大小满足要求的空闲分区，根据作业的大小，从该分区中划出一块内存空间分配给请求者，余下的空闲分区仍然留在空闲链中。这种算法不需要对空闲区链进行排序，只需按地址递增的顺序链接即可。

21．A

最佳适应算法要求从剩余的空闲分区中选出最小且满足存储要求的分区，空闲区应按长度递增登记在空闲区表中。

22．C

首次适应算法的空闲分区按地址递增的次序排列。

23．D

基于顺序搜索的分配算法有首次适应算法、循环首次适应算法、最佳适应算法和最坏适应算法；基于索引搜索的分配算法有快速适应算法、伙伴系统和哈希算法。

24．A

连续分配会产生内部碎片和外部碎片，导致内存空间的浪费。而页式管理将进程和内存都划分为固定大小的页，然后将进程的页离散地装入内存页框，从而提高内存的利用率。

25．D

页表是由操作系统在程序装入内存时建立的，根据进程的逻辑地址空间和物理地址空间的对应关系，为每个页设置一个页表项，记录其对应的物理页框号、有效位等信息。

26．A

在段式存储管理中，若有些段可被多个进程共享，则可用一个单独的共享段表来描述这些段，而不需要在每个进程的段表中都保存一份。共享段表的作用是实现多个进程共享同一段代码或数据，这样既能节省内存空间，又能便于实现对共享段的更新和维护。多个进程共享同一段物理内存空间并不需要用到共享段表，只需在各自的段表中指向相同的物理地址即可。多个进程共享同一段逻辑地址空间是不可能的，因为每个进程的逻辑地址空间都是相互独立的。在段式存储管理中，并不要求各个进程中相同功能的段必须有相同的段号。

27．C

不管进程有多少个段，系统都为每个进程建立一张段表，每个段表项对应进程中的一段。

28．C

页表和段表同样存储在内存中，系统提供给用户的物理地址空间为总空间大小减去页表或段表的长度。由于页表和段表的长度不能确定，所以提供给用户的物理地址空间大小也不能确定。

29．B

分页管理是在硬件和操作系统层面实现的，对用户、编译系统、装配程序等上层是不可见的。

30．D

页表的功能由一组专门的存储器实现，其始址放在页表基址寄存器（PTBR）中。这样才能满足在地址变换时能够较快地完成逻辑地址和物理地址之间的转换。

31．C

在页式存储管理中，CPU将虚拟地址分解为页号和页内偏移量，然后通过硬件中的页表寄存器和内存管理单元（MMU），将页号转换为物理地址，再拼接上页内偏移量，得到最终的内存物理地址。这一过程是由硬件自动完成的，不需要操作系统或其他软件的干预。

32．B

分段是指在用户编程时，将程序按照逻辑划分为几个逻辑段。

33．A

程序的动态链接与程序的逻辑结构相关，分段存储管理将程序按照逻辑段进行划分，因此有利于其动态链接。其他的内存管理方式与程序的逻辑结构无关。

34．B、C

编译后一个目标程序所限定的地址范围称为该作业的*逻辑地址空间*。换句话说，地址空间仅指程序用来访问信息所用的一系列地址单元的集合。这些单元的编号称为*逻辑地址*。通常，编译地址都是相对始址“0”的，因此逻辑地址也称*相对地址*。

35．D

可重入程序主要是通过共享来使用同一块存储空间的，或通过动态链接的方式将所需的程序段映射到相关进程中去，其最大的优点是减少了对程序段的调入/调出，因此减少了对换数量。

36． A

实现分页、分段和段页式存储管理需要特定的数据结构支持，如页表、段表等。为了提高性能，还需要硬件提供快存和地址加法器等，代价高。分区存储管理是满足多道程序设计的最简单的存储管理方案，特别适合嵌入式等微型设备。

37． A

动态分区时，在系统启动后，除操作系统占据一部分内存外，其余所有内存空间是一个大空闲区，称为自由空间。若作业申请内存，则从空闲区中划出一个与作业需求量相适应的分区分配给该作业，将作业创建为进程，在作业运行完毕后，再收回释放的分区。

38． C

页面大，用于管理页面的页表就少，但是页内碎片会比较大；页面小，用于管理页面的页表就大，但是页内碎片小。通过适当的计算可以获得较佳的页面大小和较小的系统开销。

39． B

页式管理中很重要的一个问题是页面大小如何确定。确定页面大小有很多因素，如进程的平均大小、页表占用的长度等。而一旦确定，所有的页面就是等长的（一般取 2 的整数幂倍），以便易于系统管理。

40． A

引入段式存储管理方式，主要是为了满足用户的下列要求：方便编程、分段共享、分段保护、动态链接和动态增长。

41． B

这里是指主存的访问，不是主存的分配。对主存的访问是以字节或字为单位的。例如，在页式管理中，不仅要知道块号，而且要知道页内偏移。

42． A

单用户连续分配管理方式只适用于单用户、单任务的操作系统，不适用于多道程序设计。

43． A

在分页存储管理中，逻辑地址分配是按页为单位进行分配的，而主存的分配即物理地址分配是以内存块为单位分配的。

44． C

在段式分配中，取一次数据时先从内存查找段表，再拼成物理地址后访问内存，共需要 2 次内存访问。

45． B

在段页式分配中，取一次数据时先从内存查找段表，再访问内存查找相应的页表，最后拼成物理地址后访问内存，共需要 3 次内存访问。

46． B

虽然段页式存储管理的内存地址结构分为段号、段内页号和页内地址三部分，但分页是操作系统的行为，用户不用指出页内偏移量的位数，而只需指出段号所占的位数，操作系统会自动划分地址。因此，当采用段页式存储管理时，内存地址结构仍然是二维的。

47． B

分页存储管理中，作业地址空间是一维的，即单一的线性地址空间，程序员只需要一个记忆符来表示地址。在分段存储分配管理中，段之间是独立的，而且段长不定长，而页长是固定的，因此作业地址空间是二维的，程序员在标识一个地址时，既需给出段名，又需给出段内地址。简言之，确定一个地址需要几个参数，作业地址空间就是几维的。

48．C

段页式系统中，进程首先划分为段，每段再进一步划分为页。

49．A

在多个进程并发执行时，所有进程的页表大多数驻留在内存中，在系统中只设置一个页表寄存器（PTR），它存放页表在内存中的始址和长度。平时，进程未执行时，页表的始址和页表长度存放在本进程的 PCB 中，当调度到某进程时，才将这两个数据装入页表寄存器中。每个进程都有一个单独的逻辑地址，有一张属于自己的页表。

50．A

在分段存储管理方式中，以段为单位进行分配，每段是一个连续存储区，每段不一定等长，段与段之间可连续，也可不连续。

51．D

分段方式对低级语言程序员和编译器是可见的，因为低级语言程序员可以按照程序的逻辑结构划分段，并给每个段命名；编译器也需要对各个段生成逻辑地址。

52．B

段页式存储管理兼有页式管理和段式管理的优点，采用分段方法来分配和管理用户地址空间，采用分页方法来管理物理存储空间。但它的开销要比段式和页式管理的开销大。

53．D

只要是固定的分配就会产生内部碎片，其余的都会产生外部碎片。若固定和不固定同时存在（例如段页式），则仍视为固定。分段虚拟存储管理：每段的长度都不一样（对应不固定），所以会产生外部碎片。分页虚拟存储管理：每页的长度都一样（对应固定），所以会产生内部碎片。段页式分区管理：既有固定，又有不固定，以固定为主，所以会有内部碎片。固定式分区管理：很明显固定，会产生内部碎片。综上分析，II、III、IV 选项会产生内部碎片。

54．C

I 正确：关闭 TLB 后，每当访问一条指令或存取一个操作数时都要先访问页表（内存中），得到物理地址后，再访问一次内存进行相应操作。II 错误：记住，凡是分区固定的都会产生内部碎片，而无外部碎片。III 错误：页式存储管理对于用户是透明的。IV 错误：静态重定位是在程序运行之前由装配程序完成的，必须分配其要求的全部连续内存空间。而页式存储管理方案是将程序离散地分成若干页（块），从而可以将程序装入不连续的内存空间，显然静态重定位不能满足其要求。

55．B

地址结构长 18 位，所以主存的最大容量为 $2^{18} = 256\text{KB}$；页内偏移量占 11 位，所以页面大小为 $2^{11} = 2048\text{B}$；页号占 7 位，所以主存页数为 $2^7 = 128$ 个。该指令的相对地址为 1500，小于一个页面的大小，所以该指令存放在 2 号物理块中，物理地址为 $2\times2048 + 1500 = 5596$，指令数据的存放地址为 2500，大于一个页面的大小，所以指令数据存放在 3 号物理块中。

56．D

主存容量为 1MB，分为 256 个页框，页框大小为 1MB/256 = 4KB，作业中的 2 号页被分配到主存的 2 号页框中，因此其在主存中的始址为 $1\times4096 = 4096$。

57．D

分段是指将逻辑地址空间划分为若干不等长的单元，称为段。段长由用户根据信息的性质和逻辑结构决定，而不由系统决定，引入分段的主要目的是更好地满足用户的需求，实现程序的模块化和保护。实现离散分配并提高内存利用率是引入分页的主要目的。

58． C

逻辑地址空间大小为 256TB = 2^{48}B，逻辑地址有 48 位，页面大小为 4KB = 2^{12}B，页号占 12 位，剩余 36 位表示页表索引，页表项大小为 8B，一个页面能存放 4KB÷8 = 2^9 个页表项，因此可用 9 位来表示某一级的页表索引，36÷9 = 4，所以共需要采用 4 级页表。

59． A

让不同页表的页表项指向同一个页帧，可以共享该页帧的代码，若代码是可重入的（如编辑软件、编译软件等），则这种方法可以节省大量的内存空间。实现内存“复制”操作时，不需要将页面的内容逐字节复制，而只需将页表中指向该页面的指针复制到目的地址的页表项中。越界保护是通过界地址寄存器实现的，III 是干扰项。当多个进程需要通信时，可以采用共享内存的方式，它们是通过让各个进程页表的页表项指向相同的页帧实现的。

60． A

每个进程都拥有自己独立的进程空间，若一个进程在运行时所产生的地址在其地址空间之外，则发生地址越界，因此需要进行界地址保护，即当程序要访问某个内存单元时，由硬件检查是否允许，若允许则执行，否则产生地址越界中断。

61． C

分段存储管理的逻辑地址分为段号和位移量两部分，段内位移的最大值就是最大段长。地址长度为 32 位，段号占 8 位，因此位移量占 32 – 8 = 24 位，因此最大段长为 2^{24}B。

62． B

最佳适配算法是指每次为作业分配内存空间时，总是找到能满足空间大小需要的最小空闲分区给作业，可以产生最小的内存空闲分区。下图显示了这个过程的主存空间变化。

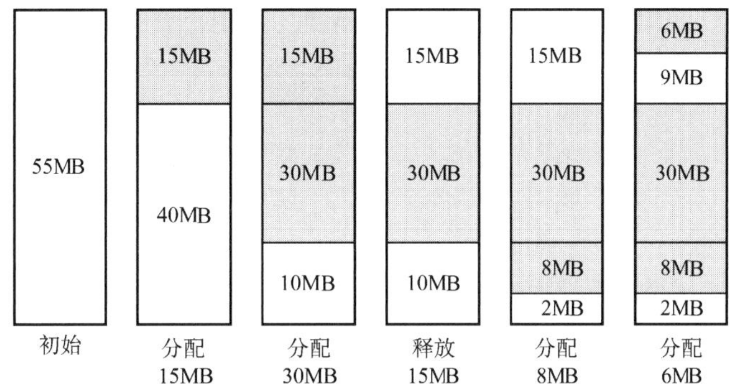

图中，灰色部分为分配出去的空间，白色部分为空闲区。这样，容易发现，此时主存中最大空闲分区的大小为 9MB。

63． B

页大小为 2^{10}B，所以页内偏移量占 10 位，又因为页表项大小为 2B，一页可以存放 2^9 个页表项，所以页号占 9 位，根据逻辑地址空间共有 2^{16} 页可知，页目录号加页号共占 16 位，页目录号占 7 位，所以页目录表中包含表项的个数至少是 2^7 = 128。

64． C

编译后的程序需要经过链接才能装载，而链接后形成的目标程序中的地址也就是逻辑地址。以 C 语言为例：C 程序经过预处理→编译→汇编→链接产生了可执行文件，其中链接的前一步是产生可重定位的二进制目标文件。C 语言采用源文件独立编译的方法，如程序 main.c, file1.c, file2.c, file1.h, file2.h 在链接的前一步生成了 main.o, file1.o, file2.o，这些目标模块的逻辑地址都从 0 开始，但只是相对于该模块的逻辑地址。链接器将这三个文件、libc 和其库文件链接成一个可执行文件，从而形成整个程序的完整逻辑地址空间。

例如，file1.o 的逻辑地址为 0～1023，main.o 的逻辑地址为 0～1023，假设链接时将 file1.o 链接在 main.o 之后，则链接之后 file1.o 对应的逻辑地址应为 1024～2047。

65．D

多级页表不仅不会加快地址的变换速度，而且会因为增加更多的查表过程，使地址变换速度减慢；也不会减少缺页中断的次数，反而如果访问过程中多级的页表都不在内存中，那么会大大增加缺页的次数，并不会减少页表项所占的字节数，而多级页表能够减少页表所占的连续内存空间，即当页表太大时，将页表再分级，把每张页表控制在一页之内，减少页表所占的连续内存空间。

66．D

分段系统的逻辑地址 A 到物理地址 E 之间的地址变换过程如图 3.16 所示。

① 从逻辑地址 A 中取出前几位为段号 S，后几位为段内偏移量 W，注意段式存储管理的题目中，逻辑地址一般以二进制数给出，而页式存储管理的题目中，逻辑地址一般以十进制数给出，读者要注意具体问题具体分析。

② 比较段号 S 和段表长度 M，若 $S \geq M$，则产生越界异常，否则继续执行。

③ 在段表中查询段号对应的段表项，段号 S 对应的段表项地址 = 段表始址 F + 段号 S×段表项长度。取出段表项中该段的段长 C，若 $W \geq C$，则产生越界中断，否则继续执行。

④ 取出段表项中该段的基址 b，计算 $E = b + W$，用得到的物理地址 E 去访问内存。

题目中段号为 2 的段长为 300，小于段内地址 400，因此发生越界异常，D 正确。

67．B

回收始址为 60K、大小为 140KB 的分区时，它与表中第一个分区和第四个分区合并，成为始址为 20K、大小为 380KB 的分区，剩余 3 个空闲分区。在回收内存后，算法会对空闲分区链按分区大小由小到大进行排序，表中的第二个分区排第一。

68．B

段的共享是通过两个作业的段表中相应表项指向被共享的段的同一个物理副本来实现的，因此在内存中仅保存一份段 S 的内容，A 正确。段 S 对于进程 P_1、P_2 来说，使用位置可能不同，所以在不同进程中的逻辑段号可能不同，B 错误。段表项存放的是段的物理地址（包括段始址和段长度），对于共享段 S 来说物理地址唯一，C 正确。为了保证进程可以顺利使用段 S，段 S 必须确保在没有任何进程使用它（可在段表项中设置共享进程计数）后才能被删除，D 正确。

69．A

题中给出的是十六进制地址，首先将它转化为二进制地址，然后用二进制地址去匹配题中对应的地址结构。转换为二进制地址和地址结构的对应关系如下图所示。

2050 1225H = 0010 0000 0101 0000 0001 0010 0010 0101

页目录号　页号　页内偏移

前 10 位、11～20 位、21～32 位分别对应页目录号、页号和页内偏移。把页目录号、页号单独拿出，转换为十六进制时缺少的位数在高位补零，0000 1000 0001，0001 0000 0001 分别对应 081H，101H，选项 A 正确。

70．C

最佳适应算法总是匹配与当前大小要求最接近的空闲分区，但是大多数情况下空闲分区的大小不可能完全和当前要求的大小相等，几乎每次分配内存都会产生很小的难以利用的内存块，所以最佳适应算法最容易产生最多的内存碎片。

71. B

在多级页表中，页表基址寄存器存放的是顶级页表的起始物理地址，故存放的是一级页表的起始物理地址。

72. C

进程 R 和 S 共享数据 data，说明它们都映射了同一个共享内存段，于是这个段在物理内存中的位置（页框号）必然相同，但这两个段在不同进程的地址空间中的位置（页号）可以不同。因此，p1 和 p2 不一定相等，f1 和 f2 一定相等。

二、综合应用题

01.【解答】

采用首次适应算法时，96KB 大小的作业进入 4 号空闲分区，20KB 大小的作业进入 1 号空闲分区，这时空闲分区如下表所示。

分区号	大 小	始 址
1	12KB	120K
2	10KB	150K
3	5KB	200K
4	122KB	316K
5	96KB	530K

此时再无空闲分区可以满足 200KB 大小的作业，所以该作业序列请求无法满足。

采用最佳适应算法时，作业序列分别进入 5, 1, 4 号空闲分区，可以满足其请求。分配处理之后的空闲分区表见下表：

分区号	大 小	始 址
1	12KB	120K
2	10KB	150K
3	5KB	200K
4	18KB	420K

02.【解答】

1）最先适配的内存分配情况如下图中的(a)所示。

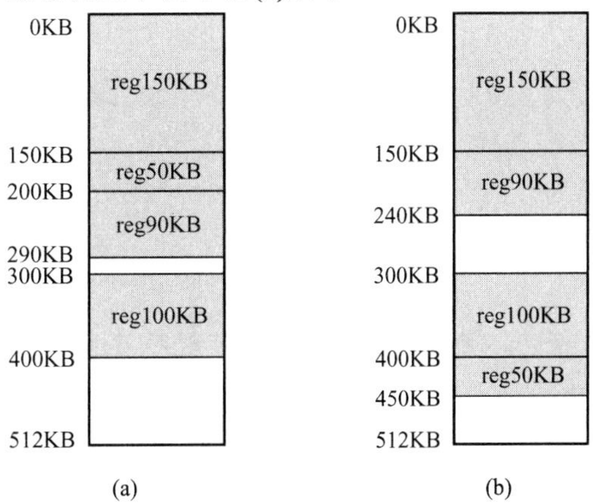

内存中的空块为：

第一块：始址 290K，大小 10KB；第二块：始址 400K，大小 112KB。

2）最佳适配的内存分配情况如下图中的(b)所示。

内存中的空块为：

第一块：始址 240K，大小 60KB；第二块：超始地址 450K，大小 62KB。

3）若随后又要申请 80KB，则最先适配算法可以分配成功，而最佳适配算法则没有足够大的空闲区分配。这说明最先适配算法尽可能地使用了低地址部分的空闲区域，留下了高地址部分的大的空闲区，更有可能满足进程的申请。

03.【解答】

1）由题图所示的逻辑地址结构可知：页或段的最大个数为 $2^5 = 32$。若左图是段式管理，则段始址 12 加上偏移量 586，远超第 1 段的段始址 15，超过第 4 段的段始址 20，所以左图是页式变换，而右图满足段式变换。对于页式管理，由逻辑地址的位移量位数可知，一页的大小为 2KB。

2）对图中的页式地址变换，其物理地址为 12×2048 + 586 = 25162；对图中的段式地址变换，其物理地址为 4000 + 586 = 4586。

04.【解答】

1）由段表知，第 0 段内存始址为 210，段长为 500，因此逻辑地址(0, 430)是合法地址，对应的物理地址为 210 + 430 = 640。

2）由段表知，第 1 段内存始址为 2350，段长为 20，因此逻辑地址(1, 10)是合法地址，对应的物理地址为 2350 + 10 = 2360。

3）由段表知，第 2 段内存始址为 100，段长为 90，逻辑地址(2, 500)的段内位移 500 超过了段长，因此为非法地址。

4）由段表知，第 3 段内存始址为 1350，段长为 590，因此逻辑地址(3, 400)是合法地址，对应的物理地址为 1350 + 400 = 1750。

5）由段表知，第 4 段内存始址为 1938，段长为 95，逻辑地址(4, 112)的段内位移 112 超过了段长，因此为非法地址。

6）由段表知，不存在第 5 段，因此逻辑地址(5, 32)为非法地址。

05.【解答】

页面大小为 1KB，所以低 10 位为页内偏移地址；用户编程空间为 32 个页面，即逻辑地址高 5 位为虚页号；主存为 16 个页面，即物理地址高 4 位为物理块号。

逻辑地址 0AC5H 转换为二进制是 **000 10**10 1100 0101B，虚页号为 2(00010B)，映射至物理块号 4，因此系统访问物理地址 12C5H(**01 00**10 1100 0101B)。

逻辑地址 1AC5H 转换为二进制是 **001 10**10 1100 0101B，虚页号为 6(00110B)，不在页面映射表中，会产生缺页中断，系统进行缺页中断处理。

逻辑地址 3AC5H 转换为二进制是 **011 10**10 1100 0101B，页号为 14，而该用户程序只有 10 页，因此系统产生越界中断。

注 意

当将十六进制地址转换为二进制地址时，我们可能习惯性地写为 16 位，这是容易犯错的细节。例如，题中的逻辑地址为 15 位，物理地址为 14 位。逻辑地址 0AC5H 的二进制表示为 000 1010 1100 0101B，对应物理地址 12C5H 的二进制表示为 01 0010 1100 0101B。这一点应该引起注意。

06.【解答】

1）页面的大小为(64/16)KB = 4KB，该进程共有 4 页，所以该进程的总长度为 4×4KB = 16KB。

2）页面大小为 4KB，因此低 12 位为页内偏移地址；主存分为 16 块，因此内存物理地址高

4 位为主存块号。

页号为 0 的页面被装入主存的第 9 块，因此该地址在内存中的始址为 **1001** 0000 0000 0000B，即 9000H。

页号为 1 的页面被装入主存的第 0 块，因此该地址在内存中的始址为 **0000** 0000 0000 0000B，即 0000H。

页号为 2 的页面被装入主存的第 1 块，因此该地址在内存中的始址为 **0001** 0000 0000 0000，即 1000H。

页号为 3 的页面被装入主存的第 14 块，因此该地址在内存中的始址为 **1110** 0000 0000 0000，即 E000H。

3）逻辑地址为(0, 0)，因此内存地址为(9, 0) = **1001** 0000 0000 0000B，即 9000H。

逻辑地址为(1, 72)，因此内存地址为(0, 72) = **0000** 0000 0100 1000B，即 0048H。

逻辑地址为(2, 1023)，因此内存地址为(1, 1023) = **0001** 0011 1111 1111，即 13FFH。

逻辑地址为(3, 99)，因此内存地址为(14, 99) = **1110** 0000 0110 0011，即 E063H。

07.【解答】

要注意题目中的逻辑地址使用哪种进制的数给出，若是十进制，则一般通过整数除法和求余得到页号和页内偏移，若用其他进制给出，则一般转换成二进制，然后按照地址结构划分为页号部分和页内偏移部分，再把页号和页内偏移计算出来。

页面大小为 64B，因此页内位移为 6 位，进程代码段长度为 702B，因此需要 11 个页面，编号为 0～10。

1）八进制逻辑地址 0105 的二进制表示为 0 0100 0101B。逻辑页号为 1，此页号可在快表中查找到，得页帧号为 F1；页内位移为 5，因此物理地址为(F1, 5)。

2）八进制逻辑地址 0217 的二进制表示为 0 1000 1111B。逻辑页号为 2，此页号可在快表中查找到，得页帧号为 F2；页内位移为 15，因此物理地址为(F2, 15)。

3）八进制逻辑地址 0567 的二进制表示为 1 0111 0111B。逻辑页号为 5，此页号不在快表中，在内存页表中可以查找到，得页帧号为 F5；页内位移为 55，因此物理地址为(F5, 55)。

4）八进制逻辑地址 01120 的二进制表示为 0010 0101 0000B。逻辑页号为 9，此页号不在快表中，在内存页表中可以查找到，得页帧号为 F9；页内位移为 16，因此物理地址为(F9, 16)。

5）八进制逻辑地址 02500 的二进制表示为 0101 0100 0000B。逻辑页号为 21，此页号已超过页表的最大页号 10，因此产生越界中断。

注　意

根据题中条件无法得知逻辑地址位数，所以在其二进制表示中，其位数并不一致，只是根据八进制表示进行转换。若已知逻辑地址空间大小或位数，则二进制表示必须保持一致。

08.【解答】

页表在主存时，实现一次存取需要访问主存两次：第一次是访问页表，获得所需访问数据所在页面的物理地址；第二次才是根据这个物理地址存取数据。

1）因为页表在主存，所以 CPU 必须访问主存两次，即实现一次页面访问的存取时间是

$$1.5\times2 = 3\mu s$$

2）系统增加快表后，在快表中找到页表项的概率为 85%，所以实现一次页面访问的存取时间为

$$0.85\times(0 + 1.5) + (1 - 0.85)\times2\times1.5 = 1.725\mu s$$

09.【解答】

1）在页式存储管理中，访问指令或数据时，首先要访问内存中的页表，查找到指令或数据所在页面对应的页表项，然后根据页表项查找访问指令或数据所在的内存页面。需要访问内存 2 次。

段式存储管理同理，需要访问内存 2 次。

段页式存储管理，首先要访问内存中的段表，然后访问内存中的页表，最后访问指令或数据所在的内存页面，需要访问内存 3 次。

对于比较复杂的情况，如多级页表，若页表划分为 N 级，则需要访问内存 $N + 1$ 次。若系统中有快表，则在快表命中时，只需要访问内存 1 次。

2）按 1）中的访问过程分析，有效存取时间为

$$(0.2 + 1)\times 85\% + (0.2 + 1 + 1)\times(1 - 85\%) = 1.35\mu s$$

3）同理可计算得

$$(0.2 + 1)\times 50\% + (0.2 + 1 + 1)\times(1 - 50\%) = 1.7\mu s$$

从结果可以看出，快表的命中率对访存时间影响非常大。当命中率从 85%降低到 50%时，有效存取时间增加 0.35μs。因此在页式存储系统中，应尽可能地提高快表的命中率，从而提高系统效率。

10.【解答】

1）位示图是利用二进制的一位来表示磁盘中一个盘块的使用情况，其值为“0”时表示对应盘块空闲，为“1”时表示已分配，地址空间分页，每页为 1KB，则对应的盘块大小也为 1KB，主存总容量为 256KB，可分成 256 个盘块，长 5.2KB 的作业需要占用 6 页空间，假设页号与物理块号都从 0 开始，则根据位示图可得到页表内容如下：

页　号	块　号
0	21
1	27
2	28
3	29
4	34
5	35

2）页式存储管理中有内存碎片的存在，会存在内部碎片。为该作业分配内存后，会产生内存碎片，因为此作业大小为 5.2KB，占 6 页，前 5 页满，最后一页只占 0.2KB 的空间，因此内存碎片得大小为 1KB − 0.2KB = 0.8KB。

3）64MB 内存，一页大小为 4KB，共可分成 $64K\times 1K/4K = 2^{14}$ 个物理盘块，在位示图中每个盘块占 1 位，共占 2^{14} 位空间，因为 1B = 8 位，所以此位示图共占 2KB 空间的内存。

11.【解答】

1）因为主存按字节编址，页内偏移量是 12 位，所以页大小为 $2^{12}B = 4KB$。

页表项数为 $2^{32}/4K = 2^{20}$，因此该一级页表最大为 $2^{20}\times 4B = 4MB$。

2）页目录号可表示为(((unsigned int)(LA))>>22) & 0x3FF。这里采用的方法是逻辑右移 22 位，再和 3FF（10 个 1）进行逻辑与运算，得到 10 位的页目录号。这种方法虽然效率较高，但比较难想到，采用 $LA/2^{22}$ 的写法来取高 10 位的页目录号也是可以的。

页表索引可表示为(((unsigned int)(LA))>>12) & 0x3FF。这里也可采用 $(LA/2^{12})\%2^{10}$ 的方法来获取中间 10 位的页表索引号。

3）代码页面 1 的逻辑地址为 0000 8000H，表明其位于第 8 个页处，对应页表中的第 8 个页表项，所以第 8 个页表项的物理地址 = 页表始址 + 8×页表项的字节数 = 0020 0000H + 8×4 = 0020 0020H。由此可得如下图所示的答案。

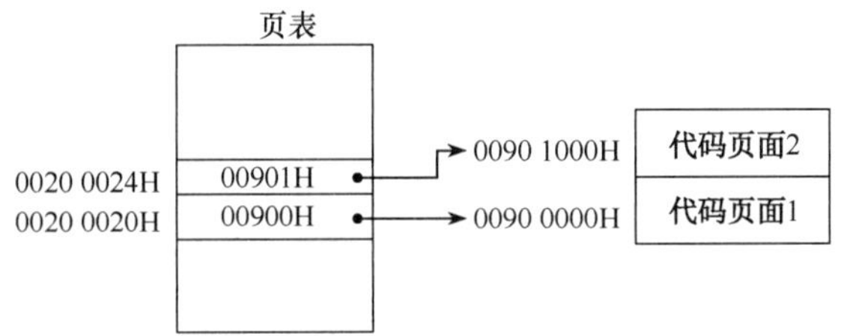

3.2 虚拟内存管理

在学习本节时，请读者思考以下问题：

1）为什么要引入虚拟内存？

2）虚拟内存空间的大小由什么因素决定？

3）虚拟内存是怎么解决问题的？会带来什么问题？

读者要掌握虚拟内存解决问题的思想，了解各种替换算法的优劣，掌握虚实地址的变换方法。

3.2.1 虚拟内存的基本概念

1. 传统存储管理方式的特征

3.1 节讨论的各种内存管理策略都是为了同时将多个进程保存在内存中，以便允许进行多道程序设计。它们都具有以下两个共同的特征：

1）一次性。作业必须一次性全部装入内存后，才能开始运行。这会导致两个问题：①当作业很大而不能全部被装入内存时，将使该作业无法运行；②当大量作业要求运行时，由于内存不足以容纳所有作业，只能使少数作业先运行，导致多道程序并发度的下降。

2）驻留性。作业被装入内存后，就一直驻留在内存中，其任何部分都不会被换出，直至作业运行结束。运行中的进程会因等待 I/O 而被阻塞，可能处于长期等待状态。

由以上分析可知，许多在程序运行中不用或暂时不用的程序（数据）占据了大量的内存空间，而一些需要运行的作业又无法装入运行，显然浪费了宝贵的内存资源。

2. 局部性原理

要真正理解虚拟内存技术的思想，首先必须了解著名的*局部性原理*。从广义上讲，快表、页高速缓存及虚拟内存技术都属于*高速缓存技术*，这个技术所依赖的原理就是局部性原理。局部性原理既适用于程序结构，又适用于数据结构。局部性原理表现在以下两个方面：

命题追踪 ▶▶ 页面置换算法的时间局部性分析（2012）

1）*时间局部性*。程序中的某条指令一旦执行，不久后该指令可能再次执行；某数据被访问过，不久后该数据可能再次被访问。产生的原因是程序中存在着大量的循环操作。

2）*空间局部性*。一旦程序访问了某个存储单元，在不久后，其附近的存储单元也将被访问，即程序在一段时间内所访问的地址，可能集中在一定的范围之内，因为指令通常是顺序存放、顺序执行的，数据也一般是以向量、数组、表等形式簇聚存储的。

时间局部性通过将近来使用的指令和数据保存到高速缓存中，并使用高速缓存的层次结构实现。空间局部性通常使用较大的高速缓存，并将预取机制集成到高速缓存控制逻辑中实现。虚拟内存技术实际上建立了“内存-外存”的两级存储器结构，利用局部性原理实现高速缓存。

3．虚拟存储器的定义和特征

命题追踪 ▶ 虚拟存储器的特点（2012）

基于局部性原理，在程序装入时，仅需将程序当前运行要用到的少数页面（或段）装入内存，而将其余部分暂留在外存，便可启动程序执行。在程序执行过程中，当所访问的信息不在内存时，由操作系统负责将所需信息从外存调入内存，然后继续执行程序，这个过程就是*请求调页*（或*请求调段*）功能。当内存空间不够时，由操作系统负责将内存中暂时用不到的信息换出到外存，从而腾出空间存放将要调入内存的信息，这个过程就是*页面置换*（或*段置换*）功能。这样，系统好像为用户提供了一个比实际内存容量大得多的存储器，称为*虚拟存储器*。

之所以将其称为虚拟存储器，是因为这种存储器实际上并不存在，只是由于系统提供了部分装入、请求调入和置换功能后（均对用户透明），给用户的感觉是好像存在一个比实际物理内存大得多的存储器。但容量大只是一种错觉，是虚的。虚拟存储器有以下三个主要特征：

1）*多次性*。无需在作业运行时一次性全部装入内存，而是允许被分成多次调入内存，即只需将当前要运行的那部分程序和数据装入内存即可开始运行。以后每当要运行到尚未调入的那部分程序或数据时，再将它们调入。多次性是虚拟存储器最重要的特征。

2）*对换性*。在作业运行时无需一直常驻内存，而是允许在作业运行过程中，将那些暂不使用的程序和数据从内存调至外存的对换区（换出），待以后需要时再将它们从外存调至内存（换进）。正是由于对换性，才使得虚拟存储器得以正常运行。

3）*虚拟性*。从逻辑上扩充了内存的容量，使用户看到的内存容量，远大于实际容量。这是虚拟存储器所表现出的最重要特征，也是实现虚拟存储器的最重要目标。

4．虚拟内存技术的实现

虚拟内存技术允许将一个作业分多次调入内存。采用连续分配方式时，会使相当一部分内存空间都处于暂时或“永久”的空闲状态，造成内存资源的严重浪费，而且也无法从逻辑上扩大内存容量。因此，虚拟内存的实现需要建立在离散分配的内存管理方式的基础上。

虚拟内存的实现有以下三种方式：

- 请求分页存储管理。
- 请求分段存储管理。
- 请求段页式存储管理。

不管哪种方式，都需要有一定的硬件支持。一般需要的支持有以下几个方面：

- 一定容量的内存和外存。
- 页表机制（或段表机制），作为主要的数据结构。
- 中断机构，当用户程序要访问的部分尚未调入内存时，则产生中断。
- 地址变换机构，逻辑地址到物理地址的变换。

3.2.2 请求分页管理方式

请求分页系统建立在基本分页系统的基础之上，为支持虚拟存储器功能而增加了请求调页和页面置换功能。在请求分页系统中，只要求将当前需要的一部分页面装入内存，便可启动作业运行。在作业执行过程中，当所访问的页面不在内存时，再通过*请求调页*功能将其从外存调入内存；

当内存空间不够时，通过页面置换功能将内存中暂时用不到的页面换出到外存。

为了实现请求分页，系统必须提供一定的硬件支持。除了需要一定容量的内存及外存的计算机系统，还需要有页表机制、缺页中断机构和地址变换机构。

1. 页表机制

相比于基本分页系统，在请求分页系统中，为了实现请求调页功能，操作系统需要知道每个页面是否已调入内存；若未调入，则还需要知道该页在外存中的存放地址。为了实现页面置换功能，操作系统需要通过某些指标来决定换出哪个页面；对于要换出的页面，还要知道其是否被修改过，以决定是否写回外存。为此，在请求页表项中增加了 4 个字段，如图 3.20 所示。

页号	物理块号	状态位 P	访问字段 A	修改位 M	外存地址

图 3.20　请求分页系统中的页表项

增加的 4 个字段说明如下：

- 状态位 P。标记该页是否已调入内存，供程序访问时参考。
- 访问字段 A。记录本页在一段时间内被访问的次数，或记录本页最近已有多长时间未被访问，供置换算法换出页面时参考。
- 修改位 M。标记该页在调入内存后是否被修改过，以决定换出时是否写回外存。
- 外存地址。记录该页在外存的存放地址，通常是物理块号，供调入该页时参考。

2. 缺页中断机构

命题追踪 ▶ 缺页处理的过程及效率分析（2011、2013、2014、2020、2022）

命题追踪 ▶ 缺页异常导致进程状态的变化（2023）

在请求分页系统中，每当要访问的页面不在内存时，便产生一个缺页中断，请求操作系统的缺页中断处理程序处理。此时缺页的进程阻塞，放入阻塞队列，调页完成后再将其唤醒，放回就绪队列。若内存中有空闲页框，则为进程分配一个页框，将所缺页面从外存装入该页框，并修改页表中的相应表项，若内存中没有空闲页框，则由页面置换算法选择一个页面淘汰，若该页在内存期间被修改过，则还要将其写回外存。未被修改过的页面不用写回外存。

缺页中断作为中断，同样要经历诸如保护 CPU 环境、分析中断原因、转入缺页中断处理程序、恢复 CPU 环境等几个步骤。但与一般的中断相比，它有以下两个明显的区别：

- 在指令执行期间而非一条指令执行完后产生和处理中断，属于内部异常。
- 一条指令在执行期间，可能产生多次缺页中断。

3. 地址变换机构

在基本分页系统地址变换机构的基础上，为实现虚拟内存，增加了产生和处理缺页中断，及从内存中换出一页的功能，请求分页系统中的地址变换过程如图 3.21 所示。

命题追踪 ▶ 分页系统的地址变换过程及性能分析（2009、2010、2014）

请求分页系统的地址变换过程如下：

① 先检索快表，若命中，则从相应表项中取出该页的物理块号，并修改页表项中的访问位，以供置换算法换出页面时参考。对于写指令，还需要将修改位置为 1。

② 若快表未命中，则要到页表中查找，若找到，则从相应表项中取出物理块号，并将该页表项写入快表，若快表已满，则需采用某种算法替换。

③若在页表中未找到，则需要进行缺页中断处理，请求系统将该页从外存换入内存，页面被调入内存后，由操作系统负责更新页表和快表，并获得物理块号。

④利用得到的物理块号和页内地址拼接形成物理地址，用该地址去访存。

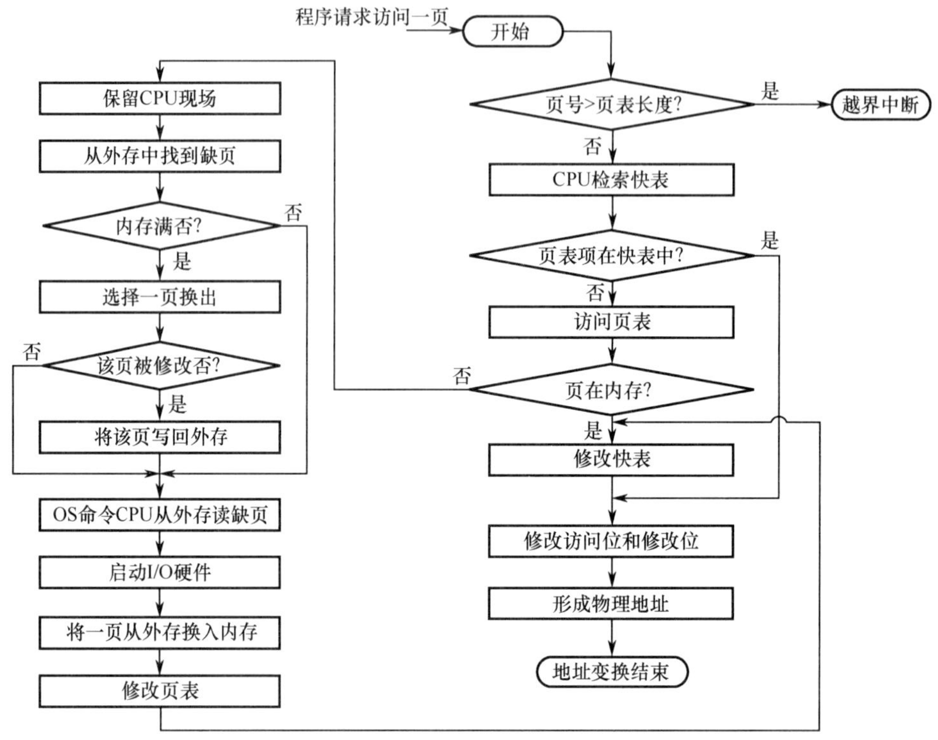

图 3.21　请求分页中的地址变换过程

3.2.3　页框分配

1. 驻留集大小

对于分页式的虚拟内存，在进程准备执行时，不需要也不可能将一个进程的所有页都读入主存。因此，操作系统必须决定读取多少页，即决定给特定的进程分配几个页框。给一个进程分配的页框的集合就是这个进程的驻留集。需要考虑以下两点：

1）驻留集越小，驻留在内存中的进程就越多，可以提高多道程序的并发度，但分配给每个进程的页框太少，会导致缺页率较高，CPU 需耗费大量时间来处理缺页。

2）驻留集越大，当分配给进程的页框超过某个数目时，再为进程增加页框对缺页率的改善是不明显的，反而只能是浪费内存空间，还会导致多道程序并发度的下降。

2. 内存分配策略

在请求分页系统中，可采取两种内存分配策略，即固定和可变分配策略。在进行置换时，也可采取两种策略，即全局和局部置换。于是可组合出下面三种适用的策略。

命题追踪 ▶▶ 页面分配与置换策略的名称（2015）

（1）固定分配局部置换

为每个进程分配固定数目的物理块，在进程运行期间都不改变。所谓局部置换，是指若进程在运行中发生缺页，则只能从分配给该进程在内存的页面中选出一页换出，然后再调入一页，以保证分配给该进程的内存空间不变。实现这种策略时，难以确定应为每个进程分配的物理块数目：太少会频繁出现缺页中断，太多又会降低 CPU 和其他资源的利用率。

（2）可变分配全局置换

先为每个进程分配一定数目的物理块，在进程运行期间可根据情况适当地增加或减少。所谓全局置换，是指若进程在运行中发生缺页，则系统从空闲物理块队列中取出一块分配给该进程，并将所缺页调入。这种方法比固定分配局部置换更加灵活，可以动态增加进程的物理块，但也存在弊端，如它会盲目地给进程增加物理块，从而导致系统多道程序的并发能力下降。

（3）可变分配局部置换

为每个进程分配一定数目的物理块，当某进程发生缺页时，只允许从该进程在内存的页面中选出一页换出，因此不会影响其他进程的运行。若进程在运行中频繁地发生缺页中断，则系统再为该进程分配若干物理块，直至该进程的缺页率趋于适当程度；反之，若进程在运行中的缺页率特别低，则可适当减少分配给该进程的物理块，但不能引起其缺页率的明显增加。这种方法在保证进程不会过多地调页的同时，也保持了系统的多道程序并发能力。当然它需要更复杂的实现，也需要更大的开销，但对比频繁地换入/换出所浪费的计算机资源，这种牺牲是值得的。

页面分配策略在 2015 年的统考选择题中出现过，考查的是这三种策略的名称。往年很多读者看到这里时，由于认为不是重点，复习时便一带而过，最后在考试中失分。在这种基础题上失分是十分可惜的。再次提醒读者，考研成功的秘诀在于“全面”和“反复多次”。

3. 物理块调入算法

采用固定分配策略时，将系统中的空闲物理块分配给各个进程，可采用下述几种算法。

1）平均分配算法，将系统中所有可供分配的物理块平均分配给各个进程。

2）按比例分配算法，根据进程的大小按比例分配物理块。

3）优先权分配算法，为重要和紧迫的进程分配较多的物理块。通常采取的方法是将所有可分配的物理块分成两部分：一部分按比例分配给各个进程；一部分则根据优先权分配。

4. 调入页面的时机

为确定系统将进程运行时所缺的页面调入内存的时机，可采用以下两种调页策略：

1）预调页策略。根据局部性原理，一次调入若干个相邻的页面会比一次调入一页更高效。但若提前调入的页面中大多数都未被访问，则又是低效的。因此，可以预测不久之后可能被访问的页面，将它们预先调入内存，但目前预测成功率仅约 50%。因此这种策略主要用于进程的首次调入，由程序员指出应先调入哪些页。

2）请求调页策略。进程在运行中需要访问的页面不在内存，便提出请求，由系统将其所需页面调入内存。由这种策略调入的页一定会被访问，且比较易于实现，因此目前的虚拟存储器大多采用此策略。其缺点是每次仅调入一页，增加了磁盘 I/O 开销。

预调页实际上就是运行前的调入，请求调页实际上就是运行期间的调入。

5. 从何处调入页面

请求分页系统中的外存分为两部分：用于存放文件的文件区和用于存放对换页面的对换区，也称交换区。对换区采用连续分配方式，而文件区采用离散分配方式，因此对换区的磁盘 I/O 速度比文件区的更快。这样，当发生缺页请求时，系统从何处将缺页调入内存就分为三种情况：

1）系统拥有足够的对换区空间。可以全部从对换区调入所需页面，以提高调页速度。为此，在进程运行前，需将与该进程有关的文件从文件区复制到对换区。

2）系统缺少足够的对换区空间。凡是不会被修改的文件都直接从文件区调入；当换出这些页面时，由于它们不会被修改而不必再换出。但对于那些可能被修改的部分，在将它们换出时必须放在对换区，以后需要时再从对换区调入（因为读比写的速度快）。

3）UNIX 方式。与进程有关的文件都放在文件区，因此未运行过的页面都应从文件区调入。曾经运行过但又被换出的页面，由于是放在对换区，因此在下次调入时应从对换区调入。进程请求的共享页面若被其他进程调入内存，则不需要再从对换区调入。

6．如何调入页面

当进程所访问的页面不在内存中时（存在位为 0），便向 CPU 发出缺页中断，中断响应后便转入缺页中断处理程序。该程序通过查找页表得到该页的物理块，此时，若内存未满，则启动磁盘 I/O，将所缺页调入内存，并修改页表。若内存已满，则先按某种置换算法从内存中选出一页准备换出；若该页未被修改过（修改位为 0），则不需要将该页写回磁盘；但是，若该页已被修改（修改位为 1），则必须将该页写回磁盘，然后将所缺页调入内存，并修改页表中的相应表项，置其存在位为 1。调入完成后，进程就可利用修改后的页表形成所要访问数据的内存地址。

3.2.4 页面置换算法

进程运行时，若其访问的页面不在内存而需将其调入，但内存已无空闲空间时，就需要从内存中调出一页，换出到外存。选择调出哪个页面的算法就称为*页面置换算法*。页面的换入、换出需要磁盘 I/O，开销较大，因此好的页面置换算法应该追求更低的缺页率。

命题追踪 ▶ 各种页面置换算法的特点：哪种可能导致 Belady 异常（2014）

常见的页面置换算法有以下四种。

1．最佳（OPT）置换算法

最佳置换算法选择淘汰的页面是*以后永不使用的页面，或是在最长时间内不再被访问的页面*，以便保证获得最低的缺页率。然而，由于人们目前无法预测进程在内存的若干页面中哪个是未来最长时间内不再被访问的，因此该算法无法实现。但可利用该算法去评价其他算法。

假定系统为某进程分配了三个物理块，并考虑有页面号引用串：

7, 0, 1, 2, 0, 3, 0, 4, 2, 3, 0, 3, 2, 1, 2, 0, 1, 7, 0, 1

进程运行时，先将 7, 0, 1 三个页面依次装入内存。当进程要访问页面 2 时，产生缺页中断，根据最佳置换算法，选择将第 18 次访问才需调入的页面 7 淘汰。然后，访问页面 0 时，因为它已在内存中，所以不必产生缺页中断。访问页面 3 时，又会根据最佳置换算法将页面 1 淘汰……以此类推，如图 3.22 所示，从图中可以看出采用最佳置换算法时的情况。

访问页面	7	0	1	2	0	3	0	4	2	3	0	3	2	1	2	0	1	7	0	1
物理块 1	7	7	7	2		2		2			2			2				7		
物理块 2		0	0	0		0		4			0			0				0		
物理块 3			1	1		3		3			3			1				1		
缺页否	√	√	√	√		√		√			√			√				√		

图 3.22 利用最佳置换算法时的置换图

可以看到，发生缺页中断的次数为 9，页面置换的次数为 6。

最长时间不被访问和以后被访问次数最小是不同的概念，在理解 OPT 算法时不要混淆。

2．先进先出（FIFO）页面置换算法

FIFO 算法选择淘汰的页面是最早进入内存的页面。该算法实现简单，将内存中的页面根据调入的先后顺序排成一个队列，需要换出时选择队头的页面即可。但该算法没有利用局部性原理，与进程实际运行的规律不相适应，因此性能较差。

命题追踪 ▶ FIFO 算法的应用分析（2010）

这里仍用上面的例子采用 FIFO 算法进行置换。当进程访问页面 2 时，将最早进入内存的页面 7 换出。然后访问页面 3 时，将 2, 0, 1 中最先进入内存的页面 0 换出。由图 3.23 可以看出，利用 FIFO 算法时进行了 12 次页面置换，比最佳置换算法正好多一倍。

访问页面	7	0	1	2	0	3	0	4	2	3	0	3	2	1	2	0	1	7	0	1
物理块 1	7	7	7	2		2	2	4	4	4	0			0	0			7	7	7
物理块 2		0	0	0		3	3	3	2	2	2			1	1			1	0	0
物理块 3			1	1		1	0	0	0	3	3			3	2			2	2	1
缺页否	√	√	√	√		√	√	√	√	√	√			√	√			√	√	√

图 3.23　FIFO 置换算法时的置换图

FIFO 算法还会产生当为进程分配的物理块增多，缺页次数不减反增的异常现象，称为 Belady 异常。例如，页面访问顺序为 3, 2, 1, 0, 3, 2, 4, 3, 2, 1, 0, 4，当分配的物理块为 3 个时，缺页次数为 9 次；当分配的物理块为 4 个时，缺页次数为 10 次，如图 3.24 所示。

访问页面	3	2	1	0	3	2	4	3	2	1	0	4
物理块 1	3	3	3	0	0	0	4			4	4	
物理块 2		2	2	2	3	3	3			1	1	
物理块 3			1	1	1	2	2			2	0	
缺页否	√	√	√	√	√	√	√			√	√	
物理块 1	3	3	3	3			4	4	4	4	0	0
物理块 2		2	2	2			2	3	3	3	3	4
物理块 3			1	1			1	1	2	2	2	2
物理块 4				0			0	0	0	1	1	1
缺页否	√	√	√	√			√	√	√	√	√	√

图 3.24　Belady 异常

只有 FIFO 算法可能出现 Belady 异常，LRU 和 OPT 算法永远不会出现 Belady 异常。

3．最近最久未使用（LRU）置换算法

LRU 算法选择淘汰的页面是最近最长时间未使用的页面，它认为过去一段时间内未访问过的页面，在最近的将来可能也不会被访问。该算法为每个页面设置一个访问字段，用来记录页面自上次被访问以来所经历的时间，淘汰页面时选择现有页面中值最大的页面。

命题追踪 ▶ LRU 算法的应用分析（2009、2015、2019）

再对上面的例子采用 LRU 算法进行置换，如图 3.25 所示。进程第一次访问页面 2 时，将最近最久未使用的页面 7 换出。然后在访问页面 3 时，将最近最久未使用的页面 1 换出。

访问页面	7	0	1	2	0	3	0	4	2	3	0	3	2	1	2	0	1	7	0	1
物理块 1	7	7	7	2		2		4	4	4	0			1		1		1		
物理块 2		0	0	0		0		0	0	3	3			3		0		0		
物理块 3			1	1		3		3	2	2	2			2		2		7		
缺页否	√	√	√	√		√		√	√	√	√			√		√		√		

图 3.25　LRU 页面置换算法时的置换图

在图 3.25 中，前 5 次置换的情况与最佳置换算法相同，但两种算法并无必然联系。实际上，LRU 算法根据各页以前的使用情况来判断，是“向前看”的；而最佳置换算法则根据各页以后的使用情况来判断，是“向后看”的。而页面过去和未来的走向之间并无必然联系。

LRU 算法的性能较好，但需要寄存器和栈的硬件支持。LRU 是堆栈类的算法。理论上可以证明，堆栈类算法不可能出现 Belady 异常。FIFO 算法基于队列实现，不是堆栈类算法。

4．时钟（CLOCK）置换算法

LRU 算法的性能接近 OPT 算法，但实现起来的开销大。因此，操作系统的设计者尝试了很多算法，试图用比较小的开销接近 LRU 算法的性能，这类算法都是 CLOCK 算法的变体。

（1）简单的 CLOCK 置换算法

命题追踪 ▶ 类 CLOCK 置换算法的过程分析（2012）

为每个页面设置一位访问位，当某页首次被装入或被访问时，其访问位被置为 1。算法将内存中的页面链接成一个循环队列，并有一个替换指针与之相关联。当某一页被替换时，该指针被设置指向被替换页面的下一页。在选择淘汰一页时，只需检查页面的访问位：若为 0，就选择该页换出；若为 1，则将它置为 0，暂不换出，给予该页第二次驻留内存的机会，再依次顺序检查下一个页面。当检查到队列中的最后一个页面时，若其访问位仍为 1，则返回到队首去循环检查。由于该算法是循环地检查各个页面的使用情况，所以称为 CLOCK 算法。但是，因为该算法只有一位访问位，而置换时将未使用过的页面换出，所以也称最近未用（NRU）算法。

命题追踪 ▶ CLOCK 算法的应用分析（2010）

假设页面访问顺序为 7, 0, 1, 2, 0, 3, 0, 4, 2, 3, 0, 3, 2, 1, 3, 2，采用简单 CLOCK 置换算法，分配 4 个页帧，每个页对应的结构为（页面号，访问位），置换过程如图 3.26 所示。

访问顺序	7		0		1		2		0		3		0		4		2		3		0		3		2		1		3		2	
帧 1	**7**	**1**	7	1	7	1	7	1	7	1	**3**	**1**	3	1	3	1	3	1	**3**	**1**	3	1	**3**	**1**	3	1	3	0	**3**	**1**	3	0
帧 2			**0**	**1**	0	1	0	1	**0**	**1**	0	0	**0**	**1**	0	0	0	0	0	0	**0**	**1**	0	1	0	1	0	0	0	0	**2**	**1**
帧 3					**1**	**1**	1	1	1	1	1	0	1	0	**4**	**1**	4	1	4	1	4	1	4	1	4	1	4	0	4	0	4	0
帧 4							**2**	**1**	2	1	2	0	2	0	2	0	**2**	**1**	2	1	2	1	2	1	**2**	**1**	**1**	**1**	1	1	1	1
缺页否	√		√		√		√				√				√												√				√	

图 3.26　CLOCK 算法时的置换图

首次访问 7, 0, 1, 2 时，产生缺页中断，依次调入主存，访问位都置为 1。访问 0 时，已存在，访问位置为 1。访问 3 时，产生第 5 次缺页中断，替换指针初始指向帧 1，此时所有帧的访问位均为 1，则替换指针完整地扫描一周，将所有帧的访问位都置为 0，然后回到最初的位置（帧 1），替换帧 1 中的页（包括置换页面和置访问位为 1），如图 3.27(a)所示。访问 0 时，已存在，访问位置为 1。访问 4 时，产生第 6 次缺页中断，替换指针指向帧 2（上次替换位置的下一帧），帧 2 的访问位为 1，将其修改为 0，继续扫描，帧 3 的访问位为 0，替换帧 3 中的页，如图 3.27(b)所示。然后依次访问 2, 3, 0, 3, 2，均已存在，每次访问都将其访问位置为 1。访问 1 时，产生缺页中断，

替换指针指向帧 4，此时所有帧的访问位均为 1，又完整扫描一周并置访问位为 0，回到帧 4，替换之。访问 3 时，已存在，访问位置为 1。访问 2 时，产生缺页中断，替换指针指向帧 1，帧 1 的访问位为 1，将其修改为 0，继续扫描，帧 2 的访问位为 0，替换帧 2 中的页。

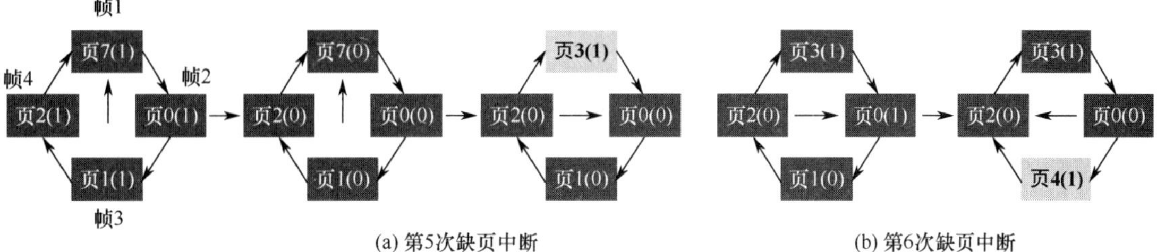

图 3.27 缺页中断时替换指针扫描示意图

（2）改进型 CLOCK 置换算法

命题追踪 ▶ 改进 CLOCK 算法的思想（2018）

命题追踪 ▶ 改进 CLOCK 算法的应用分析（2016、2021）

将一个页面换出时，若该页已被修改过，则要将该页写回磁盘，若该页未被修改过，则不必将它写回磁盘。可见，对于修改过的页面，替换代价更大。在改进型 CLOCK 算法中，除考虑页面使用情况外，还增加了置换代价——修改位。在选择页面换出时，优先考虑既未使用过又未修改过的页面。由访问位 A 和修改位 M 可以组合成下面四种类型的页面：

- 1 类 $A=0, M=0$：最近未被访问，且未被修改，是最佳的淘汰页。
- 2 类 $A=0, M=1$：最近未被访问，但已被修改，是次佳的淘汰页。
- 3 类 $A=1, M=0$：最近已被访问，但未被修改，可能再被访问。
- 4 类 $A=1, M=1$：最近已被访问，且已被修改，可能再被访问。

内存中的每页必定都是这四类页面之一。在进行页面置换时，可采用与简单 CLOCK 算法类似的算法，差别在于该算法要同时检查访问位和修改位。算法执行过程如下：

1）从指针的当前位置开始，扫描循环队列，寻找 $A=0$ 且 $M=0$ 的 1 类页面，将遇到的第一个 1 类页面作为选中的淘汰页。在第一次扫描期间不改变访问位 A。

2）若第 1）步失败，则进行第二轮扫描，寻找 $A=0$ 且 $M=1$ 的 2 类页面。将遇到的第一个 2 类页面作为淘汰页。在第二轮扫描期间，将所有扫描过的页面的访问位都置 0。

3）若第 2）步也失败，则将指针返回到开始的位置，并将所有帧的访问位复 0。重复第 1）步，并且若有必要，重复第 2）步，此时一定能找到被淘汰的页。

改进型 CLOCK 算法优于简单 CLOCK 算法的地方在于，可减少磁盘的 I/O 操作次数。但为了找到一个可置换的页，可能要经过几轮扫描，即实现算法本身的开销将有所增加。

操作系统中的页面置换算法都有一个原则，即尽可能保留访问过的页面，而淘汰未访问过的页面。简单的 CLOCK 算法只考虑页面是否被访问过；改进型 CLOCK 算法对这两类页面做了细分，分为修改过和未修改过的页面。因此，若有未使用过的页面，则当然优先将其中未修改过的页面换出。若全部页面都使用过，还是优先将其中未修改过的页面换出。

*3.2.5 抖动和工作集

1. 抖动

在页面置换过程中，一种最糟糕的情形是，刚刚换出的页面马上又要换入内存，刚刚换入的页面马上又要换出内存，这种频繁的页面调度行为称为抖动或颠簸。

命题追踪 ▶ 抖动的处理措施（2011）

系统发生抖动的根本原因是，分配给每个进程的物理块太少，不能满足进程正常运行的基本要求，致使每个进程在运行时频繁地出现缺页，必须请求系统将所缺页面调入内存。显然，对磁盘的访问时间也随之急剧增加，造成每个进程的大部分时间都用于页面的换入/换出，而几乎不能再去做任何有效的工作，进而导致发生 CPU 利用率急剧下降并趋于零的情况。

抖动是进程运行时出现的严重问题，必须采取相应的措施解决它。由于抖动的发生与系统为进程分配物理块的多少（即驻留集）有关，于是又提出了关于进程工作集的概念。

2．工作集

工作集是指在某段时间间隔内，进程要访问的页面集合。一般来说，工作集 W 可由时间 t 和工作集窗口尺寸 Δ 来确定。例如，某个进程对页面的访问次序如下：

1, 4, [2, 3, 5, 3, 2,] 2, 1, 1, 1, 3, 4, 5, 4, [4, 2, 1, 1, 3,] 3

（t_1 指向第一个方框末尾，t_2 指向第二个方框末尾）

命题追踪 ▶ 工作集的应用分析（2016）

假设工作集窗口尺寸 Δ 设置为 5，则在 t_1 时刻，进程的工作集为$\{2, 3, 5\}$，t_2 时刻，进程的工作集为$\{1, 2, 3, 4\}$。实际应用中，工作集窗口会设置得很大，对于局部性好的程序，工作集大小一般会比工作集窗口 Δ 小很多。工作集反映了进程在接下来的一段时间内很有可能会频繁访问的页面集合，因此驻留集大小不能小于工作集，否则进程在运行过程中会频繁缺页。

3.2.6 内存映射文件

内存映射文件（Memory-Mapped Files）是操作系统向应用程序提供的一个系统调用，它与虚拟内存有些相似，在磁盘文件与进程的虚拟地址空间之间建立映射关系。

进程通过该系统调用，将一个文件映射到其虚拟地址空间的某个区域，之后就用访问内存的方式读写文件。这种功能将一个文件当作内存中的一个大字符数组来访问，而不通过文件 I/O 操作来访问，显然这更便利。磁盘文件的读出/写入由操作系统负责完成，对进程而言是透明的。当映射进程的页面时，不会实际读入文件的内容，而只在访问页面时才被每次一页地读入。当进程退出或关闭文件映射时，所有被改动的页面才被写回磁盘文件。

进程可通过共享内存来通信，实际上，很多时候，共享内存是通过映射相同文件到通信进程的虚拟地址空间来实现的。当多个进程映射到同一个文件时，各进程的虚拟地址空间都是相互独立的，但操作系统将对应的这些虚拟地址空间映射到相同的物理内存（用页表实现），如图 3.28 所示。一个进程在共享内存上完成了写操作，此刻当另一个进程在映射到这个文件的虚拟地址空间上执行读操作时，就能立刻看到上一个进程写操作的结果。

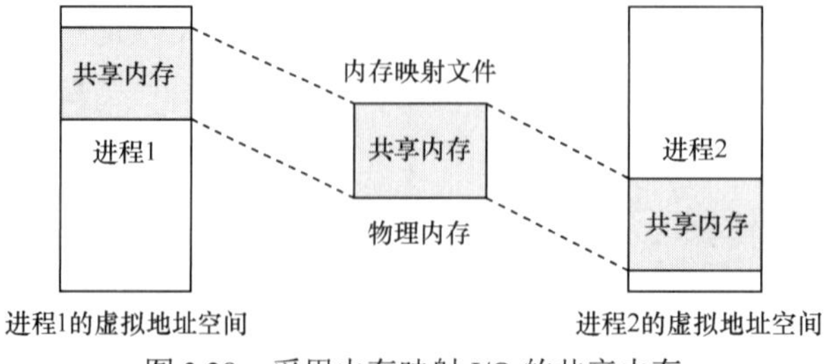

图 3.28 采用内存映射 I/O 的共享内存

由此可见，内存映射文件带来的好处主要是：①使程序员的编程更简单，已建立映射的文件，只需按访问内存的方式进行读写；②方便多个进程共享同一个磁盘文件。

3.2.7　虚拟存储器性能影响因素

命题追踪 ▶ 请求分页系统性能的影响因素分析（2020、2022）

缺页率是影响虚拟存储器性能的主要因素，而缺页率又受到页面大小、分配给进程的物理块数、页面置换算法以及程序的编制方法的影响。

根据局部性原理，页面较大则缺页率较低，页面较小则缺页率较高。页面较小时，一方面减少了内存碎片，有利于提高内存利用率；另一方面，也会使每个进程要求较多的页面，导致页表过长，占用大量内存。页面较大时，虽然可以减少页表长度，但会使页内碎片增大。

分配给进程的物理块数越多，缺页率就越低，但是当物理块超过某个数目时，再为进程增加一个物理块对缺页率的改善是不明显的。可见，此时已没有必要再为它分配更多的物理块，否则也只能是浪费内存空间。只要保证活跃页面在内存中，保持缺页率在一个很低的范围即可。

好的页面置换算法可使进程在运行过程中具有较低的缺页率。选择 LRU、CLOCK 等置换算法，将未来有可能访问的页面尽量保留在内存中，从而提高页面的访问速度。

写回磁盘的频率。换出已修改过的页面时，应当写回磁盘，如果每当一个页面被换出就将它写回磁盘，那么每换出一个页面就需要启动一次磁盘，效率极低。为此在系统中建立一个已修改换出页面的链表，对每个要被换出的页面（已修改），可以暂不将它们写回磁盘，而将它们挂在该链表上，仅当被换出页面数达到给定值时，才将它们一起写回磁盘，这样就可显著减少磁盘 I/O 的次数，即减少已修改页面换出的开销。此外，若有进程在这批数据还未写回磁盘时需要再次访问这些页面，则不需从外存调入，而直接从已修改换出页面链表上获取，这样也可以减少页面从磁盘读入内存的频率，减少页面换进的开销。

编写程序的局部化程度越高，执行时的缺页率就越低。若存储采用的是按行存储，则访问时就要尽量采用相同的访问方式，避免按列访问造成缺页率过高的现象。

3.2.8　地址翻译

考虑到统考真题越来越喜欢考查学科综合的趋势，这里结合“计算机组成原理”的 Cache 部分，来说明虚实地址的变换过程。对于不参加统考的读者，可视情况跳过本节；对于参加统考却尚未复习计算机组成原理的读者，可在复习之后，再回过头来学习本节内容。

设某系统满足以下条件：

- 有一个 TLB 与一个 data Cache
- 存储器以字节为编址单位
- 虚拟地址 14 位
- 物理地址 12 位
- 页面大小为 64B
- TLB 为四路组相联，共有 16 个条目
- data Cache 是物理寻址、直接映射的，行大小为 4B，共有 16 组

写出访问地址为 0x03d4, 0x00f1 和 0x0229 的过程。

因为本系统以字节编址，页面大小为 64B，则页内偏移地址为 $\log_2(64B/1B) = 6$ 位，所以虚拟页号为 $14 - 6 = 8$ 位，物理页号为 $12 - 6 = 6$ 位。因为 TLB 为四路组相联，共有 16 个条目，则 TLB 共有 $16/4 = 4$ 组，因此虚拟页号中低 $\log_2 4 = 2$ 位就为组索引，高 6 位就为 TLB 标记。又因

为 Cache 行大小为 4B，因此物理地址中低 $\log_2 4 = 2$ 位为块偏移，Cache 共有 16 组，可知接下来 $\log_2 16 = 4$ 位为组索引，剩下高 6 位作为标记。地址结构如图 3.29 所示。

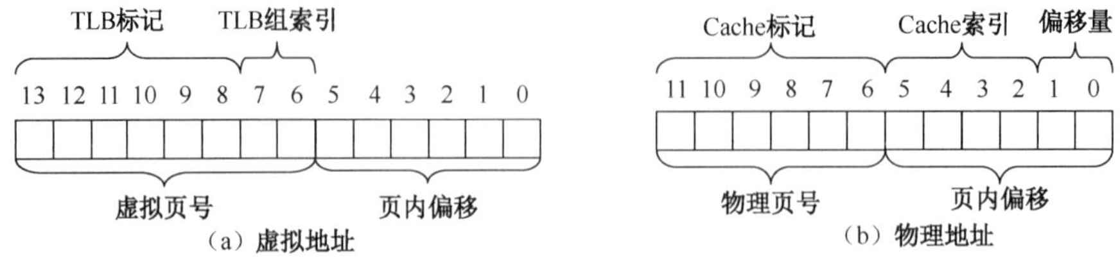

图 3.29 地址结构

TLB、页表、data Cache 内容如表 3.1、表 3.2 及表 3.3 所示。

表 3.1 TLB

索引	标记位	物理页号	有效位	标记位	物理页号	有效位
0	03	–	0	09	0D	1
	00	–	0	07	02	1
1	03	2D	1	02	–	0
	04	–	0	0A	–	0
2	02	–	0	08	–	0
	06	–	0	03	–	0
3	07	–	0	03	0D	1
	0A	34	1	02	–	0

表 3.2 部分页表

虚拟页号	物理页号	有效位	虚拟页号	物理页号	有效位
00	28	1	08	–	0
01	–	0	09	17	1
02	33	1	0A	09	1
03	02	1	0B	–	0
04	–	0	0C	–	0
05	16	1	0D	2D	1
06	–	0	0E	11	1
07	–	0	0F	0D	1

表 3.3 data Cache 内容

索引	标记位	有效位	块 0	块 1	块 2	块 3	索引	标记位	有效位	块 0	块 1	块 2	块 3
0	19	1	99	11	23	11	8	24	1	3A	00	51	89
1	15	0	–	–	–	–	9	2D	0	–	–	–	–
2	1B	1	00	02	04	08	A	2D	1	93	15	DA	3B
3	36	0	–	–	–	–	B	0B	0	–	–	–	–
4	32	1	43	6D	8F	09	C	02	0	–	–	–	–
5	0D	1	36	72	F0	1D	D	16	1	04	96	34	15
6	31	0	–	–	–	–	E	13	1	83	77	1B	D3
7	16	1	11	C2	DF	03	F	14	0	–	–	–	–

先将十六进制的虚拟地址 0x03d4, 0x00f1 和 0x0229 转化为二进制形式，如表 3.4 所示。

表 3.4 虚拟地址结构

虚拟地址	TLB 标记						组索引							
	13	12	11	10	9	8	7	6	5	4	3	2	1	0
0x03d4	0	0	0	0	1	1	1	1	0	1	0	1	0	0
0x00f1	0	0	0	0	0	0	1	1	1	1	0	0	0	1
0x0229	0	0	0	0	1	0	0	0	1	0	1	0	0	1
	虚拟页号								页内偏移					

得到每个地址的组索引和 TLB 标记，接下来就要找出每个地址的页面在不在主存中，若在主存中，则还要找出物理地址。

对于 0x03d4，组索引为 3，TLB 标记为 0x03，查 TLB，第 3 组中正好有标记为 03 的项，有效位为 1，可知页面在主存中，对应的物理页号为 0d（001101），再拼接页内地址 010100，可得物理地址为 0x354（001101010100）。

对于 0x00f1，组索引为 3，TLB 标记为 0x00，查 TLB，第 3 组中没有标记为 00 的项，再去找页表，虚拟页号为 0x03，页表第 3 行的有效位为 1，可知页面在主存中，物理页号为 02（000010），再拼接页内地址 110001，可得物理地址为 0x0b1（000010110001）。

对于 0x0229，组索引为 0，TLB 标记为 0x02，查 TLB，第 0 组中没有标记为 02 的项，再去找页表，虚拟页号为 0x08，页表第 8 行的有效位为 0，页面不在主存中，产生缺页中断。

找出在主存中的页面的物理地址后，就要通过物理地址访问数据，接下来要找该物理地址的内容在不在 Cache 中，物理地址结构如表 3.5 所示。

表 3.5　物理地址结构

物理地址	Cache 标记						Cache 索引				偏移	
	11	10	9	8	7	6	5	4	3	2	1	0
0x354	0	0	1	1	0	1	0	1	0	1	0	0
0x0b1	0	0	0	0	1	0	1	1	0	0	0	1
	物理页号						页内偏移					

对于 0x354，Cache 索引为 5，Cache 标记为 0x0d，对照 Cache 中索引为 5 的行，标记正好为 0d，有效位为 1，可知该块在 Cache 中，偏移 0，即块 0，可得虚拟地址 0x03d4 的内容为 36H。

对于 0x0b1，Cache 索引为 c，Cache 标记为 0x02，对照 Cache 中索引为 c 的行，有效位为 0，可知该块不在 Cache 中，要去主存中查找物理页号为 2、偏移为 0x31 的内容。

以上例子基本覆盖了从虚拟地址到 Cache 查找内容的所有可能出现的情况，读者务必要掌握此节的内容，查找顺序是从 TLB 到页表（TLB 不命中），再到 Cache 和主存，最后到外存。

3.2.9　本节小结

本节开头提出的问题的参考答案如下。

1）为什么要引入虚拟内存？

上一节提到过，多道程序并发执行不仅使进程之间共享了处理器，而且同时共享了主存。然而，随着对处理器需求的增长，进程的执行速度会以某种合理平滑的方式慢下来。但是，若同时运行的进程太多，则需要很多的内存，当一个程序没有内存空间可用时，那么它甚至无法运行。所以，在物理上扩展内存相对有限的条件下，应尝试以一些其他可行的方式在逻辑上扩充内存。

2）虚拟内存（虚存）空间的大小由什么因素决定？

虚存的容量要满足以下两个条件：

① 虚存的实际容量≤内存容量和外存容量之和，这是硬件的硬性条件规定的，若虚存的实际容量超过了这个容量，则没有相应的空间来供虚存使用。

② 虚存的最大容量≤计算机的地址位数能容纳的最大容量。假设地址是 32 位的，按字节编址，一个地址代表 1B 存储空间，则虚存的最大容量≤4GB（2^{32}B）。这是因为若虚存的最大容量超过 4GB，则 32 位的地址将无法访问全部虚存，也就是说 4GB 以后的空间被浪费了，相当于没有一样，没有任何意义。

实际虚存的容量是取条件①和②的交集，即两个条件都要满足，仅满足一个条件是不行的。

3）虚拟内存是怎么解决问题的？会带来什么问题？

虚拟内存使用外存上的空间来扩充内存空间，通过一定的换入/换出，使得整个系统在逻辑上能够使用一个远远超出其物理内存大小的内存容量。因为虚拟内存技术调换页面时需要访问外存，会导致平均访存时间增加，若使用了不合适的替换算法，则会大大降低系统性能。

本节学习了 4 种页面置换算法，要将它们与处理机调度算法区分开。当然，这些调度算法之间也是有联系的，它们都有一个共同点，即通过一定的准则决定资源的分配对象。在处理机调度算法中这些准则比较多，有优先级、响应比、时间片等，而在页面调度算法中就比较简单，即是否被用到过或近段时间内是否经常使用。在操作系统中，几乎每类资源都会有相关的调度算法，读者通过将这些调度算法作为线索，可将整个操作系统的课程连成一个整体。

3.2.10 本节习题精选

一、单项选择题

01. 请求分页存储管理中，若把页面尺寸增大一倍而且可容纳的最大页数不变，则在程序顺序执行时缺页中断次数会（ ）。

A. 增加　　B. 减少
C. 不变　　D. 可能增加也可能减少

02. 进程在执行中发生了缺页中断，经操作系统处理后，应让其执行（ ）指令。

A. 被中断的前一条　　B. 被中断的那一条
C. 被中断的后一条　　D. 启动时的第一条

03. 虚拟存储技术是（ ）。

A. 补充内存物理空间的技术　　B. 补充内存逻辑空间的技术
C. 补充外存空间的技术　　D. 扩充输入/输出缓冲区的技术

04. 下列关于虚拟存储器的论述中，正确的是（ ）。

A. 作业在运行前，必须全部装入内存，且在运行过程中也一直驻留内存
B. 作业在运行前，不必全部装入内存，且在运行过程中也不必一直驻留内存
C. 作业在运行前，不必全部装入内存，但在运行过程中必须一直驻留内存
D. 作业在运行前，必须全部装入内存，但在运行过程中不必一直驻留内存

05. 以下不属于虚拟内存特征的是（ ）。

A. 一次性　　B. 多次性　　C. 对换性　　D. 虚拟性

06. 为使虚存系统有效地发挥其预期的作用，所运行的程序应具有的特性是（ ）。

A. 该程序不应含有过多的 I/O 操作
B. 该程序的大小不应超过实际的内存容量
C. 该程序应具有较好的局部性
D. 该程序的指令相关性不应过多

07.（ ）是请求分页存储管理方式和基本分页存储管理方式的区别。

A. 地址重定向　　B. 不必将作业全部装入内存
C. 采用快表技术　　D. 不必将作业装入连续区域

08. 通常所说的“存储保护”的基本含义是（ ）。

A. 防止存储器硬件受损　　B. 防止程序在内存丢失
C. 防止程序间相互越界访问　　D. 防止程序源码被人偷窃

09. 在页式虚拟存储管理中，程序的链接方式必然是（　）。

A. 静态链接　　B. 装入时动态链接

C. 运行时动态链接　　D. 不确定哪种链接方式

10. 虚拟地址指的是（　）。

A. 程序访问内存时使用的地址　　B. 访问内存总线上的地址

C. 内存与磁盘交换数据时使用的地址　　D. 寄存器的地址

11. 在采用页式虚拟存储管理和固定分配局部置换策略的系统中，数组采用行优先存储，页框大小为 512B。某个进程中有如下代码段（该代码段已提前读入内存）:

```
int a[128][128];
for(int i=0;i<128;i++)
    for(int j=0;j<128;j++)
        a[j][i]=0;
```

系统为该进程分配的数据区只有 1 个页框，则执行该代码会发生（　）次缺页中断。

A. 1　　B. 2　　C. 128　　D. 16384

12. 假设某个进程分配有 4 个页框，每个页框大小为 128 个字 (一个整数占一个字)。进程的代码段正好可以存放在一页中，而且总是占用 0 号页框。数据会在其他 3 个页框中换进或换出。数组 X 为按行优先存储，则执行该进程会发生（　）次缺页中断。

```
int X[64][64];
for(int j=0;j<64;j++)
    for(int i=0;i<64;i++)
        X[i][j]=0;
```

A. 32　　B. 1024　　C. 2048　　D. 其他都不对

13. 在配置了 TLB 的页式虚拟存储管理的系统中，假设 TLB 的命中率约为 75%，忽略访问 TLB 的时间，并且使用二级页表，则每次存取的平均访存次数是（　）。

A. 1.25　　B. 1.5　　C. 1.75　　D. 2

14. 下面关于请求页式系统的页面调度算法中，说法错误的是（　）。

A. 一个好的页面调度算法应减少和避免抖动现象

B. FIFO 算法实现简单，选择最先进入主存储器的页面调出

C. LRU 算法基于局部性原理，首先调出最近一段时间内最长时间未被访问过的页面

D. CLOCK 算法首先调出一段时间内被访问次数多的页面

15. 考虑页面置换算法，系统有 m 个物理块供调度，初始时全空，页面引用串长度为 p，包含了 n 个不同的页号，无论用什么算法，缺页次数不会少于（　）。

A. m　　B. p　　C. n　　D. $\min(m, n)$

16. 在请求分页存储管理中，若采用 FIFO 页面淘汰算法，则当可供分配的页帧数增加时，缺页中断的次数（　）。

A. 减少　　B. 增加

C. 无影响　　D. 可能增加也可能减少

17. 设主存容量为 1MB，外存容量为 400MB，计算机系统的地址寄存器有 32 位，那么虚拟存储器的最大容量是（　）。

A. 1MB　　B. 401MB　　C. $1\text{MB} + 2^{32}\text{MB}$　　D. 2^{32}B

18. 一台机器有 32 位虚拟地址和 16 位物理地址，若页面大小为 512B，采用单级页表，则

页表共有（ ）个页表项。

A. 2^7　B. 2^{16}　C. 2^{23}　D. 2^{32}

19. 在某分页存储管理的系统中，逻辑地址为16位，页面大小为1KB，第0, 1, 2, 3号页依次存放在3, 7, 11, 10号页框中，则逻辑地址0A6FH对应的物理地址为（ ）。

A. 1E6FH　B. 2E6FH　C. DE6FH　D. EE6FH

20. 在决定页面大小时，选择较小的页面是为了减少（ ）。

A. 页表大小　B. 缺页次数　C. I/O开销　D. 页内碎片

21. 虚拟存储器的最大容量（ ）。

A. 为内外存容量之和　B. 由计算机的地址结构决定

C. 是任意的　D. 由作业的地址空间决定

22. 某虚拟存储器系统采用页式内存管理，使用LRU页面替换算法，考虑页面访问地址序列1 8 1 7 8 2 7 2 1 8 3 8 2 1 3 1 7 1 3 7。假定内存容量为4个页面，开始时是空的，则页面失效次数是（ ）。

A. 4　B. 5　C. 6　D. 7

23. 导致LRU算法实现起来耗费高的原因是（ ）。

A. 需要硬件的特殊支持　B. 需要特殊的中断处理程序

C. 需要在页表中标明特殊的页类型　D. 需要对所有的页进行排序

24. 在虚拟存储器系统的页表项中，决定是否会发生页故障的是（ ）。

A. 有效位　B. 修改位　C. 页类型　D. 保护码

25. 在页面置换策略中，（ ）策略可能引起抖动。

A. FIFO　B. LRU　C. 没有一种　D. 所有

26. 虚拟存储管理系统的基础是程序的（ ）理论。

A. 动态性　B. 虚拟性　C. 局部性　D. 全局性

27. 请求分页存储管理的主要特点是（ ）。

A. 消除了页内零头　B. 扩充了内存

C. 便于动态链接　D. 便于信息共享

28. 在请求分页存储管理的页表中增加了若干项信息，其中修改位和访问位供（ ）参考。

A. 分配页面　B. 调入页面　C. 置换算法　D. 程序访问

29. 下列关于驻留集和工作集的表述中，正确的是（ ）。

I. 驻留集是进程已装入内存的页面的集合

II. 工作集是某段时间间隔内，进程运行所需要访问页面的集合

III. 工作集是驻留集的子集

A. I　B. I、II　C. II、III　D. I、II、III

30. 在配置了TLB的页式虚拟存储管理的系统中，假设访问内存需要1μs，查询TLB需要0.2μs。已知TLB和内存的访问是串行的，请问在TLB命中率为85%和50%时，系统的平均访问时间分别是多少？（ ）

A. 1.5μs, 1.8μs　B. 1.35μs, 1.7μs　C. 1.6μs, 1.7μs　D. 1.35μs, 1.8μs

31. 下列选项中，（ ）不是页面换进换出效率的影响因素。

A. 页面置换算法　B. 已修改页面写回磁盘的频率

C. 磁盘数据读入内存的频率　D. CPU与内存交换的速度

32. 允许进程在所有页框中选择一个页面替换，而不管该页框是否已分配给其他进程的置换

方法是（ ）。

A. 局部置换 B. 全局置换 C. 进程外置换 D. 进程内置换

33. 在页面置换算法中，存在 Belady 现象的算法是（ ）。

A. 最佳页面置换算法（OPT） B. 先进先出置换算法（FIFO）

C. 最近最久未使用算法（LRU） D. 最近未使用算法（NRU）

34. 页式虚拟存储管理的主要特点是（ ）。

A. 不要求将作业装入主存的连续区域

B. 不要求将作业同时全部装入主存的连续区域

C. 不要求进行缺页中断处理

D. 不要求进行页面置换

35. 提供虚拟存储技术的存储管理方法有（ ）。

A. 动态分区存储管理 B. 页式存储管理

C. 请求段式存储管理 D. 存储覆盖技术

36. 内存映射可以将一个文件映射到进程的虚拟地址空间的某个区域，实现文件磁盘地址和进程虚拟地址空间的映射关系，下列说法中正确的是（ ）。

A. 内存映射文件是将整个文件内容一次性加载到内存中的一种方式

B. 内存映射文件只适用于读取文件，不支持对文件进行写操作

C. 内存映射文件可以通过修改内存中的数据来实现对文件的写操作

D. 由于进程的虚拟地址空间是独立的，内存映射文件不支持多进程映射到同一文件

37. 在虚拟分页存储管理系统中，若进程访问的页面不在主存中，且主存中没有可用的空闲帧时，系统正确的处理顺序为（ ）。

A. 决定淘汰页→页面调出→缺页中断→页面调入

B. 决定淘汰页→页面调入→缺页中断→页面调出

C. 缺页中断→决定淘汰页→页面调出→页面调入

D. 缺页中断→决定淘汰页→页面调入→页面调出

38. 已知系统为 32 位实地址，采用 48 位虚拟地址，页面大小为 4KB，页表项大小为 8B。假设系统使用纯页式存储，则要采用（ ）级页表，页内偏移（ ）位。

A. 3，12 B. 3，14 C. 4，12 D. 4，14

39. 下列说法中，正确的是（ ）。

I. 先进先出（FIFO）页面置换算法会产生 Belady 现象

II. 最近最少使用（LRU）页面置换算法会产生 Belady 现象

III. 在进程运行时，若其工作集页面都在虚拟存储器内，则能够使该进程有效地运行，否则会出现频繁的页面调入/调出现象

IV. 在进程运行时，若其工作集页面都在主存储器内，则能够使该进程有效地运行，否则会出现频繁的页面调入/调出现象

A. I、III B. I、IV C. II、III D. II、IV

40. 测得某个采用按需调页策略的计算机系统的部分状态数据为：CPU 利用率为 20%，用于交换空间的磁盘利用率为 97.7%，其他设备的利用率为 5%。由此判断系统出现异常，这种情况下（ ）能提高系统性能。

A. 安装一个更快的硬盘 B. 通过扩大硬盘容量增加交换空间

C. 增加运行进程数 D. 加内存条来增加物理空间容量

41. 假定有一个请求分页存储管理系统，测得系统各相关设备的利用率为：CPU的利用率为10%，磁盘交换区的利用率为99.7%，其他I/O设备的利用率为5%。下面（ ）措施将可能改进CPU的利用率。

I. 增大内存的容量　　II. 增大磁盘交换区的容量
III. 减少多道程序的度数　　IV. 增加多道程序的度数
V. 使用更快速的磁盘交换区　　VI. 使用更快速的CPU

A. I、II、III、IV　B. I、III　C. II、III、V　D. II、VI

42. 在请求分页存储管理系统中，为了提高TLB命中率，可行的方法是（ ）。

I. 增大TLB容量　II. 采用多级页表　III. 提高页面大小　IV. 降低页面大小

A. Ⅰ和Ⅲ　B. Ⅰ和Ⅳ　C. Ⅰ、Ⅱ和Ⅲ　D. Ⅱ和Ⅲ

43.【2011统考真题】在缺页处理过程中，操作系统执行的操作可能是（ ）。

I. 修改页表　II. 磁盘I/O　III. 分配页框

A. 仅I、II　B. 仅II　C. 仅III　D. I、II和III

44.【2011统考真题】当系统发生抖动时，可以采取的有效措施是（ ）。

I. 撤销部分进程　　II. 增加磁盘交换区的容量
III. 提高用户进程的优先级

A. 仅I　B. 仅II　C. 仅III　D. 仅I、II

45.【2012统考真题】下列关于虚拟存储器的叙述中，正确的是（ ）。

A. 虚拟存储只能基于连续分配技术　B. 虚拟存储只能基于非连续分配技术
C. 虚拟存储容量只受外存容量的限制　D. 虚拟存储容量只受内存容量的限制

46.【2013统考真题】若用户进程访问内存时产生缺页，则下列选项中，操作系统可能执行的操作是（ ）。

I. 处理越界错　II. 置换页　III. 分配内存

A. 仅I、II　B. 仅II、III　C. 仅I、III　D. I、II和III

47.【2014统考真题】下列措施中，能加快虚实地址转换的是（ ）。

I. 增大快表（TLB）容量　　II. 让页表常驻内存
III. 增大交换区（swap）

A. 仅I　B. 仅II　C. 仅I、II　D. 仅II、III

48.【2014统考真题】在页式虚拟存储管理系统中，采用某些页面置换算法会出现Belady异常现象，即进程的缺页次数会随着分配给该进程的页框个数的增加而增加。下列算法中，可能出现Belady异常现象的是（ ）。

I. LRU算法　II. FIFO算法　III. OPT算法

A. 仅II　B. 仅I、II　C. 仅I、III　D. 仅II、III

49.【2015统考真题】在请求分页系统中，页面分配策略与页面置换策略不能组合使用的是（ ）。

A. 可变分配，全局置换　　B. 可变分配，局部置换
C. 固定分配，全局置换　　D. 固定分配，局部置换

50.【2015统考真题】系统为某进程分配了4个页框，该进程已访问的页号序列为2, 0, 2, 9, 3, 4, 2, 8, 2, 4, 8, 4, 5。若进程要访问的下一页的页号为7，依据LRU算法，应淘汰页的页号是（ ）。

A. 2　B. 3　C. 4　D. 8

51.【2016统考真题】某系统采用改进型CLOCK置换算法，页表项中字段*A*为访问位，*M*

为修改位。$A=0$ 表示页最近没有被访问，$A=1$ 表示页最近被访问过。$M=0$ 表示页未被修改过，$M=1$ 表示页被修改过。按(A, M)所有可能的取值，将页分为 (0, 0), (1, 0), (0, 1)和(1, 1)四类，则该算法淘汰页的次序为（ ）。

A. (0, 0), (0, 1), (1, 0), (1, 1)　　B. (0, 0), (1, 0), (0, 1), (1, 1)

C. (0, 0), (0, 1), (1, 1), (1, 0)　　D. (0, 0), (1, 1), (0, 1), (1, 0)

52.【2016 统考真题】某进程访问页面的序列如下所示。

…, 1, 3, 4, 5, 6, 0, 3, 2, 3, 2, ↑ 0, 4, 0, 3, 2, 9, 2, 1, …

t　　时间

若工作集的窗口大小为 6，则在 t 时刻的工作集为（ ）。

A. {6, 0, 3, 2}　　B. {2, 3, 0, 4}

C. {0, 4, 3, 2, 9}　　D. {4, 5, 6, 0, 3, 2}

53.【2019 统考真题】某系统采用 LRU 页置换算法和局部置换策略，若系统为进程 P 预分配了 4 个页框，进程 P 访问页号的序列为 0, 1, 2, 7, 0, 5, 3, 5, 0, 2, 7, 6，则进程访问上述页的过程中，产生页置换的总次数是（ ）。

A. 3　　B. 4　　C. 5　　D. 6

54.【2020 统考真题】下列因素中，影响请求分页系统有效（平均）访存时间的是（ ）。

I. 缺页率　　II. 磁盘读写时间　　III. 内存访问时间

IV. 执行缺页处理程序的 CPU 时间

A. 仅 II、III　　B. 仅 I、IV　　C. 仅 I、III、IV　　D. I、II、III 和 IV

55.【2021 统考真题】某请求分页存储系统的页大小为 4KB，按字节编址。系统给进程 P 分配 2 个固定的页框，并采用改进型 Clock 置换算法，进程 P 页表的部分内容见下表。

页号	页框号	存在位 1：存在，0：不存在	访问位 1：访问，0：未访问	修改位 1：修改，0：未修改
…	…	…	…	…
2	20 H	0	0	0
3	60 H	1	1	0
4	80 H	1	1	1
…	…	…	…	…

若 P 访问虚拟地址为 02A01H 的存储单元，则经地址变换后得到的物理地址是（ ）。

A. 00A01H　　B. 20A01H　　C. 60A01H　　D. 80A01H

56.【2022 统考真题】某进程访问的页 b 不在内存中，导致产生缺页异常，该缺页异常处理过程中不一定包含的操作是（ ）。

A. 淘汰内存中的页　　B. 建立页号与页框号的对应关系

C. 将页 b 从外存读入内存　　D. 修改页表中页 b 对应的存在位

57.【2022 统考真题】下列选项中，不会影响系统缺页率的是（ ）。

A. 页置换算法　　B. 工作集的大小

C. 进程的数量　　D. 页缓冲队列的长度

58.【2023 统考真题】对于采用虚拟内存管理方式的系统，下列关于进程虚拟地址空间的叙述中，错误的是（ ）。

A. 每个进程都有自己独立的虚拟地址空间

B. C语言中 malloc()函数返回的是虚拟地址

C. 进程对数据段和代码段可以有不同的访问权限

D. 虚拟地址空间的大小由内存和硬盘的大小决定

二、综合应用题

01. 假定某操作系统存储器采用页式存储管理，一个进程在相联存储器中的页表项见表A，不在相联存储器的页表项见表B。

表A　相联存储器中的页表

页号	页帧号
0	f1
1	f2
2	f3
3	f4

表B　内存中的页表

页号	页帧号
4	f5
5	f6
6	f7
7	f8
8	f9
9	f10

注：只列出不在相联存储器中的页表项。

假定该进程长度为320B，每页32B。现有逻辑地址（八进制）为101, 204, 576，若上述逻辑地址能转换成物理地址，说明转换的过程，并指出具体的物理地址；若不能转换，说明其原因。

02. 某分页式虚拟存储系统，用于页面交换的磁盘的平均访问及传输时间是20ms。页表保存在主存中，访问时间为1μs，即每引用一次指令或数据，需要访问内存两次。为改善性能，可以增设一个关联寄存器，若页表项在关联寄存器中，则只需访问一次内存。假设80%的访问的页表项在关联寄存器中，剩下的20%中，10%的访问（即总数的2%）会产生缺页。请计算有效访问时间。

03. 在页式虚存管理系统中，假定驻留集为 m 个页帧（初始所有页帧均为空），在长为 p 的引用串中具有 n 个不同页号（$n > m$），对于FIFO、LRU两种页面置换算法，试给出页故障数的上限和下限，说明理由并举例说明。

04. 在一个请求分页存储管理系统中，一个作业的页面走向为4, 3, 2, 1, 4, 3, 5, 4, 3, 2, 1, 5，当分配给作业的物理块数分别为3和4时，试计算采用下述页面淘汰算法时的缺页率（假设开始执行时主存中没有页面），并比较结果。

1）最佳置换算法。

2）先进先出置换算法。

3）最近最久未使用算法。

05. 一个页式虚拟存储系统，其并发进程数固定为4个。最近测试了它的CPU利用率和用于页面交换的磁盘的利用率，得到的结果就是下列3组数据中的一组。针对每组数据，说明系统发生了什么事情。增加并发进程数能提升CPU的利用率吗？页式虚拟存储系统有用吗？

1）CPU利用率为13%；磁盘利用率为97%。

2）CPU利用率为87%；磁盘利用率为3%。

3）CPU利用率为13%；磁盘利用率为3%。

06. 现有一请求页式系统，页表保存在寄存器中。若有一个可用的空页或被置换的页未被修改，则它处理一个缺页中断需要 8μs；若被置换的页已被修改，则处理一缺页中断因增加写回外存时间而需要 20μs，内存的存取时间为 1μs。假定 70%被置换的页被修改过，为保证有效存取时间不超过 2μs，可接受的最大缺页中断率是多少？

07. 已知系统为 32 位实地址，采用 48 位虚拟地址，页面大小为 4KB，页表项大小为 8B，每段最大为 4GB。

1）假设系统使用纯页式存储，则要采用多少级页表？页内偏移多少位？

2）假设系统采用一级页表，TLB 命中率为 98%，TLB 访问时间为 10ns，内存访问时间为 100ns，并假设当 TLB 访问失败时才开始访问内存，问平均页面访问时间是多少？

3）若是二级页表，页面平均访问时间是多少？

4）上题中，若要满足访问时间小于 120ns，则命中率至少需要为多少？

5）若系统采用段页式存储，则每个用户最多可以有多少个段？段内采用几级页表？

08. 在一个请求分页系统中，采用 LRU 页面置换算法时，假如一个作业的页面走向为 1, 3, 2, 1, 1, 3, 5, 1, 3, 2, 1, 5，当分配给该作业的物理块数分别为 3 和 4 时，试计算在访问过程中发生的缺页次数和缺页率。

09. 一个进程分配给 4 个页帧，见下表（所有数字均为十进制，均从 0 开始计数）。时间均为从进程开始到该事件之前的时钟值，而不是从事件发生到当前的时钟值。请回答:

虚拟页号	页帧	装入时间	最近访问时间	访问位	修改位
2	0	60	161	0	1
1	1	130	160	0	0
0	2	26	162	1	0
3	3	20	163	1	1

1）当进程访问虚页 4 时，产生缺页中断，请分别用 FIFO（先进先出）、LRU（最近最少使用）、改进型 CLOCK 算法，决定缺页中断服务程序选择换出的页面。

2）在缺页之前给定上述的存储器状态，考虑虚页访问串 4, 0, 0, 0, 2, 4, 2, 1, 0, 3, 2，如果使用 LRU 页面置换算法，分给 4 个页帧，那么会发生多少缺页？

10. 在页式虚拟管理的页面替换算法中，对于任何给定的驻留集大小，在什么样的访问串情况下，FIFO 与 LRU 替换算法一样（即被替换的页面和缺页情况完全一样）？

11. 某系统有 4 个页框，某个进程的页面使用情况见下表，问采用 FIFO、LRU、简单 CLOCK 和改进型 CLOCK 置换算法，将替换哪一页？

页号	装入时间	上次引用时间	*R*	*M*
0	126	279	0	0
1	230	260	1	0
2	120	272	1	1
3	160	280	1	1

其中，*R* 是读标志位，*M* 是修改标志位。

12. 有一个矩阵 int A[100, 100]以行优先方式进行存储。计算机采用虚拟存储系统，物理内存共有三页，其中一页用来存放程序，其余两页用于存放数据。假设程序已在内存中占一页，其余两页空闲。若每页可存放 200 个整数，程序 1、程序 2 执行的过程中各会发生多少次缺页？每页只能存放 100 个整数时，会发生多少次缺页？以上结果说明了什么问题？

程序 1：

```
for(i=0; i<100; i++)
  for(j=0; j<100; j++)
    A[i,j]=0;
```

程序 2：

```
for(j=0; j<100; j++)
  for(i=0; i<100; i++)
    A[i,j]=0;
```

13. Gribble 公司正在开发一款 64 位的计算机体系结构，也就是说，在访问内存时，最多可以使用 64 位的地址。假设采用的是虚拟页式存储管理，现在要为这款机器设计相应的地址映射机制。

1）假设页面的大小是 4KB，每个页表项的长度是 4B，而且必须采用三级页表结构，每级页表结构中的每个页表都必须正好存放在一个物理页面中，请问在这种情形下，如何实现地址的映射？具体来说，对于给定的一个虚拟地址，应该将它划分为几部分，每部分的长度分别是多少，功能是什么？另外，采用这种地址映射机制后，可以访问的虚拟地址空间有多大？（提示：64 位地址并不一定全部用上。）

2）假设每个页表项的长度变成了 8B，而且必须采用四级页表结构，每级页表结构中的页表都必须正好存放在一个物理页面中，请问在这种情形下，系统能够支持的最大的页面大小是多少？此时，虚拟地址应该如何划分？

14.【2009 统考真题】请求分页管理系统中，假设某进程的页表内容如下表所示。

页号	页框（Page Frame）号	有效位（存在位）
0	101H	1
1	—	0
2	254H	1

页面大小为 4KB，一次内存的访问时间是 100ns，一次快表（TLB）的访问时间是 10ns，处理一次缺页的平均时间为 10^8ns（已含更新 TLB 和页表的时间），进程的驻留集大小固定为 2，采用最近最少使用（LRU）置换算法和局部淘汰策略。假设：①TLB 初始为空；②地址转换时先访问 TLB，若 TLB 未命中，再访问页表（忽略访问页表后的 TLB 更新时间）；③有效位为 0 表示页面不在内存，产生缺页中断，缺页中断处理后，返回到产生缺页中断的指令处重新执行。设有虚地址访问序列 2362H, 1565H, 25A5H，请问：

1）依次访问上述三个虚拟地址，各需多少时间？给出计算过程。

2）基于上述访问序列，虚地址 1565H 的物理地址是多少？请说明理由。

15.【2010 统考真题】设某计算机的逻辑地址空间和物理地址空间均为 64KB，按字节编址。若某个进程最多需要 6 页（Page）数据存储空间，页的大小为 1KB，操作系统采用固定分配局部置换策略为此进程分配 4 个页框（Page Frame），见下表。在装入时刻 260 前，该进程的访问情况也见下表（访问位即使用位）。

页号	页框号	装入时刻	访问位
0	7	130	1
1	4	230	1
2	2	200	1
3	9	160	1

当该进程执行到时刻 260 时，要访问逻辑地址为 17CAH 的数据。回答下列问题：

1）该逻辑地址对应的页号是多少？

2）若采用先进先出（FIFO）置换算法，则该逻辑地址对应的物理地址是多少？要求给出计算过程。若采用时钟（Clock）置换算法，则该逻辑地址对应的物理地址是多少？要求给出计算过程。设搜索下一页的指针沿顺时针方向移动，且当前指向 2 号页框，如下图所示。

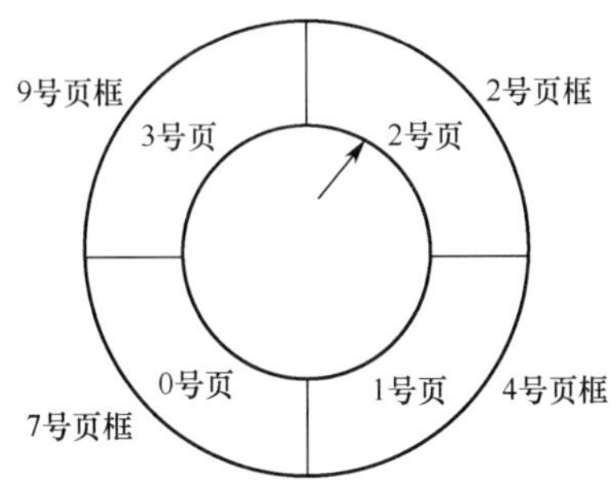

16.【2012 统考真题】某请求分页系统的页面置换策略如下：从 0 时刻开始扫描，每隔 5 个时间单位扫描一轮驻留集（扫描时间忽略不计）且本轮未被访问过的页框将被系统回收，并放入空闲页框链尾，其中内容在下一次分配之前不清空。当发生缺页时，若该页曾被使用过且还在空闲页链表中，则重新放回进程的驻留集中；否则，从空闲页框链表头部取出一个页框。

忽略其他进程的影响和系统开销。初始时进程驻留集为空。目前系统空闲页的页框号依次为 32, 15, 21, 41。进程 P 依次访问的<虚拟页号，访问时刻>为<1, 1>, <3, 2>, <0, 4>, <0, 6>, <1, 11>, <0, 13>, <2, 14>。请回答下列问题：

1）当虚拟页为<0, 4>时，对应的页框号是什么？

2）当虚拟页为<1, 11>时，对应的页框号是什么？说明理由。

3）当虚拟页为<2, 14>时，对应的页框号是什么？说明理由。

4）这种方法是否适合于时间局部性好的程序？说明理由。

17.【2015 统考真题】某计算机系统按字节编址，采用二级页表的分页存储管理方式，虚拟地址格式如下所示：

10 位	10 位	12 位
页目录号	页表索引	页内偏移量

请回答下列问题：

1）页和页框的大小各为多少字节？进程的虚拟地址空间大小为多少页？

2）若页目录项和页表项均占 4B，则进程的页目录和页表共占多少页？写出计算过程。

3）若某指令周期内访问的虚拟地址为 0100 0000H 和 0111 2048H，则进行地址转换时共访问多少个二级页表？说明理由。

18.【2017 统考真题】假定 2017 年题 44[②]给出的计算机 M 采用二级分页虚拟存储管理方式，虚拟地址格式如下：

页目录号（10 位）	页表索引（10 位）	页内偏移量（12 位）

请针对 2017 年题 43 的函数 f1 和题 44 中的机器指令代码，回答下列问题。

② 本题信息关联了 2017 年计算机组成原理的两道统考真题（2.3.5 节、4.3.5 节），需要结合复习。

1）函数 f1 的机器指令代码占多少页？

2）取第一条指令（push ebp）时，若在进行地址变换的过程中需要访问内存中的页目录和页表，则会分别访问它们各自的第几个表项（编号从 0 开始）？

3）M 的 I/O 采用中断控制方式。若进程 P 在调用 f1 前通过 scanf()获取 n 的值，则在执行 scanf()的过程中，进程 P 的状态会如何变化？CPU 是否会进入内核态？

19.【2018 统考真题】某计算机采用页式虚拟存储管理方式，按字节编址，CPU 进行存储访问的过程如下图所示，回答下列问题。

1）某虚拟地址对应的页目录号为 6，在相应的页表中对应的页号为 6，页内偏移量为 8，该虚拟地址的十六进制表示是什么？

2）寄存器 PDBR 用于保存当前进程的页目录始址，该地址是物理地址还是虚拟地址？进程切换时，PDBR 的内容是否会变化？说明理由。同一进程的线程切换时，PDBR 的内容是否会变化？说明理由。

3）为了支持改进型 CLOCK 置换算法，需要在页表项中设置哪些字段？

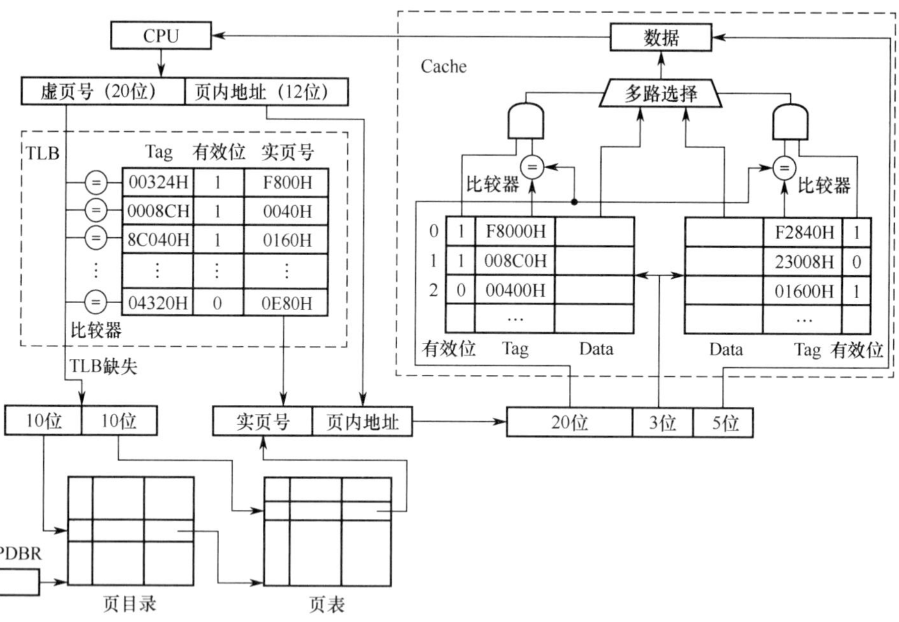

20.【2020 统考真题】某 32 位系统采用基于二级页表的请求分页存储管理方式，按字节编址，页目录项和页表项长度均为 4 字节，虚拟地址结构如下所示。

页目录号（10 位）	页号（10 位）	页内偏移量（12 位）

某 C 程序中数组 a[1024][1024]的起始虚拟地址为 1080 0000H，数组元素占 4 字节，该程序运行时，其进程的页目录起始物理地址为 0020 1000H，请回答下列问题。

1）数组元素 a[1][2]的虚拟地址是什么？对应的页目录号和页号分别是什么？对应的页目录项的物理地址是什么？若该目录项中存放的页框号为 00301H，则 a[1][2]所在页对应的页表项的物理地址是什么？

2）数组 a 在虚拟地址空间中所占的区域是否必须连续？在物理地址空间中所占的区域是否必须连续？

3）已知数组 a 按行优先方式存放，若对数组 a 分别按行遍历和按列遍历，则哪种遍历方式的局部性更好？

3.2.11　答案与解析

一、单项选择题

01. B

对于顺序执行程序，缺页中断的次数等于其访问的页帧数。由于页面尺寸增大，存放程序需要的页帧数就会减少，因此缺页中断的次数也会减少。

02. B

缺页中断是访存指令引起的，说明所要访问的页面不在内存中，进行缺页中断处理并调入所要访问的页后，访存指令显然应该重新执行。

03. B

虚拟存储技术并未实际扩充内存、外存，而是采用相关技术相对地扩充主存。

04. B

在非虚拟存储器中，作业必须全部装入内存且在运行过程中也一直驻留内存；在虚拟存储器中，作业不必全部装入内存且在运行过程中也不用一直驻留内存，这是两者的主要区别之一。

05. A

多次性、对换性和离散性是虚拟内存的特征，一次性则是传统存储系统的特征。

06. C

虚拟存储技术基于程序的局部性原理。局部性越好，虚拟存储系统越能更好地发挥作用。

07. B

请求分页存储管理方式和基本分页存储管理方式的区别是，前者采用虚拟技术，因此开始运行时，不必将作业全部一次性装入内存，而后者不是。

08. C

通常所说的“存储保护”的基本含义是防止程序间相互越界访问。存储保护可以保证多个程序在共享主存时不相互覆盖或非法访问，从而保证系统的正常运行和安全性。

09. C

在页式虚拟存储管理中，程序的逻辑地址和物理地址是不一致的，而且物理地址是在程序运行时才确定的，因此，程序的链接也必须在运行时进行，不能在装入时或编译时进行。运行时动态链接是一种在程序执行过程中，根据需要动态地将目标模块装入内存并进行链接的技术。

10. A

程序访问内存时使用的是虚拟地址，操作系统负责将其转换为物理地址。

11. D

数组大小为 128×128，int 型数据占 4B，一个页框可以存放一行数据。当访问 a[0][0]时，发生第一次缺页中断，此时调入第一行数据；之后访问 a[1][0]，又发生缺页中断。每访问一个元素，都发生一次缺页中断，共有 128×128 = 16384 个元素，因此共发生 16384 次缺页中断。

12. C

数组大小为 64×64，一个页框可以存放两行数据。当访问 X[0][0]时，发生第一次缺页中断，此时调入前两行数据，之后访问 X[1][0]，不发生缺页中断，因为已被调入内存；当访问 X[2][0]时，又发生缺页中断；同理，访问 X[3][0]时不发生缺页中断。不难发现，每访问两个元素就发生一次缺页中断，共有 64×64 = 4096 个元素，因此共发生 2048 次缺页中断。

13. B

若 TLB 命中，则访问 TLB 就能得到物理地址；若 TLB 未命中，则需要 2 次访存，依次访问一级页表和二级页表，才能得到物理地址，最后用物理地址在内存中存取数据。平均访存次数 = TLB 命中率×1 + (1 – TLB 命中率)×3 = 0.75×1 + (1 – 0.75)×3 = 1.5。

14． D

CLOCK 算法选择将最近未使用的页面置换出去，因此也称 NRU 算法。

15． C

无论采用什么页面置换算法，每种页面第一次访问时不可能在内存中，必然发生缺页，所以缺页次数大于或等于 n。

16． D

请求分页存储管理中，若采用 FIFO 页面淘汰算法，可能会产生当驻留集增大时页故障数不减反增的 Belady 异常。然而，还有另外一种情况。例如，页面序列为 1, 2, 3, 1, 2, 3，当页帧数为 2 时产生 6 次缺页中断，当页帧数为 3 时产生 3 次缺页中断。所以在请求分页存储管理中，若采用 FIFO 页面淘汰算法，则当可供分配的页帧数增加时，缺页中断的次数可能增加，也可能减少。

17． D

虚拟存储器的最大容量是由计算机的地址结构决定的，与主存容量和外存容量没有必然的联系，其虚拟地址空间为 2^{32}B。

18． C

页面大小为 512B，页内偏移量占 9 位，虚拟地址占 32 位，页号占 23 位，因此页表共有 2^{23} 个页表项。页表项数量与物理地址的位数没有必然关系。

19． B

页面大小为 1KB，页内偏移量占 10 位，页号占 6 位，将 0A6FH 展开为二进制，得到逻辑页号为 2（000010），存放在 11 号（001011）页框中，拼接上页内偏移量得到物理地址为 2E6FH。

20． D

页面越小，页表项数量越多，页表所占的空间就更大；页面越小，缺页率越高；页面越小，换入换出的次数就越多，I/O 操作更频繁。页面越小，页内浪费的空间越少，内存利用率越高。

21． B

虽然从实际使用来说，虚拟存储器能使得进程的可用内存扩大到内外存容量之和，但进程的内存寻址仍由计算机的地址结构决定，这就决定了虚拟存储器理论上的最大容量。比如，64 位系统环境下，虚拟内存技术使得进程可用内存空间达 2^{64}B，但外存显然是达不到这个大小的。

22． C

利用 LRU 置换算法时的置换如下图所示。

访问页面	1	8	1	7	8	2	7	2	1	8	3	8	2	1	3	1	7	1	3	7
物理块 1	1	1		1		1					1						1			
物理块 2		8		8		8					8						7			
物理块 3				7		7					3						3			
物理块 4						2					2						2			
缺页否	√	√		√		√					√						√			

分别在访问第 1 个、第 2 个、第 4 个、第 6 个、第 11 个、第 17 个页面时产生中断，共产生 6 次中断。

23．D

LRU 算法需要对所有页最近一次被访问的时间进行记录，查找时间最久的进行替换，这涉及排序，对置换算法而言，开销太大。为此需要在页表项中增加 LRU 位，选项 A 可视为“耗费高”这一结果，选项 D 才是造成选项 A 的原因。

24．A

页表项中的合法位信息显示本页面是否在内存中，即决定了是否会发生页面故障。

25．D

抖动是进程的页面置换过程中，频繁的页面调度（缺页中断）行为，所有的页面调度策略都不可能完全避免抖动。

26．C

基于局部性原理：在程序装入时，不必将其全部读入内存，而只需将当前需要执行的部分页或段读入内存，就可让程序开始执行。在程序执行过程中，若需执行的指令或访问的数据尚未在内存（称为缺页或缺段）中，则由处理器通知操作系统将相应的页或段调入内存，然后继续执行程序。由于程序具有局部性，虚拟存储管理在扩充逻辑地址空间的同时，对程序执行时内存调换的代价很小。

27．B

请求分页存储管理就是为了解决内存容量不足而使用的方法，它基于局部性原理实现了以时间换取空间的目的。它的主要特点自然是间接扩充了内存。

28．C

当需要置换页面时，置换算法根据修改位和访问位选择调出内存的页面。

29．B

驻留集是指分配给进程的物理页面的集合。工作集是指在某段时间内，进程实际要访问的页面的集合。工作集不一定是驻留集的子集，因为有些工作集中的页面可能还未被调入内存，或已被换出内存。只有当工作集完全包含在驻留集中时，才能保证进程不发生缺页中断。

30．B

平均访存时间 = 命中率 × 快表访问时间 + 不命中率 × (快表访问时间 + 页表访问时间) + 内存访问时间。当 TLB 命中率为 85%时，平均访存时间 $= 0.85\times0.2 + 0.15\times(1 + 0.2) + 1 = 1.35\mu s$。当 TLB 命中率为 50%时，平均访存时间 $= 0.5\times0.2 + 0.5\times(1 + 0.2) + 1 = 1.7\mu s$。

31．D

页面置换算法影响进程运行过程中的缺页率，从而影响页面换进换出的开销。若建立一个已修改页面的链表，则对每个要被换出的页面（已修改），系统可暂不把它们写回磁盘，而等被换出页面数量达到一定值时，才集中写回磁盘，从而减少页面换出的开销。当已修改页面链表中暂未写回磁盘的页面再使用时，就不需从磁盘中调入，而直接从该链表上获取，从而减少页面换进的开销。CPU 与内存交换的速度，不是页面换进换出效率的影响因素。

32．B

这种置换方法是全局置换，它不受驻留集大小的限制，可以从任何页框中选择一个页面置换。

33．B

FIFO 是队列类算法，有 Belady 现象；选项 C、D 均为堆栈类算法，理论上可以证明不会出现 Belady 现象。

34．B

页式虚拟存储管理的主要特点是，不要求将作业同时全部装入主存的连续区域，一般只装入

10%～30%。不要求将作业装入主存连续区域是所有离散式存储管理（包括页式存储管理）的特点；页式虚拟存储管理需要进行缺页中断处理和页面置换。

35． C

虚拟存储技术是基于页或段从内存的调入/调出实现的，需要有请求机制的支持。

36． C

内存映射文件将一个文件映射到进程的虚拟地址空间的某个区域，让进程可以按读写内存的方式来读写文件，C 正确。内存映射文件不是一次性加载整个文件，而是按需加载文件的部分，这样既节省空间，又方便处理大文件。虽然进程的虚拟地址空间是独立的，但操作系统可以通过页表将对应的虚拟地址空间映射到相同的物理内存，很方便实现多个进程共享同一文件。

37． C

根据缺页中断的处理流程，产生缺页中断后，首先去内存寻找空闲物理块，若内存没有空闲物理块，则使用页面置换算法决定淘汰页面，然后调出该淘汰页面，最后再调入该进程欲访问的页面。整个流程可归纳为缺页中断→决定淘汰页→页面调出→页面调入。

38． C

页面大小为 4KB，因此页内偏移为 12 位。系统采用 48 位虚拟地址，因此虚页号 48 – 12 = 36 位。采用多级页表时，最高级页表项不能超出一页大小；每页能容纳的页表项数为 4KB/8B = 512 = 2^9，36/9 = 4，因此应采用 4 级页表，最高级页表项正好占据一页空间，所以本题选择选项 C。

39． B

FIFO 算法可能产生 Belady 现象，例如页面走向为 1, 2, 3, 4, 1, 2, 5, 1, 2, 3, 4, 5 时，当分配 3 帧时产生 9 次缺页中断，分配 4 帧时产生 10 次缺页中断，I 正确。最近最少使用法不会产生 Belady 现象，II 错误。若页面在内存中，则不会产生缺页中断，即不会出现页面的调入/调出，而不是虚拟存储器（包括作为虚拟内存那部分硬盘），故 III 错误、IV 正确。

40． D

用于交换空间的磁盘利用率已达 97.7%，其他设备的利用率为 5%，CPU 的利用率为 20%，说明在任务作业不多的情况下交换操作非常频繁，因此判断物理内存严重短缺。

41． B

I 正确：增大内存的容量。增大内存可使每个程序得到更多的页框，能减少缺页率，进而减少换入/换出过程，可提高 CPU 的利用率。II 错误：增大磁盘交换区的容量。因为系统实际已处于频繁的换入/换出过程中，不是因为磁盘交换区容量不够，因此增大磁盘交换区的容量无用。III 正确：减少多道程序的度数。可以提高 CPU 的利用率，因为从给定的条件知道磁盘交换区的利用率为 99.7%，说明系统现在已经处于频繁的换入/换出过程中，可减少主存中的程序。IV 错误：增加多道程序的度数。系统处于频繁的换入/换出过程中，再增加主存中的用户进程数，只能导致系统的换入/换出更频繁，使性能更差。V 错误：使用更快速的磁盘交换区。因为系统现在处于频繁的换入/换出过程中，即使采用更快的磁盘交换区，其换入/换出频率也不会改变，因此没用。VI 错误：使用更快速的 CPU。系统处于频繁的换入/换出过程中，CPU 处于空闲状态，利用率不高，提高 CPU 的速度无济于事。综上分析：I、III 可以改进 CPU 的利用率。

42． A

增大 TLB 容量可以提高 TLB 命中率，因为可以缓冲更多的地址映射。采用多级页表对 TLB 命中率没有影响。提高页面大小可用较少的页面覆盖更大的地址空间，从而减少页表项，因此可以提高 TLB 命中率。反之，降低页面大小则会降低 TLB 命中率。

43. D

缺页中断产生后，需要在内存中找到空闲页框并分配给需要访问的页（可能涉及页面置换），之后缺页中断处理程序调用设备驱动程序做磁盘 I/O，将位于外存上的页面调入内存，调入后需要修改页表，将页表中代表该页是否在内存的标志位（或有效位）置为 1，并将物理页框号填入相应位置，若必要还需修改其他相关表项等。

44. A

在具有对换功能的操作系统中，通常把外存分为文件区和对换区。前者用于存放文件，后者用于存放从内存换出的进程。抖动现象是指刚刚被换出的页很快又要被访问，为此又要换出其他页，而该页又很快被访问，如此频繁地置换页面，以致大部分时间都花在页面置换上，导致系统性能下降。撤销部分进程可以减少所要用到的页面数，防止抖动。对换区大小和进程优先级都与抖动无关。

45. B

当采用连续分配方式时，会使相当一部分内存空间都处于暂时或“永久”的空闲状态，造成内存资源的严重浪费，也无法从逻辑上扩大内存容量，因此虚拟内存的实现只能建立在离散分配的内存管理的基础上。有以下三种实现方式：请求分页；请求分段；请求段页式。虚存的实际容量受外存和内存容量之和限制，虚存的最大容量是由计算机的地址位数决定的。

46. B

用户进程访问内存时缺页，会发生缺页中断。发生缺页中断时，系统执行的操作可能是置换页面或分配内存。越界检查发生在查询页表之前，而此处产生了缺页中断，说明已经正常进行到查询页表的阶段，系统此时没有产生越界错，因此不会进行越界出错处理。

47. C

虚实地址转换是指逻辑地址和物理地址的转换。增大快表容量能把更多的表项装入快表，会加快虚实地址转换的速度；让页表常驻内存可以省去一些不在内存中的页表从磁盘上调入的过程，也能加快虚实地址转换；增大交换区对虚实地址转换速度无影响，因此 I、II 正确。

48. A

只有 FIFO 算法会导致 Belady 异常。

49. C

对各进程进行固定分配时页面数不变，不可能出现全局置换。而选项 A、B、D 是现代操作系统中常见的 3 种策略。

50. A

可以采用书中常规的解法思路，也可以采用便捷法。对页号序列从后往前计数，直到数到 4（页框数）个不同的数字为止，这个停止的数字就是要淘汰的页号（最近最久未使用的页），题中为页号 2。

51. A

改进型 CLOCK 置换算法执行的步骤如下：

1）从指针的当前位置开始，扫描帧缓冲区。在这次扫描过程中，对使用位不做任何修改。选择遇到的第一个帧（A = 0, M = 0）用于替换。

2）若第 1）步失败，则重新扫描，查找（A = 0, M = 1）的帧。选择遇到的第一个这样的帧用于替换。在这个扫描过程中，对每个跳过的帧，将其使用位设置成 0。

3）若第 2）步失败，则指针将回到它的最初位置，并且集合中所有帧的使用位均为 0。重复第 1）步，并在有必要时重复第 2）步，这样将可以找到供替换的帧。

因此，该算法淘汰页的次序为(0, 0), (0, 1), (1, 0), (1, 1)。

52. A

在任意时刻 *t*，都存在一个集合，它包含所有最近 *k* 次（该题窗口大小为 6）内存访问所访问过的页面。这个集合 *w*(*k*, *t*)就是工作集。题中最近 6 次访问的页面分别为 6, 0, 3, 2, 3, 2，去除重复的页面，形成的工作集为{6, 0, 3, 2}。

53. C

最近最久未使用（LRU）算法每次执行页面置换时会换出最近最久未使用过的页面。第一次访问 5 页面时，会把最久未被使用的 1 页面换出，第一次访问 3 页面时，会把最久未访问的 2 页面换出。具体的页面置换情况如下图所示。

访问页面	0	1	2	7	0	5	3	5	0	2	7	6
物理块 1	0	0	0	0	0	0	0	0	0	0	0	0
物理块 2		1	1	1	1	5	5	5	5	5	5	6
物理块 3			2	2	2	2	3	3	3	3	7	7
物理块 4				7	7	7	7	7	7	2	2	2
缺页否	√	√	√	√		√	√			√	√	√

需要注意的是，题中问的是页置换次数，而不是缺页次数，所以前 4 次缺页未换页的情况不考虑在内，答案为 5 次，因此选择选项 C。

54. D

I 影响缺页中断的频率，缺页率越高，平均访存时间越长；II 和 IV 影响缺页中断的处理时间，中断处理时间越长，平均访存时间越长；III 影响访问页表和访问目标物理地址的时间，故 I、II、III 和 IV 均正确。

55. C

页面大小为 4KB，低 12 位是页内偏移。虚拟地址为 02A01H，页号为 02H，02H 页对应的页表项中存在位为 0，进程 P 分配的页框固定为 2，且内存中已有两个页面存在。根据 Clock 算法，选择将 3 号页换出，将 2 号页放入 60H 页框，经过地址变换后得到的物理地址是 60A01H。

56. A

缺页异常需要从磁盘调页到内存中，将新调入的页与页框建立对应关系，并修改该页的存在位，B、C、D 正确；若内存中有空闲页框，则不需要淘汰其他页，A 错误。

57. D

页置换算法会影响缺页率，例如，LRU 算法的缺页率通常要比 FIFO 算法的缺页率低，排除选项 A。工作集的大小决定了分配给进程的物理块数，分配给进程的物理块数越多，缺页率就越低，排除选项 B。进程的数量越多，对内存资源的竞争越激烈，每个进程被分配的物理块数越少，缺页率也就越高，排除选项 C。页缓冲队列是将被淘汰的页面缓存下来，暂时不写回磁盘，队列长度会影响页面置换的速度，但不会影响缺页率。

58. D

虚拟地址空间的大小由底层的虚拟内存管理机制和操作系统决定，通常在不同的操作系统中有所不同，与内存和硬盘的大小没有关系，内存和硬盘的大小仅决定虚拟存储器实际可用容量的最大值，D 错误。A、C 显然正确。在进程的虚拟地址空间中，有专门用来存放动态分配的变量的堆区，通过调用 malloc()函数动态地分配该空间，B 正确。

二、综合应用题

01.【解答】

一页的大小为 32B，逻辑地址结构为：低 5 位为页内位移，其余高位为页号。

101（八进制）= 001000001（二进制），则页号为 2，在相联存储器中，对应的页帧号为 f3，即物理地址为(f3, 1)。

204（八进制）= 010000100（二进制），则页号为 4，不在相联存储器中，查内存的页表得页帧号为 f5，即物理地址为(f5, 4)，并用其更新相联存储器中的一项。

576（八进制）= 101111110（二进制），则页号为 11，已超出页表范围，即产生越界中断。

02.【解答】

1）80%的访问的页表项在关联寄存器中，访问耗时 1μs。

2）18%的访问的页表项不在关联寄存器中，但在内存中，耗时(1 + 1)μs。

3）2%的访问产生缺页中断，访问耗时(1μs + 1μs + 20ms)。

从而有效访问时间为 $80\%\times1 + 18\%\times2 + 2\%\times(1\times2 + 20\times1000) = 401.2\mu s$。

注　意

针对 3）中的耗时情况，有些读者可能对缺页中断的页面调度过程有些模糊，导致此情况下的访问耗时计算出现偏差。题目中已经明确说明“页表保存在主存”，意味着物理页号一定可以通过查找内存获得并计算出相应的物理地址。即若关联寄存器命中（可以取得页框号，再结合逻辑地址中的偏移量，便可算得对应的物理地址。至此，已经获得物理地址），则仅访问一次内存（根据物理地址取得相应的页面，耗时 1μs）即可；若未命中，则还要从主存中［注意，若地址变换是通过查找内存中的页表完成的，则还应将这次所查到的页表项存入关联寄存器中］。取出相应的页表项（耗时 1μs），再根据得到的物理地址访问内存取得对应的页面（耗时 1μs）。但是，无论关联寄存器是否命中，欲访问的页面［非页表（Page）］不一定在主存中，即若页面不在内存中，则产生缺页中断，操作系统需要启动磁盘将缺页调入内存。题目中明确说明“剩下的 20%中，10%的访问（即总数的 2%）会产生缺页”，其中“剩下的 20%”意味着是通过查找内存（关联寄存器未命中）得到物理地址的（耗时 1μs），缺页中断（耗时 20ms）后，将缺页调入主存，此时“系统恢复缺页中断发生前的状态，将程序指令器重新指向引起缺页中断的指令，重新执行该指令”，这时页表项已在关联寄存器中（对此不解的读者请回看上文的“*注”处），则根据取得的物理地址仅访存一次即可取得对应的页面（耗时 1μs）。

注　意

建议读者结合《计算机组成原理考研复习指导》中的“虚拟存储器”小节进行复习。希望读者在完成本题的基础上总结出求解该类题型的方法，以便在以后遇到类似的题目时得心应手。读者应做到基础扎实、注意细节、触类旁通。

03.【解答】

发生页故障的原因是，当前访问的页不在主存，需要将该页调入主存。此时不管主存中是否已满（已满则先调出一页），都要发生一次页故障，即无论怎样安排，n 个不同的页号在首次进入主存时必须要发生一次页故障，总共发生 n 次，这是页故障数的下限。虽然不同的页号数为 n 小于或等于总长度 p（访问串可能会有一些页重复出现），但驻留集 $m < n$，所以可能会有某些页进入主存后又被调出主存，当再次访问时又发生一次页故障的现象，即有些页可能会出现多次页故

障。最差的情况是每访问一个页号时，该页都不在主存中，这样共发生 p 次故障。

因此，对于 FIFO、LRU 置换算法，页故障数的上限均为 p，下限均为 n。例如，当 $m = 3, p = 12, n = 4$ 时，有访问串 1 1 1 2 2 3 3 3 4 4 4 4，则页故障数为 4，这是下限 n 的情况。又如，有访问串 1 2 3 4 1 2 3 4 1 2 3 4，则页故障数为 12，这是上限 p 的情况。

04.【解答】

1）根据页面走向，使用最佳置换算法时，页面置换情况见下表。

物理块数为 3 时：

走向	4	3	2	1	4	3	5	4	3	2	1	5
块 1	4	4	4	4	4	4	4	4	4	2	2	2
块 2		3	3	3	3	3	3	3	3	3	1	1
块 3			2	1	1	1	5	5	5	5	5	5
缺页	√	√	√	√			√			√	√	

缺页率为 7/12。

物理块数为 4 时：

走向	4	3	2	1	4	3	5	4	3	2	1	5
块 1	4	4	4	4	4	4	4	4	4	4	1	1
块 2		3	3	3	3	3	3	3	3	3	3	3
块 3			2	2	2	2	2	2	2	2	2	2
块 4				1	1	1	5	5	5	5	5	5
缺页	√	√	√	√			√				√	

缺页率为 6/12。

由上述结果可以看出，增加分配作业的内存块数可以降低缺页率。

2）根据页面走向，使用先进先出页面淘汰算法时，页面置换情况见下表。

物理块数为 3 时：

走向	4	3	2	1	4	3	5	4	3	2	1	5
块 1	4	4	4	1	1	1	5	5	5	5	5	
块 2		3	3	3	4	4	4	4	4	2	2	
块 3			2	2	2	3	3	3	3	3	1	
缺页	√	√	√	√	√	√	√			√	√	

缺页率为 9/12。

物理块数为 4 时：

走向	4	3	2	1	4	3	5	4	3	2	1	5
块 1	4	4	4	4	4	4	5	5	5	5	1	1
块 2		3	3	3	3	3	3	4	4	4	4	5
块 3			2	2	2	2	2	2	3	3	3	3
块 4				1	1	1	1	1	1	2	2	2
缺页	√	√	√	√			√	√	√	√	√	√

缺页率为 10/12。

由上述结果可以看出，对先进先出算法而言，增加分配作业的内存块数反而使缺页率上升，即出现 Belady 现象。

3）根据页面走向，使用最近最久未使用页面淘汰算法时，页面置换情况见下表。

物理块数为 3 时：

走向	4	3	2	1	4	3	5	4	3	2	1	5
块 1	4	4	4	1	1	1	5	5	5	2	2	2
块 2		3	3	3	4	4	4	4	4	4	1	1
块 3			2	2	2	3	3	3	3	3	3	5
缺页	√	√	√	√	√	√	√			√	√	√

缺页率为 10/12。

物理块数为 4 时：

走向	4	3	2	1	4	3	5	4	3	2	1	5
块 1	4	4	4	4	4	4	4	4	4	4	4	5
块 2		3	3	3	3	3	3	3	3	3	3	3
块 3			2	2	2	2	5	5	5	5	1	1
块 4				1	1	1	1	1	1	2	2	2
缺页	√	√	√	√			√			√	√	√

缺页率为 8/12。

由上述结果可以看出，增加分配作业的内存块数可以降低缺页率。

05.【解答】

1）系统出现“抖动”现象。这时若再增加并发进程数，反而会恶化系统性能。页式虚拟存储系统因“抖动”现象而未能充分发挥功用。

2）系统正常。不需要采取什么措施。

3）CPU 没有充分利用。应该增加并发进程数。

06.【解答】

在缺页中断处理完成，调入请求页面后，还需 1μs 的存取访问，即

1）当未缺页时，直接访问内存，用时 1μs。

2）当缺页时，若未修改，则用时 8μs + 1μs。

3）当缺页时，而且修改了，则用时 20μs + 1μs。

设最大缺页中断率为 p，有 $(1-p)\times1\mu s + (1-70\%)\times p\times(1\mu s+8\mu s) + 70\%\times p\times(1\mu s+20\mu s) = 2\mu s$，即 $1\mu s + (1-70\%)\times p\times 8\mu s + 70\%\times p\times 20\mu s = 2\mu s$，解得 $p\approx0.061 = 6.1\%$。

07.【解答】

1）页面大小为 4KB，因此页内偏移为 12 位。系统采用 48 位虚拟地址，因此虚页号为 48 − 12 = 36 位。采用多级页表时，最高级页表项不能超出一页大小；每页能容纳的页表项数为 $4KB/8B = 512 = 2^9$，36/9 = 4，因此应采用 4 级页表，最高级页表项正好占据一页空间。

2）系统进行页面访问操作时，首先读取页面对应的页表项，有 98%的概率可以在 TLB 中直接读取到，然后进行地址转换，访问内存读取页面；若 TLB 未命中，则要通过一次内存访问来读取页表项。页面平均访问时间为

$$98\%\times(10+100) + (1-98\%)\times(10+100+100) = 112\text{ns}$$

3）二级页表的平均访问时间计算同理：

$$98\%\times(10+100) + (1-98\%)\times(10+100+100+100) = 114\text{ns}$$

4）设快表命中率为 p，则应满足

$$p\times(10+100)+(1-p)\times(10+100+100+100)\leqslant 120\text{ns}$$

解得 $p\geqslant 95\%$。

5）系统采用48位虚拟地址，每段最大为4GB，因此段内地址为32位，段号为48 – 32 = 16位。每个用户最多可以有 2^{16} 段。段内采用页式地址，与1）中计算同理，(32 – 12)/9，取上整为3，因此段内应采用3级页表。

注 意

在采用多级页表的页式存储管理中，若快表命中，则只需要一次访问内存操作即可存取指令或数据，这一点需要注意和理解。以本题1）中假设的条件为例，不考虑分段时，需要4级页表。若快表未命中，则需要从虚拟地址的高位起，每9位逐级访问各级页表，第5次才能访问到指令或数据所在的内存页面。

若快表命中，则首先考虑快表中的实际内容：快表存放经常被访问的页面对应的页表项，页表项中是完整的48 – 12 = 36位页面号，所以根据快表可以直接对虚拟地址进行转换。因此多级页表中，快表命中时同样只需要一次访问内存操作。根本原因在于，快表提供了进行地址转换的完整的页面号，而不是某一级的页面号。

08.【解答】

1）物理块数为3时，缺页情况见下表：

访问串	1	3	2	1	1	3	5	1	3	2	1	5
内存	1	1	1	1	1	1	1	1	1	1	1	1
		3	3	3	3	3	3	3	3	3	3	5
			2	2	2	2	5	5	5	2	2	2
缺页	√	√	√				√			√		√

缺页次数为6，缺页率为6/12 = 50%。

2）物理块数为4时，缺页情况见下表：

访问串	1	3	2	1	1	3	5	1	3	2	1	5
内存	1	1	1	1	1	1	1	1	1	1	1	1
		3	3	3	3	3	3	3	3	3	3	3
			2	2	2	2	2	2	2	2	2	2
							5	5	5	5	5	5
缺页	√	√	√				√					

缺页次数为4，缺页率为4/12 = 33%。

注 意

当分配给作业的物理块数为4时，注意到作业请求页面序列中只有4个页面，可以直接得出缺页次数为4，而不需要按表列出缺页情况。

09.【解答】

1）FIFO算法：最先进入的页帧号应最先替换，因此访问虚页4发生缺页时，应置换3号页帧中的3号虚页，因为它是最先进入存储器的。

LRU 算法：应置换 1 号页帧中的 1 号虚页，因为它是最久未被访问和修改过的，又是最先进入存储器的。

改进型 CLOCK 算法：第一轮扫描淘汰访问位和修改位都为 0 的页面，因此淘汰 1 号页面。

2）采用 LRU 算法时缺页情况如下表，缺页次数为 3 次。

页访问串	当前状态	4	0	0	0	2	4	2	1	0	3	2
标记		*							*		*	
M_1	2	2	2	2	2	2	2	2	2	2	2	2
M_2	1	4	4	4	4	4	4	4	4	4	3	3
M_3	0	0	0	0	0	0	0	0	0	0	0	0
M_4	3	3	3	3	3	3	3	3	1	1	1	1

10.【解答】

由于驻留集大小任意，现要求两种算法的替换页面和缺页情况完全一样，就意味着要求 FIFO 与 LRU 的置换选择一致。FIFO 替换最早进入主存的页面，LRU 替换上次访问以来最久未被访问的页面，这两个页面一致。就是说，最先进入主存的页面在此次缺页之前不能再被访问，这样该页面也就同时是最久未被访问的页面。

例如，合法驻留集大小为 4 时，对访问串 1, 2, 3, 4, 1, 2, 5，当 5 号页面调入主存时，应在 1, 2, 3, 4 页中选择一个替换，FIFO 选择 1，LRU 选择 3。原因在于 1 号页面虽然最先进入主存，但由于其进入主存后又被再次访问，所以它不是最久未被访问的页面。若去掉对 1 号页面的第二次访问，则 FIFO 与 LRU 的替换选择就会相同。同理，当 5 号页面调入主存后，若再访问新的 6 号页面，则 2 号页面会遇到同样的问题。因此，以此类推，访问串中的所有页面号都应不同，但要注意到，连续访问相同页面时不影响后面的替换选择，所以对访问串的要求是：不连续的页面号均不相同。

11.【解答】

1）FIFO 置换算法选择最先进入内存的页面进行替换。由表中装入时间可知，第 2 页最先进入内存，因此 FIFO 置换算法将选择第 2 页替换。

2）LRU 置换算法选择最近最长时间未使用的页面进行替换。由表中的上次引用时间可知，第 1 页是最长时间未使用的页面，因此 LRU 置换算法将选择第 1 页替换。

3）简单 CLOCK 置换算法从上一次位置开始扫描，选择第一个访问位为 0 的页面进行替换。由表中的 R（读）标志位可知，依次扫描 2, 0（按装入顺序），页面 0 未被访问，扫描结束，因此简单 CLOCK 置换算法将选择第 0 页替换。

4）改进型 CLOCK 置换算法从上一次的位置开始扫描，首先寻找未被访问和修改的页面。由表中的 R（读）标志位和 M（修改）标志位可知，只有页面 0 满足 $R = 0$ 和 $M = 0$，因此改进型 CLOCK 置换算法将选择第 0 页替换。

12.【解答】

程序 1 按行优先的顺序访问数组元素，与数组在内存中存放的顺序一致，每个内存页面可存放 200 个数组元素。这样，程序 1 每访问两行数组元素就产生一次缺页中断，所以程序 1 的执行过程会发生 50 次缺页。

程序 2 按列优先的顺序访问数组元素，由于每个内存页面存放两行数组元素，因此程序 2 每访问两个数组元素就产生一次缺页中断，整个执行过程会发生 5000 次缺页。

若每页只能存放 100 个整数，则每页仅能存放一行数组元素，同理可以计算出：程序 1 的执行过程产生 100 次缺页；程序 2 的执行过程产生 10000 次缺页。

以上说明缺页的次数与内存中数据存放的方式及程序执行的顺序有很大关系；同时说明，当缺页中断次数不多时，减小页面大小影响并不大，但缺页中断次数很多时，减小页面大小会带来很严重的影响。

13.【解答】

1）页面大小为 4KB，每个页表项大小为 4B，因此在每个页表当中，共有 1024 个页表项，对于每个层次的页表来说，都满足这一点，这样每级页表的索引均为 10 位，由于页面大小为 4KB，所以页内偏移地址为 12 位。逻辑地址被划分为 5 个部分：

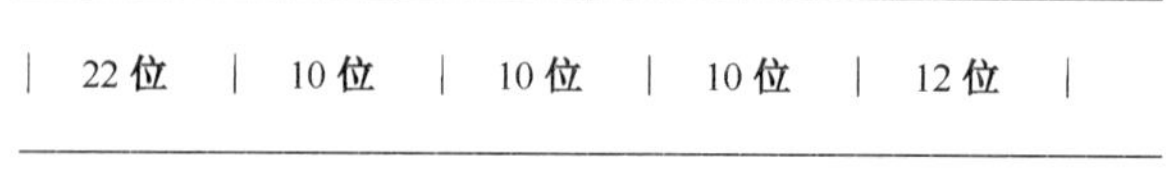

22 位	10 位	10 位	10 位	12 位
空闲	一级索引	二级索引	三级索引	页内偏移

可访问的虚拟地址空间大小为 2^{42}B = 4TB。

2）假定一个页面的大小为 2^Y，即页内偏移地址为 Y 位，每个页面可以包含 $2^Y/8 = 2^{(Y-3)}$个页表项，因此每级页表的索引位为 $Y-3$ 位，共有 4 级页表，所以 $4(Y-3)+Y \leqslant 64$，$Y \leqslant 15.2$，因此 $Y=15$。所以最大的页面大小为 2^{15}B = 32KB。

总结：求解这类题目的关键是清楚地划分逻辑地址，清楚地划分了逻辑地址的每个部分，这类题目就很容易求解。

14.【解答】

1）根据页式管理的工作原理，应先考虑页面大小，以便将页号和页内位移分解出来。页面大小为 4KB，即 2^{12}，得到页内位移占虚地址的低 12 位，页号占剩余高位。可得三个虚地址的页号 P 如下（十六进制的一位数字转换成二进制的 4 位数字，因此十六进制的低三位正好为页内位移，最高位为页号）：

2362H：$P=2$，访问快表 10ns，因初始为空，访问页表 100ns 得到页框号，合成物理地址后访问主存 100ns，共计 10ns + 100ns + 100ns = 210ns。

1565H：$P=1$，访问快表 10ns，落空，访问页表 100ns 落空，进行缺页中断处理 10^8ns，访问快表 10ns，合成物理地址后访问主存 100ns，共计 10ns + 100ns + 10^8ns + 10ns + 100ns = 100000220ns。

25A5H：$P=2$，访问快表，因第一次访问已将该页号放入快表，因此花费 10ns 便可合成物理地址，访问主存 100ns，共计 10ns + 100ns = 110ns。

2）当访问虚地址 1565H 时，产生缺页中断，合法驻留集为 2，必须从页表中淘汰一个页面，根据题目的置换算法，应淘汰 0 号页面，因此 1565H 的对应页框号为 101H。由此可得 1565H 的物理地址为 101565H。

15.【解答】

1）由于该计算机的逻辑地址空间和物理地址空间均为 64KB = 2^{16}B，按字节编址，且页的大小为 1K = 2^{10}，因此逻辑地址和物理地址的地址格式均为

页号/页框号（6 位）	页内偏移量（10 位）

17CAH = 0001 0111 1100 1010B，可知该逻辑地址的页号为 000101B = 5。

2）采用 FIFO 置换算法，与最早调入的页面即 0 号页面置换，其所在的页框号为 7，于是对应的物理地址为 0001 1111 1100 1010B = 1FCAH。

3）采用 CLOCK 置换算法，首先从当前位置（2 号页框）开始顺时针寻找访问位为 0 的页面，当指针指向的页面的访问位为 1 时，就将该访问位清零，指针遍历一周后，回到 2 号页框，此时 2 号页框的访问位为 0，置换该页框的页面，于是对应的物理地址为 0000 1011 1100 1010B = 0BCAH。

16.【解答】

1）页框号为 21。因为起始驻留集为空，而 0 页对应的页框为空闲链表中的第三个空闲页框（21），其对应的页框号为 21。

2）页框号为 32。理由：因 11 > 10，因此发生第三轮扫描，页号为 1 的页框在第二轮已处于空闲页框链表中，此刻该页又被重新访问，因此应被重新放回驻留集中，其页框号为 32。

3）页框号为 41。理由：因为第 2 页从来没有被访问过，它不在驻留集中，因此从空闲页框链表中取出链表头的页框 41，页框号为 41。

4）合适。理由：程序的时间局部性越好，从空闲页框链表中重新取回的机会越大，该策略的优势越明显。

17.【解答】

1）页和页框大小均为 4KB。进程的虚拟地址空间大小为 $2^{32}/2^{12} = 2^{20}$ 页。

2）$(2^{10}×4)/2^{12}$（页目录所占页数）+ $(2^{20}×4)/2^{12}$（页表所占页数）= 1025 页。页目录占用的物理页面数 = (页目录项数×页目录项大小)/物理页面大小 = $(2^{10}×4)/2^{12}$ = 1 页。虚拟地址空间中的高 20 位表示有多少个页面，所以进程的页面数为 2^{20}，因此页表总大小为 2^{20}×4B，存放页表需要$(2^{20}×4)/2^{12}$ = 1024 页。因此，页目录和页表共占 1 + 1024 = 1025 页。

3）需要访问一个二级页表。因为虚拟地址 0100 0000H 和 0111 2048H 的最高 10 位的值都是 4，访问的是同一个二级页表。

18.【解答】

1）函数 f1 的代码段中，所有指令的虚拟地址的高 20 位相同，因此 f1 的机器指令代码在同一页中，仅占用 1 页。页目录号用于寻找页目录的表项，该表项包含页表的位置。页表索引用于寻找页表的表项，该表项包含页的位置。

2）push ebp 指令的虚拟地址的最高 10 位（页目录号）为 00 0000 0001，中间 10 位（页表索引）为 00 0000 0001，所以取该指令时访问了页目录的 1 号表项，在对应的页表中访问了 1 号表项。

3）在执行 scanf()的过程中，进程 P 因等待输入而从执行态变为阻塞态。输入结束时，P 被中断处理程序唤醒，变为就绪态。P 被调度程序调度，变为运行态。CPU 状态会从用户态变为内核态。

19.【解答】

1）由图可知，地址总长度为 32 位，高 20 位为虚页号，低 12 位为页内地址，且虚页号高 10 位为页目录号，低 10 位为页号。展开成二进制表示为

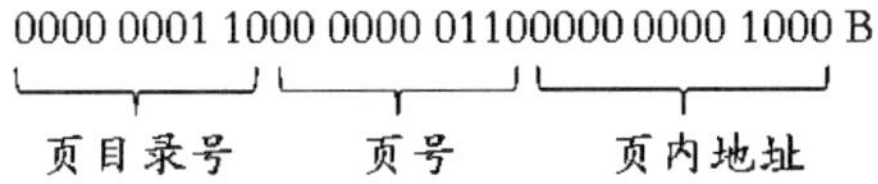

因此十六进制表示为 0180 6008H。

2）PDBR 为页目录基址地址寄存器（Page-Directory Base Register），其存储页目录表物理内存基地址。进程切换时，PDBR 的内容会变化；同一进程的线程切换时，PDBR 的内容不

会变化。每个进程的地址空间、页目录和 PDBR 的内容存在一一对应的关系。进程切换时，地址空间发生了变化，对应的页目录及其始址也相应变化，因此需要用进程切换后当前进程的页目录始址刷新 PDBR。同一进程中的线程共享该进程的地址空间，其线程发生切换时，地址空间不变，线程使用的页目录不变，因此 PDBR 的内容也不变。

3）改进型 CLOCK 置换算法需要用到使用位和修改位，所以需要设置访问字段（使用位）和修改字段（脏位）。

20.【解答】

1）

① 页面大小 = 2^{12}B = 4096B = 4KB。每个数组元素 4B，每个页面可以存放 4KB/4B = 1024 个数组元素，正好是数组的一行，数组 a 按行优先方式存放。1080 0000H 的虚页号为 10800H，因此 a[0]行存放在虚页号为 10800H 的页面中，a[1]行存放在页号为 10801H 的页面中。a[1][2]的虚拟地址为 10801 000H + 4×2 = 10801 008H。

② 转换为二进制 0001000010 0000000001 000000001000，根据虚拟地址结构可知，对应的页目录号为 042H，页号为 001H。

③ 进程的页目录表始址为 0020 1000H，每个页目录项长 4B，因此 042H 号页目录项的物理地址是 0020 1000H + 4×42H = 0020 1108H。

④ 页目录项存放的页框号为 00301H，二级页表的始址为 00301 000H，因此 a[1][2]所在页的页号为 001H，每个页表项 4B，因此对应的页表项物理地址是 00301 000H + 001H×4 = 00301 004H。

2）根据数组的随机存取特点，数组 a 在虚拟地址空间中所占的区域必须连续，由于数组 a 不止占用一页，相邻逻辑页在物理上不一定相邻，因此数组 a 在物理地址空间中所占的区域可以不连续。

3）由 1）可知每个页面正好可以存放一整行的数组元素，“按行优先方式存放”意味着数组的同一行的所有元素都存放在同一个页面中，同一列的各个元素都存放在不同的页面中，因此数组 a 按行遍历的局部性较好。

3.3 本章疑难点

分页管理方式和分段管理方式在很多地方是相似的，比如在内存中都是不连续的、都有地址变换机构来进行地址映射等。但两者也存在许多区别，表 3.6 列出了两种方式的对比。

表 3.6 分页管理方式和分段管理方式的比较

	分 页	分 段
目的	分页仅是系统管理上的需要，是为实现离散分配方式，以提高内存的利用率。而不是用户的需要	段是信息的逻辑单位，它含有一组意义相对完整的信息。分段的目的是能更好地满足用户的需要
长度	页的大小固定且由系统决定，由系统将逻辑地址划分为页号和页内地址两部分，是由机器硬件实现的	段的长度不固定，决定于用户所编写的程序，通常由编译程序在编译时根据信息的性质来划分
地址空间	分页的程序地址空间是一维的，即单一的线性地址空间，程序员利用一个记忆符即可表示一个地址	分段的程序地址空间是二维的，程序员在标识一个地址时，既需给出段名，又需给出段内地址
碎片	有内部碎片，无外部碎片	有外部碎片，无内部碎片

04 第 4 章 文件管理

【考纲内容】

（一）文件

文件的基本概念；文件元数据和索引节点（inode）

文件的操作：建立，删除，打开，关闭，读，写

文件的保护；文件的逻辑结构；文件的物理结构

（二）目录

目录的基本概念；树形目录；目录的操作；硬链接和软链接

（三）文件系统

文件系统的全局结构（layout）：文件系统在外存中的结构，文件系统在内存中的结构

外存空闲空间管理办法；虚拟文件系统；文件系统挂载（mounting）

【复习提示】

本章内容较为具体，要注意对概念的理解。重点掌握文件系统的结构及其实现、文件分配和空闲空间管理等。要掌握文件系统的文件控制块、物理分配方法、索引结构、树形目录结构、文件共享原理、文件系统的布局、虚拟文件系统原理等。这些都是统考真题容易考查的内容。

4.1 文件系统基础

在学习本节时，请读者思考以下问题：

1）什么是文件？

2）单个文件的逻辑结构和物理结构之间是否存在某些制约关系？

本节内容较为抽象，要注意区分文件的逻辑结构和物理结构。在学习过程中，可尝试以上面的两个问题为线索，构建整个文件系统的概念。在前面的学习中，曾经提醒过读者不要忽略对基本概念的理解。从历年的情况来看，大部分同学对进程管理、内存管理有较好的掌握，但对于文件管理及后面的 I/O 管理，往往理解不太深入。在考试中，即使面对一些基本问题也容易失分，这十分可惜。主要原因还是对概念的理解不够全面和透彻，希望读者能够关注这个问题。

4.1.1 文件的基本概念

文件（File）是以硬盘为载体的存储在计算机上的信息集合，文件可以是文本文档、图片、程序等。在系统运行时，计算机以进程为基本单位进行资源的调度和分配；而在用户进行的输入、输出中，则以文件为基本单位。大多数应用程序的输入都是通过文件来实现的，其输出也都保存在文件中，以便信息的长期存储及将来的访问。当用户将文件用于程序的输入、输出时，还希望可以访问、修改和保存文件等，实现对文件的维护管理，这就需要系统提供一个文件管理系统，操作系统中的文件系统（File System）就是用于实现用户的这些管理要求的。

要清晰地理解文件的概念，就要了解文件究竟由哪些东西组成。

1．文件的定义

首先，文件肯定包括一块存储空间，更准确地说，是存储空间中的数据；其次，由于操作系统要管理大量的数据，因此必须要对这些数据进行分类，所以文件必定包含分类和索引的信息；最后，不同用户对数据的访问权限不同，因此文件中一定包含关于访问权限的信息。

再举一个直观的例子“图书馆管理图书”来类比文件。可以认为，计算机中的一个文件相当于图书馆中的一本书，操作系统管理文件，相当于图书管理员管理图书馆中的书。

首先，一本书的主体一定是书中的内容，相当于文件中的数据；其次，不同类别的书需要放在不同的书库，然后加上编号，再将编号登记在图书管理系统中，方便读者查阅，相当于文件的分类和查找；最后，有些已经绝版或价格比较高的外文书籍，只能借给 VIP 会员或权限比较高的读者，而有些普通的书籍可供任何人借阅，这就是文件中的访问权限。所举例子与实际操作系统中的情形并不等价。但对于某些关键的属性，图书馆管理图书和操作系统管理文件的思想却有相一致的地方，因此通过这种类比可使初学者快速认识陌生的概念。

从用户的角度看，文件系统是操作系统的重要部分之一。用户关心的是如何命名、分类和查找文件，如何保证文件数据的安全性及对文件可以进行哪些操作等。而对于其中的细节，如文件如何存储在辅存上、如何管理文件辅存区域等方面，则关心甚少。

文件系统提供了与二级存储相关的资源的抽象，让用户能在不了解文件的各种属性、文件存储介质的特征及文件在存储介质上的具体位置等情况下，方便快捷地使用文件。用户通过文件系统建立文件，用于应用程序的输入、输出，对资源进行管理。

首先了解文件的结构，我们通过自底向上的方式来定义。

1）数据项。是文件系统中最低级的数据组织形式，可分为以下两种类型：
- 基本数据项。用于描述一个对象的某种属性的一个值，是数据中的最小逻辑单位。
- 组合数据项。由多个基本数据项组成。

2）记录。是一组相关的数据项的集合，用于描述一个对象在某方面的属性。

3）文件。是指由创建者所定义的、具有文件名的一组相关元素的集合，可分为有结构文件和无结构文件两种。在有结构的文件中，文件由若干个相似的记录组成，如一个班的学生记录；而无结构文件则被视为一个字符流，比如一个二进制文件或字符文件。

虽然上面给出了结构化的表述，但实际上关于文件并无严格的定义。在操作系统中，通常将程序和数据组织成文件。文件可以是数字、字符或二进制代码，基本访问单元可以是字节或记录。文件可以长期存储在硬盘中，允许可控制的进程间共享访问，能够被组织成复杂的结构。

2．文件的属性

除了文件数据，操作系统还会保存与文件相关的信息，如所有者、创建时间等，这些附加信息称为文件属性或文件元数据。文件属性在不同系统中差别很大，但通常都包括如下属性。

1）名称。文件名称唯一，以容易读取的形式保存。

2）类型。被支持不同类型的文件系统所使用。

3）创建者。文件创建者的 ID。

4）所有者。文件当前所有者的 ID。

5）位置。指向设备和设备上文件的指针。

6）大小。文件当前大小（用字节、字或块表示），也可包含文件允许的最大值。

7）保护。对文件进行保护的访问控制信息。

8）创建时间、最后一次修改时间和最后一次存取时间。文件创建、上次修改和上次访问的相关信息，用于保护和跟踪文件的使用。

命题追踪 ▶▶ 文件属性信息的存储位置（2009）

操作系统通过文件控制块（见下一小节）来维护文件元数据。

3．文件的分类

为了便于管理文件，将文件分成了若干类型。由于不同系统对文件的管理方式不同，因此它们的文件分类方法也有很大差异。下面是几种常见的文件分类方法。

1）按性质和用途分类，分为系统文件、用户文件、库文件。

2）按文件中数据的形式分类，分为源文件、目标文件、可执行文件。

3）按存取控制属性分类，分为可执行文件、只读文件、读/写文件。

4）按组织形式和处理方式分类，分为普通文件、目录文件、特殊文件。

4.1.2　文件控制块和索引节点

与进程管理一样，为便于文件管理，引入了文件控制块的数据结构。

1．文件控制块

文件控制块（File Control Block，FCB）是用来存放控制文件需要的各种信息的数据结构，以实现按名存取。文件与 FCB 一一对应，FCB 的有序集合称为文件目录，一个 FCB 就是一个文件目录项。通常，一个文件目录也被视为一个文件，称为目录文件。每当创建一个新文件，系统就要为其建立一个 FCB，用来记录文件的各种属性。图 4.1 是一个典型的 FCB。

文件名
类型
文件权限（读，写）
文件大小
文件数据块指针

图 4.1　一个典型的 FCB

文件名	索引节点编号
文件名1	
文件名2	
⋮	
⋮	

图 4.2　UNIX 的文件目录结构

FCB 主要包含以下信息：

- 基本信息，如文件名、文件的物理位置、文件的逻辑结构、文件的物理结构等。
- 存取控制信息，包括文件主的存取权限、核准用户的存取权限以及一般用户的存取权限。
- 使用信息，如文件建立时间、上次修改时间等。

2．索引节点

命题追踪 ▶▶ 目录项结构的相关分析与计算（2020、2022）

文件目录通常存放在磁盘上，当文件很多时，文件目录会占用大量的盘块。在查找目录的过程中，要先将存放目录文件的第一个盘块中的目录调入内存，然后用给定的文件名逐一比较，若未找到指定文件，就还需要不断地将下一盘块中的目录项调入内存，逐一比较。我们发现，在检索目录的过程中，只用到了文件名，仅当找到一个目录项（其中的文件名与要查找的文件名匹配）

时，才需从该目录项中读出该文件的物理地址。也就是说，在检索目录时，文件的其他描述信息不会用到，也不需要调入内存。因此，有的系统（如UNIX，图4.2）便采用了文件名和文件描述信息分离的方法，使文件描述信息单独形成一个称为索引节点的数据结构，简称i节点（inode）。在文件目录中的每个目录项仅由文件名和相应的索引节点号（或索引节点指针）构成。

命题追踪 ▶ 索引节点号与文件容量的关系（2018、2020）

假设一个FCB为64B，盘块大小是1KB，则每个盘块中可以存放16个FCB（FCB必须连续存放），若一个文件目录共有640个FCB，则查找文件平均需要启动磁盘20次。而在UNIX系统中，一个目录项仅占16B，其中14B是文件名，2B是索引节点号。在1KB的盘块中可存放64个目录项。这样，可使查找文件的平均启动磁盘次数减少到原来的1/4，大大节省了系统开销。

（1）磁盘索引节点

是指存放在磁盘上的索引节点。每个文件有一个唯一的磁盘索引节点，主要包括以下内容：

- 文件主标识符，拥有该文件的个人或小组的标识符。
- 文件类型，包括普通文件、目录文件或特别文件。
- 文件存取权限，各类用户对该文件的存取权限。
- 文件物理地址，每个索引节点中含有13个地址项，即iaddr(0)～iaddr(12)，它们以直接或间接方式给出数据文件所在盘块的编号（见4.1.6节）。
- 文件长度，指以字节为单位的文件长度。
- 文件链接计数，在本文件系统中所有指向该文件的文件名的指针计数。
- 文件存取时间，本文件最近被进程存取、修改的时间及索引节点最近被修改的时间。

（2）内存索引节点

是指存放在内存中的索引节点。当文件被打开时，要将磁盘索引节点复制到内存的索引节点中，便于以后使用。在内存索引节点中增加了以下内容：

- 索引节点号，用于标识内存索引节点。
- 状态，指示i节点是否上锁或被修改。
- 访问计数，每当有一进程要访问此i节点时，计数加1；访问结束减1。
- 逻辑设备号，文件所属文件系统的逻辑设备号。
- 链接指针，设置分别指向空闲链表和散列队列的指针。

FCB或索引节点相当于图书馆中图书的索书号，我们可以在图书馆网站上找到图书的索书号，然后根据索书号找到想要的书本。

4.1.3 文件的操作

1. 文件的基本操作

文件属于抽象数据类型。为了正确地定义文件，需要考虑可以对文件执行的操作。操作系统提供一系列的系统调用，实现对文件的创建、删除、读、写、打开和关闭等操作。

1）创建文件。创建文件有两个必要步骤：一是为新文件分配外存空间；二是在目录中为之创建一个目录项，目录项记录了新文件名、文件在外存中的地址等信息。

命题追踪 ▶ 文件删除的过程（2013、2021）

2）删除文件。为了删除文件，根据文件名查找目录，删除指定文件对应的目录项和文件控制块，然后回收该文件所占用的存储空间（包括磁盘空间和内存缓冲区）。

3）读文件。为了读文件，根据文件名查找目录，找到指定文件的目录项后，从中得到被读文件在外存中的地址；在目录项中，还有一个指针用于对文件进行读操作。

4）写文件。为了写文件，根据文件名查找目录，找到指定文件的目录项后，再利用目录项中的写指针对文件进行写操作。每当发生写操作时，便更新写指针。

2．文件的打开与关闭

命题追踪 ▶▶ 文件打开的过程（2014）

当用户对一个文件实施多次读/写等操作时，每次都要从检索目录开始。为了避免多次重复地检索目录，大多数操作系统要求，当用户首次对某文件发出操作请求时，须先利用系统调用 open 将该文件打开。系统维护一个包含所有打开文件信息的表，称为打开文件表。所谓“打开”，是指系统检索到指定文件的目录项后，将该目录项从外存复制到内存中的打开文件表的一个表目中，并将该表目的索引号（也称文件描述符）返回给用户。当用户再次对该文件发出操作请求时，可通过文件描述符在打开文件表中查找到文件信息，从而节省了大量的检索开销。当文件不再使用时，可利用系统调用 close 关闭它，则系统将会从打开文件表中删除这一表目。

命题追踪 ▶▶ 多进程同时打开文件的分析（2017、2020）

命题追踪 ▶▶ 文件关闭的过程（2023）

在多个进程可以同时打开文件的操作系统中，通常采用两级表：整个系统表和每个进程表。整个系统的打开文件表包含与进程无关的信息，如文件在磁盘上的位置、访问日期和文件大小。每个进程的打开文件表保存的是进程对文件的使用信息，如文件的当前读写指针、文件访问权限，并包含指向系统表中适当条目的指针。一旦有进程打开了一个文件，系统表就包含该文件的条目。当另一个进程执行调用 open 时，只不过是在其打开文件表中增加一个条目，并指向系统表的相应条目。通常，系统打开文件表为每个文件关联一个打开计数器(Open Count)，以记录多少进程打开了该文件。当文件不再使用时，利用系统调用 close 关闭它，会删除单个进程的打开文件表中的相应条目，系统表中的相应打开计数器也会递减。当打开计数器为 0 时，表示该文件不再被使用，并且可从系统表中删除相应条目。图 4.3 展示了这种结构。

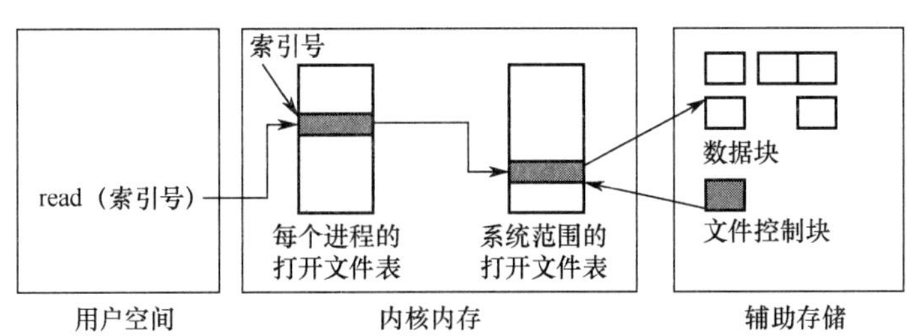

图 4.3　内存中文件的系统结构

命题追踪 ▶▶ 文件名和文件描述符的应用场景（2012、2017、2024）

文件名不必是打开文件表的一部分，因为一旦完成对 FCB 在磁盘上的定位，系统就不再使用文件名。对于访问打开文件表的索引号，UNIX 称之为文件描述符，而 Windows 称之为文件句柄。因此，只要文件未被关闭，所有文件操作都是通过文件描述符（不是文件名）来进行。

注　意

只要完成了文件打开 open()系统调用，后面再使用 read()、write()、Lseek()、close()等文件操作的系统调用，就不再使用文件名，而使用文件描述符。该考点已反复考过多次。

每个打开文件都具有如下关联信息：

- 文件指针。系统跟踪上次的读写位置作为当前文件位置的指针，这种指针对打开文件的某个进程来说是唯一的，因此必须与磁盘文件属性分开保存。
- 文件打开计数。计数器跟踪当前文件打开和关闭的数量。因为多个进程可能打开同一个文件，所以系统在删除打开文件条目之前，必须等待最后一个进程关闭文件。
- 文件磁盘位置。大多数文件操作要求系统修改文件数据。查找磁盘上的文件所需的信息保存在内存中，以便系统不必为每个操作都从磁盘上读取该信息。
- 访问权限。每个进程打开文件都需要有一个访问模式（创建、只读、读写、添加等）。该信息保存在进程的打开文件表中，以便操作系统能够允许或拒绝后续的 I/O 请求。

4.1.4 文件保护

为了防止文件共享可能会导致文件被破坏或未经核准的用户修改文件，文件系统必须控制用户对文件的存取，即解决对文件的读、写、执行的许可问题。为此，必须在文件系统中建立相应的文件保护机制，可以通过口令保护、加密保护和访问控制等方式实现。其中，口令和加密是为了防止用户文件被他人存取或窃取，而访问控制则用于控制用户对文件的访问方式。

1．访问类型

对文件的保护可从限制对文件的访问类型中出发。可加以控制的访问类型主要有以下几种。

- 读。从文件中读。
- 写。向文件中写。
- 执行。将文件装入内存并执行。
- 添加。将新信息添加到文件结尾部分。
- 删除。删除文件，释放空间。
- 列表清单。列出文件名和文件属性。

此外还可以对文件的重命名、复制、编辑等加以控制。这些高层的功能可以通过系统程序调用低层系统调用来实现。保护可以只在低层提供。例如，复制文件可利用一系列的读请求来完成，这样，具有读访问权限的用户同时也就具有了复制和打印权限。

2．访问控制

解决访问控制最常用的方法是根据用户身份进行控制。而实现基于身份访问的最为普通的方法是，为每个文件和目录增加一个访问控制列表（Access-Control List，ACL），以规定每个用户名及其所允许的访问类型。这种方法的优点是可以使用复杂的访问方法，缺点是长度无法预计并且可能导致复杂的空间管理，使用精简的访问列表可以解决这个问题。

命题追踪 ▶ 文件访问控制表的结构（2017）

精简的访问控制列表可采用拥有者、组和其他三种用户类型。

1）拥有者。创建文件的用户。

2）组。一组需要共享文件且具有类似访问的用户。

3）其他。系统内的所有其他用户。

表 4.1 是一个访问控制列表的实例，每项占用一个二进制位，这样只需用 3×4 位的矩阵即可描述这三类用户的访问权限。创建文件时，系统将文件拥有者的名字、所属组名记录在该文件的 FCB 中。用户访问该文件时，若用户是文件主，按照文件主所拥有的权限访问文件；若用户和文件主在同一个用户组，则按照同组权限访问，否则只能按其他用户权限访问。

表 4.1　一个精简的访问控制列表

用户类型＼访问类型	读　取	写　入	删　除	执　行
拥有者	1	1	1	1
组	1	0	0	0
其他	0	0	0	0

口令和密码是另外两种访问控制方法。

口令指用户在建立一个文件时提供一个口令，系统为其建立 FCB 时附上相应口令，同时告诉允许共享该文件的其他用户。用户请求访问时必须提供相应的口令。这种方法时间和空间的开销不多，缺点是口令直接存在系统内部，不够安全。

密码指用户对文件进行加密，文件被访问时需要使用密钥。这种方法保密性强，节省了存储空间，不过编码和译码要花费一定的时间。

口令和密码都是防止用户文件被他人存取或窃取，并没有控制用户对文件的访问类型。

对于多级目录结构而言，不仅需要保护单个文件，而且需要保护子目录内的文件，即需要提供目录保护机制。目录操作与文件操作并不相同，因此需要不同的保护机制。

4.1.5　文件的逻辑结构

文件的逻辑结构是指从用户角度出发所看到的文件的组织形式。而文件的物理结构（又称存储结构）是指将文件存储在外存上的存储组织形式，是用户所看不见的。文件的逻辑结构与存储介质特性无关，它实际上是指在文件的内部，数据在逻辑上是如何组织起来的。

按逻辑结构，文件可划分为无结构文件和有结构文件两大类。

1．无结构文件

无结构文件是最简单的文件组织形式，它是由字符流构成的文件，所以又称流式文件，其长度以字节为单位。对流式文件的访问，是通过读/写指针来指出下一个要访问的字节的。在系统中运行的大量源程序、可执行文件、库函数等，所采用的就是无结构文件。由于无结构文件没有结构，因而对记录的访问只能通过穷举搜索的方式，因此这种文件形式对很多应用不适用。

2．有结构文件

有结构文件是指由一个以上的记录构成的文件，所以又称记录式文件。各记录由相同或不同数目的数据项组成，根据各记录的长度是否相等，可分为定长记录和变长记录两种。

1）定长记录。文件中所有记录的长度都是相同的，各数据项都在记录中的相同位置，具有相同的长度。检索记录的速度快，方便用户对文件进行处理，广泛用于数据处理中。

2）变长记录。文件中各记录的长度不一定相同，原因可能是记录中所包含的数据项数目不同，也可能是数据项本身的长度不定。检索记录只能顺序查找，速度慢。

有结构文件按记录的组织形式可以分为顺序文件、索引文件、索引顺序文件。

（1）顺序文件

文件中的记录一个接一个地顺序排列，记录可以是定长记录或变长记录。顺序文件中记录的排列有两种结构：①串结构，各记录之间的顺序与关键字无关，通常是按存入的先后时间进行排列，检索时必须从头开始顺序依次查找，比较费时；②顺序结构，所有记录按关键字顺序排列，对于定长记录的顺序文件，检索时可采用折半查找，效率较高。

在对记录进行批量操作，即每次要读或写一大批记录时，顺序文件的效率是所有逻辑文件中最高的。此外，对于顺序存储设备（如磁带），也只有顺序文件才能被存储并能有效地工作。在经常需要查找、修改、增加或删除单个记录的场合，顺序文件的性能较差。

（2）索引文件

对于定长记录的顺序文件，要查找第 i 条记录，可直接根据下式计算得到第 i 条记录相对于第 1 条记录的地址：$A_i = i \times L$。然而，对于变长记录的顺序文件，要查找第 i 条记录，必须顺序地查找前 $i-1$ 条记录，以获得相应记录的长度 L，进而按下式计算出第 i 条记录的地址：

$$A_i = \sum_{i=0}^{i-1} L_i + 1$$

变长记录的顺序文件只能顺序查找，效率较低。为此，可以建立一张**索引表**，为主文件的每个记录在索引表中分别设置一个**索引表项**，其中包含**指向记录的指针和记录长度**，索引表按关键字排序，因此其本身也是一个定长记录的顺序文件，如图 4.4 所示。这样就将对变长记录顺序文件的顺序检索，转变成了对定长记录索引文件的随机检索，从而加快了记录的检索速度。

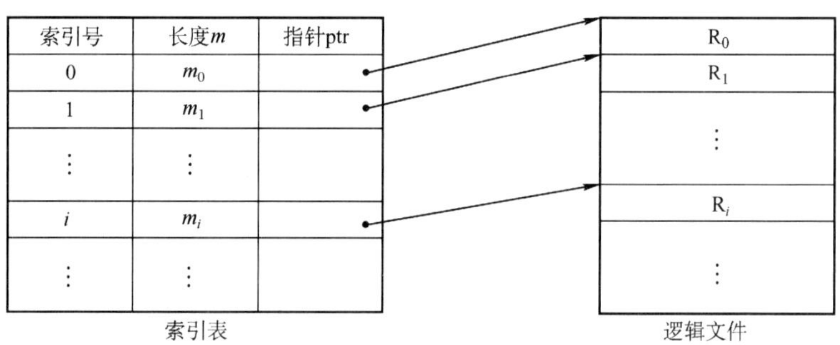

图 4.4　索引文件示意图

索引文件由于需要配置索引表，且每个记录都要有一个索引项，因此增加了存储开销。

（3）索引顺序文件

索引顺序文件是顺序文件和索引文件的结合。最简单的索引顺序文件只使用了一级索引，先将变长记录顺序文件中的所有记录分为若干组，然后为文件建立一张索引表，并为每组中的第一个记录建立一个索引项，其中包含该记录的关键字和指向该记录的指针。

如图 4.5 所示，主文件包含姓名和其他数据项，姓名为关键字，记录按姓名的首字母分组，同一个组内的关键字可以无序，但是组与组之间的关键字必须有序。将每组的第一个记录的姓名及其逻辑地址放入索引表，索引表按姓名递增排列。检索时，首先查找索引表，找该记录所在的组，然后在该组中使用顺序查找，就能很快地找到记录。

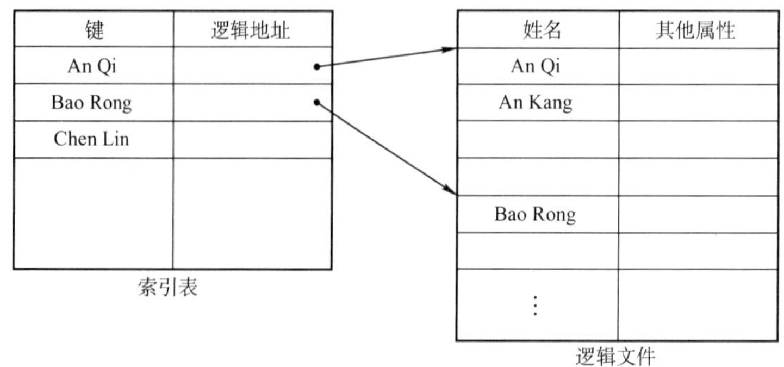

图 4.5　索引顺序文件示意图

对于含有 N 条记录的顺序文件，查找某关键字的记录时，平均需要查找 $N/2$ 次。在索引顺序文件中，假设 N 条记录分为 $\sqrt{N}$ 组，索引表中有 $\sqrt{N}$ 个表项，每组有 $\sqrt{N}$ 条记录，在查找某关键字的记录时，先顺序查找索引表，需要查找 $\sqrt{N}/2$ 次，然后在主文件对应的组中顺序查找，也需要查找 $\sqrt{N}/2$ 次，因此共需查找 $\sqrt{N}/2+\sqrt{N}/2=\sqrt{N}$ 次。显然，索引顺序文件提高了查找效率，若记录数很多，则可采用两级或多级索引。这种方式就是数据结构中的分块查找。

索引文件和索引顺序文件都提高了查找速度，但都因配置索引表而增加了存储空间。

（4）直接文件或散列文件（Hash File）

给定记录的键值或通过散列函数转换的键值直接决定记录的物理地址。散列文件具有很高的存取速度，但是会引起冲突，即不同关键字的散列函数值可能相同。

复习了数据结构的读者读到这里时，会有这样的感觉：有结构文件逻辑上的组织，是为在文件中查找数据服务的（顺序查找、索引查找、索引顺序查找、哈希查找）。

4.1.6　文件的物理结构

前面说过，文件实际上是一种抽象数据类型，我们要研究它的逻辑结构、物理结构，以及关于它的一系列操作。文件的*物理结构*就是研究文件的实现，即文件数据在物理存储设备上是如何分布和组织的。同一个问题有两个方面的回答：一是*文件的分配方式*，讲的是对磁盘非空闲块的管理；二是*文件存储空间管理*，讲的是对磁盘空闲块的管理（详见 4.3 节）。

命题追踪 ▶ 不同物理结构的特点和比较（2009、2011、2013、2020）

文件分配对应于文件的物理结构，是指如何为文件分配磁盘块。常用的文件分配方法有三种：连续分配、链接分配和索引分配。注意与文件的逻辑结构区分，从历年的经验来看，这是很多读者容易搞混的地方（读者复习完数据结构后，可以类比线性表、顺序表和链表之间的关系）。

类似于内存分页，磁盘中的存储单元也被分为一个个的块，称为**磁盘块**，其大小通常与内存的页面大小相同。内存与磁盘之间的数据交换（磁盘 I/O）都是以块为单位进行的。

1．连续分配

命题追踪 ▶ 连续分配的应用和分析（2011、2012、2014）

连续分配方法要求每个文件在磁盘上占有一组连续的块，如图 4.6 所示。磁盘地址定义了磁盘上的一个线性排序，这种排序使进程访问磁盘时需要的寻道数和寻道时间最小。

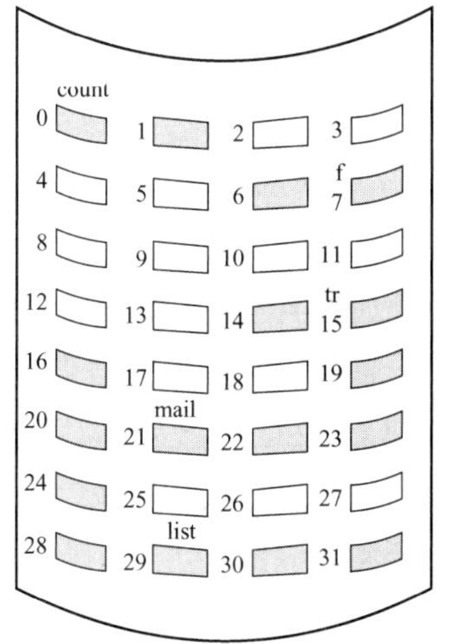

目录

file	start	length
count	0	2
tr	14	3
mail	19	6
list	28	4
f	6	2

图 4.6　连续分配

采用连续分配时，逻辑文件中的记录也顺序存储在相邻的物理块中。一个文件的目录项中应记录该文件的第一个磁盘块的块号和所占用的块数。若文件长 n 块并从位置 b 开始，则该文件将占有块 $b, b+1, b+2, \cdots, b+n-1$，要访问文件的第 i 块，可直接访问块 $b+i-1$。

连续分配的优点：①支持顺序访问和直接访问。②顺序访问容易且速度快，文件所占用的块可能位于一条或几条相邻的磁道上，磁头的移动距离最小。缺点：①要为一个文件分配连续的存储空间，与内存分配类似，为文件分配连续的存储空间会产生很多外部碎片。②必须事先知道文件的长度，也无法满足文件动态增长的要求，否则会覆盖物理上相邻的后续文件。③为保持文件的有序性，删除和插入记录时，需要对相邻的记录做物理上的移动。

2．链接分配

链接分配是一种采用离散分配的方式。链式分配的优点：①消除了磁盘的外部碎片，提高了磁盘的利用率。②便于动态地为文件分配盘块，因此无须事先知道文件的大小。③文件的插入、删除和修改也非常方便。链接分配又可分为隐式链接和显式链接两种形式。

（1）隐式链接

命题追踪 ▶ 链接分配的应用和分析（2014）

隐式链接方式如图 4.7 所示。目录项中含有文件第一块的指针（盘块号）和最后一块的指针。每个文件对应一个磁盘块的链表，磁盘块分布在磁盘的任何地方。除文件的最后一个盘块外，每个盘块都存有指向文件下一个盘块的指针，这些指针对用户是透明的。

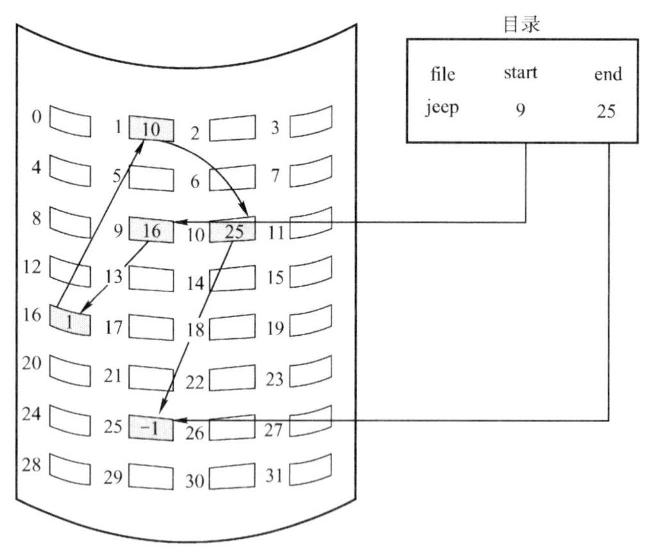

图 4.7 隐式链接分配

隐式链接的缺点：①只支持顺序访问，若要访问文件的第 i 块，则只能从第 1 块开始，通过盘块指针顺序查找到第 i 块，随机访问效率很低。②稳定性问题，文件盘块中的任何一个指针出问题，都会导致文件数据的丢失。③指向下一个盘块的指针也要耗费一定的存储空间。

命题追踪 ▶ 文件空间分配与簇的关系（2017、2018）

为了提高查找速度和减小指针所占用的存储空间，可以将几个盘块组成一个簇，按簇而不按块来分配，可以大幅地减少查找时间，也可以改善许多算法的磁盘访问时间。比如一簇为 4 块，这样，指针所占的磁盘空间比例也要小得多。这种方法的代价是增加了内部碎片。

（2）显式链接

显式链接是指将用于链接文件各物理块的指针，显式地存放在内存的一张链接表中，该表在整个磁盘中仅设置一张，称为文件分配表（File Allocation Table，FAT）。每个表项中存放指向下一个盘块的指针。文件目录中只需记录该文件的起始块号，后续块号可通过查 FAT 找到。例如，某磁盘共有 100 个盘块，存放了两个文件：文件“aaa”占三个块，依次是 2→8→5；文件“bbb”占两个块，依次是 7→1。其余盘块都是空闲块，该磁盘的 FAT 表如图 4.8 所示。

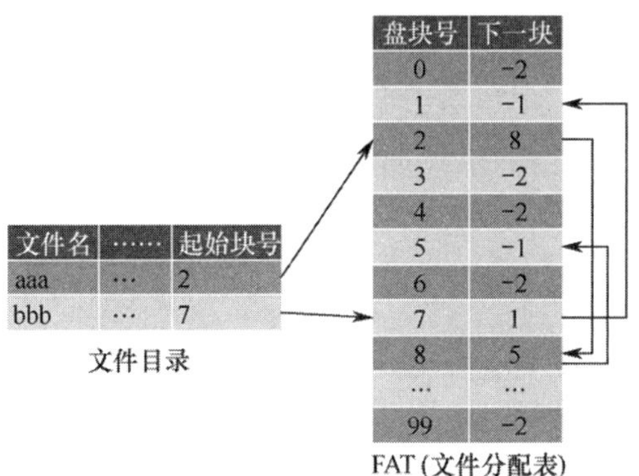

图 4.8　文件分配表

命题追踪　FAT 的作用（2019）

不难看出，FAT 的表项与全部磁盘块一一对应，并且可以用一个特殊的数字 –1 表示文件的最后一块，可以用 –2 表示这个磁盘块是空闲的（当然也可指定为 –3, –4）。因此，FAT 还标记了空闲的磁盘块，操作系统可以通过 FAT 对磁盘空闲空间进行管理。当某进程请求系统分配一个磁盘块时，系统只需从 FAT 中找到 –2 的表项，并将对应的磁盘块分配给该进程即可。

显式链接的优点：①支持顺序访问，也支持直接访问，要访问第 i 块，无须依次访问前 $i-1$ 块；②FAT 在系统启动时就被读入内存，检索记录是在内存中进行的，因而不仅显著提高了检索速度，而且明显减少了访问磁盘的次数。缺点：FAT 需要占用一定的内存空间。

3．索引分配

（1）单级索引分配方式

命题追踪　索引分配的应用和分析（2012）

事实上，在打开某个文件时，只需将该文件对应的盘块的编号调入内存即可，完全没有必要将整个 FAT 调入内存。为此，应该将每个文件所有的盘块号集中地放在一起，当访问到某个文件时，将该文件对应的盘块号一起调入内存即可，这就是索引分配的思想。它为每个文件分配一个索引块（表），将分配给该文件的所有盘块号都记录在该索引块中，如图 4.9 所示。

例如，假设盘块大小为 4KB，每个盘块号占 4B，则一个索引块中可存放 1024 个盘块号，若采用单级索引，则支持的最大文件为 1024× 4KB = 4MB。

索引分配的优点是支持直接访问，当要访问第 i 块时，索引块的第 i 个条目指向的便是文件的第 i 个块。索引分配也不会产生外部碎片。缺点是索引块增加了额外的存储空间开销。

索引块的主要问题是，每个文件必须有一个索引块，当文件很小时，比如只有数个盘块，该方式仍为之分配一个索引块，此时索引块的利用率很低；当文件很大时，若其盘块号需要占用若干索引块，此时可通过链指针将各索引块按序链接起来，但这种方法是低效的。

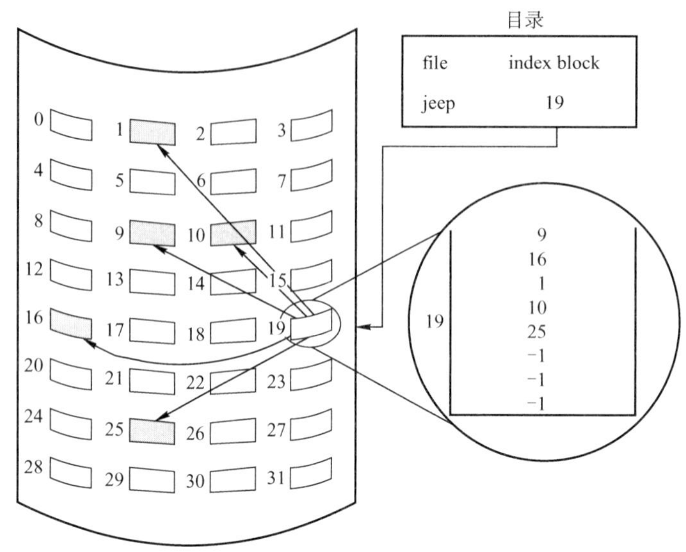

图 4.9 索引分配

(2) 多级索引分配方式

显然，当文件太大而索引块太多时，应该为这些索引块再建立一级索引，称为主索引，将第一个索引块的盘块号、第二个索引块的盘块号……填入该主索引表，这样，便形成了二级索引分配方式，其原理类似于内存管理中的多级页表，如图4.10所示。查找时，通过主索引查找第二级索引，再通过第二级索引查找所需数据块。如果文件非常大，那么还可使用三级、四级索引分配方式。

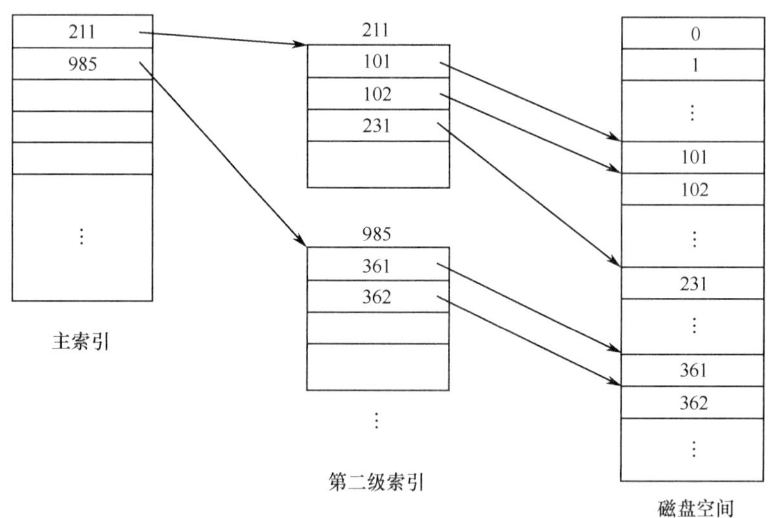

图 4.10 二级索引分配

例如，假设盘块大小为 4KB，每个盘块号占 4B，一个索引块中可存放 1024 个盘块号，若采用两级索引，则支持的最大文件为 1024 × 1024 × 4KB = 4GB。

多级索引的优点：极大加快了对大型文件的查找速度。缺点：当访问一个盘块时，其所要启动磁盘的次数随着索引级数的增加而增多，即使是对数量众多的小文件也是如此。由此可见，如果在文件系统中仅采用了多级索引组织方式，那么并不能获得理想的效果。

（3）混合索引分配方式

命题追踪 ▶ 混合索引分配的原理（2013）

为了能够较全面地照顾到小型、中型、大型和特大型文件，可采用混合索引分配方式。对于小文件，为了提高对众多小文件的访问速度，最好能将它们的每个盘块地址直接放入 FCB，这样就可以直接从 FCB 中获得该文件的盘块地址，即为直接寻址。对于中型文件，可以采用单级索引分配，需要先从 FCB 中找到该文件的索引表，从中获得该文件的盘块地址，即为一次间址。对于大型或特大型文件，可以采用两级和三级索引分配。UNIX 系统采用的就是这种分配方式，在其索引节点中，共设有 13 个地址项，即 i.addr(0)～i.addr(12)，如图 4.11 所示。

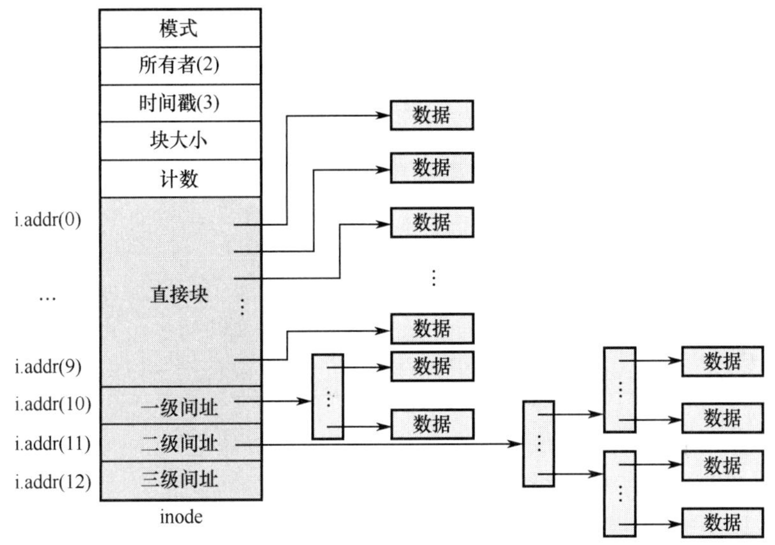

图 4.11 UNIX 系统的 inode 结构示意图

命题追踪 ▶ 混合索引分配的相关计算（2010、2015、2018、2022）

1）直接地址。为了提高对小文件的检索速度，在索引节点中可设置 10 个直接地址项，即用 i.addr(0)～i.addr(9)来存放直接地址，即文件数据块的盘块号。假如每个盘块的大小为 4KB，当文件不大于 40KB 时，便可直接从索引节点中读出该文件的全部盘块号。

2）一次间接地址。对于中、大型文件，只采用直接地址并不现实的。为此，可再利用索引节点中的地址项 i.addr(10)来提供一次间接地址，即采用一级索引分配。一次间接地址中记录了文件的一次间址块号，一次间址块就是索引块，其中记录了文件数据块的盘块号。一次间址块中可以存放 1024 个盘块号，可以表示 1K×4KB = 4MB 大小的文件。因此，同时采用直接地址和一次间址，允许的文件最大长度为 4MB + 40KB。

命题追踪 ▶ 多级索引块的访问效率分析（2018、2022）

3）多次间接地址。当文件长度大于 4MB + 40KB 时，还需利用地址项 i.addr(11)来提供二次间接地址，即采用两级索引分配。二次间接地址中记录了文件的主索引块号，主索引块中记录了文件的一次间址块号。当地址项 i.addr(11)作为二次间址块时，可以表示 1K×1K×4KB = 4GB 大小的文件。因此，同时采用直接地址、一次间址和二次间址时，允许的文件最大长度为 4GB + 4MB + 40KB。同理，同时采用直接地址、一次间址、二次间址和三次间址时，允许的文件最大长度为 4TB + 4GB + 4MB + 40KB。

4.1.7 本节小结

本节开头提出的问题的参考答案如下。

1）什么是文件？

文件是以计算机硬盘为载体的存储在计算机上的信息集合，它的形式多样。

2）单个文件的逻辑结构和物理结构之间是否存在某些制约关系？

文件的逻辑结构是用户可见的结构，即从用户角度看到的文件的全貌。文件的物理结构是文件在存储器上的组织结构。它和文件的存取方法以及存储设备的特性等都有着密切的联系。单个文件的逻辑结构和物理结构之间虽无明显的制约或关联关系，但是如果物理结构选择不慎，也很难体现出逻辑结构的特点，比如一个逻辑结构是顺序结构，而物理结构是隐式链接结构的文件，即使理论上可以很快找出某条记录的地址，而实际仍需在磁盘上一块一块地找。

学到这里时，读者应能有这样的体会：现代操作系统的思想中，处处能见到面向对象程序设计的影子。本节我们学习的一个新概念——文件，实质上就是一个抽象数据类型，也就是一种数据结构，若读者在复习操作系统之前已复习完数据结构，则遇到一种新的数据结构时，一定会有这样的意识：要认识它的逻辑结构、物理结构，以及对这种数据结构的操作。

4.1.8 本节习题精选

一、单项选择题

01. UNIX操作系统中，输入/输出设备视为（ ）。

A. 普通文件　B. 目录文件　C. 索引文件　D. 特殊文件

02. 文件系统在创建一个文件时，为它建立一个（ ）。

A. 文件目录项　B. 目录文件　C. 逻辑结构　D. 逻辑空间

03. 打开文件操作的主要工作是（ ）。

A. 把指定文件的目录项复制到内存指定的区域

B. 把指定文件复制到内存指定的区域

C. 在指定文件所在的存储介质上找到指定文件的目录项

D. 在内存寻找指定的文件

04. 某用户程序发起open()系统调用，下列对该过程的描述中最准确的是（ ）。

A. open()调用必然导致文件I/O

B. open()调用的参数含有需要打开的文件的文件名

C. open()调用完成后，系统打开文件表将增加一个表目

D. open()调用的参数的文件名不同时，必然会打开不同的文件实体

05. 关闭文件操作的主要工作是（ ）。

A. 将文件的最新信息从内存写回磁盘　B. 将文件当前的控制信息从内存写回磁盘

C. 将位示图从内存写回磁盘　D. 将超级块当前的信息从内存写回磁盘

06. 读文件操作的正确次序应该是（ ）。

I. 向设备驱动程序发出I/O请求，完成数据交换工作

II. 按存取控制说明检查访问的合法性

III. 根据目录项中该文件的逻辑和物理组织形式，将逻辑记录号转换成物理块号

IV. 按文件描述符在打开文件表中找到该文件的目录项

A. II、IV、III、I　B. IV、II、III、I　C. IV、III、II、I　D. II、IV、I、III

07. 目录文件存放的信息是（ ）。

A. 某一文件存放的数据信息　　B. 某一文件的文件目录

C. 该目录中所有数据文件目录　　D. 该目录中所有子目录和数据文件的目录

08. 当文件被打开时，需要将磁盘索引节点拷贝到内存的索引节点，下列属于内存索引节点中有而磁盘索引节点中没有的内容是（ ）。

A. 访问计数值　　B. 文件物理地址　　C. 文件长度　　D. 文件类型

09. FAT32 的文件目录项不包括（ ）。

A. 文件名　　B. 文件访问权限说明

C. 文件控制块的物理位置　　D. 文件所在的物理位置

10. 有些操作系统中将文件描述信息从目录项中分离出来，这样做的好处是（ ）。

A. 减少读文件时的 I/O 信息量　　B. 减少写文件时的 I/O 信息量

C. 减少查找文件时的 I/O 信息量　　D. 减少复制文件时的 I/O 信息量

11. 操作系统为保证未经文件拥有者授权，任何其他用户不能使用该文件，所提供的解决方法是（ ）。

A. 文件保护　　B. 文件保密　　C. 文件转储　　D. 文件共享

12. 在文件系统中，以下不属于文件保护的方法是（ ）。

A. 口令　　B. 存取控制

C. 用户权限表　　D. 读写之后使用关闭命令

13. 对一个文件的访问，常由（ ）共同限制。

A. 用户访问权限和文件属性　　B. 用户访问权限和用户优先级

C. 优先级和文件属性　　D. 文件属性和口令

14. 为了对文件系统中的文件进行安全管理，任何一个用户在进入系统时都必须进行注册，这一级安全管理是（ ）。

A. 系统级　　B. 目录级　　C. 用户级　　D. 文件级

15. 下列选项中，（ ）不是为了提升文件系统性能的操作。

A. 目录项分解　　B. 文件高速缓存　　C. 磁盘调度算法　　D. 异步 I/O

16. 下列说法中，（ ）属于文件的逻辑结构的范畴。

A. 连续文件　　B. 系统文件　　C. 链接文件　　D. 流式文件

17. 文件的逻辑结构是为了方便（ ）而设计的。

A. 存储介质特性　　B. 操作系统的管理方式

C. 主存容量　　D. 用户

18. 下列关于逻辑结构为索引文件的索引表的叙述中，（ ）是正确的。

A. 索引表中每条记录的索引项可以有多个

B. 对索引文件存取时，必须先查找索引表

C. 索引表中含有索引文件的数据及其物理地址

D. 建立索引的目的之一是减少存储空间

19. 有一个顺序文件含有 10000 条记录，平均查找的记录数为 5000 个，采用索引顺序文件结构，则最好情况下平均只需约查找（ ）次记录。

A. 1000　　B. 10000　　C. 100　　D. 500

20. 用磁带做文件存储介质时，文件只能组织成（ ）。

A. 顺序文件　　B. 链接文件　　C. 索引文件　　D. 目录文件

21. 以下不适合随机存取的外存分配方式是（ ）。

A. 连续分配　B. 链接分配　C. 索引分配　D. 以上都适合

22. 在以下文件的物理结构中，不利于文件长度动态增长的是（ ）。

A. 连续结构　B. 链接结构　C. 索引结构　D. 散列结构

23. 若文件的物理结构采用连续分配，则FCB中有关文件的物理位置的信息应包括（ ）。

I. 首块地址　II. 文件长度　III. 索引表地址

A. 仅I　B. I、II　C. II、III　D. I、III

24. 在磁盘上，最容易导致存储碎片发生的物理文件结构是（ ）。

A. 隐式链接　B. 顺序存放　C. 索引存放　D. 显式链接

25. 文件系统采用两级索引分配方式。若每个磁盘块的大小为1KB，每个盘块号占4B，则该系统中，单个文件的最大长度是（ ）。

A. 64MB　B. 128MB　C. 32MB　D. 以上都错误

26. 物理文件的组织方式是由（ ）确定的。

A. 应用程序　B. 主存容量　C. 外存容量　D. 操作系统

27. 文件系统为每个文件创建一张（ ），存放文件数据块的磁盘存放位置。

A. 打开文件表　B. 位图　C. 索引表　D. 空闲盘块链表

28. 下列有关文件组织管理的描述中，错误的是（ ）。

A. 记录是对文件进行存取操作的单位，一个文件中各记录的长度可以不等

B. 采用链接分配的文件，它的物理块必须连续排列

C. 创建一个文件时，可以分配连续的区域，也可以分配不连续的物理块

D. Hash结构文件的优点是能够实现物理块的动态分配和回收

29. 逻辑文件存放到存储介质上时，采用的组织形式与（ ）有关。

A. 逻辑文件结构　B. 存储介质特性

C. 主存储器管理方式　D. 设备分配方式

30. 某500个盘块的文件的目录项已调入内存（若为索引分配，其索引块也在内存中）。若需要在文件中增加一块，下列分配方式中磁盘I/O次数最多的是（ ）。

A. 连续分配　B. 隐式链接分配　C. 显示链接分配　D. 索引分配

31. 设有一个记录文件，采用隐式链接分配方式，逻辑记录的固定长度为100B，在磁盘上存储时采用记录成组分解技术。盘块长度为512B。若该文件的目录项已经读入内存，则对第22个逻辑记录完成修改后，共启动了磁盘（ ）次。

A. 3　B. 4　C. 5　D. 6

32. 设某文件为链接文件，它由5个逻辑记录组成，每个逻辑记录的大小与磁盘块的大小相等，均为512B，并依次存放在50, 121, 75, 80, 63号磁盘块上。若要存取文件的第1569逻辑字节处的信息，则应该访问（ ）号磁盘块。

A. 3　B. 80　C. 75　D. 63

33. 某文件共有8个记录L1 ~ L8，采用隐式链接分配，每个记录及链接指针占一个磁盘块，主存中的磁盘缓冲区的大小与磁盘块的大小相等。假设文件目录已读入内存。为了在L5和L6之间插入一个记录Lx'（已在内存中），需要进行的磁盘操作有（ ）。

A. 4次读盘和2次写盘　B. 5次读盘和1次写盘

C. 5次读盘和2次写盘　D. 4次读盘和1次写盘

34. 某文件共有3个记录，每个记录占1个磁盘块，在1次读文件的操作中，为了读出最后

1 个记录，不得不读出其他 2 个记录。由此可知该文件所采用的物理结构是（ ）。

A. 连续分配 B. 索引分配 C. 链接分配 D. 连续分配或链接分配

35. 某文件存放在 100 个数据块中，假设管理文件所必需的文件控制块、索引块或索引信息都驻留在内存中。那么若（ ），则不需要做任何磁盘 I/O 操作。

A. 采用连续分配，将最后一个数据块搬到文件头部

B. 采用单级索引分配，将最后一个数据块插入文件头部

C. 采用隐式链接分配，将最后一个数据块插入文件头部

D. 采用隐式链接分配，将第一个数据块插入文件尾部

36. 某文件有 100 个盘块（数据块），假设管理文件所必需的文件控制块、所有索引块都已调入内存。若需要在文件的第 45 个盘块后插入数据，则物理结构采用（ ）时开销最大。

A. 连续分配 B. 链接分配 C. 一级索引分配 D. 多级索引分配

37. 某文件系统使用类似于 Linux 的 inode 存储结构，文件块和磁盘块的大小都是 4KB，磁盘地址是 32 位，现在一个文件包含 10 个直接指针和 1 个一级间接指针，则这个文件所占用的磁盘块数目最多是（ ）块（不考虑索引块）。

A. 128 B. 512 C. 1024 D. 1034

38. 某文件系统的物理结构采用三级索引分配方式，每个磁盘块的大小为 1024B，每个盘块索引号占用 4B，则该文件系统支持的最大文件的尺寸接近（ ）。

A. 8GB B. 16GB C. 32GB D. 2TB

39. 下列各种操作系统内核相关的数据结构中，可以不用数组实现的是（ ）。

A. 文件分配表 B. 页表

C. 调度器的就绪队列 D. 中断向量表

40. 【2009 统考真题】文件系统中，文件访问控制信息存储的合理位置是（ ）。

A. 文件控制块 B. 文件分配表 C. 用户口令表 D. 系统注册表

41. 【2009 统考真题】下列文件物理结构中，适合随机访问且易于文件扩展的是（ ）。

A. 连续结构 B. 索引结构

C. 链式结构且磁盘块定长 D. 链式结构且磁盘块变长

42. 【2010 统考真题】设文件索引节点中有 7 个地址项，其中 4 个地址项是直接地址索引，2 个地址项是一级间接地址索引，1 个地址项是二级间接地址索引，每个地址项大小为 4B，若磁盘索引块和磁盘数据块大小均为 256B，则可表示的单个文件最大长度是（ ）。

A. 33KB B. 519KB C. 1057KB D. 16516KB

43. 【2012 统考真题】若一个用户进程通过 read 系统调用读取一个磁盘文件中的数据，则下列关于此过程的叙述中，正确的是（ ）。

I. 若该文件的数据不在内存，则该进程进入睡眠等待状态

II. 请求 read 系统调用会导致 CPU 从用户态切换到核心态

III. read 系统调用的参数应包含文件的名称

A. 仅 I、II B. 仅 I、III C. 仅 II、III D. I、II 和 III

44. 【2013 统考真题】用户在删除某文件的过程中，操作系统不可能执行的操作是（ ）。

A. 删除此文件所在的目录 B. 删除与此文件关联的目录项

C. 删除与此文件对应的文件控制块 D. 释放与此文件关联的内存缓冲区

45. 【2013 统考真题】若某文件系统索引节点（inode）中有直接地址项和间接地址项，则下列选项中，与单个文件长度无关的因素是（ ）。

A. 索引节点的总数　　B. 间接地址索引的级数
C. 地址项的个数　　D. 文件块大小

46.【2013统考真题】为支持CD-ROM中视频文件的快速随机播放，播放性能最好的文件数据块组织方式是（ ）。

A. 连续结构　　B. 链式结构
C. 直接索引结构　　D. 多级索引结构

47.【2014统考真题】在一个文件被用户进程首次打开的过程中，操作系统需做的是（ ）。

A. 将文件内容读到内存中
B. 将文件控制块读到内存中
C. 修改文件控制块中的读写权限
D. 将文件的数据缓冲区首指针返回给用户进程

48.【2015统考真题】在文件的索引节点中存放直接索引指针10个，一级和二级索引指针各1个。磁盘块大小为1KB，每个索引指针占4B。若某文件的索引节点已在内存中，则把该文件偏移量（按字节编址）为1234和307400处所在的磁盘块读入内存，需访问的磁盘块个数分别是（ ）。

A. 1，2　　B. 1，3　　C. 2，3　　D. 2，4

49.【2017统考真题】某文件系统中，针对每个文件，用户类别分为4类：安全管理员、文件主、文件主的伙伴、其他用户；访问权限分为5种：完全控制、执行、修改、读取、写入。若文件控制块中用二进制位串表示文件权限，为表示不同类别用户对一个文件的访问权限，则描述文件权限的位数至少应为（ ）。

A. 5　　B. 9　　C. 12　　D. 20

50.【2017统考真题】某文件系统的簇和磁盘扇区大小分别为1KB和512B。若一个文件的大小为1026B，则系统分配给该文件的磁盘空间大小是（ ）。

A. 1026B　　B. 1536B　　C. 1538B　　D. 2048B

51.【2020统考真题】某文件系统的目录项由文件名和索引节点号构成。若每个目录项长度为64字节，其中4字节存放索引节点号，60字节存放文件名。文件名由小写英文字母构成，则该文件系统能创建的文件数量的上限为（ ）。

A. 2^{26}　　B. 2^{32}　　C. 2^{60}　　D. 2^{64}

52.【2020统考真题】若多个进程共享同一个文件F，则下列叙述中，正确的是（ ）。

A. 各进程只能用“读”方式打开文件F
B. 在系统打开文件表中仅有一个表项包含F的属性
C. 各进程的用户打开文件表中关于F的表项内容相同
D. 进程关闭F时，系统删除F在系统打开文件表中的表项

53.【2020统考真题】下列选项中，支持文件长度可变、随机访问的磁盘存储空间分配方式是（ ）。

A. 索引分配　　B. 链接分配
C. 连续分配　　D. 动态分区分配

54.【2023统考真题】若文件F仅被进程P打开并访问，则当进程P关闭F时，下列操作中，文件系统需要完成的是（ ）。

A. 删除目录中文件F的目录项　　B. 释放F的索引节点所占的内存空间
C. 释放F的索引节点所占的外存空间　　D. 文件磁盘索引节点中的链接计数减1

二、综合应用题

01. 简述文件的外存分配中，连续分配、链接分配和索引分配各自的主要优缺点。

02. 在实现文件系统时，为加快文件目录的检索速度，可利用“FCB 分解法”。假设目录文件存放在磁盘上，每个盘块 512B。FCB 占 64B，其中文件名占 8B。通常将 FCB 分解成两部分，第一部分占 10B（包括文件名和文件内部号），第二部分占 56B（包括文件内部号和文件的其他描述信息）。

1）假设某一目录文件共有 254 个 FCB，试分别给出采用分解法前和分解法后，查找该目录文件的某个 FCB 的平均访问磁盘次数（访问每个文件的概率相同）。

2）一般地，若目录文件分解前占用 n 个盘块，分解后改用 m 个盘块存放文件名和文件内部号，请给出访问磁盘次数减少的条件（假设 m 和 n 个盘块中都正好装满）。

03. 假定磁盘块的大小为 1KB，对于 540MB 的硬盘，其文件分配表（FAT）最少需要占用多少存储空间？

04. 在 UNIX 操作系统中，给文件分配外存空间采用的是混合索引分配方式，如下图所示。UNIX 系统中的某个文件的索引节点指示出了为该文件分配的外存的物理块的寻找方法。在该索引节点中，有 10 个直接块（每个直接块都直接指向一个数据块），有 1 个一级间接块、1 个二级间接块及 1 个三级间接块，间接块指向的是一个索引块，每个索引块和数据块的大小均为 4KB，而 UNIX 系统中地址所占空间为 4B（指针大小为 4B），假设以下问题都建立在该索引节点已在内存中的前提下。

现请回答：

1）文件的大小为多大时可以只用到索引节点的直接块？

2）该索引节点能访问到的地址空间大小总共为多大（小数点后保留 2 位）？

3）若要读取一个文件的第 10000B 的内容，需要访问磁盘多少次？

4）若要读取一个文件的第 10MB 的内容，需要访问磁盘多少次？

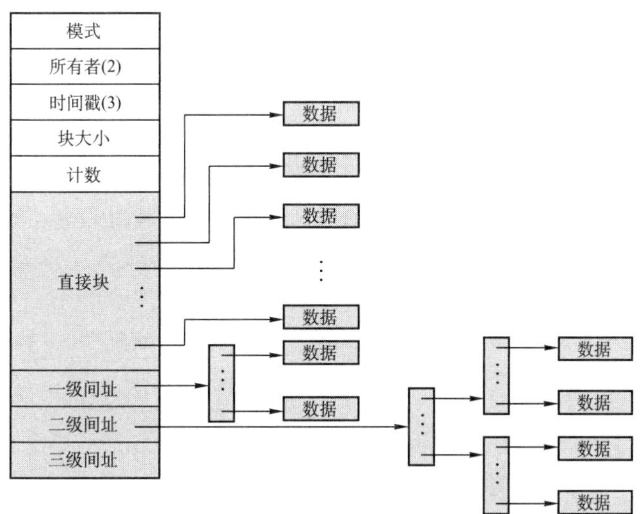

05. 某文件系统采用多级索引的方式组织文件的数据存放，假定在文件的 i_node 中设有 13 个地址项，其中直接索引 10 项，一次间接索引项 1 项，二次间接索引项 1 项，三次间接索引项 1 项。数据块的大小为 4KB，磁盘地址用 4B 表示，试问：

1）这个文件系统允许的最大文件长度是多少？

2）一个 2GB 大小的文件，在这个文件系统中实际占用多少空间？（文件索引块所占的磁盘空间也需要考虑）

06.【2011 统考真题】某文件系统为一级目录结构，文件的数据一次性写入磁盘，已写入的文件不可修改，但是可多次创建新文件。请回答如下问题。

1）在连续、链式、索引三种文件的数据块组织方式中，哪种更合适？说明理由。为定位文件数据块，需要在 FCB 中设计哪些相关描述字段？

2）为快速找到文件，对于 FCB，是集中存储好，还是与对应的文件数据块连续存储好？说明理由。

07.【2012 统考真题】某文件系统空间的最大容量为 4TB（$1TB = 2^{40}B$），以磁盘块为基本分配单位。磁盘块大小为 1KB。文件控制块（FCB）包含一个 512B 的索引表区。请回答下列问题:

1）假设索引表区仅采用直接索引结构，索引表区存放文件占用的磁盘块号，索引表项中块号最少占多少字节？可支持的单个文件的最大长度是多少字节？

2）假设索引表区采用如下结构：第 0 ~ 7 字节采用<起始块号，块数>格式表示文件创建时预分配的连续存储空间。其中起始块号占 6B，块数占 2B，剩余 504B 采用直接索引结构，一个索引项占 6B，则可支持的单个文件的最大长度是多少字节？为使单个文件的长度达到最大，请指出起始块号和块数分别所占字节数的合理值并说明理由。

08.【2014 统考真题】文件 F 由 200 条记录组成，记录从 1 开始编号。用户打开文件后，欲将内存中的一条记录插入文件 F，作为其第 30 条记录。请回答下列问题，并说明理由。

1）若文件系统采用连续分配方式，每个磁盘块存放一条记录，文件 F 存储区域前后均有足够的空闲磁盘空间，则完成上述插入操作最少需要访问多少次磁盘块？F 的文件控制块内容会发生哪些改变？

2）若文件系统采用链接分配方式，每个磁盘块存放一条记录和一个链接指针，则完成上述插入操作需要访问多少次磁盘块？若每个存储块大小为 1KB，其中 4B 存放链接指针，则该文件系统支持的文件最大长度是多少？

09.【2016 统考真题】某磁盘文件系统使用链接分配方式组织文件，簇大小为 4KB。目录文件的每个目录项包括文件名和文件的第一个簇号，其他簇号存放在文件分配表 FAT 中。

1）假定目录树如下图所示，各文件占用的簇号及顺序如下表所示，其中 dir、dir1 是目录，file1、file2 是用户文件。请给出所有目录文件的内容。

2）若 FAT 的每个表项仅存放簇号，占 2B，则 FAT 的最大长度为多少字节？该文件系统支持的文件长度最大是多少？

3）系统通过目录文件和 FAT 实现对文件的按名存取，说明 file1 的 106, 108 两个簇号分别存放在 FAT 的哪个表项中。

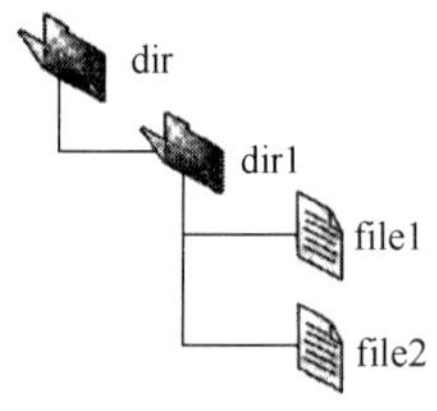

文件名	簇号
dir	1
dir1	48
file1	100、106、108
file2	200、201、202

4）假设仅 FAT 和 dir 目录文件已读入内存，若需将文件 dir/dir1/file1 的第 5000 个字节读入内存，则要访问哪几个簇？

10.【2018 统考真题】某文件系统采用索引节点存放文件的属性和地址信息，簇大小为 4KB。每个文件索引节点占 64B，有 11 个地址项，其中直接地址项 8 个，一级、二级和三级间接地址项各 1 个，每个地址项长度为 4B。请回答下列问题：

1）该文件系统能支持的最大文件长度是多少？（给出计算表达式即可）

2）文件系统用 1M（$1M = 2^{20}$）个簇存放文件索引节点，用 512M 个簇存放文件数据。若一个图像文件的大小为 5600B，则该文件系统最多能存放多少个这样的图像文件？

3）若文件 F1 的大小为 6KB，文件 F2 的大小为 40KB，则该文系统获取 F1 和 F2 最后一个簇的簇号需要的时间是否相同？为什么？

11.【2022 统考真题】某文件系统的磁盘块大小为 4 KB，目录项由文件名和索引节点号构成，每个索引节点占 256 字节，其中包含直接地址项 10 个，一级、二级和三级间接地址项各 1 个，每个地址项占 4 字节。该文件系统中子目录 stu 的结构如图(a)所示，stu 包含子目录 course 和文件 doc，course 子目录包含文件 course1 和 course2。各文件的文件名、索引节点号、占用磁盘块的块号如图(b)所示。请回答下列问题。

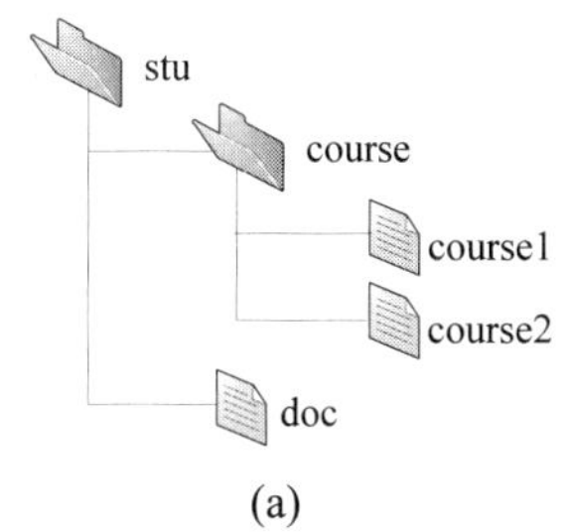

(a)

文件名	索引节点号	磁盘块号
stu	1	10
course	2	20
course1	10	30
course2	100	40
doc	10	x

(b)

1）目录文件 stu 中每个目录项的内容是什么？

2）文件 doc 占用的磁盘块的块号 x 的值是多少？

3）若目录文件 course 的内容已在内存，则打开文件 course1 并将其读入内存，需要读几个磁盘块？说明理由。

4）若文件 course2 的大小增长到 6 MB，则为了存取 course2 需要使用该文件索引节点的哪几级间接地址项？说明理由。

4.1.9　答案与解析

一、单项选择题

01. D

UNIX 操作系统中，所有设备都被视为特殊的文件，因为 UNIX 操作系统控制和访问外部设备的方式和访问一个文件的方式是相同的。

02. A

一个文件对应一个 FCB，而一个文件目录项就是一个 FCB。

03. A

打开文件操作是将该文件的 FCB 存入内存的活跃文件目录表，而不是将文件内容复制到主存，找到指定文件目录是打开文件之前的操作。

04. B

open()调用的参数含有文件名（或者说文件的路径名），它会在进程的用户打开文件表中增加一个对应的表目，并返回该表目的索引号（文件描述符或句柄）。系统打开文件表只有在文件实体第一次被打开时才增加一个表目，也才会通过文件 I/O 将对应的索引节点从磁盘读入内存。当 open()调用的不同文件互为硬链接时，所打开的文件实体是一样的。

05. B

关闭文件是指将文件当前的控制信息从内存写回磁盘，需要注意的是关闭文件并不意味着将文件数据写回磁盘，写文件操作才会写回磁盘（不考虑延迟写），B 正确。

06. B

读文件操作的正确次序是：按文件描述符在打开文件表中找到该文件的目录项；按存取控制说明检查访问的合法性；根据目录项中该文件的逻辑和物理组织形式，将逻辑记录号转换成物理块号；向设备驱动程序发出 I/O 请求，完成数据交换工作。因此答案是 IV、II、III、I。

07. D

目录文件是 FCB 的集合，一个目录中既可能有子目录，又可能有数据文件，因此目录文件中存放的是子目录和数据文件的信息。

08. A

访问计数值表示的意义是，每当有一个进程要访问此索引节点，访问计数值加 1，访问结束时减 1，它属于内存索引节点中特有的内容。

09. C

文件目录项即 FCB，通常由文件基本信息、存取控制信息和使用信息组成。基本信息包括文件物理位置。文件目录项显然不包括 FCB 的物理位置信息。

10. C

将文件描述信息从目录项中分离，即应用了索引节点的方法，磁盘的盘块中可以存放更多的目录项，查找文件时可以大大减少其 I/O 信息量。

11. A

文件保护是针对文件访问权限的保护。

12. D

在文件系统中，口令、存取控制和用户权限表都是常用的文件保护方法。

13. A

对于这道题，只要能区分用户的访问权限和用户优先级，就能得到正确的答案。用户访问权限是指用户有没有权限访问该文件，而用户优先级是指在多个用户同时请求该文件时应该先满足谁。比如，图书馆的用户排队借一本书，某用户可能有更高的优先级，即他排在队伍的前面，但有可能轮到他时被告知他没有借阅那本书的权限。

文件的属性包括保存在 FCB 中对文件访问的控制信息。

14. A

系统级安全管理包括注册和登录。此外，通过"进入系统时"也可推测出正确答案。

15. D

异步 I/O 是指发出 I/O 请求后，系统不必等待 I/O 完成，而继续执行其他任务，当 I/O 完成后再通知系统，异步 I/O 提高了 CPU 利用率，但对磁盘 I/O 次数没有影响。将目录项分解为符号目录项和基本目录项，符号目录项包括文件名和文件号，基本目录项包括文件号和文件其他描述信息，查找时只需查找符号目录，由于减少了磁盘占用空间，因此也减少了读盘次数。文件高速缓存可以减少磁盘 I/O 次数。磁盘调度算法可以减少寻道时间，提高磁盘 I/O 速度。

16. D

逻辑文件有两种：无结构文件（流式文件）和有结构式文件。连续文件和链接文件都属于文件的物理结构，而系统文件是按文件用途分类的。

17. D

文件结构包括逻辑结构和物理结构。逻辑结构是用户组织数据的结构形式，数据组织形式来自需求，而物理结构是操作系统组织物理存储块的结构形式。

因此说，逻辑文件的组织形式取决于用户，物理结构的选择取决于文件系统设计者针对硬件结构（如磁带介质很难实现链接结构和索引结构）所采取的策略（即 A 和 B 选项）。

18. B

索引文件由逻辑文件和索引表组成，对索引文件存取时，必须先查找索引表。索引项只包含每条记录的长度和在逻辑文件中的起始位置。每条记录都有一个索引项，因此提高了存储代价。

19. C

采用索引顺序文件时，最好情况是有 $\sqrt{10000} = 100$ 组，每组有 100 条记录，则查找 100 组平均需要 100/2 = 50 次，组内查找平均需要 100/2 = 50 次，共需要 50 + 50 = 100 次。

注意，严格来说，索引表查找和组内查找的准确平均次数都是(1 + 100)/2 = 50.5，不过在教材中，往往直接忽略前面的 1，因此本类题中也不同时出现 100 和 101 两个选项。

20. A

磁带是一种顺序存储设备，用它存储文件时只能采用顺序存储结构。注意，若允许磁带来回倒带，也可组织为其他文件形式，本题不做讨论。

21. B

采用连续分配和索引分配的文件都支持随机存取。采用链接分配的文件不支持随机存取。

22. A

要求有连续的存储空间，所以必须事先知道文件的大小，然后根据其大小在存储空间中找出一块大小足够的存储区。如果文件动态地增长，那么会使文件所占的空间越来越大，即使事先知道文件的最终大小，在采用预分配的存储空间的方法时，也是很低效的，它会使大量的存储空间长期闲置。

23. B

在连续分配方式中，为了使系统能找到文件存放的地址，应在目录项的“文件物理地址”字段中，记录该文件第一条记录所在的盘块号和文件长度（以盘块数进行计量）。

24. B

顺序文件占用连续的磁盘空间，容易导致存储碎片（外部碎片）的发生。

25. A

每个磁盘块中最多有 1KB/4B = 256 个索引项，则两级索引分配方式下单个文件的最大长度为 256×256×1KB = 64MB。

26. D

通常用户可以根据需要来确定文件的逻辑结构，而文件的物理结构是由操作系统的设计者根据文件存储器的特性来确定的，一旦确定，就由操作系统管理。

27. C

打开文件表仅存放已打开文件信息的表，将指明文件的属性从外存复制到内存，再使用该文件时直接返回索引，选项 A 错误。位图和空闲盘块链表是磁盘管理方法，选项 B、D 错误。只有索引表中记录每个文件所存放的盘块地址，选项 C 正确。

28. B

链接分配的文件通过在每个盘块上的链接指针，将同属于一个文件的多个离散的盘块链接成一个链表，它的物理块不需要连续排列。其他说法均正确。

29．B

不同的存储介质有不同的存储特性，如磁带只能顺序存取，磁盘可以随机存取，因此文件的组织形式与存储介质特性有关。文件的逻辑结构与文件的物理结构没有必然关系，主存储器的管理方式只涉及内存管理，文件的物理存储与设备的分配方式也没有必然关系。

30．A

若需要在文件中间增加一块，则连续分配就要将后面的所有盘块都向后移动一块，这样就会产生很多的磁盘 I/O 操作。而其他三种分配方式都不需要移动盘块，只需修改一些指针或者索引。因此，连续分配是操作磁盘 I/O 次数最多的。

31．D

记录成组分解技术是指将若干逻辑记录存入一个块，一个逻辑记录不能跨越两个块。逻辑记录的固定长度为 100B，盘块长度为 512B，采用成组分解技术，因此每个盘块可以存放 5 个逻辑记录，剩下 12B 的空间可用于存放指向下一个盘块的指针。由于每个盘块存放 5 个逻辑记录，因此第 22 个逻辑记录在第 5 个物理块中（$\lceil 22/5 \rceil = 5$）。由于采用链接分配方式，要找到第 5 个物理块，需要从第 1 个物理块开始依指针顺序查找，因此需要启动磁盘 5 次。修改完后还要写回磁盘，由于此前已获得该块的磁盘地址，因此只需启动磁盘 1 次，共需启动磁盘 6 次。

32．B

因为 $1569 = 512\times3 + 33$，故要访问字节位于第 4 个磁盘块上，对应的物理磁盘块号为 80。

33．C

采用隐式链接分配，首先需要依次读 L1～L5 磁盘块，根据 L5 磁盘块，获取 L6 磁盘块的地址；然后将 Lx'的数据写入一个空闲磁盘块，将该块的链接指针指向 L6 磁盘块；最后修改 L5 磁盘块，将链接指针指向 Lx'的磁盘块的地址并写回磁盘。因此共进行了 5 次读盘和 2 次写盘。

34．C

连续分配和索引分配都支持随机访问，链接分配通常可默认为隐式链接，仅支持顺序访问，由题意可知该文件仅支持顺序访问，因此文件采用的结构为链接分配。

35．B

采用连续分配时，将最后一个数据块搬到文件头部，要移动文件的物理块，需要磁盘 I/O。采用单级索引分配时，将最后一个数据块插入文件头部，由于索引块已驻留在内存中，因此只需修改索引块，不需要磁盘 I/O。采用隐式链接分配时，仅支持顺序访问，要修改文件数据块的顺序，就必须修改对应磁盘块末尾的指针，必须将文件块读入内存，需要磁盘 I/O。

36．A

采用连续分配时，至少需进行 45 次读磁盘和 45 次写磁盘，将前 45 个盘块依次向前移动，之后还要进行 1 次写磁盘，将数据写入对应空出的盘块。采用链接分配时，需进行 45 次读磁盘，然后修改第 45 个磁盘块中的链接指针，并写新磁盘块，共进行 2 次写磁盘，开销比顺序文件小。采用一级索引分配或多级索引分配时，只需修改内存中的索引表，不需磁盘 I/O，开销较小。

37．D

直接指针可指向 10 个磁盘块，一级间接指针可指向一个索引块，一个索引块中可存放 1024 个磁盘地址，每个地址指向一个磁盘块。因此该文件最多占用 $10 + 1024 = 1034$ 个磁盘块。

38．B

最大文件的尺寸由三级索引块能够指向的磁盘块数决定。三级索引块可以指向 $1024\text{B}/4\text{B} = 256$ 个二级索引块，每个二级索引块又可指向 256 个一级索引块，每个一级索引块又可指向 256 个磁盘块。因此，最大文件的尺寸为 $256\times256\times256\times1024\text{B} = 16\text{GB}$。

39. C

根据文件分配表、页表和中断向量表的应用原理，它们都有一个要求，就是要能随机访问表中的任一元素，即随机访问，因此只能用数组实现。在进程调度的过程中，每次都调度就绪队列的队首进程，因此既可以用数组实现，又可以用链表实现。

40. A

为了实现“按名存取”，在文件系统中为每个文件设置用于描述和控制文件的数据结构，称为文件控制块。在文件控制块中，通常包含三类信息：基本信息、存取控制信息及使用信息。

41. B

文件的物理结构包括连续、链式、索引三种，其中链式结构不能实现随机访问，连续结构的文件不易于扩展。因此随机访问且易于扩展是索引结构的特性。

42. C

每个磁盘索引块和磁盘数据块大小均为 256B，每个磁盘索引块有 256/4 = 64 个地址项。因此，4 个直接地址索引指向的数据块大小为 4×256B；2 个一级间接索引包含的直接地址索引数为 2×(256/4)，即其指向的数据块大小为 2×(256/4)×256B。1 个二级间接索引所包含的直接地址索引数为(256/4)×(256/4)，即其所指向的数据块大小为(256/4)×(256/4)×256B。因此，7 个地址项所指向的数据块总大小为 4×256 + 2×(256/4)×256 + (256/4)×(256/4)×256 = 1082368B = 1057KB。

43. A

对于 I，当所读文件的数据不在内存时，产生中断（缺页中断），原进程进入阻塞态，直到所需数据从外存调入内存后，才将该进程唤醒。对于 II，read 系统调用通过陷入将 CPU 从用户态切换到核心态，从而获取操作系统提供的服务。对于 III，要读一个文件，首先要用 open 系统调用打开该文件。open 中的参数包含文件的路径名与文件名，而 read 只需使用 open 返回的文件描述符，并不使用文件名作为参数。read 要求用户提供三个输入参数：①文件描述符 fd；②buf 缓冲区首址；③传送的字节数 n。read 的功能是试图从 fd 所指示的文件中读入 n 个字节的数据，并将它们送至由指针 buf 所指示的缓冲区中。

44. A

此文件所在目录下可能还存在其他文件，因此删除文件时不能（也不需要）删除文件所在的目录，而与此文件关联的目录项和文件控制块需要随着文件一同删除，同时释放文件关联的内存缓冲区。

45. A

索引节点的总数即文件的总数，与单个文件的长度无关。间接地址级数越多、地址项数越多、文件块越大，单个文件的长度就会越大。

46. A

为了实现快速随机播放，要保证最短的查询时间，即不能选取链表和索引结构，因此连续结构最优。

47. B

一个文件被用户进程首次打开即被执行了 open 操作，会把文件的 FCB 调入内存，而不会把文件内容读到内存中，只有进程希望获取文件内容时才会读入文件内容。C、D 明显错误。

48. B

10 个直接索引指针指向的数据块大小为 10×1KB = 10KB。每个索引指针占 4B，则每个磁盘块可存放 1KB/4B = 256 个索引指针，一级索引指针指向的数据块大小为 256×1KB = 256KB，二级索引指针指向的数据块大小为 256×256×1KB = 2^{16}KB = 64MB。

按字节编址，偏移量为 1234 时，因 1234B < 10KB，由直接索引指针可得到其所在的磁盘块地址。文件的索引节点已在内存中，因此地址可直接得到，因此仅需 1 次访盘即可。

偏移量为 307400 时，因 10KB + 256KB < 307400B < 64MB，可知该偏移量的内容在二级索引指针所指向的某个磁盘块中，索引节点已在内存中，因此先访盘 2 次得到文件所在的磁盘块地址，再访盘 1 次即可读出内容，共需 3 次访盘。

49．D

需要注意的是，二进制位串表示的访问权限是这个文件所持有的，而不是某个用户所持有的，这个二进制位串要表示所有类别的用户的访问权限，每个要访问该文件的用户在访问之前都要查这个二进制位串。对于每类用户来说，都需要用 5 位来表示 5 种访问权限中的哪几种访问权限，共有四类用户，因此可将用户访问权限抽象为一个矩阵，其行代表用户类别，列代表访问权限。这个矩阵有 4 行 5 列，1 代表 true，0 代表 false，所以需要 20 位。

例如，下表是一个用二进制位串表示的文件权限。

访问权限 / 用户类别	完全控制	执行	修改	读取	写入
安全管理员	1	1	1	1	0
文件主	1	1	1	1	1
文件主的伙伴	0	1	0	1	0
其他用户	0	0	0	1	0

本题易误选 A，有读者认为用 2 位来表示用户类别，用 3 位来表示访问权限，这种情况在于没有理解文件访问权限的二进制位串是文件所持有的，所以当用户需要检查访问权限时，要在二进制位串中查询所属用户类别的访问权限。此外，每类用户的访问权限不是拥有 5 种访问权限中的哪一种，而是 5 种访问权限都可能拥有，因此不可能用 3 位来表示访问权限。

50．D

为了改善磁盘的效率，操作系统将多个相邻的扇区组合成簇，对文件存储空间的分配以簇为单位，因此一个文件所占用的空间只能是簇的整数倍。文件的大小为 1026B，大于 1 簇、小于 2 簇，因此需要分配 2 簇磁盘空间，即 2048B。

51．B

在总长为 64 字节的目录项中，索引节点占 4 字节，即 32 位。不同目录下的文件的文件名可以相同，所以在考虑系统创建最多文件数量时，只需考虑索引节点的个数，即创建文件数量上限 = 索引节点数量上限。整个系统中最多存储 2^{32} 个索引节点，因此整个系统最多可以表示 2^{32} 个文件。

52．B

多个进程可以同时以“读”或“写”的方式打开文件，操作系统并不保证写操作的互斥性，进程可通过系统调用对文件加锁，保证互斥写（读者-写者问题），A 错误。整个系统只有一个系统打开文件表，同一个文件打开多次只需改变引用计数，B 正确。用户进程的打开文件表关于同一个文件不一定相同，例如当前读写位置指针、访问权限不一定相同，C 错误。进程关闭文件时，文件的引用计数减 1，引用计数变为 0 时才删除系统打开文件表中的表项，D 错误。

53．A

索引分配支持变长的文件，同时可以随机访问文件的指定数据块，A 正确。链接分配不支持随机访问，需要依靠指针依次访问，B 错误。连续分配的文件长度固定，不支持可变文件长度（连续分配的文件长度虽然也可变，但是需要大量移动数据，代价较大，相比之下不太合适），C 错误。

动态分区分配是内存管理方式，不是磁盘空间的管理方式，D 错误。

54. B

当文件 F 首次被进程 P 打开时，会将磁盘的索引节点复制到内存的索引节点，并新增链接计数（打开计数）等内容。当进程 P 关闭文件 F 时，会将内存索引节点的链接计数减 1，因为文件 F 仅被进程 P 打开，所以链接计数变为 0，文件系统释放 F 的内存索引节点，B 正确。关闭 F 不改变目录中文件 F 的目录项，A 错误。关闭 F 只对内存索引节点进行相关的操作，不改变磁盘索引节点的数据结构，C、D 错误。

二、综合应用题

01.【解答】

连续分配方式的优点是可以随机访问（磁盘），访问速度快；缺点是要求有连续的存储空间，容易产生碎片，降低磁盘空间利用率，并且不利于文件的增长扩充。

链接分配方式的优点是不要求连续的存储空间，能更有效地利用磁盘空间，并且有利于扩充文件；缺点是只适合顺序访问，不适合随机访问；另外，链接指针占用一定的空间，降低了存储效率，可靠性也差。

索引分配方式的优点是既支持顺序访问又支持随机访问，查找效率高，便于文件删除；缺点是索引表会占用一定的存储空间。

02.【解答】

目录是存放在磁盘上的，检索目录时需要访问磁盘，速度很慢。利用“FCB 分解法”加快目录检索速度的原理是：将 FCB 的一部分分解出去，存放在另一个数据结构中，而在目录中仅留下文件的基本信息和指向该数据结构的指针，这样一来就有效地缩减了目录的体积，减少了目录所占磁盘的块数，检索目录时读取磁盘的次数也减少，于是就加快了检索目录的速度。

因为原本整个 FCB 都是在目录中的，而 FCB 分解法将 FCB 的部分内容放在了目录外，所以检索完目录后还需要读取一次磁盘，以找齐 FCB 的所有内容。

1）分解法前，目录的磁盘块数为 $64\times254/512 = 31.75$，即 32 块。前 31 块中每块放了 $512/64 = 8$ 个，而最后一块放了 $254-31\times8 = 6$ 个。所以查找该目录文件的某个 FCB 的平均访问磁盘次数 $=[8\times(1+2+3+\cdots+31)+6\times32]/254 = 16.38$ 次。

分解法后，目录的磁盘块数为 $10\times254/512 = 4.96$，即 5 块。前 4 块中每块放了 $512/10 = 51$ 个，而最后一块放了 $254-4\times51 = 50$ 个。所找的目录项在第 1, 2, 3, 4, 5 块所需的磁盘访问次数分别为 2, 3, 4, 5, 6 次。所以查找该目录文件的某个 FCB 的平均访问磁盘次数 $=[51\times(2+3+4+5)+50\times6]/254 = 3.99$ 次。

2）分解法前，平均访问磁盘次数 $=(1+2+3+\cdots+n)/n = (n+1)/2$ 次。

分解法后，平均访问磁盘次数 $=[2+3+4+\cdots+(m+1)]/m = (m+3)/2$ 次。

为了使访问磁盘次数减少，显然需要$(m+3)/2 < (n+1)/2$，即 $m < n-2$。

注意

第二问中的每个盘块都正好装满，相当于访问每个盘块的概率是相等的，因此计算起来比第一问方便很多。

03.【解答】

对于 540MB 的硬盘，硬盘总块数为 540MB/1KB = 540K 个。

因为 540K 刚好小于 2^{20}，所以文件分配表的每个表目可用 20 位，即 20/8 = 2.5B，这样 FAT

占用的存储空间大小为 2.5B×540K = 1350KB。

04.【解答】

1）要想只用到索引节点的直接块，这个文件应能全部在 10 个直接块指向的数据块中放下，而数据块的大小为 4KB，所以该文件的大小应小于或等于 4KB×10 = 40KB，即文件的大小不超过 40KB 时可以只用到索引节点的直接块。

2）只需要算出索引节点指向的所有数据块的块数，再乘以数据块的大小即可。直接块指向的数据块数 = 10 块。

一级间接块指向的索引块里的指针数为 4KB/4B = 1024，所以一级间接块指向的数据块数为 1024 块。

二级间接块指向的索引块里的指针数为 4KB/4B = 1024，指向的索引块里再拥有 4KB/4B = 1024 个指针数。所以二级间接块指向的数据块数为$(4KB/4B)^2 = 1024^2$。

三级间接块指向的数据块数为$(4KB/4B)^3 = 1024^3$。所以，该索引节点能访问到的地址空间大小为

$$\left[10+1\times\frac{4KB}{4B}+1\times\left(\frac{4KB}{4B}\right)^2+1\times\left(\frac{4KB}{4B}\right)^3\right]\times 4KB\approx 4100.00GB=4.00TB$$

3）因为 10000B/4KB = 2.44，所以第 10000B 的内容存放在第 3 个直接块中，若要读取一个文件的第 10000B 的内容，需要访问磁盘 1 次。

4）因为 10MB 的内容需要数据块数为 10MB/4KB = 2.5×1024，直接块和一级间接块指向的数据块数 = 10 + (4KB/4B) = 1034 < 2.5×1024，直接块和一级间接块及二级间接块的数据块数 = $10 + (4KB/4B) + (4KB/4B)^2 > 1\times1024^2 > 2.5\times1024$，所以第 10MB 数据应该在二级间接块下属的某个数据块中，若要读取一个文件的第 10MB 的内容，需要访问磁盘 3 次。

05.【解答】

第一问要计算混合索引结构的寻址空间大小；第二问只要计算出存储该文件索引块的大小，然后加上该文件本身的大小即可。

1）物理块大小为 4KB，数据大小为 4B，则每个物理块可存储的地址数为 4KB/4B = 1024。最大文件的物理块数可达 $10 + 1024 + 1024^2 + 1024^3$，每个物理块大小为 4KB，因此总长度为

$$(10 + 1024 + 1024^2 + 1024^3)\times 4KB = 40KB + 4MB + 4GB + 4TB$$

这个文件系统允许的最大文件长度是 4TB + 4GB + 4MB + 40KB，约为 4TB。

2）占用空间分为文件实际大小和索引项大小，文件大小为 2GB，从 1）中的计算知，需要使用到二次间接索引项。该文件占用 2GB/4KB = 512×1024 个数据块。

一次间接索引项使用 1 个间接索引块，二次间接索引项使用 $1 + \lceil(512\times1024 - 10 - 1024)/1024\rceil \approx 512$ 个间接索引块（最左的 1 表示二次间址块），所以间接索引块所占空间大小为

$$(1 + 512)\times 4KB = 2MB + 4KB$$

另外每个文件使用的 i_node 数据结构占 13×4B = 52B，因此该文件实际占用磁盘空间大小为 2GB + 2MB + 4KB + 52B。

06.【解答】

1）在磁盘中连续存放（采取连续结构），磁盘寻道时间更短，文件随机访问效率更高；在 FCB 中加入的字段为<起始块号，块数>或<起始块号，结束块号>。

2）将所有的 FCB 集中存放，文件数据集中存放。这样在随机查找文件名时，只需访问 FCB 对应的块，可减少磁头移动和磁盘 I/O 访问次数。

07.【解答】

1）文件系统中所能容纳的磁盘块总数为 4TB/1KB = 2^{32}。要完全表示所有磁盘块，索引项中的块号最少要占 32/8 = 4B。而索引表区仅采用直接索引结构，因此 512B 的索引表区能容纳 512B/4B = 128 个索引项。每个索引项对应一个磁盘块，所以该系统可支持的单个文件最大长度是 128×1KB = 128KB。

2）这里考查的分配方式不同于我们熟悉的三种经典分配方式，但题目中给出了详细的解释。所求的单个文件最大长度一共包含两部分：预分配的连续空间和直接索引区。

连续区块数占 2B，共可表示 2^{16} 个磁盘块，即 2^{26}B。直接索引区共 504B/6B = 84 个索引项。所以该系统可支持的单个文件最大长度是 2^{26}B + 84KB。

为了使单个文件的长度达到最大，应使连续区的块数字段表示的空间大小尽可能接近系统最大容量 4TB。分别设起始块号和块数占 4B，这样起始块号可以寻址的范围是 2^{32} 个磁盘块，共 4TB，即整个系统空间。同样，块数字段可以表示最多 2^{32} 个磁盘块，共 4TB。

08.【解答】

1）系统采用顺序分配方式时，插入记录需要移动其他的记录块，整个文件共有 200 条记录，要插入新记录作为第 30 条，而存储区前后均有足够的磁盘空间，且要求最少的访问存储块数，则要把文件前 29 条记录前移，若算访盘次数，移动一条记录读出和存回磁盘各是一次访盘，29 条记录共访盘 58 次，存回第 30 条记录访盘 1 次，共访盘 59 次。

F 的文件控制区的起始块号和文件长度的内容会因此改变。

2）文件系统采用链接分配方式时，插入记录并不用移动其他记录，只需找到相应的记录，修改指针即可。插入的记录为其第 30 条记录，因此需要找到文件系统的第 29 块，一共需要访盘 29 次，然后把第 29 块的下块地址部分赋给新块，把新块存回磁盘会访盘 1 次，然后修改内存中第 29 块的下块地址字段，再存回磁盘，一共访盘 31 次。

4B 共 32 位，可以寻址 2^{32} = 4G 块存储块，每块的大小为 1KB，即 1024B，其中下块地址部分占 4B，数据部分占 1020B，因此该系统的文件最大长度是 4G×1020B = 4080GB。

09.【解答】

1）两个目录文件 dir 和 dir1 的内容如下表所示。

dir目录文件

文件名	簇号
dir1	48

dir1目录文件

文件名	簇号
file1	100
file2	200

2）由于 FAT 的簇号为 2 个字节，即 16 比特，因此在 FAT 表中最多允许 2^{16}（65536）个表项，一个 FAT 文件最多包含 2^{16}（65536）个簇。FAT 的最大长度为 2^{16}×2B = 128KB。文件的最大长度是 2^{16}×4KB = 256MB。

3）在 FAT 的每个表项中存放下一个簇号。file1 的簇号 106 存放在 FAT 的 100 号表项中，簇号 108 存放在 FAT 的 106 号表项中。

4）先在 dir 目录文件里找到 dir1 的簇号，然后读取 48 号簇，得到 dir1 目录文件，接着找到 file1 的第一个簇号，据此在 FAT 里查找 file1 的第 5000 个字节所在的簇号，最后访问磁盘中的该簇。因此，需要访问目录文件 dir1 所在的 48 号簇，及文件 file1 的 106 号簇。

10.【解答】

1）簇大小为 4KB，每个地址项长度为 4B，因此每簇有 4KB/4B = 1024 个地址项。最大文件

的物理块数可达 $8 + 1\times1024 + 1\times1024^2 + 1\times1024^3$，每个物理块（簇）大小为 4KB，因此最大文件长度为 $(8 + 1\times1024 + 1\times1024^2 + 1\times1024^3)\times4KB = 32KB + 4MB + 4GB + 4TB$。

2）文件索引节点总个数为 $1M\times4KB/64B = 64M$，5600B 的文件占 2 个簇，512M 个簇可存放的文件总个数为 $512M/2 = 256M$。可表示的文件总个数受限于文件索引节点总个数，因此能存储 64M 个大小为 5600B 的图像文件

3）文件 F1 的大小为 $6KB < 4KB\times8 = 32KB$，因此获取文件 F1 的最后一个簇的簇号只需要访问索引节点的直接地址项。文件 F2 大小为 40KB，$4KB\times8 < 40KB < 4KB\times8 + 4KB\times1024$，因此获取 F2 的最后一个簇的簇号还需要读一级索引表。综上，需要的时间不相同。

11.【解答】

1）在该文件系统中，目录项由文件名和索引节点号构成。由图(a)可知，stu 目录下有两个文件，分别是 course 和 doc。由图(b)可知，这两个文件分别对应索引节点号 2 和 10。因此，目录文件 stu 中两个目录项的内容是

文件名	索引节点号
course	2
doc	10

2）由图(b)可知，文件 doc 和文件 course1 对应的索引节点号都是 10，说明 doc 和 course1 两个目录项共享同一个索引节点，本质上对应同一个文件。而文件 course1 存储在 30 号磁盘块，因此文件 doc 占用的磁盘块的块号 x 为 30。

3）需要读 2 个磁盘块。先读 course1 的索引节点所在的磁盘块，再读 course1 的内容所在的磁盘块。目录文件 course 的内容已在内存中，即 course1、course2 对应的目录项已在内存中，根据 course1 对应的目录项可以知道其索引节点号，即可读入 course1 的索引节点所在的磁盘块；根据 course1 的索引节点可知该文件存储在 30 号磁盘块，因此可再读入 course1 的内容所在的磁盘块。

4）存取 course2 需要使用索引节点的一级和二级间接地址项。6MB 大小的文件需要占用 $6MB/4KB = 1536$ 个磁盘块。直接地址项可以记录 10 个磁盘块号，一级间接地址块可以记录 $4KB/4B = 1024$ 个磁盘块号，二级间接地址块可以记录 1024×1024 个磁盘块号，而 $10 + 1024 < 1536 < 10 + 1024 + 1024\times1024$。因此，6MB 大小的文件，需要使用一级间接地址项和二级间接地址项（拓展：若文件的总大小超出 $10 + 1024 + 1024\times1024$ 块，则还需使用三级间接地址项）。

4.2 目录

在学习本节时，请读者思考以下问题：

1）目录管理的要求是什么？

2）在目录中查找某个文件可以使用什么方法？

上节介绍了文件的逻辑结构和物理结构，本节将介绍目录的实现。文件目录也是一种数据结构，用于标识系统中的文件及其物理地址，供检索时使用。通常，一个文件目录也被视为一个文件。在学习本节的内容时，读者可以围绕目录管理的要求来思考。

4.2.1　目录的基本概念

上节说过，FCB 的有序集合称为文件目录，一个 FCB 就是一个文件目录项。与文件管理系统和文件集合相关联的是文件目录，它包含有关文件的属性、位置和所有权等。

首先来看目录管理的基本要求：从用户的角度看，目录在用户（应用程序）所需要的文件名和文件之间提供一种映射，所以目录管理要实现“按名存取”；目录存取的效率直接影响到系统的性能，所以要提高对目录的检索速度；在多用户系统中，应允许多个用户共享一个文件，因此目录还需要提供用于控制访问文件的信息。此外，应允许不同用户对不同文件采用相同的名字，以便于用户按自己的习惯给文件命名，目录管理通过树形结构来解决和实现。

4.2.2　目录结构

1．单级目录结构

在整个文件系统中只建立一张目录表，每个文件占一个目录项，如图 4.12 所示。

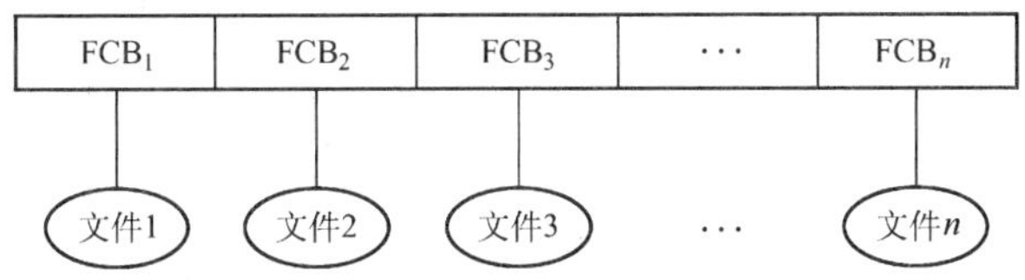

图 4.12　单级目录结构

当建立一个新文件时，必须先检索所有目录项，以确保没有“重名”的情况，然后在该目录中增设一项，将新文件的属性信息填入该项。当访问一个文件时，先按文件名在该目录中查找到相应的 FCB，经合法性检查后执行相应的操作。当删除一个文件时，先从该目录中找到该文件的目录项，回收该文件所占用的存储空间，然后清除该目录项。

单级目录结构实现了“按名存取”，但是存在查找速度慢、文件不允许重名、不便于文件共享等缺点，而且对于多用户的操作系统显然是不适用的。

2．两级目录结构

为了克服单级目录所存在的缺点，可以采用两级方案，将文件目录分成主文件目录（Master File Directory，MFD）和用户文件目录（User File Directory，UFD）两级，如图 4.13 所示。

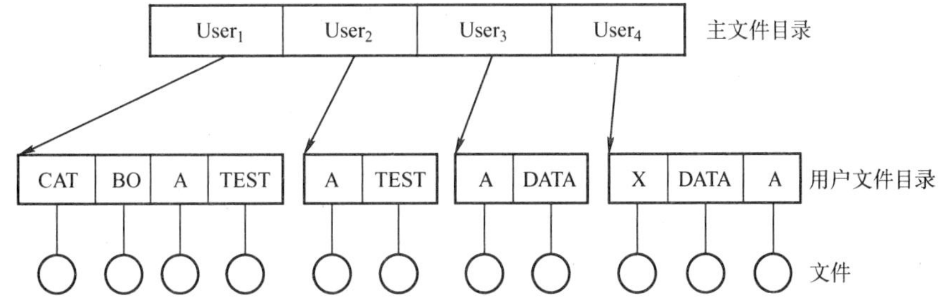

图 4.13　两级目录结构

主文件目录项记录用户名及相应用户文件目录所在的存储位置。用户文件目录项记录该用户所有文件的 FCB。当某用户欲对其文件进行访问时，只需搜索该用户对应的 UFD，这既解决了不同用户文件的“重名”问题，又在一定程度上保证了文件的安全。

两级目录结构提高了检索的速度，解决了多用户之间的文件重名问题，文件系统可以在目录上实现访问限制。但是两级目录结构缺乏灵活性，不能对文件分类。

3. 树形目录结构

命题追踪 ▶ 设置当前工作目录的作用（2010）

将两级目录结构加以推广，就形成了树形目录结构，如图4.14所示。它可以明显地提高对目录的检索速度和文件系统的性能。当用户要访问某个文件时，用文件的路径名标识文件，**文件路径名**是个字符串，由从根目录出发到所找文件通路上所有目录名与数据文件名用分隔符“/”链接而成。从根目录出发的路径称为**绝对路径**，系统中的每个文件都有唯一的路径名。由于一个进程在运行时，其所访问的文件大多局限于某个范围，当层次较多时，每次从根目录查询会浪费时间，于是可为每个进程设置一个当前目录（又称**工作目录**），此时进程对各文件的访问都只须相对于当前目录而进行。当用户要访问某个文件时，使用**相对路径名**标识文件，相对路径由从当前目录出发到所找文件通路上所有目录名与数据文件名用分隔符“/”链接而成。

图4.14是Linux操作系统的目录结构，“/dev/hda”就是一个绝对路径。若当前目录为“/bin”，则“./ls”就是一个相对路径，其中符号“.”表示当前工作目录。

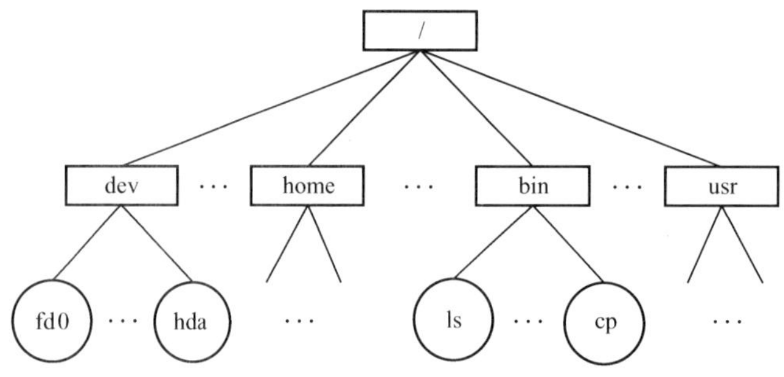

图4.14　树形目录结构

通常，每个用户都有各自的“当前目录”，登录后自动进入该用户的“当前目录”。操作系统提供一个专门的系统调用，供用户随时改变“当前目录”。例如，在UNIX系统中，“/etc/passwd”文件就包含有用户登录时默认的“当前目录”，可用cd命令改变“当前目录”。

树形目录结构可以很方便地对文件进行分类，层次结构清晰，也能够更有效地进行文件的管理和保护。在树形目录中，不同性质、不同用户的文件，可以分别呈现在系统目录树的不同层次或不同子树中，很容易地赋予不同的存取权限。但是，在树形目录中查找一个文件，需要按路径名逐级访问中间节点，增加了磁盘访问次数，这无疑会影响查询速度。目前，大多数操作系统如UNIX、Linux和Windows系统都采用了树形文件目录。

4. 无环图目录结构

树形目录结构能便于实现文件分类，但不便于实现文件共享，为此在树形目录结构的基础上增加一些指向同一节点的有向边，使整个目录成为一个**有向无环图**，如图4.15所示。这种结构允许目录共享子目录或文件，同一个文件或子目录可以出现在两个或多个目录中。

当某用户要求删除一个共享节点时，若系统只是简单地将它删除，则当另一共享用户需要访问时，会因无法找到这个文件而发生错误。为此，可为每个共享节点设置一个**共享计数器**，每当图中增加对该节点的共享链时，计数器加1；每当某用户提出删除该节点时，计数器减1。仅当共享计数器为0时，才真正删除该节点，否则仅删除请求用户的共享链。

无环图目录结构方便地实现了文件的共享，但使得系统的管理变得更加复杂。

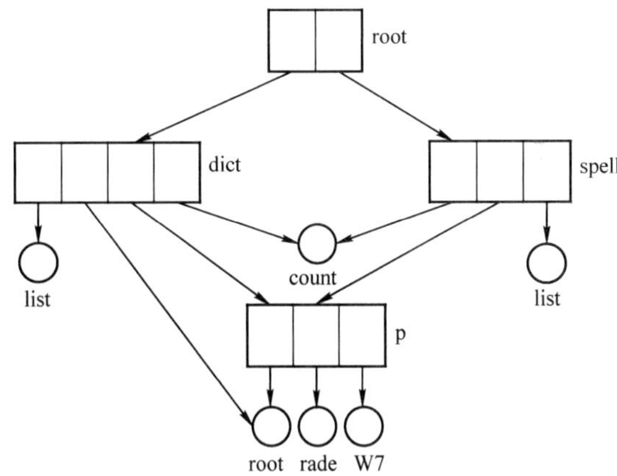

图 4.15　无环图目录结构

4.2.3　目录的操作

在理解一个文件系统的需求前，我们首先考虑在目录这个层次上所需要执行的操作，这有助于后面文件系统的整体理解。

- 搜索。当用户使用一个文件时，需要搜索目录，以找到该文件的对应目录项。
- 创建文件。当创建一个新文件时，需要在目录中增加一个目录项。
- 删除文件。当删除一个文件时，需要在目录中删除相应的目录项。
- 创建目录。在树形目录结构中，用户可创建自己的用户文件目录，并可再创建子目录。
- 删除目录。有两种方式：①不删除非空目录，删除时要先删除目录中的所有文件，并递归地删除子目录。②可删除非空目录，目录中的文件和子目录同时被删除。
- 移动目录。将文件或子目录在不同的父目录之间移动，文件的路径名也会随之改变。
- 显示目录。用户可以请求显示目录的内容，如显示该用户目录中的所有文件及属性。
- 修改目录。某些文件属性保存在目录中，因而这些属性的变化需要改变相应的目录项。

*4.2.4　目录实现

在访问一个文件时，操作系统利用路径名找到相应目录项，目录项中提供了查找文件磁盘块所需要的信息。目录实现的基本方法有线性列表和哈希表两种，要注意目录的实现就是为了查找，因此线性列表实现对应线性查找，哈希表的实现对应散列查找。

1. 线性列表

最简单的目录实现方法是，采用文件名和数据块指针的线性列表。当创建新文件时，必须首先搜索目录以确定没有同名的文件存在，然后在目录中增加一个新的目录项。当删除文件时，则根据给定的文件名搜索目录，然后释放分配给它的空间。当要重用目录项时有许多种方法：可以将目录项标记为不再使用，或将它加到空闲目录项的列表上，还可以将目录的最后一个目录项复制到空闲位置，并减少目录的长度。采用链表结构可以减少删除文件的时间。

线性列表的优点在于实现简单，不过由于线性表的特殊性，查找比较费时。

2. 哈希表

除了采用线性列表存储文件目录项，还可以采用哈希数据结构。哈希表根据文件名得到一个值，并返回一个指向线性列表中元素的指针。这种方法的优点是查找非常迅速，插入和删除也较简单，不过需要一些措施来避免冲突（两个文件名称哈希到同一位置）。

目录查询是通过在磁盘上反复搜索完成的，需要不断地进行I/O操作，开销较大。所以如前所述，为了减少I/O操作，将当前使用的文件目录复制到内存，以后要使用该文件时只需在内存中操作，因此降低了磁盘操作次数，提高了系统速度。

4.2.5 文件共享

文件共享使多个用户共享同一个文件，系统中只需保留该文件的一个副本。若系统不能提供共享功能，则每个需要该文件的用户都要有各自的副本，会造成对存储空间的极大浪费。

前面介绍了无环图目录，基于该结构可以实现文件共享，当建立链接关系时，必须将被共享文件的物理地址（盘块号）复制到相应的目录。如果某个用户向该文件添加新数据，且需要增加新盘块，那么这些新增的盘块只出现在执行操作的目录中，对其他共享用户是不可见的。

1. 基于索引节点的共享方式（硬链接）

命题追踪 ▶ 硬链接和软链接文件中引用计数值的分析（2009）

命题追踪 ▶ 硬链接的原理（2017）

*硬链接*是基于索引节点的共享方式，它将文件的物理地址和属性等信息不再放在目录项中，而是放在索引节点中，在文件目录中只设置文件名及指向相应索引节点的指针。如图4.16所示，在用户A和B的文件目录中，都设置有指向共享文件的索引节点指针。在索引节点中还有一个链接计数count，也称引用计数，表示链接到本索引节点（即文件）上的用户目录项的数目。当count = 2时，表示有两个用户目录项链接到本文件上，即有两个用户共享此文件。

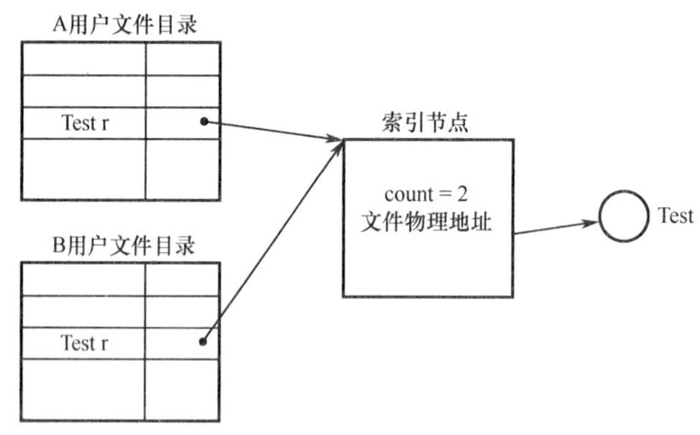

图4.16 基于索引节点的共享方式

用户A创建一个新文件时，他便是该文件的所有者，此时将count置为1。用户B要共享此文件时，在B的目录中增加一个目录项，并设置一个指针指向该文件的索引节点。此时，文件主仍然是用户A，count = 2。如果用户A不再需要此文件，能否直接将其删除呢？答案是否定的。因为若删除了该文件，也必然删除了该文件的索引节点，这样便会使用户B的指针悬空，而B可能正在此文件上执行写操作，此时将因此半途而废。因此用户A不能删除此文件，只是将该文件的count减1，然后删除自己目录中的相应目录项。用户B仍可以使用该文件。当count = 0时，表示没有用户使用该文件，才会删除该文件。如图4.17给出了用户B链接到文件上的前、后情况。

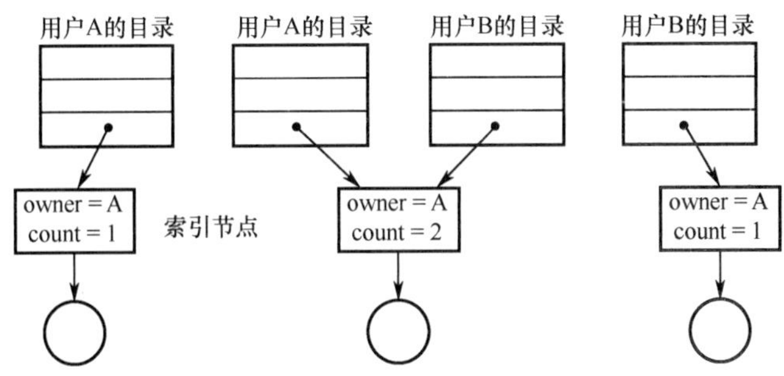

图 4.17 文件共享中的链接计数

2. 利用符号链实现文件共享（软链接）

为使用户 B 能共享用户 A 的一个文件 F，可由系统创建一个 LINK 类型的新文件 L，并将文件 L 写入用户 B 的目录，以实现 B 的目录与文件 F 的链接。文件 L 中只含有被链接文件 F 的路径名，如图 4.18 所示。这种链接方法称为符号链接或软链接，它类似于 Windows 系统中的快捷方式。当用户 B 访问文件 L 时，操作系统看到要读的文件属于 LINK 类型，则根据其中记录的路径名去查询文件 F，然后对 F 进行读/写操作，从而实现用户 B 对文件 F 的共享。

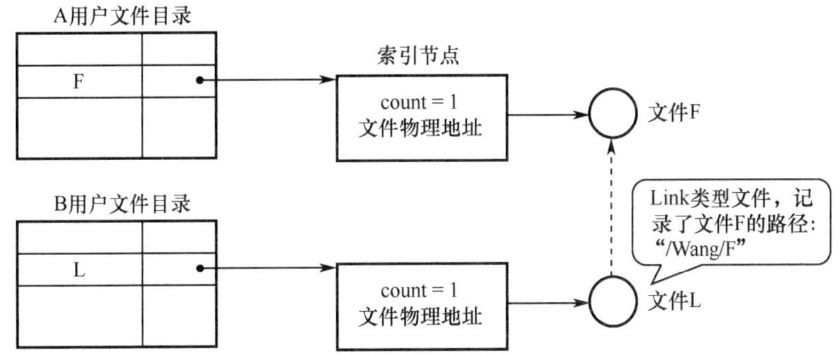

图 4.18 利用符号链的共享方式

命题追踪 ▶ 软链接方式删除共享文件后的情况（2021）

利用符号链方式实现文件共享时，只有文件主才拥有指向其索引节点的指针。而共享该文件的其他用户只有该文件的路径名，并不拥有指向其索引节点的指针。这样，也就不会发生在文件主删除一个共享文件后留下一个悬空指针的情况。当文件主将一个共享文件删除后，若其他用户又试图通过符号链去访问它时，则会访问失败，于是再将符号链删除，此时不会产生任何影响。

在符号链的共享方式中，当其他用户读共享文件时，系统根据文件路径名依次查找目录，直至找到该文件的索引节点。因此，每次访问共享文件时，都可能要多次地读盘，增大了访问文件的开销。此外，符号链接也是一个文件，其索引节点也要耗费一定的磁盘空间。

利用符号链实现网络文件共享时，只需提供该文件所在机器的网络地址及文件路径名。

可以这样说：文件共享，“软”“硬”兼施。硬链接就是多个指针指向一个索引节点，保证只要还有一个指针指向索引节点，索引节点就不能删除；软链接就是将到达共享文件的路径保存下来，当要访问文件时，根据路径寻找文件。可见，硬链接的查找速度要比软链接的快。

4.2.6 本节小结

本节开头提出的问题的参考答案如下。

1）目录管理的要求是什么？

①实现“按名存取”，这是目录管理最基本的功能。②提高对目录的检索速度，从而提高对文件的存取速度。③为了方便用户共享文件，目录还需要提供用于控制访问文件的信息。④允许不同用户对不同文件采用相同的名字，以便用户按自己的习惯给文件命名。

2）在目录中查找某个文件可以使用什么方法？

可以采用线性列表法或哈希表法。线性列表将文件名组织成一个线性表，查找时依次与线性表中的每个表项进行比较。若将文件名按序排列，则使用折半查找法可以降低平均的查找时间，但建立新文件时会增加维护线性表的开销。哈希表用文件名通过哈希函数得到一个指向文件的指针，这种方法非常迅速，但要注意避免冲突。

4.2.7 本节习题精选

一、单项选择题

01. 一个文件系统中，其 FCB 占 64B，盘块大小为 1KB，采用一级目录。假定文件目录中有 3200 个目录项。则查找一个文件平均需要（ ）次访问磁盘。

A. 50　　B. 54　　C. 100　　D. 200

02. 下列关于目录检索的论述中，正确的是（ ）。

A. 由于散列法具有较快的检索速度，因此现代操作系统中都用它来替代传统的顺序检索方法

B. 在利用顺序检索法时，对树形目录应采用文件的路径名，且应从根目录开始逐级检索

C. 在利用顺序检索法时，只要路径名的一个分量名未找到，就应停止查找

D. 利用顺序检索法查找完成后，即可得到文件的物理地址

03. 一个文件的相对路径名是从（ ）开始，逐步沿着各级子目录追溯，最后到指定文件的整个通路上所有子目录名组成的一个字符串。

A. 当前目录　　B. 根目录　　C. 多级目录　　D. 二级目录

04. 文件系统采用多级目录结构的目的是（ ）。

A. 减少系统开销　　B. 节省存储空间

C. 解决命名冲突　　D. 缩短传送时间

05. 若文件系统中有两个文件重名，则不应采用（ ）。

A. 单级目录结构　　B. 两级目录结构

C. 树形目录结构　　D. 多级目录结构

06. 下面的说法中，错误的是（ ）。

I. 一个文件在同一系统中、不同的存储介质上的复制文件，应采用同一种物理结构

II. 对一个文件的访问，常由用户访问权限和用户优先级共同限制

III. 文件系统采用树形目录结构后，对于不同用户的文件，其文件名应该不同

IV. 为防止系统故障造成系统内文件受损，常采用存取控制矩阵方法保护文件

A. II　　B. I、III　　C. I、III、IV　　D. 全选

07. 设文件 F1 的当前引用计数为 1，先建立 F1 的硬链接文件 F2，再建立 F1 的符号链接文件 F3，然后删除 F2，则此时文件 F1、F3 的引用计数值分别是（ ）。

A. 1、1　　B. 1、2　　C. 1、0　　D. 2、2

08. 设文件 F1 的当前引用计数值为 1，先建立 F1 的硬链接文件 F2，再建立 F2 的符号链接文件 F3，现有两个进程 P_1 和 P_2 分别打开了 F1 和 F2，则下列说法中正确的是（ ）。

A. 两次打开操作只涉及一次文件索引节点的磁盘读取操作
B. 进程 P_1 和 P_2 对 F1 具有相同的访问权限
C. 若删除文件 F3，则 F2 的引用计数值减 1
D. 进程 P_1 读取 F1 时需要提供 F1 的绝对路径作为系统调用参数

09. 在树形目录结构中，文件已被打开后，对文件的访问采用（ ）。
A. 文件符号名　　B. 从根目录开始的路径名
C. 从当前目录开始的路径名　　D. 文件描述符

10. 在访问文件时，需要根据文件名对目录文件进行检索，其检索性能主要由（ ）决定。
I. 文件大小　II. 目录项数量　III. 目录项的大小　IV. 目录项在目录中的位置
A. I、II 和 III　　B. II、III 和 IV
C. I、III 和 IV　　D. I、II 和 IV

11. 在计算机中，不允许两个文件名重名主要指的是（ ）。
A. 不同磁盘的不同目录下　　B. 不同磁盘里的同名目录下
C. 同一个磁盘的不同目录下　　D. 同一个磁盘的同一目录下

12. 文件系统实现按名存取主要是靠（ ）实现的。
A. 查找位示图　B. 查找文件目录　C. 查找作业表　D. 地址转换机构

13.【2009 统考真题】设文件 F1 的当前引用计数值为 1，先建立文件 F1 的符号链接（软链接）文件 F2，再建立文件 F1 的硬链接文件 F3，然后删除文件 F1。此时，文件 F2 和文件 F3 的引用计数值分别是（ ）。
A. 0, 1　B. 1, 1　C. 1, 2　D. 2, 1

14.【2010 统考真题】设置当前工作目录的主要目的是（ ）。
A. 节省外存空间　　B. 节省内存空间
C. 加快文件的检索速度　　D. 加快文件的读/写速度

15.【2017 统考真题】若文件 f1 的硬链接为 f2，两个进程分别打开 f1 和 f2，获得对应的文件描述符为 fd1 和 fd2，则下列叙述中正确的是（ ）。
I. f1 和 f2 的读写指针位置保持相同
II. f1 和 f2 共享同一个内存索引节点
III. fd1 和 fd2 分别指向各自的用户打开文件表中的一项
A. 仅 III　B. 仅 II、III　C. 仅 I、II　D. I、II 和 III

16.【2021 统考真题】若目录 dir 下有文件 file1，则为删除该文件内核不必完成的工作是（ ）。
A. 删除 file1 的快捷方式
B. 释放 file1 的文件控制块
C. 释放 file1 占用的磁盘空间
D. 删除目录 dir 中与 file1 对应的目录项

二、综合应用题

01. 设某文件系统采用两级目录的结构，主目录中有 10 个子目录，每个子目录中有 10 个目录项。在同样多目录的情况下，若采用单级目录结构，所需平均检索目录项数是两级目录结构平均检索目录项数的多少倍？

02. 有文件系统如下图所示，图中的框表示目录，圆圈表示普通文件。
1）可否建立 F 与 R 的链接？试加以说明。

2）能否删除R？为什么？

3）能否删除N？为什么？

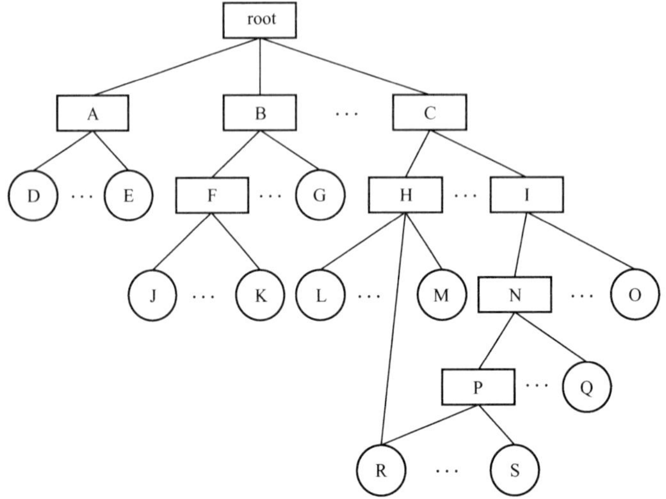

03. 某树形目录结构的文件系统如下图所示。该图中的方框表示目录，圆圈表示文件。

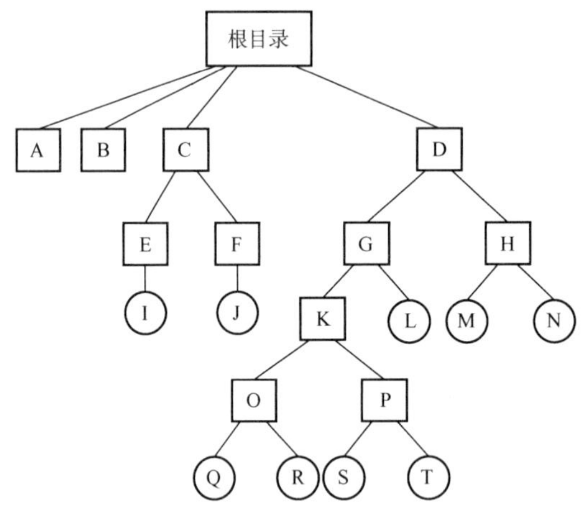

1）可否进行下列操作？

①在目录D中建立一个文件，取名为A。

②将目录C改名为A。

2）若E和G分别为两个用户的目录：

①在一段时间内用户G主要使用文件S和T。为简化操作和提高速度，应如何处理？

②用户E欲对文件I加以保护，不许别人使用，能否实现？如何实现？

04. 有一个文件系统如图A所示。图中的方框表示目录，圆圈表示普通文件。根目录常驻内存，目录文件组织成链接文件，不设FCB，普通文件组织成索引文件。目录表指示下一级文件名及其磁盘地址（各占2B，共4B）。下级文件是目录文件时，指示其第一个磁盘块地址。下级文件是普通文件时，指示其FCB的磁盘地址。每个目录的文件磁盘块的最后4B供拉链使用。下级文件在上级目录文件中的次序在图中为从左至右。每个磁盘块有512B，与普通文件的一页等长。

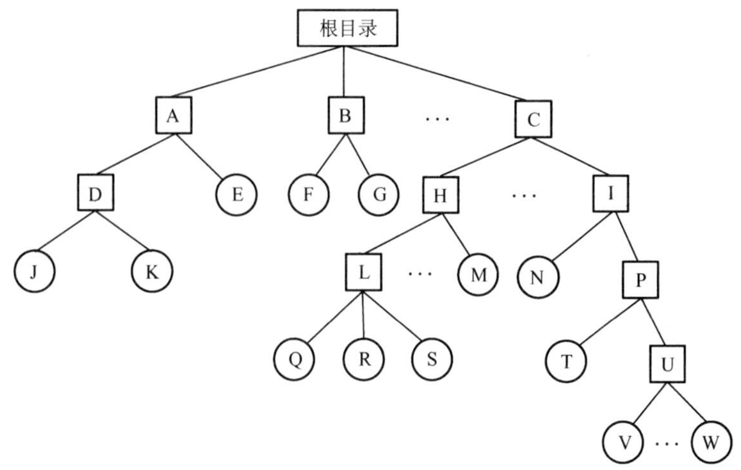

图 A 某树形结构文件系统框图

普通文件的 FCB 组织如图 B 所示。其中，每个磁盘地址占 2B，前 10 个地址直接指示该文件前 10 页的地址。第 11 个地址指示一级索引表地址，一级索引表中的每个磁盘地址指示一个文件页地址；第 12 个地址指示二级索引表地址，二级索引表中的每个地址指示一个一级索引表地址；第 13 个地址指示三级索引表地址，三级索引表中的每个地址指示一个二级索引表地址。请问：

	该文件的有关描述信息
1	磁盘地址
2	磁盘地址
3	磁盘地址
⋮	…
11	磁盘地址
12	磁盘地址
13	磁盘地址

图 B FCB 组织

1）一个普通文件最多可有多少个文件页？

2）若要读文件 J 中的某一页，最多启动磁盘多少次？

3）若要读文件 W 中的某一页，最少启动磁盘多少次？

4）根据 3)，为最大限度地减少启动磁盘的次数，可采用什么方法？此时，磁盘最多启动多少次？

05. 在某个文件系统中，外存为硬盘。物理块大小为 512B，有文件 A 包含 598 条记录，每条记录占 255B，每个物理块放 2 条记录。文件 A 所在的目录如下图所示。文件目录采用多级树形目录结构，由根目录节点、作为目录文件的中间节点和作为信息文件的树叶组成，每个目录项占 127B，每个物理块放 4 个目录项，根目录的第一块常驻内存。试问：

1）若文件的物理结构采用链式存储方式，链指针地址占 2B，则要将文件 A 读入内存，至少需要存取几次硬盘？

2）若文件为连续文件，则要读文件 A 的第 487 条记录至少要存取几次硬盘？

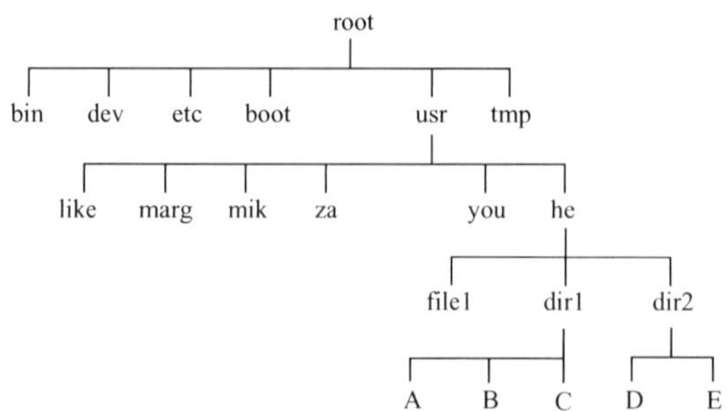

4.2.8 答案与解析

一、单项选择题

01． C

FCB 占 64B，盘块大小为 1KB，一个盘块能存放 1024/64 = 16 个 FCB。文件目录有 3200 个目录项，即 3200 个 FCB（每个目录项为一个 FCB），文件目录需占用 3200/16 = 200 个盘块。查找一个文件需要在 200 个盘块中顺序查找目标 FCB，平均查找次数为 200/2 = 100，即平均访问磁盘的次数。注意，在操作系统教材中，平均查找长度通常描述为“总长度/2”；在数据结构教材中，平均查找长度通常描述为“(1+总长度)/2”，相对而言后者更为严谨。

02． C

实现用户对文件的按名存取，系统先利用用户提供的文件名形成检索路径，对目录进行检索。在顺序检索中，路径名的一个分量未找到，说明路径名中的某个目录或文件不存在，不需要继续检索，C 正确。目录的查询方式有顺序检索法和散列法两种，散列法并不适用于所有的目录结构，而且有冲突和溢出的缺点，解决的开销也较大，因此通常更多采用的是顺序检索法，A 错误。在树形目录中，为了加快文件检索速度，可设置当前目录，于是文件路径可以从当前目录开始查找，B 错误。在顺序检索法查找完成后，得到的是文件的逻辑地址，D 错误。

03． A

相对路径是从当前目录出发到所找文件通路上所有目录名和数据文件名用分隔符连接起来而形成的，注意与绝对路径的区别。

04． C

在文件系统中采用多级目录结构后，符合了多层次管理的需要，提高了文件查找的速度，还允许用户建立同名文件。因此，多级目录结构的采用解决了命名冲突。

05． A

在单级目录文件中，每当新建一个文件时，必须先检索所有的目录项，以保证新文件名在目录中是唯一的。所以单级目录结构无法解决文件重名问题。

06． D

文件在磁带上通常采用连续存放方法，在硬盘上通常不采用连续存放方法，在内存上采用随机存放方法，I 错误。对文件的访问控制，常由用户访问权限和文件属性共同限制，II 错误。在树形目录结构中，对于不同用户的文件，文件名可以不同也可以相同，III 错误。防止文件受损常采用备份的方法，而存取控制矩阵方法用于多用户之间的存取权限保护，IV 错误。

07． A

建立 F2 时，F1 和 F2 的引用计数值都变为 2。建立 F3 时，符号链接文件的引用计数值不受被链接文件的影响，始终为 1，故 F1 和 F3 的引用计数值为 2 和 1。删除 F2 时，F1 的引用计数值变为 2 − 1 = 1，F3 的引用计数值仍保持不变，因此 F1、F3 的引用计数值分别是 1、1。

08. A

文件 F2 是 F1 的硬链接文件，指向同一个索引节点，当进程 P_1 第一次打开 F1 时，会将磁盘上的索引节点读入内存，之后进程 P_1 打开 F2 及进程 P_2 打开 F1 和 F2 都共享之前已读入内存的索引节点，A 正确。P_1 和 P_2 对同一个文件的访问权限可能有所不同，B 错误。F3 是 F1 的软链接文件，删除 F3 不影响 F1 的引用计数值，C 错误。读取 F1 只需传入 F1 在进程 P_1 中的文件描述符（即 F1 在进程 P_1 的进程打开文件表中的索引号），并不需要其路径名，D 错误。

09. D

文件被打开后，系统为每个打开的文件分配一个文件描述符（索引号），用来标识该文件。之后用户不再使用文件名，而使用文件描述符，来对该文件进行读、写、定位等操作。

10. B

文件大小与对目录进行检索无关。目录项数量越多，检索目录时的平均比较次数就越多，影响检索性能；目录项的大小越大，占用的盘块就越多，I/O 时间也就越长，影响检索性能；目录项在目录中的位置不同，可能导致不同的访问路径，影响检索性能。

11. D

A、B 和 C 项的同名文件都有不同的路径名，因此不会造成文件名重名问题。在同一个磁盘的同一目录下，若两个文件名重名，则它们具有相同的路径名，因此无法区别。

12. B

文件目录是实现按名存取的关键，通过查找目录可以获得文件的物理地址和其他属性。

13. B

建立符号链接时，引用计数值直接设置为 1，不受被链接文件的影响；建立硬链接时，引用计数值加 1。删除文件时，删除操作对于符号链接是不可见的，这并不影响文件系统，当以后再通过符号链接访问时，发现文件不存在，直接删除符号链接；但对于硬链接则不可直接删除，引用计数值减 1，若值不为 0，则不能删除此文件，因为还有其他硬链接指向此文件。

当建立 F2 时，F1 和 F2 的引用计数值都为 1。当再建立 F3 时，F1 和 F3 的引用计数值就都变成了 2。当后来删除 F1 时，F3 的引用计数值为 2 − 1 = 1，F2 的引用计数值不变。

14. C

当一个文件系统含有多级目录时，每访问一个文件，都要使用从树根开始到树叶为止、包括各中间节点名的全路径名。当前目录又称工作目录，进程对各个文件的访问都相对于当前目录进行，而不需要从根目录一层一层地检索，加快了文件的检索速度。选项 A、B 都与相对目录无关；选项 D，文件的读/写速度取决于磁盘的性能。

15. B

多个进程打开一个文件时，读写指针的位置不同，它们保存在各自的用户打开文件表中，I 错误。硬链接是基于索引节点的共享方式，指向同一个内存索引节点，II 正确。不同进程获得的文件描述符是各自独立的，分别指向各自的用户打开文件表中的一项，III 正确。

16. A

删除一个文件时，会根据文件控制块回收相应的磁盘空间，将文件控制块回收，并删除目录中对应的目录项。选项 B、C、D 正确。快捷方式属于文件共享中的软连接，本质上创建的是一个链接文件，其中存放的是访问该文件的路径，删除文件并不会导致文件的快捷方式被删除，正如在 Windows 中删除一个程序后，其快捷方式可能仍留在桌面上，但已无法打开。

二、综合应用题

01.【解答】

文件系统共有 10×10 = 100 个目录，若采用单级目录结构，目录表中有 100 个目录项，在检索一个文件时，平均检索的目录项数 = 目录项/2 = 50。采用两级目录结构时，主目录有 10 个目录项，每个子目录均有 10 个目录项，每级平均检索 5 个目录项，即检索一个文件时平均检索 10 个目录项，因此采用单级目录结构所需检索目录项数是采用两级目录结构的 50/10 = 5 倍。

02.【解答】

1）可以建立链接。因为 F 是目录而 R 是文件，所以可以建立 R 到 F 的符号链接。除了符号链接，也可以通过硬链接的方式。

2）不一定能删除 R。由于 R 被多个目录共享，能否删除 R 取决于文件系统实现共享的方法。若采用基于索引节点的共享方法，则因删除后存在指针悬空问题而不能删除 R 节点。若采用基于符号共享的方法，则可以删除 R 节点。

3）不一定能删除 N。由于 N 的子目录中存在共享文件 R，而 R 节点本身不一定能被删除，所以 N 也不一定能被删除。

03.【解答】

1）①由于目录 D 中没有已命名为 A 的文件，因此在目录 D 中，可以建立一个名为 A 的文件。②因为在文件系统的根目录下已存在一个名为 A 的目录，所以根目录下的目录 C 不能改名为 A。

2）①用户 G 需要通过依次访问目录 K 和目录 P，才能访问文件 S 和文件 T。为了提高文件访问速度，可在目录 G 下建立两个链接文件，分别链接到文件 S 和文件 T 上。这样用户 G 就可直接访问这两个文件。②用户 E 可以修改文件 I 的存取控制表来对文件 I 加以保护，不让别的用户使用。具体实现方法是：在文件 I 的存取控制表中，只留下用户 E 的访问权限，其他用户对该文件无操作权限，从而达到不让其他用户访问的目的。

04.【解答】

1）因为磁盘块大小为 512B，所以索引块大小也为 512B，每个磁盘地址大小为 2B。因此，一个一级索引表可容纳 256 个磁盘地址。同样，一个二级索引表可容纳 256 个一级索引表地址，一个三级索引表可容纳 256 个二级索引表地址。这样，一个普通文件最多可有的文件页数为 10 + 256 + 256×256 + 256×256×256 = 16843018。

2）由图可知，目录文件 A 和 D 中的目录项都只有两个，因此这两个目录文件都只占用一个物理块。要读文件 J 中的某一页，先从内存的根目录中找到目录文件 A 的磁盘地址，将其读入内存（已访问磁盘 1 次）。然后从目录 A 中找出目录文件 D 的磁盘地址读入内存（已访问磁盘 2 次）。再从目录 D 中找出文件 J 的 FCB 地址读入内存（已访问磁盘 3 次）。在最坏情况下，该访问页存放在三级索引下，这时候需要一级级地读三级索引块才能得到文件 J 的地址（已访问磁盘 6 次）。最后读入文件 J 中的相应页（共访问磁盘 7 次）。所以，若要读文件 J 中的某一页，最多启动磁盘 7 次。

3）由图可知，目录文件 C 和 U 的目录项较多，可能存放在多个链接在一起的磁盘块中。在最好情况下，所需的目录项都在目录文件的第一个磁盘块中。先从内存的根目录中找到目录文件 C 的磁盘地址并读入内存（已访问磁盘 1 次）。在 C 中找出目录文件 I 的磁盘地址并读入内存（已访问磁盘 2 次）。在 I 中找出目录文件 P 的磁盘地址并读入内存（已访问磁盘 3 次）。从 P 中找到目录文件 U 的磁盘地址并读入内存（已访问磁盘 4 次）。从 U

的第一个磁盘块中找出文件 W 的 FCB 地址并读入内存（已访问磁盘 5 次）。在最好情况下，要访问的页在 FCB 的前 10 个直接块中，按照直接块指示的地址读文件 W 的相应页（已访问磁盘 6 次）。所以，若要读文件 W 中的某页，最少启动磁盘 6 次。

4）为了减少启动磁盘的次数，可以将需要访问的 W 文件挂在根目录的最前面的目录项中。此时，只需读内存中的根目录就可找到 W 的 FCB，将 FCB 读入内存（已访问磁盘 1 次），最差情况下，需要的 W 文件的那个页挂在 FCB 的三级索引下，因此读 3 个索引块需要访问磁盘 3 次（已访问磁盘 4 次）得到该页的物理地址，再去读这个页即可（已访问磁盘 5 次）。此时，磁盘最多启动 5 次。

05.【解答】

1）由于根目录的第一块常驻内存（即 root 所指的/bin, /dev, /etc, /boot 等可直接获得），根目录找到文件 A 需要 5 次读盘。由 255×2 + 2 = 512 可知，一个物理块在链式存储结构下可放 2 条记录及下一个物理块地址，而文件 A 共有 598 条记录，因此读取 A 的所有记录所需的读盘次数为 598/2 = 299，所以将文件 A 读到内存至少需读盘 299 + 5 = 304 次。

2）当文件为连续文件时，找到文件 A 同样需要 5 次读盘，且知道文件 A 的地址后通过计算只需一次读盘即可读出第 487 条记录，所以至少需要 5 + 1 = 6 次读盘。

4.3 文件系统

在学习本节时，请读者思考以下问题：

1）什么是文件系统？

2）文件系统要完成哪些功能？

本节除了“外存空闲空间管理”，其他都是 2022 年统考大纲的新增考点，这些内容都是比较抽象的、看不见也摸不着的原理，在常用的国内教材（如汤小丹的教材）中都鲜有涉及。如果觉得不太好理解这些内容，建议读者结合王道的最新课程进行学习。

4.3.1 文件系统结构

文件系统（File system）提供高效和便捷的磁盘访问，以便允许存储、定位、提取数据。文件系统有两个不同的设计问题：第一个问题是，定义文件系统的用户接口，它涉及定义文件及其属性、所允许的文件操作、如何组织文件的目录结构。第二个问题是，创建算法和数据结构，以便映射逻辑文件系统到物理外存设备。现代操作系统有多种文件系统类型，因此文件系统的层次结构也不尽相同。图 4.19 是一个合理的文件系统层次结构。

（1）I/O 控制层

包括设备驱动程序和中断处理程序，在内存和磁盘系统之间传输信息。设备驱动程序将输入的命令翻译成底层硬件的特定指令，硬件控制器利用这些指令使 I/O 设备与系统交互。设备驱动程序告诉 I/O 控制器对设备的什么位置采取什么动作。

（2）基本文件系统

向对应的设备驱动程序发送通用命令，以读取和写入磁盘的物理块。每个物理块由磁盘地址标识。该层也管理内存缓冲区，并保存各种文件系统、目录和数据块的缓存。在进行磁盘块传输前，分配合适的缓冲区，并对缓冲区进行管理。管理它们对于系统性能的优化至关重要。

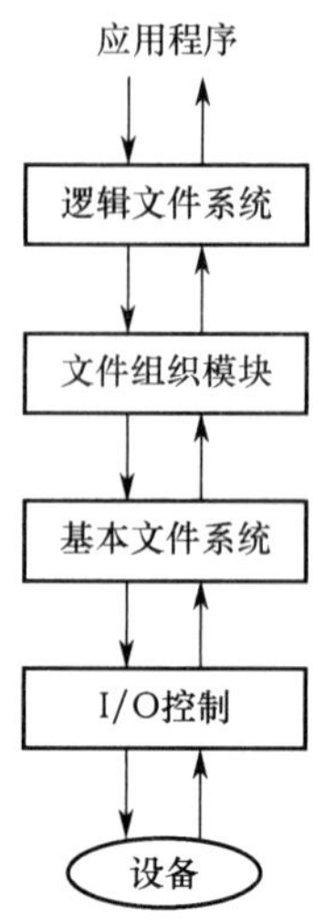

图 4.19 合理的文件系统层次结构

（3）文件组织模块

组织文件及其逻辑块和物理块。文件组织模块可以将文件的逻辑块地址转换为物理块地址，每个文件的逻辑块从 0 到 N 编号，它与数据的物理块不匹配，因此需要通过转换来定位。文件组织模块还包括空闲空间管理器，以跟踪未分配的块，根据需求提供给文件组织模块。

（4）逻辑文件系统

用于管理文件系统中的元数据信息。元数据包括文件系统的所有结构，而不包括实际数据（或文件内容）。逻辑文件系统管理目录结构，以便根据给定文件名为文件组织模块提供所需要的信息。它通过文件控制块来维护文件结构。逻辑文件系统还负责文件保护。

4.3.2 文件系统布局

1. 文件系统在磁盘中的结构

文件系统存放在磁盘上，多数磁盘划分为一个或多个分区，每个分区中有一个独立的文件系统。文件系统可能包括如下信息：启动存储在那里的操作系统的方式、总的块数、空闲块的数量和位置、目录结构以及各个具体文件等。图 4.20 所示为一个可能的文件系统布局。

简单描述如下：

1）主引导记录（Master Boot Record，MBR），位于磁盘的 0 号扇区，用来引导计算机，MBR 的后面是分区表，该表给出每个分区的起始和结束地址。表中的一个分区被标记为活动分区。当计算机启动时，BIOS 读入并执行 MBR。MBR 做的第一件事是确定活动分区，读入它的第一块，即引导块。

2）引导块（boot block），MBR 执行引导块中的程序后，该程序负责启动该分区中的操作系统。每个分区都是统一从一个引导块开始，即使它不含有一个可启动的操作系统，也不排除以后会在该分区安装一个操作系统。Windows 系统称之为分区引导扇区。

除了从引导块开始，磁盘分区的布局是随着文件系统的不同而变化的。文件系统经常包含有如图 4.20 所列的一些项目。

3）超级块（super block），包含文件系统的所有关键信息，在计算机启动时，或者在该文件系统首次使用时，超级块会被读入内存。超级块中的典型信息包括分区的块的数量、块的大小、空闲块的数量和指针、空闲的 FCB 数量和 FCB 指针等。

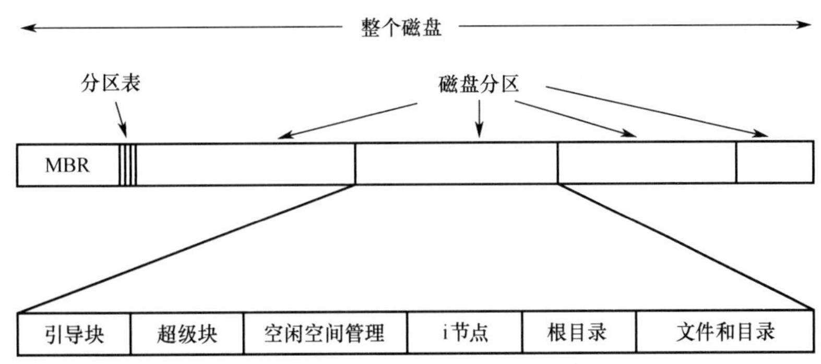

图 4.20　一个可能的文件系统布局

4）文件系统中空闲块的信息，可以用位示图或指针链接的形式给出。后面也许跟的是一组 i 节点，每个文件对应一个节点，i 节点说明了文件的方方面面。接着可能是根目录，它存放文件系统目录树的根部。最后，磁盘的其他部分存放了其他所有的目录和文件。

2．文件系统在内存中的结构

内存中的信息用于管理文件系统并通过缓存来提高性能。这些数据在安装文件系统时被加载，在文件系统操作期间被更新，在卸载时被丢弃。这些结构的类型可能包括：

1）内存中的安装表（mount table），包含每个已安装文件系统分区的有关信息。

2）内存中的目录结构的缓存，包含最近访问目录的信息。

3）整个系统的打开文件表，包含每个打开文件的 FCB 副本、打开计数及其他信息。

4）每个进程的打开文件表，包含进程打开文件的文件描述符（Windows 称之为文件句柄）和指向整个系统的打开文件表中对应表项的指针。

4.3.3　外存空闲空间管理

一个存储设备可以按整体用于文件系统，也可以细分。例如，一个磁盘可以划分为 2 个分区，每个分区都可以有单独的文件系统。包含文件系统的分区通常称为卷（volume）。卷可以是磁盘的一部分，也可以是整个磁盘，还可以是多个磁盘组成 RAID 集，如图 4.21 所示。

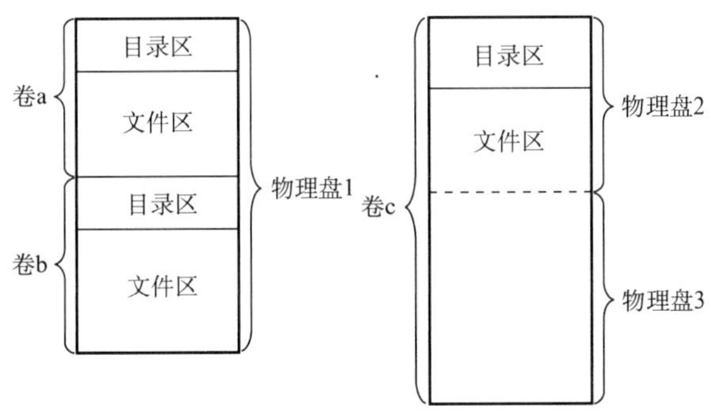

图 4.21　逻辑卷与物理盘的关系

在一个卷中，存放文件数据的空间（文件区）和 FCB 的空间（目录区）是分离的。由于存在很多种类的文件表示和存放格式，所以现代操作系统中一般都有很多不同的文件管理模块，通过它们可以访问不同格式的卷中的文件。卷在提供文件服务前，必须由对应的文件程序进行初始化，划分好目录区和文件区，建立空闲空间管理表格及存放卷信息的超级块。

文件存储设备分成许多大小相同的物理块，并以块为单位交换信息，因此，文件存储设备的管理实质上是对空闲块的组织和管理，它包括空闲块的组织、分配与回收等问题。

命题追踪 ▶ 磁盘空闲空间管理的方法（2019、2024）

1．空闲表法

空闲表法属于连续分配方式，它与内存的动态分区分配类似，为每个文件分配一块连续的存储空间。系统为外存上的所有空闲区建立一张空闲表，每个空闲区对应一个空闲表项，其中包括表项序号、该空闲区的第一个空闲盘块号、该空闲区的空闲盘块数等信息。再将所有空闲区按其起始盘块号递增的次序排列，如表4.2所示。

表4.2 空闲盘块表

序号	第一个空闲盘块号	空闲盘块数
1	2	4
2	9	3
3	15	5
4	—	—

盘块的分配：

空闲盘区的分配与内存的动态分配类似，也是采用首次适应算法、最佳适应算法等。例如，在系统为某新创建的文件分配空闲盘块时，先顺序地检索空闲盘块表的各表项，直至找到第一个其大小能满足要求的空闲区，再将该盘区分配给用户，同时修改空闲盘块表。

盘块的回收：

在对用户所释放的存储空间进行回收时，也采用类似于内存回收的方法，即要考虑回收区是否与空闲盘块表中插入点的前区和后区相邻接，对相邻接者应予以合并。

空闲表法的优点是具有较高的分配速度，可减少访问磁盘的I/O频率。对于较小的文件（1～5个盘块），可以采用连续分配方式为文件分配几个相邻的盘块。

2．空闲链表法

空闲链表法是指将所有空闲盘区拉成一条空闲链，可分为以下两种。

（1）空闲盘块链

空闲盘块链是指将磁盘上的所有空闲空间以盘块为单位拉成一条链。每个盘块都有指向下一个空闲盘块的指针。当用户请求分配存储空间时，系统从链首开始，依次摘下适当数目的空闲盘块分配给用户。当用户释放存储空间时，系统将回收的盘块依次插入空闲盘块链的末尾。

空闲盘块链的优点是分配和回收一个盘块的过程非常简单。缺点是在为一个文件分配盘块时可能要重复操作多次，效率较低；又因它是以盘块为单位的，空闲盘块链会很长。

（2）空闲盘区链

空闲盘区链是指将磁盘上的所有空闲盘区拉成一条链，每个盘区包含若干相邻的盘块。每个盘区含有下一个空闲盘区的指针和本盘区的盘块数。分配盘区的方法与内存的动态分区分配类似，通常采用首次适应算法。回收盘区时，同样也要将回收区与相邻接的空闲盘区合并。

空闲盘区链的优缺点正好与空闲盘块链的相反，优点是分配与回收的效率较高，且空闲盘区链较短。缺点是分配与回收的过程比较复杂。

3．位示图法

命题追踪 ▶▶ 位示图的应用及相关计算（2010、2014、2015、2023）

位示图是利用二进制的一位来表示磁盘中一个盘块的使用情况，磁盘上的所有盘块都有一个二进制位与之对应。当其值为“0”时，表示对应的盘块空闲；为“1”时，表示已分配。这样，一个 $m \times n$ 位组成的位示图就可用来表示 $m \times n$ 个盘块的使用情况，如图 4.22 所示。

	1	2	3	4	5	6	7	8	9	10	11	12	13	14	15	16
1	1	1	0	0	0	1	1	1	0	0	1	0	0	1	1	0
2	0	0	0	1	1	1	1	1	1	0	0	0	0	1	1	1
3	1	1	1	0	0	0	1	1	1	1	1	1	0	0	0	0
4																
⋮																
16																

图 4.22　位示图法示意图

盘块的分配：

1）顺序扫描位示图，从中找出一个或一组其值为“0”的二进制位。

2）将找到的一个或一组二进制位转换成与之对应的盘块号。假设找到值为“0”的二进制位处在位示图的第 i 行、第 j 列，则其对应的盘块号应按下式计算（n 为每行位数）：

$$b = n(i-1) + j$$

3）修改位示图，令 $map[i, j] = 1$。

盘块的回收：

1）将回收盘块的盘块号转换成位示图中的行号和列号。转换公式为：

$$i = (b-1) \text{ DIV } n + 1$$

$$j = (b-1) \text{ MOD } n + 1$$

2）修改位示图，令 $map[i, j] = 0$。

注　意

如无特别提示，本书所用位示图的行和列都从 1 开始编号。特别注意，若题中指明从 0 开始编号，则上述计算方法要进行相应的调整。

位示图法的优点是很容易在位示图中找到一个或一组相邻接的空闲盘块。由于位示图很小，占用空间少，因此可将它保存在内存中，从而节省许多磁盘启动的开销。

位示图法的问题是位示图大小会随着磁盘容量的增加而增大，因此常用于小型计算机。

4．成组链接法

空闲表法和空闲链表法都不适用于大型文件系统，因为这会使空闲表或空闲链表太大。UNIX 系统中采用的是成组链接法，它结合了上述两种方法的思想而克服“表太长”的缺点。

成组链接法的思想：将空闲盘块分成若干组，如 100 个盘块作为一组，每组的第一个盘块记录下一组的空闲盘块总数和空闲盘块号。这样，由各组的第一个盘块可以链接成一条链。第一组的空闲盘块总数和空闲盘块号保存在内存的专用栈中，称为空闲盘块号栈。假设系统空闲区为第 201～7999 号盘块，则第一组的盘块号为 201～300……次末组的盘块号为 7801～7900，最末一组的盘块号为 7901～7999。最末一组只有 99 个盘块，它们的块号记录在前一组的 7900 号盘块中，该块中存放的第一个盘块号是“0”，以作为空闲盘块链的结束标志，如图4.23所示。

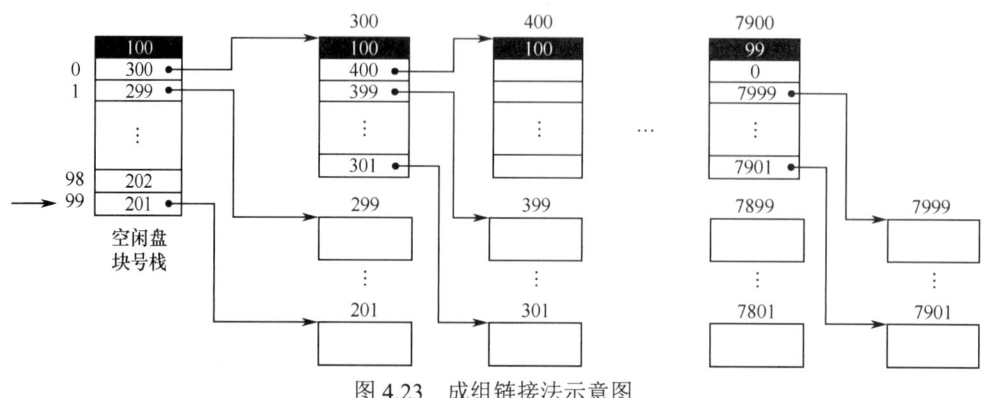

图4.23 成组链接法示意图

简而言之，每组（除了最后一组）的第一块作为索引块，然后将这些索引块链接起来。

盘块的分配：

根据空闲盘块号栈的指针，将与之对应的盘块分配给用户，同时移动指针。若该指针指向的是栈底的盘块号，则由于该盘块号对应的盘块中保存的是下一组空闲盘块号，因此要将该盘块的内容读入栈中，作为新的空闲盘块号栈的内容，并将原栈底盘块号对应的盘块分配出去（其中有用的数据已读入栈中）。最后，将栈中的空闲盘块数减1。

例如，在图4.23中，分配盘块时，先依次分配201～299号盘块，当需要分配300号盘块时，首先将300号盘块的内容读入空闲盘块号栈，然后分配300号盘块。

盘块的回收：

将回收的盘块号存入空闲盘块号栈的顶部，同时移动指针，并将栈中的空闲盘块数加1。当栈中的空闲盘块数已达100时，表示栈已满，将现有栈中的100个空闲盘块号存入新回收的盘块，并将新回收的盘块号作为新栈底，再将栈中的空闲盘块数置为1。

表示空闲空间的位向量表或空闲盘块号栈，以及卷中的目录区、文件区划分信息都要存放在磁盘中，一般放在卷头位置，在UNIX系统中称为超级块。在对卷中的文件进行操作前，超级块要预先读入内存，并且经常保持主存超级块与磁盘卷中超级块的一致性。

4.3.4 虚拟文件系统

虚拟文件系统（VFS）屏蔽了不同文件系统的差异和操作细节，向上为用户提供了文件操作的统一调用接口，如图4.24所示。当用户程序访问文件时，通过VFS提供的统一调用函数（如open()等）来操作不同文件系统的文件，而无须考虑具体的文件系统和实际的存储介质。

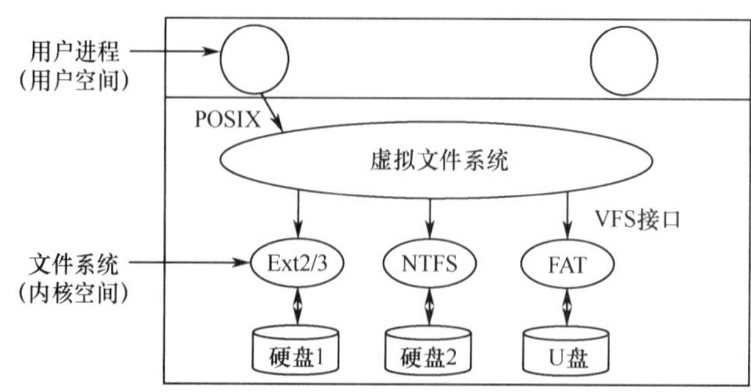

图4.24 虚拟文件系统的示意图

虚拟文件系统采用了面向对象的思想，它抽象出一个通用的文件系统模型，定义了通用文件系统都支持的接口。新的文件系统只要支持并实现这些接口，即可安装和使用。为了实现虚拟文件系统，系统抽象了四种对象类型。每个对象都包含数据和函数指针，这些函数指针指向操作这些数据的文件系统的实现函数。这四种对象类型如下。

（1）超级块对象

表示一个已安装（或称挂载）的特定文件系统。超级块对象对应于磁盘上特定扇区的文件系统超级块，用于存储已安装文件系统的元信息。其操作方法包含一系列可在超级块对象上调用的操作函数，主要有分配 inode、销毁 inode、读 inode、写 inode 等。

（2）索引节点对象

表示一个特定的文件。索引节点和文件是一对一的关系。只有当文件被访问时，才在内存中创建索引节点对象，每个索引节点对象都会复制磁盘索引节点包含的一些数据。索引节点对象还提供许多操作函数，如创建新索引节点、创建硬链接、创建新目录等。

（3）目录项对象

表示一个特定的目录项。目录项对象是一个路径的组成部分，它包含指向关联索引节点的指针，还包含指向父目录和指向子目录的指针。不同于前面两个对象，目录项对象在磁盘上没有对应的数据结构，而是 VFS 在遍历路径的过程中，将它们逐个解析成目录项对象的。

（4）文件对象

表示一个与进程相关的已打开文件。可以通过调用 open()打开一个文件，通过调用 close()关闭一个文件。文件对象和物理文件的关系类似于进程和程序的关系。文件对象仅是进程视角上代表已打开的文件，它反过来指向其索引节点。文件对象包含与该文件相关联的目录项对象，包含该文件的文件系统、文件指针等，还包含在该文件对象上的一系列操作函数。

当进程发起一个面向文件的系统调用时，内核调用 VFS 中的一个函数，该函数调用目标文件系统中的相应函数，将文件系统请求转换到面向设备的指令。以在用户空间调用 write()为例，它在 VFS 中通过 sys_write()函数处理，sys_write()找到具体文件系统提供的写方法，将控制权交给该文件系统，最后由该文件系统与物理介质交互并写入数据，如图 4.25 所示。

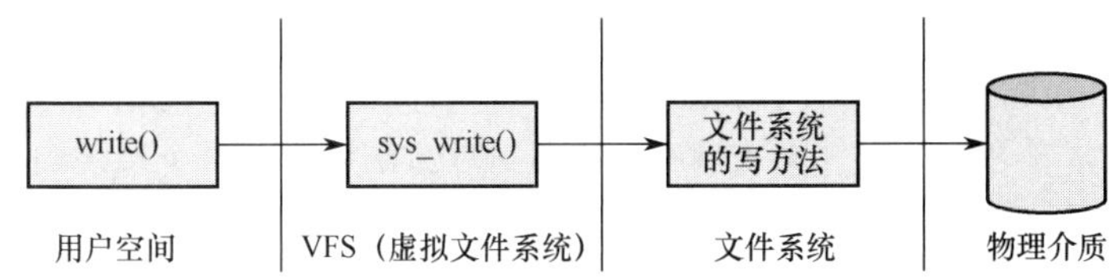

图 4.25 write()系统调用操作示意图

对用户来说，不需要关心不同文件系统的具体实现细节，只需要对一个虚拟的文件操作界面进行操作。VFS 对每个文件系统的所有细节进行抽象，使得不同的文件系统在系统中运行的进程看来都是相同的。严格来说，VFS 并不是一种实际的文件系统，它只存在于内存中，不存在于任何外存空间中。VFS 在系统启动时建立，在系统关闭时消亡。

4.3.5 文件系统挂载

如文件在使用前要打开那样，文件系统在进程使用之前必须先安装，也称挂载（Mounting）。将设备中的文件系统挂载到某个目录后，就可通过这个目录来访问设备上的文件。注意，这里的设备指的是逻辑上的设备，如一个磁盘上的不同分区都可视为不同的设备。

Windows 系统维护一个扩展的两级目录结构，用驱动器字母表示设备和卷。卷具有常规树结构的目录，与驱动器号相关联，还含有指向已安装文件系统的指针。特定文件的路径形式为driver-letter:\path\to\file，访问时，操作系统找到相应文件系统的指针，并遍历该设备的目录结构，以查找指定的文件。新版的Windows允许文件系统安装在目录树下的任意位置，就像UNIX一样。在启动时，Windows操作系统自动发现所有设备，并且安装所有找到的文件系统。

UNIX使用系统的根文件系统，它是在系统启动时直接安装的，也是内核映像所在的文件系统。除了根文件系统，所有其他文件系统都要先挂载到根文件系统中的某个目录后才能访问。其他文件系统要么在系统初始化时自动安装，要么由用户挂载在已安装文件系统的目录下。安装文件系统的这个目录称为安装点，同一个设备可以有多个安装点，同一个安装点同时只能挂载一个设备。将设备挂载到安装点之后，通过该目录就可以读取该设备中的数据。

假定将存放在磁盘/dev/fd0上的ext2文件系统通过mount命令安装到/flp：

```
mount -t ext2 /dev/fd0 /flp
```

如需卸载该文件系统，可以使用umount命令。

贯穿本章内容有两条主线：第一条主线是介绍一种新的抽象数据类型——文件，从逻辑结构和物理结构两个方面进行；第二条主线是操作系统是如何管理“文件”的，介绍了多文件的逻辑结构的组织，即目录，还介绍了如何处理用户对文件的服务请求，即磁盘管理。只从宏观上认识是远不够的，从宏观上把握知识的目的是为了从微观上更加准确地掌控细微知识点，在考试中取得好成绩。读者要通过反复做题和思考，不断加深自己对知识点的掌握程度。

4.3.6 本节小结

本节开头提出的问题的参考答案如下。

1）什么是文件系统？

操作系统中负责管理和存储文件信息的软件机构称为文件管理系统，简称文件系统。文件系统由三部分组成：与文件管理有关的软件、被管理文件及实施文件管理所需的数据结构。

2）文件系统要完成哪些功能？

对于用户而言，文件系统最主要的功能是实现对文件的基本操作，让用户可以按名存储和查找文件，组织成合适的结构，并应当具有基本的文件共享和文件保护功能。对于操作系统本身而言，文件系统还需要管理与磁盘的信息交换，完成文件逻辑结构和物理结构上的变换，组织文件在磁盘上的存放，采取好的文件排放顺序和磁盘调度方法以提升整个系统的性能。

4.3.7 本节习题精选

一、单项选择题

01. 从用户的观点看，操作系统中引入文件系统的目的是（ ）。

A. 保护用户数据　　B. 实现对文件的按名存取

C. 实现虚拟存储　　D. 保存用户和系统文档及数据

02. 逻辑文件系统的功能有（ ）。

I. 文件按名存取　　II. 文件目录组织管理

III. 把文件名转换为文件描述符或文件句柄　　IV. 存储保护

A. I、II和III　　B. II、III和IV

C. I、II和IV　　D. I、II、III和IV

03. 下列关于文件系统的说法中，正确的是（ ）。

A. 一个文件系统可以存放的文件数量受限于文件控制块的数量

B. 一个文件系统的容量一定等于承载该文件系统的磁盘容量
C. 一个文件系统中单个文件的大小只受磁盘剩余空间大小的限制
D. 一个文件系统不能将数据存放在多个磁盘上

04. UNIX 操作系统中，文件的索引结构放在（ ）。
A. 超级块　　B. 索引节点　　C. 目录项　　D. 空闲块

05. 文件的存储空间管理实质上是对（ ）的组织和管理。
A. 文件目录　　B. 外存已占用区域　　C. 外存空闲区　　D. 文件控制块

06. 对外存文件区的管理应以（ ）为主要目标。
A. 提高系统吞吐量　　B. 提高换入换出速度
C. 降低存储费用　　D. 提高存储空间的利用率

07. 位示图可用于（ ）。
A. 文件目录的查找　　B. 磁盘空间的管理
C. 主存空间的管理　　D. 文件的保密

08. 下列各种文件存储空间的管理方法中，（ ）需要使用空闲盘块号栈。
A. 空闲表法　　B. 空闲链表法　　C. 位示图法　　D. 成组链接法

09. 硬盘的主引导扇区（ ）。
A. 包含引导记录　　B. 包含分区表和主引导程序
C. 只包含主引导程序　　D. 只包含分区表

10. 若用 8 个字（字长 32 位）组成的位示图管理内存，行号和列号均从 1 开始，假定用户归还一个块号为 100 的内存块时，则它对应位示图的位置为（ ）。
A. 字号为 3，位号为 5　　B. 字号为 4，位号为 4
C. 字号为 3，位号为 4　　D. 字号为 4，位号为 5

11. 比较难得到连续空间的空闲空间管理方式是（ ）。
A. 空闲链表　　B. 空闲表　　C. 位示图　　D. 成组链接

12. 下列选项中，（ ）不是 Linux 实现虚拟文件系统 VFS 所定义的对象类型。
A. 超级块（superblock）对象　　B. 目录项（inode）对象
C. 文件（file）对象　　D. 数据（data）对象

13. 【2014 统考真题】现有一个容量为 10GB 的磁盘分区，磁盘空间以簇为单位进行分配，簇的大小为 4KB，若采用位图法管理该分区的空闲空间，即用一位来标识一个簇是否被分配，则存放该位图所需的簇数为（ ）。
A. 80　　B. 320　　C. 80K　　D. 320K

14. 【2015 统考真题】文件系统用位图法表示磁盘空间的分配情况，位图存于磁盘的 32～127 号块中，每个盘块占 1024B，盘块和块内字节均从 0 开始编号。假设要释放的盘块号为 409612，则位图中要修改的位所在的盘块号和块内字节序号分别是（ ）。
A. 81，1　　B. 81，2　　C. 82，1　　D. 82，2

15. 【2019 统考真题】下列选项中，可用于文件系统管理空闲磁盘块的数据结构是（ ）。
I. 位图　　II. 索引节点　　III. 空闲磁盘块链　　IV. 文件分配表（FAT）
A. 仅 I、II　　B. 仅 I、III、IV　　C. 仅 I、III　　D. 仅 II、III、IV

16. 【2023 统考真题】某系统采用页式存储管理，用位图管理空闲页框。若页大小为 4KB，物理内存大小为 16GB，则位图所占空间的大小是（ ）。
A. 128B　　B. 128KB　　C. 512KB　　D. 4MB

二、综合应用题

01. 一计算机系统利用位示图来管理磁盘文件空间。假定该磁盘组共有 100 个柱面，每个柱面有 20 个磁道，每个磁道分成 8 个盘块（扇区），每个盘块 1KB，位示图如下图所示。

i\j	0	1	2	3	4	5	6	7	8	9	10	11	12	13	14	15
0	1	1	1	1	1	1	1	1	1	1	1	1	1	1	1	1
1	1	1	1	1	1	1	1	1	1	1	1	1	1	1	1	1
2	1	1	0	1	1	1	1	1	1	1	1	1	1	1	1	1
3	1	1	1	1	1	1	0	1	1	1	1	1	1	0	0	0
4	0	0	0	0	0	0	0	0	0	0	0	0	0	0	0	0
…																

1）试给出位示图中位置(i, j)与对应盘块所在的物理位置（柱面号，磁头号，扇区号）之间的计算公式。假定柱面号、磁头号、扇区号都从 0 开始编号。

2）试说明分配和回收一个盘块的过程。

02. 假定一个盘组共有 100 个柱面，每个柱面上有 16 个磁道，每个磁道分成 4 个扇区。

1）整个磁盘空间共有多少个存储块？（每个扇区对应一个存储块）

2）若用字长 32 位的单元来构造位示图，共需要多少个字？

3）位示图中第 18 个字的第 16 位对应的块号是多少？（字号和位号都从 1 开始）

4.3.8 答案与解析

一、单项选择题

01. B

从系统角度看，文件系统负责对文件的存储空间进行组织、分配，负责文件的存储并对文件进行保护、检索。从用户角度看，文件系统根据一定的格式将文件存放到存储器中适当的地方，当用户需要使用文件时，系统根据用户所给的文件名能够从存储器中找到所需要的文件。

02. D

逻辑文件系统的功能包括对文件按名存取，进行文件目录组织管理，将文件名转换为文件描述符或文件句柄，进行存储保护，因此 4 个说法均正确。

03. A

一个文件系统的容量不一定等于承载该文件系统的磁盘容量。一个磁盘可分为多个分区，每个分区可以有不同的文件系统，单个文件的大小不仅受磁盘剩余空间大小的限制，而且受 FCB 和 FAT 表等结构的限制。利用磁盘阵列技术，一个文件系统可将数据存放到多个磁盘上。

04. B

UNIX 采用树形目录结构，文件信息存放在索引节点中。超级块是用来描述文件系统的。

05. C

文件存储空间管理即文件空闲空间管理。文件管理要解决的重要问题是，如何为创建文件分配存储空间，即如何找到空闲盘块，并对其管理。

06. D

文件区占磁盘空间的大部分，由于通常的文件都较长时间地驻留在外存上，对它们的访问频率是较低的，所以对文件区管理的主要目标是提高存储空间的利用率。

07. B

位示图方法是空闲块管理方法，用于管理磁盘空间。

08．D

成组链接法将所有空闲盘块分成若干组，每组的第一个盘块记录下一组的空闲盘块总数和空闲盘块号。第一组的空闲盘块总数和空闲盘块号存放在内存的专用栈中，称为空闲盘块号栈。

09．B

硬盘的主引导扇区由三部分组成：主引导程序，也称主引导记录（MBR），用于系统启动时将控制转给用户指定的并在分区表中登记了的某个活动分区；分区表，给出每个分区的起始和结束地址；结束标志，其值通常为 AA55。

10．B

首先求出块号 100 所在的行号，1～32 在行号 1 中，33～64 在行号 2 中，65～96 在行号 3 中，97～128 在行号 4 中，所以块号 100 在行号 4 中；然后求出块号 100 在行号 4 中的哪列，行号 4 的第 1 列是块号 97，以此类推，块号 100 在行号 4 中的第 4 列。另解，行号 row 和列号 col 分别为

$$\text{row} = (100 - 1)\ \text{DIV}\ 32 + 1 = 4$$

$$\text{col} = (100 - 1)\ \text{MOD}\ 32 + 1 = 4$$

即字号为 4，位号也为 4。注意，如果注明行号和列号从 0 开始，那么答案是不同的。

11．A

空闲链表法适用于离散分配，比较难得到连续空间。空闲表法适用于连续分配，容易得到连续空间。位示图法适用于连续分配和离散分配，容易找到连续的空闲块。成组链接法是将连续分配和离散分配相结合的方法，也能方便找到连续的空闲块。

12．D

为了实现虚拟文件系统（VFS），Linux 主要抽象了四种对象类型：超级块对象、索引节点对象、目录项对象和文件对象。D 错误。

13．A

簇的总数为 10GB÷4KB = 2.5M，用一位标识一簇是否被分配，整个磁盘共需要 2.5Mbit，即需要 2.5M÷8 = 320KB，因此共需要 320KB÷4KB = 80 簇。

14．C

盘块号 = 起始块号 +$\lfloor$盘块号/(1024×8)$\rfloor$ = 32 +$\lfloor$409612/(1024×8)$\rfloor$ = 32 + 50 = 82，这里问的是块内字节号而不是位号，因此还需除以 8，块内字节号 =$\lfloor$(盘块号% (1024×8))/8$\rfloor$ = 1。

15．B

传统文件系统管理空闲磁盘的方法包括空闲表法、空闲链表法、位示图法和成组链接法，I、III 正确。FAT 的表项与物理磁盘块一一对应，并且可以用一个特殊的数字−1 表示文件的最后一块，用−2 表示这个磁盘块是空闲的（当然也可用−3, −4 来表示），因此 FAT 不仅记录了文件中各个块的先后链接关系，同时还标记了空闲的磁盘块，操作系统可以通过 FAT 对文件存储空间进行管理，IV 正确。索引节点是操作系统为了实现文件名与文件信息分开而设计的数据结构，存储了文件描述信息，索引节点属于文件目录管理部分的内容，II 错误。

16．C

物理内存大小为 16GB，页大小为 4KB，则物理内存的总页框数为 16GB÷4KB = $2^{34}/2^{12} = 2^{22}$。位图用 1 位来表示一个页框是否空闲，所以占用的空间大小为 2^{22}b = 2^{19}B = 512KB。

二、综合应用题

01.【解答】

1）根据位示图的位置(i, j)，得出盘块的序号 $b = i×16 + j$；用 C 表示柱面号，H 表示磁头号，

S 表示扇区号，则有

$$C = b/(20\times8),\quad H = (b\%(20\times8))/8,\quad S = b\%8$$

2）分配：顺序扫描位示图，找出 1 个其值为“0”的二进制位（“0”表示空闲），利用上述公式将其转换成相应的序号 b，并修改位示图，置$(i, j) = 1$。

回收：将回收盘块的盘块号换算成位示图中的 i 和 j，转换公式为

$$b = C\times20\times8 + H\times8 + S,\quad i = b/16,\quad j = b\%16$$

最后将计算出的(i, j)在位示图中置“0”。

02.【解答】

1）整个磁盘空间的存储块（扇区）数目为 $4\times16\times100 = 6400$ 个。

2）位示图应为 6400 个位，如果用字长为 32 位（即 $n = 32$）的单元来构造位示图，那么需要 $6400/32 = 200$ 个字。

3）位示图中第 18 个字的第 16 位（即 $i = 18, j = 16$）对应的块号为 $32\times(18-1) + 16 = 560$。

4.4 本章疑难点

1．文件的物理分配方式的比较

文件的三种物理分配方式的比较如表 4.3 所示。

表 4.3　文件三种分配方式的比较

	访问第 n 条记录	优　点	缺　点
连续分配	需访问磁盘 1 次	顺序存取时速度快，文件定长时可根据文件起始地址及记录长度进行随机访问	文件存储要求连续的存储空间，会产生碎片，不利于文件的动态扩充
链接分配	需访问磁盘 n 次	可解决外存的碎片问题，提高外存空间的利用率，动态增长较方便	只能按照文件的指针链顺序访问，查找效率低，指针信息存放消耗外存空间
索引分配	m 级需访问磁盘 $m+1$ 次	可以随机访问，文件易于增删	索引表增加存储空间的开销，索引表的查找策略对文件系统效率影响较大

2．文件打开的过程描述

① 检索目录，要求打开的文件应该是已经创建的文件，它应登记在文件目录中，否则会出错。在检索到指定文件后，就将其磁盘 iNode 复制到活动 iNode 表中。

② 将参数 mode 所给出的打开方式与活动 iNode 中在创建文件时所记录的文件访问权限相比较，如果合法，则此次打开操作成功。

③ 当打开合法时，为文件分配用户打开文件表表项和系统打开文件表表项，并为后者设置初值，通过指针建立表项与活动 iNode 之间的联系，再将文件描述符 fd 返回给调用者。

05 第5章 输入/输出（I/O）管理

【考纲内容】

扫一扫

视频讲解

（一）I/O 管理基础

设备：设备的基本概念，设备的分类，I/O 接口

I/O 控制方式：轮询方式，中断方式，DMA 方式

I/O 软件层次结构：中断处理程序，驱动程序，设备独立性软件，用户层 I/O 软件

输入/输出应用程序接口：字符设备接口，块设备接口，网络设备接口，阻塞/非阻塞 I/O

（二）设备独立软件

缓冲区管理；设备分配与回收；假脱机技术（SPOOLing）；设备驱动程序接口

（三）外存管理

磁盘：磁盘结构，格式化，分区，磁盘调度算法

固态硬盘：读/写性能特效，磨损均衡

【复习提示】

本章的内容较为分散，重点掌握 I/O 接口、I/O 软件、三种 I/O 控制方式、高速缓存与缓冲区、SPOOLing 技术，磁盘特性和调度算法。本章很多知识点与硬件高度相关，建议与计算机组成原理的对应章节结合复习。已复习过计算机组成原理的读者遇到比较熟悉的内容时也可适当跳过。另外，未复习过计算机组成原理的读者可能会觉得本章的习题较难，但无须担心。

本章内容在历年统考真题中所占的比重不大，若统考中出现本章的题目，则基本上可以断定一定较为简单，看过相关内容的读者就一定会做，而未看过的读者基本上只能靠“蒙”。考研成功的秘诀是复习要反复多次且全面，偷工减料是要吃亏的，希望读者重视本章的内容。

5.1 I/O 管理概述

在学习本节时，请读者思考 I/O 管理要完成哪些功能。

5.1.1 I/O 设备

I/O 设备管理是操作系统设计中最凌乱也最具挑战性的部分。由于它包含了很多领域的不同设备及与设备相关的应用程序，因此很难有一个通用且一致的设计方案。

1．设备的分类

I/O 设备是指可以将数据输入计算机的外部设备，或者可以接收计算机输出数据的外部设备。I/O 设备的类型繁多，从不同的角度可将它们分为不同的类型。

按信息交换的单位分类，I/O 设备可分为：

1）块设备。信息交换以数据块为单位，如磁盘、磁带等。磁盘设备的基本特征是传输速率较高、可寻址，即对它可随机地读/写任意一块。

2）字符设备。信息交换以字符为单位，如交互式终端机、打印机等。它们的基本特征是传输速率低、不可寻址，并且时常采用中断 I/O 方式。

按设备的传输速率分类，I/O 设备可分为：

1）低速设备。传输速率仅为每秒几字节到数百字节，如键盘、鼠标等。

2）中速设备。传输速率为每秒数千字节至数万字节，如激光打印机等。

3）高速设备。传输速率在数百千字节至千兆字节，如磁盘机、光盘机等。

按设备的使用特性分类，I/O 设备可分为如下几类。

1）存储设备。用于存储信息的外部设备，如磁盘、磁带、光盘等。

2）输入/输出设备。又可分为输入设备、输出设备和交互式设备。输入设备用于向计算机输入外部信息，如键盘、鼠标、扫描仪等；输出设备用于计算机向外输出数据信息，如打印机等；交互式设备则集成了上述两类设备的功能，如触控显示器等。

按设备的共享属性分类，I/O 设备可分为如下几类。

1）独占设备。同一时刻只能由一个进程占用的设备。一旦将这类设备分配给某进程，便由该进程独占，直至用完释放。低速设备一般是独占设备，如打印机。

2）共享设备。同一时间段内允许多个进程同时访问的设备。对于共享设备，可同时分配给多个进程，通过分时的方式共享使用。典型的共享设备是磁盘。

3）虚拟设备。通过 SPOOLing 技术将独占设备改造为共享设备，将一个物理设备变为多个逻辑设备，从而可将设备同时分配给多个进程。

2. I/O 接口

I/O 接口（又称设备控制器）是 CPU 与设备之间的接口，以实现设备和计算机之间的数据交换。它接收发自 CPU 的命令，控制设备工作，使 CPU 能从繁杂的设备控制事务中解脱出来。设备控制器主要由三部分组成，如图 5.1 所示。

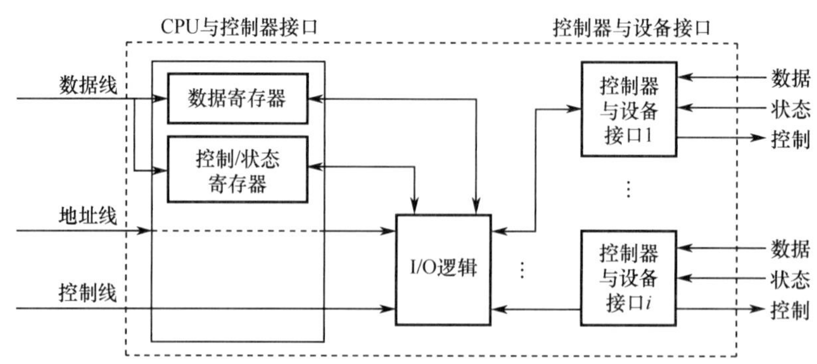

图 5.1 设备控制器的组成

1）设备控制器与 CPU 的接口。用于实现 CPU 与设备控制器之间的通信。该接口有三类信号线：数据线、地址线和控制线。数据线传送的是读/写数据、控制信息和状态信息；地址线传送的是要访问 I/O 接口中的寄存器编号；控制线传送的是读/写等控制信号。

2）设备控制器与设备的接口。一个设备控制器可以连接一个或多个设备，因此控制器中有一个或多个设备接口。每个接口都可传输数据、控制和状态三种类型的信号。

3）I/O 逻辑。用于实现对设备的控制。它通过一组控制线与 CPU 交互，对从 CPU 收到的 I/O 命令进行译码。CPU 启动设备时，将启动命令发送给控制器，同时通过地址线将地址发送给控制器，由控制器的 I/O 逻辑对地址进行译码，并对所选设备进行控制。

设备控制器的主要功能有：①接收和识别命令，如磁盘控制器能接收 CPU 发来的读、写、查找等命令；②数据交换，包括 CPU 和控制器之间的数据传输，以及控制器和设备之间的数据传输；③标识和报告设备的状态，以供 CPU 处理；④地址识别；⑤数据缓冲；⑥差错控制。

3．I/O 接口的类型

从不同的角度看，I/O 接口可以分为不同的类型。

1）按数据传送方式（外设和接口一侧），可分为并行接口（一个字节或者一个字的所有位同时传送）和串行接口（一位一位地有序传送），接口要完成数据格式的转换。

2）按主机访问 I/O 设备的控制方式，可分为程序查询接口、中断接口和 DMA 接口等。

3）按功能选择的灵活性，可分为可编程接口（通过编程改变接口功能）和不可编程接口。

4．I/O 端口

I/O 端口是指设备控制器中可被 CPU 直接访问的寄存器，主要有以下三类寄存器。

- 数据寄存器：用于缓存从设备送来的输入数据，或从 CPU 送来的输出数据。
- 状态寄存器：保存设备的执行结果或状态信息，以供 CPU 读取。
- 控制寄存器：由 CPU 写入，以便启动命令或更改设备模式。

I/O 端口要想能够被 CPU 访问，就要对各个端口进行编址，每个端口对应一个端口地址。而对 I/O 端口的编址方式有与存储器独立编址和统一编址两种，如图 5.2 所示。

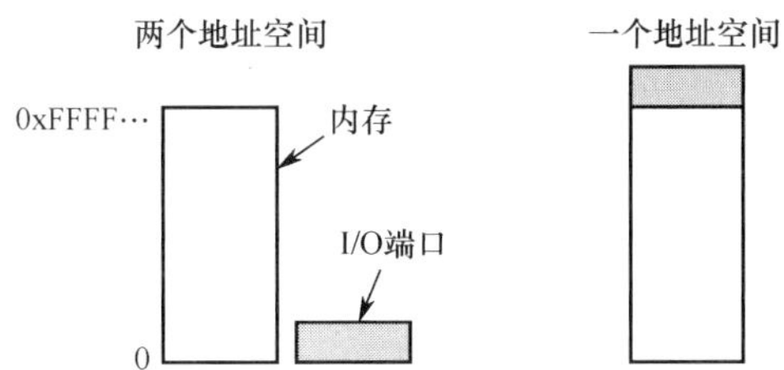

图 5.2　独立编址 I/O 和内存映射 I/O

（1）独立编址

独立编址是指为每个端口分配一个 I/O 端口号。I/O 端口的地址空间与主存地址空间是两个独立的地址空间，它们的范围可以重叠，相同地址可能属于不同的地址空间。普通用户程序不能对端口进行访问，只有操作系统使用特殊的 I/O 指令才能访问端口。

优点：I/O 端口数比主存单元少得多，只需少量地址线，使得 I/O 端口译码简单，寻址速度更快。使用专用 I/O 指令，可使程序更加清晰，便于理解和检查。

缺点：I/O 指令少，只提供简单的传输操作，所以程序设计的灵活性较差。此外，CPU 需要提供两组独立的存储器和设备的读/写控制信号，增加了控制的复杂性。

（2）统一编址

统一编址又称内存映射 I/O，是指将主存地址空间分出一部分给 I/O 端口进行编址，I/O 端口和主存单元在同一地址空间的不同分段中，根据地址范围就能区分访问的是 I/O 端口还是主存单元，因此无须设置专门的 I/O 指令，用统一的访存指令就可访问 I/O 端口。

优点：不需要专门的 I/O 指令，使得 CPU 访问 I/O 的操作更加灵活和方便，还使得端口有较大的编址空间。I/O 访问的保护机制可由虚拟存储管理系统来实现，无须专门设置。

缺点：端口地址占用了部分主存地址空间，使主存的可用容量变小。此外，由于在识别 I/O 端口时全部地址线都需参加译码，使得译码电路更复杂，降低了寻址速度。

5.1.2 I/O 控制方式[①]

I/O 控制是指控制设备和主机之间的数据传送。在 I/O 控制方式的发展过程中，始终贯穿着这样一个宗旨：尽量减少 CPU 对 I/O 控制的干预，将 CPU 从繁杂的 I/O 控制事务中解脱出来，以便其能更多地去执行运算任务。I/O 控制方式共有 4 种，下面分别加以介绍。

1．程序直接控制方式

CPU 对 I/O 设备的控制采取轮询的 I/O 方式，又称程序轮询方式。如图 5.3(a)所示，CPU 向设备控制器发出一条 I/O 指令，启动从 I/O 设备读取一个字（节），然后不断地循环测试设备状态（称为轮询），直到确定该字（节）已在设备控制器的数据寄存器中。于是 CPU 将数据寄存器中的数据取出，送入内存的指定单元，这样便完成了一个字（节）的 I/O 操作。

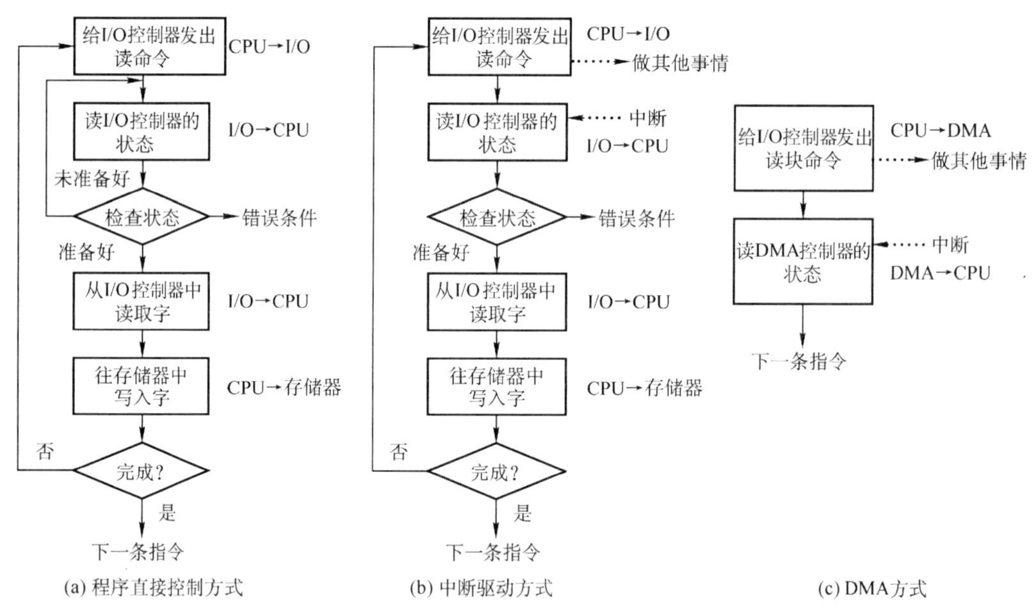

图 5.3 I/O 控制方式的操作流程

这种方式简单且易于实现，但缺点也很明显。CPU 的绝大部分时间都处于等待 I/O 设备状态的循环测试中，CPU 和 I/O 设备只能串行工作，由于 CPU 和 I/O 设备的速度差异很大，导致 CPU 的利用率相当低。而 CPU 之所以要不断地测试 I/O 设备的状态，就是因为在 CPU 中未采用中断机构，使 I/O 设备无法向 CPU 报告它已完成了一个字（节）的输入操作。

2．中断驱动方式

中断驱动方式的思想是：允许 I/O 设备主动打断 CPU 的运行并请求服务，从而“解放”CPU，使得 CPU 向设备控制器发出一条 I/O 指令后可以继续做其他有用的工作。如图 5.3(b)所示，我们从设备控制器和 CPU 两个角度分别来看中断驱动方式的工作过程。

从设备控制器的角度来看：设备控制器从 CPU 接收一个读命令，然后从设备读数据。一旦

① 本节的内容在《计算机组成原理考研复习指导》一书的 7.3 节中描述得比较详细，建议读者结合复习。

数据读入设备控制器的数据寄存器，便通过控制线给 CPU 发出中断信号，表示数据已准备好，然后等待 CPU 请求该数据。设备控制器收到 CPU 发出的取数据请求后，将数据放到数据总线上，传到 CPU 的寄存器中。至此，本次 I/O 操作完成，设备控制器又可开始下一次 I/O 操作。

命题追踪 ▶ 中断处理程序执行时请求进程的状态（2017、2023）

命题追踪 ▶ 键盘接收数据的中断过程分析（2010、2024）

从 CPU 的角度来看：当前运行进程发出读命令，该进程将被阻塞，然后保存该进程的上下文，转去执行其他程序。在每个指令周期的末尾，CPU 检查中断信号。当有来自设备控制器的中断时，CPU 保存当前运行进程的上下文，转去执行中断处理程序以处理该中断请求。这时，CPU 从设备控制器读一个字的数据传送到寄存器，并存入主存。中断处理完后解除发出 I/O 命令的进程的阻塞状态，然后恢复该进程（或其他进程）的上下文，然后继续运行。

相比于程序轮询 I/O 方式，在中断驱动 I/O 方式中，设备控制器通过中断主动向 CPU 报告 I/O 操作已完成，不再需要轮询，在设备准备数据期间，CPU 和设备并行工作，CPU 的利用率得到明显提升。但是，中断驱动方式仍有两个明显的问题：①设备与内存之间的数据交换都必须经过 CPU 中的寄存器；②CPU 是以字（节）为单位进行干预的，若将这种方式用于块设备的 I/O 操作，则显然是极其低效的。因此，中断驱动 I/O 方式的速度仍然受限。

3．DMA 方式

DMA（直接存储器存取）方式的基本思想是，在 I/O 设备和内存之间开辟直接的数据交换通路，彻底“解放”CPU。DMA 方式的特点如下：

1）基本传送单位是数据块，而不再是字（节）。

2）所传送的数据，是从设备直接送入内存的，或者相反，而不再经过 CPU。

3）仅在传送一个或多个数据块的开始和结束时，才需要 CPU 干预。

图 5.4 列出了 DMA 控制器的组成。

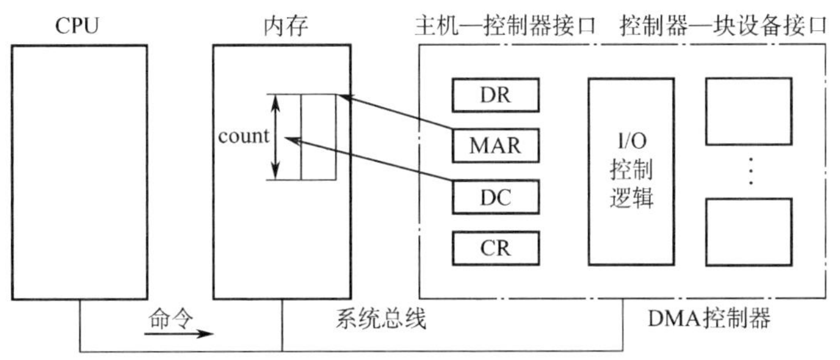

图 5.4　DMA 控制器的组成

为了实现主机和控制器之间直接交换成块的数据，须在 DMA 控制器中设置如下 4 类寄存器：

1）命令/状态寄存器（CR）。接收从 CPU 发来的 I/O 命令、有关控制信息，或设备的状态。

2）内存地址寄存器（MAR）。在输入时，它存放将数据从设备传送到内存的起始目标地址；在输出时，它存放由内存到设备的内存源地址。

3）数据寄存器（DR）。暂存从设备到内存或从内存到设备的数据。

4）数据计数器（DC）。存放本次要传送的字（节）数。

命题追踪 ▶ DMA 方式的工作流程（2017）

如图 5.3(c)所示，DMA 方式的工作过程是：CPU 接收到设备的 DMA 请求时，它向 DMA 控制器发出一条命令，同时设置 MAR 和 DC 初值，启动 DMA 控制器，然后继续其他工作。之后 CPU 就将 I/O 控制权交给 DMA 控制器，由 DMA 控制器负责数据传送。DMA 控制器直接与内存交互，每次传送一个字，这个过程不需要 CPU 参与。整个数据传送结束后，DMA 控制器向 CPU 发送一个中断信号。因此只有在传送开始和结束时才需要 CPU 的参与。

DMA 方式的优点：数据传输以“块”为单位，CPU 介入的频率进一步降低；数据传送不再经过 CPU 的寄存器，CPU 和设备的并行操作程度得到了进一步提升。

***4. 通道控制方式**

I/O 通道是一种特殊的处理机，它可执行一系列通道指令。设置通道后，CPU 只需向通道发送一条 I/O 指令，指明通道程序在内存中的位置和要访问的 I/O 设备，通道收到该指令后，执行通道程序，完成规定的 I/O 任务后，向 CPU 发出中断请求。通道方式可以实现 CPU、通道和 I/O 设备三者的并行工作，从而更有效地提高整个系统的资源利用率。

通道与一般处理机的区别是：通道指令的类型单一，没有自己的内存，通道所执行的通道程序是放在主机的内存中的，也就是说通道与 CPU 共享内存。

通道与 DMA 方式的区别是：DMA 方式需要 CPU 来控制传输的数据块大小、传输的内存位置，而通道方式中这些信息是由通道控制的。另外，每个 DMA 控制器对应一台设备与内存传递数据，而一个通道可以控制多台设备与内存的数据交换。

下面用一个例子来总结这 4 种 I/O 方式。想象一位客户要去裁缝店做一批衣服的情形。

采用程序控制方式时，裁缝没有客户的联系方式，客户必须每隔一段时间去裁缝店看看裁缝将衣服做好了没有，这就浪费了客户不少的时间。采用中断方式时，裁缝有客户的联系方式，每当他完成一件衣服后，给客户打一个电话，让客户去拿，与程序直接控制相比能省去客户不少麻烦，但每完成一件衣服就让客户去拿一次，仍然比较浪费客户的时间。采用 DMA 方式时，客户花钱雇一位单线秘书，并向秘书交代好将衣服放在哪里（存放仓库），裁缝要联系就直接联系秘书，秘书负责将衣服取回来并放在合适的位置，每处理完 100 件衣服，秘书就要给客户报告一次（大大节省了客户的时间）。采用通道方式时，秘书拥有更高的自主权，与 DMA 方式相比，秘书可以决定将衣服存放在哪里，而不需要客户操心。而且，何时向客户报告，是处理完 100 件衣服就报告，还是处理完 10000 件衣服才报告，秘书是可以决定的。客户有可能在多个裁缝那里订了货，一位 DMA 类的秘书只能负责与一位裁缝沟通，但通道类秘书却可以与多名裁缝进行沟通。

5.1.3 I/O 软件层次结构

I/O 软件涉及的面很宽，往下与硬件有着密切关系，往上又与虚拟存储器系统、文件系统和用户直接交互，它们都需要 I/O 软件来实现 I/O 操作。

命题追踪 ▶ I/O 子系统各层次的排序及功能（2012、2013）

为使复杂的 I/O 软件能具有清晰的结构、良好的可移植性和易适应性，目前普遍采用层次式结构的 I/O 软件。将系统中的设备管理模块分为若干层次，每层都是利用其下层提供的服务，完成输入/输出功能中的某些子功能，并屏蔽这些功能实现的细节，向高层提供服务。在层次式结构的 I/O 软件中，只要层次间的接口不变，对某一层次中的软件的修改都不会引起其下层或高层代码的变更，仅最低层才涉及硬件的具体特性。一个比较合理的层次划分如图 5.5 所示。整个 I/O 软件可以视为具有 4 个层次的系统结构，各层次及其功能如下：

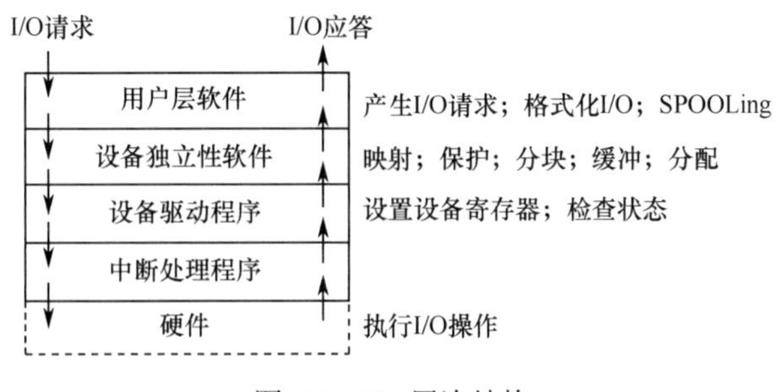

图 5.5　I/O 层次结构

（1）用户层软件

实现与用户交互的接口，用户可直接调用在用户层提供的、与 I/O 操作有关的库函数，对设备进行操作。通常大部分的 I/O 软件都在操作系统内核，但仍有一小部分在用户层，包括与用户程序链接在一起的库函数。用户层 I/O 软件必须通过一组系统调用来获取操作系统服务。

（2）设备独立性软件

命题追踪 ▶ 设备独立性所涵盖的内容（2020）

用于实现用户程序与设备驱动器的统一接口、设备命名、设备保护以及设备的分配与释放等，同时为设备管理和数据传送提供必要的存储空间。

设备独立性也称*设备无关性*，其含义是指应用程序所用的设备不局限于某个具体的物理设备。为实现设备独立性而引入了逻辑设备和物理设备这两个概念。在应用程序中，使用逻辑设备名来请求使用某类设备；而在系统实际执行时，必须将逻辑设备名映射成物理设备名。

使用逻辑设备名的好处是：①增加设备分配的灵活性；②易于实现 I/O 重定向，所谓 I/O 重定向，是指用于 I/O 操作的设备可以更换（重定向），而不必改变应用程序。

为了实现设备独立性，必须再在驱动程序之上设置一层设备独立性软件。总体而言，设备独立性软件的主要功能可分为以下两个方面。①执行所有设备的公有操作，包括：对设备的分配与回收；将逻辑设备名映射为物理设备名；对设备进行保护，禁止用户直接访问设备；缓冲管理；差错控制；提供独立于设备的大小统一的逻辑块，屏蔽设备之间信息交换单位大小和传输速率的差异。②向用户层（或文件层）提供统一接口。无论何种设备，它们向用户所提供的接口应是相同的。例如，对各种设备的读/写操作，在应用程序中都统一使用 read/write 命令等。

（3）设备驱动程序

与硬件直接相关，负责具体实现系统对设备发出的操作指令，驱动 I/O 设备工作的驱动程序。通常，每类设备配置一个设备驱动程序，它是 I/O 进程与设备控制器之间的通信程序，通常以进程的形式存在。设备驱动程序向上层用户程序提供一组标准接口，设备具体的差别被设备驱动程序所封装，用于接收上层软件发来的抽象 I/O 要求，如 read 和 write 命令，转换为具体要求后，发送给设备控制器，控制 I/O 设备工作；它也将由设备控制器发来的信号传送给上层软件，从而为 I/O 内核子系统隐藏设备控制器之间的差异。

（4）中断处理程序

用于保存被中断进程的 CPU 环境，转入相应的中断处理程序进行处理，处理完毕再恢复被中断进程的现场后，返回到被中断进程。

中断处理层的主要任务有：进行进程上下文的切换，对处理中断信号源进行测试，读取设备状态和修改进程状态等。由于中断处理与硬件紧密相关，对用户而言，应尽量加以屏蔽，因此应放在操作系统的底层，系统的其余部分尽可能少地与之发生联系。

类似于文件系统的层次结构，I/O 子系统的层次结构也是我们需要记忆的内容，但记忆不是死记硬背，我们以用户对设备的一次命令来总结各层次的功能，帮助各位读者记忆。

命题追踪 ▶ 磁盘 I/O 操作中各层次的处理过程（2011）

例如，①当用户要读取某设备的内容时，通过操作系统提供的 read 命令接口，这就经过了*用户层*。②操作系统提供给用户使用的接口一般是统一的通用接口，也就是几乎每个设备都可以响应的统一命令，如 read 命令，用户发出的 read 命令，首先经过*设备独立层*进行解析，然后交往下层。③接下来，不同类型的设备对 read 命令的行为有所不同，如磁盘接收 read 命令后的行为与打印机接收 read 命令后的行为是不同的。因此，需要针对不同的设备，将 read 命令解析成不同的指令，这就经过了*设备驱动层*。④命令解析完毕后，需要中断正在运行的进程，转而执行 read 命令，这就需要*中断处理程序*。⑤最后，命令真正抵达硬件设备，硬件设备的控制器按照上层传达的命令操控硬件设备，完成相应的功能。

5.1.4 应用程序 I/O 接口

1. I/O 接口的分类

在 I/O 系统与高层之间的接口中，根据设备类型的不同，又进一步分为若干类。

（1）字符设备接口

字符设备是指数据的存取和传输是以字符为单位的设备，如键盘、打印机等。基本特征是传输速率较低、不可寻址，并且在输入/输出时通常采用中断驱动方式。

get 和 put 操作。由于字符设备不可寻址，只能采取顺序存取方式，通常为字符设备建立一个字符缓冲区，用户程序通过 get 操作从缓冲区获取字符，通过 put 操作将字符输出到缓冲区。

in-control 指令。字符设备类型繁多，差异甚大，因此在接口中提供一种通用的 in-control 指令来处理它们（包含了许多参数，每个参数表示一个与具体设备相关的特定功能）。

字符设备都属于独占设备，为此接口中还需要提供打开和关闭操作，以实现互斥共享。

（2）块设备接口

块设备是指数据的存取和传输是以数据块为单位的设备，典型的块设备是磁盘。基本特征是传输速率较高、可寻址。磁盘设备的 I/O 常采用 DMA 方式。

隐藏了磁盘的二维结构。在二维结构中，每个扇区的地址需要用磁道号和扇区号来表示。块设备接口将磁盘的所有扇区从 0 到 $n-1$ 依次编号，这样，就将二维结构变为一种线性序列。

将抽象命令映射为低层操作。块设备接口支持上层发来的对文件或设备的打开、读、写和关闭等抽象命令，该接口将上述命令映射为设备能识别的较低层的具体操作。

内存映射接口通过内存的字节数组来访问磁盘，而不提供读/写磁盘操作。映射文件到内存的系统调用返回包含文件副本的一个虚拟内存地址。只在需要访问内存映像时，才由虚拟存储器实际调页。内存映射文件的访问如同内存读/写一样简单，极大地方便了程序员。

（3）网络设备接口

现代操作系统都提供面向网络的功能，因此还需要提供相应的网络软件和网络通信接口，使计算机能够通过网络与网络上的其他计算机进行通信或上网浏览。

许多操作系统提供的网络 I/O 接口为网络套接字接口，套接字接口的系统调用使应用程序创建的本地套接字连接到远程应用程序创建的套接字，通过此连接发送和接收数据。

2. 阻塞 I/O 和非阻塞 I/O

操作系统的 I/O 接口还涉及两种模式：阻塞和非阻塞。

阻塞 I/O 是指当用户进程调用 I/O 操作时，进程就被阻塞，并移到阻塞队列，I/O 操作完成后，进程才被唤醒，移到就绪队列。当进程恢复执行时，它收到系统调用的返回值，并继续处理数据。大多数操作系统提供的 I/O 接口都是采用阻塞 I/O。例如，你和女友去奶茶店买奶茶，点完单后，因为不知道奶茶什么时候做好，所以只能一直等待，其他什么事也不能干。

优点：操作简单，实现难度低，适合并发量小的应用开发。

缺点：I/O 执行阶段进程会一直阻塞下去。

非阻塞 I/O 是指当用户进程调用 I/O 操作时，不阻塞该进程，但进程需要不断询问 I/O 操作是否完成，在 I/O 执行阶段，进程还可以做其他事情。当问到 I/O 操作完成后，系统将数据从内核复制到用户空间，进程继续处理数据。例如，你和女友去奶茶店买奶茶，汲取了上次的教训，点完单后顺便逛逛商场，由于担心错过取餐，所以每隔一段时间就过来询问服务员。

优点：进程在等待 I/O 期间不会阻塞，可以做其他事情，适合并发量大的应用开发。

缺点：轮询方式询问 I/O 结果，会占用 CPU 的时间。

5.1.5 本节小结

本节开头提出的问题的参考答案如下。

I/O 管理要完成哪些功能？

I/O 管理需要完成以下 4 部分内容：

1）状态跟踪。要能实时掌握外部设备的状态。

2）设备存取。要实现对设备的存取操作。

3）设备分配。在多用户环境下，负责设备的分配与回收。

4）设备控制。包括设备的驱动、完成和故障的中断处理。

5.1.6 本节习题精选

一、单项选择题

01. 以下关于设备属性的叙述中，正确的是（ ）。

A. 字符设备的基本特征是可寻址到字节，即能指定输入的源地址或输出的目标地址

B. 共享设备必须是可寻址的和可随机访问的设备

C. 共享设备是指同一时刻内允许多个进程同时访问的设备

D. 在分配共享设备和独占设备时都可能引起进程死锁

02. 虚拟设备是指（ ）。

A. 允许用户使用比系统中具有的物理设备更多的设备

B. 允许用户以标准化方式来使用物理设备

C. 把一个物理设备变换成多个对应的逻辑设备

D. 允许用户程序不必全部装入主存便可使用系统中的设备

03. 磁盘设备的 I/O 控制主要采取（ ）方式。

A. 位　　B. 字节　　C. 帧　　D. DMA

04. 为了便于上层软件的编制，设备控制器通常需要提供（ ）。

A. 控制寄存器、状态寄存器和控制命令

B. I/O 地址寄存器、工作方式状态寄存器和控制命令

C. 中断寄存器、控制寄存器和控制命令

D. 控制寄存器、编程空间和控制逻辑寄存器

05. 在设备控制器中用于实现设备控制功能的是（ ）。

A. CPU　　B. 设备控制器与处理器的接口
C. I/O逻辑　　D. 设备控制器与设备的接口

06. 在设备管理中，设备映射表（DMT）的作用是（ ）。

A. 管理物理设备　　B. 管理逻辑设备
C. 实现输入/输出　　D. 建立逻辑设备与物理设备的对应关系

07. DMA方式是在（ ）之间建立一条直接数据通路。

A. I/O设备和主存　　B. 两个I/O设备　　C. I/O设备和CPU　　D. CPU和主存

08. 在操作系统中，（ ）指的是一种硬件机制。

A. 通道技术　　B. 缓冲池　　C. SPOOLing技术　　D. 内存覆盖技术

09. 若I/O设备与存储设备进行数据交换不经过CPU来完成，则这种数据交换方式是（ ）。

A. 程序查询　　B. 中断方式　　C. DMA方式　　D. 直接存取方式

10. 下列关于DMA方式的描述中，正确的是（ ）。

A. DMA是一个专门负责输入/输出的处理机
B. I/O过程由DMA控制器负责，CPU只需要在预处理和后处理阶段进行干预
C. CPU通过程序的方式给出DMA可以解释的程序
D. DMA不需要CPU指出所取数据的地址与长度

11. 计算机系统中，不属于DMA控制器的是（ ）。

A. 命令/状态寄存器　　B. 内存地址寄存器
C. 数据寄存器　　D. 堆栈指针寄存器

12. 在下列问题中，（ ）不是设备分配中应考虑的问题。

A. 及时性　　B. 设备的固有属性　　C. 设备独立性　　D. 安全性

13. 将系统中的每台设备按某种原则统一进行编号，这些编号作为区分硬件和识别设备的代号，该编号称为设备的（ ）。

A. 绝对号　　B. 相对号　　C. 类型号　　D. 符号

14. 关于通道、设备控制器和设备之间的关系，以下叙述中正确的是（ ）。

A. 设备控制器和通道可以分别控制设备
B. 对于同一组输入/输出命令，设备控制器、通道和设备可以并行工作
C. 通道控制设备控制器、设备控制器控制设备工作
D. 以上答案都不对

15. 一个计算机系统配置了2台相同类型的绘图机和3台相同类型的打印机，为了正确驱动这些设备，系统应该提供（ ）个设备驱动程序。

A. 5　　B. 3　　C. 2　　D. 1

16. 将系统调用参数翻译成设备操作命令的工作由（ ）完成。

A. 用户层I/O　　B. 设备无关的操作系统软件
C. 中断处理　　D. 设备驱动程序

17. 向设备寄存器的写命令是在I/O软件的（ ）中完成的。

A. 用户层软件　　B. 设备独立性软件　　C. 设备驱动程序　　D. 中断处理程序

18. 一个典型的文本打印页面有50行，每行80个字符，假定一台标准的打印机每分钟能打印6页，向打印机的输出寄存器中写一个字符的时间很短，可忽略不计。若每打印一个字符都需要花费50μs的中断处理时间（包括所有服务），使用中断驱动I/O方式运行这

台打印机，中断的系统开销占 CPU 的百分比为（ ）。

A. 2% B. 5% C. 20% D. 50%

19. 在接收和处理一个输入设备的中断的过程中，一定不由硬件来完成的工作是（ ）。

A. 判断产生中断的类型 B. CPU 模式由用户态切换到内核态
C. 主机获取设备输入 D. 保存用户程序的断点

20. 下列 I/O 方式中，会导致用户进程进入阻塞态的是（ ）。

I. 程序直接控制 II. 中断方式 III. DMA 方式

A. II B. I、III C. II、III D. I、II、III

21. 当一个进程请求 I/O 操作时，该进程将被挂起，直到 I/O 设备完成 I/O 操作后，设备控制器便向 CPU 发送一个中断请求，CPU 响应后便转向中断处理程序，下列关于中断处理程序的说法中，错误的是（ ）。

A．中断处理程序将设备控制器中的数据传送到内存的缓冲区（读入），或将要输出的数据传送到设备控制器（输出）。
B．对于不同的设备，有不同的中断处理程序
C．中断处理结束后，需要恢复 CPU 现场，此时一定会返回到被中断的进程
D．I/O 操作完成后，驱动程序必须检查本次 I/O 操作中是否发生了错误

22.【2010 统考真题】本地用户通过键盘登录系统时，首先获得键盘输入信息的程序是（ ）。

A. 命令解释程序 B. 中断处理程序
C. 系统调用服务程序 D. 用户登录程序

23.【2011 统考真题】用户程序发出磁盘 I/O 请求后，系统的正确处理流程是（ ）。

A. 用户程序→系统调用处理程序→中断处理程序→设备驱动程序
B. 用户程序→系统调用处理程序→设备驱动程序→中断处理程序
C. 用户程序→设备驱动程序→系统调用处理程序→中断处理程序
D. 用户程序→设备驱动程序→中断处理程序→系统调用处理程序

24.【2012 统考真题】操作系统的 I/O 子系统通常由 4 个层次组成，每层明确定义了与邻近层次的接口，其合理的层次组织排列顺序是（ ）。

A. 用户级 I/O 软件、设备无关软件、设备驱动程序、中断处理程序
B. 用户级 I/O 软件、设备无关软件、中断处理程序、设备驱动程序
C. 用户级 I/O 软件、设备驱动程序、设备无关软件、中断处理程序
D. 用户级 I/O 软件、中断处理程序、设备无关软件、设备驱动程序

25.【2017 统考真题】系统将数据从磁盘读到内存的过程包括以下操作:

① DMA 控制器发出中断请求
② 初始化 DMA 控制器并启动磁盘
③ 从磁盘传输一块数据到内存缓冲区
④ 执行“DMA 结束”中断服务程序

正确的执行顺序是（ ）。

A. ③→①→②→④ B. ②→③→①→④
C. ②→①→③→④ D. ①→②→④→③

二、综合应用题

01. 某计算机系统中，时钟中断处理程序每次执行时间为 2ms（包括进程切换开销），若时钟中断频率为 60Hz，问 CPU 用于时钟中断处理的时间比率为多少？

02. 考虑 56kb/s 调制解调器的性能，驱动程序输出一个字符后就阻塞，当一个字符打印完毕后，产生一个中断通知阻塞的驱动程序，输出下一个字符，然后阻塞。若发消息、输出一个字符和阻塞的时间总和为 0.1ms，则由于处理调制解调器而占用的 CPU 时间比率是多少？假设每个字符有一个开始位和一个结束位，共占 10 位。

03.【2023 统考真题】进程 P 通过执行系统调用从键盘接收一个字符的输入，已知此过程中与进程 P 相关的操作包括：①将进程 P 插入就绪队列；②将进程 P 插入阻塞队列；③将字符从键盘控制器读入系统缓冲区；④启动键盘中断处理程序；⑤进程 P 从系统调用返回；⑥用户在键盘上输入字符。以上编号①～⑥仅用于标记操作，与操作的先后顺序无关。请回答下列问题。

1）按照正确的操作顺序，操作①的前一个和后一个操作分别是上述操作中的哪一个？操作⑥的后一个操作是上述操作中的哪一个？

2）在上述哪个操作之后 CPU 一定从进程 P 切换到其他进程？在上述哪个操作之后 CPU 调度程序才能选中进程 P 执行？

3）完成上述哪个操作的代码属于键盘驱动程序？

4）键盘中断处理程序执行时，进程 P 处于什么状态？CPU 是处于内核态还是处于用户态？

5.1.7 答案与解析

一、单项选择题

01. B

可寻址是块设备的基本特征，A 错误。如果共享设备不是可寻址的和可随机访问的，就不能保证数据的完整性和一致性，也不能提高设备的利用率，B 正确。共享设备是指一段时间内允许多个进程同时访问的设备，C 错误。分配共享设备是不会引起进程死锁的，D 错误。

02. C

虚拟设备是指采用虚拟技术将一台独占设备转换为若干逻辑设备。引入虚拟设备是为了克服独占设备速度慢、利用率低的特点。这种设备并不是物理地变成共享设备，一般的独享设备也不能转换为共享设备，只是用户在使用它们时“感觉”是共享设备，是逻辑的概念。

03. D

DMA 方式主要用于块设备，磁盘是典型的块设备。这道题也要求读者了解什么是 I/O 控制方式，选项 A、B、C 显然都不是 I/O 控制方式。

04. A

中断寄存器位于主机内；不存在 I/O 地址寄存器；编程空间一般是由体系结构和操作系统共同决定的。控制寄存器和状态寄存器分别用于接收上层发来的命令并存放设备状态信号，是设备控制器与上层的接口；至于控制命令，它虽然是由 CPU 发出的，用来控制设备控制器，但控制命令是由设备控制器提供的，每种设备控制器都对应一组相应的控制命令。

05. C

接口用来传输信号，I/O 逻辑即设备控制器，用来实现对设备的控制。

06. D

设备映射表中记录了逻辑设备所对应的物理设备，体现了两者的对应关系。对设备映射表来说，不能实现具体的功能及管理物理设备。

07. A

DMA 是一种不经过 CPU 而直接从主存存取数据的数据交换模式，它在 I/O 设备和主存之间建立了一条直接数据通路，如磁盘。当然，这条数据通路只是逻辑上的，实际并未直接建立一条物理线路，而通常是通过总线进行的。

08． A

通道是一种特殊的处理器，所以属于硬件技术。SPOOLing、缓冲池、内存覆盖都是在内存的基础上通过软件实现的。

09． C

在 DMA 方式中，设备和内存之间可以成批地进行数据交换而不用 CPU 干预，CPU 只参与预处理和结束过程。

10． B

DMA 不是一个处理机，而是一个控制器，A 错误。CPU 不需要给出 DMA 可以解释的程序，而给 DMA 发出一条命令，同时设置 DMA 控制器中寄存器的值，来启动 DMA，C 错误。DMA 需要 CPU 指出所取数据的地址与长度，这些参数存放在 DMA 控制器的寄存器中，D 错误。

11． D

命令/状态寄存器控制 DMA 的工作模式并给 CPU 反映它当前的状态，地址寄存器存放 DMA 作业时的源地址和目标地址，数据寄存器存放要 DMA 转移的数据，只有堆栈指针寄存器不需要在 DMA 控制器中存放。

12． A

设备的固有属性决定了设备的使用方式；设备独立性可以提高设备分配的灵活性和设备的利用率；设备安全性可以保证分配设备时不会导致永久阻塞。设备分配时一般无需考虑及时性，及时性是一个与系统性能和用户需求相关的因素，设备分配时应该考虑的问题是如何在保证系统安全和正确运行的前提下，合理地分配和利用设备资源。

13． A

系统为每台设备确定一个编号以便区分和识别设备，这个确定的编号称为设备的绝对号。

14． C

三者的控制关系是层层递进的，C 正确。对于同一组输入/输出命令，要么 CPU 给通道发出命令，要么 CPU 直接给设备控制器发出命令，不存在并行的可能，B 错误。

15． C

因为绘图机和打印机属于两种不同类型的设备，系统只要按设备类型配置设备驱动程序即可，即每类设备只需一个设备驱动程序。

16． B

将系统调用参数翻译成设备操作命令的工作由设备无关的操作系统软件完成。设备无关的操作系统软件是 I/O 软件的一部分，它向上层提供系统调用的接口，根据设备类型选择调用相应的驱动程序。设备驱动程序负责执行操作系统发出的 I/O 命令，因设备的不同而不同。

17． C

设备驱动程序负责将上层软件发来的抽象 I/O 要求转换为具体要求，发送给设备控制器，控制设备工作。设备驱动程序需要向设备寄存器写入命令，以控制设备的工作状态和数据传输方式。

18． A

这台打印机每分钟打印 $50\times80\times6 = 24000$ 个字符，即每秒打印 400 个字符。每个字符打印中断需要占用 CPU 时间 50μs，所以每秒用于中断的系统开销为 $400\times50\mu s = 20ms$。若使用中断驱动

I/O，则 CPU 剩余的 980ms 可用于其他处理，中断的开销占 CPU 的 2%。因此，使用中断驱动 I/O 方式运行这台打印机是有意义的。

19. C

在中断 I/O 方式下，由中断服务程序来完成数据的输入和输出，C 错误。在中断响应阶段，由硬件完成 CPU 模式的转换，并保存用户程序的断点，中断源的识别可以采用硬件识别法。

20. C

在程序直接控制方式下，用户进程在 I/O 过程中不会被阻塞，驱动程序完成用户进程的 I/O 请求后才结束，CPU 和 I/O 操作串行。在中断控制方式下，驱动程序启动第一次 I/O 操作后，将调出其他进程执行，而当前用户进程被阻塞，CPU 和设备准备并行。在 DMA 方式下，驱动程序对 DMA 控制器初始化后，便发送“启动 DMA”命令，在外设和主存之间传送数据，同时 CPU 执行调度程序，转其他进程执行，当前用户进程被阻塞时，CPU 和数据传送并行。

21. C

中断处理结束后，是否返回到被中断的进程，有两种情况：①采用的是屏蔽中断方式（单重中断），此时会返回被中断的进程。②采用的是中断嵌套方式（多重中断），若没有更高优先级的中断请求，则会返回被中断的进程；否则，系统将处理更高优先级的中断请求。

22. B

键盘是典型的通过中断 I/O 方式工作的外设，当用户输入信息时，计算机响应中断并通过中断处理程序获得输入信息。

23. B

输入/输出软件一般从上到下分为 4 个层次：用户层、与设备无关的软件层、设备驱动程序及中断处理程序。与设备无关的软件层也就是系统调用的处理程序。

当用户使用设备时，首先在用户程序中发起一次系统调用，操作系统的内核接到该调用请求后，请求调用处理程序进行处理，再转到相应的设备驱动程序，当设备准备好或所需数据到达后，设备硬件发出中断，将数据按上述调用顺序逆向回传到用户程序中。

24. A

考查内容同上题。设备管理软件一般分为 4 个层次：用户层、与设备无关的系统调用处理层、设备驱动程序及中断处理程序。

25. B

DMA 的传送过程分为预处理、数据传送和后处理三个阶段。在预处理阶段，由 CPU 初始化 DMA 控制器中的有关寄存器、设置传送方向、测试并启动设备等。在数据传送阶段，完全由 DMA 控制，DMA 控制器接管系统总线。在后处理阶段，DMA 控制器向 CPU 发送中断请求，CPU 执行中断服务程序做 DMA 结束处理。因此，正确的执行顺序是②③①④。

二、综合应用题

01.【解答】

时钟中断频率为 60Hz，因此中断周期为 1/60s，每个时钟周期中用于中断处理的时间为 2ms，因此比率为 0.002/(1/60) = 12%。

02.【解答】

因为一个字符占 10 位，因此在 56kb/s 的速率下，每秒传送 56000/10 = 5600 个字符，即产生 5600 次中断。每次中断需 0.1ms，因此处理调制解调器占用的 CPU 时间共为 5600×0.1ms = 560ms，占 56%的 CPU 时间。

03.【解析】

1）正确的执行顺序为②⑥④③①⑤，因此操作①的前一个操作是③，后一个操作是⑤；操作⑥的后一个操作是④。下面以 scanf()函数的执行过程为例分析相关操作顺序。首先用户进程 P 调用 I/O 标准库的 scanf()函数，scanf()调用系统调用封装函数 read()，在这个函数中有一条陷阱指令，通过它陷入内核，内核调出 read()对应的 sys_read()系统调用服务例程进行执行，进入内核后，在设备无关层进行若干调用，最终到设备驱动层进行处理，设备驱动程序对本次 I/O 进行初始化操作，然后执行操作系统的进程调度程序 scheduler()，由调度程序 scheduler()来阻塞用户进程 P，并调度其他进程执行。此后，在用户输入字符之前，CPU 运行其他进程，键盘等待用户输入数据，当用户在键盘上输入字符后，外设向 CPU 发出相应的中断请求，CPU 响应中断后，启动键盘中断处理程序，该处理程序对 I/O 中断进行简单通用的处理后，唤醒具体的处理键盘输入的驱动程序，该驱动程序将字符从键盘控制器读入系统缓冲区，数据传输完成后，唤醒 P 并插入就绪队列，进行中断返回，进程 P 也从系统调用返回。相关过程如下图所示。

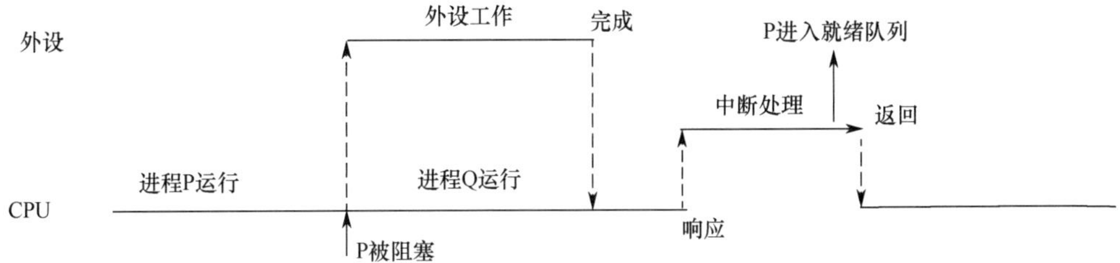

2）在操作②之后 CPU 一定从进程 P 切换到其他进程。在操作①之后 CPU 调度程序才能选中进程 P 执行。

3）设备驱动程序负责驱动 I/O 设备工作，I/O 操作初始化，执行具体的 I/O 指令。将字符从键盘控制器读入系统缓冲区是和键盘直接相关的具体操作，完成操作③的代码属于键盘驱动程序。

4）键盘中断处理程序执行时，进程 P 还在阻塞队列，处于阻塞态。中断处理程序、设备驱动程序、设备独立性软件都属于内核 I/O 软件层，执行相关代码时，CPU 处于内核态。

5.2　设备独立性软件

在学习本节时，请读者思考以下问题：

1）当处理机和外部设备的速度差距较大时，有什么办法可以解决问题？

2）什么是设备的独立性？引入设备的独立性有什么好处？

5.2.1　设备独立性软件

也称与设备无关的软件，是 I/O 系统的最高层软件，它的下层是设备驱动程序，其界限因操作系统和设备的不同而有所差异。比如，一些本应由设备独立性软件实现的功能，也可能放在设备驱动程序中实现。这样的差异主要是出于对操作系统、设备独立性软件和设备驱动程序运行效率等多方面因素的权衡。总体而言，设备独立性软件包括执行所有设备公有操作的软件。

5.2.2 高速缓存与缓冲区

1. 磁盘高速缓存（Disk Cache）

命题追踪 ▶ 设置磁盘缓冲区的目的（2015）

操作系统中使用磁盘高速缓存技术来提高磁盘的 I/O 速度，对访问高速缓存要比访问原始磁盘数据更为高效。例如，正在运行进程的数据既存储在磁盘上，又存储在物理内存上，也被复制到 CPU 的二级和一级高速缓存中。不过，磁盘高速缓存技术不同于通常意义下的介于 CPU 与内存之间的小容量高速存储器，而是指利用内存中的存储空间来暂存从磁盘中读出的一系列盘块中的信息。因此，磁盘高速缓存逻辑上属于磁盘，物理上则是驻留在内存中的盘块。

磁盘高速缓存在内存中分为两种形式：一种是在内存中开辟一个单独的空间作为缓存区，大小固定；另一种是将未利用的内存空间作为一个缓冲池，供请求分页系统和磁盘 I/O 时共享。

2. 缓冲区（Buffer）

在设备管理子系统中，引入缓冲区的目的主要如下：

1）缓和 CPU 与 I/O 设备间速度不匹配的矛盾。

2）减少对 CPU 的中断频率，放宽对 CPU 中断响应时间的限制。

3）解决基本数据单元大小（数据粒度）不匹配的问题。

4）提高 CPU 和 I/O 设备之间的并行性。

缓冲区的实现方法如下：

1）采用硬件缓冲器，但由于成本太高，除一些关键部位外，一般不采用硬件缓冲器。

2）利用内存作为缓冲区，本节要介绍的正是由内存组成的缓冲区。

根据系统设置缓冲区的个数，缓冲技术可以分为如下几种：

（1）单缓冲

每当用户进程发出一个 I/O 请求，操作系统便在内存中为之分配一个缓冲区。通常，一个缓冲区的大小就是一个块。如图 5.6 所示，在块设备输入时，假定从设备将一块数据输入到缓冲区的时间为 T，操作系统将该缓冲区中的数据传送到工作区的时间为 M，而 CPU 对这一块数据进行处理的时间为 C。注意，必须等缓冲区装满后才能从缓冲区中取出数据。

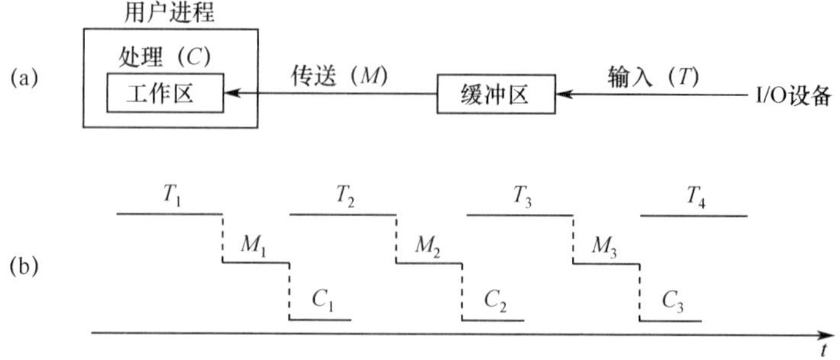

图 5.6 单缓冲工作示意图

命题追踪 ▶ 单缓冲的工作时间的理解与计算（2011、2013）

在单缓冲区中，T 是可以和 C 并行的。

当 $T > C$ 时，CPU 处理完一块数据后，暂时不能将下一块数据传送到工作区，必须等待缓冲区装满数据，再将下一块数据从缓冲区传送到工作区，平均处理一块数据的时间为 $T + M$。

当 $T < C$ 时，缓冲区中装满数据后，暂时不能继续送入下一块数据，必须等待 CPU 处理完上

一块数据，再将下一块数据从缓冲区传送到工作区，平均处理一块数据的时间为 $C+M$。

总结：单缓冲区处理每块数据的平均时间为 $\mathrm{Max}(C, T)+M$。

由于缓冲区是共享资源，因此使用时必须互斥。若 CPU 尚未取走缓冲区中的数据，则即使设备又生产出新的数据，也无法将其送入缓冲区，此时设备需要等待。

（2）双缓冲

为了加快输入和输出速度，提高设备利用率，引入了**双缓冲机制**，也称**缓冲对换**。如图 5.7 所示，当设备输入数据时，先将数据送入缓冲区 1，装满后便转向缓冲区 2。此时，操作系统可以从缓冲区 1 中取出数据，送入用户进程，并由 CPU 对数据进行处理。当缓冲区 1 中取出的数据处理完后，若缓冲区 2 已冲满，则操作系统又从缓冲区 2 中取出数据送入用户进程处理，而设备又可以开始将数据送入缓冲区 1。可见，双缓冲机制提高了设备和 CPU 的并行程度。

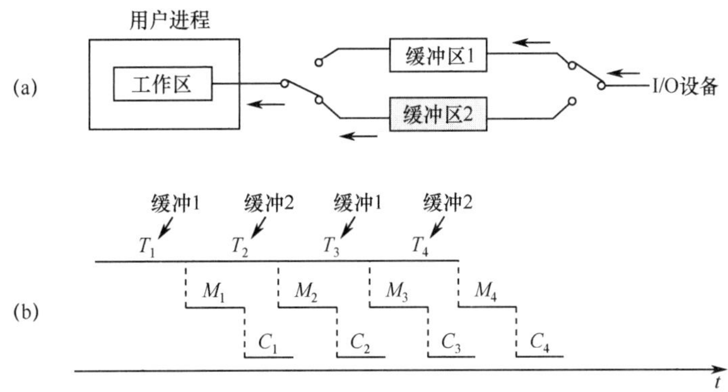

图 5.7　双缓冲工作示意图

仍然假设设备输入数据到缓冲区、数据传送到用户进程和处理的时间分别为 T、M 和 C。

命题追踪 ▶▶ **双缓冲的工作时间的理解与计算（2011）**

在双缓冲区中，C 和 M 是可以与 T 并行的。

当 $T>C+M$ 时，说明设备输入的时间比数据传送和处理的时间多，可使设备连续输入。假设在某个时刻，缓冲区 1 是空的，缓冲区 2 是满的，缓冲区 2 开始向工作区传送数据，缓冲区 1 开始装入数据。传送并处理的时间为 $C+M$，但缓冲区 1 还未装满，必须等待缓冲区 1 装满数据，再将下一块数据从缓冲区 1 传送到工作区，平均处理一块数据的时间为 T。

当 $T<C+M$ 时，说明设备输入的时间比数据传送和处理的时间少，可使 CPU 不必等待设备输入。假设在某个时刻，缓冲区 1 是空的，缓冲区 2 是满的，缓冲区 2 开始向工作区传送数据，缓冲区 1 开始装入数据。缓冲区 1 装满数据的用时为 T，必须等待缓冲区 2 中的数据传送并处理完后，才能将下一块数据从缓冲区 1 传送到工作区，平均处理一块数据的时间为 $C+M$。

总结：双缓冲区处理每块数据的平均时间为 $\mathrm{Max}(C+M, T)$。

若两台机器之间仅配置了单缓冲，如图 5.8(a)所示，则它们在任意时刻都只能实现单方向的数据传输，而绝不允许双方同时向对方发送数据。为了实现双向数据传输，必须在两台机器中都设置两个缓冲区，一个用作发送缓冲区，另一个用作接收缓冲区，如图 5.8(b)所示。

（3）循环缓冲

在双缓冲机制中，当输入与输出的速度基本匹配时，能取得较好的效果。但若两者的速度相差甚远，则双缓冲区的效果不会太理想。为此，又引入了**多缓冲机制**，让多个缓冲区组成循环缓冲区的形式，如图 5.9 所示，灰色表示已装满数据的缓冲区，白色表示空缓冲区。

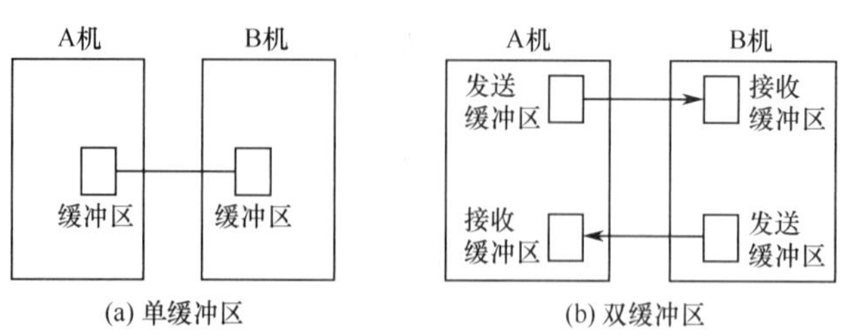

图 5.8 双机通信时缓冲区的设置

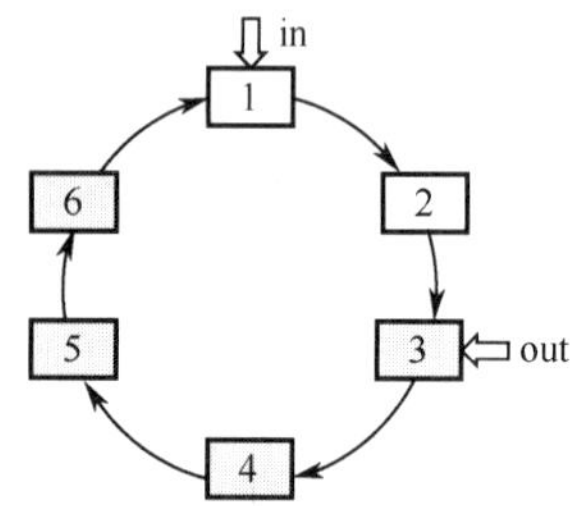

图 5.9 循环缓冲工作示意图

循环缓冲包含多个大小相等的缓冲区，每个缓冲区中有一个链接指针指向下一个缓冲区，最后一个缓冲区指针指向第一个缓冲区，多个缓冲区链接成一个循环队列。

循环缓冲中还需设置 in 和 out 两个指针，in 指向第一个可以输入数据的空缓冲区，out 指向第一个可以提取数据的满缓冲区。输入/输出时，in 和 out 指针沿链接方向循环移动。

（4）缓冲池

相比于缓冲区（仅是一块内存空间），缓冲池是包含一个用于管理自身的数据结构和一组操作函数的管理机制，用于管理多个缓冲区。缓冲池可供多个进程共享使用。

缓冲池由多个系统公用的缓冲区组成，缓冲区按其使用状况可以分为：①空缓冲队列，由空缓冲区链接而成的队列；②输入队列，由装满输入数据的缓冲区链接而成的队列；③输出队列，由装满输出数据的缓冲区所链接成的队列。此外还应具有 4 种工作缓冲区：①用于收容输入数据的工作缓冲区（hin），②用于提取输入数据的工作缓冲区（sin），③用于收容输出数据的工作缓冲区（hout），④用于提取输出数据的工作缓冲区（sout），如图 5.10 所示。

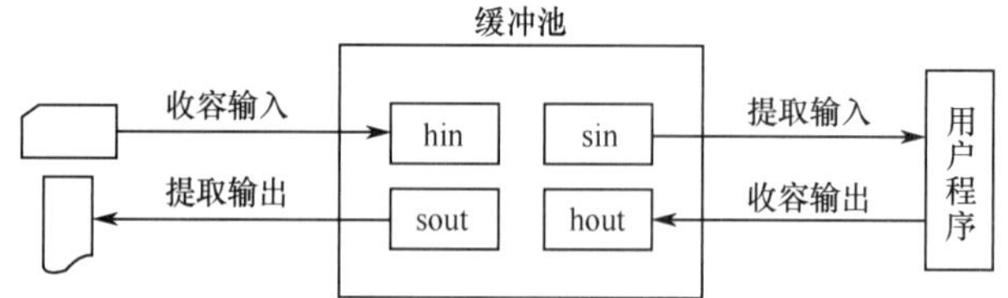

图 5.10 缓冲池的 4 种工作方式

缓冲池中的缓冲区有以下 4 种工作方式。

1）收容输入。输入进程需要输入数据时，从空缓冲队列的队首摘下一个空缓冲区，作为收容输入工作缓冲区，然后将数据输入其中，装满后再将它挂到输入队列的队尾。

2）提取输入。计算进程需要输入数据时，从输入队列的队首取得一个缓冲区，作为提取输入工作缓冲区，从中提取数据，用完该数据后将它挂到空缓冲队列的列尾。

3）收容输出。计算进程需要输出数据时，从空缓冲队列的队首取得一个空缓冲区，作为收容输出工作缓冲区，当其中装满数据后，再将它挂到输出队列的队尾。

4）提取输出。输出进程需要输出数据时，从输出队列的队首取得一个装满输出数据的缓冲区，作为提取输出工作缓冲区，当数据提取完后，再将它挂到空缓冲队列的队尾。

对于循环缓冲和缓冲池，我们只是定性地介绍它们的机理，而不去定量研究它们平均处理一块数据所需要的时间。而对于单缓冲和双缓冲，我们只要按照上面的模板分析，就可以解决任何单缓冲和双缓冲情况下数据块处理时间的问题，以不变应万变。

3．高速缓存与缓冲区的对比

高速缓存是可以保存数据拷贝的高速存储器，访问高速缓存比访问原始数据更高效，速度更快。高速缓存和缓冲区的对比见表 5.1。

表 5.1　高速缓存和缓冲区的对比

		高 速 缓 存	缓 冲 区
相 同 点		都介于高速设备和低速设备之间	
区别	存放数据	存放的是低速设备上的某些数据的复制数据，即高速缓存上有的，低速设备上面必然有	存放的是低速设备传递给高速设备的数据（或相反），而这些数据在低速设备（或高速设备）上却不一定有备份，这些数据再从缓冲区传送到高速设备（或低速设备）
	目的	高速缓存存放的是高速设备经常要访问的数据，若高速设备要访问的数据不在高速缓存中，则高速设备就需要访问低速设备	高速设备和低速设备的通信都要经过缓冲区，高速设备永远不会直接去访问低速设备

5.2.3　设备分配与回收

1．设备分配概述

设备分配是指根据用户的 I/O 请求分配所需的设备。分配的总原则是充分发挥设备的使用效率，尽可能地让设备忙碌，又要避免由于不合理的分配方法造成进程死锁。

2．设备分配的数据结构

在系统中，可能存在多个通道，每个通道可以连接多个控制器，每个控制器可以连接多个物理设备。设备分配的数据结构要能体现出这种从属关系，各数据结构的介绍如下。

1）设备控制表（DCT）：系统为每个设备配置一张 DCT，表中的表项就是设备的各个属性，如图 5.11 所示。在 DCT 中，应该有下列字段：

设备类型：表示设备类型，如打印机、扫描仪、键盘等。

设备标识符：即物理设备名，每个设备在系统中的物理设备名是唯一的。

设备状态：表示当前设备的状态（忙/闲）。

指向控制器表的指针：每个设备由一个控制器控制，该指针指向对应的控制器表。

重复执行次数或时间：重复执行次数达到规定值仍不成功时，才认为此次 I/O 失败。

设备队列的队首指针：指向正在等待该设备的进程队列（由进程 PCB 组成）的队首。

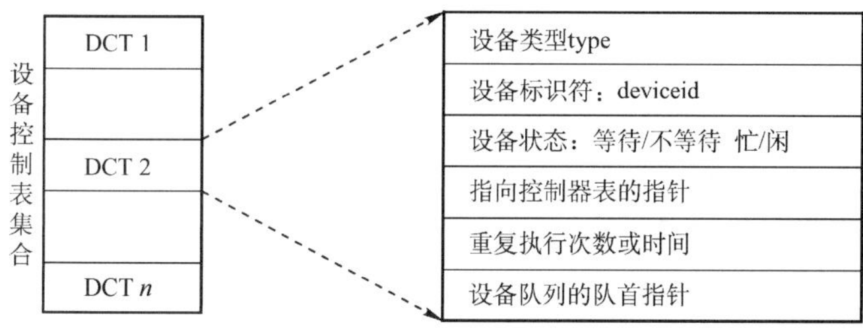

图 5.11　设备控制表 DCT

> **注 意**
>
> 当某个进程释放某个设备，且无其他进程请求该设备时，系统将该设备 DCT 中的设备状态改为空闲，即可实现“设备回收”。

2）控制器控制表（COCT）：每个设备控制器都对应一张 COCT，如图 5.12(a)所示。操作系统根据 COCT 的信息对控制器进行操作和管理。每个控制器由一个通道控制，通过表项“与控制器连接的通道表指针”可以找到相应通道的信息。

3）通道控制表（CHCT）：每个通道都对应一张 CHCT，如图 5.12(b)所示。操作系统根据 CHCT 的信息对通道进行操作和管理。一个通道可为多个控制器服务，通过表项“与通道连接的控制器表首址”可以找到该通道管理的所有控制器的信息。

4）系统设备表（SDT）：整个系统只有一张 SDT，如图 5.12(c)所示。它记录已连接到系统中的所有物理设备的情况，每个物理设备对应一个表目。

(a) 控制器控制表COCT

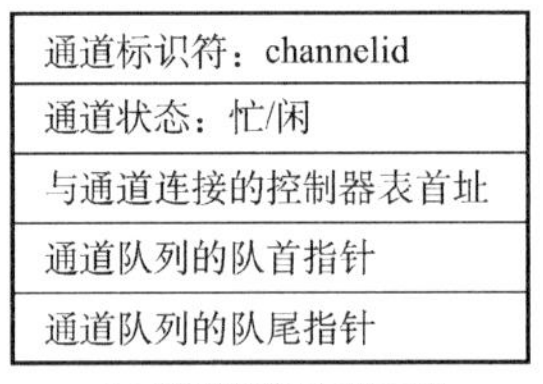

(b) 通道控制表CHCT

(c) 系统设备表SDT

图 5.12 COCT、CHCT 和 SDT

在多道程序系统中，进程数多于资源数，因此要有一套合理的分配原则，主要考虑的因素有设备的固有属性、设备的分配算法、设备分配的安全性以及设备的独立性。

3．设备分配时应考虑的因素

命题追踪 ▶ 设备分配需要考虑的因素（2023）

（1）设备的固有属性

设备的固有属性可分成三种，对它们应采取不同的分配策略：

1）独占设备：将它分配给某个进程后，便由该进程独占，直至进程完成或释放该设备。

2）共享设备：可将它同时分配给多个进程，需要合理调度各个进程访问该设备的先后次序。

3）虚拟设备：虚拟设备属于可共享设备，可将它同时分配给多个进程使用。

（2）设备分配算法

针对设备分配，通常只采用以下两种分配算法：

1）FCFS 算法。该算法根据各个进程对某个设备提出请求的先后次序，将这些进程排成一个设备请求队列，设备分配程序总是将设备首先分配给队首进程。

2）最高优先级优先算法。在用该算法形成设备队列时，优先级高的进程排在设备队列前面，而对于优先级相同的 I/O 请求，则按 FCFS 原则排队。

（3）设备分配中的安全性

设备分配中的安全性是指在设备分配中应防止发生进程死锁。

1）安全分配方式。每当进程发出 I/O 请求后，便进入阻塞态，直到其 I/O 操作完成时才被唤醒。这样，进程一旦获得某种设备后便会阻塞，不能再请求任何资源，而在它阻塞时也不保持任何资源。其优点是设备分配安全，缺点是 CPU 和 I/O 设备是串行工作的。

2）不安全分配方式。进程在发出 I/O 请求后仍继续运行，需要时又会发出第二个、第三个

I/O 请求等。仅当进程所请求的设备已被另一进程占用时，才进入阻塞态。优点是一个进程可同时操作多个设备，使进程推进迅速；缺点是有可能造成死锁。

4．设备分配的步骤

下面以独占设备为例，介绍设备分配的过程。

1）分配设备。首先根据 I/O 请求中的物理设备名，查找 SDT，从中找出该设备的 DCT，再根据 DCT 中的设备状态字段，可知该设备的状态。若忙，则将进程 PCB 挂到设备等待队列中；若不忙，则根据一定的策略将设备分配给该进程。

2）分配控制器。设备分配后，根据 DCT 找到 COCT，查询控制器的状态。若忙，则将进程 PCB 挂到控制器等待队列中；若不忙，则将控制器分配给该进程。

3）分配通道。控制器分配后，根据 COCT 找到 CHCT，查询通道的状态。若忙，则将进程 PCB 挂到通道等待队列中；若不忙，则将通道分配给该进程。只有设备、控制器和通道都分配成功时，这次的设备分配才算成功，之后便可启动设备进行数据传送。

在上面的例子中，进程是以物理设备名提出 I/O 请求的。若指定设备已分配给其他进程，则该进程分配失败；或者说上面的设备分配程序不具有设备无关性。为了获得设备的独立性，进程应使用逻辑设备名。这样，系统首先从 SDT 中找出第一个该类设备的 DCT。若该设备忙，则查找第二个该类设备的 DCT，仅当所有该类设备都忙时，才将进程挂到该类设备的等待队列上。而只要有一个该类设备可用，系统便进入进一步的分配操作。

5．逻辑设备名到物理设备名的映射

命题追踪 ▶▶ 逻辑设备名和物理设备名的使用（2009）

为了实现设备的独立性，进程中应使用逻辑设备名来请求某类设备。但是，系统只识别物理设备名，因此在系统中需要配置一张逻辑设备表，用于将逻辑设备名映射为物理设备名。

逻辑设备表（Logical Unit Table，LUT）的每个表项中包含 3 项内容：逻辑设备名、物理设备名和设备驱动程序的入口地址。当进程用逻辑设备名来请求分配设备时，系统会为它分配一台相应的物理设备，并在 LUT 中建立一个表目，填上相应的信息，当以后进程再利用该逻辑设备名请求 I/O 操作时，系统通过查找 LUT 来寻找对应的物理设备及其驱动程序。

在系统中，可采取两种方式设置逻辑设备表：

1）整个系统中只设置一张 LUT。如图 5.13(a)所示。所有进程的设备分配情况都记录在同一张 LUT 中，这就要求所有用户不能使用相同的逻辑设备名，主要适用于单用户系统。

2）为每个用户设置一张 LUT。如图 5.13(b)所示。系统为每个用户设置一张 LUT，同时在多用户系统中都配置系统设备表。因此，不同用户可以使用相同的逻辑设备名。

逻辑设备名	物理设备名	驱动程序入口地址
/dev/printer	3	2014
/dev/tty	5	2046
…	…	…

(a)整个系统的 LUT

逻辑设备名	系统设备指针
/dev/printer	3
/dev/tty	5
…	…

(b)每个用户设置一张 LUT

图 5.13　逻辑设备表 LUT

5.2.4　SPOOLing 技术（假脱机技术）

为了缓和 CPU 的高速性与 I/O 设备的低速性之间的矛盾，引入了假脱机技术，它是操作系统中采用的一项将独占设备改造成共享设备的技术。该技术利用专门的外围控制机，先将低速 I/O 设备上的数据传送到高速磁盘上，或者相反。当 CPU 需要输入数据时，便可直接从磁盘中读取数据；反之，当 CPU 需要输出数据时，也能以很快的速度将数据先输出到磁盘上。引入多道程序技术后，系统便可利用程序来模拟脱机输入/输出时的外围控制机，在主机的直接控制下实现脱机输入/输出功能。SPOOLing 系统的组成如图 5.14 所示。

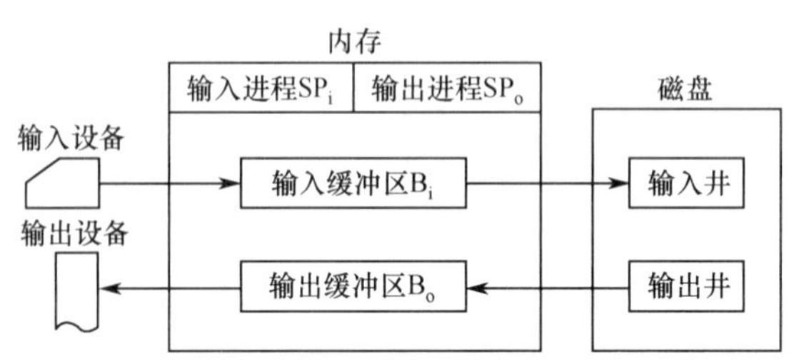

图 5.14 SPOOLing 系统的组成

命题追踪 ▶ SPOOLing 技术的特点（2016）

（1）输入井和输出井

在磁盘上开辟出的两个存储区域。输入井模拟脱机输入时的磁盘，用于收容 I/O 设备输入的数据。输出井模拟脱机输出时的磁盘，用于收容用户程序的输出数据。一个进程的输入（或输出）数据保存为一个文件，所有进程的输入（或输出）文件链接成一个输入（或输出）队列。

（2）输入缓冲区和输出缓冲区

在内存中开辟的两个缓冲区。输入缓冲区用于暂存由输入设备送来的数据，以后再传送到输入井。输出缓冲区用于暂存从输出井送来的数据，以后再传送到输出设备。

（3）输入进程和输出进程

输入进程用于模拟脱机输入时的外围控制机，将用户要求的数据从输入设备传送到输入缓冲区，再存放到输入井中。当 CPU 需要输入数据时，直接从输入井中读入内存。输出进程用于模拟脱机输出时的外围控制机，将用户要求输入的数据从内存传送到输出井，待输出设备空闲时，再将输出井中的数据经输出缓冲区输出至输出设备。

（4）井管理程序

用于控制作业与磁盘井之间信息的交换。

打印机是典型的独占设备，利用 SPOOLing 技术可将它改造为一台可供多个用户共享的打印设备。当多个用户进程发出打印输出请求时，SPOOLing 系统同意它们的请求，但并不真正立即将打印机分配给它们，而由假脱机管理进程为每个进程做如下两项工作：

1）在磁盘缓冲区中为进程申请一个空闲盘块，并将要打印的数据送入其中暂存。

2）为用户进程申请一张空白的用户请求打印表，并将用户的打印要求填入其中，再将该表挂到假脱机文件队列上。

对每个用户进程而言，系统并非即时执行真实的打印操作，而只是即时将数据输出到缓冲区，这时的数据并未被真正打印，而只让用户感觉系统已为它打印，真正的打印操作是在打印机空闲且该打印任务在等待队列中已排到队首时进行的。以上过程用户是不可见的。虽然系统中只有一台打印机，但是当进程提出打印请求时，系统都在输出井中为其分配一个缓冲区（相当于分配一台逻辑设备），使每个进程都觉得自己正在独占一台打印机，从而实现对打印机的共享。

SPOOLing 系统的特点：①提高了 I/O 速度，将对低速 I/O 设备执行的操作演变为对磁盘缓冲区中数据的存取操作，如同脱机输入/输出一样，缓和了 CPU 和低速 I/O 设备之间速度不匹配的矛盾；②将独占设备改造为共享设备，在假脱机打印机系统中，实际上并没有为任何进程分配设备；③实现了虚拟设备功能，对每个进程而言，它们都认为自己独占了一台设备。

SPOOLing 技术是一种以空间换时间的技术，我们很容易理解它牺牲了空间，因为它开辟了磁盘上的空间作为输入井和输出井，但它又是如何节省时间的呢？

从前述内容我们了解到，磁盘是一种高速设备，在与内存交换数据的速度上优于打印机、键盘、鼠标等中低速设备。试想一下，若没有 SPOOLing 技术，CPU 要向打印机输出要打印的数据，打印机的打印速度比较慢，CPU 就必须迁就打印机，在打印机将数据打印完后才能继续做其他的工作，浪费了 CPU 的不少时间。在 SPOOLing 技术下，CPU 要打印机打印的数据可以先输出到磁盘的输出井中（这个过程由假脱机进程控制），然后做其他的事情。若打印机此时被占用，则 SPOOLing 系统就会将这个打印请求挂到等待队列上，待打印机有空时再将数据打印出来。向磁盘输出数据的速度比向打印机输出数据的速度快，因此就节省了时间。

5.2.5　设备驱动程序接口

设备驱动程序是 I/O 系统的上层与设备控制器之间的通信程序，其主要任务是接收上层应用发来的抽象 I/O 请求，如 read 或 write 命令，将它们转换为具体要求后发送给设备控制器，进而使其启动设备去执行任务；反之，它也将设备控制器发来的信号传送给上层应用。

命题追踪 ▶ **设备驱动程序的功能（2013、2019、2023）**

为了实现上层应用与设备控制器之间的通信，设备驱动程序应具有以下功能：①接收由上层软件发来的命令和参数，并将抽象要求转换为与设备相关的具体要求。例如，将抽象要求中的盘块号转换为磁盘的盘面号、磁道号及扇区号。②检查用户 I/O 请求的合法性，了解设备的工作状态，传递与设备操作有关的参数，设置设备的工作方式。③发出 I/O 命令，若设备空闲，则立即启动它，完成指定的 I/O 操作；若设备忙，则将请求者的 PCB 挂到设备队列上等待。④及时响应由设备控制器发来的中断请求，并根据其中断类型，调用相应的中断处理程序进行处理。

命题追踪 ▶ **设备驱动程序的特点（2022）**

相比于普通的应用程序和系统程序，设备驱动程序具有以下差异：①设备驱动程序将抽象的 I/O 请求转换成具体的 I/O 操作后，传送给设备控制器，并将设备控制器中记录的设备状态和 I/O 操作的完成情况及时地反馈给请求进程。②设备驱动程序与设备采用的 I/O 控制方式紧密相关，常用的 I/O 控制方式是中断驱动方式和 DMA 方式。③设备驱动程序与硬件密切相关，对于不同类型的设备，应配置不同的设备驱动程序。④由于设备驱动程序与硬件紧密相关，目前很多设备驱动程序的基本部分已固化在 ROM 中。⑤设备驱动程序应允许同时多次调用执行。

为了使所有的设备驱动程序都有统一的接口，一方面，要求每个设备驱动程序与操作系统之间都有相同或相近的接口，以便更容易地添加一个新的设备驱动程序，同时更容易地编制设备驱动程序；另一方面，要将抽象的设备名转换为具体的物理设备名，并且进一步找到相应的设备驱动程序入口。此外，还应对设备进行保护，防止无权访问的用户使用设备。

5.2.6　本节小结

本节开头提出的问题的参考答案如下。

1）当处理机和外部设备的速度差距较大时，有什么办法可以解决问题？

可采用缓冲技术来缓解 CPU 与外设速度上的矛盾，即在某个地方（一般为主存）设立一片缓冲区，外设与 CPU 的输入/输出都经过缓冲区，这样外设和 CPU 就都不用互相等待。

2）什么是设备的独立性？引入设备的独立性有什么好处？

设备独立性是指用户在编程序时使用的设备与实际设备无关。一个程序应独立于分配给它的某类设备的具体设备，即在用户程序中只指明 I/O 使用的设备类型即可。

设备独立性有以下优点：①方便用户编程。②使程序运行不受具体机器环境的限制。③便于程序移植。

5.2.7 本节习题精选

一、单项选择题

01. 设备的独立性是指（ ）。

A. 设备独立于计算机系统

B. 系统对设备的管理是独立的

C. 用户编程时使用的设备与实际使用的设备无关

D. 每台设备都有一个唯一的编号

02. 引入高速缓冲的主要目的是（ ）。

A. 提高 CPU 的利用率　B. 提高 I/O 设备的利用率

C. 改善 CPU 与 I/O 设备速度不匹配的问题　D. 节省内存

03. 为了使多个并发进程能有效地进行输入和输出，最好采用（ ）结构的缓冲技术。

A. 缓冲池　B. 循环缓冲　C. 单缓冲　D. 双缓冲

04. 缓冲技术中的缓冲池在（ ）中。

A. 主存　B. 外存　C. ROM　D. 寄存器

05. 支持双向传送的设备应使用（ ）。

A. 单缓冲区　B. 双缓冲区　C. 多缓冲区　D. 缓冲池

06. 下列关于缓冲区的描述中，正确的是（ ）。

A. 缓冲区是一种专门的硬件缓冲器，不能用内存来实现

B. 缓冲区的作用是提高 CPU 和 I/O 设备之间的速度匹配

C. 缓冲区只能用于输入设备，不能用于输出设备

D. 缓冲区只能用于块设备，不能用于字符设备

07. 使用单缓冲或双缓冲进行通信时，（ ）可以实现数据的双向传输。

A. 只有单缓冲　B. 只有双缓冲　C. 都　D. 都不

08. 下列各种算法中，（ ）是设备分配常用的一种算法。

A. 首次适应　B. 时间片分配　C. 最佳适应　D. 先来先服务

09. 设从磁盘将一块数据传送到缓冲区所用的时间为 80μs，将缓冲区中的数据传送到用户区所用的时间为 40μs，CPU 处理一块数据所用的时间为 30μs。若有多块数据需要处理，并采用单缓冲区传送某磁盘数据，则处理一块数据所用的总时间为（ ）。

A. 120μs　B. 110μs　C. 150μs　D. 70μs

10. 某操作系统采用双缓冲区传送磁盘上的数据。设从磁盘将数据传送到缓冲区所用的时间为 T_1，将缓冲区中的数据传送到用户区所用的时间为 T_2（假设 T_2 远小于 T_1），CPU 处理数据所用的时间为 T_3，则处理该数据，系统所用的总时间为（ ）。

A. $T_1 + T_2 + T_3$　B. $\max(T_2, T_3) + T_1$　C. $\max(T_1, T_3) + T_2$　D. $\max(T_1, T_3)$

11. 若 I/O 所花费的时间比 CPU 的处理时间短得多，则缓冲区（ ）。

A. 最有效　B. 几乎无效

C. 均衡　D. 以上答案都不对

12. 缓冲区管理着重要考虑的问题是（ ）。

A. 选择缓冲区的大小　B. 决定缓冲区的数量
C. 实现进程访问缓冲区的同步　D. 限制进程的数量

13. 考虑单用户计算机上的下列 I/O 操作，需要使用缓冲技术的是（ ）。

I. 图形用户界面下使用鼠标
II. 多任务操作系统下的磁带驱动器（假设没有设备预分配）
III. 包含用户文件的磁盘驱动器
IV. 使用存储器映射 I/O，直接和总线相连的图形卡

A. I、III　B. II、IV　C. II、III、IV　D. 全选

14. 以下（ ）不属于设备管理数据结构。

A. PCB　B. DCT　C. COCT　D. CHCT

15. 下列（ ）不是设备的分配方式。

A. 独享分配　B. 共享分配　C. 虚拟分配　D. 分区分配

16. 设备分配程序为用户进程分配设备的过程通常是（ ）。

A. 先分配设备，再分配设备控制器，最后分配通道
B. 先分配设备控制器，再分配设备，最后分配通道
C. 先分配通道，再分配设备，最后分配设备控制器
D. 先分配通道，再分配设备控制器，最后分配设备

17. 下面设备中属于共享设备的是（ ）。

A. 打印机　B. 磁带机　C. 磁盘　D. 磁带机和磁盘

18. 提高单机资源利用率的关键技术是（ ）。

A. SPOOLing 技术　B. 虚拟技术
C. 交换技术　D. 多道程序设计技术

19. 虚拟设备是靠（ ）技术来实现的。

A. 通道　B. 缓冲　C. SPOOLing　D. 控制器

20. SPOOLing 技术的主要目的是（ ）。

A. 提高 CPU 和设备交换信息的速度　B. 提高独占设备的利用率
C. 减轻用户编程负担　D. 提供主、辅存接口

21. 在采用 SPOOLing 技术的系统中，用户的打印结果首先被送到（ ）。

A. 磁盘固定区域　B. 内存固定区域　C. 终端　D. 打印机

22. 采用 SPOOLing 技术的计算机系统，外围计算机需要（ ）。

A. 一台　B. 多台　C. 至少一台　D. 0 台

23. SPOOLing 系统由（ ）组成。

A. 预输入程序、井管理程序和缓输出程序
B. 预输入程序、井管理程序和井管理输出程序
C. 输入程序、井管理程序和输出程序
D. 预输入程序、井管理程序和输出程序

24. 在 SPOOLing 系统中，用户进程实际分配到的是（ ）。

A. 用户所要求的外设　B. 外存区，即虚拟设备
C. 设备的一部分存储区　D. 设备的一部分空间

25. 下面关于 SPOOLing 系统的说法中，正确的是（ ）。

A. 构成 SPOOLing 系统的基本条件是有外围输入机与外围输出机

B. 构成 SPOOLing 系统的基本条件仅是要有高速的大容量硬盘作为输入井和输出井

C. 当输入设备忙时，SPOOLing 系统中的用户程序暂停执行，待 I/O 空闲时再被唤醒执行输出操作

D. SPOOLing 系统中的用户程序可以随时将输出数据送到输出井中，待输出设备空闲时再由 SPOOLing 系统完成数据的输出操作

26. 下面关于 SPOOLing 的叙述中，不正确的是（ ）。

A. SPOOLing 系统中不需要独占设备

B. SPOOLing 系统加快了作业执行的速度

C. SPOOLing 系统使独占设备变成共享设备

D. SPOOLing 系统提高了独占设备的利用率

27.（ ）是操作系统中采用的以空间换取时间的技术。

A. SPOOLing 技术 B. 虚拟存储技术 C. 覆盖与交换技术 D. 通道技术

28. 采用假脱机技术，将磁盘的一部分作为公共缓冲区以代替打印机，用户对打印机的操作实际上是对磁盘的存储操作，用以代替打印机的部分由（ ）完成。

A. 独占设备 B. 共享设备 C. 虚拟设备 D. 一般物理设备

29. 下面关于独占设备和共享设备的说法中，不正确的是（ ）。

A. 打印机、扫描仪等属于独占设备

B. 对独占设备往往采用静态分配方式

C. 共享设备是指一个作业尚未撤离，另一个作业即可使用，但每个时刻只有一个作业使用

D. 对共享设备往往采用静态分配方式

30. 当用户要求使用打印机打印某文件时，用户的要求是由操作系统的（ ）实现的。

A. 文件系统 B. 设备管理程序

C. 文件系统和设备管理程序 D. 打印机启动程序和设备管理程序

31. 下列设备管理工作中，适合由设备独立性软件来完成的有（ ）。

I. 向设备寄存器写命令 II. 检查用户是否有权使用设备

III. 将二进制整数转换成 ASCII 码格式打印 IV. 缓冲区管理

A. I、II 和 III B. II、III 和IV C. II 和 IV D. I、III 和 IV

32. 下列关于设备驱动程序的说法中，正确的是（ ）。

I. 设备驱动程序负责处理与设备相关的中断处理过程

II. 驱动程序全部使用汇编语言编写，没有使用高级语言编写

III. 设备驱动程序负责处理磁盘调度

IV. 设备驱动程序与设备密切相关，可以在任意操作系统运行

A. II、III、IV B. I、III C. III、IV D. I、II、III

33. 下列选项中，（ ）不属于设备驱动程序的功能。

A. 接收进程发来的 I/O 命令和参数，并检查其合法性

B. 查询 I/O 设备的状态

C. 发出 I/O 命令，启动 I/O 设备

D. 对 I/O 设备传回的数据进行分析和缓冲

34. 对设备驱动程序的处理过程进行排序，正确的处理顺序是（ ）。

①对服务请求进行校验　②传送必要的参数　③启动 I/O 设备
④将抽象要求转化为具体要求　⑤检查设备的状态

A. ①④⑤②③　B. ④①⑤②③　C. ①④②⑤③　D. ④①②⑤③

35.【2009 统考真题】程序员利用系统调用打开 I/O 设备时，通常使用的设备标识是（ ）。

A. 逻辑设备名　B. 物理设备名　C. 主设备号　D. 从设备号

36.【2011 统考真题】某文件占 10 个磁盘块，现要把该文件的磁盘块逐个读入主存缓冲区，并且送到用户区进行分析，假设一个缓冲区与一个磁盘块大小相同，把一个磁盘块读入缓冲区的时间为 100μs，将缓冲区的数据传送到用户区的时间是 50μs，CPU 对一块数据进行分析的时间为 50μs。在单缓冲区和双缓冲区结构下，读入并分析完该文件的时间分别是（ ）。

A. 1500μs, 1000μs　B. 1550μs, 1100μs　C. 1550μs, 1550μs　D. 2000μs, 2000μs

37.【2013 统考真题】设系统缓冲区和用户工作区均采用单缓冲，从外设读入一个数据块到系统缓冲区的时间为 100，从系统缓冲区读入一个数据块到用户工作区的时间为 5，对用户工作区中的一个数据块进行分析的时间为 90（见下图）。进程从外设读入并分析 2 个数据块的最短时间是（ ）。

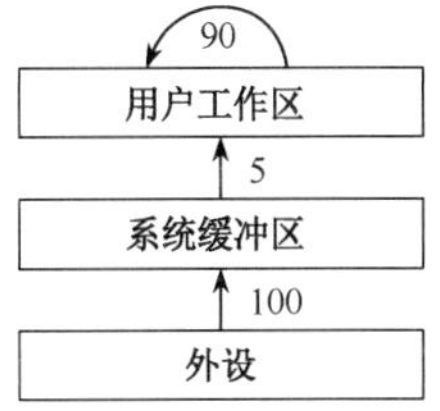

A. 200　B. 295　C. 300　D. 390

38.【2013 统考真题】用户程序发出磁盘 I/O 请求后，系统的处理流程是：用户程序→系统调用处理程序→设备驱动程序→中断处理程序。其中，计算数据所在磁盘的柱面号、磁头号、扇区号的程序是（ ）。

A. 用户程序　B. 系统调用处理程序
C. 设备驱动程序　D. 中断处理程序

39.【2015 统考真题】在系统内存中设置磁盘缓冲区的主要目的是（ ）。

A. 减少磁盘 I/O 次数　B. 减少平均寻道时间
C. 提高磁盘数据可靠性　D. 实现设备无关性

40.【2016 统考真题】下列关于 SPOOLing 技术的叙述中，错误的是（ ）。

A. 需要外存的支持
B. 需要多道程序设计技术的支持
C. 可以让多个作业共享一台独占式设备
D. 由用户作业控制设备与输入/输出井之间的数据传送

41.【2020 统考真题】对于具备设备独立性的系统，下列叙述中，错误的是（ ）。

A. 可以使用文件名访问物理设备
B. 用户程序使用逻辑设备名访问物理设备
C. 需要建立逻辑设备与物理设备之间的映射关系
D. 更换物理设备后必须修改访问该设备的应用程序

42.【2022 统考真题】下列关于驱动程序的叙述中，不正确的是（ ）。

A. 驱动程序与 I/O 控制方式无关
B. 初始化设备是由驱动程序控制完成的

C. 进程在执行驱动程序时可能进入阻塞态
D. 读/写设备的操作是由驱动程序控制完成的

43.【2023统考真题】下列因素中，设备分配需要考虑的是（ ）。
I. 设备的类型　　II. 设备的访问权限
III. 设备的占用状态　　IV. 逻辑设备与物理设备的映射关系
A. 仅I、II　　B. 仅II、III　　C. 仅III、IV　　D. I、II、III、IV

二、综合应用题

01. 输入/输出软件一般分为4个层次：用户层、与设备无关的软件层、设备驱动程序和中断处理程序。请说明以下各工作是在哪一层完成的：
1）为磁盘读操作计算磁道、扇区和磁头。
2）向设备寄存器写命令。
3）检查用户是否有权使用设备。
4）将二进制整数转换成ASCII码以便打印。

02. 在某系统中，若采用双缓冲区（每个缓冲区可存放一个数据块），将一个数据块从磁盘传送到缓冲区的时间为80μs，从缓冲区传送到用户的时间为20μs，CPU计算一个数据块的时间为50μs。总共处理4个数据块，每个数据块的平均处理时间是多少？

5.2.8 答案与解析

一、单项选择题

01. C
设备的独立性主要是指用户使用设备的透明性，即使用户程序和实际使用的物理设备无关。

02. C
CPU与I/O设备执行速度通常是不对等的，前者快、后者慢，通过高速缓冲技术来改善两者不匹配的问题。

03. A
缓冲池是系统的共用资源，可供多个进程共享，并且既能用于输入又能用于输出。其一般包含三种类型的缓冲：①空闲缓冲区；②装满输入数据的缓冲区；③装满输出数据的缓冲区。为了管理上的方便，可将相同类型的缓冲区链成一个队列。B、C、D属专用缓冲。

04. A
输入井和输出井是在磁盘上开辟的存储空间，而输入/输出缓冲区则是在内存中开辟的，因为CPU速度比I/O设备高很多，缓冲池通常在主存中建立。

05. B
支持双向发送和接收数据的设备（如网卡等）应使用双缓冲区，双缓冲区可以实现同一时刻的双向数据传输，提高设备的效率和利用率。单缓冲区只能实现单向数据传输。多缓冲区和缓冲池用于提高I/O性能的技术，但不是必需的，也不一定适合所有的双向设备。

06. B
缓冲区是一个存储区域，可由专门的硬件寄存器组成，也可利用内存来实现。缓冲区的作用是提高CPU和I/O设备之间的速度匹配，因为CPU的速度远高于I/O设备的速度，若没有缓冲区，则CPU就要等待I/O设备完成操作，造成资源浪费。缓冲区可用于输入设备和输出设备，如键盘、打印机等。缓冲区也可用于块设备和字符设备，如磁盘、串口等。

07. C

两个通信进程之间若只设置单缓冲区，则同一时刻只能实现单向传输，但可在一段时间内用于发送数据，另一段时间内用于接收数据。若设置双缓冲区，则同一时刻可以实现双向传输。

08. D

A 和 C 项都是动态分区分配的常用算法，B 项是进程调度的常用算法，设备分配的常用算法主要有先来先服务算法和最高优先级优先算法。

09. A

采用单缓冲区传送数据时，设备与处理机对缓冲区的操作是串行的，当进行第 i 次读磁盘数据送至缓冲区时，系统再同时读出用户区中第 $i-1$ 次数据进行计算，此两项操作可以并行，并与数据从缓冲区传送到用户区的操作串行进行，所以系统处理一块数据所用的总时间为 max(80μs, 30μs) + 40μs = 120μs。

10. D

处理该数据所用的总时间，即可以默认初始状态缓冲区 1 已将数据传送到用户区。然后分情况讨论：若 $T_3 > T_1$，即 CPU 处理数据块比数据传送慢，磁盘将数据传送到缓冲区，再传送到用户区，与 CPU 处理数据可视为并行处理，时间的花费取决于 CPU 最大花费时间，则系统所用总时间为 T_3。若 $T_3 < T_1$，即 CPU 处理数据比数据传送快，意味着 I/O 设备可连续输入，此时 CPU 不必等待 I/O 设备，磁盘将数据传送到缓冲区，与缓冲区中数据传送到用户区及 CPU 数据处理可视为并行执行，则花费时间取决于磁盘将数据传送到缓冲区所用时间 T_1。

11. B

缓冲区主要解决输入/输出速度比 CPU 处理的速度慢而造成数据积压的矛盾。所以当 I/O 花费的时间比 CPU 处理时间短很多时，缓冲区没有必要设置。

12. C

在缓冲机制中，无论是单缓冲、多缓冲还是缓冲池，由于缓冲区是一种临界资源，所以在使用缓冲区时都有一个申请和释放（互斥）的问题需要考虑。

13. D

在鼠标移动时，若有高优先级的操作产生，为了记录鼠标活动的情况，必须使用缓冲技术，I 正确。由于磁盘驱动器和目标或源 I/O 设备间的吞吐量不同，必须采用缓冲技术，II 正确。为了能使数据从用户作业空间传送到磁盘或从磁盘传送到用户作业空间，必须采用缓冲技术，III 正确。为了便于多幅图形的存取及提高性能，缓冲技术是可以采用的，特别是在显示当前一幅图形又要得到下一幅图形时，应采用双缓冲技术，IV 正确。

14. A

DCT 是设备控制表；COCT 是控制器控制表；CHCT 是通道控制表；PCB 是进程控制块，不属于设备管理的数据结构。

15. D

设备的分配方式主要有独享分享、共享分配和虚拟分配，选项 D 是内存的分配方式。

16. A

设备分配程序为用户进程分配设备的步骤：①分配设备，②分配控制器，③分配通道。只有三者都分配成功时，设备分配才算成功。然后，便可启动该 I/O 设备进行数据传送。

17. C

共享设备是指在一个时间间隔内可被多个进程同时访问的设备，只有磁盘满足。打印机在一个时间间隔内被多个进程访问时打印出来的文档就会乱；磁带机旋转到所需的读/写位置需要较长时间，若一个时间间隔内被多个进程访问，磁带机就只能一直旋转，没时间读/写。

18. D

在单机系统中，最关键的资源是处理器资源，最大化地提高处理器利用率，就是最大化地提高系统效率。多道程序设计技术是提高处理器利用率的关键技术，其他均为设备和内存的相关技术。

19. C

SPOOLing 技术是操作系统中采用的一种将独占设备改造为共享设备的技术。通过这种技术处理后的设备通常称为虚拟设备。

20. B

SPOOLing 技术将一台物理设备虚拟为多台逻辑设备，以减少设备的闲置时间，提高设备的并发度和吞吐量，因此 SPOOLing 技术的主要目的是提高独占设备的利用率。

21. A

输入井和输出井是在磁盘上开辟的两大存储空间。输入井模拟脱机输入时的磁盘设备，用于暂存 I/O 设备输入的数据；输出井模拟脱机输出时的磁盘，用于暂存用户程序的输出数据。为了缓和 CPU，打印结果首先送到位于磁盘固定区域的输出井。

22. D

SPOOLing 技术需要使用磁盘空间（输入井和输出井）和内存空间（输入/输出缓冲区），不需要外围计算机的支持。

23. A

SPOOLing 系统主要包含三部分，即输入井和输出井、输入缓冲区和输出缓冲区以及输入进程和输出进程。这三部分由预输入程序、井管理程序和缓输出程序管理，以保证系统正常运行。

24. B

通过 SPOOLing 技术可将一台物理 I/O 设备虚拟为 I/O 设备，同样允许多个用户共享一台物理 I/O 设备，所以 SPOOLing 并不是将物理设备真的分配给用户进程。

25. D

构成 SPOOLing 系统的基本条件是不仅要有大容量、高速度的外存作为输入井和输出井，而且还要有 SPOOLing 软件，因此 A 错误、B 不够全面，同时利用 SPOOLing 技术提高了系统和 I/O 设备的利用率，进程不必等待 I/O 操作的完成，因此 C 也不正确。

26. A

SPOOLing 技术将独占设备虚拟成共享设备，因此必须先有独占设备才行。下面说明 SPOOLing 技术如何加快作业执行的速度，提高独占设备的利用率。进程不需要等待打印机空闲，只需将输出数据送到输出井，然后继续执行其他操作，这样就提高了进程的效率。打印机不需要空闲等待进程的输出，只需从输出井中读取数据进行打印，然后读取下一个数据，这样就提高了打印机的效率。输出进程可以根据输出井中的数据量和优先级来安排打印顺序，从而平衡各个进程的等待时间和响应时间，这样就提高了系统的性能。输出进程可以减少对打印机的切换次数，从而减少系统的开销，进而提高打印机的利用率。

27. A

SPOOLing 技术需有高速大容量且可随机存取的外存支持，通过预输入和缓输出来减少 CPU 等待慢速设备的时间，将独享设备改造成共享设备。

28．C

利用假脱机技术可将独享设备改造为可供多个用户共享的虚拟设备，各作业在执行期间只使用虚拟设备。采用假脱机技术，将磁盘的一部分作为公共缓冲区以代替打印机，用户对打印机的操作实际上是对磁盘的存储操作，用以代替打印机的部分由虚拟设备完成。

29．D

独占设备采用静态分配方式，而共享设备采用动态分配方式。

30．C

当用户使用打印机打印某文件时，需要通过文件系统来访问磁盘上的数据，然后通过设备管理程序来控制打印机的输出。打印机启动程序只能初始化打印机，不能直接访问磁盘上的数据。

31．C

设备寄存器写命令是由设备驱动程序完成的。检查用户是否有权使用设备属于设备保护，是由设备独立性软件完成的。将二进制整数转换成 ASCII 码的格式打印是通过 I/O 库函数完成的，属于用户层软件。缓冲区管理属于输入/输出的共有操作，是由设备独立性软件完成的。缓冲区是内存中的区域，显然不是由设备驱动程序完成的。

32．B

不同厂家的设备通常提供不同的驱动程序，对应不同的中断处理，因此需要驱动程序来完成，I 正确。驱动程序仅有一部分需要用汇编语言编写，其余部分可用高级语言编写，II 错误。不同型号的磁盘的调度方式不一定相同，磁盘调度由磁盘驱动程序完成，III 正确。不同的操作系统有不同的驱动程序接口，因此驱动程序要根据操作系统的要求进行定制，IV 错误。

33．D

设备驱动程序的功能是管理 I/O 设备。数据的分析和缓冲是由进程或操作系统完成的。

34．B

用户层软件发出的命令是设备独立性软件提供的统一接口，需要由驱动程序将这些抽象要求转化为具体要求，才能被设备控制器识别，例如将抽象要求中的盘块号转化为磁盘的柱面号、盘面号和扇区号。然后，驱动程序会检查服务请求是不是该设备可以执行的，之后检查设备的状态，只有设备处于就绪状态时才能启动，最后传送此次 I/O 的参数并启动设备。

35．A

用户程序对 I/O 设备的请求采用逻辑设备名，而程序实际执行时使用物理设备名，它们之间的转换是由设备无关软件层完成的。主设备和从设备是总线仲裁中的概念。

36．B

在单缓冲区中，当上一个磁盘块从缓冲区读入用户区完成时，下一磁盘块才能开始读入，也就是当最后一个磁盘块读入用户区完毕时所用的时间为 $150\times10=1500\mu s$，加上处理最后一个磁盘块的时间 $50\mu s$，得 $1550\mu s$。双缓冲区中，不存在等待磁盘块从缓冲区读入用户区的问题，10 个磁盘块可以连续从外存读入主存缓冲区，加上将最后一个磁盘块从缓冲区送到用户区的传输时间 $50\mu s$ 及处理时间 $50\mu s$，也就是 $100\times10+50+50=1100\mu s$。

37．C

数据块 1 从外设到用户工作区的总时间为 105，在这段时间中，数据块 2 未进行操作。在数据块 1 进行分析处理时，数据块 2 从外设到用户工作区的总时间为 105，这段时间是并行的。再加上数据块 2 进行处理的时间 90，总共是 300。

38. C

计算柱面号、磁头号和扇区号的工作是由设备驱动程序完成的。题中的功能因设备硬件的不同而不同，因此应由厂家提供的设备驱动程序实现。

39. A

磁盘和内存的速度差异，决定了可以将内存经常访问的文件调入磁盘缓冲区，从高速缓存中复制的访问比磁盘 I/O 的机械操作要快很多。

40. D

SPOOLing 利用专门的外围控制机，将低速 I/O 设备上的数据传送到高速磁盘上，或者相反。SPOOLing 的意思是外部设备同时联机操作，又称假脱机输入/输出操作，是操作系统中采用的一项将独占设备改造成共享设备的技术。高速磁盘即外存，A 正确。SPOOLing 技术建立在多道程序设计技术的基础上，在一个时间段内，输入进程、输出进程是可以和运行的作业进程并发执行的，B 正确。SPOOLing 技术实现了将独占设备改造成共享设备的技术，C 正确。设备与输入井/输出井之间数据的传送是由系统实现的，D 错误。

41. D

设备可视为特殊文件，A 正确。用户使用逻辑设备名来访问物理文件，有利于设备独立性，B 正确。通过逻辑设备名访问物理设备时，需要建立逻辑设备和物理设备之间的映射关系，C 正确。应用程序按逻辑设备名访问设备，再经驱动程序的处理来控制物理设备，若更换物理设备，则只需更换驱动程序，而无须修改应用程序，D 错误。

42. A

厂家在设计一个设备时，通常会为该设备编写驱动程序，主机需要先安装驱动程序，才能使用设备。当一个设备被连接到主机时，驱动程序负责初始化设备（如将设备控制器中的寄存器初始化），B 正确。若采用程序直接控制方式，进程不会被阻塞，进程会处于等待状态；若采用中断控制方式，则驱动程序启动 I/O 操作后，将调出其他进程执行，而当前用户进程被阻塞；若采用 DMA 控制方式，则驱动程序对 DMA 控制器初始化后，便发送“启动 DMA 传送”命令，外设开始传送数据，同时 CPU 执行处理器调度程序，当前用户进程被阻塞，C 正确。设备的读/写操作本质就是在设备控制器和主机之间传送数据，而只有厂家知道设备控制器的内部实现，因此也只有厂家提供的驱动程序能控制设备的读/写操作，D 正确。厂家会根据设备特性，在驱动程序中实现一种合适的 I/O 控制方式，不同的 I/O 控制方式需要不同的驱动程序来实现数据的传输和控制，例如，中断驱动方式需要驱动程序能够响应中断信号，DMA 方式需要驱动程序能够设置 DMA 控制器的寄存器，通道控制方式需要驱动程序能够执行通道指令等，A 错误。

43. D

设备的类型决定了设备的固有属性，如独占性、共享性、可虚拟性等，不同类型的设备需要采用不同的分配方式，如独占分配、共享分配、虚拟分配等。设备的访问权限决定了哪些进程可以使用哪些设备，以保证系统的安全性和保密性，通常系统设备只能由系统进程或特权进程访问，用户设备只能由用户进程或授权进程访问。设备的占用状态决定了设备是否可以被分配给请求进程，以及如何处理等待进程，若设备空闲，则通常可以直接分配给请求进程；若设备忙，则需要将请求进程排入设备队列，并按照一定的算法进行调度。逻辑设备与物理设备的映射关系决定了如何通过逻辑地址访问物理地址，以提高系统的灵活性和可扩展性，通常系统会为每个物理设备分配一个逻辑名，并建立一个系统设备表来记录逻辑名与物理名之间的对应关系。

二、综合应用题

01.【解答】

分析：首先，我们来看这些功能是不是应该由操作系统来完成。操作系统是一个代码相对稳定的软件，它很少发生代码的变化。若 1）由操作系统完成，则操作系统就必须记录逻辑块和磁盘细节的映射，操作系统的代码会急剧膨胀，而且对新型介质的支持也会引起代码的变动。若 2）也由操作系统完成，则操作系统需要记录不同生产厂商的不同数据，而且后续新厂商和新产品也无法得到支持。

因为 1）和 2）都与具体的磁盘类型有关，因此为了能够让操作系统尽可能多地支持各种不同型号的设备，1）和 2）应由厂商所编写的设备驱动程序完成。3）涉及安全与权限问题，应由与设备无关的操作系统完成。4)应由用户层来完成，因为只有用户知道将二进制整数转换为 ASCII 码的格式（使用二进制还是十进制、有没有特别的分隔符等）。

02.【解答】

4 个数据块的处理过程如下图所示，总耗时 390μs，每块的平均处理时间为 390μs/4 = 97.5μs。

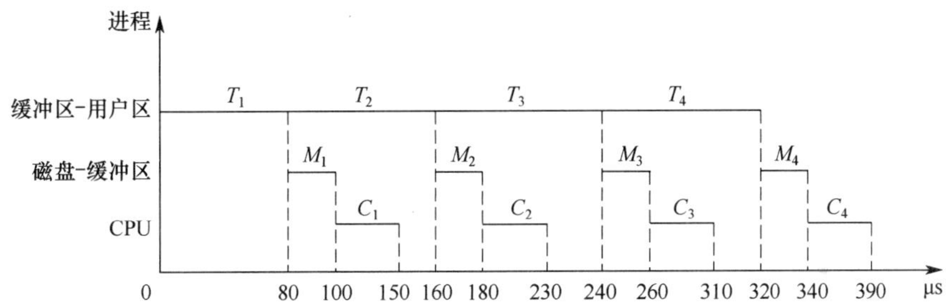

从上图可以看出，处理 n 个数据块的总耗时为$(80n + 20 + 50)$μs = $(80n + 70)$μs，每个数据块的平均处理时间为$(80n + 70)/n$ μs，当 n 较大时，平均时间近似为 $\max(C, T) = 80$μs。

5.3 磁盘和固态硬盘①

在学习本节时，请读者思考以下问题：

1）在磁盘上进行一次读/写操作需要哪几部分时间？其中哪部分时间最长？

2）存储一个文件时，当一个磁道存储不下时，剩下的部分是存在同一个盘面的不同磁道好，还是存在同一个柱面上的不同盘面好？

本节主要介绍磁盘管理的方式。学习本节时，要重点掌握计算一次磁盘操作的时间，以及对于给定访盘的磁道序列，按照特定算法求出磁头通过的总磁道数及平均寻道数。

5.3.1 磁盘

命题追踪 ▶▶ 磁盘容量的计算（2019）

磁盘（Disk）是表面涂有磁性物质的物理盘片，通过一个称为*磁头*的导体线圈从磁盘存取数据。在读/写操作期间，磁头固定，磁盘在下面高速旋转。如图 5.15 所示，磁盘盘面上的数据存储在一组同心圆中，称为*磁道*。每个磁道与磁头一样宽，一个盘面有上千个磁道。磁道又划分为

① 本节内容与《计算机组成原理考研复习指导》一书中的 3.4 节联系密切，建议结合复习。

几百个扇区，每个扇区固定存储大小（如 1KB），一个扇区称为一个盘块。相邻磁道及相邻扇区间通过一定的间隙分隔开，以避免精度错误。注意，由于扇区按固定圆心角度划分，所以密度从最外道向里道增加，磁盘的存储能力受限于最内道的最大记录密度。

注 意

为了提高磁盘的存储容量，充分利用磁盘外层磁道的存储能力，现代磁盘不再将内外磁道划分为相同数目的扇区，而将盘面划分为若干环带，同一环带内的所有磁道具有相同的扇区数，显然，外层环带的磁道拥有较内层环带的磁道更多的扇区。

命题追踪 ▶ 将簇号转化为磁盘物理地址的过程（2019）

磁盘安装在一个磁盘驱动器中，它由磁头臂、用于旋转磁盘的转轴和用于数据输入/输出的电子设备组成。如图 5.16 所示，多个盘片垂直堆叠，组成磁盘组，每个盘面对应一个磁头，所有磁头固定在一起，与磁盘中心的距离相同且只能“共进退”。所有盘片上相对位置相同的磁道组成柱面。扇区是磁盘可寻址的最小单位，磁盘上能存储的物理块数目由扇区数、磁道数及磁盘面数决定，磁盘地址用“柱面号・盘面号・扇区号”表示。

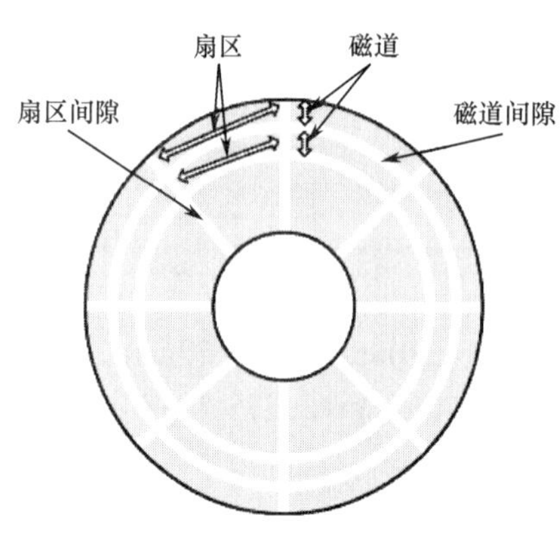

图 5.15 磁盘盘片

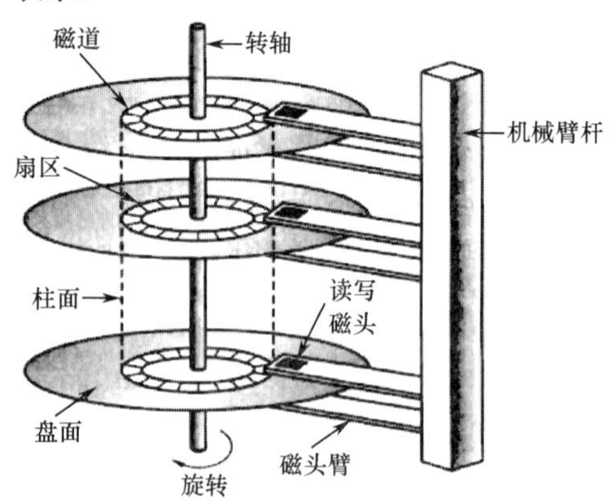

图 5.16 磁盘的结构

磁盘按不同的方式可分为若干类型：磁头相对于盘片的径向方向固定的称为*固定头磁盘*，这种磁盘中的每个磁道有一个磁头。磁头可移动的称为*活动头磁盘*，磁头臂可来回伸缩定位磁道。盘片永久固定在磁盘驱动器内的称为*固定盘磁盘*。盘片可移动和替换的称为*可换盘磁盘*。

操作系统中几乎每介绍一类资源及其管理时，都要涉及一类调度算法。用户访问文件，需要操作系统的服务，文件实际上存储在磁盘中，操作系统接收用户的命令后，经过一系列的检验访问权限和寻址过程后，最终都会到达磁盘，控制磁盘将相应的数据信息读出或修改。当有多个请求同时到达时，操作系统就要决定先为哪个请求服务，这就是磁盘调度算法要解决的问题。

5.3.2 磁盘的管理

命题追踪 ▶ 新磁盘安装操作系统的过程（2021）

1. 磁盘初始化

命题追踪 ▶ 物理格式化的内容（2017、2021）

一个新的磁盘只是一个磁性记录材料的空白盘。在磁盘可以存储数据之前，必须将它分成扇区，以便磁盘控制器能够进行读/写操作，这个过程称为低级格式化（或称物理格式化）。每个扇区通常由头部、数据区域和尾部组成。头部和尾部包含了一些磁盘控制器的使用信息，其中利用磁道号、磁头号和扇区号来标志一个扇区，利用 CRC 字段对扇区进行校验。

大多数磁盘在工厂时作为制造过程的一部分就已低级格式化，这种格式化能够让制造商测试磁盘，并且初始化逻辑块号到无损磁盘扇区的映射。对于许多磁盘，当磁盘控制器低级格式化时，还能指定在头部和尾部之间留下多长的数据区，通常选择 256 或 512 字节等。

2．分区

命题追踪 ▶ 逻辑格式化的内容（2017、2021）

在可以使用磁盘存储文件之前，还要完成两个步骤。第一步是，将磁盘分区（我们熟悉的 C 盘、D 盘等形式的分区），每个分区由一个或多个柱面组成，每个分区的起始扇区和大小都记录在磁盘主引导记录的分区表中。第二步是，对物理分区进行*逻辑格式化*（也称*高级格式化*），将初始文件系统数据结构存储到磁盘上，这些数据结构包括空闲空间和已分配空间，以及一个初始为空的目录，建立根目录、对保存空闲磁盘块信息的数据结构进行初始化。

因扇区的单位太小，为了提高效率，操作系统将多个相邻的扇区组合在一起，形成一簇（在 Linux 中称为块）。为了更高效地管理磁盘，一簇只能存放一个文件的内容，文件所占用的空间只能是簇的整数倍；如果文件大小小于一簇（甚至是 0 字节），也要占用一簇的空间。

3．引导块

计算机启动时需要运行一个*初始化程序*（*自举程序*），它初始化 CPU、寄存器、设备控制器和内存等，接着启动操作系统。为此，自举程序找到磁盘上的操作系统内核，将它加载到内存，并转到起始地址，从而开始操作系统的运行。

自举程序通常存放在 ROM 中，为了避免改变自举代码而需要改变 ROM 硬件的问题，通常只在 ROM 中保留很小的*自举装入程序*，而将完整功能的引导程序保存在磁盘的启动块上，启动块位于磁盘的固定位置。具有启动分区的磁盘称为*启动磁盘*或*系统磁盘*。

引导 ROM 中的代码指示磁盘控制器将引导块读入内存，然后开始执行，它可以从非固定的磁盘位置加载整个操作系统，并且开始运行操作系统。下面以 Windows 为例来分析引导过程。Windows 允许将磁盘分为多个分区，有一个分区为*引导分区*，它包含操作系统和设备驱动程序。Windows 系统将引导代码存储在磁盘的第 0 号扇区，它称为*主引导记录*（MBR）。引导首先运行 ROM 中的代码，这个代码指示系统从 MBR 中读取*引导代码*。除了包含引导代码，MBR 还包含一个*磁盘分区表*和一个标志（以指示从哪个分区引导系统），如图 5.17 所示。当系统找到引导分区时，读取分区的第一个扇区，称为*引导扇区*，并继续余下的引导过程，包括加载各种系统服务。

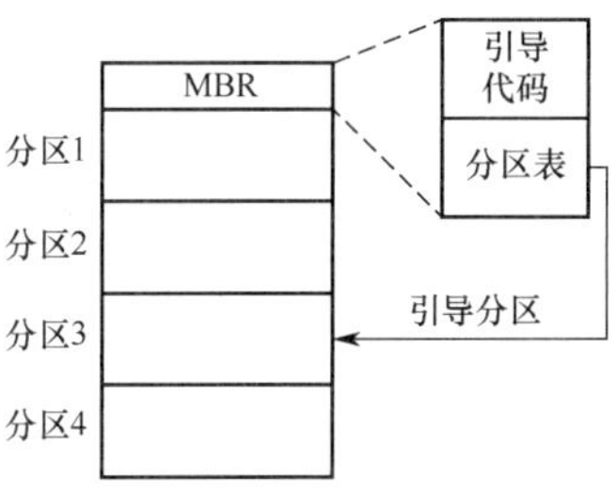

图 5.17　Windows 磁盘的引导

4．坏块

由于磁盘有移动部件且容错能力弱，因此容易导致一个或多个扇区损坏。部分磁盘甚至在出厂时就有坏块。根据所用的磁盘和控制器，对这些块有多种处理方式。

对于简单磁盘，如采用 IDE 控制器的磁盘，坏块可手动处理，如 MS-DOS 的 Format 命令执行逻辑格式化时会扫描磁盘以检查坏块。坏块在 FAT 表上会标明，因此程序不会使用它们。

对于复杂的磁盘，控制器维护磁盘内的坏块列表。这个列表在出厂低级格式化时就已初始化，并在磁盘的使用过程中不断更新。低级格式化将一些块保留作为备用，操作系统看不到这些块。控制器可以采用备用块来逻辑地替代坏块，这种方案称为扇区备用。

对坏块的处理实质上就是用某种机制使系统不去使用坏块。

5.3.3 磁盘调度算法

1. 磁盘的存取时间

一次磁盘读/写操作的时间由寻找（寻道）时间、旋转延迟时间和传输时间决定。

1）寻道时间 T_s。活动头磁盘在读/写信息前，将磁头移动到目的磁道所需的时间。这个时间除跨越 n 条磁道的时间外，还包括启动磁头臂的时间 s，则

$$T_s = m \times n + s$$

式中，m 是与磁盘驱动器速度有关的常数，约为 0.2ms，磁头臂的启动时间约为 2ms。

2）旋转延迟时间 T_r。磁头定位到要读/写扇区所需的时间，设磁盘的旋转速度为 r，则

$$T_r = \frac{1}{2r}$$

对于硬盘，典型的旋转速度为 5400 转/分，相当于一周 11.1ms，则 T_r 为 5.55ms；对于软盘，其旋转速度为 300～600 转/分，则 T_r 为 50～100ms。

3）传输时间 T_t。从磁盘读出或向磁盘写入数据所需的时间，这个时间取决于每次所读/写的字节数 b 和磁盘的旋转速度 r，则

$$T_t = \frac{b}{rN}$$

式中，r 为磁盘每秒的转数，N 为一个磁道上的字节数。

总平均存取时间 T_a 可以表示为

$$T_a = T_s + \frac{1}{2r} + \frac{b}{rN}$$

在磁盘的存取时间中，寻道时间占大头，它与磁盘调度算法密切相关；而延迟时间和传输时间都与磁盘旋转速度线性相关，所以转速是磁盘性能的一个非常重要的硬件参数，也很难从操作系统层面进行优化。因此，磁盘调度的主要目标是减少磁盘的平均寻道时间。

2. 磁盘调度算法

目前常用的磁盘调度算法有以下几种。

命题追踪 ▶ 各种磁盘调度算法的比较（2010、2018）

（1）先来先服务（First Come First Served，FCFS）算法

FCFS 算法根据进程请求访问磁盘的先后顺序进行调度，这是一种最简单的调度算法，如图 5.18 所示。该算法的优点是具有公平性。若只有少量进程需要访问，且大部分请求都是访问簇聚的文件扇区，则有望达到较好的性能；若有大量进程竞争使用磁盘，则这种算法在性能上往往接近于随机调度。所以，实际磁盘调度中会考虑一些更为复杂的调度算法。

例如，磁盘请求队列中的请求顺序分别为 55, 58, 39, 18, 90, 160, 150, 38, 184，磁头的初始位

置是磁道 100，采用 FCFS 算法时磁头的运动过程如图 5.18 所示。磁头共移动了(45 + 3 + 19 + 21 + 72 + 70 + 10 + 112 + 146) = 498 个磁道，平均寻道长度 = 498/9 = 55.3。

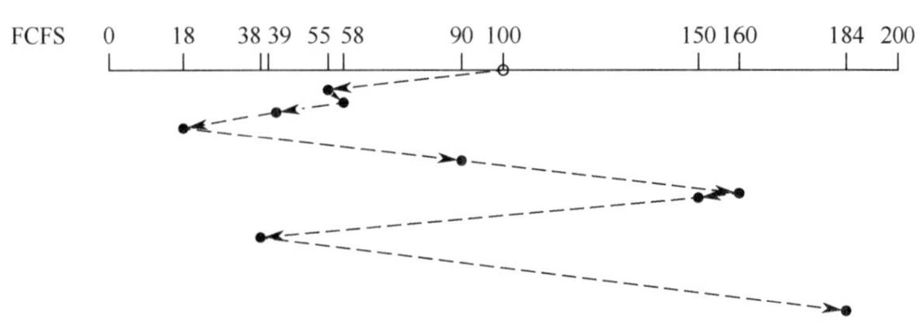

图 5.18　FCFS 磁盘调度算法

（2）最短寻道时间优先（Shortest Seek Time First, SSTF）算法

命题追踪 ▶ **磁盘调度 STTF 算法的应用（2019、2021）**

SSTF 算法每次选择调度的是与当前磁头最近的磁道，使每次的寻道时间最短。每次选择最小寻道时间并不能保证平均寻道时间最小，但能提供比 FCFS 算法更好的性能。这种算法会产生"饥饿"现象，例如在图 5.19 中，某时刻磁头正在 18 号磁道，假设在 18 号磁道附近出现频繁地新的请求，则磁头在 18 号磁道附近来回移动，使 184 号磁道的访问长期得不到满足。

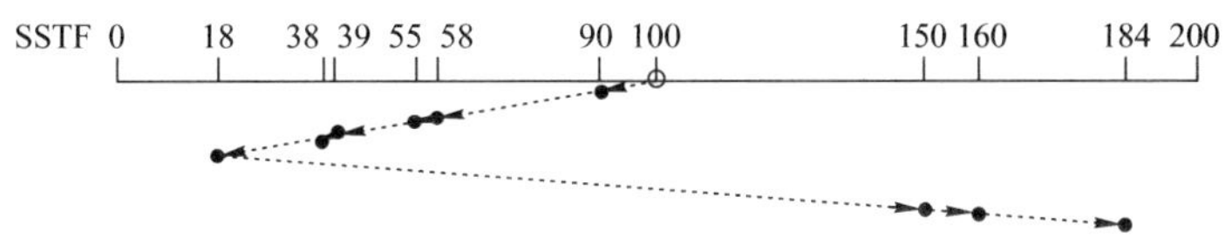

图 5.19　SSTF 磁盘调度算法

例如，磁盘请求队列中的请求顺序分别为 55, 58, 39, 18, 90, 160, 150, 38, 184，磁头初始位置是磁道 100，采用 SSTF 算法时磁头的运动过程如图 5.19 所示。磁头共移动了 10 + 32 + 3 + 16 + 1 + 20 + 132 + 10 + 24 = 248 个磁道，平均寻道长度 = 248/9 = 27.5。

（3）扫描（SCAN）算法

SSTF 算法产生饥饿的原因是"磁头可能在一个小范围内来回地移动"。为了防止这个问题，可以规定：只有磁头移动到最外侧磁道时才能向内移动，移动到最内侧磁道时才能向外移动，这就是 SCAN 算法的思想。它是在 SSTF 算法的基础上规定了磁头移动的方向，如图 5.20 所示。由于磁头移动规律与电梯运行相似，因此又称电梯调度算法。SCAN 算法对最近扫描过的区域不公平，因此它在访问局部性方面不如 FCFS 算法和 SSTF 算法好。

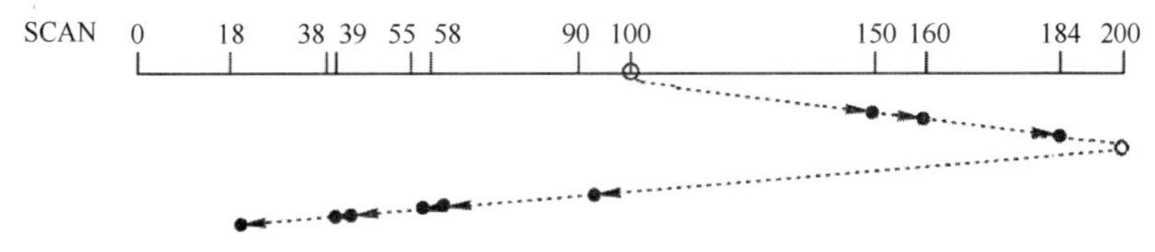

图 5.20　SCAN 磁盘调度算法

命题追踪 ▶ **磁盘调度 SCAN 算法的应用（2009、2010、2015）**

例如，磁盘请求队列中的请求顺序分别为 55, 58, 39, 18, 90, 160, 150, 38, 184，磁头初始位置是磁道 100。采用 SCAN 算法时，不但要知道磁头的当前位置，而且要知道磁头的移动方向，假设磁头沿磁道号增大的顺序移动，则磁头的运动过程如图 5.20 所示。移动磁道的顺序为 100, 150,

160, 184, 200, 90, 58, 55, 39, 38, 18。磁头共移动了(50 + 10 + 24 + 16 + 110 + 32 + 3 + 16 + 1 + 20) = 282 个磁道，平均寻道长度 = 282/9 = 31.33。

（4）循环扫描（Circular SCAN, C-SCAN）算法

命题追踪 ▶ 磁盘调度 CSCAN 算法的应用（2024）

在 SCAN 算法的基础上规定磁头单向移动来提供服务，返回时直接快速移动至起始端而不服务任何请求。由于 SCAN 算法偏向于处理那些接近最里或最外的磁道的访问请求，所以使用改进型的 C-SCAN 算法来避免这个问题，如图 5.21 所示。

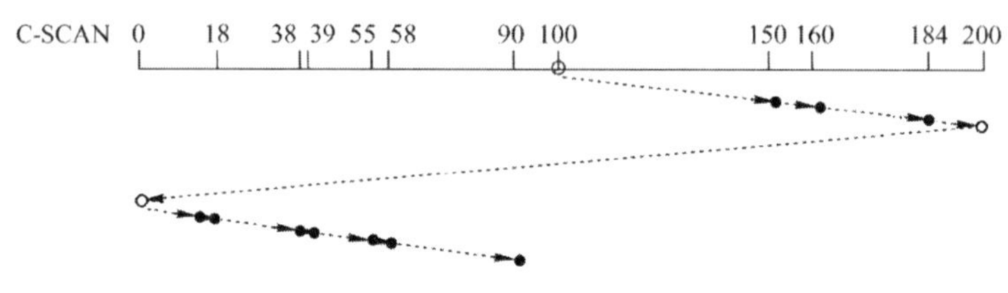

图 5.21　C-SCAN 磁盘调度算法

例如，磁盘请求队列中的请求顺序分别为 55, 58, 39, 18, 90, 160, 150, 38, 184，磁头初始位置是磁道 100。采用 C-SCAN 算法时，假设磁头沿磁道号增大的顺序移动，则磁头的运动过程如图 5.21 所示。移动磁道的顺序为 100, 150, 160, 184, 200, 0, 18, 38, 39, 55, 58, 90。磁头共移动 50 + 10 + 24 + 16 + 200 + 18 + 20 + 1 + 16 + 3 + 32 = 390 个磁道，平均寻道长度 = 390/9 = 43.33。

采用 SCAN 算法和 C-SCAN 算法时，磁头总是严格地遵循从盘面的一端到另一端，显然，在实际使用时还可以改进，即磁头只需移动到最远端的一个请求即可返回，不需要到达磁盘端点。这种改进后的 SCAN 算法和 C-SCAN 算法称为 LOOK 调度（图 5.22）和 C-LOOK 调度（图 5.23），因为它们在朝一个给定方向移动前会查看是否有请求。

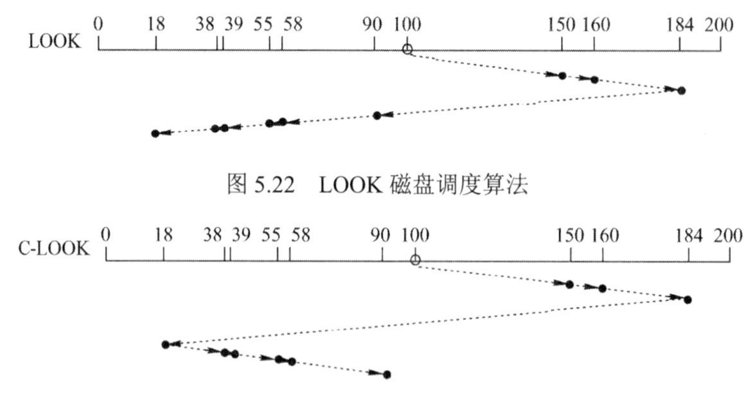

图 5.22　LOOK 磁盘调度算法

图 5.23　C-LOOK 磁盘调度算法

注意，若无特别说明，也可默认 SCAN 算法和 C-SCAN 算法为 LOOK 调度和 C-LOOK 调度。

以上四种磁盘调度算法的优缺点见表 5.2。

表 5.2　四种磁盘调度算法的优缺点

	优　点	缺　点
FCFS 算法	公平、简单	平均寻道距离大，仅应用在磁盘 I/O 较少的场合
SSTF 算法	性能比“先来先服务”好	不能保证平均寻道时间最短，可能出现“饥饿”现象
SCAN 算法	寻道性能较好，可避免“饥饿”现象	不利于远离磁头一端的访问请求
C-SCAN 算法	消除了对两端磁道请求的不公平	—

3．减少延迟时间的方法

除减少寻道时间外，减少延迟时间也是提高磁盘传输效率的重要因素。

磁盘是连续自转设备，磁头读入一个扇区后，需要经过短暂的处理时间，才能开始读入下一个扇区。若逻辑上相邻的块在物理上也相邻，则读入几个连续的逻辑块可能需要很长的延迟时间。为此，可对一个盘面的扇区进行*交替编号*［假设盘面有 8 个扇区，如图 5.24(b)所示］，即让逻辑上相邻的块物理上保持一定的间隔，于是读入多个连续块时能够减少延迟时间。

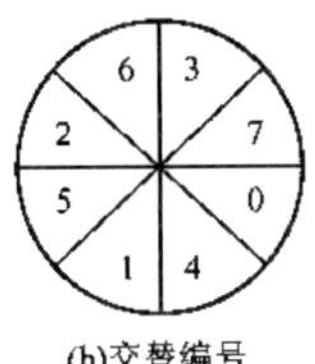

图 5.24　盘面扇区的交替编号

此外，由于磁盘的所有盘面是同步转动的，逻辑块在相同柱面上也是按盘面号连续存放的，即按 0 号盘 0 号扇区、0 号盘 1 号扇区……0 号盘 7 号扇区、1 号盘 0 号扇区……1 号盘 7 号扇区、2 号盘 0 号扇区……的顺序存放。要读入不同盘面上的连续块，在读完 0 号盘 7 号扇区后，还需要一段处理时间，所以当磁头首次划过 1 号盘 0 号扇区（下一次要读的块）时，并不能读取，只能等磁头再次划过该扇区时才能读取。为此，可对不同的盘面进行*错位命名*［假设有 2 个盘面，且已采用交替编号，如图 5.25(b)所示］，则读入相邻两个盘面的连续块时也能减少延迟时间。

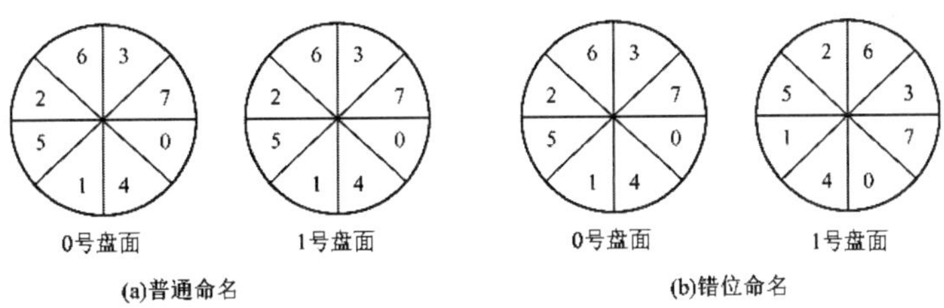

图 5.25　磁盘盘面的错位命名

在磁盘的存取时间中，寻道时间和延迟时间属于“找”的时间，凡是“找”的时间都可以通过一定的方法优化，但传输时间是磁盘本身性质所决定的，不能通过一定的措施减少。

4．提高磁盘 I/O 速度的方法

文件的访问速度是衡量文件系统性能最重要的因素，可从以下三个方面来优化：①改进文件的目录结构及检索目录的方法，以减少对目录的查找时间；②选取好的文件存储结构，以提高对文件的访问速度；③提高磁盘 I/O 速度，以实现文件中的数据在磁盘和内存之间快速传送。其中，①和②已在第 4 章中介绍，这里主要介绍如何提高磁盘 I/O 的速度。

命题追踪 ▶ 改善磁盘 I/O 性能的方法（2012、2018）

1）*采用磁盘高速缓存*。上节介绍了磁盘高速缓存的概念。

2）*调整磁盘请求顺序*。即上面介绍的各种磁盘调度算法。

3）*提前读*。在读磁盘当前块时，将下一磁盘块也读入内存缓冲区。

4）*延迟写*。仅在缓冲区首部设置延迟写标志，然后释放此缓冲区并将其链入空闲缓冲区链表的尾部，当其他进程申请到此缓冲区时，才真正将缓冲区信息写入磁盘块。

5）优化物理块的分布。除了上面介绍的扇区编号优化，当文件采用链接方式和索引方式组织时，应尽量将同一个文件的盘块安排在一个磁道上或相邻的磁道上，以减少寻道时间。另外，将若干盘块组成簇，按簇对文件进行分配，也可减少磁头的平均移动距离。

6）虚拟盘。是指用内存空间去仿真磁盘，又叫 RAM 盘。常用于存放临时文件。

7）采用磁盘阵列 RAID。由于可采用并行交叉存取，因此能大幅提高磁盘 I/O 速度。

5.3.4 固态硬盘

1．固态硬盘的特性

固态硬盘（Solid State Disk，SSD）是一种基于闪存技术的存储器。它与 U 盘并无本质差别，只是容量更大，存取性能更好。一个 SSD 由一个或多个闪存芯片和闪存翻译层组成，如图 5.26 所示。闪存芯片替代传统磁盘中的机械驱动器，而闪存翻译层将来自 CPU 的逻辑块读/写请求翻译成对底层物理设备的读/写控制信号，因此闪存翻译层相当于扮演了磁盘控制器的角色。

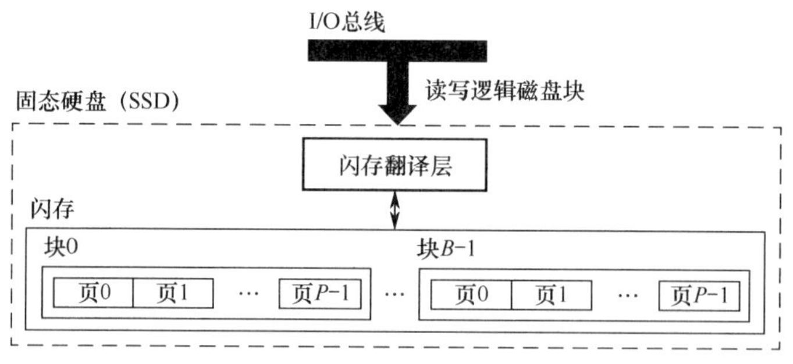

图 5.26 固态硬盘（SSD）

在图 5.26 中，一个闪存由 B 块组成，每块由 P 页组成。通常，页的大小是 512B～4KB，每块由 32～128 页组成，块的大小为 16KB～512KB。数据是以页为单位读/写的。只有在一页所属的块整个被擦除后，才能写这一页。不过，一旦一个块被擦除，块中的每页就都可以直接再写一次。某个块进行了若干重复写后，就会磨损坏，不能再使用。

随机写很慢，有两个原因。首先，擦除块比较慢，通常比访问页高一个数量级。其次，如果写操作试图修改一个包含已有数据的页 P_i，那么这个块中所有含有用数据的页都必须被复制到一个新（擦除过的）块中，然后才能进行对页 P_i 的写操作。

比起传统磁盘，SSD 有很多优点，它由半导体存储器构成，没有移动的部件，因此随机访问速度比机械磁盘要快很多，也没有任何机械噪声和震动，能耗更低、抗震性好、安全性高等。

随着技术的不断发展，价格也不断下降，SSD 有望逐步取代传统机械硬盘。

2．磨损均衡（Wear Leveling）

固态硬盘也有缺点，闪存的擦写寿命是有限的，一般是几百次到几千次。如果直接用普通闪存组装 SSD，那么实际的寿命表现可能非常令人失望——读/写数据时会集中在 SSD 的一部分闪存，这部分闪存的寿命会损耗得特别快。一旦这部分闪存损坏，整块 SSD 也就损坏了。这种磨损不均衡的情况，可能会导致一块 256GB 的 SSD 只因数兆空间的闪存损坏而整块损坏。

为了弥补 SSD 的寿命缺陷，引入了磨损均衡。SSD 磨损均衡技术大致分为两种：

1）动态磨损均衡。写入数据时，自动选择较新的闪存块。老的闪存块先歇一歇。

2）静态磨损均衡。这种技术更为先进，就算没有数据写入，SSD 也会监测并自动进行数据分配，让老的闪存块承担无须写数据的存储任务，同时让较新的闪存块腾出空间，平常的读/写操作在较新的闪存块中进行。如此一来，各闪存块的寿命损耗就都差不多。

有了这种算法加持，SSD 的寿命就比较可观了。例如，对于一个 256GB 的 SSD，如果闪存的擦写寿命是 500 次，那么就需要写入 125TB 数据，才寿终正寝。就算每天写入 10GB 数据，也要三十多年才能将闪存磨损坏，更何况很少有人每天往 SSD 中写入 10GB 数据。

5.3.5　本节小结

本节开头提出的问题的参考答案如下。

1）在磁盘上进行一次读/写操作需要哪几部分时间？其中哪部分时间最长？

在磁盘上进行一次读/写操作花费的时间由寻道时间、延迟时间和传输时间决定。其中寻道时间是将磁头移动到指定磁道所需要的时间，延迟时间是磁头定位到某一磁道的扇区（块号）所需要的时间，传输时间是从磁盘读出或向磁盘写入数据所经历的时间。一般来说，寻道时间因为要移动磁头臂，所以占用时间最长。

2）存储一个文件时，当一个磁道存储不下时，剩下部分是存在同一个盘面的不同磁道好，还是存在同一个柱面上的不同盘面好？

上一问已经说到，寻道时间对于一次磁盘访问的影响是最大的，若存在同一个盘面的不同磁道，则磁头臂势必要移动，这样会大大增加文件的访问时间，而存在同一个柱面上的不同盘面就不需要移动磁道，所以一般情况下存在同一个柱面上的不同盘面更好。

5.3.6　本节习题精选

一、单项选择题

01. 文件系统和整个磁盘的关系是（　）。

A. 没有磁盘就没有文件系统

B. 文件系统的组织信息放在磁盘上，这些信息和代码合在一起形成文件系统

C. 文件系统就是整个磁盘

D. 没有关系

02. 磁盘是可共享设备，但在每个时刻（　）作业启动它。

A. 可以由任意多个　B. 能限定多个　C. 至少能由一个　D. 至多能由一个

03. 既可以顺序读/写，又可以按任意次序读/写的存储器有（　）。

I. 光盘　II. 磁带　III. U 盘　IV. 磁盘

A. II、III、IV　B. I、III、IV　C. III、IV　D. 仅 IV

04. 磁盘调度的目的是缩短（　）时间。

A. 寻道　B. 延迟　C. 传送　D. 启动

05. 下列各种算法中，（　）和其他算法存在根本的不同。

A. 电梯调度　B. FCFS 算法　C. CLOCK 算法　D. 银行家算法

06. 磁盘上的文件以（　）为单位读/写。

A. 块　B. 记录　C. 柱面　D. 磁道

07. 在磁盘中读取数据的下列时间中，影响最大的是（　）。

A. 处理时间　B. 延迟时间　C. 传送时间　D. 寻道时间

08. 硬盘的操作系统引导扇区产生在（　）。

A. 对硬盘进行分区时　B. 对硬盘进行低级格式化时

C. 硬盘出厂时自带　D. 对硬盘进行高级格式化时

09. 在下列有关旋转延迟的叙述中，不正确的是（　）。

A. 旋转延迟的大小与磁盘调度算法无关
B. 旋转延迟的大小取决于磁盘空闲空间的分配程序
C. 旋转延迟的大小与文件的物理结构有关
D. 扇区数据的处理时间对旋转延迟的影响较大

10. 当设计针对传统机械式硬盘的磁盘调度算法时，主要考虑下列哪种因素对磁盘 I/O 的性能影响最为显著？（ ）。

A. 移动磁头的延迟　　B. 单个磁盘块的读/写时间
C. 磁盘平均旋转延迟　　D. 磁盘最大旋转延迟

11. 下列算法中，用于磁盘调度的是（ ）。

A. 时间片轮转调度算法　　B. LRU 算法
C. 最短寻找时间优先算法　　D. 优先级高者优先算法

12. 以下算法中，（ ）可能出现“饥饿”现象。

A. 电梯调度　　B. 最短寻找时间优先　　C. 循环扫描算法　　D. 先来先服务

13. 在以下算法中，（ ）可能会随时改变磁头的运动方向。

A. 电梯调度　　B. 先来先服务　　. 循环扫描算法　　D. 以上答案都不对

14. 假设磁盘有 256 个柱面，4 个磁头（盘面），每个磁道有 8 个扇区（编号均从 0 开始）。文件 A 在磁盘上连续存放。若文件 A 中的一个块存放在 5 号柱面、1 号磁头下的 7 号扇区，则文件 A 的下一块应存放在（ ）。

A. 5 号柱面、2 号磁头下的 7 号扇区　　B. 5 号柱面、2 号磁头下的 0 号扇区
C. 6 号柱面、1 号磁头下的 7 号扇区　　D. 6 号柱面、1 号磁头下的 0 号扇区

15. 假设磁盘有 100 个柱面，每个柱面上有 8 个磁道，每个磁道有 8 个扇区。文件 A 含有 6400 个逻辑记录，逻辑记录大小与扇区大小一致，该文件以顺序结构的形式存放在磁盘上。文件的第 0 个逻辑记录存放在磁盘地址（0 号柱面、0 号盘面、0 号扇区）中，则磁盘地址（78 号柱面、6 号盘面、6 号扇区）中存放了该文件的第（ ）个逻辑记录。

A. 5045　　B. 5046　　C. 5047　　D. 5048

16. 已知某磁盘的平均转速为 r 秒/转，平均寻道时间为 T 秒，每个磁道可以存储的字节数为 N，现向该磁盘读/写 b 字节的数据，采用随机寻道的方法，每道的所有扇区组成一个簇，其平均访问时间是（ ）。

A. $(r+T)b/N$　　B. b/NT　　C. $(b/N+T)r$　　D. $bT/N+r$

17. 设磁盘的转速为 3000 转/分，盘面划分为 10 个扇区，则读取一个扇区的时间为（ ）。

A. 20ms　　B. 5ms　　C. 2ms　　D. 1ms

18. 一个磁盘的转速为 7200 转/分，每个磁道有 160 个扇区，每扇区有 512B，那么理想情况下，其数据传输率为（ ）。

A. 7200×160KB/s　　B. 7200KB/s　　C. 9600KB/s　　D. 19200KB/s

19. 设一个磁道访问请求序列为 55, 58, 39, 18, 90, 160, 150, 38, 184，磁头的起始位置为 100，若采用 SSTF（最短寻道时间优先）算法，则磁头移动（ ）个磁道。

A. 55　　B. 184　　C. 200　　D. 248

20. 若当前磁头在 67 号磁道，依次有 4 个磁道号请求为 35, 77, 55, 121，则当采用（ ）调度算法时，下一次磁头才可能到达 55 号磁道。

A. 循环扫描（向大磁道号方向移动）　　B. 最短寻道时间优先
C. 电梯调度（向小磁道号方向移动）　　D. 先来先服务

21. 假设磁盘有 1000 个磁道，编号从 0 到 999，当前磁头正在 734 号磁道，且向磁道号增大的方向移动。磁道请求依次为 164, 845, 911, 165, 788, 432, 396, 700, 25，若分别用 SCAN 算法和 SSTF 算法完成上述请求，则磁头移动的距离（磁道数）分别是（ ）。

A. 1865, 1543　　B. 1688, 1738　　C. 1239, 1131　　D. 1239, 1738

22. 假定磁带的记录密度为 400 字符/英寸（1in = 0.0254m），每条逻辑记录为 80 字符，块间隙（每条逻辑记录之间的间隙）为 0.4 英寸，现有 3000 个逻辑记录需要存储，存储这些记录需要长度为（ ）的磁带，磁带利用率是（ ）。

A. 1500 英寸，33.3%　　B. 1500 英寸，43.5%

C. 1800 英寸，33.3%　　D. 1800 英寸，43.5%

23. 下列关于固态硬盘（SSD）的说法中，错误的是（ ）。

A. 基于闪存的存储技术　　B. 随机读/写性能明显高于磁盘

C. 随机写比较慢　　D. 不易磨损

24. 下列关于固态硬盘的说法中，正确的是（ ）。

A. 固态硬盘的写速度比较慢，性能甚至弱于常规硬盘

B. 相比常规硬盘，固态硬盘优势主要体现在连续存取的速度

C. 静态磨损均衡算法通常比动态磨损均衡算法的表现更优秀

D. 写入时，静态磨损均衡算法每次选择使用长期存放数据而很少擦写的存储块

25. 下列关于固态硬盘的说法中，错误的是（ ）。

A. 固态硬盘的写速度较慢，读速度较快

C. 反复写同一个块会减少固态硬盘的寿命

B. 固态硬盘需要进行磨损均衡，而磁盘不需要

D. 磨损均衡机制的目的是加快固态硬盘读/写速度

26.【2009 统考真题】假设磁头当前位于第 105 道，正在向磁道序号增加的方向移动。现有一个磁道访问请求序列为 35, 45, 12, 68, 110, 180, 170, 195，采用 SCAN 调度（电梯调度）算法得到的磁道访问序列是（ ）。

A. 110, 170, 180, 195, 68, 45, 35, 12　　B. 110, 68, 45, 35, 12, 170, 180, 195

C. 110, 170, 180, 195, 12, 35, 45, 68　　D. 12, 35, 45, 68, 110, 170, 180, 195

27.【2012 统考真题】下列选项中，不能改善磁盘设备 I/O 性能的是（ ）。

A. 重排 I/O 请求次序　　B. 在一个磁盘上设置多个分区

C. 预读和滞后写　　D. 优化文件物理块的分布

28.【2015 统考真题】某硬盘有 200 个磁道（最外侧磁道号为 0），磁道访问请求序列为 130, 42, 180, 15, 199，当前磁头位于第 58 号磁道并从外侧向内侧移动。按照 SCAN 调度方法处理完上述请求后，磁头移过的磁道数是（ ）。

A. 208　　B. 287　　C. 325　　D. 382

29.【2017 统考真题】下列选项中，磁盘逻辑格式化程序所做的工作是（ ）。

I. 对磁盘进行分区

II. 建立文件系统的根目录

III. 确定磁盘扇区校验码所占位数

IV. 对保存空闲磁盘块信息的数据结构进行初始化

A. 仅 II　　B. 仅 II、IV　　C. 仅 III、IV　　D. 仅 I、II、IV

30.【2018 统考真题】下列优化方法中，可以提高文件访问速度的是（ ）。

I. 提前读　　II. 为文件分配连续的簇
III. 延迟写　　IV. 采用磁盘高速缓存
A. 仅I、II　　B. 仅II、III　　C. 仅I、III、IV　　D. I、II、III、IV

31.【2018统考真题】系统总是访问磁盘的某个磁道而不响应对其他磁道的访问请求，这种现象称为磁头臂黏着。下列磁盘调度算法中，不会导致磁头臂黏着的是（　）。
A. 先来先服务（FCFS）　　B. 最短寻道时间优先（SSTF）
C. 扫描算法（SCAN）　　D. 循环扫描算法（CSCAN）

32.【2021统考真题】某系统中磁盘的磁道数为200（0～199），磁头当前在184号磁道上。用户进程提出的磁盘访问请求对应的磁道号依次为184, 187, 176, 182, 199。若采用最短寻道时间优先调度算法（SSTF）完成磁盘访问，则磁头移动的距离（磁道数）是（　）。
A. 37　　B. 38　　C. 41　　D. 42

二、综合应用题

01. 假定有一个磁盘组共有100个柱面，每个柱面有8个磁道，每个磁道划分成8个扇区。现有一个5000条逻辑记录的文件，逻辑记录的大小与扇区大小相等，该文件以顺序结构存放在磁盘组上，柱面、磁道、扇区均从0开始编址，逻辑记录的编号从0开始，文件信息从0柱面、0磁道、0扇区开始存放。试问，该文件编号为3468的逻辑记录应存放在哪个柱面的第几个磁道的第几个扇区上？

02. 假设磁盘的每个磁道分成9个块，现在一个文件有A, B,…, I共9条记录，每条记录的大小与块的大小相等，设磁盘转速为27毫秒/转，每读出一块后需要2ms的处理时间。若忽略其他辅助时间，且一开始磁头在即将要读A记录的位置，试问：
1）若将这些记录顺序存放在一个磁道上，则顺序读取该文件要多少时间？
2）若要求顺序读取的时间最短，则应该如何安排文件的存放位置？

03. 在一个磁盘上，有1000个柱面，编号为0～999，用下面的算法计算为满足磁盘队列中的所有请求，磁头臂必须移过的磁道的数目。假设最后服务的请求是在磁道345上，并且读/写头正在朝磁道0移动。在按FCFS顺序排列的队列中包含了如下磁道上的请求：123, 874, 692, 475, 105, 376。
1）FCFS；2）SSTF；3）SCAN；4）LOOK；5）C-SCAN；6）C-LOOK。

04. 某软盘有40个磁道，磁头从一个磁道移至相邻磁道需要6ms。文件在磁盘上非连续存放，逻辑上相邻数据块的平均距离为13磁道，每块的旋转延迟时间及传输时间分别为100ms和25ms，问读取一个100块的文件需要多少时间？若系统对磁盘进行了整理，让同一文件的磁盘块尽可能靠拢，从而使逻辑上相邻数据块的平均距离降为2磁道，这时读取一个100块的文件需要多少时间？

05. 有一个交叉存放信息的磁盘，信息在其上的存放方法如下图所示。每个磁道有8个扇区，每个扇区大小为512B，旋转速度为3000转/分，顺时针读扇区。假定磁头已在读取信息的磁道上，0扇区转到磁头下需要1/2转，且设备对应的控制器不能同时进行输入/输出，在数据从控制器传送至内存的这段时间内，从磁头下通过的扇区数为2，请回答：

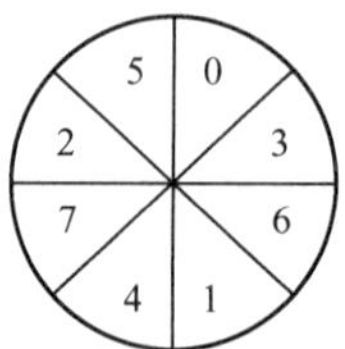

1）依次读取一个磁道上的所有扇区需要多少时间？

2）该磁盘的数据传输速率是多少？

06.【2010 统考真题】如下图所示，假设计算机系统采用 C-SCAN（循环扫描）磁盘调度策略，使用 2KB 的内存空间记录 16384 个磁盘块的空闲状态。

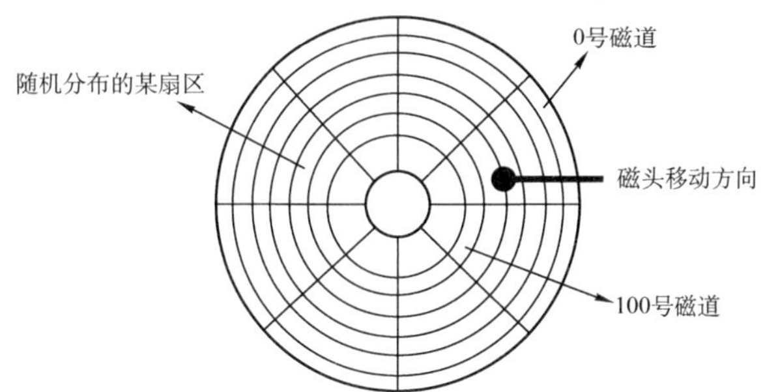

1）请说明在上述条件下如何进行磁盘块空闲状态的管理。

2）设某单面磁盘的旋转速度为 6000 转/分，每个磁道有 100 个扇区，相邻磁道间的平均移动时间为 1ms。若在某时刻，磁头位于 100 号磁道处，并沿着磁道号增大的方向移动（见上图），磁道号请求队列为 50, 90, 30, 120，对请求队列中的每个磁道需读取 1 个随机分布的扇区，则读完这 4 个扇区点共需要多少时间？要求给出计算过程。

3）若将磁盘替换为随机访问的 Flash 半导体存储器（如 U 盘、固态硬盘等），是否有比 C-SCAN 更高效的磁盘调度策略？若有，给出磁盘调度策略的名称并说明理由；若无，说明理由。

07.【2019 统考真题】某计算机系统中的磁盘有 300 个柱面，每个柱面有 10 个磁道，每个磁道有 200 个扇区，扇区大小为 512B。文件系统的每簇包含 2 个扇区。请回答下列问题：

1）磁盘的容量是多少？

2）设磁头在 85 号柱面上，此时有 4 个磁盘访问请求，簇号分别为 100260, 60005, 101660 和 110560。采用最短寻道时间优先 SSTF 调度算法，系统访问簇的先后次序是什么？

3）簇号 100530 在磁盘上的物理地址是什么？将簇号转换成磁盘物理地址的过程由 I/O 系统的什么程序完成？

08.【2021 统考真题】某计算机用硬盘作为启动盘，硬盘的第一个扇区存放主引导记录，其中包含磁盘引导程序和分区表。磁盘引导程序用于选择引导哪个分区的操作系统，分区表记录硬盘上各分区的位置等描述信息。硬盘被划分成若干分区，每个分区的第一个扇区存放分区引导程序，用于引导该分区中的操作系统。系统采用多阶段引导方式，除了执行磁盘引导程序和分区引导程序，还需要执行 ROM 中的引导程序。回答下列问题：

1）系统启动过程中操作系统的初始化程序、分区引导程序、ROM 中的引导程序、磁盘引导程序的执行顺序是什么？

2）将硬盘制作为启动盘时，需要完成操作系统的安装、磁盘的物理格式化、逻辑格式化、对磁盘进行分区，执行这 4 个操作的正确顺序是什么？

3）磁盘扇区的划分和文件系统根目录的建立分别是在第 2）问的哪个操作中完成的？

5.3.7　答案与解析

一、单项选择题

01. B

文件系统不一定依赖于磁盘，也可存在于其他存储介质上，如光盘、闪存、网络等。文件系统可以只占用磁盘的一部分空间，而不是整个磁盘；一个磁盘上可以有多个文件系统，也可以没有文件系统的空间。文件系统和磁盘之间的联系密切，文件系统需要用磁盘来存储数据，而磁盘需要用文件系统来组织数据。因此，B 项正确，A、C 和 D 项错误。

02．D

磁盘是可共享设备（分时共享），是指某段时间内可以有多个用户进行访问。但某一时刻只能有一个作业可以访问。

03．B

顺序访问按从前到后的顺序对数据进行读/写操作，如磁带。直接访问或随机访问，则可以按任意的次序对数据进行读/写操作，如光盘、磁盘、U 盘等。

04．A

磁盘调度是对访问磁道次序的调度，若没有合适的磁盘调度，则寻找时间会大大增加。

05．D

电梯调度、FCFS 算法、CLOCK 算法都可以是磁盘调度算法，银行家算法是死锁避免算法。

06．A

文件以块为单位存放于磁盘中，文件的读/写也以块为单位。

07．D

磁盘调度中，对读/写时间影响最大的是寻找时间，寻找过程为机械运动，时间较长，影响较大。

08．D

操作系统的引导程序位于磁盘活动分区的引导扇区，因此必然产生在分区之后。分区是将磁盘分为由一个或多个柱面组成的分区（C 盘、D 盘等形式），每个分区的起始扇区和大小都记录在磁盘主引导记录的分区表中。而对于高级格式化（创建文件系统），操作系统将初始的文件系统数据结构存储到磁盘上，文件系统在磁盘上布局介绍详见第 4 章。

09．D

磁盘调度算法是为了减少寻找时间。扇区数据的处理时间主要影响传输时间。选项 B、C 均与旋转延迟有关，文件的物理结构与磁盘空间的分配方式相对应，包括连续分配、链接分配和索引分配。连续分配的磁盘中，文件的物理地址连续；而链接分配方式的磁盘中，文件的物理地址不连续，因此与旋转延迟都有关。

10．A

磁盘存取时间由寻道时间、旋转延迟时间、传输时间决定，寻道时间占的比例最大，磁盘的调度算法主要是优化寻道时间，而旋转延迟时间和传输时间难以从操作系统层面优化。

11．C

A 和 D 可以是进程调度算法。B 可以是页面淘汰算法。只有 C 是磁盘调度算法。

12．B

最短寻找时间优先算法中，当新的距离磁头比较近的磁盘访问请求不断被满足时，可能会导致较远的磁盘访问请求被无限延迟，从而导致“饥饿”现象。

13．B

先来先服务算法根据磁盘请求的时间先后进行调度，因而可能随时改变磁头方向。而电梯调度、循环扫描算法均限制磁头的移动方向。

14．B

文件 A 采用连续存放方式，按照磁盘的地址结构（柱面号，磁头号，扇区号），文件 A 的下一块应存放在同一个柱面的同一个磁道的下一个扇区中，由于 7 号扇区已是本磁道的最后一个扇区，因此应存放在同一个柱面的下一个磁头的 0 号扇面，即 5 号柱面、2 号磁头下的 0 号扇区。由此可见，文件 A 的数据是连续存储在磁盘的一组或相邻几组同心圆中的。

15． B

每个柱面上有 8 个磁道（表示有 8 个磁头），每个磁道有 8 个扇区，因此每个柱面有 8×8 = 64 个扇区。由题意可知，柱面号、盘面号、扇区号和逻辑记录编号都是从 0 开始的，因此 78 号柱面的 6 号磁道的 6 号扇区存放的是文件的第 78×64 + 6×8 + 6 = 5046 个逻辑记录。

16． A

将每道的所有扇区组成一个簇，意味着可以将一个磁道的所有存储空间组织成一个数据块组，这样有利于提高存储速度。读/写磁盘时，磁头首先找到磁道，称为寻道，然后才可以将信息从磁道里读出或写入。读/写完一个磁道后，磁头会继续寻找下一个磁道，完成剩余的工作，所以在随机寻道的情况下，读/写一个磁道的时间要包括寻道时间和读/写磁道时间，即 $T + r$ 秒。由于总的数据量是 b 字节，它要占用的磁道数为 b/N 个，所以总平均读/写时间为$(r + T)b/N$ 秒。

17． C

访问每条磁道的时间为 60/3000s = 0.02s = 20ms，即磁盘旋转一圈的时间为 20ms，每个盘面 10 个扇区，因此读取一个扇区的时间为 20ms/10 = 2ms。

18． C

磁盘的转速为 7200 转/分 ＝ 120 转/秒，转一圈经过 160 个扇区，每个扇区为 512B，所以数据传输率 = 120×160×512/1024KB/s = 9600KB/s。

19． D

对于 SSTF 算法，寻道序列应为 100, 90, 58, 55, 39, 38, 18, 150, 160, 184；移动磁道次数分别为 10, 32, 3, 16, 1, 20, 132, 10, 24，故磁头移动总次数为 248。另外也可以画出草图来解答，从 100 寻道到 18 需要 82 次，然后加上从 18 到 184 需要的 184 – 18 = 166 次，共移动 166 + 82 = 248 次。

20． C

当采用循环扫描算法时，磁头当前位于 67 号磁道，由于磁头正在向磁道号增大的方向移动，因此下一次处理的是 77 号磁道，A 错误。当采用最短寻道时间优先算法时，由于 77 号磁道距离当前 67 号磁道最近，因此下一次处理的是 77 号磁道，B 错误。当采用电梯调度算法时，磁头当前位于 67 号磁道，由于磁头正在向磁道号减少的方向移动，因此下一次处理的是 55 号磁道，C 正确。当采用先来先服务算法时，根据请求的先后顺序进行调度，下一次处理的是 35 号磁道，D 错误。

21． C

采用 SCAN 算法时，依次访问的磁道是 788, 845, 911, 999, 700, 432, 396, 165, 164, 25，磁头移动的距离是(999 – 734) + (999 – 25) = 1239。采用 SSTF 算法时，依次访问的磁道是 700, 788, 845, 911, 432, 396, 165, 164, 25，磁头移动的距离是(734 – 700) + (911 – 700) + (911 – 25) = 1131。

22． C

一个逻辑记录所占的磁带长度为 80/400 = 0.2 英寸，因此存储 3000 条逻辑记录需要的磁带长度为(0.2 + 0.4)×3000 = 1800 英寸，利用率为 0.2/(0.2 + 0.4) = 33.3%。

23． D

固态硬盘基于闪存技术，没有机械部件，随机读/写不需要机械操作，因此速度明显高于磁盘，选项 A 和 B 正确。选项 C 已在考点讲解中解释过。SSD 的缺点是容易磨损，D 错误。

24． C

SSD 的写速度慢于读速度，但不至于比常规机械硬盘差，A 错误。SSD 基于闪存技术，没有机械部件，随机存取速度很快，传统机械硬盘因为需要寻道和找扇区的时间，所以随机存取速度慢；传统机械硬盘转速很快，连续存取比随机存取快得多，因此SSD的优势主要体现在随机存取的速度上，B错误。静态磨损算法在没有写入数据时，SSD监测并自动进行数据分配，因此通常表现更优秀，C正确。因为闪存的擦除速度较慢，若每次都选择写入存放有数据的块，会极大地降低写入速度，D混淆了静态磨损均衡，静态磨损均衡是指在没有写入数据时，SSD监测并自动进行数据分配，从而使得各块的擦写更加均衡，并不是说写入时每次都选择存放老数据的块。

25. D

磨损均衡机制的目的是延长固态硬盘的寿命，而不是加快固态硬盘读/写速度。

26. A

SCAN算法的原理类似于电梯。首先，当磁头从105道向序号增加的方向移动时，便会按照从小到大的顺序服务所有大于105的磁道号（110, 170, 180, 195）；往回移动时又会按照从大到小的顺序进行服务（68, 45, 35, 12），结果如下图所示。

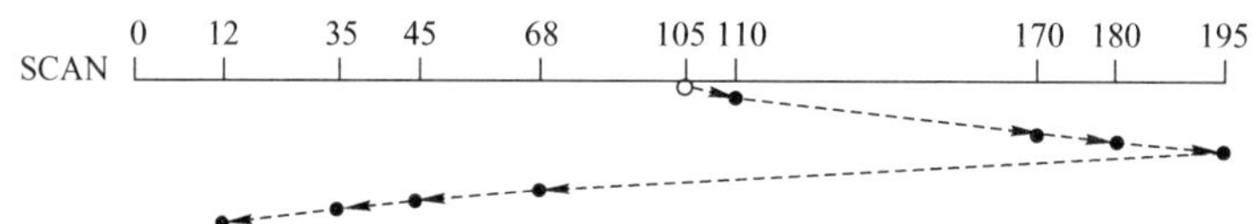

27. B

对于选项A，重排I/O请求次序也就是进行I/O调度，使进程之间公平地共享磁盘访问，减少I/O完成所需要的平均等待时间。对于选项C，缓冲区结合预读和滞后写技术对于具有重复性及阵发性的I/O进程改善磁盘I/O性能很有帮助。对于选项D，优化文件物理块的分布可以减少寻找时间与延迟时间，从而提高磁盘性能。在一个磁盘上设置多个分区与改善设备I/O性能并无多大联系，相反还会带来处理的复杂性，降低利用率。

28. C

SCAN算法就是电梯调度算法。顾名思义，若开始时磁头向外移动，就一直要到最外侧，然后返回向内侧移动，就像电梯若往下则一直要下到底层才会再上升一样。当前磁头位于 58 号并从外侧向内侧移动，先依次访问130、180和199，然后返回向外侧移动，依次访问42和15，因此磁头移过的磁道数是$(199 - 58) + (199 - 15) = 325$。

29. B

新磁盘是空白盘，必须分成扇区以便磁盘控制器能进行读/写操作，这个过程称为低级格式化（或物理格式化）。低级格式化为每个扇区使用特别的数据结构，III错误。为了使用磁盘存储文件，操作系统还需要将自己的数据结构记录在磁盘上。这分为两步。第一步是将磁盘分为由一个或多个柱面组成的分区，每个分区可以作为一个独立的磁盘，I 错误。在分区之后，第二步是逻辑格式化（创建文件系统）。在这一步，操作系统将初始的文件系统数据结构存储到磁盘上。这些数据结构包括空闲和已分配的空间及一个初始为空的目录，II、IV正确。

30. D

II和IV显然均能提高文件访问速度。对于I，提前读是指在读当前盘块时，将下一个盘块提前读入缓冲区，以便需要时直接从缓冲区中读取，提高了文件的访问速度。对于III，延迟写是指先将数据写入缓冲区，并置上“延迟写”标志，以备不久之后访问，当缓冲区需要再次被分配出去时，才将缓冲区数据写入磁盘，减少了访问磁盘的次数，提高了文件的访问速度。

31. A

当系统中总是持续存在某个磁道的访问请求时，均持续满足最短寻道时间优先、扫描算法和循环扫描算法的访问条件，会一直服务该访问请求，尽管系统中还存在其他磁道的访问请求，但却得不到响应。而先来先服务按照请求次序进行调度，比较公平。

32．C

最短寻道时间优先算法总是选择调度与当前磁头所在磁道距离最近的磁道。可以得出访问序列 184, 182, 187, 176, 199，从而求出移动距离之和是 0 + 2 + 5 + 11 + 23 = 41。

二、综合应用题

01．【解答】

该磁盘有 8 个盘面，一个柱面大小为 8×8 = 64 个扇区，即 64 条逻辑记录。由于所有磁头是固定在一起的，因此在存放数据时，先存满扇区，后存满磁道，再存满柱面。

编号为3468的逻辑记录对应的柱面号为3468/64 = 54；对应的磁道号为(3468 MOD 64) DIV 8 = 1；对应的扇区号为(3468 MOD 64) MOD 8 = 4。

02．【解答】

磁盘转速为 27 毫秒/转，每个磁道存放 9 条记录，因此读出 1 条记录的时间为 27/9 = 3ms。

1）读出并处理记录 A 需要 5ms，此时磁头已转到记录 B 的中间，因此为了读出记录 B，必须再转接近一圈（从记录 B 的中间到记录 B）。后续 8 条记录的读取及处理与此类似，但最后一条记录的读取与处理只需 5ms。于是，处理 9 条记录的总时间为

$$8\times(27+3)+(3+2)=245\text{ms}$$

【另解】注意，从开始读 A 到最后读完 I 一共转了 9 圈，即处理完前 8 条记录 + 读第 9 条记录的时间一共是 27 × 9 = 243ms，加上最后的 2ms 处理时间，一共是 243 + 2 = 245ms。

2）由于每读出一条记录后需要 2ms 的处理时间，当读出并处理记录 A 时，不妨设记录 A 放在第 1 个盘块中，读/写头已移到第 2 个盘块的中间，为了能顺序读到记录 B，应将它放到第 3 个盘块中，即应将记录按下表顺序存放：

盘块	1	2	3	4	5	6	7	8	9
记录	A	F	B	G	C	H	D	I	E

这样，处理一条记录并将磁头移到下一条记录的时间是

3（读出）+ 2（处理）+ 1（等待）= 6ms

所以，处理 9 条记录的总时间为

$$6\times8+(3+2)=53\text{ms}$$

03．【解答】

1）FCFS：移动磁道的顺序为 345, 123, 874, 692, 475, 105, 376。磁头臂必须移过的磁道的数目为 222 + 751 + 182 + 217 + 370 + 271 = 2013。

2）SSTF：移动磁道的顺序为 345, 376, 475, 692, 874, 123, 105。磁头臂必须移过的磁道的数目为 31 + 99 + 217 + 182 + 751 + 18 = 1298。

注意，磁头臂必须移过的磁道的数目之和的计算没有必要像上面一样对 31, 99, 217, 182, 751, 18 求和，仔细的读者会发现：从 345 到 874 是一路递增的，接着从 874 到 105 是一路递减的。所以仅需计算(874 − 345) + (874 − 105) = 1298。这种方法是不是要比上面得出 6 个数后再计算它们的和要快捷一些？若之前未注意到此法，相信聪明的读者会马上回顾刚做完的 1)，并会仔细观察以下几问的"规律"，进而总结出自己的思路。

3）SCAN：移动磁道的顺序为 345, 123, 105, 0, 376, 475, 692, 874。磁头臂必须移过的磁道的数目为 222 + 18 + 105 + 376 + 99 + 217 + 182 = 1219。

4）LOOK：移动磁道的顺序为 345, 123, 105, 376, 475, 692, 874。磁头臂必须移过的磁道的数目为 222 + 18 + 271 + 99 + 217 + 182 = 1009。

5）C-SCAN：移动磁道的顺序为 345, 123, 105, 0, 999, 874, 692, 475, 376。磁头臂必须移过的磁道的数目为 222 + 18 + 105 + 999 + 125 + 182 + 217 + 99 = 1967。

6）C-LOOK：移动磁道的顺序为 345, 123, 105, 874, 692, 475, 376。磁头臂必须移过的磁道的数目为 222 + 18 + 769 + 182 + 217 + 99 = 1507。

04.【解答】

磁盘整理前，逻辑上相邻数据块的平均距离为 13 磁道，读一块数据需要的时间为

$$13\times6 + 100 + 25 = 203\text{ms}$$

因此，读取一个 100 块的文件需要的时间为

$$203\times100 = 20300\text{ms}$$

磁盘整理后，逻辑上相邻数据块的平均距离为 2 磁道，读一块数据需要的时间为

$$2\times6 + 100 + 25 = 137\text{ms}$$

因此，读取一个 100 块的文件需要的时间为

$$137\times100 = 13700\text{ms}$$

05.【解答】

磁盘逆时针方向旋转按扇区来看即 0, 3, 6,…这个顺序。每个号码连续的扇区正好相隔 2 个扇区，即数据从控制器传送到内存的时间，所以相当于磁头连续工作。

1）由题中条件可知，旋转速度为 3000 转/分 = 50 转/秒，即 20ms/转。

读一个扇区需要的时间为 20/8 = 2.5ms。

读一个扇区并将扇区数据送入内存需要的时间为 2.5×3 = 7.5ms。

故读出一个磁道上的所有扇区需要的时间为 20/2 + 8×7.5 = 70ms = 0.07s。

2）每个磁道的数据量为 8×512 = 4KB。

故数据传输速率为 4KB/0.07s = 4×1024kB/(1000×0.07s) = 58.5kB/s。

注 意

表示存储容量、文件大小时，K 等于 1024（通常用大写的 K）；表示传输速率时，k 等于 1000（通常用小写的 k），注意区别。

06.【解答】

1）用位图表示磁盘的空闲状态。每位表示一个磁盘块的空闲状态，共需 16384/32 = 512 个字 = 512×4B = 2KB，正好可放在系统提供的内存中。

2）采用 C-SCAN 调度算法，访问磁道的顺序和移动的磁道数如下表所示：

被访问的下一个磁道号	移动距离（磁道数）
120	20
30	90
50	20
90	40

移动的磁道数为 20 + 90 + 20 + 40 = 170，因此总的移动磁道时间为 170ms。

由于转速为 6000 转/分，因此平均旋转延迟为 5ms，总的旋转延迟时间 = 20ms。

由于转速为 6000 转/分，因此读取一个磁道上的一个扇区的平均读取时间为 0.1ms，扇区的平均读取时间为 0.1ms，总的读取扇区的时间为 0.4ms。

综上，读取上述磁道上所有扇区所花的总时间为 190.4ms。

3）采用先来先服务（FCFS）调度策略更高效。因为 Flash 半导体存储器的物理结构不需要考虑寻道时间和旋转延迟，可直接按 I/O 请求的先后顺序服务。

07.【解答】

1）磁盘容量 = 磁盘的柱面数×每个柱面的磁道数×每个磁道的扇区数×每个扇区的大小 = (300×10×200×512/1024) KB = 3×10^5KB。

2）磁头在 85 号柱面上，对 SSTF 算法而言，总是访问当前柱面距离最近的地址。注意每个簇包含 2 个扇区，通过计算得到，85 号柱面对应的簇号为 85000～85999。通过比较得出，系统最先访问离 85000～85999 最近的 100260，随后访问离 100260 最近的 101660，然后访问 110560，最后访问 60005。顺序为 100260，101660，110560，60005。

3）第 100530 簇在磁盘上的物理地址由其所在的柱面号、磁头号、扇区号构成。

柱面号 = ⌊簇号/每个柱面的簇数⌋ = ⌊100530/(10×200/2)⌋ = 100。

磁头号 = ⌊(簇号%每个柱面的簇数)/每个磁道的簇数⌋ = ⌊530/(200/2)⌋ = 5。

扇区号 = 扇区地址%每个磁道的扇区数 = (530×2)%200 = 60。

将簇号转换成磁盘物理地址的过程由磁盘驱动程序完成。

08.【解答】

1）执行顺序依次是 ROM 中的引导程序、磁盘引导程序、分区引导程序、操作系统的初始化程序。启动系统时，首先运行 ROM 中的引导代码（bootstrap）。为执行某个分区的操作系统的初始化程序，需要先执行磁盘引导程序以指示引导到哪个分区，然后执行该分区的引导程序，用于引导该分区的操作系统。

2）4 个操作的执行顺序依次是磁盘的物理格式化、对磁盘进行分区、逻辑格式化、操作系统的安装。磁盘只有通过分区和逻辑格式化后才能安装系统和存储信息。物理格式化（又称低级格式化，通常出厂时就已完成）的作用是为每个磁道划分扇区，安排扇区在磁道中的排列顺序，并对已损坏的磁道和扇区做“坏”标记等。随后将磁盘的整体存储空间划分为相互独立的多个分区（如 Windows 中划分 C 盘、D 盘等），这些分区可以用作多种用途，如安装不同的操作系统和应用程序、存储文件等。然后进行逻辑格式化（又称高级格式化），其作用是对扇区进行逻辑编号，建立逻辑盘的引导记录、文件分配表、文件目录表和数据区等。最后才是操作系统的安装。

3）由上述分析可知，磁盘扇区的划分是在磁盘的物理格式化操作中完成的，文件系统根目录的建立是在逻辑格式化操作中完成的。

5.4 本章疑难点

1. 为了增加设备分配的灵活性、成功率，可以如何改进？

可以从以下两方面对基本的设备分配程序加以改进：

1）增加设备的独立性。进程使用逻辑设备名请求 I/O。这样，系统首先从 SDT 中找出第一个该类设备的 DCT。若该设备忙，则又查找第二个该类设备的 DCT。仅当所有该类设备都忙时，才将进程挂到该类设备的等待队列上；只要有一个该类设备可用，系统便进一步计算分配该设备的安全性。

2）考虑多通路情况。为防止 I/O 系统的“瓶颈”现象，通常采用多通路的 I/O 系统结构。此时对控制器和通道的分配同样要经过几次反复，即若设备（控制器）所连接的第一个控制器（通道）忙时，则应查看其所连接的第二个控制器（通道），仅当所有控制器（通道）都忙时，此次的控制器（通道）分配才算失败，才将进程挂到控制器（通道）的等待队列上。而只要有一个控制器（通道）可用，系统便可将它分配给进程。

设备分配过程中，先后分别访问的数据结构为 SDT→DCT→COCT→CHCT。要成功分配一个设备，必须要：①设备可用；②控制器可用；③通道可用。所以，“设备分配，要过三关”。

2．什么是用户缓冲区、内核缓冲区？

5.1.4 节中讨论过：“I/O 操作完成后，系统将数据从内核复制到用户空间”，这里说的是“内核”其实是指内核缓冲区，“用户空间”是指用户缓冲区。

用户缓冲区是指当用户进程读文件时，通常先申请一块内存数组，称为 Buffer，用来存放读取的数据。每次 read 调用，将读取的数据写入 Buffer，之后程序都从 buffer 中获取数据，当 buffer 使用完后，再进行下一次调用，填充 buffer。可见，用户缓冲区的目的是减少系统调用次数，从而降低系统在用户态与核心态之间切换的开销。

内核也有自己的缓冲区。当用户进程从磁盘读取数据时，不直接读磁盘，而将内核缓冲区中的数据复制到用户缓冲区中。若内核缓冲区中没有数据，则内核请求从磁盘读取，然后将进程挂起，为其他进程服务，等到数据已读取到内核缓冲区中时，将内核缓冲区中的数据复制到用户进程的缓冲区，才通知进程（当然，I/O 模型不同，处理的方式也不同）。当用户进程需要写数据时，数据可能不直接写入磁盘，而将数据写入内核缓冲区，时机适当时（如内核缓冲区的数据积累到一定量后），内核才将内核缓冲区的数据写入磁盘。可见，内核缓冲区是为了在操作系统级别提高磁盘 I/O 效率，优化磁盘写操作。

参 考 文 献

[1] 汤小丹，梁红兵，哲凤屏，等．计算机操作系统[M]．第四版．西安：西安电子科技大学出版社，2014．

[2] 李善平．操作系统学习指导和考试指导[M]．杭州：浙江大学出版社，2004．

[3] Andrew S. Tanenbaum．现代操作系统[M]．第 4 版．北京：机械工业出版社，2017．

[4] Abraham Silberschatz, Peter B. Galvin, Greg Gagne．操作系统概念[M]．北京：机械工业出版社，2018．

[5] William Stallings．操作系统：精髓与设计原理[M]．第九版．北京：电子工业出版社，2020．

[6] 本书编写组．全国硕士研究生入学统一考试计算机学科专业基础综合考试大纲解析（2010 版）[M]．北京：高等教育出版社，2009．

[7] 李春葆．操作系统联考辅导教程（2011 版）[M]．北京：清华大学出版社，2010．

[8] 崔巍．2010 考研计算机学科专业基础综合辅导讲义[M]．北京：原子能出版社，2009．

[9] 翔高教育．计算机学科专业基础综合复习指南[M]．上海：复旦大学出版社，2009．

[10] Randal E. Bryant．深入理解计算机系统[M]．北京：机械工业出版社，2010．